Fundamentals and Applications of
Sodium Ion Batteries

钠离子电池
基础与应用

◎ 伊廷锋　主编
◎ 魏婷婷　谢颖　副主编

化学工业出版社

·北京·

内容简介

钠离子电池作为锂离子电池的低价替代品,受到广泛关注,并在相关领域展现出足够的竞争优势。钠离子电池的性能主要取决于电极材料的结构与性能,故而本书在全面介绍钠离子电池各部分的基础上,着重对钠离子电池的正极材料和负极材料进行了介绍,阐述了相关材料结构和组成对于其电化学性能的影响,并结合相关的表征手段,对相关的半电池和全电池的性能进行了分析和比较。

本书适宜从事高性能电池材料以及材料、物理、能源等相关专业的科研人员参考。

图书在版编目(CIP)数据

钠离子电池基础与应用/伊廷锋主编;魏婷婷,谢颖副主编.—北京:化学工业出版社,2023.10
ISBN 978-7-122-43606-1

Ⅰ.①钠… Ⅱ.①伊…②魏…③谢… Ⅲ.①钠离子
-电池 Ⅳ.①TM912

中国国家版本馆 CIP 数据核字(2023)第 102254 号

责任编辑:邢 涛   装帧设计:韩 飞
责任校对:宋 玮

出版发行:化学工业出版社(北京市东城区青年湖南街 13 号 邮政编码 100011)
印   装:三河市延风印装有限公司
710mm×1000mm 1/16 印张 26½ 字数 521 千字 2023 年 10 月北京第 1 版第 1 次印刷

购书咨询:010-64518888   售后服务:010-64518899
网   址:http://www.cip.com.cn
凡购买本书,如有缺损质量问题,本社销售中心负责调换。

定   价:138.00 元

本书编写人员

主　　　　编：伊廷锋

副　主　　编：魏婷婷　谢　颖

其他编写人员：来雪琦　李　莹

　　　　　　　仇立英　李学忠

　　　　　　　刘红岩

前　言

近年来，非锂二次电池正成为锂离子电池的低价替代品，其中具有与锂离子电池相似工作原理的钠离子电池受到了广泛的关注。尽管相对于锂而言，钠的比电荷较低，但钠盐的资源丰富及价格低廉等特点使其在大规模储能系统中获得了足够的竞争优势。钠离子电池的电化学性能主要取决于电极材料的结构和性能，然而由于钠离子比锂离子具有更大的离子半径，使得钠离子电池相比锂离子电池具有更迟缓的扩散动力学，这给探寻合适的钠离子电池正极材料、负极材料、电解液和电池隔膜提出了挑战。

正极材料作为钠离子电池的重要组成部分，决定了钠离子电池电化学性能的优劣。由于钠离子半径较大，开发结构稳定且具有快速钠离子扩散性能的正极材料是获得高性能钠离子电池的关键之一。负极材料在循环过程中起到钠离子储存、释放的作用，由于钠离子有着较大的离子半径，导致钠离子在嵌入负极材料的过程中会发生剧烈的体积膨胀，造成材料粉化，致使现有成熟的锂离子电池负极材料难以直接用于钠离子电池。电解质作为电池内循环的主要组成部分，起着传导离子、参与电化学反应的重要作用，其与电极材料之间的兼容性是保证整个电池充放电正常进行的关键。隔膜的性能决定了电池的界面结构和内阻，对电池的电化学性能起着重要的作用，甚至在很大程度上决定了电池的安全性，因此，开发可以与钠离子电池体系相匹配的隔膜显得尤为重要。另外，随着材料技术的发展，对材料的要求提高，实验日益复杂精密，同时也得到更多的关于材料的信息，于是对相应的物理分析方法提出了挑战。为了达到解释并指导实验的目的，利用第一性原理计算的基本方法，实现材料的多尺度模拟，有助于我们从原子和分子层次、介观层次和宏观层次理解材料结构与性能之间的关系，为钠离子电池材料设计提供一种新的途径，能够大大提高材料开发和利用的效率，节约开发过程的成本。

为了推动我国的钠离子电池行业的发展，助力高校、企业院所的研发，我们编写了《钠离子电池基础与应用》一书。全书包括 11 章，主要叙述了钠离子电池各类正极材料、负极材料、电解液、隔膜等非活性材料的制备方法、结构、电化学性能的调控以及第一性原理计算在钠离子电池电极材料中的应用。编者已有 20 年从事电化学与化学电源的教学、科研和技术转化的丰富经验，有钠离子电池材料的结构设计和性能调控的大量实践经历，根据自身的体会以及参考了大量国内外相关文献，进行本书的编写。第1、5、9、10章由伊廷锋（东北大学）和魏婷婷（东北大学）等编写，第2、3、4、6、7、8章由伊廷锋等编写，第11章由谢颖（黑龙江大学）和伊廷锋等编写。全书由伊廷锋统一补充修改定稿，参与各章编写相关工作的还有来雪琦、李莹、仇立英、李学忠、刘红岩。本书的研究工作和编写得到了国家自然科学基金（52374301、22279030和U1960107）和东北大学秦皇岛分校河北省电介质与电解质功能材料重点实验室绩效补助经费（22567627H）的资助，在此致谢。同时对给予本书启示和参考的文献作者予以致谢。

钠离子电池材料的涉及面广，又是正在蓬勃发展之中，编者水平有限，难免挂一漏万，不妥之处，敬请专家和读者批评指正。

编者

2023年5月

目 录

第4章　合金化反应机制负极材料及其他负极材料　　108

第5章　层状氧化物正极材料　　165

第 1 章

钠离子电池概述

　　煤、石油、天然气是重要的自然资源，也是我们赖以生存的主要能源。开发和利用这些传统化石能源不可避免地会带来环境污染问题和能源危机问题。相比于传统能源，太阳能、风能、潮汐能、生物质能、地热能等新型能源具有环境污染少、大多数可再生、资源丰富等优点。开发利用这些新型能源，不仅是缓解当今世界环境污染问题和能源枯竭问题的重要手段，对于解决由能源危机引发的各种问题也具有重要的战略意义。但是，这些新型的可再生能源基本上都具有间歇性、随机性等特点。要开发和利用这些新型能源，需要发展大规模储能技术。

　　根据储能过程中能量存在的形式，通常把储能技术主要分为物理储能和电化学储能。物理储能是通过物理变化来储能，包括重力储能、动能储能、超导储能等。电化学储能由可充电电池储能、氢储能、化合物储能等组成，是利用电化学反应的可逆性通过电能和化学能的相互转化来实现储能。在已开发的储能技术中，可充电电池由于其较高的存储能量和转化效率，以及便捷灵活性而备受关注。锂离子电池因其具有安全无污染、循环寿命长、能量密度高等优点，在 3C 类电子产品、电动汽车和大规模储能领域得到了较为广泛的应用，极大提高了人类的生产生活水平。但由于锂离子电池需求的快速增长与锂资源短缺、成本升高之间的矛盾，促使人们不断寻找和研发新的可充电电池。与锂元素处于同一主族的钠元素与其具有相似的物理化学性质，且钠价格低廉、资源丰富（地壳中的含量约为 2.64%），因此钠离子电池被科学家们认为是最有潜力替代锂离子电池的新型储能体系之一[1]。

1.1　钠离子电池概述

1.1.1　钠离子电池的发展简史

　　关于钠离子电池的研究最早可以追溯到 20 世纪 80 年代，寻找合适的钠离子电池电极材料是其实现规模应用的前提。与锂离子电池相比较，它的发展非常缓慢，主要有以下几点原因：第一，钠具有较大的离子半径（Na^+：1.02Å❶，Li^+：0.76Å），驱动 Na^+ 运动就需要更高的能量，这曾是钠离子电池技术中难以突破的瓶颈。以碳为驱动介质作为突破口，可以释放钠离子电池的能效至锂离子电池的 7 倍，而且循环性能也更好；第二，钠的标准电极电势较低（2.71V vs. Na^+/Na，3.04V vs. Li^+/Li），因此在能量密度方面，钠离子电池通常逊于锂离子电池；第三，对于钠离子电池电极材料的选择，当时研究者只是简单地将锂离子电池中的适用材料进行套用，忽略了钠离子电池对材料晶格结构等方面的独特需求，所以导致大部分尝试以失败结尾；最后不可忽视的一点是实验室的研究与产业化的需求并不匹配[2]，前者主要是对不同的正负极材料和电解质进行不同搭配，从而获得高比容、高倍率的电池性能，但对于后者，核心问题在于电池的循环性能，即充放电次数是否能满足实际需求。

1.1.2 钠离子电池的组成及原理

钠离子电池主要构成部分为正极、负极、电解液、隔膜、集流体等。其工作原理与锂离子电池类似，都为"摇椅式"，即 Na^+ 在正负极材料之间进行可逆的嵌入和脱出来实现电荷转移[3]。当电池开始放电时，Na^+ 先从负极材料中脱出，然后再经电解液进入正极材料内部。此时，外电路会有电子从负极流向正极，从而保证整个电池系统的电荷数量平衡。当电池开始充电时，Na^+ 从正极材料中脱出，然后再经电解液进入负极材料内部。此时，外电路会有电子从正极流入负极。在正负极的氧化还原反应都理想的情况下，Na^+ 在正负极材料中的脱嵌并不影响材料的结构或组分，同时也不会与电解液发生副反应。电池系统的可逆性保证钠离子电池持续稳定地循环使用。但实际上，Na^+ 很难在自由脱嵌过程中不引起材料的任何变化或者电解液的分解，这就使得电池系统的循环稳定性变差。从工作原理方面考虑，设计或优化电池的重心变成如何获得稳定的电极材料结构、最优的材料组成以及调配合适的电解液，这也是最终影响电池容量高低、循环性能、倍率性能的关键因素。以铁酸钠/硬碳电池为例，其工作原理如图1.1 所示[4]。

当钠电池充电时，Na^+ 从正极 $NaMnO_2$ 晶格中脱嵌出来，经过电解液嵌入到负极，使正极成为贫钠状态而负极处于富钠状态。同时释放了一个电子，正极发生氧化反应，Mn 由 +3 价变为 +4 价。游离出的 Na^+ 则通过隔膜嵌入硬碳，形成 Na_xC_n 的插层化合物，负极发生还原反应；放电则反之，Na^+ 从硬碳中脱出，重新嵌入 $NaMnO_2$ 中，Mn 由 +4 价降为 +3 价，同时电子从负极流出，经外电路流向正极从而保持电荷平衡。电极反应如下：

❶ $1\text{Å} = 0.1\text{nm}$。

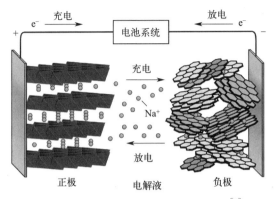

图 1.1　钠离子电池的工作原理示意图[4]

正极：

$$NaMnO_2 \longrightarrow Na_{1-x}MnO_2 + xe^- + xLi^+ \qquad (1.1)$$

负极：

$$nC + xNa^+ + xe^- \longrightarrow Na_xC_n \qquad (1.2)$$

总电极反应：

$$nC + NaMnO_2 \longrightarrow Na_xC_n + Na_{1-x}MnO_2 \qquad (1.3)$$

从以上可知，钠离子电池的核心主要是正负极材料，这直接决定了钠离子电池的工作电压以及循环性能。

正极活性物一般选择氧化还原电势较高（$>3V$ vs. Na^+/Na）且在空气中能够稳定存在的可提供钠源的储钠材料，正极材料电位随钠含量变化应该较小；为提高电池体系的能量密度，正极材料应该具有较高的可逆比容量；为提高电池体系的循环性能，正极材料在脱嵌钠的过程中体积变化应该尽可能小；为提高电池体系的功率特性，正极材料应该具有足够的离子扩散通道和离子扩散速率；结构稳定性、化学稳定性、电化学稳定性较高；制备工艺简单、资源丰富、环境友好。目前，钠离子电池正极材料的研究尚处于寻找合适材料的阶段。受到研究者广泛关注的正极材料主要包括层状氧化物、隧道型氧化物、普鲁士蓝类化合物及聚阴离子型化合物。

影响正极材料的电化学性能的因素有很多，除自身结构因素外，主要还有以下几点：

① 结晶度　晶体结构发育好，即结晶度高，有利于结构的稳定以及有利于Na^+的扩散，材料的电化学性能好；反之，则电化学性能差。

② 化学计量偏移　材料在制备过程中，条件控制的差异，易出现化学计量偏移，影响材料的电化学性能。如Na_xCoO_2电极材料，在低钠含量时对应的热力学稳定相是 P2 相，但是钠含量较低时，由于动力学因素的影响，可能会形成热力学亚稳相的 P3 或者 O3 相，从而影响材料的比容量等电化学性质[5]。

③ 颗粒尺寸及分布　钠离子电池电极片为一定厚度的薄膜，并要求这种膜结构均匀、连续。电池正极包括正极活性材料-正极活性材料界面（平整的而且只有分子层厚度，除了原组成物质外界面上不含其他物质的界面）和正极活性材

料-电解质界面（亚微米级左右的界面反应物层的界面）。若材料的粒径过大，则比表面积较小，粉体的吸附性相对较差，正极活性材料-正极活性材料界面间相互吸附较为困难，难以形成均匀、连续的薄膜结构，这样易引起电极片表面裂痕等缺陷，降低电池的使用寿命。此外，电解质对正极材料的浸润性较差，界面电阻增大，Na^+向电解质中扩散系数减小，电池的容量减小。若活性材料的粉体粒径过小（纳米级），则比表面积过大，粉体极易团聚，电极片活性物质局部分布不均匀，电池性能下降；同时，粉体过细，易引起表面缺陷，诱发电池极化，降低正极的电化学性能。因此较为理想的正极材料粉体粒径应控制在微米级，而且分布较窄，以保证较理想的比表面积，从而提高其电极活性。

④ 材料的结构和组成均匀性 若材料的结构和组成不均匀，造成电极片活性物质局部分布不均匀，降低电池的电化学性能。

目前钠离子电池的成功商品化主要归功于用嵌钠化合物代替金属钠负极。负极材料通常选取嵌钠电位较低，接近金属钠电位的材料，可分为碳材料和非碳负极材料。碳材料包括石墨化碳（天然石墨、人工石墨、改性石墨）、无定形碳、纳米碳。非碳材料主要包括过渡金属氧化物、氮基、硫基、磷基、硅基、锡基、钛基和其他新型合金材料。理想的负极材料主要作为储钠的主体，在充放电过程中实现钠离子的嵌入和脱出，是钠离子电池的重要组成部分，其性能的好坏直接影响钠离子电池的电化学性能。

作为钠离子电池负极材料应满足以下要求：

① 钠离子嵌入时的氧化还原电位（相对于金属钠）要足够低，以确保电池有较高的输出电压；

② 尽可能多地使钠离子在正负极活性物质中进行可逆脱嵌，保证可逆容量值较大；

③ 钠离子可逆脱嵌过程中，负极活性物质的基体结构几乎不发生变化或者变化很小，确保电池具有较好的循环稳定性；

④ 随着钠离子不断嵌入，负极材料的电位应保持不变或变化很小，确保电池具有稳定的充放电电压平台，满足实际应用的需求；

⑤ 具有较高的离子和电子电导率，降低因充放电倍率提高对钠离子嵌入和脱出可逆性的影响，降低极化程度，提高倍率性能；

⑥ 表面结构稳定，在电解液中形成具有保护作用的固体电解质膜，减少不必要的副反应；

⑦ 具有较大的钠离子扩散系数，实现快速充放电；

⑧ 资源丰富，价格低廉，对环境友好等。

电解液为高电压下不分解的有机溶剂和电解质的混合溶液。电解质为钠离子运输提供介质，通常具有较高的离子电导率、热稳定性、安全性以及相容性，一般为具有较低晶格能的含氟钠盐有机溶液。其中，电解质盐主要有 $NaPF_6$、Na-

ClO_4、$NaBF_4$、$NaCF_3SO_3$、$NaAsF_6$ 等钠盐，一般采用 $NaPF_6$ 为导电盐。有机溶剂常使用碳酸丙烯酯（PC）、碳酸乙烯酯（CEC）、碳酸甲乙酯（CEMC）、碳酸乙烯酯（EC）、二乙基碳酸酯（DEC）等烷基碳酸酯或它们的混合溶剂。钠离子电池隔膜一般是玻璃纤维滤纸做成的微孔膜，主要起到隔离正负电极，使电子无法通过电池内电路，但允许离子自由通过的作用。由于隔膜自身对离子和电子绝缘，在正负极间加入隔膜会降低电极间的离子电导率，所以应使隔膜孔隙率尽量高，厚度尽量薄以降低电池内阻。因此，隔膜是采用可透过离子的玻璃纤维微多孔膜，不仅熔点要高，能够起到热保护作用，而且具有较高的抗刺穿强度。

1.1.3　钠离子电池的优缺点

钠离子电池使用的电极材料主要是钠盐，相较于锂盐而言储量更丰富，价格更低廉。由于钠离子比锂离子更大，所以当对重量和能量密度要求不高时，钠离子电池是一种划算的替代品。铅酸电池、锂离子电池和钠离子电池性能对比见表1.1。

与锂离子电池相比，钠离子电池具有的优势有：

① 钠盐原材料储量丰富，价格低廉，采用铁锰镍基正极材料相比较锂离子电池三元正极材料，原料成本降低一半；

② 由于钠盐特性，允许使用低浓度电解液（同样浓度电解液，钠盐电导率高于锂电解液20％左右）降低成本；

③ 钠离子不与铝形成合金，负极可采用铝箔作为集流体，可以进一步降低成本8％左右，降低重量10％左右；

④ 由于钠离子电池无过放电特性，允许钠离子电池放电到0V。钠离子电池能量密度大于100Wh/kg，可与磷酸铁锂电池相媲美，但是其成本优势明显，有望在大规模储能中取代传统铅酸电池。

表 1.1　铅酸电池、锂离子电池和钠离子电池性能对比[6]

指标	铅酸电池	锂离子电池（磷酸铁锂/石墨体系）	钠离子电池（铜基氧化物/煤基碳材料）
质量能量密度/Wh·kg^{-1}	30～50	120～180	100～150
体积能量密度/Wh·L^{-1}	60～100	200～350	180～280
单位能量原料成本/(元/Wh)	0.40	0.43	0.29
循环寿命/次	300～500	3000 以上	2000 以上
平均工作电压/V	2.0	3.2	3.2
−20℃容量保持率	小于60％	小于70％	88％以上
耐过放电	差	差	可放电至0V
安全性	低	优	优
环保特性	差	优	优

然而，钠离子电池也不是完美的，存在如下几点缺点：

① 内阻相对较大。由于其电解液是有机溶剂，其扩散系数远低于 Cd-Ni 和 MH-Ni 电池的水溶性电解液。

② 充放电电压区间宽。所以必须设置特殊的保护电路，防止过充电和过放电的发生。

③ 与普通电池的相容性差。因为钠离子电池的电压比其他电池高，所以跟其他电池相容性就较差。

1.2　钠离子电池电极材料的表征与测试方法

1.2.1　物理表征方法

钠离子电池电极材料成分的表征主要有电感耦合等离子体（ICP）、X 射线荧光光谱仪（XRF）、能量弥散 X 射线谱（EDX）、二次离子质谱（SIMS）等。其中 SIMS 可以分析元素的深度分布且具有高灵敏度。元素价态的表征主要有扫描透射 X 射线成像（STXM）、电子能量损失谱（EELS）、X 射线近边结构谱（XANES）、X 射线光电子谱（XPS）等。由于价态变化导致材料的磁性变化，因此通过测量磁化率、顺磁共振（ESP）、核磁共振（NMR）也可以间接获得材料中元素价态变化的信息。若含 Fe、Sn 元素，还可以通过穆斯堡尔谱（Mössbauer）来研究。另外，对碳包覆的电极材料中的碳含量的测定，可以使用碳硫分析仪。

电极材料的形貌表征一般采用扫描电镜（SEM）、透射电镜（TEM）、STXM、扫描探针显微镜（SPM）进行表征。SPM 中的原子力显微镜（AFM）大量应用于薄膜材料、金属钠表面形貌的观察，主要用于纳米级平整表面的观察。表征材料晶体结构的主要有 X 射线衍射技术（XRD）、扩展 X 射线吸收精细谱（EXAFS）、中子衍射（neutron diffraction）、核磁共振（NMR）以及球差校正扫描透射电镜等。振动光谱（红外光谱及拉曼光谱）对材料的对称性质及局部键合情况非常敏感，能够快速地提供材料的结构信息，因此在固体化学等领域已经获得广泛的应用。振动光谱能够对材料进行定性分析，并且能够检测到用 X 射线衍射方法不易分析的非晶态和半非晶态化合物。如果晶体中存在某种在动力学上可以视为孤立的原子团、络离子等，也就是当它们的某些内振动或所有内振动的频率显著高于外部振动时，则识别某些晶体的振动就大大简化。含有这种原子团或络离子的一个系列的化合物的光谱具有共同的特征，这些特征与它们的内振动有关系。此外，Raman 散射也可以通过涉及晶格振动的特征峰及峰宽来判断晶体结构及其对称性。

1.2.2　电化学表征方法

电化学表征除了常规的充放电测试以外，主要还包括循环伏安法（cyclic voltammogram，CV）和电化学阻抗测试（electrochemical impedance spectroscopy，EIS）。循环伏安法是电化学研究中最常用的测试方法之一，根据 CV 图中的峰电位和峰电流，可以分析研究电极在该电位范围内发生的电化学反应，鉴别其反应类型、反应步骤或反应机理，判断反应的可逆性，以及研究电极表面发生的吸附、钝化、沉积、扩散、偶合等化学反应。电化学阻抗法也是电化学研究中最常用的测试方法之一，可以获得有关欧姆电阻、吸脱附、电化学反应、表面膜层以及电极过程的动力学参数等信息。

由于钠离子在嵌入型化合物内部的脱出/嵌入是实现能量存储与输出的关键步骤，因此钠离子在这些材料中的嵌脱动力学成为表征其电化学性能的非常重要参数。对于钠离子电池来说，常用的表征钠离子嵌脱动力学的电化学测试方法主要有循环伏安法、电化学阻抗谱法、恒电流间歇滴定法（GITT）和电位阶跃法（PSCA）等。

利用循环伏安测试可以得出不同扫描速度下所得的峰值电流（I_p）与扫描速率的平方根（$V^{1/2}$）的线性关系图。图 1.2 为 $Na_{2.9}V_{1.9}Zr_{0.1}(PO_4)_3/C$ 材料不同扫速的 CV 曲线及峰电流与扫描速率的平方根的线性关系图[7]。

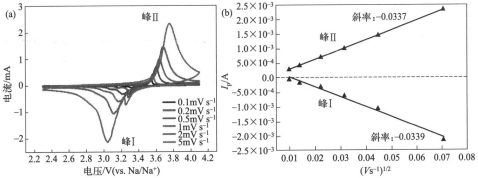

图 1.2　$Na_{2.9}V_{1.9}Zr_{0.1}(PO_4)_3/C$ 材料不同扫速的 CV 曲线（a）
及峰电流与扫描速率的平方根的线性关系图（b）[7]

电极反应由钠离子扩散控制，钠离子扩散符合半无限固相扩散机制。对于半无限扩散控制的电极反应，钠离子的扩散系数可以采用 Randles-Sevcik 公式计算：

$$I_p = 2.69 \times 10^5 n^{3/2} A D_{Na}^{1/2} C_{Na} V^{1/2} \tag{1.4}$$

其中，A 为电极表面积，cm^2；n 为反应电子数（对于钠离子，$n=1$）；D_{Na} 为扩散系数，$cm^2 \cdot s^{-1}$；C_{Na} 为钠离子的浓度，$mol \cdot cm^{-3}$，计算的充/放电时的钠离子扩散系数值分别为 $4.05 \times 10^{-11} cm^2 \cdot s^{-1}$，$4.10 \times 10^{-11} cm^2 \cdot s^{-1}$。

电化学阻抗技术是电化学研究中的一种重要方法，已在各类电池研究中获得了广泛应用。该技术的一个重要特点是可以根据阻抗谱图（Nyquist 图）准确地区分在不同频率范围内的电极过程控制步骤。钠离子扩散系数（D_{Na}）可以通过低频区的实部阻抗（Z_{re}）与角频率（ω）的关系以及如下公式计算：

$$Z_{re} = R_{ct} + R_s + \sigma \omega^{-\frac{1}{2}} \tag{1.5}$$

$$D_{Na} = \frac{R^2 T^2}{2A^2 n^4 F^4 C_{Na}^2 \sigma^2} \tag{1.6}$$

式中，σ 是与 Z_{re} 有关的 Warburg 系数；R 是气体常数（$8.314J \cdot mol^{-1} \cdot K^{-1}$）；$T$ 为热力学温度；A 为电极的表面积；n 为氧化过程中单个分子转移的电子数；F 为法拉第常数；C_{Na} 为钠离子浓度，$mol \cdot cm^{-3}$。

此外，电极阻抗的最简单 Nyquist 图，如图 1.3 所示，从图中可见，高频区是一个对应电荷转移反应的容阻弧，低频区是一条对应扩散过程的直线。

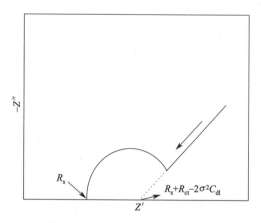

图 1.3 电极阻抗的 Nyquist 谱图

半无限扩散条件下，Warburg 阻抗可表示为：

$$Z_W = \sigma \omega^{-1/2} - j\sigma \omega^{-1/2} \tag{1.7}$$

由式(1.7)可见，Warburg 阻抗是一条与实轴成 45°角的直线。假设电极反应完全可逆，还原态的活度为常数，电极电势的波动与氧化态的表面浓度波动具有完全相同的电位。由此而引起的电极电势波动也比电流波动落后 45°，则在由扩散控制步骤的电解阻抗的串联等效电路中，电阻部分（$R_{扩}$）与电容部分（$C_{扩}$）之间必然存在如下关系：

$$|Z_R|_{扩} = R_{扩} = |Z_C|_{扩} = \frac{1}{\omega C_{扩}} = \frac{|Z_W|}{\sqrt{2}} \tag{1.8}$$

$$R_{扩} = \frac{RT}{\sqrt{2}\,n^2 F^2 C_O^0 \sqrt{\omega D_O}} = \frac{\sigma}{\sqrt{\omega}} \tag{1.9}$$

由式(1-8) 和式(1-9) 两式联立：

$$\sigma = \frac{|Z_W|\,\omega^{1/2}}{\sqrt{2}} \tag{1.10}$$

由式(1-7) 可得：

$$Z_W = \frac{1}{Y_0 \left(\dfrac{\omega}{2}\right)^{\frac{1}{2}} (1+j)} \tag{1.11}$$

对式(1-11) 两边取模，则：

$$|Z_W| = Y_0^{-1} \omega^{-\frac{1}{2}} \tag{1.12}$$

由式(1-10) 和式(1-12) 两式联立：

$$\sigma = \frac{1}{\sqrt{2}\,Y_0} \tag{1.13}$$

此外，当频率 $f \gg 2D_{Li}/L^2$（L 是扩散层厚度），σ 可以表述为：

$$\sigma = \frac{V_M}{\sqrt{2}\,nFAD_{Li}^{1/2}} \times \frac{-dE}{dx} \tag{1.14}$$

由式(1-13) 和式(1-14) 两式联立：

$$D_{Li} = \left[\frac{Y_0 V_M}{FA}\left(\frac{-dE}{dx}\right)\right]^2 \tag{1.15}$$

式中，V_M 是电极材料的摩尔体积，A 是电极的表面积，Y_0 是导纳，F 是法拉第常数，n 是得失电子数（此处 $n=1$），dE/dx 是放电电压-组成曲线上每点的斜率。由此可见，由所测阻抗谱图的 Warburg 系数，再由放电电压-组成曲线所测的不同钠嵌入量下的 dE/dx，根据式(1-15) 也可以求出钠离子固相扩散系数 D_{Na}。

PITT 是基于平面电极的一维有限扩散模型，经过合理的近似和假设，偏微分求解 Fick 第二定律，得钠离子扩散系数的计算公式为：

$$D_{Na} = -\frac{d\ln I}{dt} \times \frac{4L^2}{\pi^2} \tag{1.16}$$

式中，I 为阶跃电流，t 为阶跃时间，L 为扩散距离（极片上活性材料厚度）。

恒电流间歇滴定技术（GITT）是稳态技术和暂态技术的综合，它消除了恒电位技术等技术中的欧姆电位降问题，所得数据准确，设备简单易行。根据 GITT 分析技术的理论，得钠离子扩散系数的计算公式为：

$$D_{Na} = \frac{4}{\pi} \left(I_0 \frac{V_m}{FA} \right)^2 \left(\frac{dE/dx}{dE/d\sqrt{t}} \right)^2, \quad t \ll \frac{l^2}{D_{Li}} \tag{1.17}$$

式中，V_m 是电极材料的摩尔体积，I_0 是应用的电流，l 为扩散距离，E 是法拉第电池的电压。

钠离子电池的扩散系数与电池的电压、充放电态、合成方法、粒径大小、测试温度以及测试方法有关。以 $O3\text{-}NaNi_{0.5}Mn_{0.5}O_2$ 材料为例，Wang 等人[8] 采用 CV 法计算了溶胶-凝胶法 950℃在空气中烧结 15h 制备的 $O3\text{-}NaNi_{0.5}Mn_{0.5}O_2$ 材料的钠离子扩散系数为 $2.86 \times 10^{-12} \, cm^2 \cdot s^{-1}$，采用 GITT 法计算的钠离子扩散系数在 $10^{-12} \sim 10^{-11} \, cm^2 \cdot s^{-1}$ 之间；Mao 等人[9] 利用从 CV 法计算了共沉淀法制备的 $O3\text{-}NaNi_{0.5}Mn_{0.5}O_4$ 材料在 $2 \sim 4V$ 之间的钠离子扩散系数为 $3.867 \times 10^{-12} \sim 1.518 \times 10^{-11} \, cm^2 s^{-1}$；Meng 等人[10] 利用电化学阻抗法计算了 $O3\text{-}NaNi_{0.5}Mn_{0.5}O_4$ 材料的钠离子扩散系数为 $1.92 \times 10^{-12} \sim 1 \times 10^{-13} \, cm^2 s^{-1}$。

1.2.3　电极材料活化能的计算

钠离子电池电极材料的制备有许多种方法，但是，无论采用哪种方法，对原料前驱体加热升温和持续焙烧是制备电极材料必需的工艺步骤。通过计算合成过程中各个反应阶段的表观活化能，可以优化工艺对终产物带来的影响。根据非等温动力学理论和 Arrhenius 方程，热动力学反应速率可表示为：

$$\ln \frac{\beta}{T^2} = \ln \frac{AR}{Ea} - \frac{Ea}{R} \times \frac{1}{T} \tag{1.18}$$

式中，β 为 DSC 曲线的升温速率，℃·min^{-1}；A 为表观指前因子；E_a 为反应活化能，J·mol^{-1}；R 为气体常数。由 $\ln \frac{\beta}{T^2}$-$\frac{1}{T}$ 的关系曲线，可以得到一条直线，通过直线的斜率可求得各个峰的活化能值。通过评估其合成过程中各个反应阶段的表观活化能，并利用 X 射线衍射技术基于热动力学结果提出分步烧结的具体工艺，综合各阶段产物的特点，可以优化电极材料的制备工艺及提高所制备的电极材料的纯度。

钠离子电池主要依靠钠离子在正极和负极之间移动来工作，在充放电过程中，Na^+ 在两个电极之间往返嵌入和脱出。钠离子在固相材料中的扩散能力远远小于其在电解液中的迁移能力。因此钠离子在电极材料内部的扩散系数直接影响了电池的性能，尤其是高倍率性能。事实上，钠离子电池电极材料普遍存在钠离子扩散系数偏低的问题。因此，在高性能电极材料的设计中，往往通过体相掺杂来提高材料的钠离子扩散系数。而钠离子扩散系数的大小直接影响了电池中电化学反应的活化能。因此，对于电池的充放电反应，获取活化能数据的一个重要意义是，由活化能的相对高低可比较不同离子掺杂或掺杂量不同的材料的性能，从而为高性能掺杂电极材料的设计提供理论依据。钠离子电池电极材料的钠离子扩散系数（D_{Na}）与活化能（E_a）之间的关系为：

$$D_{Li} = D_0 \exp\left(-\frac{E_a}{RT}\right) \tag{1.19}$$

因此，

$$\ln D_{Na} = \ln D_0 - \frac{E_a}{R} \times \frac{1}{T} \tag{1.20}$$

式中，D_0 为表观指前因子；E_a 为反应活化能，$J \cdot mol^{-1}$；T 为温度，K；R 为气体常数。由 $\ln D_{Na}$-$\frac{1}{T}$ 的关系曲线，可以得到一条直线，通过直线的斜率（k）可求得活化能值（$E_a = -Rk$）。

另外，在钠离子电池中，交换电流密度（i_0）可以反映出一个电化学反应进行的"难易"程度，也就说该反应过程中所遇"阻力"的大小。它的大小是由电极反应过程中"控制步骤"的"阻力"来决定的。因此，交换电流密度的大小同样影响了电池中电化学反应的活化能。由此可见，利用交换电流密度计算活化能，也可以为高性能掺杂电极材料的设计提供理论依据。钠离子电池电极材料的交换电流密度与活化能（E_a）之间的关系为：

$$\ln i_0 = \ln i_A - \frac{E_a}{R} \times \frac{1}{T} \tag{1.21}$$

式中，i_A 为表观指前因子；E_a 为反应活化能，$J \cdot mol^{-1}$；T 为温度，K；R 为气体常数。由 $\ln i_0$-$\frac{1}{T}$ 的关系曲线，可以得到一条直线，通过直线的斜率（k）可求的活化能值（$E_a = -Rk$）。

1.3　原位表征技术

在过去的几年中，人们开发了大量的原位表征技术，如扫描电镜、同步 X 射线衍射、光学电镜、拉曼光谱、中子衍射和核磁共振谱等，以便在电池工作条件下直接观察电极材料在电化学循环过程中的微观结构和相演变。上述原位表征技术可以探测晶体的结构信息、材料电子结构的变化、固态电解质界面膜的形成等，为体相电极材料的研究提供了重要的相转变过程和材料失效机制信息。

TEM 利用电子和材料之间的强相互作用，可以提供材料的局部结构和化学信息。原子尺度和纳米尺度的原位 TEM 分析是了解电池材料在电化学循环中形态演化的理想工具。原位 TEM 研究通常使用两种类型的配置：开放式液体电池和密封式液体电池装置。在开放式液体电池的平台下，工作电极直接与非挥发性电解质接触以形成微电池系统。由于电子束直接照射到样品上，开放式的装置可以实现高分辨率成像及准确的化学元素分析,但这种配置具有一定的局限性,由于采用的电解质与实际电池中的电解质不同,导致电解质和电极之间的接触面积不足,所以无法探究电池中关键的 SEI 膜形成过程。而为了模拟真实电池中的操作条件,密封式液体电池装置被用于原位 TEM 研究,该电池体系采用 SiN_x 膜作为透明窗口密封电解质。但是,由于 SiN_x 膜和液态电解质的存在,电子穿透率被降低,随之分辨率也被降级,使得封闭式液体电池不适合在原子尺度上研究电极材料精细的结构和成分演化。

Wang 等人[11] 确定钠在硬碳中的储存过程经历两个步骤(图 1.4)。第一步是 Na^+ 在高能表面位点和缺陷位点的吸附,对应于 $2\sim0.15V$ 的电压区间,第二步是在弯曲的石墨烯片上进行的插层过程,石墨烯层间距离膨胀了约 5%,这对应于 $0.15V$ 附近的电压平台。硬碳负极体积膨胀的实时可视化有助于揭示其电荷存储机制。Selvaraj 等人[12] 使用原位 TEM 研究了在钠离子电池中 Sb 阳极颗粒在(去)钠化过程中的微观结构变化。在循环期间 Sb 颗粒没有在内部形成新

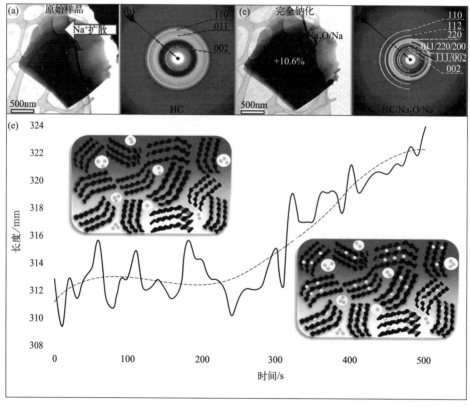

图 1.4 硬碳循环前(a)和完全钠化后(c)的 TEM 图像,
(b)和(d)为相应的电子衍射图案,(e)为 Na 吸附和嵌入硬碳中的示意图[11]
曲线显示了在钠化过程中硬碳的体积变化

的相域或边界，表现出高度的尺寸及微观结构可逆性。这主要是源于钠化过程中的中间相可以实现均匀的应力分布及各向同性尺寸变化，这种中间体使得 Sb 颗粒的微观结构具有可逆性和完整性。

　　原位 XRD 可以用于研究材料在循环过程中的结构演变，包括晶格和原子占位变化。具体而言，与传统发射光谱学 XRD 相比，具有更高光子能量和强度的基于同步加速器的 XRD（SXRD）可以提供更强的穿透力，更好的信噪比以及更准确的空间和时间分辨率。因此，SXRD 大大缩短了数据采集需要的时间。常规 XRD 需要大约 $10\sim30\text{min}$，而 SXRD 只需要大约 10s，可以近似为实时观测材料的结构变化。与 TEM 相比，XRD 可以在实际电池装置中进行，允许在更长的时间范围内进行测试。目前，已经有多种原位 XRD 装置被开发，例如经过改进的纽扣电池，袋式电池，Argonne 多用途原位 X 射线（Ampix）电池、径向可及的管状原位 X 射线电池和毛细管型电池等。Xu 等人[13] 为了了解 $Na_{0.7}[Cu_{0.15}Fe_{0.3}Mn_{0.55}]O_2$ 材料在循环过程中的结构演变，对其进行了原位 XRD 测试，如图 1.5 所示[13]。从开路电压到 4.14V 的充电过程中，（002）峰持续向低角度偏移，表明发生了固溶反应。随着 Na^+ 的脱出，晶格参数 c 明显增大，这是由于两个相邻 O 层之间库仑排斥力不断增加。然而，当电池进一步充电至 4.2V 时，（002）峰迅速移回更高的角度，表明在高压充电过程中形成了新的 O2 相。在放电过程中，（002）峰没有对称移回更低角度。这种相变过程直到电池放电到 3.3V 时才会恢复到 P2 相。随后，（002）峰继续向更高的角度偏移，表明 c 轴收缩。放电至 2.5V 后，（002）峰返回到与原始 $Na_{0.7}[Cu_{0.15}Fe_{0.3}Mn_{0.55}]O_2$ 电极相同的位置，表明在循环过程中其具有良好的结构可逆性。

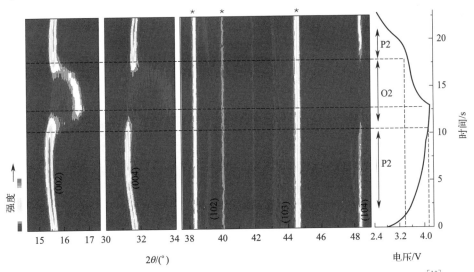

图 1.5　$Na_{0.7}[Cu_{0.15}Fe_{0.3}Mn_{0.55}]O_2$ 材料在首次循环过程中的原位 XRD 图[13]

X射线吸收谱（XAS）是一种与同步辐射相关的表征技术。与XRD不同，XAS不需要被测物质具有长程有序性，也就是说，非晶材料，结晶固体和液体都可以利用XAS来进行表征。XAS测定材料对不同能量X射线的吸收系数。每个吸收边与材料中存在的特定原子有关，更具体地说，与将特定原子核外电子轨道电子激发到自由或未占据态的连续谱水平（轨道的电离）的量子力学转变有关。选定材料中要测试的某种元素，在一定能量范围扫描X射线光子能量，将内壳电子激发到未占据态的连续谱能级，从而导致某些能量（吸收边）急剧上升，并因为周边原子的能量散射形成一系列振荡结构。XAS数据分析通常分为两个区域：X射线吸收近边结构（XANES）区和扩展边X射线吸收精细结构（EXAFS）区。XANES区域位于离激发能量5~150eV的范围内，由于X射线的强烈吸收，它可以提供化学和结构信息，例如价态、轨道占位和对称性。EXAFS区域包括超过吸收边缘的能量范围，这反映了局部原子结构。更具体地说，可以知道相邻原子的键距离、配位数和类型。此外，XAS通常根据同步辐射X射线的能量范围分为硬XAS（hXAS）和软XAS（sXAS）。hXAS能量高于5keV，覆盖过渡元素的K边缘，而sXAS能量在100eV~2keV之间，覆盖轻元素（包括B、C、N、O和F）的K边缘以及过渡元素的L边缘。还有一个中间区域（2~5keV），即韧X射线，利用光电子发射而非吸收可以探测狭窄的固液界面。

hXAS是一种可用于透射和荧光模式的体敏技术。高亮度的同步辐射光可以穿透具有适当厚度的材料，以探测原子、分子和化学键。例如，在最常用的透射模式下，当同步辐射光穿过总厚度小于2~3个吸收长度［吸收长度与$1/\mu(E)$成正比］的物体时，有很好的探测效果。此外，hXAS不需要超高真空环境，采样时间短（几秒到几十秒），适合钠离子的研究。Ma等人[14]采用原位hXAS研究了钠离子电池第一次循环中电子结构的演变以及镍局部环境的变化。原始材料主要由Ni^{2+}离子组成（图1.6），充电后，Ni K边移动到更高的能量区域，表明Ni^{2+}被氧化。在4.5V时的能量偏移约为4eV，远大于Ni^{2+}/Ni^{3+}氧化还原变化的约2eV偏移，表明Ni的化合价接近+4（Ni^{4+}）。图1.6（a）的插图显示，Ni K边的大部分能量偏移发生在4.1V以下，而在4.1V和4.5V之间观察到微小的能量偏移。这些结果表明，Ni电荷转移反应在很大程度上发生在较低电压区域。在随后放电至2.0V时，Ni离子被还原回其二价状态（Ni^{2+}），表明Ni氧化还原反应是完全可逆的。

sXAS是一种灵敏的光谱技术，利用100eV~2keV的同步辐射X射线能量（未设置绝对边界，还可以3keV作为上限）解析从材料内部到表面的电子结构。与hXAS类似，sXAS是一种元素特异性表征，可以与XRD、TEM等结合使用。虽然hXAS和sXAS都能探测元素的未占据状态，但sXAS可以表征过渡金属2s-3d转换（L边），这与hXAS中的1s-4p转换作为K边不同。因此，sXAS

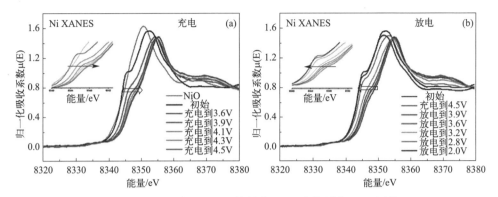

图 1.6　$Na_{0.78}Ni_{0.23}Mn_{0.69}O_2$ 材料中 Ni K 边缘原位 XAS 图谱 （a）
充电过程，（b）放电过程[14]

可以为过渡金属的氧化态和自旋态提供直接且精确的解释。sXAS
采用较低的入射光子能量，除了过渡金属的 L 边缘外，还可以很
容易地探测低原子序数元素（如 Na，C，N 和 O）的 K 边缘
（1s-2p 跃迁）。总体而言，能够解析轻元素（K 边），可以研究从
碳族到多种合金型和转换型钠离子负极材料，特别是在氧化物中，
可以提供更为有用的信息。此外，通过检测来自不同弛豫过程的荧光或电子信
号，原子所在的化学环境可以在 sXAS 中被解析。在钠离子电池中还没有全面使
用原位 sXAS，这主要归因于三个方面：①与硬 X 射线相比，软 X 射线的能量较
低，限制了信号检测的样品厚度，这是没有实际使用原位 sXAS 的根本原因；
②它需要的超高真空是很难实现的，因为电池通常涉及挥发性液体电解质；③原
位实验装置的构建具有挑战性。Wang 等人[15] 利用 sXAS 总荧光产率光谱直接
验证了低压平台对应于 FeN_6 八面体上的氧化还原反应，以及高压平台对应于
FeC_6 中心上的氧化还原反应（图 1.7）。

同步辐射 X 射线吸收精细结构（SR-XAFS）谱技术是用来研究原子近邻结
构的重要实验手段，主要用于研究吸收原子的价态和配位结构（包括配位原子
数、种类、距离等）。XAFS 谱测量的是样品吸收系数随入射 X 射线能量的变化
关系，因此用于 XAFS 谱研究的实验装置必须具有能量连续可调的 X 射线源。
毫无疑问同步辐射光源是 XAFS 技术的最理想光源，事实上也正是同步辐射光
源的发展才使得 XAFS 技术真正成为一种用于物质结构研究的实用技术[16]。由
于同步辐射光源的广谱特性，其涵盖的能量范围几乎覆盖元素周期表内所有元素
的吸收边。Xiong 等人[17] 在北京同步辐射中心（BSRF）的 4B7B 实验站采集了
轻元素 Na 和 O 的 XAFS 谱，结合 XAFS 谱和拉曼光谱的分析，从原子尺度结
构上揭示了非晶 $NaFePO_4$ 电极的无序增强了其钠存储性能的本质。研究结果表
明共棱的 FeO_6 八面体经非晶化转变为各种 FeO_n 多面体是钠离子电池获得优异

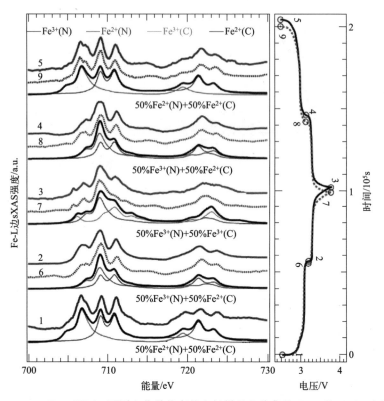

图 1.7　$Na_{1.92}Fe_2$（CN）$_6$ 不同电化学状态的电极样品上收集的 Fe L 边 sXAS 光谱[14]

性能的关键，如图 1.8 所示。基于此研究，他们用机械化学的方法成功调控了 $NaFePO_4$ 正极材料的无序度，提高了钠离子电池的循环稳定性。

在过去几年中，X 射线成像和断层扫描技术得到了更好的发展，其主要包括 X 射线计算机断层扫描（CT），透射 X 射线显微镜（TXM），扫描透射 X 射线显微镜（STXM）和 X 射线荧光显微镜（XFM）。作为对 XRD，hXAS 等其他表征的补充，这些成像和断层扫描技术捕获了物体局部信息，增强电池材料的化学和形态信息的可视化，可以解开材料非均质性对电化学性能的影响。在各种成像方法中，钠离子电池最常使用的一种是硬 X 射线 TXM，此种成像可以有效解析过渡金属的电子状态和分布，标称分辨率为约 30nm。三维（3D）图形化可以从不同角度收集单个粒子的投影图像，有利于辨别原始材料的电荷和组成不均匀性以及它们对电化学循环的影响。STXM 采用扫描的方式，可以提供更好的分辨率。XFM 的分辨率最低（亚微米），但实现了 mg/kg 级（ppm）微量元素检测。因此，XFM 适用于探测电极中的溶解物质。尽管上述成像方法是使用同步辐射光源实现的，其实 X 射线微米 CT 可以基于普通仪器实现。尽管 X 射线微米 CT 分辨率无法与 TXM 相提并论，但能够评估宏观尺度形态参数，包括表面积、孔隙

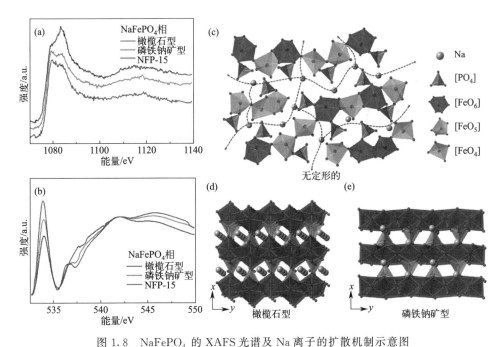

图 1.8　NaFePO$_4$ 的 XAFS 光谱及 Na 离子的扩散机制示意图

（a）不同晶体结构 NaFePO$_4$ 的 Na K 边；（b）O K 边的 X 射线吸收近边结构谱；
（c）Na$^+$ 在无定形 NaFePO$_4$ 中的可能的扩散路径；（d）橄榄石型的 NaFePO$_4$ 晶体结构；
（e）磷铁钠矿型的 NaFePO$_4$ 晶体结构[16]

率和曲率。TXM 和 CT 具有硬 X 射线的无损特性，对真空环境无要求，适用于原位实验。Yu 等人[18] 通过 X 射线成像方法和化学分析的相关性，在钠离子电池电极发生电化学转化过程中，观察到了其由外向内的反应过程，其中"无反应核"被证明是扩散屏障，阻碍了钠离子的进一步插入［图 1.9(a)～(c)］。与此不

同的是，Li$^+$ 可以与 CuO 发生完全锂化，而不会产生"无反应核"，但 X 射线成像发现，锂化过程中发生了更严重的粒子破碎。根据该结果，通过调节电池颗粒的纳米结构，促进钠离子的扩散，可以限制非活性核的形成。这为研制新型高容量钠离子电池材料提供了一条新的途径。

　　大量钠离子电池电极材料中富含过渡族金属元素，这些含有过渡金属元素的电极材料中的晶格结构、电子能带、电化学特性与其磁性密切相关。磁性测试技术着重于测试样品的磁化强度（M）或磁化率（χ＝M/H）随外加磁场（H）、温度（T）以及充放电时间（t）的变化规律。原位磁性测试可对电极材料的结构变化和反应机理进行更精确、实时的表征，能够为研究电池反应机理开辟新的途径，进而为设计高性能电极材料开拓思路。原位磁性测试可以动态实时地监测

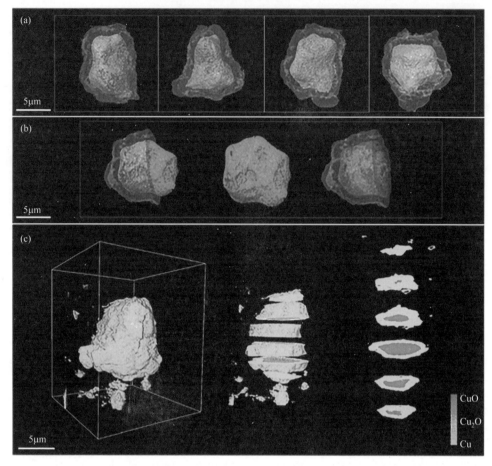

图 1.9　钠离子电池中非反应性核心 CuO 颗粒的 X 射线纳米断层扫描

（a）从不同视角观察非反应性核心 CuO 粒子的 3D 视图；（b）非反应性核心 CuO 的剖视图；

（c）非反应性核心 CuO 的切片视图[18]

电子转移，揭示电极材料的界面和体内的反应机制，解析物理化学反应机理，指导能源材料设计。不过原位磁学测试技术面临众多技术难题，需要克服电化学反应装置对磁性测试的干扰、满足磁性测试狭小空间要求，并表现出与常规电池完全一致的电化学特性[19]。如图 1.10（a）所示，Li 等人[20] 采用原位磁性测试技术对 FeS_2 锂离子电池和钠离子电池进行原位磁性测试。放电至 0V 的 FeS_2 的磁滞回线（Magnetic Hysteresis，MH）[图 1.10（b）] 以及郎之万（Langevin）拟合结果显示，相比于嵌锂反应而言，FeS_2 经过嵌钠反应产生的 Fe 单质的磁化强度更低，且颗粒更小。这表明 FeS_2 在钠离子电池中的转化反应不完全，且电极粉化更为严重，这导致了较低的容量以及较差的循环稳定性。该工作揭示了钠离子电池中过渡金属化合物电极材料容量低、循环性能差的主要原因，并首次在钠离子电池中发现了空间电荷储存现象，澄清了硫化物钠离子电池反应机理，为材料设计提供了理论基础。

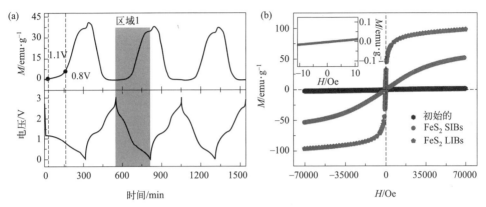

图 1.10　FeS_2 钠离子电池的循环曲线和原位磁性测试曲线（a）以及

FeS_2 电极在 SIBs 和 LIBs 中放电至 0.01V 后在 300K 下的 M-H 曲线（b）[20]

参考文献

[1] 丁玉寅，祝鹏浩，陆继鑫，等．钠离子电池正、负极材料研究进展[J]．化工科技，2022，30（1）：57-62.

[2] 胡勇胜，陆雅翔，陈立泉．钠离子电池科学与技术[M]．北京：科学出版社，2020.

[3] 李慧，吴川，吴锋，等．钠离子电池：储能电池的一种新选择[J]．化学学报，2014，72（1）：21-29.

[4] Yabuuchi N, Kubota K, Dahbi M, Komaba S. Research development on sodium-ion batteries [J]. *Chem. Rev.*, 2014, 114（23）: 11636-11682.

[5] Bianchini M, Wang J, Clement R J, et al. Ceder G. The interplay between thermodynamics and kinetics in the solid-state synthesis of layered oxides[J]. *Nat. Mater.*, 2020, 19（10）: 1088-1095.

[6] 容晓晖，陆雅翔，戚兴国，等．钠离子电池：从基础研究到工程化探索[J]．储能科学与技术，2020，9（2）：515-522.

[7] Chen Y, Cheng J, Wang C, et al. Simultaneous modified $Na_{2.9}V_{1.9}Zr_{0.1}(PO_4)_3$/C@rGO as a superior high rate and ultralong lifespan cathode for symmetric sodium ion batteries[J]. *Chem. Eng. J*, 2021, 413: 127451.

[8] Wang P-F, You Y, Yin Y-X, et al. An O3-type $NaNi_{0.5}Mn_{0.5}O_2$ cathode for sodium-ion batteries with improved rate performance and cycling stability[J]. *J. Mater. Chem. A*, 2016, 4（45）: 17660-17664.

[9] Mao Q, Gao R, Li Q, et al. O3-type $NaNi_{0.5}Mn_{0.5}O_2$ hollow microbars with exposed {0 1 0} facets as high performance cathode materials for sodium-ion batteries[J]. *Chem. Eng. J.*, 2020, 382: 122978.

[10] Meng Y, An J, Chen L, et al. $NaNi_{0.5}Mn_{0.5}Sn_xO_2$ cathode with anti-structural deformation enhancing long lifespan and super power for a sodium ion battery[J]. *Chem. Commun.*, 2020, 56（58）: 8079-8082.

［11］ Wang K, Xu Y, Li Y, et al. Sodium storage in hard carbon with curved graphene platelets as the basic structural units[J]. *J. Mater. Chem. A*, 2019, 7（7）: 3327-3335.

［12］ Selvaraj B, Wang C—C, Song Y—F, et al. Remarkable microstructural reversibility of antimony in sodium ion battery anodes[J]. *J. Mater. Chem. A*, 2020, 8（43）: 22620-22625.

［13］ Xu S, Wu J, Hu E, et al. Suppressing the voltage decay of low-cost P2-type iron-based cathode materials for sodium-ion batteries[J]. *J. Mater. Chem. A*, 2018, 6（42）: 20795-20803.

［14］ Ma C, Alvarado J, Xu J, et al. Exploring oxygen activity in the high energy P2-type $Na_{0.78}Ni_{0.23}Mn_{0.69}O_2$ cathode material for na-ion batteries[J]. *J. Am. Chem. Soc.*, 2017, 139（13）: 4835-4845.

［15］ Wang L, Song J, Qiao R, et al. Rhombohedral prussian white as cathode for rechargeable sodium-ion batteries[J]. *J. Am. Chem. Soc.*, 2015, 137（7）: 2548-2554.

［16］ 刘云鹏, 盛伟繁, 吴忠华. 同步辐射及其在无机材料中的应用进展[J], 无机材料学报, 2021, 36（9）: 901-908.

［17］ Xiong F, An Q, Xia L, et al. Revealing the atomistic origin of the disorder-enhanced Na-storage performance in $NaFePO_4$ battery cathode[J], *Nano Energy*, 2019, 57: 608-615.

［18］ Yu Z, Wang J, Wang L, et al. Unraveling the origins of the "unreactive core" in conversion electrodes to trigger high sodium-ion electrochemistry[J]. *ACS Energy Lett.*, 2019, 4（8）: 2007-2012.

［19］ 赵志强, 刘恒均, 徐熙祥, 等. 储能科学中的磁性表征技术[J], 储能科学与技术, 2022, 11（3）: 818-833.

［20］ Z. Li, Y. Zhang, X. Li, et al. Reacquainting the electrochemical conversion mechanism of FeS_2 sodium-ion batteries by operando magnetometry[J]. *J. Am. Chem. Soc.* 2021, 143（32）: 12800-12808.

第 2 章

碳基负极材料

碳基负极材料由于具有制备简单、容量高、嵌钠平台低、循环寿命长等优点，近年来引起了众多研究者的关注。根据碳材料的结构特点大体上可以分为石墨类碳材料、无定形碳材料和其他类碳材料。

2.1 石墨类碳材料

石墨是最早作为锂离子电池的碳负极材料之一，它具有结晶度高、导电性好的优点，同时，良好的层状结构，为锂离子的嵌入/脱出提供了较好的条件，形成锂-石墨层间化合物，充放电效率大于 90%，充放电比容量可高于 $300mAh \cdot g^{-1}$，不可逆容量小于 $50mAh \cdot g^{-1}$。依据石墨层的不同堆积方式，石墨可以分为菱形石墨（3R，R3m）和六方石墨（2H，$P6_3/mmc$）。石墨层的不同堆积方式如图 2.1，其中以 ACBACB 方式堆积的是菱形石墨，而六方石墨以 ABAB 方式堆积。

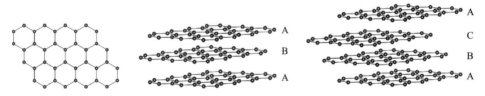

图 2.1 石墨的晶体结构及层间堆积方式图

石墨能够在氧化还原电位约为 0.1V（vs Li^+/Li）的条件下，通过插层反应存储大量的锂离子（理论比容量为 $372mAh \cdot g^{-1}$）[1]。石墨也可以可逆地形成 KC_8 插层化合物，有可能用于可充电钾离子电池（KIB）[2]。此外，据报道，其他碱金属离子，如 Rb^+ 和 Cs^+，也能够嵌入石墨主体中[3]。因此，可以预期 Na^+ 也将储存在石墨中。然而，很难得到钠二元石墨插层化合物（binary graphite intercalation compounds，b-GICs），这表明钠在石墨中的溶解度可以忽略不计[4]。如图 2.2(a) 所示，Stevens 等人报道表明，钠离子插入到锂离子占据石墨的位置是不可能的，并且往往会导致金属沉积在石墨表面[5]。在排除可逆钠金属剥离和电镀的外部影响后，可逆插入石墨中的钠含量非常少（NaC_{186}）。当石墨和金属钠在 400℃下一起加热时[6]，得到 NaC_{64} 化合物，进一步表明石墨中的钠储存容量较低。

为了阐明石墨中钠嵌入容量低的原因，人们进行了各种理论研究[7-11]。Vincenzo 等人[9] 在 1985 年进行的一项早期研究表明，由于原点附近钠赝势的排斥性质，钠-碳相互作用异常微弱，导致了热力学不稳定的钠-石墨烯的产生。Nobuhara 等人[10] 计算了碱金属-石墨插层化合物（alkali-metal graphite inter-calation compounds，AM-GICs）的形成能，并将能量不稳定的 Na-GICs 归因于 C—C 键长度的强应力。Liu 等人[7] 和 Wang 等人[11] 试图通过使用 Hess 定律[7] 将 Na-GICs 的形成能（E_f）反褶积为以下 3 个组分来阐明石墨中钠的不稳定性：在 AM-GICs 的形成过程中的碱金属重建能量、AM-GICs 形成过程中的石墨主体重构能和其他剩余能。尽管他们观察到其他剩余能是 Na-GICs 的 E_f 值为正值的主要原因，但该组分是除碱金属和石墨重建所产生的能量贡献外的所有能量贡献的简单总和。为了更好地理解 Na-GIC 中的钠不稳定性，Yoon 等人[8] 对影响 AM-GIC 形成的可能因素进行了分类，包括：①金属脱粘的能量损失；②石墨层间偏差的贡献；③碱金属和单层石墨烯之间的局部相互作用，如图 2.2(b) 所示。该方法只提取了碱金属和石墨烯层之间的局部相互作用作为主导因素，便于更精确地量化能量贡献。结果表明，因子①和②没有显示任何钠异常，由于因子①仅由碱金属的原子尺寸（Li、Na、K、Rb 和 Cs 分别为 2.97Å、3.63Å、4.57Å、4.90Å 和 5.32Å）与 GIC 的晶格尺寸（MC_6 结构为 4.32Å，MC_8 结构为 4.93Å）之间的不匹配确定，且因子②与静电斥力有关，静电斥力是 GIC 层间距离的函数，如图 2.2(c)～(d) 所示。因此，这些因素并不能解释钠离子交换体特有的不稳定结构。然而，与其他碱金属相比，钠离子与单层石墨烯不稳定的局部结合能约为 0.5eV（E_i），如图 2.2(e) 所示。E_i 的趋势也与 AM-GIC 的 E_f 的趋势一致[7,8,11]，强烈表明石墨烯层和钠离子之间的排斥性局部相互作用破坏了 Na-GIC 的稳定性，从而导致石墨负极的钠存储容量极低。这也意味着，如果石墨烯和钠离子之间的直接局部相互作用可以被缓解，石墨将能够容纳钠离子。

Kim 等人[12] 和 Jache 等人[13] 分别报道了石墨中钠的插入可以通过共插层机制实现。Jache 等人[13] 证明，在含 $NaPF_6$ 的碳酸乙烯酯/碳酸二乙酯（EC/DEC）电解液中，石墨的钠储存容量接近零；但是三氟甲磺酸钠（NaOTf）二乙二醇电解液中可增加到约 100mAh·g^{-1}；此外，在 1000 次循环中获得了＞99.87％的高库仑效率。非原位 X 射线衍射（ex-XRD）的研究结果表明，嵌钠

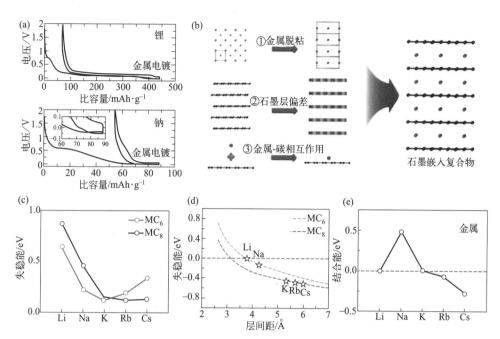

图 2.2 （a）石墨中 Li 和 Na 插层的比较[5]；（b）石墨中影响 Na 相互作用的可能主要因素
的示意图，包括①金属脱粘，②石墨层偏差和③金属-碳相互作用；（c）从金属晶格重构到
MC_6 或 MC_8 时的失稳能 $E_{d,metal}$ 值（对于因子①）；（d）碱金属插层和电荷转移时的失稳能
$E_{d,graphite}$ 变化（对于因子②）曲线；（e）碱金属和单层石墨烯之间的 E_i（对于因子③）[8]

后石墨的体积膨胀为 15%。相比之下，Kim 等人[12] 研究结果表明，石墨在稳
定循环 2500 次后，嵌钠后的石墨体积变化约为 347%。高分辨率透射电子显微
镜（HRTEM）结果表明，对石墨进行全钠化处理后，石墨的层间距离从原始石
墨的 0.33nm 显著增加至 0.415～0.530nm。傅里叶变换红外光谱（FTIR）的研
究结果表明放电后的石墨中存在溶剂化钠离子。另外，电解液中的电解质盐和溶
剂对石墨的嵌钠也有一定的影响，Kim 等人[12] 研究结果表明，$NaPF_6$、Na-
ClO_4 和 $NaCF_3SO_3$ 等电解质盐对钠离子在石墨中的嵌入的影响可以忽略不计，
说明了在石墨钠化反应中，电解质盐的阴离子具有相对的独立性。然而，当石墨
电极在含有线性醚类 ［如二甲氧基乙烷（DME）、二甘醇二甲醚（DEGDME）
和四乙二醇二甲醚（TEGDME）］溶剂的电解液中循环时，随着醚链长的增加，
储钠的平均电位从 0.60V 显著增加到 0.78V。这一行为表明电解液溶剂参与了
电化学反应，影响了嵌钠电位。电化学分析表明，在不同的嵌钠阶段，插层反应
和电容反应的贡献是不同的。后续的研究工作发现，各种石墨碳材料，包括石墨
烯泡沫[14]、天然石墨[15]、N330 炭黑[16]、膨胀石墨[17]、碳片[18] 和石墨中间
相碳微球[19] 都可以在醚基电解液中循环，几乎都具有高可逆容量、长循环寿命

和显著的高倍率性能。其中，比较成功的例子是石墨烯泡沫（FLG）的储钠[14]。通过化学气相沉积（CVD）法制备的 FLG 材料具有高电导率、大孔隙和高表面积的特点，可以实现大的电解质/电极界面，从而使得 FLG 材料具有优异的高倍率性能。在电流密度为 $10A \cdot g^{-1}$ 时，FLG 电极的可逆容量为 $125mAh \cdot g^{-1}$（约为最大容量的 80%）；在电流密度为 $30A \cdot g^{-1}$ 时，FLG 电极的可逆容量为 $100mAh \cdot g^{-1}$（约为最大容量的 65%），展示了优异的倍率性能。此外，FLG 电极在 8000 次循环后的容量保持率约为 96%，因此，共插层反应为石墨碳材料作为高性能钠离子电池负极的开发开辟了一条新途径。

Na-GIC（石墨层间化合物）的不稳定性是由钠-石墨之间存在局部的相互作用。消除这种不稳定相互作用的一种可行方法是用溶剂等分子筛选裸露的钠离子。理论计算已经证实，钠-溶剂络合物和石墨层之间的相互作用没有表现出任何特殊的不稳定性。计算结果表明，钠-二甲醚共插层石墨的形成能为 $-0.87eV$[8]，远低于 b-GIC（如 NaC_6 为 $0.03eV$）。这一发现表明利用共插层技术可以将钠嵌入到石墨中。Yoon 等人进行了一系列理论计算，研究了钠-溶剂共插层行为对溶剂的依赖性[8]。他们认为，如图 2.3 所示，[Na-线性-醚]$^+$ 可以插入到石墨阳极中，因为其高的 Na-溶剂化能和最低的 LUMO 促使 Na-溶剂化合物保持稳定并防止化合物分解。因此，Na^+ 可以以共插入的形式插入石墨夹层中以形成稳定的 Na-GICs，并且可以有效改善石墨负极的 Na^+ 储存容量，倍率性能和循环稳定性。

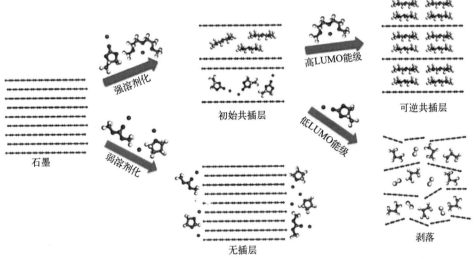

图 2.3　溶剂能量以及 LUMO 能级对于石墨溶剂共嵌钠离子的影响示意图[8]

通常，与碳酸盐和环醚溶剂相比，线性醚溶剂如 DME、DEGDME 和 TEG-DME，表现出强烈的溶解行为，因为其结构中的多个氧原子有助于稳定钠离子。

较大的溶剂化能导致 [Na-溶剂]$^+$ 络合物的稳定性，这有助于它们的共插入石墨[20]。

总的来说，关于石墨中的共插层，有几个实际问题需要解决。首先，在循环过程中，电极通常会经历较大的体积变化[21]。而且，由于溶剂参与电化学反应，电池配置需要大量电解液，从而降低了电池的能量密度。其次，钠共插层在石墨中通常会产生储钠比容量为 $100 \sim 150 mAh \cdot g^{-1}$ 和 $0.6 \sim 0.8V$ 的平均储钠电位[12,14,16,19]。与硬质碳负极（比容量约为 $300 mAh \cdot g^{-1}$，工作电位约为 $0.1V$）相比[22]，石墨负极的比容量更低，工作电位更高，导致石墨负极的能量密度没有吸引力。因此，未来的研究应着眼于寻找具有更高比容量和更低反应电位的石墨共插层反应。例如，氧化还原电位受溶剂种类的影响很敏感，这可能是一种可行的优化方法[12]。另外，许多与共插层反应机理有关的问题尚不清楚，共插层反应这种现象仅能在特定溶剂（如线性醚）中观察到[23]。最后，关于石墨负极钠离子电池的研究仍处于起步阶段。文献中的全电池通常表现出低能量密度、低工作电位（<3V）、低初始库仑效率和循环稳定性差等特点[12,15,19]。因此，开发实用的钠共插层石墨负极钠离子全电池还需要更多的研究。

在通过共插层反应实现天然石墨中储存钠之前，人们探索了膨胀石墨负极。研究人员认为，钠离子无法插入到石墨中是因为石墨的层间距较小（约 0.34nm）。因此，Cao 等人制备了膨胀石墨来扩大钠插入的石墨层间距[24]。膨胀石墨是通过氧化天然石墨，使用改进的 Hummer 方法用含氧官能团修饰石墨层而合成的，然后，氧化石墨被部分还原，以去除大部分这些基团，但留下约 0.43nm 的扩大层间距[25]，如图 2.4（a）所示。如图 2.4（b）所示，最佳的膨胀石墨能够提供约 $300 mAh \cdot g^{-1}$ 的储钠容量，2000 次循环后表现出约为 74% 的容量保持率 [图 2.4（c）]。但是，膨胀石墨低的初始库仑效率（<50%）和倍率性能（在 $0.1 A \cdot g^{-1}$ 时为 $184 mAh \cdot g^{-1}$）差的问题在实际应用中仍有待解决。在此基础上，人们研究了膨胀石墨的微观结构与电化学性能之间的关系以及官能团在膨胀石墨中钠离子插层中的作用。第一性原理计算的结果表明，富含环氧化合物的膨胀石墨比富含羟基和/或羟基-环氧化合物的混合物表现出更高的比容量，如图 2.4（d）所示[26]。与羟基相比，环氧结构具有更强的钠离子结合亲和力和更大的膨胀石墨层间距，因此提高了材料的可逆容量。由于层间间距大，层间 O—H 氢键少，因此仅含环氧化物的膨胀石墨具有最高的钠离子扩散动力学。这项工作表明，通过调节膨胀石墨中的官能团，可以改善钠的储存性能。另外，Cabello 等人研究了用不同方法制备的膨胀石墨的化学结构和形貌对储钠性能的影响[17]。结果表明，通过调整层间距，可以优化石墨的储钠容量，这说明合成方法对于提高石墨的储钠性能具有重要的影响。因此，为了提高初始库仑效率，合成低成本的膨胀石墨，需要进一步的研究来阐明储钠机制与膨胀石墨微观结构之间的关系。

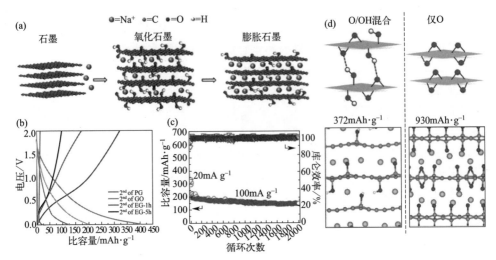

图 2.4 （a）钠在石墨、氧化石墨和膨胀石墨中存储的示意图；（b）原始石墨（PG）、
氧化石墨烯（GO）、膨胀石墨 1h（EG-1h）和 EG-5h 的第二次循环的充放电曲线；
（c）EG-1h 的循环稳定性[25]；（d）完全钠化的 GO 结构[26]

自 2004 年首次成功展示单层石墨烯以来，石墨烯和石墨烯基复合材料因其有趣且独特的电学和力学性能而吸引了大量学术界和工业界的关注。石墨烯比表面积大、同时存在的缺陷和边缘位点很适合碱金属离子的存储，所以通常能够获得较佳的电化学性能[27]。有报道表明，通过在石墨烯平面两侧吸附锂离子可形成 Li_2C_6，因此单层石墨烯的储锂能力几乎可以比石墨的储锂能力增加一倍[28]。同样，单层石墨烯是否也能吸收两侧的钠离子也是一个有意义的问题。为此，Ramos 等人[29] 采用化学气相沉积法在铜箔上沉积了单层石墨烯，并进行循环伏安测试和恒电流充放电循环试验。然而，如图 2.5(a) 所示，单位表面积上吸附/脱附的钠离子量很低，仅与相同条件下裸铜电极吸收的钠离子量相当，这意味着石墨烯吸收钠离子的能力较低，这与一些理论研究一致[7,8,11]。为了提高石墨烯对钠的吸附能力，可以利用杂原子掺杂石墨烯。例如，磷掺杂可以引起石墨烯的"突起"。如图 2.5(b) 所示，与氮掺杂引起的"空穴"缺陷不同，这些"突起"不仅引入了丰富的钠吸附位点，还通过扩大石墨烯层的层间距，提高了电子电导率和钠离子的扩散系数[30]。如图 2.5(c) 所示，充放电测试结果表明，磷掺杂石墨烯具有优异的电化学性能，在电流密度为 25mA·g^{-1} 时，其循环比容量高达 374mAh·g^{-1}，同时具有优异的循环稳定性。如图 2.5(d) 所示，原位透射电子显微镜（in-situ TEM）显示，在充放电过程中，钠可以可逆地插入到石墨烯层中，层间距在 0.45～0.47nm 之间变化。类似地，硫[31]、硼[32] 和氮[33] 掺杂也可以提高石墨烯的活性中心，扩大石墨烯的层间距而表现出高的比容量和优异的倍率性能。

另外，石墨烯上的官能团直接影响了其储钠能力。例如，通过真空过滤和退火制备的还原氧化石墨烯（rGO）纸含有大量含氧官能团，层间距约为 0.37nm，这使得钠离子能够插入石墨烯层内，并吸附在石墨烯表面[34]。但是，rGO 纸的退火温度和气氛的调节极大地影响了钠的储存性能。在 Ar 中 900℃ 退火或者在 NH₃ 中 500℃ 退火后的 rGO 纸的充电容量只有 $13mAh \cdot g^{-1}$；但是，当 rGO 纸在 Ar 中 500℃ 退火后，其充电容量可以达到 $140mAh \cdot g^{-1}$。如图 2.5（e）所示[35]，这一行为归因于在 Ar 中随着退火温度的升高，层间距减小；或在中等温度下还原性气氛中可以消除含氧官能团。然而，rGO 在低温退火时面临的一个挑战是丰富的剩余含氧官能团导致 rGO 具有低的电导率和低的初始库仑效率。为了在不降低 rGO 层间距的情况下实现高电导率，Wan 等人[36] 提出了一种快速退火方法，rGO 的还原在几分钟甚至几秒内发生。rGO 还原过程中快速释放的气体阻止了常规过程中氧化石墨烯片的堆积。快速还原的氧化石墨烯具有 $450mAh \cdot g^{-1}$ 的高可逆容量，在 750 次循环后仍约保持为 $200mAh \cdot g^{-1}$。如图 2.5（f）所示，原位 TEM 表明，在充电/放电过程中，rGO 表面上形成了可逆的钠金属，这表明存在金属团簇的形成机制。此外，从原位 TEM 可以观察到在第一个循环中不可逆的形成了 SEI 膜，导致了第一个循环中出现的大的不可逆容量损失。

尽管石墨烯（氧化物）负极已被证明具有一定的循环稳定性和较高的储钠容量，但是在大规模应用之前仍有很多挑战需要解决。首先，大多数已报道的 rGO 电极的初始库仑效率较低（甚至低于 50%）[31-33]，远远不能满足 90% 库仑效率的商业需求。初始库仑效率不理想的主要原因是由于电解液不可避免的分解以及钠离子与 rGO 片上含氧官能团之间的不可逆反应而形成了厚的 SEI 层[36]。此类问题一般可以通过表面改性或预钠化来缓解。另外，rGO 的储钠机制尚不清楚。例如，沉积在铜箔上的石墨烯片表现出较低的储钠容量[29]，但是快速还原的氧化石墨烯薄片却具有 $450mAh \cdot g^{-1}$ 的比容量，表面可以可逆地形成金属钠[36]。另外，石墨烯和快速退火 rGO 之间的结构差异也会导致储钠性能的显著不同，这些问题都需要进一步研究，以便能够实现石墨烯材料的功能化设计与可控合成。最后，大多数报道的 rGO 电极的比容量接近 $200mAh \cdot g^{-1}$，充放电曲线呈斜线形状，没有明确的储钠平台[37]，这意味着石墨烯基钠离子全电池的能量密度较低。因此，未来的研究应考虑如何改善石墨烯基电极能量密度的策略。此外，由于石墨烯具有高导电性和机械灵活性的特点，也被广泛用作支撑材料来支持其他活性粒子进行合金化或者转化反应（如 Sn、SnO₂ 和 Ge）[38,39]、插入反应（如 TiO₂）[40] 和氧化还原反应（如有机材料）[41]。金属锡是钠离子电池中常用的合金化负极，钠化后的成分为 Na₃.₇₅Sn，其理论比容量高达 $847mAh \cdot g^{-1}$。锡作为负极材料的主要障碍是在钠化过程中发生的大体积膨胀（约

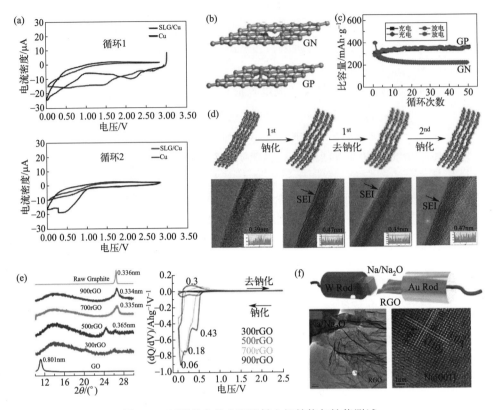

图 2.5　石墨烯和掺杂石墨烯电极结构与性能测试

(a) 裸 Cu 和单层石墨烯（SLG）/Cu（SLG/Cu）电极的前两圈循环 CV 曲线[29]；
(b) 氮掺杂石墨烯（GN）和磷掺杂石墨烯（GP）的结构示意图；(c) GN 和 GP 电极的循环性能；
(d) 通过原位 TEM 观察到的 GP 的钠化/脱钠过程[30]；(e) 不同温度下退火的 rGO 的
XRD 图和相应的 CV 曲线[35]；(f) 快速还原氧化石墨烯的原位 TEM 图[36]

420%），导致活性物质粉碎化，循环稳定性差。如图 2-6(a)，(b) 所示，锡纳米颗粒均匀地沉积在还原氧化石墨烯上，不仅可以促进电子传递到锡纳米颗粒，而且还能有效地缓解钠化过程中的体积膨胀[42]。如图 2-6(c) 所示，Sn/rGO 电极的可逆容量为 615mAh·g^{-1}，远高于 Sn 电极，且具有更好的循环稳定性。

磷烯也是二维材料里的一个代表。二维材料层内原子以共价键牢牢结合，层与层之间通过很弱的范德华尔斯连接，各层之间相互独立，电子在层内运动，二维材料普遍具有较高的导电性，因此磷烯也被认为是一种很有潜力的钠离子电池负极材料。Sun 等人[43] 使用液相剥离的方法制备了层数较少的磷烯和石墨烯，并将这两种物质复合做成三明治结构，这样可以有效缓解磷烯在充放电过程中存在的体积效应。将这种材料作为电极材料，在 0.02C 的倍率下可以得到 2440mAh·g^{-1} 的可逆容量，循环 100 次之后，容量保持率达到 85%。3C 倍率

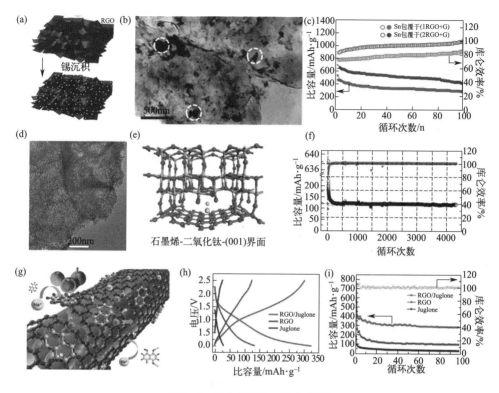

图 2.6　锡电极等的结构与测试

（a）氧化石墨烯片上的 Sn 沉积示意图；（b）Sn/rGO 复合物的 TEM 图；（c）Sn/rGO 复合电极的循环性能和对应的库仑效率图[42]；（d）石墨烯/TiO$_2$ 复合材料的 TEM 图；（e）沿 [010] 方向具有快速 Na$^+$ 扩散路径的键合石墨烯-TiO$_2$ 界面示意图；（f）石墨烯-TiO$_2$ 在 0.5A·g^{-1} 电流密度下的循环性能曲线[45]；（g）rGO 片和胡桃醌分子之间的 π—π 相互作用示意图；（h）rGO、胡桃醌和 rGO-胡桃醌电极的充放电曲线；（i）rGO、胡桃醌和 rGO-胡桃醌电极的循环性能曲线[46]

下可逆容量有 1450mAh·g^{-1}。循环 100 周后容量保持率达到 84%，具有良好的电化学性能。

众所周知，锐钛矿型 TiO$_2$ 是一种插层材料，但由于在钠化过程中 TiO$_2$ 晶体的不可逆非晶化，在第一次循环后表现出明显的赝电容性能[44]。导电性差和离子扩散缓慢的问题被认为是阻碍 TiO$_2$ 钠储存动力学的主要原因。如图 2.6(d)，(e) 所示，为了提高 TiO$_2$ 的倍率性能，Chen 等人[45] 制备了化学键合的类三明治状石墨烯-TiO$_2$ 复合材料，该复合材料在 50mA·g^{-1} 和 12000mA·g^{-1} 的电流密度下的可逆容量分别为 265mA·g^{-1} 和 90mAh·g^{-1}，展示了优异的倍率性能。如图 2.6(f) 所示，石墨烯和 TiO$_2$ 的界面为钠离子扩散提供了一个可行的途径，并促进钠离子在石墨烯-TiO$_2$ 电极中的赝电容行为，进而提高了其倍率性能。

近年来，有机电极材料因其丰富性、环境友好性和可持续性而越来越受到人们的关注。醌是钠离子电池的代表性有机负极材料，可提供较高的储钠容量，但在非质子电解质中溶解严重，在循环过程中易造成穿梭效应。石墨烯和共轭有机材料之间的强 π-π 相互作用已被证明可以有效地缓解有机材料的溶解问题，并增强其导电性[41]。如图 2.6（g）～（i）所示，Wang 等人[46] 从废弃核桃皮中直接提取的胡桃醌，通过同步氧化还原和自组装方式，与石墨烯在多种集流体上直接构成一种新型的复合电极，并将其应用于钠离子电池。该复合电极通过胡桃醌分子与石墨烯的 π-π 共轭作用，能有效缓解胡桃醌分子在有机电解液中的溶解，同时石墨烯能提高复合电极的导电性，因此所制备的钠离子电池展现了较高的比容量和优良的循环性能。另外，这种电极制备方法简单，并且大小可控，能在各种微电极，例如硬币上图案化制备，为将来精确制备微电子供电器件提供了一种选择。基于该绿色电极的单个钠离子全电池，可以驱动一个小型风扇，展示了潜在的应用前景。

总的来说，在众多潜在合适的电极材料中，石墨碳因其天然的丰富性、工业可行性以及在锂离子电池方面公认的成功而受到了越来越多的研究关注。一些重要的研究成果表明，石墨碳有望成为钠离子电池的一种很有前途的候选负极。具体来说，石墨化材料可以通过调整层间距，调控电极/电解质界面等方法提高其性能。石墨烯和膨胀石墨，可以打破石墨在碳酸酯类电解质中不能嵌钠的局限。通过调节电极/电解质界面，利用醚类电解质，可以实现钠离子与溶剂分子共嵌入石墨层间。因此，石墨可逆储钠的两个条件为：①钠-溶剂化合物具有大的溶剂能；②高的最低未占分子轨道（LUMO）能级，可以避免嵌入的钠-溶剂化合物分解。当钠-溶剂化合物的 LUMO 能级低于费米能级，嵌入的钠-溶剂化合物会接受来自石墨供体的电子，导致其分解并产生气体，进一步引起石墨剥离以及不可逆共嵌行为[47]。

2.2 无定形碳材料

与石墨不同，无定形碳缺乏长程有序结构，且石墨化结晶度相对较低。无定形碳也称无序碳，通常可以分为硬碳和软碳，硬碳的有序度远低于软碳。从钠离子电池的应用角度来说，硬碳和软碳的明显区别为：在 2800℃ 的高温热处理下，碳材料是否能够充分石墨化。当温度升高时，硬碳在微晶尺寸（石墨微晶指的是无定形碳中的细小石墨片，而且表现出相互平行的堆积状态）和层间距离上的变化速度远小于软碳，经高温热处理后硬碳的石墨化难以进行，但软碳则会充分石墨化[48]。

2.2.1　硬碳

硬碳材料因具有高可逆比容量和低电压等突出优点，被认为是 SIBs 最有潜力商业化的硅碳基阳极材料。一般来说，丰富的缺陷，无序的结构和能够使石墨层间距增加的杂原子越多，钠离子的扩散路径和存储位置就越多。因此，硬碳可以提供 $250 \sim 350 \mathrm{mAh \cdot g^{-1}}$ 的高钠存储比容量，并具有较好的循环性能。硬碳的储钠机理主要包括两种："插层-吸附"机制和"吸附-插层"机制。2000 年 Dahn 等在考察葡萄糖热解碳的电化学储锂和储钠性质时，发现二者的充放电曲线极为相似，因此认为锂离子和钠离子在硬碳材料中有着相似的嵌入、脱出机理。他们提出，在高电位区的斜坡容量（0.2～1.2V）对应着钠离子在碳层间的嵌入行为，嵌入电势随钠离子的嵌入量而改变；而低电位区（0～0.2V）接近钠金属的沉积电位，可以理解为钠离子在微孔区的吸附或金属钠的析出（在此称之为"插层-吸附"机理）。而在 2012 年 Cao 等人在研究聚合物热解硬碳时，观察到硬碳储钠的电化学行为与石墨储锂极为相似，并提出低电势平台类似石墨嵌锂，对应于钠离子在硬碳层间的嵌脱行为，而高电位斜坡区对应钠离子在硬碳表面活性位点或缺陷上的吸附行为（简称为"吸附-插层"机理）[49]。此外，如图 2.7 所示[50]，典型的硬碳电化学钠化曲线主要分为两个阶段：第一个阶段是放电初期的高压斜坡，在此阶段钠离子基本以吸附在表面和缺陷位点为主；第二阶段是钠离子吸附趋于饱和时形成低压平台区域，钠离子主要通过嵌入石墨烯片层形式进行存储。这种低电压平台往往贡献了大部分钠存储容量，这有利于提高储能器件的能量密度。因此，为了提高硬碳材料储钠能力，可以通过增大材料比表面积为表层吸附提供更大的空间，增加介孔数量来促进钠离子的吸附，扩大石墨烯碳层的层间距降低钠离子脱嵌的阻力。

硬碳的微观结构是由弯曲的类石墨片堆叠形成短程有序的微区，同时各微区随机无序堆叠留下较多纳米孔洞，钠离子可以通过缺陷吸附、层间嵌入以及纳米孔填充等方式储存到硬碳中，因此硬碳的微观结构将直接影响储钠能力。调控硬碳微观结构的主要思路有两种，一种是调控碳化过程，包括碳化温度、变温速率、碳化方式等。通常认为碳化温度升高，变温速率减慢，可以给碳层重排提供足够的能量和时间，有利于增加硬碳结构的有序性，减少孔隙和缺陷，这有利于提升首次库仑效率和循环稳定性[51]。

自然界中许多天然有机物是制备硬碳材料的良好前驱体，其独特的内在形态与结构，优异的热稳定性和导电性，使生物质衍生硬碳成为目前研究的重点。生物质碳前驱体具有丰富、可持续、成本低等优点，但通常除了含有大量的 C、O 和 H 等成分外，还含有一些 N、P、S 等杂原子。由于生物质衍生的硬碳具有天然的无序结构，因此作为钠离子电池负极材料得到了广泛的研究。天然有机前驱体（主要包括蔗糖、葡萄糖、纤维素、木质素、多糖等）由于种类丰富、原料易得、操控性高等优点，成为制备钠离子电池硬碳负极的主要前驱体。为了提高生物质衍生硬碳材料的储钠性能，研究人员采取了多种制备方法，主要有以下四种：一步碳化法、活化法、水热法和模板法[52]。一步碳化法是将生物质材料作为前驱体，通常采用热化学法将生物质碳在高温缺氧条件下进行热分解制备硬碳材料的一种简单制备方法。活化法是将生物质前驱体与化学试剂以一定比例混合，在高温下反应从而得到含多孔结构和元素掺杂的生物质衍生碳材料的一种方法。水热法是指在密封压力容器中将溶剂和生物质前驱体混合，高温反应来制备材料的方法。水热法可以把生物质碳材料表面的不稳定有机物除去并留下孔隙，还可以引入大量的官能团。同时，在水热反应中引入石墨烯还能够提高材料的电导率。模板法来制备生物质衍生硬碳材料具有碳材料结构稳定、孔隙率高、形状易控制等优点，分为硬模板法和软模板法。硬模板法又被称为纳米铸造法，通常是用某些材料通过特定的方法合成所需的模板，然后将原料在模板表面生长聚合形成碳材料；软模板法又名自组装法，大多是利用某些生物质微粒的自身性质在外部条件的催化下形成所需要的碳结构[52]。此外，合成树脂和各种工农业废物也可以作为前驱体用直接热解法来合成硬碳。由不同前驱体热解得到的硬碳，它们的电化学性能和结构会有很大的不同。

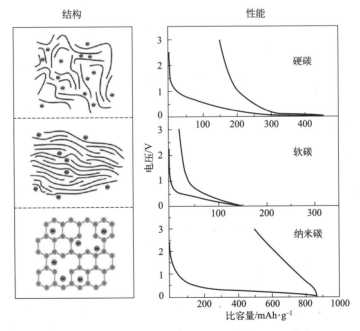

图 2.7　硬碳、软碳和纳米碳的结构和储钠行为[50]

杂原子掺杂是研究较多也是较成熟的一种控制缺陷及层间距的方法。通过引入一种或多种杂原子（N、O、P、S、Li、Na、K、Ca 等）可以引起微观结构的改变，通常引入阴离子（N、F、P、S 等）可以有效地改变材料的层间距、表面润湿性、电子导电性，从而改善其储钠性能。其中 N 掺杂由于可以引入缺陷，提升电子电导从而提升比容量和倍率性能而被广泛研究。例如，Zhong 等人[53] 把改性三聚氰胺作为氮源，制备了氮含量高达 20.64% 的葡萄糖衍生碳球，它由相互连接的超薄纳米片组成。在 50mA·g^{-1} 电流密度时具有 334.7mAh·g^{-1} 的高可逆储钠容量；在电流密度为 5A·g^{-1} 时，其可逆容量仍达到 93.9mAh·g^{-1}，展示了优异的倍率性能。多孔结构可以优化钠离子的动力学性质，为钠离子的存储提供充足的活性位点，而且它还可以作为一个相互连接的路径，从而能够缩短电极内的离子和电子扩散路径。Liu 等人[54] 在惰性气氛下采用直接热解虾皮的方法制备了富氮介孔碳，合成了具有介孔结构（BET 表面积为 531m^2·g^{-1}，孔隙体积为 0.61cm^3·g^{-1}）的硬碳，其丰富的 N 含量（7.26%，原子数分数）和高的比表面积使得材料在 30mA·g^{-1} 的电流密度下可提供 434.6mAh·g^{-1} 的可逆储钠容量。但是，大的比表面积使得在碳表面形成了固体电解质膜（SEI），首次库仑效率降低到了 36.8%～41.6%。这说明通常大孔隙率会导致不可逆容量高，首次库仑效率低，从而限制了实际应用。P 和 S 由于具有较大的原子半径，往往会引起硬碳结构产生较大的畸变，从而引起层间距增大和无序度增加。层间距的增加不仅可以储存更多的钠离子，同时也提升了钠离子的快速扩散动力。P 掺杂既能引起层间距增大，又能引入缺陷位点，同时增加了嵌入容量和吸附容量；S 掺杂量极少时主要是由于增大了层间距，从而贡献了更多的嵌入容量，另外，S 具有电化学反应活性，可以与 Na 发生可逆的电化学反应贡献额外的容量。除了单阴离子掺杂外，研究者们发现两种或多种杂原子掺杂往往可以产生协同效应，有助于性能的进一步优化。例如：由于 N 掺杂可以增强电导率，S 或 P 掺杂可以扩大碳层间距离并提供活性位点，因此，N 和 S 共掺杂以及 N 和 P 共掺杂可以协同对碳材料的结构进行调节，进而提高材料的储钠性能。

总的来说，轻质杂原子掺杂可以有效提高硬碳的电导率，加速电子传输以及电荷转移，同时还可以扩大碳层层间距以提供更多的储钠容量并提高电极表面浸润性，促进电极/电解质相互作用。与原始碳材料相比，通过选择合适的杂原子掺杂剂与掺杂量对碳材料的结构进行调控，可显著提升其容量、倍率性能以及循环稳定性[47]。

此外，调控含氧官能团也是一种有效调控硬碳储钠性能的手段。含氧官能团会改变材料的表面和体相结构、电导率、润湿性和反应活性等，进而影响界面 SEI 膜的形成和储钠性能。DFT 理论计算以及原位 XRD 分析揭示了羧基官能团既能通过其与钠离子的静电相互作用强化表面吸附储存钠的过程，也能通过增加钠化过程中碳片层间的排斥力强化嵌入储钠过程，因而能够有效提升储钠比容量和倍率性能[51]。硬碳在钠离子电池中实际应用受到限制的关键问题是 SEI 膜的形成。充足的结构缺陷和较大的比表面积使得大量的 Na^+ 在初始充放电循环中被消耗，这种消耗是不可逆的，会导致 SEI 膜的形成，从而导致了低的首次库仑效率。目前报道的硬碳负极首周库仑效率通常较低，在酯基电解液中大多在 $50\%\sim80\%$，少数超过 80%。在醚基电解液中通常在 $80\%\sim90\%$，目前最高的报道达到了 93% 的首周库仑效率。预钠化被认为是一种非常有效地提升首周库仑效率的手段，未来，开发简单且安全、低成本和适合大规模应用的预钠化方法是非常重要的[51]。

2.2.2 软碳

软碳是一种可以在 $2800℃$ 下石墨化的非晶碳材料，也可称为石墨化碳，是一种缺陷较少、结晶度较高的无定形碳，由高应变区（无序区）和低应变区（石墨区）组成，具有良好的导电性。相比于硬碳，软碳中富含的 sp^2 碳导致更高的电子导电性。由于其应用于锂离子电池充当负极材料时表现出了优异的倍率性能，因此引起了众多钠离子电池研究者的关注。软碳的比表面积及表面缺陷程度较低，能减少对酯类电解液的消耗，有助于提高电池的首次库仑效率。软碳工作电压区间（$0.2\sim1.2V$）远高于产生钠枝晶的电压，安全性较好。但是，使用软碳组装全电池工作时，高工作电压会减小电池的电压窗口，导致较低的能量密度。从商业化角度来看，软碳价格较低、碳化收率高、安全性好且具有一定的电化学性能，具备商业化的潜力。

制备软碳材料的前驱体主要包括石油化工原料及其下游产品，它们通常以石油或煤焦和碳化产物的形式存在（沥青、石油焦、3，4，9，10-过苯四羧酸二酐（PTCDA），中间相碳微球（MCMB）和沥青针状焦等）。由于碳含量丰富，原料经济可行，因此有望实现软碳工业应用的大规模生产。尽管较少缺陷和高导电性使软碳适合作为电极材料，但相关的狭窄层间距阻碍了 Na^+ 的嵌入和脱出。因此，软碳的典型充放电曲线仅限于斜线区域，没有观察到任何平台区域。有限的活性位点使得直接碳化的软碳材料的储钠容量通常较低，在 $100\sim250mAh\cdot g^{-1}$ 范围内，如图 2.7 所示。例如，Luo 等人[55] 在 Ar 气氛下通过 $700℃$ 的热解 PTCDA 合成了一种软碳，其可逆容量仅为 $233mAh\cdot g^{-1}$，首次库仑效率为 62.6%。

近年来，通过构建多孔碳、碳纤维和碳纳米片等策略，可以引入更多活性的储钠位点和缺陷，从而提高储钠容量。多孔碳材料是一类具有发达孔隙结构的碳材料，其内部较多的缺陷位可作为储钠的活性位点。此外，多孔结构可以有效缩短钠离子在碳固相中的扩散距离并缓冲储钠时的体积膨胀，故多孔碳材料通常具有较高的比容量和优异的循环性能及倍率性能，碳纳米片不仅可以为电子转移提供连续的传导路径，增强了纳米片的离子传输能力，而且可以提供足够的空间来缓冲钠离子脱嵌过程中的体积膨胀。此外，较高表面积可以在纳米片的两侧提供大量的活性钠离子存储位置。杂原子掺杂可以调控碳的微观结构，改善钠离子的储存性能。杂原子以多种方式影响碳的性质，包括提高电导率，增加缺陷密度，减小反应和扩散势垒，增大层间距以及纳米空隙体积的增加。增大的层间距和缺陷通过插层机制来提高可逆容量；减小反应和扩散势垒有利于钠离子的快速脱嵌；杂原子掺杂形成的缺陷位点还可以增加界面的润湿性来改善电极/电解液界面[56]。

提高活性位点是提高软碳钠离子储存性能的关键。诱导多孔结构网络无疑是在软碳中构建运输网络和生成更多活性位点的有效策略。Cao 等人[57] 以纳米 $CaCO_3$ 为模板，利用中间相沥青为原料制备了介孔软碳（MSC）。与沥青基碳（MPC）相比，MSC 具有相对发达的孔隙率，BET 表面积为 $113.1m^2 \cdot g^{-1}$（MPC 仅为 $3.5m^2 \cdot g^{-1}$），无序度更高。在 $10A \cdot g^{-1}$ 的电流密度下，MSC 仍有 $53mAh \cdot g^{-1}$ 的可逆储钠容量。软碳前驱体经过高温热解后具有较高的石墨化度，层间距较小，不适合钠离子的脱嵌。而氧化处理可以在前驱体中引入额外的氧原子，消耗掉过量的氢原子，阻止碳化过程中熔融态的出现，抑制其在高温下的石墨化，形成高度无序结构的碳材料。例如，Lu 等[58] 制备了低成本、高碳产率的沥青基无序碳负极材料。采用预氧化工艺，促进无序结构的形成。氧官能团的引入不仅保证了低温预氧化过程中的交联，而且防止了沥青在高温碳化过程中的熔融和有序重组，从而引发高度无序的结构。无序碳的结构优点使其具有优异的钠储存性能，可逆容量为 $300.6mAh \cdot g^{-1}$，初始库仑效率高达 88.6%，远优于长程有序原始沥青碳。结果表明，充分膨胀的中间层和增加结构无序度对有效储存钠离子非常重要。

总的来说，通过制备纳米结构、设计多孔结构有利于钠离子的快速传输；异相原子掺杂增加其层间距、提高电导率和缺陷数量；预氧化策略可以有效抑制其石墨化，促进无序结构的形成，从而有效提升碳材料的储钠容量。

2.3　其他类碳材料

纳米碳具有独特的形貌和结构特征，在储能领域的应用受到了广泛关注。这些纳米碳可以以 0 维量子点（quantum dots，QDs）、一维碳纳米纤维（carbon nanofibers，CNFs）和碳纳米管（carbon nanotubes，CNTs）、二维石墨烯（2D graphene）到具有独特结构的三维材料等形式存在。纳米尺寸的多样形态特征赋予了纳米碳独特的物理和化学性质，如高比表面积和导电性。通过控制纳米碳尺寸和形态特征可以很容易地实现对所构建负极的循环性能和倍率性能等电化学特性的调整。然而，纳米碳团聚这种情况比较容易发生，最终降低了电化学性能。通过在不同的纳米结构中引入缺陷、孔隙率和掺杂杂原子，可以改善纳米碳存储钠的性能。

从广义上讲，碳点（carbon dots，CDs）通常是指 3 个维度尺寸均在 10nm 以下的碳纳米材料，通常具有荧光特性。CDs 主要包括石墨烯量子点（GQDs）、碳量子点（CQDs）、碳纳米点（CNDs）和碳化聚合物点（CPDs）。在相关文献报道中这类材料也被称为碳纳米颗粒（CNPs）、聚合物-碳纳米点（PCNDs）、碳质点（carbogenic dots）、碳纳米晶（CNCs）等。碳点的合成方法多种多样，根据碳源的不同主要分为"自上而下"和"自下而上"两种方法，合成的粗产物再通过透析、离心、电泳、柱层析等方法进行提纯[59]。

CDs 作为碳纳米材料的成员，理论上也可以作为碳基电极材料，Javed 等人[60] 首次用葡萄糖碳化得到的 CDs 作为活性电极材料，直接用于钠离子电池。如图 2.8 所示，从 TEM 图可以看出制备的 CDs 是直径为 3~5nm、粒径分布较窄的单分散球形粒子，晶面间距为 0.32nm 的晶面对应于石墨结构中的（002）晶面。该 CDs 具有球形结构，表面富含羟基、羧基等含氧官能团，对钠离子具有良好的存储和传输通道，当作为钠离子电池负极时，CDs 在 0.5C 时的比容量为 323.9mAh·g^{-1}，充放电循环 500 次后，容量保持率为 72.4%，循环稳定性良好。此外，该 CDs 在 20C 的电流密度下还实现了相对稳定的倍率性能（123.6mAh·g^{-1}）。这种优异的电化学性能得益于其较大的比表面积，有助于钠离子的吸附，CDs 的量子尺寸有助于减小 Na^+ 扩散距离，提供连续的传输通道，使得 CDs 负极具有高的钠存储容量，从而显示了该材料应用于钠离子电池负极的潜力。

图 2.8　CQD 照片（a），TEM 图（b）和 HRTEM 图（c），（d）[60]

Saroja 等人[61] 以甲烷为碳源，采用化学气相沉积技术简单制备了 GQDs 和硼掺杂、氮掺杂 GQDs，如图 2.9 所示。硼掺杂的 GQDs 作为钠离子电池负极，在 50mA·g^{-1} 的电流密度下具有 310mAh·g^{-1} 的高比容量，优于未掺杂的 GQD（156mAh·g^{-1}）。详细的研究表明，GQDs 和掺杂的 GQDs 中存在的边缘缺陷有助于提高钠离子的电化学存储性能。Xie 等人[62] 从水热碳点的上清液中提取的纤维素碳点（cellulose-derived carbon dots，CCDs）作为前驱体直接干燥并进一步碳化得到 CCDs（图 2.10），与固相碳球（CHTCs，水热碳化的碳）相比，其具有更低的比表面积，更少的缺陷以及更高的石墨化程度，表现出更高的钠存储容量。在 1300℃碳化的 CCDs（CCDs1300）具有高达 91％的首次库仑效率。在全电池阴极 $NaNi_{1/3}Fe_{1/3}Mn_{1/3}O_2$ 上表现出 $248Wh \cdot kg^{-1}$ 的能量密度。这一发现对其他生物质也具有普遍性，使水热碳点工艺中被忽视的"废物"具有巨大发展潜力，这一来自简单传统方法的新发现，为设计未来商业化的高性能钠离子电池提供了新的方向。

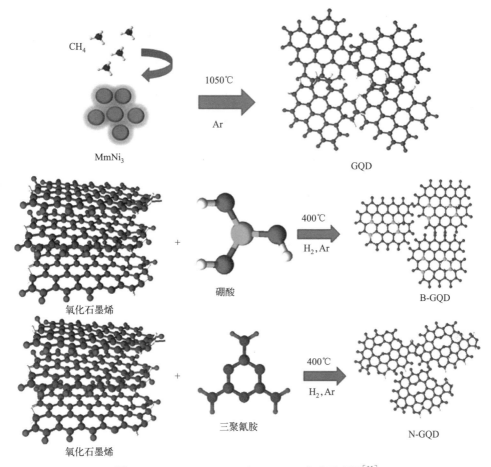

图 2.9 GQDs、B-GQDs 和 N-GQDs 合成示意图[61]

一维碳纳米管具有较大的比表面积和孔隙度，具有良好的储钠性能。Li 等人[63]通过在 HCl 溶液中化学腐蚀 Cu30Mn70（原子数分数）合金获得了具有40nm 均匀韧带的 3D 纳米多孔铜（3D NPC）。如图 2.11(a) 所示，作为催化剂，合成的纳米多孔多晶铜暴露出高密度催化活性（111）晶面，它会优先吸附碳原子，形成"纤维种子"，碳"纤维种子"具有纵向和交织的结构，随着生长时间的增加，这些结构成为编织多孔碳纤维（BPCFs）的框架，同时，碳"纤维种子"缠绕过程中会形成高密度空位。生长 60min 后，沉积的碳产率达到 140％，

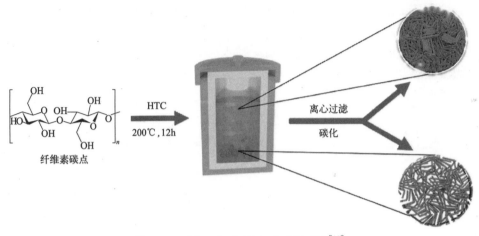

图 2.10 CCDs 和 CHTCs 合成示意图[62]

形成了具有致密空位和交织结构的 BPCFs。如图 2.11(b) 所示，BPCFs 表面有大量的多孔碳层，产生了大量缺陷，提供了大量吸附 Na^+ 的空位。从图 2.11(c) 和 (d) 的 HRTEM 图可以看出，BPCFs 内部含有大量的纳米尺度的孔，有助于钠离子的传输和电解液的渗透。在 $0.1A \cdot g^{-1}$ 的电流密度下，BPCFs 负极在 500 次循环后表现出 $401mAh \cdot g^{-1}$ 的高比容量 [图 2.11(e)]。在 $0.1A \cdot g^{-1}$、$0.2A \cdot g^{-1}$、$0.5A \cdot g^{-1}$、$1A \cdot g^{-1}$、$2A \cdot g^{-1}$、$5A \cdot g^{-1}$ 和 $10A \cdot g^{-1}$ 的电流密度下，BPCFs 负极的可逆放电容量分别为 $449mAh \cdot g^{-1}$、$397mAh \cdot g^{-1}$、$335mAh \cdot g^{-1}$、$298mAh \cdot g^{-1}$、$260mAh \cdot g^{-1}$、$223mAh \cdot g^{-1}$ 和 $195mAh \cdot g^{-1}$，展示了优异的倍率性能和可循环性 [图 2.11(f)]。同时，BPCFs 用作 SIBs 负极时表现出显著的循环稳定性，在 $10A \cdot g^{-1}$ 的高电流密度和 $5mg \cdot cm^{-2}$ 的高质量负载下，循环 1000 次后容量仍保持在 $201mAh \cdot g^{-1}$ [图 2.11(g)]。基于对 CNF 生长机制的深入了解，这种调节钠储存的新策略为设计高性能碳质钠存储材料提供了一条途径。

Fu 等人[64] 通过碳化聚吡咯纳米纤维前驱体，然后进行 KOH 活化，制备了多孔碳纤维。得益于相对较大的表面积 $372.4m^2 \cdot g^{-1}$，多孔碳纤维在 $50mA \cdot g^{-1}$ 的电流密度下提供了 $296mAh \cdot g^{-1}$ 的高储钠比容量，在电流密度增加到 $10A \cdot g^{-1}$ 时仍可保持 $72mAh \cdot g^{-1}$ 的比容量。然而，由于 SEI 层的形成和缺陷增加导致了较多的不可逆反应，多孔碳纤维的首次库仑效率值（46%）相对较低。

虽然 3D 多孔结构的构建已被证明是缓解纳米碳团聚的有效办法，但由于 SEI 的形成和电解液的分解，导致在初始的充放电循环中观察到大的不可逆容量损失，这是纳米碳实际应用之前的另一个挑战。在初始充放电过程中，负极的大不可逆容量损失和低的首次库仑效率要求更高质量的正极材料来补偿全电池容量损失，这反过来会影响器件的能量密度。此外，纳米碳的低电极密度极大地阻碍

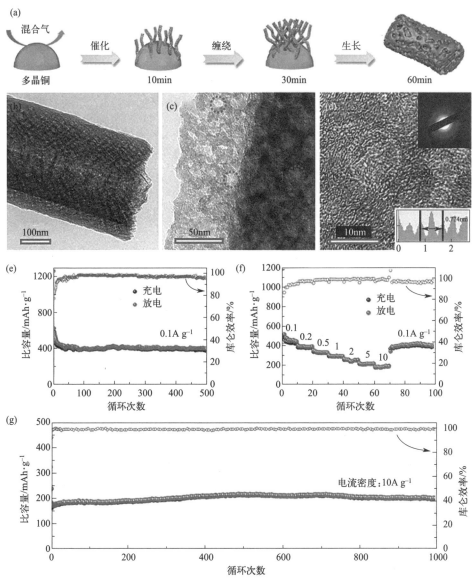

图 2.11 BPCFs 的合成示意图 (a)，TEM 图 (b)，HRTEM 图 (c, d)，循环性能图 (e)，
倍率性能图 (f) 和循环稳定性曲线 (g)[63]

了其向实际应用的发展。因此，纳米碳在钠离子电池负极中的应用之前，如何提高其首次库仑效率和能量密度是至关重要的。

总的来说，如图 2.12 所示，硬碳的结构无序度高，层间距较大，通常具有较高的储钠容量，但丰富的表面缺陷和低的电导率使其首次库仑效率和倍率性能欠佳；软碳虽具有较高的电导率和较低的成本，但其过于规整的微晶结构不利于钠离子的存储，储钠容量较低；纳米碳材料具有较大的比表面积和丰富的储钠位点，但首次库仑效率和能量密度较低；利用不同前驱体间的协同效应构筑异质结构碳材料，提高其综合储钠性能，是钠离子电池碳负极材料研究的一个新方向[65]。

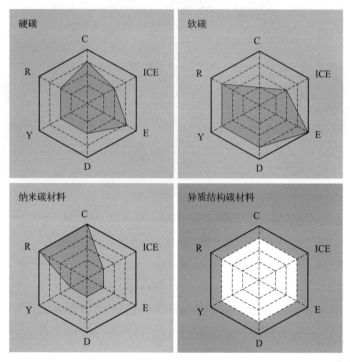

图 2.12　硬碳、软碳、纳米碳和异质结构碳材料的特性和储钠性能[65]
C—容量；R—速率；D—能量密度；Y—产量；E—经济性；ICE—首次库仑效率

　　目前，碳基材料作为钠离子负极材料的研究仍处于初级阶段，其研究方向目前主要集中于有效增大碳材料的层间距，改善碳材料的结构进而提高材料能量密度以及电池库仑效率、循环性能、可逆容量等方面，随着对钠离子电池碳基负极材料研究的不断深入，通过掺杂有效杂原子或者设计不同微观结构的方法，或可使得上述问题逐渐优化。具有大规模生产能力的商业化钠离子电池的理想负极应满足低成本、高性能的要求。考虑到锂离子电池中石墨阳极的进步，钠离子电池的碳负极除了应具有高钠存储比容量（超过 $300mAh \cdot g^{-1}$）、高首次库仑效率（超过 80%）和优异的循环性能外，还应具有显著的经济效益。

参考文献

[1]　Etacheri V, Marom R, Elazari R, et al. Challenges in the development of advanced Li-ion batteries: a

review [J]. *Energy Environ. Sci.* , 2011, 4 (9)：3243-3262.

[2] Jian Z L, Luo W, Ji X L. Carbon electrodes for K-ion batteries [J]. *J. Am. Chem. Soc.* , 2015, 137 (36)：11566-11569.

[3] Dresselhaus M S, Dresselhaus G. Intercalation compounds of graphite [J]. *Adv. Phys.* , 2002, 51 (1)：1-186.

[4] Thomas P, Ghanbaja J, Billaud D. Electrochemical insertion of sodium in pitch-based carbon fibres in comparison with graphite in NaClO₄-ethylene carbonate electrolyte [J]. *Electrochim. Acta* , 1999, 45 (3)：423-430.

[5] Stevens D A, Dahn J R. The mechanisms of lithium and sodium insertion in carbon materials [J]. *J. Electrochem. Soc.* , 2001, 148 (8)：A803-A811.

[6] Asher R C, Wilson S A. Lamellar compound of sodium with graphite [J]. *Nat.* , 1958, 181：409-410.

[7] Liu Y Y, Merinov B V, Goddard W A. Origin of low sodium capacity in graphite and generally weak substrate binding of Na and Mg among alkali and alkaline earth metals [J]. *Proc. Natl. Acad. Sci.* , 2016, 113 (14)：3735-3739.

[8] Yoon G, Kim H, Park I, et al. Conditions for reversible Na intercalation in graphite: theoretical studies on the interplay among guest ions, solvent, and graphite host [J]. *Adv. Energy Mater.* , 2017, 7 (2), 1601519.

[9] Divincenzo D P, Mele E J. Cohesion and structure in stage-1 graphite intercalation compounds [J]. *Phys. Rev. B.* , 1985, 32 (4), 2538.

[10] Nobuhara K, Nakayama H, Nose M, et al. First-principles study of alkali metal-graphite intercalation compounds [J]. *J. Power Sources*, 2013, 243：585-587.

[11] Wang Z H, Selbach S M, Grande T. Van der Waals density functional study of the energetics of alkali metal intercalation in graphite [J]. *RSC Adv.* , 2014, 4 (8)：4069-4079.

[12] Kim H, Hong J, Park Y U, et al. Sodium storage behavior in natural graphite using ether-based electrolyte systems [J]. *Adv. Funct. Mater.* , 2015, 25 (4)：534-541.

[13] Jache B, Adelhelm P. Use of graphite as a highly reversible electrode with superior cycle life for sodium-ion batteries by making use of co-intercalation phenomena [J]. *Angew. Chem. Int. Ed.* , 2014, 53 (38)：10169-10173.

[14] Cohn A P, Share K, Carter R, et al. Ultrafast solvent-assisted sodium ion intercalation into highly crystalline few-layered graphene [J]. *Nano Lett.* , 2016, 16 (1)：543-548.

[15] Zhu Z Q, Cheng F Y, Hu Z, et al. Highly stable and ultrafast electrode reaction of graphite for sodium ion batteries [J]. *J. Power Sources*, 2015, 293：626-634.

[16] Xiao W, Sun Q, Liu J, et al. Utilizing the full capacity of carbon black as anode for Na-ion batteries via solvent co-intercalation [J]. *Nano Res.* , 2017, 10 (12)：4378-4387.

[17] Cabello M, Bai X, Chyrka T, et al. On the reliability of sodium co-intercalation in expanded graphite prepared by different methods as anodes for sodium-ion batteries [J]. *J. Electrochem. Soc.* , 2017, 164 (14)：A3804-A3813.

[18] Zhu Y E, Yang L P, Zhou X L, et al. Boosting the rate capability of hard carbon with an ether-based electrolyte for sodium ion batteries [J]. *J. Mater. Chem. A*, 2017, 5 (20)：9528-9532.

[19] Han P X, Han X Q, Yao J H, et al. High energy density sodium-ion capacitors through co-intercalation mechanism in diglyme-based electrolyte system [J]. *J. Power Sources*, 2015, 297 (30)：457-463.

[20] Dey A N, Sullivan B P. The electrochemical decomposition of propylene carbonate on graphite [J].

J. Electrochem. Soc., 1970, 117, 222.

[21] Goktas M, Bolli C, Berg E J, et al. Graphite as cointercalation electrode for sodium-ion batteries: electrode dynamics and the missing solid electrolyte interphase (SEI) [J]. *Adv. Energy Mater.*, 2018, 8 (16), 1702724.

[22] Stevens D A, Dahn J R. High capacity anode materials for rechargeable sodium-ion batteries [J]. *J. Electrochem. Soc.*, 2000, 147 (4): 1271-1273.

[23] Jache B, Binder J O, Abe T, et al. A comparative study on the impact of different glymes and their derivatives as electrolyte solvents for graphite co-intercalation electrodes in lithium-ion and sodium-ion batteries [J]. *Phys. Chem. Chem. Phys.*, 2016, 18 (21): 14299-14316.

[24] Cao Y L, Xiao L F, Sushko M L, et al. Sodium ion insertion in hollow carbon nanowires for battery applications [J]. *Nano Lett.*, 2012, 12 (7): 3783-3787.

[25] Wen Y, He K, Zhu Y J, et al. Expanded graphite as superior anode for sodium-ion batteries [J]. *Nat. Commun.*, 2014, 5, 4033.

[26] Kang Y J, Jung S C, Choi J W, et al. Important role of functional groups for sodium ion intercalation in expanded graphite [J]. *Chem. Mater.*, 2015, 27 (15): 5402-5406.

[27] Li Q, Mahmood N, Zhu J H, et al. Graphene and its composites with nanoparticles for electrochemical energy applications [J]. *Nano Today*, 2014, 9 (5): 668-683.

[28] Yoo E J, Kim J, Hosono E, et al. Large reversible Li storage of graphene nanosheet families for use in rechargeable lithium ion batteries [J]. *Nano Lett.*, 2008, 8 (8): 2277-2282.

[29] Ramos A, Cameán I, Cuesta N, et al. Is single layer graphene a promising anode for sodium-ion batteries [J]. *Electrochim. Acta*, 2015, 178: 392-397.

[30] Yang Y J, Tang D M, Zhang C, et al. "Protrusions" or "holes" in graphene: which is the better choice for sodium ion storage [J]. *Energy Environ. Sci.*, 2017, 10 (4): 979-986.

[31] Qie L, Chen W M, Xiong X Q, et al. Sulfur-doped carbon with enlarged interlayer distance as a high-performance anode material for sodium-ion batteries [J]. *Adv. Sci.*, 2015, 2 (12), 1500195.

[32] Wang Y, Wang C Y, Wang Y J, et al. Boric acid assisted reduction of graphene oxide: a promising material for sodium-ion batteries [J]. *ACS Appl. Mater. Interfaces*, 2016, 8 (29): 18860-18866.

[33] Xu J T, Wang M, Wickramaratne N P, et al. High-performance sodium ion batteries based on a 3D anode from nitrogen-doped graphene foams [J]. *Adv. Mater.*, 2015, 27 (12): 2042-2048.

[34] Wang Y X, Chou S L, Liu H K, et al. Reduced graphene oxide with superior cycling stability and rate capability for sodium storage [J]. *Carbon*, 2013, 57: 202-208.

[35] David L, Singh G. Reduced graphene oxide paper electrode: opposing effect of thermal annealing on Li and Na cyclability [J]. *J. Phys. Chem. C*, 2014, 118 (49): 28401-28408.

[36] Wan J Y, Shen F, Luo W, et al. In situ transmission electron microscopy observation of sodiation-desodiation in a long cycle, high-capacity reduced graphene oxide sodium-ion battery anode [J]. *Chem. Mater.*, 2016, 28 (18): 6528-6535.

[37] Yun Y S, Park Y U, Chang S J, et al. Crumpled graphene paper for high power sodium battery anode [J]. *Carbon*, 2016, 99: 658-664.

[38] Su D W, Ahn H-J, Wang G X. SnO_2@graphene nanocomposites as anode materials for Na-ion batteries with superior electrochemical performance [J]. *Chem. Commun.*, 2013, 49 (30): 3131-3133.

[39] Wang X Y, Fan L, Gong D C, et al. Core-shell Ge@graphene@TiO_2 nanofibers as a high-capacity and cycle-stable anode for lithium and sodium ion battery [J]. *Adv. Funct. Mater.*, 2016, 26 (7): 1104-1111.

[40] Das S K, Jache B, Lahon H, et al. Graphene mediated improved sodium storage in nanocrystalline anatase TiO$_2$ for sodium ion batteries with ether electrolyte [J]. *Chem. Commun.*, 2016, 52 (7): 1428-1431.

[41] Lee S, Kwon G, Ku K, et al. Recent progress in organic electrodes for Li and Na rechargeable batteries [J]. *Adv. Mater.*, 2018, 3 (42), 1704682.

[42] Jeon Y, Han X G, Fu K, et al. Flash-induced reduced graphene oxide as a Sn anode host for high performance sodium ion batteries [J]. *J. Mater. Chem. A*, 2016, 4 (47): 18306-18313.

[43] Sun J, Lee H W, Pasta M, et al. A phosphorene-graphene hybrid material as a high-capacity anode for sodium-ion batteries [J]. *Nat. Nanotechnol.*, 2015, 10 (11): 980-U184.

[44] Xu Z L, Lim K, Park K Y, et al. Engineering solid electrolyte interphase for pseudocapacitive anatase TiO$_2$ anodes in sodium-ion batteries [J]. *Adv. Funct. Mater.*, 2018, 28 (29), 1802099.

[45] Chen C J, Wen Y W, Hu X L, et al. Na$^+$ intercalation pseudocapacitance in graphene-coupled titanium oxide enabling ultra-fast sodium storage and long-term cycling [J]. *Nat. Commun.*, 2015, 6, 6929.

[46] Wang H, Hu P F, Yang J, et al. Renewable-juglone-based high-performance sodium-ion batteries [J]. *Adv. Mater.*, 2015, 27 (14): 2348-2354.

[47] 吴权, 刘彦辰, 朱卓, 等. 钠离子电池碳负极材料的研究进展[J]. 中国科学: 化学, 2021, 51 (7): 862-875.

[48] 赵虔, 郑乔天, 吴修龙, 等. 钠离子电池负极材料的研究与发展[J]. 成都大学学报（自然科学版）, 2020, 39 (3): 298-317.

[49] 邱坤, 曹余良, 艾新平, 等. 不同类型碳结构的储钠反应机理分析[J]. 中国科学: 化学, 2017, 47 (5): 573-578.

[50] Sun N, Guan Z R X, Liu Y W, et al. Extended "adsorption-insertion" model: a new insight into the sodium storage mechanism of hard carbons [J]. *Adv. Energy Mater.*, 2019, 9 (32): 1901351.

[51] 董瑞琪, 吴锋, 白莹, 等. 钠离子电池硬碳负极储钠机理及优化策略[J]. 化学学报, 2021, 79: 1461-1476.

[52] 郑安川, 齐翊博, 许志鹏, 等. 基于生物质硬碳钠离子电池负极材料研究进展[J]. 材料开发与应用, 2020, 35 (6): 88-95.

[53] Zhong X W, Li Y Z, Zhang L Z, et al. High-performance sodium-ion batteries based on nitrogen-doped mesoporous carbon spheres with ultrathin nanosheets [J]. *ACS Appl. Mater. Interfaces*, 2019, 11 (3): 2970-2977.

[54] Liu H, Jia M Q, Yue S F, et al. Creative utilization of natural nanocomposites: nitrogen-rich mesoporous carbon for a high-performance sodium ion battery [J]. *J. Mater. Chem. A*, 2017, 5 (20): 9572-9579.

[55] Luo W, Jian Z L, Xing Z Y, et al. Electrochemically expandable soft carbon as anodes for Na-ion batteries [J]. *ACS Cent. Sci.*, 2015, 1 (9): 516-522.

[56] 刘彬华, 王静. 钠离子电池软碳基负极材料研究进展[J]. 山东化工, 2021, 50 (19): 113-114.

[57] Cao B, Liu H, Xu B, et al. Mesoporous soft carbon as an anode material for sodium ion batteries with superior rate and cycling performance [J]. *J. Mater. Chem. A*, 2016, 4 (17): 6472-6478.

[58] Lu Y X, Zhao C L, Qi X G, et al. Pre-oxidation-tuned microstructures of carbon anodes derived from pitch for enhancing Na storage performance [J]. *Adv. Energy Mater.*, 2018, 8 (27), 1800108.

[59] 郭瑞婷, 李林, 项赢尔, 等. 碳点在钠离子电池中的应用[J]. 发光学报, 2021, 42 (8): 1182-1195.

［60］ Javed M, Shah Saqib A N, Ata-ur-Rehman, et al. Carbon quantum dots from glucose oxidation as a highly competent anode material for lithium and sodium-ion batteries ［J］. *Electrochim. Acta*, 2019, 297: 250-257.

［61］ Vijaya Kumar Saroja A P, Garapati M S, Shyiamala Devi R, et al. Facile synthesis of heteroatom doped and undoped graphene quantum dots as active materials for reversible lithium and sodium ions storage ［J］. *Appl. Surf. Sci.*, 2020, 504: 144430.

［62］ Xie F, Xu Z, Anders Jensen C S, et al. Unveiling the role of hydrothermal carbon dots as anodes in sodium-ion batteries with ultrahigh initial coulombic efficiency ［J］. *J. Mater. Chem. A*, 2019, 7: 27567-27575.

［63］ Li C, Zhang Z, Chen Y, et al. Architecting braided porous carbon fibers based on high-density catalytic crystal planes to achieve highly reversible sodium-ion storage ［J］. *Adv. Sci.*, 2022, 2104780.

［64］ Fu L J, Tang K, Song K P, et al. Nitrogen doped porous carbon fibres as anode materials for sodium ion batteries with excellent rate performance ［J］. *Nanoscale*, 2014, 6 (3): 1384-1389.

［65］ Zhao R, Sun N, Xu B. Recent advances in heterostructured carbon materials as anodes for sodium-ion batteries ［J］. *Small Struct.*, 2021, 2 (12): 2100132.

第 3 章

钛基负极材料及转化反应机制负极材料

负极材料主要为钠离子电池的工作提供可以储存离子的位点，其脱嵌钠电位与电池的安全性直接相关。过低的储钠电位会在电池充电过程中出现钠沉积现象，使得电池安全性降低。因此，开发具有适宜钠离子脱嵌电位的负极材料是非常有必要的。钛基材料由于其天然丰度高、无毒性、易于合成以及高的化学稳定性，在近几年受到了广泛关注。作为钠离子电池的负极材料，钛基材料可以通过插层/脱层过程可逆的储存钠离子，具有合适的电压平台、适中的能量密度和稳定的循环寿命，这使其具有广阔的应用前景。

3.1 Na_xTiO_y 类材料

3.1.1 $Na_2Ti_3O_7$

2011 年，Tarascon 等人首次提出单斜层状化合物 $Na_2Ti_3O_7$ 可用作钠离子电池负极，其较低的钠离子嵌入/脱嵌电位（0.3V，vs. Na^+/Na）使其成为近年来被研究较多的钠离子电池非碳基负极材料之一。如图 3.1 所示，$Na_2Ti_3O_7$ 属单斜体系，空间群为 $P2_1/m$。它是由三个 TiO_6 八面体组成的层状结构，沿着上下一条线共享两条边，同时共享角，从而形成锯齿状（Ti_3O_7）$^{2-}$ 层，Na^+ 占据层间位置，可在层间移动[1]。作为钛酸钠的代表，$Na_2Ti_3O_7$ 在平均电位 0.3V（vs. Na^+/Na）下每配方单位可以可逆地嵌入 2 个 Na^+，具有较高的理论比容量（177mAh·g^{-1}）。适中的储钠电压不仅使其具有高的能量密度，而且可以减少钠枝晶的出现。

2011 年，Senguttuvan 等人[2] 通过原位 XRD 研究了其电化学储钠过程。如图 3.2 所示，在初始电化学过程中，没有观察到原始 $Na_2Ti_3O_7$ 的 XRD 衍射峰发生变化。之后，在 0.3V（vs. Na^+/Na）为中心的平台上观察到一个双相过程，在此过程中发现原始相的峰逐渐减弱，同时出现一个新相，其特征是在 2θ 为 33.9°、39.2°和 40.7°处出现三个强峰。在还原过程结束时，只有新相存在

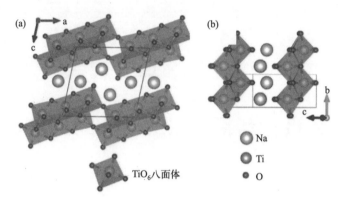

图 3.1　$Na_2Ti_3O_7$ 晶体结构

(a) 沿 [010] 轴（垂直于 a-c 平面）呈现阶梯层和层状结构；(b) 垂直于 b-c 平面呈之字形[1]

（估计成分为 $Na_4Ti_3O_7$），而没有发现原始相 $Na_2Ti_3O_7$。再次氧化时，随着电极中 $Na_2Ti_3O_7$ 含量的增加，这一过程发生逆转。一旦氧化过程结束，在 XRD 图中看不到 $Na_4Ti_3O_7$ 相的痕迹。结果表明，其放电产物为 $Na_4Ti_3O_7$ 相，在充电过程后可完全恢复为 $Na_2Ti_3O_7$ 相。

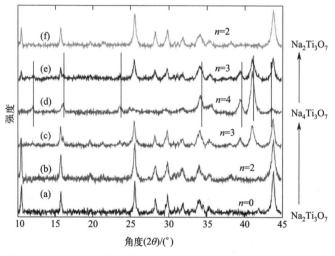

图 3.2　在 $C/50$ 下的电流密度下，2.5～0.01V 区间范围内循环的 $Na_2Ti_3O_7$/Na 电池的原位 XRD 图[2]

另外，原位同步 X 射线衍射（SXRD）测试，结果也证实了初始的 $Na_2Ti_3O_7$ 在 50 次循环后可以恢复原状（图 3.3）。需要说明的是，在 $Na_2Ti_3O_7$ 的合成过程中，因为使用的丙酮中有少量的水，导致了合成的材料为 $Na_2Ti_3O_7$ 和 $H_2Ti_3O_7$ 的混合物或与 $Na_{2-x}H_xTi_3O_7$ 的混合物，但这与材料的容量衰减无关。另外，在电池的循环过程中，$Na_{2-x}H_xTi_3O_7$ 中的质子逐渐与电解液中的钠离子交换，然后表现出与 $Na_2Ti_3O_7$ 相同的电化学行为 [图 3.3(b)]。图 3.3 (a) 所示的循环前材料的 SXRD 图谱对应于质子化的 $Na_{2-x}H_xTi_3O_7$ 相，其拟合结果与 $H_2Ti_3O_7$ 匹配得非常好。此外，第一性原理计算表明，钠化相 $Na_4Ti_3O_7$ 的机械稳定性和动态稳定性都很高，这对于钠离子电池的长循环性能是有利的[3]。然而，由于 $Na_2Ti_3O_7$ 大的带隙（3.7eV）而导致的绝缘特性，使其在循环过程中具有反应动力学缓慢以及容量衰减快的特点，这限制了 $Na_2Ti_3O_7$ 的倍率性能，因此 $Na_2Ti_3O_7$ 在钠离子电池中的实际应用极具有挑战性。

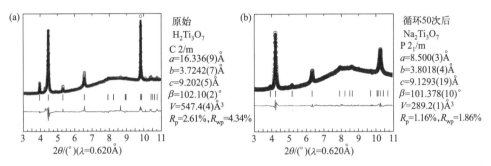

图 3.3　Rietveld 精修得到的 $Na_2Ti_3O_7$ 的 SXRD 谱图

(a) 循环前；(b) 循环 50 次后[3]

另外，有文献表明 P1 空间群的三斜相结构的 $Na_2Ti_3O_7$ 具有更好的电化学性能。Cao 等人[4] 用固相法合成了三斜相 $Na_2Ti_3O_7$（t-NTO），研究结果表明，$Na_2Ti_3O_7$ 的层间结构的变化主要受温度动力学的影响，制备的 800℃- $Na_2Ti_3O_7$ 属于单斜晶系，而 1000℃-$Na_2Ti_3O_7$ 属于三斜晶系。结构的差异引起 TiO_6 八面体的扭曲变形和原子位移差异。如图 3.4(a),(b) 所示，单斜相（m- NTO）是由三个 TiO_6 八面体组成的单元形成具有 Z 形通道的层状结构。这三个 TiO_6 八面体的 O—O 键长分别为 4.2066Å、4.0289Å 和 3.7863Å。两种 $Na_2Ti_3O_7$ 材料内 O—O 键长的浮动范围不一样。在单斜相 $Na_2Ti_3O_7$ 中，Na^+ 传输通道的层间间隙最窄处为 5.96Å，最宽处为 6.72Å，考虑整体排列不够规则，Na^+ 在层间传输不够通畅，这种层间间隙较大的变化可能会引起 Na1 位点层间相互作用力的减弱。而在三斜相 $Na_2Ti_3O_7$ 中，Na^+ 传输通道的层间间隙最窄处为 6.01Å，最宽处为 6.47Å，在 6.01~6.47Å 较窄的区间内浮动，更加通畅的 Na^+ 传输通道，有助于 Na^+ 在层间较为稳定地传输。如图 3.4(c),(d) 所示，在 20mA·g^{-1} 电流密度下测试得到的原位 XRD 图结果表明，在第一个充放电过程中，m-NTO 样品发生了不可逆相转变，从而导致 m-NTO 的循环性能较差。而 t-NTO 样品在第一个充放电过程中的原位 XRD 图显示，初始状态的 XRD 峰在 Na^+ 嵌入/脱出后恢复到初始位置，没有不可逆相转变残留，表明 t- NTO 样品在 Na^+ 嵌入/脱出是可逆的，从而确保了良好的循环稳定性。电化学测试结果表明，相比单斜 $Na_2Ti_3O_7$，三斜相 $Na_2Ti_3O_7$ 在保持 0.3V 低电位平台的同时其结构可逆性更好。经过 20 次的循环后，三斜相 $Na_2Ti_3O_7$ 提供了 94.7% 的容量保持率，远远超过单斜 $Na_2Ti_3O_7$（25.7%）。

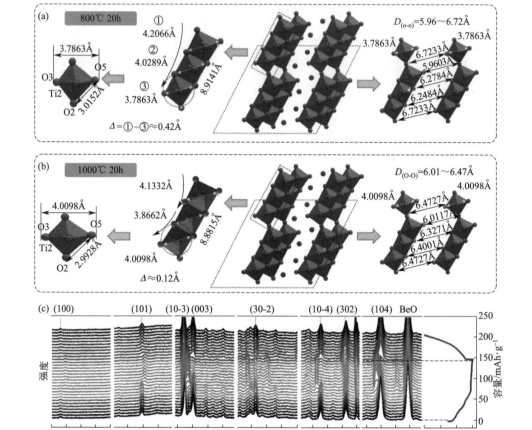

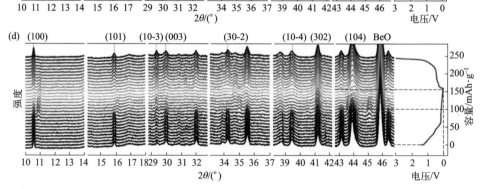

图 3.4 单斜相（a）和三斜相（b）$Na_2Ti_3O_7$ 的晶体结构和精修参数，单斜相（c）和三斜相（d）$Na_2Ti_3O_7$ 在 0.01～3.0V 区间内的原位 XRD 图[4]

因为 Na^+ 的离子半径较大，增大了其嵌入晶格的难度，导致其在体相中具有较低的扩散系数。一般来说，电极过程包括 Na^+ 扩散与电子转移，根据公式 $\tau_{eq} = L^2/2D_{Na}$（其中，D_{Na} 是 Na^+ 扩散系数，L 是扩散距离），平均扩散时间 τ_{eq} 取决于二者。因此，改善材料 Na^+ 动力学缓慢的方法有两种，即提高 Na^+ 扩散系数（D_{Na}）与缩短 Na^+ 扩散距离（L）。为了提高 $Na_2Ti_3O_7$ 的性能，人们做了大量的工作提高其反应动力学，通常有形貌调控、碳包覆/复合、杂原子掺杂、缺陷工程等方法。

通过控制形貌，不仅可以提高材料的电化学活性，Na^+ 的扩散速率也可以通过多维嵌入过程得到有效提高。此外，在纳米材料中构建多孔或空心结构可以进一步减小 Na^+ 的扩散路径，同时增强体积膨胀的适应性。Zhang 等人[5] 报道了由 $Na_2Ti_3O_7$ 纳米管组装而成的三维网状结构。这种独特的结构减小了钠离子的扩散长度，保证了其优越的电化学性能。使其具有在 $0.2A \cdot g^{-1}$ 电流密度下循环 100 次后能保持 $200mAh \cdot g^{-1}$ 放电比容量，展示了良好的循环稳定性；在 $0.5A \cdot g^{-1}$ 和 $1A \cdot g^{-1}$ 下分别具有 $150mAh \cdot g^{-1}$ 和 $125mAh \cdot g^{-1}$ 可逆容量，展示了优异的倍率性能。

在形貌调控的基础上，将 $Na_2Ti_3O_7$ 与高导电性碳材料进行复合或在材料表面包覆一层导电物质，进一步优化电极/电解质界面的电子传输，改善电化学性能也是极为有效的方法。Qiao 等人[6] 成功地合成了一种由氮掺杂碳包覆超薄 $Na_2Ti_3O_7$ 纳米片组装而成的新型空心球纳米结构。这些精心设计的 $Na_2Ti_3O_7$ 空心球在高电流密度下表现出优异的钠存储性能，这是因为超薄纳米片具有独特的多层结构，可以显著降低钠离子扩散过程中的能量消耗并减小扩散长度，而碳包覆结构可以提高整体电导率。作为钠离子电池负极材料，这些特性都提高了其动力学性能，使其在大电流密度下表现出优异的电化学性能（50C 倍率下循环 1000 次后，仍具有超过 $60mAh \cdot g^{-1}$ 的可逆容量）。

除此之外，杂原子掺杂，如氮、锡、硼和铌的引入，也能有效提高电子电导率，此外杂原子掺杂可以诱导三价钛和氧空位的生成，进一步提高材料的电导率并优化材料的电化学反应动力学。Chen 等人[7] 用溶胶-凝胶法制备了掺 Nb 的 $Na_2Ti_3O_7$，所得 $Na_2Ti_{2.97}Nb_{0.03}O_7$ 与原始的 $Na_2Ti_3O_7$ 相比，增加了晶胞体积，降低了带隙。$Na_2Ti_{2.97}Nb_{0.03}O_7$ 不仅表现出较高的可逆容量（0.2C 时可逆容量为 $189.7mAh \cdot g^{-1}$），而且显现出优异的倍率性能以及循环稳定性（5C 时可逆容量为 $89.4mAh \cdot g^{-1}$，500 次循环后容量保持率为 78.5%）。通过在晶格内引入缺陷可以降低材料 $Na_2Ti_3O_7$ 的能隙（3.0~3.2eV），提高电子导电性，改善其电化学性能，缺陷可以通过低价元素掺杂、还原剂处理和高温还原等方式引入。另外，氧空位的引入能够使半导体电极材料的价带和导带之间产生杂质带，带隙减小，降低电子跃迁至导带所需要的能量，进而改善电极材料的电子导电性。2020 年，Qiao 等人[8] 构造了带有氢化氧空位的双壳钛酸钠立方体结构。通过 DFT 计算、EELS、XANES、XPS 以及电容率性能分析表明，氢化诱导的氧空位能够增强原始材料的电导率，并在原子水平上优化离子输运。作为电池的负极，所制备的样品比无氧空位的样品表现出更高的倍率性能，为优化离子输运动力学提供了一种有效的方法。Fu 等人[9] 通过在高温还原气氛下烧结，制备了氢化 $Na_2Ti_3O_7$ 纳米线阵列，该氢化 $Na_2Ti_3O_7$ 纳米线阵列具有较大的比表面积、较好的电子电导率和较快的 Na^+ 扩散速率，在 35C 下循环 10000 次后具有 $65mAh \cdot g^{-1}$ 的可逆容量。但是，关于缺陷对材料电子结构的影响规律及电化学性能的改善机制，目前还没有深入而清晰的理论研究，需要进一步探索。

3.1.2 Na₂Ti₆O₁₃

与层状结构的 $Na_2Ti_3O_7$ 相比，隧道结构的 $Na_2Ti_6O_{13}$ 属单斜晶系，C2/m 空间群，其中每三个共享边的 TiO_6 八面体构建两个不同尺寸的隧道，如图 3.5 所示[10]。隧道通道远大于钠离子半径，有助于离子迁移，表现出优越的倍率性能。大的中间层可调节体积效应，避免结构坍塌，从而获得优异的循环稳定性。作为钛酸钠的另一代表，其具有相对较低的电压平台（0.8V），可以容纳 0.85mol 的 Na，理论比容量为 $49.5mAh \cdot g^{-1}$，储钠能力较低，导致低的比容量。通过非原位 XRD 测试[11] 提出 $Na_2Ti_6O_{13}$ 存在着固溶体的存储机制，因此，其储钠机理为：

$$Na_2Ti_6O_{13} + xNa^+ + xe^- \Longleftrightarrow Na_{2+x}Ti_6O_{13}, x \approx 0.85 \qquad (3.1)$$

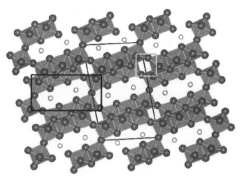

图 3.5 双隧道 $Na_2Ti_6O_{13}$ 材料的原子构型

黑色菱形框表示单元格的大小，蓝框表示的是大的准矩形隧道的面积，绿色的框架表示
小菱形隧道的位置，蓝色八面体：[TiO_6]，黄色：Na，红：O，蓝：Ti[10]

虽然 $Na_2Ti_6O_{13}$ 表现出高的离子导电性和良好的循环稳定性，从而能够高效地避免在大的 Na^+ 嵌入/脱出过程中的结构畸变。然而，$49.5mAh \cdot g^{-1}$ 的低理论容量限制了 $Na_2Ti_6O_{13}$ 在钠离子电池实际应用中的单独使用[11]。因此，为

了使其成为一种合格的钠离子电池负极材料，结合 $Na_2Ti_3O_7$ 制备出规避双方劣势，发挥双方优势的混合相是实现 $Na_2Ti_6O_{13}$ 实际应用的非常有必要的一种策略。而且这种方法之前就被提出过，并简单研究了纳米复合材料在钠离子电池中的电化学性能[12-14]。Chandel 等人[15] 首次以乙二醇和十六烷基三甲基溴化铵（CTAB）为络合剂，通过溶剂热方法合成了层次纳米棒结构的 $Na_2Ti_6O_{13}$/$Na_2Ti_3O_7$ 纳米复合负极混合相。通过 Lebail 细化分析，确定了 $Na_2Ti_3O_7$ 和 $Na_2Ti_6O_{13}$ 在纳米复合样品中的相分数比，分别为约 82% 和约 18%。如图 3.6 所示，微观结构分析证实了纳米复合材料的纳米棒形貌，具有层次自组装的特点，在高倍放大条件下呈花状。这种形貌表现出优异的电化学性能：在 $0.1A \cdot g^{-1}$ 的电流密度下，循环 165 次后能保持 $182mAh \cdot g^{-1}$ 的可逆容量；在 $0.5A \cdot g^{-1}$ 的电流密度下循环超过 100 次后，仍有 $161mAh \cdot g^{-1}$ 的可逆容量。这可以归因于 $Na_2Ti_6O_{13}$ 和 $Na_2Ti_3O_7$ 两相之间具有良好的协同效应，有效地弥补了纳米复合电极中单个晶型的缺陷，提高了 $Na_2Ti_3O_7$/$Na_2Ti_6O_{13}$ 纳米复合电极的电化学性能。由于分层结构的纳米棒有利于实现 Na^+ 的快速扩散，因此 $Na_2Ti_3O_7$ 可能是其高容量的原因，而 $Na_2Ti_6O_{13}$ 的形貌可能是纳米复合电极材料的结构稳定性和良好循环稳定性的原因。

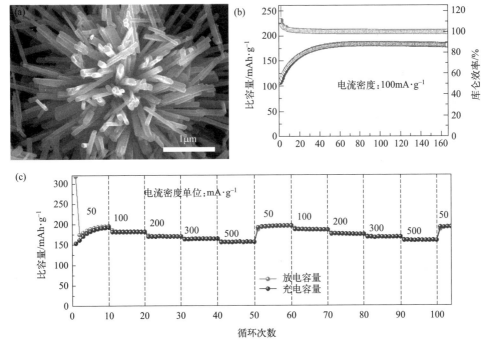

图 3.6　$Na_2Ti_3O_7$/$Na_2Ti_6O_{13}$ 纳米复合材料的 SEM 图（a）、
循环性能图（b）和倍率性能图（c）[15]

Wu 等人[16] 设计并提出制备层状-隧道复合的钛酸钠材料，并通过调控工艺参数，实现层状与隧道比例的调控。如图 3.7（a）所示，$Na_2Ti_3O_7$ 和 $Na_2Ti_6O_{13}$ 两相紧密接触在一起，$Na_2Ti_6O_{13}$ 微棒的宽度比 $Na_2Ti_3O_7$ 大，这可能会阻碍 Na^+ 的整体扩散，并导致赝电容现象。图 3.7（b），（c）表明，$Na_2Ti_3O_7$ 和 $Na_2Ti_6O_{13}$ 均为单晶。如图 3.7(d) 所示，由于布拉格峰的可逆变化，可以明显观察到结构演化是完全可逆的。$Na_2Ti_6O_{13}$ 隧道中发生了固溶反应，位于 8.8° 的 SXRD 特征峰在放电状态时分裂为两个不同的峰，在电荷状态时又合并为一个峰，这说明 $Na_2Ti_6O_{13}$ 相一直在积极参与整个电化学反应。原位 SXRD 分析表明，当第一次放电电压达到 0.11V 时，层状 $Na_2Ti_3O_7$ 发生了相变。在相变发生前，在该电位附近有两相共存，共存时间较短，说明相变是一个较快的过程。由 $Na_2Ti_6O_{13}$ 和 $Na_2Ti_3O_7$（NTO-1）组成的相在放电过程中转变为 $Na_2Ti_6O_{13}$、$Na_2Ti_3O_7$ 和 $NaTi_{1.25}O_3$（NTO-2）的混合相，反之则发展为 $Na_2Ti_6O_{13}$ 和 $Na_2Ti_3O_7$（NTO-3）的化合物。在第一次充电阶段，生成的新相迅速可逆地再次转变为 $Na_2Ti_3O_7$ 相。从相变开始，材料晶胞体积扩大了约 130%，这可能是纯 $Na_2Ti_3O_7$ 负极作为钠离子电池时容量大幅度衰减的原因。随着 Na^+ 的提取，新形成的相消失了，这表明层状的 $Na_2Ti_3O_7$ 相与隧道状的 $NaTi_{1.25}O_3$ 相的结构是完全可逆的。基于此，如图 3.7（e）所示，即使电流密度提高到 $2A \cdot g^{-1}$，4000 次循环后该复合相仍能保持 $19.45mAh \cdot g^{-1}$ 的可逆容量，库仑效率为 100%。该电极在高电流密度下表现出良好的稳定性，这是因为在 $Na_2Ti_6O_{13}$ 层中插入较少的 Na^+，导致了较小的体积效应。

除了传统的块状电池，还将 $Na_2Ti_6O_{13}$ 设计用于高效的薄膜微型电池，并研究了其在微电子器件和集成光电子电路中的应用。Barpanda 等人[17] 使用脉冲激光沉积技术（PLD）成功制备了在不锈钢基底上原位沉积的 $Na_2Ti_6O_{13}$ 薄膜。通过优化各种 PLD 参数，得到了由结晶良好的纳米级 $Na_2Ti_6O_{13}$ 组成的约 100nm 的均匀薄膜。研究表明，其可逆脱嵌容量（约 $42mAh \cdot g^{-1}$）约为理论容量的 80%，且具有良好的倍率性能和循环稳定性，使得 $Na_2Ti_6O_{13}$ 薄膜成为薄膜钠离子微型电池有前途的负极材料。

近年来，不仅将 $Na_2Ti_6O_{13}$ 作为负极材料研究，而且还研究了其作为层状氧化物正极材料涂层的性能。钠离子电池的层状氧化锰正极具有较高的能量密度，但稳定性和倍率容量有限。前人研究表明，层洞混合结构具有较好的倍率性能和循环稳定性。然而，复杂的相变仍然不可避免，从而导致循环性能不理想。Liu 等人[16] 研究表明，高钠导电性的 $Na_2Ti_6O_{13}$ 涂层能有效抑制相变，提高结构稳定性、空气稳定性。而且 3% $Na_2Ti_6O_{13}$ 涂层样品在 0.1C、2.0~4.1V 之间的初始比容量为 $175.6mAh \cdot g^{-1}$。在 2C 时，循环 100 次后容量保持率为

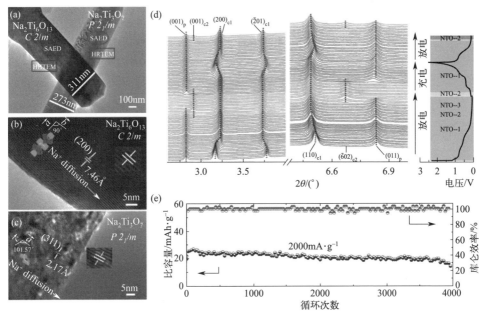

图 3.7 （a）$Na_2Ti_3O_7/Na_2Ti_6O_{13}$ 复合材料的 TEM 图，

（b）$Na_2Ti_6O_{13}$ 和 （c）$Na_2Ti_3O_7$ 的 HRTEM 图，

$Na_2Ti_3O_7/Na_2Ti_6O_{13}$ 复合材料的 （d）低角度原位 XRD 图和 （e）循环性能图[16]

86.7％。拉曼光谱结果也表明，Mn^{3+} 和 Mn^{4+} 周围的局域晶格畸变得到有效抑制。空气稳定性也得到了显著改善。该研究为钠离子电池高性能复合结构正极材料的表面改性提供了有效的策略。

3.2　Li_xTiO_y 类材料

如图 3.8 所示[18]，尖晶石型 $Li_4Ti_5O_{12}$ 结构与 $LiMn_2O_4$ 相似，可写为 Li $(Li_{1/3}Ti_{5/3})O_4$，空间点阵群为 Fd-3m，其中氧离子立方密堆构成 FCC 点阵，位于 32e 位置，3/4 锂离子位于四面体 8a 位置，钛和剩下的锂随机地占据八面体 16d 位置，因此，其结构式可表示为 $[Li]_{8a}[Li_{1/3}Ti_{5/3}]_{16d}[O_4]_{32e}$。$Li_4Ti_5O_{12}$ 是一种用于锂离子电池的"零应变"负极材料，具有十分平坦的放电平台，说明在锂离子插入过程中其结构稳定并发生了两相反应（$Li_4Ti_5O_{12}$/$Li_7Ti_5O_{12}$），且在锂嵌入/脱出时表现出良好的倍率性能。同时，$Li_4Ti_5O_{12}$ 也是一种允许钠离子可逆脱嵌的负极材料。Zhao 及其同事首次报道了 $Li_4Ti_5O_{12}$ 作为钠离子电池的负极材料，其理论比容量为 175mAh·g^{-1}，表明每个配方单位约有 3mol Na 嵌入 $Li_4Ti_5O_{12}$，类似于 Li 嵌入。钠的平均存储电压约为 0.8V （vs. Na^+/Na），低于 $Li_4Ti_5O_{12}$ 中的锂存储电压，可以提高全电池的能量密度[19]。

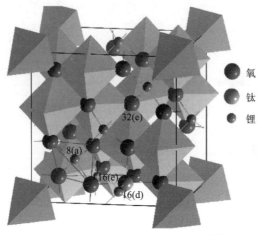

图 3.8 $Li_4Ti_5O_{12}$ 的晶体结构图[18]

Sun 等人[20] 提出了 $Li_4Ti_5O_{12}$ 作为钠离子电池负极的反应机理——三相分离机制，这与在锂离子电池中两相反应不同。他们利用原位同步辐射 XRD 研究了 Na 嵌入/脱出的电化学过程，如图 3.9 所示。

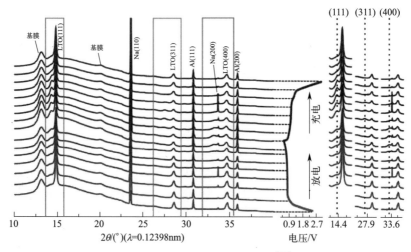

图 3.9 原位同步辐射 XRD 图[20]

由图可以看出，放电时出现了一组与 Na_6Li 相对应的新峰，在随后的充电过程中消失，这是相分离反应，而不是固溶反应。但是，放电过程中出现了新的相位延迟：Na_6Li 相对应的衍射峰直到放电结束才出现，并且在随后的充电过程中其峰强度达到最大，这与缓慢的 Na^+ 嵌脱动力学有关。为了进一步证实三相钠离子的插入机理，他们利用球差校正电镜对原子结构进行了直观观察（图 3.10），结果与理论预测的非常吻合，证明了钠嵌入 $Li_4Ti_5O_{12}$ 的新型三相分离机制。反应机理可概括为（V 表示空位）：

$$2[Li_3]^{8a}V^{16c}[Ti_5Li]^{16d}O_{12} + 6Na^+ + 6e^- \Longrightarrow$$
$$V^{8a}[Li_6]^{16c}[Ti_5Li]^{16d}O_{12} + V^{8a}[Na_6]^{16c}[Ti_5Li]^{16d}O_{12} \qquad (3.2)$$

从上式可以看出，完全放电样品中存在 Li_7 和 Na_6Li 两个终相。尽管生成 Na_6Li 时会产生 12.5% 的体积膨胀，但是其优异的循环稳定性和高的安全性仍然使得 $Li_4Ti_5O_{12}$ 在钠离子电池中具有吸引力[20]。

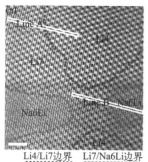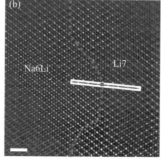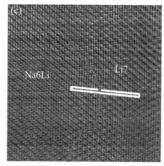

图 3.10　半钠化的 $Li_4Ti_5O_{12}$ 的环形明场成像（ABF）图片（a），全放电状态下 $Li_4Ti_5O_{12}$ 的大角度环形暗场扫描电镜（HAADF）图（b）和全放电状态下 $Li_4Ti_5O_{12}$ 的 ABF 图像（c）[20]

然而 $Li_4Ti_5O_{12}$ 大的带隙（2eV），导致其固有的低电子和离子电导率，这阻碍了其高倍率性能。为解决这一问题，将碳材料与 $Li_4Ti_5O_{12}$ 相结合是一种有效的方法。例如，有文献报道碳包覆 $Li_4Ti_5O_{12}$ 和硼掺杂碳包覆 $Li_4Ti_5O_{12}$ 纳米颗粒均具有较好的循环性能和倍率性能[22,23]。此外，Chen 等人[21] 设计了一种新型复合气凝胶，合成了石墨烯改性的多孔 $Li_4Ti_5O_{12}$ 纳米纤维（G-PLTO），如图 3.11 所示，该复合材料表现出优异的倍率性能，在 $35mA \cdot g^{-1}$ 的电流密度下表现出 $200mAh \cdot g^{-1}$ 的比容量，且在以不同倍率循环后，电流复位至 $0.2C$ 时，比容量仍可恢复至 $195mAh \cdot g^{-1}$，并在随后的 115 次充放电循环中基本保持稳定。不同倍率下的充放电曲线呈现出相似的形状，表明即使在快速的 Na^+ 嵌入/脱出过程中，其宿主结构仍然稳定。而且它还表现出超长的寿命，在 $3C$ 倍率下，12000 次循环后可逆容量达 $120mAh \cdot g^{-1}$。

受 $Li_4Ti_5O_{12}$ 的启发，研究人员还报道了具有相同化学计量比的钠基类似物（$Na_4Ti_5O_{12}$）的储钠性能[24,25]。$Na_4Ti_5O_{12}$ 有两种类型的结构：三角相（T-$Na_4Ti_5O_{12}$）和单斜相（M-$Na_4Ti_5O_{12}$），前者具有三维框架，在 700℃ 以下稳定，后者具有准二维层状结构，可以在 700℃ 以上得到。两者都与 $Li_4Ti_5O_{12}$ 的

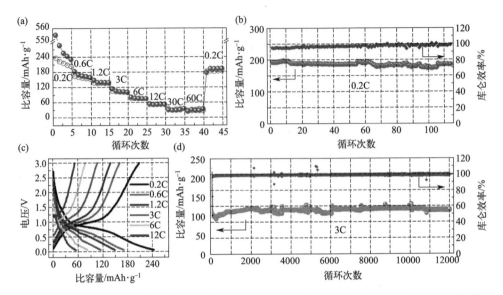

图 3.11　G-PLTO 复合气凝胶的（a）倍率性能，（b）倍率性能测试之后 0.2C 下的循环性能，
（c）不同倍率下的充放电曲线，（d）长循环性能[21]

尖晶石结构不一样（图 3.12）。T-$Na_4Ti_5O_{12}$ 只能提供 50mAh·g^{-1} 的可逆容量，M-$Na_4Ti_5O_{12}$ 可以提供较高的初始容量（约 137mAh·g^{-1}），但它很快就衰减到 64mAh·g^{-1}。尽管 M-$Na_4Ti_5O_{12}$ 有适当的钠离子嵌入电位（图 3.13），并且在初始循环后高度可逆，但现阶段获得的容量并不足以应用于实际的钠离子电池[26,27]。

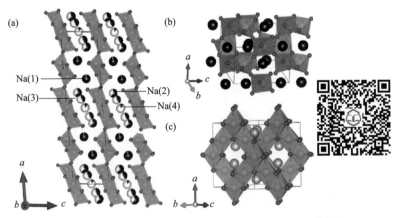

图 3.12　（a）M-$Na_4Ti_5O_{12}$；（b）T-$Na_4Ti_5O_{12}$ 和（c）$Li_4Ti_5O_{12}$ 的结构
蓝—TiO_6 八面体；红—O 原子；黑—Na 原子；绿—Li 原子[24]

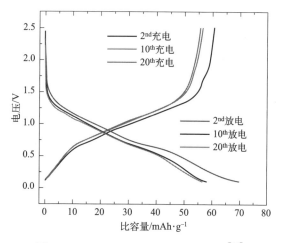

图 3.13　M-Na$_4$Ti$_5$O$_{12}$ 的充放电曲线[24]

3.3　Ti 基磷酸盐材料

钠快离子导体（NASICON）结构的磷酸盐是聚阴离子型电极材料的典型代表，由于其具有开放的三维离子传输通道结构，能够实现离子快速扩散，因而引起了众多研究者的关注。NASICON 结构的磷酸盐 NaTi$_2$(PO$_4$)$_3$（NTP）由 TiO$_6$ 八面体与 PO$_4$ 四面体通过共角方式连接（图 3.14），沿 c 轴形成间隙和传输通道。该框架为钠离子提供了晶格膨胀低于 8% 的三维扩散路径，表明其具有良好循环稳定性的潜力[28]。另外，NaTi$_2$(PO$_4$)$_3$ 在 2.1V（vs. Na$^+$/Na）处有一个氧化还原平台，对应于 NaTi$_2$(PO$_4$)$_3$ 和 Na$_3$Ti$_2$(PO$_4$)$_3$ 之间的两相反应，反应机理为：

$$NaTi_2(PO_4)_3 + 2Na^+ + 2e^- \Longleftrightarrow Na_3Ti_2(PO_4)_3 \qquad (3.3)$$

其间伴随两个 Na$^+$ 嵌入/脱出主体，具有较高的理论比容量（133mAh·g^{-1}）[29]。一般来说，NaTi$_2$(PO$_4$)$_3$ 相对较高的氧化还原电位会牺牲一部分能量密度，但会赋予其更安全的工作电压范围以及避免形成固体电解质界面（SEI）。

Delmas 等人[30] 首先报道了 NTP 可以作为钠离子电池的插层电极材料，但低的电子导电性抑制了其在电池中的应用。为了改善 NTP 的电化学性能，人们做了许多研究，比如调控 NTP 的粒径或者形貌，以缩短离子/电子输运路径或者与碳质材料结合以提高其电子导电性。其中，介孔碳 CMK-3 是一类新型的非硅基介孔材料，有巨大的比表面积（可高达 2500m^2·g^{-1}）和比孔体积（可高达 2.25cm^3·g^{-1}），非常有望在催化剂载体、储氢材料、电极材料等方面得到重要应用，因此受到人们的高度重视。Zhang 等人[31] 通过溶剂热法以及后续煅

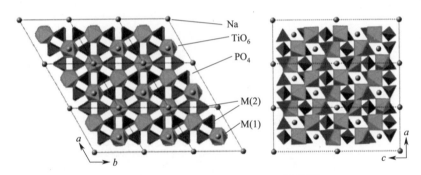

图 3.14　$NaTi_2(PO_4)_3$ NASICON 结构图

烧过程合成了介孔 NTP/CMK-3（NTP/C）复合物，其中高结晶度的 NASI-CON 型结构 $NaTi_2(PO_4)_3$（NTP）纳米颗粒均匀嵌在介孔 CMK-3 基质中。作为钠离子电池负极的介孔 NTP/C 纳米复合物在非水电解质中表现出良好的充放电性能、倍率性能和较长的循环寿命。与纯 NTP 电极相比，纳米复合电极在 $0.2C$、$0.5C$、$1.0C$ 和 $2.0C$（$1C = 132.8 \text{mA} \cdot \text{g}^{-1}$）下的比容量分别约为 $101 \text{mAh} \cdot \text{g}^{-1}$、$76 \text{mAh} \cdot \text{g}^{-1}$、$58 \text{mAh} \cdot \text{g}^{-1}$ 和 $39 \text{mAh} \cdot \text{g}^{-1}$，即使在 $0.5C$ 下循环 1000 次，其比容量也高达 $62.9 \text{mAh} \cdot \text{g}^{-1}$。Li 等人[32] 通过溶剂热反应和热解制备了具有开孔结构框架的 $NaTi_2(PO_4)_3$/C 纳米复合材料。该纳米复合材料实现了钠离子的快速迁移，具有较好的倍率性能。在 $0.5 \sim 50C$ 的宽倍率范围内，可逆容量仅从 $124 \text{mAh} \cdot \text{g}^{-1}$ 下降到 $120 \text{mAh} \cdot \text{g}^{-1}$。在 $50C$ 的超高倍率下，即使在 10000 次循环后，也没有任何明显的形态变化和结构粉碎，仍可获得 $103 \text{mAh} \cdot \text{g}^{-1}$ 的高放电比容量（第一个循环的 88.3%），证明了形成的离子输运通道有助于储钠性能的提高。

$NaTi_2(PO_4)_3$ 结构稳定，相对来说不溶于水溶液，并且在酸性、碱性或中性电解质中都发生嵌入/脱出反应，因此 $NaTi_2(PO_4)_3$ 电极除了可用于非水系的电池，还被广泛应用于水性可充电钠离子电池（ARSIB）[33,34]。然而，由于在水电解质中会发生许多副反应，导致容量衰减，因而与有机电解质中的电化学过程相比，水溶液中的电化学过程要复杂得多[29]。Zhang 等人[33] 采用溶剂热法制备了生长在柔性导电碳纳米管纤维（NTP@CNTF）上的无黏结剂的 $NaTi_2(PO_4)_3$，并将其作为 ARSIB 的内负极，外正极为铟铁氰化物（InHCF），中间为凝胶电解质，组装了高压同轴纤维的水性可充电钠离子电池（CFARSIB）全电池，如图 3.15。此全电池比容量为 $37.84 \text{mAh} \cdot \text{cm}^{-3}$，能量密度为 $57.66 \text{mWh} \cdot \text{cm}^{-3}$，循环 3000 次后，容量保持率为 91.3%，具有良好的柔韧性和稳定性。$NaTi_2(PO_4)_3$ 基水溶液钠离子电池的良好稳定性和容量可归因于电池的同轴结构以及柔性无黏结电极材料和凝胶电解质的协同作用。

$NaTiOPO_4$（NTP）是正交结构，属于 $Pna2_1$ 空间群。$NaTiOPO_4$ 晶体结

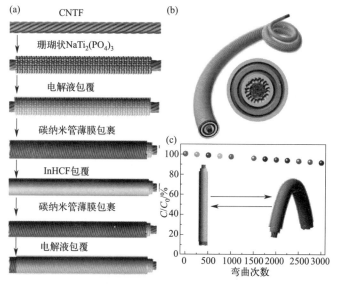

图 3.15　（a）CFARSIB 的制造工艺示意图，（b）CFARSIB 的原理图结构，

（c）弯曲角度为 90°时组装 CFARSIB 的容量保持试验[33]

构由 PO_4 四面体连接的多钛酸链组成。这些磷酸钛基的晶体结构由链构型和链间连接方式确定，如图 3.16 所示。

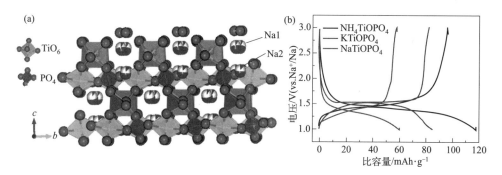

图 3.16　（a）$NaTiOPO_4$ 晶体结构图，（b）NH_4TiOPO_4、

$KTiOPO_4$ 和 $NaTiOPO_4$ 的充放电曲线[35]

在 a 轴方向，Na^+ 离子占据两个不同的位置，称为 Na1 和 Na2。Na1 位于通道中心附近，Na2 位于 TiO_6 和 PO_4 的交点附近。Huang 等人[35] 通过简单的水热反应合成了 NH_4TiOPO_4（NTP），然后与相应的硝酸盐进行离子交换制备了 $KTiOPO_4$（KTP）和 $NaTiOPO_4$（NaTP）。对此三种材料进行电化学测试，结果表明：样品的平均储钠电位为 1.45V（NTP）、1.4V（KTP）和 1.5V（NaTP）。为进一步揭示 NaTP 的电化学反应机理，Huang 等人采用原位 XRD 测试，获得了合适的 Na 存储电压和最佳循环性能。图 3.17 为电极在 1.0～

3.0V 电压范围内以 1/40C 电流密度循环的原位 XRD 图。Na 嵌入时，随着 B 相（钠化阶段，$Na_{1.6}TiOPO_4$）衍射峰的出现，A 相（原始 NaTP 相）的衍射峰变弱，而且也没有角度的偏移。随着钠的继续嵌入，（311）和（401）峰消失，在钠脱出时又出现。然而，在整个放电/充电周期中，一些峰值［如（111）］保持不变。在充电过程中，XRD 谱图的变化与放电过程完全相反，说明该材料在初始循环中电化学 Na 嵌入和脱出过程的相变过程是高度可逆的。这些特征表明了 NaTP 中钠离子的嵌入/脱出过程中存在两相反应机制，反应机理为：

$$NaTiOPO_4 + 0.6Na^+ + 0.6e^- \rightleftharpoons Na_{1.6}TiOPO_4 \tag{3.4}$$

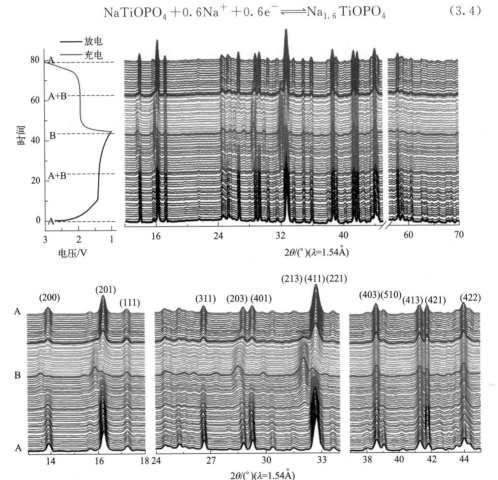

图 3.17 　$NaTiOPO_4$ 在充放电过程中的原位 XRD 图谱[35]

Jiang 等人[36] 利用水热反应和离子交换过程合成了 NH_4TiOPO_4 负极材料，并以一类含有四乙基铵（TEA+）惰性阳离子辅助的 WiS（IC-WiS）为电解质、普鲁士蓝类似物 $Na_{1.88}Mn[Fe(CN)_6]_{0.97} \cdot 1.35H_2O$（NaNHCF）为正极，组装了 NaNHCF/Na-IC WiS/$NaTiOPO_4$ 全电池在 0.7~2.6V 之间循环，

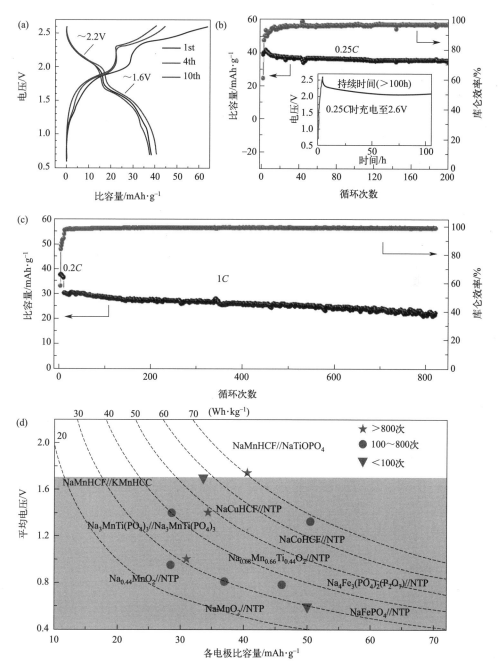

图 3.18 （a）NaNHCF/Na-IC WiS/NaTiOPO$_4$ 全电池在 0.25C 倍率下的充放电曲线、
（b）循环性能（插图为全电池循环 17 次后的自放电性能），（c）高倍率循环稳定性和
（d）各种水性钠离子电池的电化学参数的比较图[36]

如图 3.18（a）所示。它提供两个放电电压平台（2.2V 和 1.6V），并在第 4 周循环中具有 41mAh·g^{-1} 的高放电容量（基于正极和负极的总质量），对应于 71Wh·kg^{-1} 的高能量密度。全电池具有良好的循环稳定性，在 0.25C（1C＝140mA·g^{-1}）下循环 200 次后容量保持率为 90％ [图 3.18(b)]，且表现出低的自放电行为 [图 3.18(b) 的插图]。1C 倍率下，800 次循环后容量保持率为 76％ [图 3.18(c)]，展示了优异的高倍率循环稳定性。另外，如图 3.18(d) 所示，与其他水系钠离子电池相比，NaNHCF/Na-IC WiS/NaTiOPO$_4$ 全电池展示了更优异的平均电压（1.74V）、能量密度（71Wh·kg^{-1}）和循环稳定性。

3.4　其他钛基材料

除了钛酸钠材料，其他金属钛酸盐也被用于钠离子电池。钛铁矿 FeTiO$_3$ 是地壳中储量最丰富的矿物之一，具有较高的理论比容量和化学稳定性，用于钠离子电池时发生转化反应。然而，由于其较差的电化学性能，人们对其研究较少。Yu 等人[37] 通过金属-有机框架衍生策略，合成了纳米钛铁矿的碳封装结构（FTO⊂CNTs）[如图 3.19(a)]。所制备的钛铁矿 FeTiO$_3$ 纳米颗粒嵌入均匀的碳纳米管中，具有杂化纳米结构的中空内部、完全封装的超小电活性单元、柔性导电碳基体以及 FTO 在循环过程中稳定的 SEI 膜等多种优点。FTO⊂CNT 电极呈现卓越的循环稳定性（在 100mA·g^{-1} 时循环 200 次后仍具有 358.8mAh·g^{-1} 的比容量）和显著的倍率性能（在 5000mA·g^{-1} 时具有 201.8mAh·g^{-1} 的比容量），具有约 99％ 的高库仑效率 [图 3.19(b)]。此外，与典型的 Na$_3$V$_2$(PO$_4$)$_3$ 正极组装的 FTO⊂CNT//Na$_3$V$_2$(PO$_4$)$_3$ 全电池也证明具有优越的倍率性能和长循环寿命。Ding 等人[38] 合成了低含量的碳包覆 FeTiO$_3$ 纳米粒子，并首次测试了其在 90℃ 离子液体电解质中作钠离子电池负极的电化学性能。结果表明 FeTiO$_3$/C 电极具有 403mAh·g^{-1} 的高可逆容量，而且具有优异的循环稳定性，循环 2000 次时，库仑效率高于 99.9％。

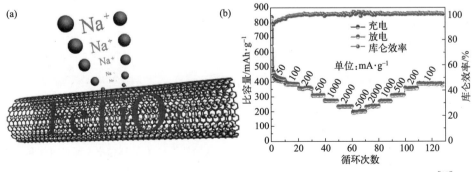

图 3.19　（a）均匀 FTO⊂CNTs 纳米粒子示意图和（b）FTO⊂CNTs 的倍率性能[37]

层状 $K_2Ti_4O_9$ 由于其优越的循环性能、丰富的储量以及环境友好等特点，是一种非常有前景的钠离子电池负极材料。层状 $K_2Ti_4O_9$ 由沿 b 轴共边和共角的 TiO_6 八面体的锯齿状条带构成，K^+ 位于 TiO_6 八面体之间的空隙。Zheng 等人[39] 利用原位 XRD 研究了 $K_2Ti_4O_9$（KTO）在充/放电过程中的结构演变。图 3.20(a) 为前 2 次循环的原位 XRD 谱图，图 3.20(b) 为相应的充放电曲线。在钠的嵌入/脱出过程中没有观察到新的衍射峰，也没有观察到明显的衍射峰偏移。这一点可以在特定角度范围的放大图中更清晰地观察到 [图 3.20(c)～(e)]，在整个充放电过程中，（310）、（004）、（205）峰的位置几乎没有偏移。KTO 的晶格参数仅略有变化，嵌入/脱出钠前后的晶胞体积变化仅为 0.7% 左右，表明在钠离子的嵌入过程中，钛酸钾的晶体结构保持良好，且在钠离子嵌入/脱出过程中具有零应变特性。此外，利用 EDS 光谱对循环后电极中的元素含

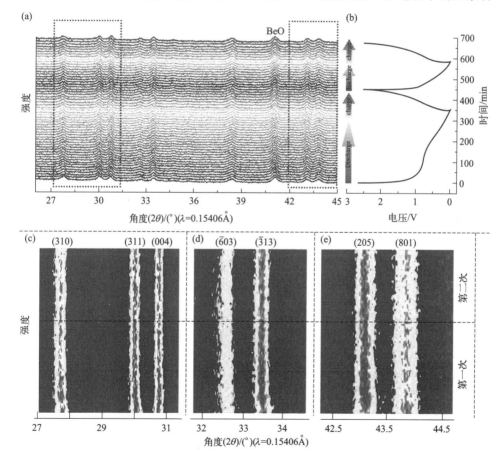

图 3.20　钠离子嵌入/脱出过程中 KTO 电极结构的演变

（a）在第一次和第二次循环的原位 XRD 图；（b）对应的充放电曲线；（c）～（e）部分衍射峰的演化规律[39]

量进行了鉴定，结果表明 Ti/K/Na 的原子比接近 4∶1∶1。基于该分析，推测出 K^+ 可能会从 $K_2Ti_4O_9$ 结构中脱出，然后引入 Na^+，占据充放电过程中钾离子产生的空位，从而形成 $KNaTi_4O_9$。可能的溶解反应机理为：

$$K_2Ti_4O_9 + Na^+ \rightleftharpoons KNaTi_4O_9 + K^+ \tag{3.5}$$

制备的 KTO 首次充电容量为 $101mAh \cdot g^{-1}$，库仑效率为 32.8%，但在随后循环中库仑效率提高到接近 100%。即使在 $100mA \cdot g^{-1}$ 的电流密度下，循环 400 次后容量保持率为 96.7%。此外，KTO 在 $100mA \cdot g^{-1}$、$500mA \cdot g^{-1}$、$1000mA \cdot g^{-1}$、$1500mA \cdot g^{-1}$ 和 $2000mA \cdot g^{-1}$ 时的充电容量分别为 $85.6mAh \cdot g^{-1}$、$75.2mAh \cdot g^{-1}$、$70.3mAh \cdot g^{-1}$、$68mAh \cdot g^{-1}$ 和 $66.7mAh \cdot g^{-1}$。而且在每个电流密度下循环 5 次后，回复到初始电流密度时容量可以恢复，即使在 $1000mA \cdot g^{-1}$ 下循环 500 次，仍可实现高容量保持（87.6%），表明 KTO 具有良好的循环稳定性。对层状 $K_2Ti_4O_9$ 材料在循环过程中的结构演变、化学重建和化学演变的研究，对促进该类型材料在钠离子电池中的实际应用具有重要意义。

二维过渡金属碳化物、氮化物或碳氮化物，即 MXenes，是由美国德雷塞尔大学（Drexel University）的 Yury Gogotsi 教授和 Michel W. Barsoum 教授等人在 2011 年合作发现的一种新型二维结构材料。其化学通式可用 $M_{n+1}X_nT_z$ 表示，其中 M 指过渡族金属（如 Ti、Zr、Hf、V、Nb、Ta、Cr、Sc 等），X 指 C 或/和 N，n 一般为 1~3，Tz 指表面基团（如 O^{2-}、OH^-、F^-、NH_3、NH_4^+ 等）。MXenes 主要通过 HF 酸或盐酸和氟化物的混合溶液将 MAX 相中结合较弱的 A 位元素（如 Al 原子）抽出而得到。它具有石墨烯高比表面积、高电导率的特点，又具备组分灵活可调，最小纳米层厚可控等优势，已在储能、吸附、传感器、导电填充剂等领域展现出巨大的潜力。因此，MXenes 是一种典型的通过嵌入机制来储存电荷的赝电容材料，在钠离子电池中得到了广泛的研究。

Zhao 等人[40] 设计了一种高效的 KOH 自组装策略来定制具有厚孔壁和稳定网络的多孔 MXene（$Ti_3C_2T_x$）单体的交联结构。KOH 辅助多孔 MXene（K-PMM）整体平衡了多孔结构和层间距增大的层状结构，从而确保了足够的 Na^+ 存储活性位点。此外，K^+ 在 MXene 纳米片上的吸附可以减缓其组装过程中的氧化过程。图 3.21(a) 显示了 K-PMM 电极在第 2 个周期的层间距的变化。在放电过程中，由于 Na^+ 插入 MXene 夹层，K-PMM 电极的（0002）峰角度逐渐降低，最小值为 4.24°（0.005V）。完全充电至 3V 后，K-PMM 电极的（0002）峰移至 5.62°，层间距为 15.8Å。捕获 Na^+ 的柱状效应导致层间距增大，扩散屏障降低，有利于 Na^+ 的后续嵌入。循环 18 次后，层间距进一步增大至 17.7Å，表明可用于存储钠离子的空间变大。随着层间距的增加，MXene 的有效活性位点增多，钠离子的存储能力提高。同时，MXene 单体中丰富的孔隙和稳定的互联网络可以容纳钠离子嵌脱引起的体积变化。因此，随着层间距的增加，K-PMM 在长期循环后的钠离子存储能力得到提高。从 K-PMM 电极循环前后的 TEM 图［图 3.21(b),(c)］可以看出，循环后，层状 MXene 的层间距增大。可以确定，连续充放电过程后逐渐增大的层间距有利于 Na^+ 在 MXene 层中的迁移。具体而言，Na^+ 在 MXene 中的存储机制如图 3.21（d）所示。在初始阶段，部分 Na^+ 倾向于从边缘插入到 MXene 层间，导致 MXene 层间距扩大。然后，Na^+ 和溶剂分子继续渗透到内部空间，扩散屏障降低。在此过程中，插层 Na^+ 的原子轨道与 MXene 表面官能团轨道杂化，表明 Na^+ 和 MXene 之间发生了电荷转移，即插层伪电容。电化学测试结果表明，KOH 辅助 MXene 整体表现出良好的储钠性能和增强的 Na^+ 存储容量，在 $100mA \cdot g^{-1}$ 电流密度下，1500 次循环后，可逆容量为 $188mAh \cdot g^{-1}$，容量保持率为 114%。这是因为增加的层合结构提供了额外的嵌入赝电容，并且丰富的孔隙保证了离子快速输运。这项工作将加深对多孔 MXene 宏组装中钠离子存储机理的理解，并启发研究者进一步探索其他面向功能的二维材料的电化学储能结构设计。

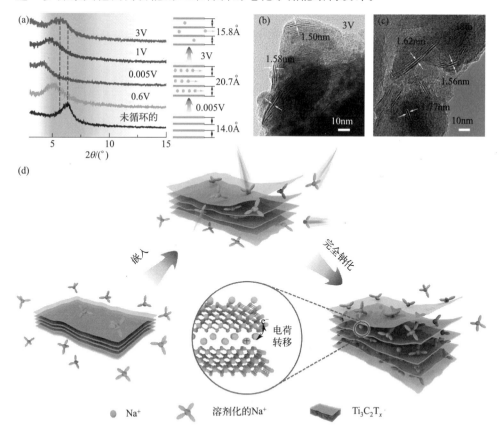

图 3.21　(a) 未循环的 K-PMM 电极、K-PMM 电极在不同放电状态（0.6V、0.005V）和充电状态（1V、3V）下的 XRD 图及相应的层间距变化示意图，(b)，(c) 完全脱钠化的 K-PMM（3V）在第 2 和第 18 个循环的 TEM 图和 (d) $Ti_3C_2T_x$ MXene 的钠离子存储机理[40]

Liang 等人[41] 采用一种新型原位 HF（HCl/KF）蚀刻条件从 $Ti_2AlC_{0.5}N_{0.5}$ 合成多层 $Ti_2C_{0.5}N_{0.5}T_x$ 粉末。在合成过程中，自发嵌入四甲基铵，然后在水中进行超声处理，使这种新型碳氮化钛大规模分层成为二维片材。获得的 $Ti_2C_{0.5}N_{0.5}T_x$ MXene 具有高的电导率 [约（435±25）Scm^{-1}]、大的电活性表面积和快速的离子传输等优势。如图 3.22 所示，在 20mA·g^{-1} 的电流密度下显示出 182mAh·g^{-1} 的比容量，且具有优异的循环稳定性，循环 500 次后无明显容量衰减。这项工作的研究结果表明，开发过渡金属碳氮化物是控制和增强 MXenes 性能的一种很有前景的方法。

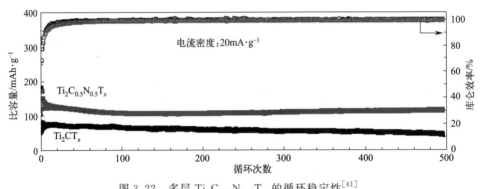

图 3.22　多层 $Ti_2C_{0.5}N_{0.5}T_x$ 的循环稳定性[41]

3.5　转化反应型负极材料

钠离子电池具有成本低、钠资源丰富等诸多优点，在大规模储能系统中具有巨大的应用潜力。然而传统锂电池负极石墨应用于钠离子电池时，只能提供 35mAh·g^{-1} 左右的比容量。近年来被大量研究的嵌入性负极材料，放电比容量最高也只能被提升到 300mAh·g^{-1}。因此，开发具有高容量的转化反应型钠离子电池负极显得尤为重要。虽然转化型负极材料的理论容量高，但在实际应用方面仍存在很多的问题，如可逆容量低、电压滞后大、初始库仑效率低、体积变化大、循环稳定性差等。因此诸多研究都致力于通过不同的改性手段克服这些问题，包括碳包覆、杂原子掺杂等改性手段。

3.5.1　反应机理

与嵌入型的负极材料相比，转化型负极材料在嵌钠和脱钠的过程中会发生相转变，并伴有旧键的断裂和新键的形成。与锂类似，与钠的转化反应可以写成如下形式：

$$M_aX_b + (bz)Na \rightleftharpoons aM + bNa_z \tag{3.6}$$

其中 M 为金属，X 为非金属，z 为 X 的氧化价态。对于典型的转化型材料，

M 代表过渡金属元素，其中包括 Fe、Co、Ni、Cu、Mn 等。X 代表非金属元素，包括 O、S、Se、N、P、H 等。在众多转化反应机理负极材料中，基于多电子转化反应机理的Ⅵ主族金属化合物成本低廉、形貌易于调控，同时具有较高的理论比容量，因而作为钠离子电池负极材料受到广泛关注。目前研究的钠离子电池金属氧/硫/硒化物负极材料的容量和平均工作电压的关系如图 3.23 所示[42]。

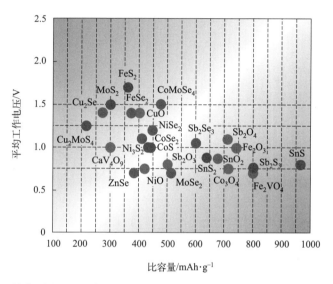

图 3.23　钠离子电池金属氧/硫/硒化物负极材料容量与平均工作电压的关系[42]

3.5.2　过渡金属金属氧化物

如图 3.24 所示，与锂离子电池的反应电位相比，当将氧化物用于钠离子电池时，其反应电位低于锂离子电池的反应电位，这使得它们更适合作为钠离子电池的负极。目前已报道的氧化物的反应电位大多低于 2V，因此可以通过优化电极结构、与其他导电材料耦合等方法降低电极的极化效应，进而降低反应电位，提升电池的比容量[43-45]。

与嵌入型材料相比，转化型材料可以将过渡金属充分还原为金属态，从而使其具有更高的理论容量。例如，Fe_3O_4 在放电过程中被钠完全还原生成 Fe 和 Na_2O，理论比容量高达 $924mAh \cdot g^{-1}$。此外，转化型材料负极的反应电位可以通过引入不同的金属阳离子和阴离子来调控，从而能够有效地提升电池的比能量。此外，诸如 Fe_3O_4 和 FeS_2 类似的转化型负极材料以天然矿物的形式存在，因此生产成本也较低。虽然转化型负极材料具有许多优点，但它仍旧存在许多弊端。

如图 3.25(a) 所示[45]，放电过程中形成的无定形结构松散，导致材料产生明显的体积膨胀。在充电过程中，无定形金属单质和 Na_2O 又形成相应的金属氧

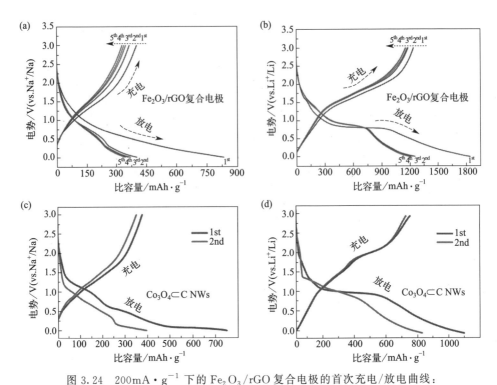

图 3.24　200mA·g^{-1} 下的 Fe$_2$O$_3$/rGO 复合电极的首次充电/放电曲线：

（a）钠离子电池和（b）锂离子电池；在 0.1A·g^{-1} 下 Co$_3$O$_4$⊂CNWs 复合电极

的初始充电/放电曲线，（c）钠离子电池和（d）锂离子电池[45]

化物并释放 Na$^+$，体积缩小。如此循环，在充放电过程中电极体积往复变化。持续、剧烈的体积变化严重影响过渡金属氧化物负极的循环性能[46]。另外，转化型负极材料的电子或离子的扩散系数不大，从而降低了电池的倍率性能；较大的体积膨胀会导致电极粉化，导致活性颗粒之间、活性颗粒与集流体之间接触面积减少，从而导致电池的容量迅速衰减；电解液的分解可能会导致离子或电子在传输过程中的阻力增大，从而降低电池的电化学性能。伴随充放电过程产生的体积变化会使电极内部产生较大形变应力，破坏黏结剂结构，失去黏结作用使活性物质发生破碎、粉化，甚至从集流体脱落，导致容量迅速衰减。此外，如图3.25（b）所示，过渡金属氧化物发生的转化反应可逆性较差，转化反应生成物氧化钠和金属单质在充电过程中不能完全转化为金属氧化物和 Na$^+$，造成可逆容量的损失，导致首次库仑效率降低[47]。此外，过渡金属氧化物应用于锂离子电池和钠离子电池的情形有所不同。He 等人[47] 利用原位表征技术发现，对比于锂离子电池，在钠离子电池中，Na$_2$O 体积约为 Li$_2$O 的 2 倍，难以迁移到Na$_2$O/Ni 复合结构中，生成更厚的无定形 Na$_2$O 层，且进一步反应后，钠离子电池中晶界面积远少于锂离子电池中的，会形成更厚的 Na$_2$O 钝化层，严重影响导电性

并阻碍 Na^+ 迁移，导致电池更为严重的倍率性能下降，如图 3.25(c)～(e) 所示。

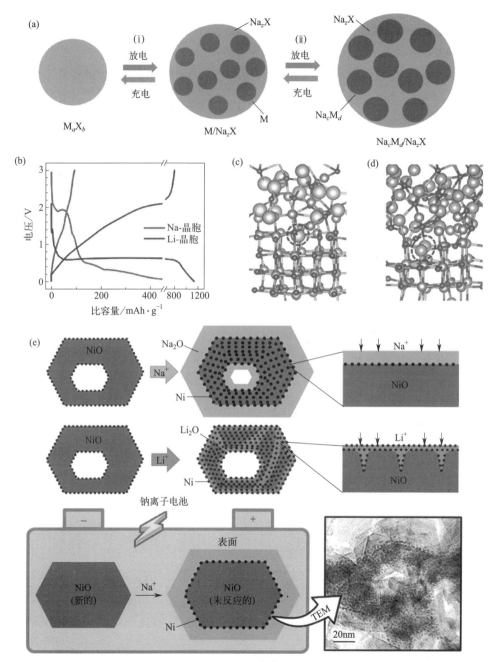

图 3.25　(a) 转化反应体积变化示意图[45]；(b) 0.1C 倍率下 Na/NiO 和 Li/NiO 半电池电极的首次充放电曲线，(c)，(d) NiO 储锂/钠反应过程区别示意图，(e) NiO 锂化/钠化模拟过程中 10ps 时产生的反位缺陷快照[47]

3.5.2.1 铁基氧化物

铁基氧化物主要包括 FeO、Fe_3O_4 和 Fe_2O_3 三种，但是 FeO 在钠离子电池中没有电化学活性，晶体结构如图 3.26 所示。

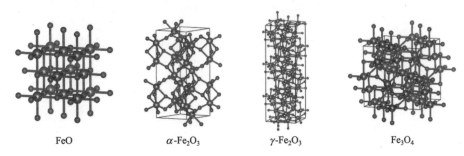

FeO α-Fe_2O_3 γ-Fe_2O_3 Fe_3O_4

图 3.26 FeO、α-Fe_2O_3、γ-Fe_2O_3 和 Fe_3O_4 的晶体结构图

（1）Fe_3O_4

Fe_3O_4 为立方反尖晶石结构，一个单元晶胞包含 64 个氧四面体和 32 个氧八面体。它是最早研究的转化电极之一，由 Thackeray 和 Goodenough 在 20 世纪 80 年代早期首创，他们揭示了嵌层和转化的两步锂化过程。他们预测："Fe_3O_4 因为其优异的电化学性能，在不远的将来必将应用于大规模的储能系统中"。虽然其理论比容量高达 926mAh·g^{-1}，但目前还没有人能做到如此高的容量。一方面是因为充放电过程中严重的体积变化，Fe_3O_4 在充放电过程中体积变化高达 100%，导致变形和内应力增大，结构稳定性较差，从而造成它的循环稳定性很差；另一方面，最近有研究发现它的电极极化比较明显，导致其容量会在循环过程中出现进一步的衰减，因而导致倍率性能也较差。

最近，Zhao 等人合成了一种 Fe_3O_4/3D-石墨烯杂化材料[48]。Fe_3O_4 量子点的平均尺寸为（5.2±0.6）nm，由于它均匀生长在 3D 石墨烯纳米片上，所以没有发生聚集。这表明石墨烯基底能够有效地阻止纳米 Fe_3O_4 的团聚。当用作钠离子电池的负极材料时，该复合电极的首次放电容量为 750mAh·g^{-1}，充电比容量为 588mAh·g^{-1}。由于 SEI 膜的形成，初始库仑效率为 78.3%。在电流密度为 0.1C 的条件下，循环 100 次后，其放电比容量仍然可以保持 518mAh·g^{-1}，库仑效率接近 100%。该结果充分证明了石墨烯基底缓解了 Fe_3O_4 的体积变化，使其具有较高的循环稳定性。

（2）Fe_2O_3

Fe_2O_3 根据晶体结构的不同，可分为赤铁矿（α-Fe_2O_3）和磁铁矿（γ-Fe_2O_3），但是 γ-Fe_2O_3 是不稳定的，当加热至 400℃时，会转变为 α-Fe_2O_3。

Fe_2O_3 成本低廉，理论比容量高（1007mAh·g^{-1}），而且它的密度（约 5.0g·cm^{-3}）是石墨（约 2.2g·cm^{-3}）的两倍多，能够提供更高的体积比容量。但它本身的导电性较差（约 10^{-4}S·cm^{-2}），而且它在钠化过程中，体积会持续膨胀，引起电极粉化，从而导致电池的倍率性能较低、循环稳定性差，制约了其进一步的发展。因此，设计和开发具有高充放电容量、优异倍率性能和长循环寿命的 Fe_2O_3 负极材料是一个巨大的挑战。提升电池的电化学性能可以通过优化电极结构、与其他导电材料耦合等方法来改善，在大多数报道的研究中，这些方法均被证明是十分有效的。

例如，Zhang 等人采用两步反应合成了生长在还原氧化石墨烯（rGO）上的 α-Fe_2O_3 纳米棒。首先在温和的条件下将石墨烯与硝酸铁混合，通过吸附 Fe^{3+} 在石墨烯薄膜上形成 Fe-Seed/rGO[49]。然后，在水热反应前将 Fe-Seed/rGO 溶液转移到另一种含三氯化铁的溶液中。从图 3.27（a）的透射电镜图可以看出，α-Fe_2O_3 纳米棒生长在 rGO 纳米片上，这是因为在制备过程中，α-Fe_2O_3 纳米棒从锚定点生长并形成棒状形貌。如图 3.27（b）所示，作为钠离子电池的负极，α-Fe_2O_3@rGO 在三种电极中表现出最好的循环性能。此外，该负极还具有较为优秀的倍率性能 [图 3.27（c）]。这是因为 rGO 基底能有效地促进电荷输运，缓冲嵌钠/脱钠过程中的体积变化。

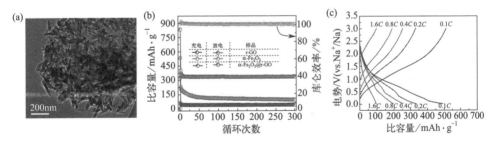

图 3.27 （a）α-Fe_2O_3@rGO 的 TEM 图，（b）rGO、α-Fe_2O_3 和 α-Fe_2O_3@rGO
负极在 200mA·g^{-1} 下的循环性能和（c）不同倍率（1C＝1000Ag^{-1}）
下 α-Fe_2O_3@rGO 负极的充放电曲线[49]

Xu 等人[50] 报道了一种有蛋黄壳结构的 γ-Fe_2O_3/C 复合材料，其中多壁碳纳米管作为基底，并在 Fe_2O_3 上覆盖了一层树脂衍生的碳层。碳纳米管和碳包覆层具有良好的导电性，而且空隙能够限制 γ-Fe_2O_3 在电化学反应过程中的体积膨胀。因此，这种材料既表现出良好的倍率性能，又表现出稳定的循环性能。当用作钠离子电池负极材料时，其反应机理为：

$$Fe_2O_3 + 6Na^+ + 6e^- \rightleftharpoons 2Fe + 3Na_2O \tag{3.7}$$

该 MWNTs@γ-Fe_2O_3/C 负极材料在 160mA·g^{-1} 的电流密度下，能够稳定循环 100 次。虽然前 20 次循环的库仑效率很低，但是随着充放电过程的不断进行，它的库仑效率也逐渐接近 100％并保持不变。而且，该材料在 $1A \cdot g^{-1}$ 的高电流密度下也有 $251mAh \cdot g^{-1}$ 的放电容量。Zhang 等人[51] 通过结构设计，合成了一种具有豆荚状形貌的纳米复合材料。这种复合材料由 Fe_2O_3 纳米颗粒和 N 掺杂的多孔碳纳米纤维（Fe_2O_3@N-PCNFs）组成。图 3.28(a)～(c) 为 Fe_2O_3@N-PCNFs 的 TEM 图和元素分布图。从图中可以看出，样品中存在大孔和微孔，这不仅提高了材料的比表面积，而且提供了丰富的反应位点，从而能够明显地提升电池的性能。N 掺杂碳壳厚度约为 20nm，合适的碳层厚度能够缓冲材料在充放电过程中的体积变化，从而能够提升电极材料的循环稳定性。元素分布图可以证明，Fe、O、C 和 N 元素都均匀地分散在所制备的产物中。因此，将合成的材料用作钠离子电池的负极材料时，所得到的 Fe_2O_3@N-PCNFs 材料在 $200mA \cdot g^{-1}$ 的电流密度下，其放电比容量能够达到 $806mAh \cdot g^{-1}$，且稳定循环能够达到 100 次。而且即使在 $2A \cdot g^{-1}$ 的高电流密度下，它仍然能够保持 $396mAh \cdot g^{-1}$ 的容量，而且能够稳定循环达到 1500 次。优异的电化学性能可以归因于其独特的豆荚状结构能提供足够的空间来缓冲电极的体积膨胀，碳层增强了离子和电子的传输能力。

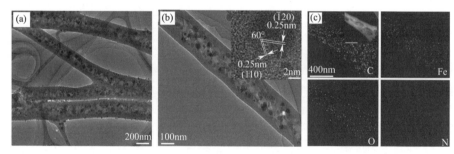

图 3.28　(a)～(b) Fe_2O_3@N-PCNFs 的 TEM 图像，图 (b) 中的插图是 Fe_2O_3@N-PCNFs 的 HRTEM 图像和 (c) Fe_2O_3@N-PCNFs 的元素分布[51]

3.5.2.2　钴基氧化物

Co_3O_4 具有成本低、理论容量高（$890mAh \cdot g^{-1}$）等优点，被认为是极具发展前景的负极材料。Co_3O_4 与 Na^+ 在放电过程中的转化反应可以表示为：

$$Co_3O_4 + 2Na^+ + 2e^- \longrightarrow 3CoO + Na_2O \tag{3.8}$$

$$3CoO + 6Na^+ + 6e^- \longrightarrow 3Co + 3Na_2O \tag{3.9}$$

但是它也有不可忽略的缺点，一是其自身电导率低，因而会导致离子或电子的传输速率变慢；二是在充放电过程中，它会发生较大的体积变化，从而造成电极材料的粉化，降低活性颗粒之间，活性颗粒和集流体之间的接触，从而导致不可逆的容量损失，较差的倍率性能和循环性能。为了缓解这些固有的问题，研究人员提出了一些可行的方案。例如，Wu 等人通过一种简便的界面调控的方法，制备了层次状的蛋黄壳结构的碳包覆 Co_3O_4/C 十二面体[52]。图 3.29（a）展示了通过热处理的工艺来合成 Co_3O_4/C 的示意图。如图 3.29（b）所示，这种独特的蛋黄壳结构为 Co_3O_4 在充放电过程中的体积膨胀提供了足够的缓冲空间。同时表面的碳层又能够提供良好的导电性，能够加快离子或电子的传输速率，从而提高电池的电化学性能。如图 3.29（c）所示，当用作钠离子电池的负极材料时，所制备的蛋黄壳 Co_3O_4/C 十二面体表现出十分优异的倍率性能。

图 3.29　（a）ZIF-67 衍生的分层蛋黄壳 Co_3O_4/C 十二面体示意图，（b）Co_3O_4/C 的 TEM 图和（c）Co_3O_4/C 在电流密度 $0.1\sim2A\cdot g^{-1}$ 下的倍率性能[52]

3.5.2.3　其他氧化物

铜氧化物 CuO 和 Cu_2O 是典型的转化反应类型材料，其可逆理论容量分别为 $674mAh\cdot g^{-1}$ 和 $375mAh\cdot g^{-1}$，其储钠反应机制为[53]：

$$Cu_xO+2Na^++2e^-\longrightarrow xCu+Na_2 \qquad (3.10)$$

为了解决这类材料在充放电过程中的体积膨胀问题，如图 3.30 所示，Li 等人[54] 报道了一种在铜网上合成出表面包覆厚度为 7nm 的氮掺杂碳氧化铜纳米棒阵列（NC-CuO）负极。NC-CuO 阵列负极充分利用了三维阵列与外层氮掺杂碳的协同优势，有效地提高了金属氧化物的导电性，保证了电极-电解液界面电荷的快速转移，缓解了 Na^+ 嵌入/脱出过程中的体积变化。将其作为钠离子电池负极材料时展现出良好的电化学性能。NC-CuO 电极在 $500mA\cdot g^{-1}$ 的电流下循环 100 次后仍有 $215mAh\cdot g^{-1}$ 的可逆容量。

SnO 理论比容量为 $1150mAh\cdot g^{-1}$，且可以在 [001] 晶向上以 Sn—O—Sn

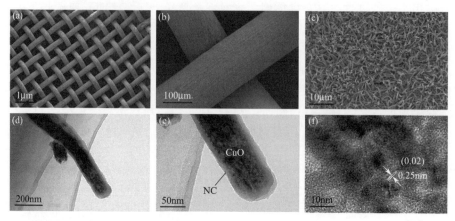

图 3.30 NC-CuO 阵列在 Cu 网上的 (a)~(c) SEM 和 (d)~(f) TEM 图[54]

序列形成层状结构，且在键合过程，锡原子易失去 5p 轨道电子，而 5s 轨道的电子不参与成键，形成孤电子对。这些孤电子对指向层间距，其产生的偶极-偶极相互作用导致大的范德华间隙参数 c（4.84Å）。SnO 的特殊 2D 结构和大的层间距可以缓冲充放电期间发生的体积变化，因此得到大家的关注。

Zhang 等人[55] 通过在碳布上合成不同原子层数的 SnO 纳米片，探究原子层数对 SnO 纳米片储钠电化学性能的影响。经实验研究发现，作为钠离子电池负极，随着 SnO 中原子层数的降低，容量和循环稳定性逐渐增加，其中 SnO-2L（2-6 个 SnO 原子单层）的电化学性能是最好的。如图 3.31(a) 所示，SnO 与 Na^+ 在放电过程中的转化反应和合金化可以表示为：

$$SnO + 2Na^+ + 2e^- \longrightarrow Sn + Na_2O \tag{3.11}$$

$$Sn + 3.5Na^+ + 3.75e^- \longrightarrow Na_{3.75}Sn \tag{3.12}$$

如图 3.31(b) 所示，在电流密度 $0.1A \cdot g^{-1}$ 下，SnO-2L 电极首次充/放电比容量为 $848/1072mAh \cdot g^{-1}$，循环 100 次，容量几乎无损失。为了更深入地了解 SnO 电极的电化学反应和可逆性，采用非原位 XRD 研究了 SnO 电极在第一个循环中不同放电和充电状态下的过程，如图 3.31(c) 所示。当电池完全放电至 0.005V 时，XRD 图显示 SnO 相几乎消失，表明 Na^+ 已经完全还原了 SnO。此外，还可以检测到 Na_2O 和 $Na_{3.75}Sn$ 的峰，这可以归因于 SnO 完全转化为 Sn 和 Na_2O，然后 Sn 和 Na^+ 发生了合金反应。在 0.5V 的第一次充电过程中，$Na_{3.75}Sn$ 的脱合金产生了纯 Sn 和 Na_2O 相；完全充电至 2.5V 后，纳米 SnO 的宽峰重新出现，但 Sn 和 Na_2O 的峰仍然存在，但强度较低，这意味着转化反应不是完全可逆的。根据以往的一些报道，Na_2O 基质可以形成骨架，保持纳米颗粒（Sn 和 SnO）的均匀形貌。虽然这种部分可逆的反应会在一定程度上降低容量，但基质会将纳米颗粒结合在一起，从而在接下来的循环中获得良好的稳定性

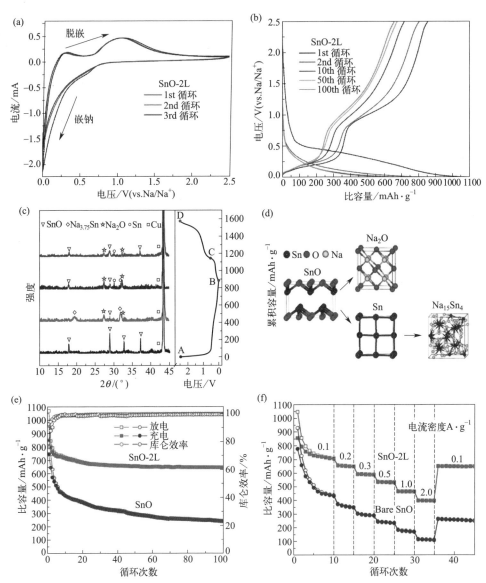

图 3.31　（a）SnO-2L 电极的 CV 曲线，（b）SnO-2L 电极在 $0.1A \cdot g^{-1}$ 电流密度下充放电曲线，（c）SnO 首圈不同状态时的非原位 XRD，（d）SnO 储钠示意图，（e）纯 SnO 和 SnO-2L 电极在 $0.1A \cdot g^{-1}$ 电流密度下的循环性能，（f）纯 SnO 和 SnO-2L 电极的倍率性能[55]

和可循环性。基于所有的实验证据，图 3.31(d) 的示意图展示了 SnO 纳米片电极在充放电过程中发生的合金化和转换反应机理。值得一提的是，对于许多 2D Sn 化合物，如 SnS_2 和 $SnSe_2$，在第一次放电过程中会出现明显的插层反应，而对于 SnO 电极，无论是 CV 测试还是非原位 XRD 谱图都找不到插层反应对应的峰。如图 3.31(e) 所示，与纯 SnO 相比，SnO-2L 表现出高容量、优越的循环稳定性和高倍率性能。在 $0.1A \cdot g^{-1}$ 电流密度下，循环 100 次后，SnO-2L 电极比容量为 $665mAh \cdot g^{-1}$，而纯 SnO 电极比容量为 $236mAh \cdot g^{-1}$。如图 3.31(f) 所示，在电流密度为 $0.2A \cdot g^{-1}$、$0.3A \cdot g^{-1}$、$0.5A \cdot g^{-1}$、$1.0A \cdot g^{-1}$ 和 $2.0A \cdot g^{-1}$ 下，SnO-2L 电极比容量分别为 $658mAh \cdot g^{-1}$、$602mAh \cdot g^{-1}$、$543mAh \cdot g^{-1}$、$472mAh \cdot g^{-1}$ 和 $410mAh \cdot g^{-1}$，表现出良好的倍率性能。

另外，SnO_2 的储钠机制与 SnO 类似，其与 Na^+ 在放电过程中的转化反应可以表示为：

$$SnO_2 + 2Na^+ + 2e^- \longrightarrow SnO + Na_2O \tag{3.13}$$

第一步生成的 SnO 与 Na^+ 后续的转化反应和合金化反应与上述的 SnO 是一致的。Zhao 等人[56] 总结了提高 SnO_2 储钠性能的各种策略，如图 3.32 所示，策略 I [图 3.32(a)] 是在 SnO_2 纳米颗粒间建立强键的物理屏障。通过将 SnO_2 纳米颗粒封装在无定形碳/导电高分子/无机物等材料中、嵌入到石墨烯纳米片聚集体中、锚定在碳纳米管上等措施，可以利用物理屏障（碳材料、高分子或无机物等）有力地阻碍被分隔的 SnO_2 纳米颗粒间 Sn 颗粒的融合粗化，且具有高导电性和强韧性的碳材料或导电高分子等还能显著提升电极的导电性和结构稳定性。策略 II [图 3.32(b)] 为 SnO_2 纳米次级单元构筑稳定的孔隙边界。设计合成具有多级、多孔和空心结构的 SnO_2 等措施，可以在 SnO_2 纳米次级单元间引入丰富的孔隙，孔隙可以有效地缓冲碱金属离子嵌入/脱出导致的颗粒体积膨胀/收缩，稳定的孔隙边界可以阻碍 SnO_2 纳米次级单元间 Sn 颗粒的融合粗化，且孔隙还可以促进电解液渗透、缩短碱金属离子传输距离、加快电极电化学反应速率。策略 III [图 3.32(c)]，在 SnO_2 纳米晶区间引入丰富的异质界面。调控制备锡酸盐、杂原子掺杂的 SnO_2、SnO_2 与金属/金属氧化物/金属硫化物等的混合材料等措施，可以在电极材料中引入丰富的异质界面，将 SnO_2 分割为彼此独立的高反应活性的纳米晶区，阻碍其间 Sn 颗粒的融合粗化。此外，具有高转化反应可逆性的过渡金属（锰/铁/钴/镍等）还能电催化碱金属氧化物的分解，提高转化反应可逆性，提升电池容量和循环稳定性。

另外，其他氧化物，包括 NiO、Cu_2O、CoO、ZnO、VO_2、MnO_2 等，也具有一定的储钠能力，理论电位和理论容量如图 3.33 所示。

与单一金属氧化物相比，二元金属氧化物具有较高的电/离子电导率和电化学活性、优异的倍率性能和优异的碱金属离子存储结构稳定性。另外，双金属氧化物由于双金属的协同效应，因此具有较高的电化学活性。已被用于钠离子电池负极材料。目前已知的双金属氧化物有 Fe_2VO_4、$MnFe_2O_4$、$CoFe_2O_4$、$CuCo_2O_4$、$CoZnO_2$ 等。例如 Fang 等人通过对 CoZn-MOF 进行退火处理，制备了 Co_3O_4/ZnO 纳米多孔复合材料。由 CoZn（1∶1）-MOF 转化而成的 CoZn-O_2 纳米片由大量的超薄纳米片组成，具有介孔结构。由于多孔纳米片的特性和两相协

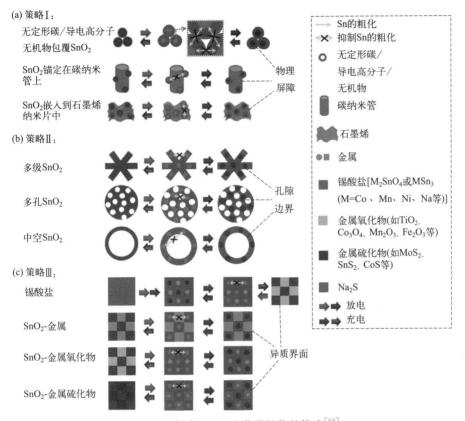

图 3.32　提高 SnO_2 电化学性能的策略[56]

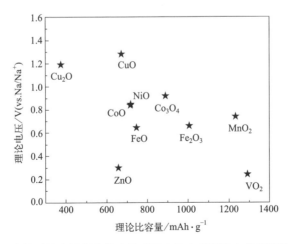

图 3.33　常见过渡金属氧化物在钠离子电池中的理论电位和理论比容量

同效应，CoZn-O$_2$ 电极表现出了优异的电化学性能。当将 CoZnO$_2$ 材料用作钠离子电池负极时，它表现出优异的电化学性能：在 2A·g^{-1} 的高电流密度下，其比容量能够达到 242mAh·g^{-1}，循环 1000 次后，其比容量保持率达到 91%[57]。Jiang 等人[58] 通过溶剂热法和煅烧合成了锚定在有序介孔碳（CMK-3）纳米棒上的 Fe$_2$VO$_4$ 纳米颗粒（Fe$_2$VO$_4$@CMK-3），如图 3.34(a) 所示。所得的 Fe$_2$VO$_4$@CMK-3 复合材料具有 147.2m^2·g^{-1} 的大比表面积，这使得其与电解质的高度接触成为可能。通过非原位 XRD 揭示了 Fe$_2$VO$_4$@CMK-3 电极的储钠机理。如图 3.34(b)，(c) 所示，Fe$_2$VO$_4$@CMK-3 的峰位置在钠化和脱钠过程中几乎没有变化。Fe$_2$VO$_4$@CMK-3 的结构演变通过原位 XRD 进一步验证。如图 3.34(d) 所示，在放电过程中，35.3°的衍射峰强度变弱。当充电至

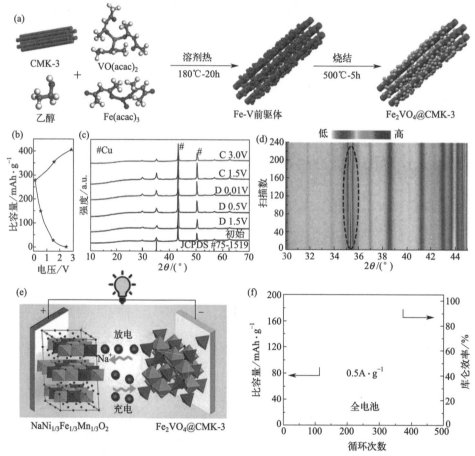

图 3.34　Fe$_2$VO$_4$@CMK-3 材料的 (a) 合成示意图，(b) 充放电曲线，(c) 非原位 XRD 图，(d) 原位 XRD 图，(e) NaNi$_{1/3}$Fe$_{1/3}$Mn$_{1/3}$O$_2$/Fe$_2$VO$_4$@CMK-3 全电池示意图及其 (f) 循环稳定性[58]

3.0V 时，衍射峰的强度可以恢复，表明在随后的钠储存反应中 Na^+ 的可逆扩散。Fe_2VO_4@CMK-3 材料在完全放电至 0.01V 时显示出具有一些聚集纳米颗粒的松散结构。这些结果表明，Fe_2VO_4 可能在钠离子插入过程中转变为铁和钒酸钠/氧化钠，这与铁钒双金属氧化物中钾离子储存的机制一致。图 3.34(e),(f) 所示，以 $NaNi_{1/3}Fe_{1/3}Mn_{1/3}O_2$ 为正极，Fe_2VO_4@CMK-3 复合材料为负极，组装成全电池，在 $500mA \cdot g^{-1}$ 的电流密度下，循环 500 次后仍具有出 94mAh $\cdot$ g^{-1} 的可逆容量，容量保持率为 81%，展示了优异的循环稳定性，表明 Fe_2VO_4 @CMK-3 材料具有一定的应用前景。

3.5.3　金属硫化物

金属硫化物具有成本低，比容量高的优点，因此十分适合作为钠离子电池负极材料。与金属氧化物一样，金属硫化物也具有类似的储钠机理。由于金属硫化物中硫与金属的键合（M—S）比对应的氧化物中氧与金属的键合（M—O）更弱，使得转化反应更容易发生，因此金属硫化物比对应的氧化物更具优势。此外，相较于金属氧化物，金属硫化物的机械稳定性更高，其体积在充放电过程中变化更小。典型的金属硫化物有硫化铁、硫化钴等。这些硫化物储量丰富、污染小，而且理论容量高。然而，大多数硫化物都会面临电导率低、体积膨胀大等缺点。为了克服这些问题，研究人员提出通过纳米结构设计、与碳材料复合的想法来改善硫化物的电化学性能。

3.5.3.1　铁基硫化物

铁基硫化物包括：硫化亚铁（FeS）以及 $Fe_{1-x}S$ 等。其中，FeS 具有六方结构，其理论比容量约为 $610mAh \cdot g^{-1}$；FeS_2 属于立方结构，其理论比容量为 $894mAh \cdot g^{-1}$；$Fe_{1-x}S$ 具有六方结构，目前还没有它具体的理论容量值。铁基硫化物普遍都具有成本低廉、无污染，且理论容量较高的优点，因此十分适合作为电极材料。然而，在充放电过程中铁基硫化物的体积变化和多硫化物的穿梭效应往往会导致电化学性能严重下降。为了解决这些问题，人们采取了许多策略。其中，将铁基硫化物与碳材料进行复合，是一种非常简单有效的方法。

例如，Kang 等人[59] 先通过静电纺丝制备出前驱体，随后经过硫化处理制备了多孔 FeS 纳米纤维。由于柯肯达尔效应，FeS 纳米纤维中形成了超细纳米孔洞。与中空 Fe_2O_3 纳米纤维相比，多孔 FeS 纳米纤维的优点是具有较强的结构稳定性和更优异的电化学性能。当用作钠离子电池负极材料时，多孔 FeS 纳米纤维在 $0.5A \cdot g^{-1}$ 的电流密度下循环 150 次后的放电比容量高达 592mAh $\cdot$ g^{-1}。Chen 等人[60] 通过简单的水热法获得碳纳米管与硫化铁的神经网络纳米复合材料（FeS_2/CNT-NN）。如图 3.35 所示，因为碳纳米管的加入，从而使材料具有良好的导电网络，同时能够限制 FeS_2 的体积膨胀。此外，这种特殊的纳米结构提供了大的比表面积，增加了反应位点，并且缩短了钠离子的扩散路径，从而能够全面的提升 FeS_2 的电化学性能。当将其用作钠离子电池负极材料时，在 $200mA \cdot g^{-1}$ 的电流密度下，能够得到 $394mAh \cdot g^{-1}$ 的容量，并且能够稳定循环 400 次。Li 等[61] 通过对 Fe_2O_3 纳米立方体进行硫化处理，制备了均匀的 $Fe_{1-x}S$ 纳米结构。TEM 图表明，所制备的 $Fe_{1-x}S$ 具有高度多孔的结构，且 Fe 和 S 元素均匀分散在纳米结构中。将均匀的 $Fe_{1-x}S$ 纳米结构电极用作钠离子电池负极材料时，表现出优异的储钠性能。在 $0.1A \cdot g^{-1}$ 的电流密度下，循环 200 次之后，仍然能够保持 $563mAh \cdot g^{-1}$ 的高放电容量。

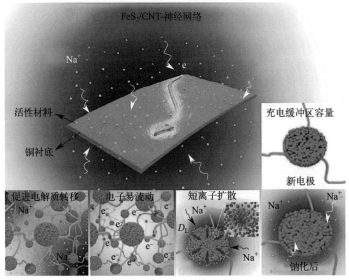

图 3.35 FeS_2/CNT-NN 的神经网络纳米结构的优点示意图[60]

3.5.3.2 钴基硫化物

钴基硫化物，根据其化学计量比可分为不同类型，如 CoS、CoS_2、Co_3S_4、Co_9S_8、$NiCo_2S_4$ 和 $CuCo_2S_4$ 等，其结构不同，电化学性能也不同，其晶体结构如图 3.36 所示。CoS 具有类似六边形晶体结构，属于 P63/mmc ($a = b = 3.37Å$, $c = 5.14Å$) 空间群，每个位于八面体中心位置的 Co^{2+} 被 6 个 S^{2-} 包围 [图 3.36(a)]，其理论容量为 $589mAh \cdot g^{-1}$。黄铁矿 CoS_2 的结构为立方八面体，属于 PA3 ($a = b = c = 5.53Å$) 空间群。每个晶格都有一个位于中心的 Co 原子和一个位于拐角的 S 原子，相邻的格子通过它们的角连接在一起 [图 3.36 (b)]，其理论容量为 $872mAh \cdot g^{-1}$。Co_3S_4 为尖晶石结构，属于 Fd-3m 空间群，其中四面体和八面体位置都被 Co^{2+} 占据 ($a = b = c = 9.437Å$) [图 3.36

(c)]，其理论容量为 702mAh·g^{-1}。Co$_9$S$_8$ 属于 FM-3m 空间群（$a=b=c=$ 9.927Å）。在晶体结构中，每个 CoS$_6$ 八面体与 24 个 CoS$_4$ 八面体通过它们的角连接 [图 3.36(d)]，其理论比容量为 545mAh·g$^{-1[62]}$。NiCo$_2$S$_4$ 和 CuCo$_2$S$_4$ 理论比容量分别为 704mAh·g^{-1} 和 692mAh·g^{-1}。

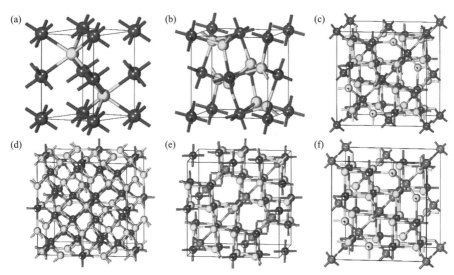

图 3.36　(a) CoS，(b) CoS$_2$，(c) Co$_3$S$_4$，(d) Co$_9$S$_8$，(e) NiCo$_2$S$_4$ 和
(f) CuCo$_2$S$_4$ 的晶体结构[62]

过渡金属硫化物负极材料的一般转化反应机理如式(3.14) 所示：

$$MS_x + 2x\,Na \longrightarrow M + x\,Na_2S（转化反应）\tag{3.14}$$

具体而言，CoS、CoS$_2$、Co$_3$S$_4$、Co$_9$S$_8$、NiCo$_2$S$_4$ 和 CuCo$_2$S$_4$ 与 Na$^+$ 在放电过程中的转化反应可以表示为：

CoS：

$$CoS + x\,Na^+ + x\,e^- \longrightarrow Na_x CoS\tag{3.15}$$

$$Na_x CoS + (2-x)Na^+ + (2-x)e^- \longrightarrow Co + Na_2S\tag{3.16}$$

CoS$_2$：

$$CoS_2 + x\,Na^+ + x\,e^- \longrightarrow Na_x CoS_2\tag{3.17}$$

$$Na_x CoS_2 + (4-x)Na^+ + (4-x)e^- \longrightarrow Co + 2Na_2S\tag{3.18}$$

Co$_3$S$_4$：

$$Co_3S_4 + x\,Na^+ + x\,e^- \longrightarrow Na_x Co_3S_4\tag{3.19}$$

$$Na_x Co_3S_4 + (8-x)Na^+ + (8-x)e^- \longrightarrow 3Co + 4Na_2S\tag{3.20}$$

Co$_9$S$_8$：

$$Co_9S_8 + x\,Na^+ + x\,e^- \longrightarrow Na_x Co_9S_8\tag{3.21}$$

$$Na_xCo_9S_8+(16-x)Na^++(16-x)e^-\longrightarrow9Co+8Na_2S \tag{3.22}$$

$NiCo_2S_4$:

$$NiCo_2S_4+8Na^++8e^-\longrightarrow4Na_2S+Ni+2Co \tag{3.23}$$

$$Na_2S+Ni\Longrightarrow Ni_xS+2Na^++2e^- \tag{3.24}$$

$$Na_2S+Co\Longrightarrow Co_xS+2Na^++2e^- \tag{3.25}$$

$CuCo_2S_4$:

$$CuCo_2S_4+8Na^++8e^-\longrightarrow Cu+2Co+4Na_2S \tag{3.26}$$

$$2Cu+3Na_2S\Longrightarrow2CuS+6Na^++6e^- \tag{3.27}$$

$$2Co+3Na_2S\Longrightarrow2CoS+6Na^++6e^- \tag{3.28}$$

$$3Co+4Na_2S\Longrightarrow Co_3S_4+8Na^++8e^- \tag{3.29}$$

尽管硫化钴的成本低、理论容量高、导电性好，但是作为储钠负极材料时，它的循环稳定性一直不尽如人意。这是因为硫化钴在钠离子电池负极材料中表现出较缓慢的反应动力学和较大的体积变化，造成活性物质在循环过程中粉化，所以循环性能较差。而且在高电流密度下的可逆容量较低，倍率性能较差。为了解决这些问题，研究人员提出了一些解决办法。例如，Gao 等人利用模板法合成了与碳纳米管网络交织在一起的空心 CoS 纳米颗粒。碳纳米管不仅可以加快电子传输速率，还可以提高复合材料的结构稳定性[63]。这种电极材料展现出非常优秀的电化学性能，即使在 $5A\cdot g^{-1}$ 的高电流密度下，也能达到 $276mAh\cdot g^{-1}$ 的比容量。Liu[64] 等人设计了一个两步反应成功地合成了 Co_3S_4 纳米片锚定在 CNTs 上的三维层次结构。在经过水热硫化 9h 后，得到最终的产物，标记为 Co_3S_4/CNTs-9。由于 CNTs 与 Co_3S_4 纳米片复合后生成了丰富的多孔和三维导电网络，该复合材料表现出了优异的电化学性能。该复合材料在 $50mA\cdot g^{-1}$ 时具有 $667.13mAh\cdot g^{-1}$ 的可逆容量。在测试该复合材料的倍率性能时，当电流密度从 $2500mA\cdot g^{-1}$ 回到 $100mA\cdot g^{-1}$ 时，其比容量几乎恢复到初始容量，显示出很好的结构稳定性。Zhang 等人[65] 通过水热方法和随后的退火处理，在 50nm 的超小 Co_9S_8 核外壳包裹了约为 5nm 厚的碳壳，形成约 60nm 的 Co_9S_8@C 纳米球。受益于导电碳壳结构，当作为钠离子电池负极材料时，在 $0.5A\cdot g^{-1}$ 的电流密度下，它的比容量能达到 $405mAh\cdot g^{-1}$。在测试其长循环性能时，在 $5A\cdot g^{-1}$ 的电流密度下，能够稳定循环长达 1000 次，而且比容量能够保持在 $305mAh\cdot g^{-1}$。

与单金属硫化物相比，二元金属硫化物具有更高的反应活性。例如在 $NiCo_2S_4$ 中，Ni^+ 和 Co^{2+} 都参与了氧化还原反应，而较弱的 Co—S 和 Ni—S 键促进了双金属的协同作用，从而提高了转化反应的可逆性。另一方面，双金属硫化物的比容量和电导率往往高于相应的单金属硫化物或二元金属氧化物。例如，$NiCo_2S_4$ 具有优良的导电性（约 $1.3\times10^6S\cdot m^{-2}$），大约比相应的氧化物

（NiCo$_2$O$_4$）高 2 个数量级。基于这些优点，二元金属硫化物已成功应用于锂离子电池、钠离子电池等领域。

目前已报道的成功应用于钠离子电池负极材料的双金属硫化物有 NiCo$_2$S$_4$，SnCoS$_4$，CuCo$_2$S$_4$ 等。例如 Li 等人通过简单的共沉淀方法，蒸气硫化后，成功制备出了 NiCo$_2$S$_4$ 六方纳米片[66]。所获得的纳米片表现出优异的电化学性能（在 1A · g^{-1} 的电流密度下可以稳定循环 60 次，并且其比容量能够保持在 387mAh · g^{-1}）。最近，Zhong 等人利用自组装 2D 纳米片和一步溶剂热法成功地设计了具有三维微花结构的 SnCoS$_4$ 复合材料[67]。SEM 图表明所得的材料具有 1μm 左右的均匀的花状形貌 ［图 3.37（a）］。当用作钠离子电池负极材料时，在 100mA · g^{-1} 的电流密度下，其充放电容量约为 624mAh · g^{-1} ［图 3.37（b）］。Li 等人[68] 利用简单的溶剂热处理制备了 CuCo$_2$S$_4$ 超小微球（＜ 0.5μm）。得益于纳米球的小尺寸和二元金属的协同效应，这种复合材料表现出优异的循环稳定性，在 0.2A · g^{-1} 的电流密度下能够显示 523mAh · g^{-1} 的比容量，并且能够稳定循环超过 140 次。

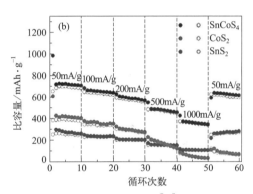

图 3.37　SnCoS$_4$ 的 （a）扫描电镜图像和 （b）倍率性能[67]

3.5.4　金属硒化物

硒与硫属于同一族，因此过渡金属硒化物在许多方面与硫化物具有相似的化学性质。与硫化物一样，硒化物作为转化型电极材料也引起了人们的极大兴趣。与硫相比，硒在地壳中并不是一种丰富的元素，具有更大的毒性和更高的成本。然而，金属硒化物由于其相对较高的密度和导电性，可能具有更高的体积能量密度和更快的离子传输速率。

3.5.4.1　Fe 基硒化物

Fe 基硒化物，根据其化学计量数可分为不同构型，如 FeSe、FeSe$_2$ 和

Fe_7Se_8，其结构不同，物理化学性能也不同，其晶体结构如图 3.38 所示。

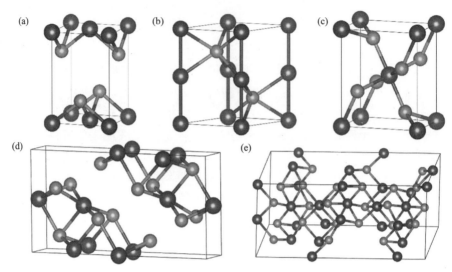

图 3.38 （a）四方相和（b）六方相的 FeSe，（c）$FeSe_2$，（d）Fe_3Se_4 和
（e）Fe_7Se_8 的晶体结构图

FeSe 在几个相中结晶，包括：具有四方对称的 PbO 型 α 相和具有六方对称性的 NiAs 型 β 相。六方相（h-FeSe）和四方相 FeSe（t-FeSe）超细纳米晶共同包裹在 N 掺杂的碳基体中，没有团聚。在 h-FeSe（P63/mmc）中，每个 Fe 原子有规律地由 6 个 Se 原子配位形成边共享的 $[FeSe_6]$ 八面体。在 t-FeSe（P4/nmm）中，只有边缘共享的 $[FeSe_4]$ 四面体，FeSe 理论比容量为 397mAh · g^{-1}。$FeSe_2$ 具有正交结构的马氏体型，理论比容量为 502mAh · g^{-1}。Fe 基硒化物因其资源丰富、电导率高、理论比容量大而备受关注，有望被应用在钠离子电池的负极材料上。然而，Fe 基硒化物电极材料由于在循环过程中体积变化较大、电解液浸润不理想等原因，其在钠离子电池中的应用仍然存在一些困难。较大的体积膨胀会导致电极的粉化，使容量快速衰减。电解液分解可能导致电荷转移过程中的电阻增大，影响电极材料的电化学性能。针对这些问题，人们提出了许多策略，如设计微纳米结构，碳包覆，构建 $FeSe_2$/导电材料复合材料等。Wang 等人[69] 通过固相反应合成了分级微胶囊结构的 FeSe@FeS 材料。分级核壳结构可以有效缓冲较大的体积变化，增强电极的循环稳定性。当作为钠离子电池负极材料时，FeSe@FeS 材料在半电池测试中表现出较高的循环稳定性：在 3A · g^{-1} 的电流密度下，循环 1400 次后其比容量能够保持在 485mAh · g^{-1}，在 10A · g^{-1} 的电流密度下循环 1600 次后，比容量依然能够保持在 230mAh · g^{-1}。Liu 等人[70] 通过静电纺丝和随后的硒化处理，合成了氮掺杂碳纳米纤维包覆的 Fe_3Se_4/FeSe 异质结构（Fe_3Se_4/FeSe@NCNF）。如图 3.39(a)～(d) 所

示，$Fe_3Se_4/FeSe$ 异质界面的存在可以增强结构导电性，降低钠离子扩散势垒，提高材料结构稳定性，使得电极材料在充放电循环过程中有着较快的反应动力学过程，从而提高材料的循环稳定性，以及倍率性能。如图 3.39(e) 所示，在储钠性能的测试中 $Fe_3Se_4/FeSe@NCNF$ 展现出了更好的循环稳定性以及倍率性能，即在 $5A \cdot g^{-1}$ 的大电流密度下循环 2000 次后 $Fe_3Se_4/FeSe@NCNF$ 仍有 84.1% 的容量保持率，而 $Fe_3Se_4@NCNF$ 仅有 56.2%。

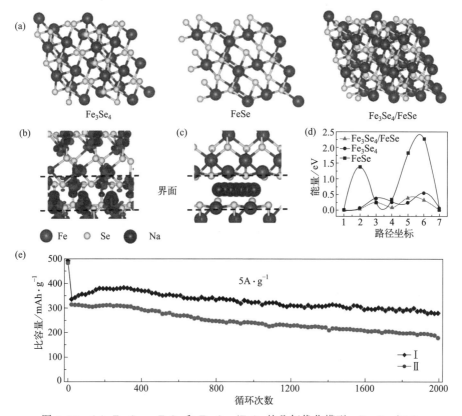

图 3.39　(a) Fe_3Se_4、$FeSe$ 和 $Fe_3Se_4/FeSe$ 的几何优化模型，$Fe_3Se_4/FeSe$ 模型中的 (b) 电荷密度差异，(c) 钠离子在界面的迁移路径和 (d) 钠离子迁移过程中迁移能的变化及 (e) $Fe_3Se_4FeSe@NCNF$ (I) 和 $Fe_3Se_4@NCNF$ (II) 的循环稳定性[70]

Zhang 等人[71] 采用水热法制备了硫掺杂 rGO 包裹的 $FeSe_2$ 微球（$FeSe_2$/SG）作为钠离子电池负极材料。结果表明，$FeSe_2$/SG 复合材料在 $0.5A \cdot g^{-1}$ 电流密度下的可逆容量为 $447.5mAh \cdot g^{-1}$，在 $2.0A \cdot g^{-1}$ 和 $5.0A \cdot g^{-1}$ 电流密度下的可逆容量分别为 $383.3mAh \cdot g^{-1}$ 和 $277.5mAh \cdot g^{-1}$，表现出优异的倍率性能。这主要归因于在 rGO 基体中引入硫原子提高了导电性，且球形 $FeSe_2$ 颗粒与掺硫 rGO 片层之间具有较好的协同作用。Pan 等人[72] 采用原位聚合包覆和硒化微棒策略，设计合成了具有内空隙空间的 FeSe$_2$@NC 核壳微棒（FeSe$_2$@NC MRs）。得到的 FeSe$_2$@NC 材料由 FeSe$_2$ 核和 N 掺杂碳壳组成，具有足够的内空隙空间 [图 3.40(a)~(c)]。这样的结构可以加快离子/电子的转移，阻止 FeSe$_2$ 材料与电解液的直接接触，并容纳 FeSe$_2$ 在充/放电过程中的体积变化。另外，闭合结构结合碳壳的高导电性能够抑制 FeSe$_2$ 的聚集。因此，FeSe$_2$@NC 微棒在长循环过程中能够保持较好的结构完整性，并保证 FeSe$_2$ 在充/放电过程中发生良好的可逆转化反应。利用原位 XRD 对 FeSe$_2$@NC 的储钠机制进行了研究，从开路电压放电至 0.4V，然后从 0.4V 充电至 2.9V。如图 3.40 (d) 所示，位于 30.9°、34.8°、36.2° 和 48.2° 附近的峰为 FeSe$_2$，而位于 38.6° 和 43.9° 中心的峰属于 BeO。此外，26.5° 和 46.0° 处的峰值分别对应于碳纸和 Be。如图 3.40 (e) 所示，FeSe$_2$ 的特征峰略微向低角度移动，并在钠化过程中缓慢消失，这表明钠离子插入 FeSe$_2$ 并形成 Na$_x$FeSe$_2$。随后，在 Na$_2$Se 峰出现之前，在 XRD 图中没有明显的峰，这表明 Na$_x$FeSe$_2$ 与钠离子之间发生了转化，并形成了金属 Fe。但由于 Fe 含量低、粒径小，在 XRD 图谱中未观察到明显的 Fe 峰。在充电过程中，Na$_2$Se 的峰在 XRD 图中逐渐消失，表明 Na$_2$Se 与 Fe 发生了反向转化反应。然而，充电过程后未观察到 FeSe$_2$ 的明显峰，这是由于在钠化/脱钠过程后 FeSe$_2$ 结晶度差所致。因此，根据原位 XRD 图结果，FeSe$_2$ 的 Na$^+$ 储存机制总结如下：

放电过程：

$$FeSe_2 + xNa^+ + xe^- \longrightarrow Na_xFeSe_2 \qquad (3.30)$$

$$Na_xFeSe_2 + (4-x)Na^+ + (4-x)e^- \longrightarrow 2Na_2Se + Fe \qquad (3.31)$$

充电过程：

$$Fe + 2Na_2Se \longrightarrow Na_xFeSe_2 + (4-x)Na^+ + (4-x)e^- \qquad (3.32)$$

$$Na_xFeSe_2 \longrightarrow FeSe_2 + xNa^+ + xe^- \qquad (3.33)$$

所制备的 FeSe$_2$@NC 纳米棒具有优异的循环性能和倍率性能，在 10.0A·g^{-1} 电流密度下能保持 411mAh·g^{-1} 的比容量，而且在 5.0A·g^{-1} 的电流密度下循环 2000 次后仍具有 401.3mAh·g^{-1} 的比容量。

最近，Wan 等人[73] 以普鲁士蓝为前驱体，采用简单的水热法制备 Fe$_7$Se$_8$@NC 纳米颗粒，并用作钠离子电池负极材料。Fe$_7$Se$_8$ 纳米颗粒被厚度为 5~10nm 的碳壳包裹，如图 3.41 (a) 所示。碳壳层不仅能够缓解电极材料在循环过程中的体积膨胀，而且能够提升导电性，从而使电极材料具有更高的倍率性能。根据倍率性能测试 [图 3.41(b)]，Fe$_7$Se$_8$@NC 在 0.1A·g^{-1} 和 1A·g^{-1} 下的可逆容量分别为 331mAh·g^{-1} 和 293mAh·g^{-1}。

Xu 等人[74] 采用了一种简便的金属有机骨架衍生的硒化方法，以 MOF 为自模板和反应物，合成碳包裹的硒化物作为钠离子电池负极材料，并利用循环伏

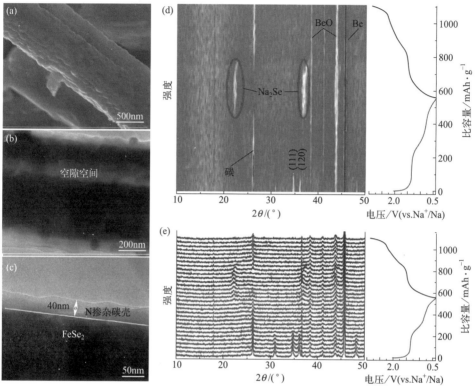

图 3.40　FeSe$_2$@NC MRs 的（a）SEM 图，（b），（c）TEM 图，（d）首次循环的原位 XRD 的等高线图及其对应的充放电曲线和（e）原位 XRD 图及其对应的充放电曲线[72]

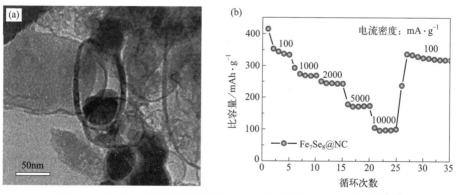

图 3.41　Fe$_7$Se$_8$@NC 纳米颗粒的（a）TEM 图和（b）倍率性能[73]

安测试提出了其储钠机理，放电过程如下［充电过程如式（3.32）所示］：

$$Fe_7Se_8 + xNa^+ + xe^- \longrightarrow Na_xFe_7Se_8 \qquad (3.34)$$

$$Na_xFe_7Se_8 + yNa^+ + ye^- \longrightarrow Na_{x+y}Fe_7Se_2 + 6FeSe \qquad (3.35)$$

$$Na_{x+y}Fe_7Se_2+(4-x-y)Na^++(4-x-y)e^-\longrightarrow 2Na_2Se+Fe \quad (3.36)$$

$$FeSe+2Na^++2e^-\longrightarrow Na_2Se+Fe \quad (3.37)$$

3.5.4.2 Co 基硒化物

Co 基硒化物有 CoSe、CoSe$_2$、Co$_{0.85}$Se 和 Co$_7$Se$_8$，Co$_9$Se$_8$ 等，具有电导率高、资源丰富、结构独特等优异的电化学和催化性能，其晶体结构如图 3.42 所示。

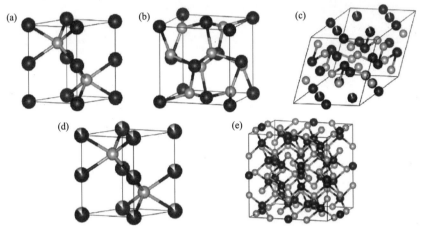

图 3.42　Co 基硒化物的晶体结构图

(a) CoSe；(b) CoSe$_2$；(c) Co$_{0.85}$Se；(d) Co$_7$Se$_8$；(e) Co$_9$Se$_8$

CoSe 和 CoSe$_2$ 在内的硒化钴由于具有较高的电化学活性而引起了人们的广泛关注。CoSe 理论比容量为 389mAh·g^{-1}，CoSe$_2$ 理论比容量为 494mAh·g^{-1}。然而，硒化钴材料在充放电过程中体积膨胀较大，导致循环性能较差。近年来，人们采用多种方法来提高硒化钴电极的机械稳定性和倍率性能。例如，Wu 等人[75] 通过水热法结合退火策略合成了豌豆荚状的碳封装的 CoSe 纳米线（CoSe⊂CNWs），并将其作为钠离子电池的电极材料。在 0.1A·g^{-1} 和 0.2A·g^{-1} 下，CoSe⊂C NWs 碳纳米线的容量分别为 350mAh·g^{-1} 和 327mAh·g^{-1}。Zhang 等人[76] 以钴基有机骨架（ZIF-67）为牺牲模板合成了蛋黄壳结构的介孔 CoSe/C 十二面体，如图 3.43（a）所示。所制备的 CoSe 纳米颗粒被 N 掺杂的碳骨架紧密包裹，所制备的复合材料具有高孔隙率。如图 3.43（b）所示，非原位 XRD 表明，在电极放电至 1V 之前检测到 CoSe 相，表明钠离子的初始插入不会导致相变。由于结晶度低，未检测到中间 Na$_x$CoSe 相。当电极放电至 0.7V 并进一步放电至 0.01V 时，无法检测到 CoSe 相，但存在 NaSe$_2$ 的一个较小衍射峰。较小的衍射峰表明电化学反应产物结晶度较低或无定形。在第一次放电过程中，随着放电深度的加深，CoC_x 峰变得更加明显，这意味着 CoC_x 的逐渐形成，这可归因于合成过程中 ZIF-67 衍生碳在高温下的溶解。与过渡金属硫化物的反应类似，CoSe 通过转化反应与钠离子反应，形成分散在 Na_2Se 基质中的钴纳米晶体。总的来说，CoSe 的 Na^+ 储存机制总结如下：

$$CoSe + xNa^+ + xe^- \longrightarrow Na_xCoSe \tag{3.38}$$

$$Na_xCoSe + (2-x)Na^+ + (2-x)e^- \longrightarrow Co + Na_2Se \tag{3.39}$$

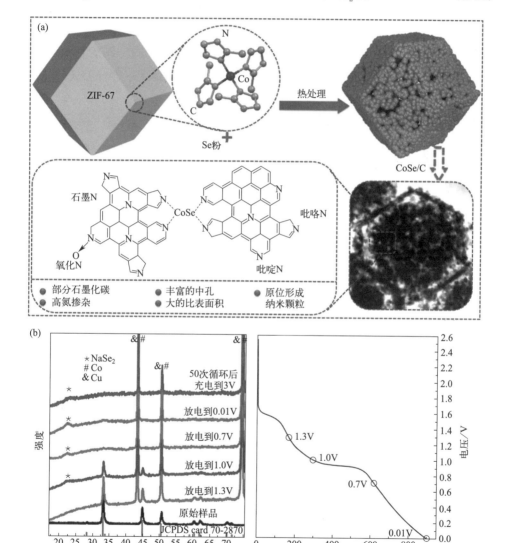

图 3.43　N 掺杂 CoSe/C 的（a）合成示意图和（b）Ex situ XRD 图[76]

得益于其独特的结构，CoSe/C 复合材料用作钠离子电池材料的负极时，在 $0.2A \cdot g^{-1}$ 下表现出 $597.2mAh \cdot g^{-1}$ 的比容量。即使在 $16A \cdot g^{-1}$ 的电流密度下，其比容量仍可达到 $361.9mAh \cdot g^{-1}$。

Xiao 等人[77] 通过溶剂热反应合成了钴-氨基三乙酸纳米线（Co-NTC）前驱体，使用其作为一维纳米线牺牲模板；随后，Co-NTC 纳米线与石墨烯纳米片通过强静电作用形成了具有三维网络结构的 3DG/Co-NTC 水凝胶。通过控制硒化温度和时间，Co-NTC 热解转化成多孔碳纳米线（CNWs）和超小的 $CoSe_2$ 纳米点 [图 3.44(a)]。该结构可以有效提高 $CoSe_2$ 的活性位点和转化效率、提供膨胀空间保持稳定的电极结构。石墨烯成分在硒化过程中可以起到空间阻隔、避免金属化合物团聚的作用，同时提高电极导电性和力学性能。如图 3.44(b) 所示，3DG/$CoSe_2$@CNWs 是由大量一维 $CoSe_2$@CNWs 与石墨烯纳米片交织形成的多孔网络结构；原位形成的 $CoSe_2$ 纳米点（约 10nm）均匀地分布在多孔碳纤维基体中。$CoSe_2$ 的储钠反应机理如下：

钠化：

$$CoSe_2 + xNa + xe^- \longrightarrow Na_xCoSe_2 \tag{3.40}$$

$$Na_xCoSe_2 + (2-x)Na^+ + (2-x)e^- \longrightarrow CoSe + Na_2Se \tag{3.41}$$

$$CoSe + 2Na^+ + 2e^- \longrightarrow Co + Na_2Se \tag{3.42}$$

脱钠化：

$$Co + 2Na_2Se \longrightarrow Na_xCoSe_2 + (4-x)Na^+ + (4-x)e^- \tag{3.43}$$

$$Na_xCoSe_2 \longrightarrow CoSe_2 + xNa + xe^- \tag{3.44}$$

该材料用作钠离子电池负极时表现出了优异的电化学性能，在 $100mA \cdot g^{-1}$ 的大电流密度下循环 100 次后仍具有 $543mAh \cdot g^{-1}$ 的高可逆容量。为了解释 3DG/$CoSe_2$@CNWs 的高容量和倍率性能，利用密度泛函理论计算揭示了其钠离子在材料表面和界面上的扩散和吸附机理，如图 3.44(c)～(e) 所示。$CoSe_2$ 块体中 Na 的阻隔高达 1.95eV，表明钠迁移几乎没有发生。然而，对于碳和 $CoSe_2$ 之间的界面，势垒降低到 0.57eV，这表明钠原子很容易在初始状态和最终状态之间迁移。3DG 的优异的倍率性能/$CoSe_2$@CNWs 可以归因于 $CoSe_2$ 纳米点的超小尺寸和丰富的界面。

Tang 等[78] 报道了一种中空结构的 $CoSe_2$@C/CNTs 复合材料，该材料表现出优异的储钠性能。$CoSe_2$@C/CNTs 复合材料呈中空多面体结构。从倍率性能比较结果来看，$CoSe_2$@C/CNT 具有比 $CoSe_2$@GC 和纯 $CoSe_2$ 更好的倍率性能。

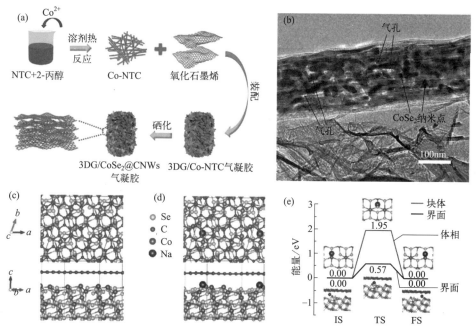

图 3.44　3DG/CoSe$_2$@CNWs 的（a）制备过程示意图和（b）TEM 图，（c）C-CoSe$_2$（111）构型的俯视图和侧视图，（d）C-CoSe$_2$（111）上的 Na 吸附和（e）Na 在 CoSe$_2$ 体相和界面处迁移的势垒和反应能[77]

3.5.4.3　Sb 基硒化物

Sb 基硒化物主要以 Sb$_2$Se$_3$ 为主，Sb$_2$Se$_3$ 具有成本低、理论容量高的优点，是一种很有前景的碱金属离子电池负极材料。但是，由于它在充放电的循环过程中会经历巨大的体积膨胀、缓慢

的离子传输速率，从而导致其容量的快速衰减和较差的倍率性能，这严重限制了它的进一步发展。因此，诸多研究人员都在致力于通过掺杂、形貌设计、构建复合材料等各种改性策略，来改善它的这些弊病，且已经取得了一些进展。Ou 等人通过简单的水热合成方法，将石墨烯成功包覆在 Sb$_2$Se$_3$ 上[79]。石墨烯不仅能够减缓 Sb$_2$Se$_3$ 在循环过程中的体积膨胀，而且能够增强材料的导电性。当将其用作钠离子电池负极材料时，展现出极佳的循环稳定性。在 1A·g^{-1} 的电流密度下，能够稳定循环 500 次，而且其容量能够达到 417mAh·g^{-1}。此外他们还通过原位 XRD 分析了 Sb$_2$Se$_3$ 的充放电机理，如图 3.45（a）所示。第一阶段，从开路电位放电至 1.1V，Na$^+$ 嵌入到 Sb$_2$Se$_3$ 晶体中，形成 Na$_x$Sb$_2$Se$_3$；第二阶段，从 1.1V 放电至 0.6V，Sb$_2$Se$_3$ 的衍射强度变弱，最后消失，这是由于 Sb$_2$Se$_3$ 转化成 Sb$_2$Se$_3$ 和 Sb；第三阶段，从 0.6V 放电至 0.01V，出现 Na$_3$Sb 和

$Na_x Sb$ 相，说明 Na 和生成 Sb 的合金化反应经历 $Sb \rightarrow$ 中间 $Na_x Sb \rightarrow Na_3 Sb$ 的合金过程；第四阶段，电极重新充电到 1.0V 时，$Na_x Sb$ 和 $Na_3 Sb$ 的峰逐渐消失，生成结晶度较低的 Sb 单质；第五和第六阶段，当进一步充电到 2.2V 时，出现较弱 $Sb_2 Se_3$ 的峰，表明转化反应的可逆性。因此，$Sb_2 Se_3$ 的具体反应机制表述如下：

钠化：

$$Sb_2 Se_3 + x Na^+ + x e^- \longrightarrow Na_x Sb_2 Se_3 \tag{3.45}$$

$$Na_x Sb_2 Se_3 + (6-x) Na^+ + (6-x) e^- \longrightarrow 2Sb + 3Na_2 Se \tag{3.46}$$

$$Sb + x Na^+ + x e^- \longrightarrow Na_x Sb (x = 1 \sim 3) \tag{3.47}$$

脱钠化：

$$2Na_3 Sb \longrightarrow 2Sb + 6Na^+ + 6e^- \tag{3.48}$$

$$2Sb + 3Na_2 Se \longrightarrow Na_x Sb_2 Se_3 + (6-x) Na^+ + (6-x) e^- \tag{3.49}$$

$$Na_6 Sb_2 Se_3 \longrightarrow Sb_2 Se_3 + 6Na^+ + 6e^- \tag{3.50}$$

为了进一步推动 $Sb_2 Se_3$ 在储能领域的发展，Hu 等从 $Sb_2 Se_3$ 基负极材料的储能机理出发，系统地阐明了它在钠离子电池中的反应机理 ［图 3.45（b）］[80]。

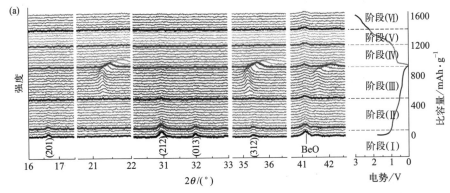

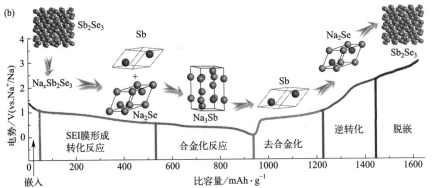

图 3.45 （a）$Sb_2 Se_3$ 充放电过程中的原位 XRD 衍射谱图[79]，

（b）$Sb_2 Se_3$ 负极在嵌钠/脱钠过程中的反应机理示意图[80]

其次，通过对不同改性策略的综述，总结了其结构与性能之间的关系，指出界面工程也是构建高性能 Sb_2Se_3 负极的一个重要方面。钠离子插入/脱出过程的快速动力学和化学稳定性对 Sb_2Se_3 基电池的电化学性能至关重要。多孔/中空结构可以提供更多的离子扩散路径和丰富的空间或空隙来均匀释放钠离子脱嵌过程中的应力，抑制纳米颗粒的团聚。因此，这是提高 Sb_2Se_3 负极实际充放电容量和循环性能的有效策略。

3.5.4.4　Sn 基硒化物

具有合适的氧化还原电位和较高理论容量的 $SnSe_x$（$x=1, 2$）被认为是一种很有前途的碱金属离子电池负极材料。然而，这种材料存在着致命的体积变化和缓慢的动力学问题，导致在循环过程中容量迅速衰减。为了解决上述问题，人们采用了多种方法，包括各种纳米结构的构建、碳包覆、氧化石墨烯还原修饰和杂原子掺杂，如图 3.46 所示。Li 等人[81] 总结了几种有望提高电池可逆性能和循环寿命的改性策略及其改性材料的电化学性能（图 3.47）。

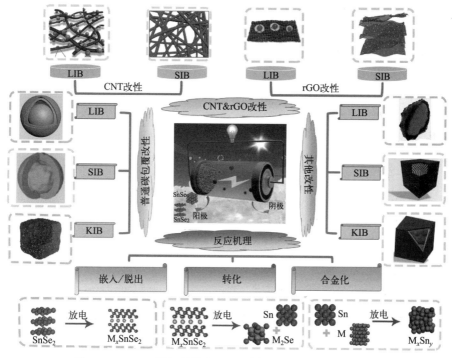

图 3.46　$SnSe_x$ 阳极材料应用于不同碱金属离子电池中对其
电化学性能的改性策略及其反应机理[81]

Kong 等人[82] 通过第一次循环的非原位 XRD 阐明了 SnSe@C 的储钠机理

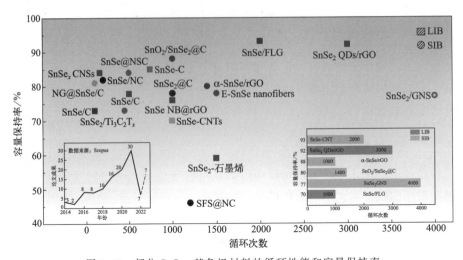

图 3.47 部分 $SnSe_x$ 基负极材料的循环性能和容量保持率

插图展示了 $SnSe_x$ 基阳极材料在 AIBs 领域的发展趋势（左）和几个有代表性的例子（右）[81]

和在钠化过程中的结构变化。如图 3.48(a),(b) 所示，当放电至 0.9V 时，峰移程度变高，对应于钠离子嵌入 SnSe 形成 $Na_x SnSe$。进一步放电至 0.5V 时，$Na_x SnSe$ 逐渐转化为 Sn 和 $Na_2 Se$。充分放电至 0.01V 后，$Na_{15} Sn_4$ 的峰出现，证明了 Sn 和 Na 的合金化反应。当反向充电至 1.5V 时，$Na_{15} Sn_4$ 相消失，对应于去合金化反应过程。充分充电后，仍然有部分 Sn 的存在，SnSe 峰恢复，表明电化学反应不是完全可逆的。Sn 的存在可能使 SnSe 结构的晶格距离变大，这是峰移程度降低的原因。如图 3.48(c) 所示，SnSe 的钠储存机制包含了嵌入反应、转换反应和合金化反应，其储钠机理如下：

$$SnSe + xNa^+ + xe^- \longrightarrow Na_x SnSe \tag{3.51}$$

$$Na_x SnSe + (2-x)Na^+ + (2-x)e^- \longrightarrow Sn + Na_2 Se \tag{3.52}$$

$$4Sn + 15Na^+ + 15e^- \longrightarrow Na_{15} Sn_4 \tag{3.53}$$

Yang 等人[83] 利用简单的碳热反应策略将 $SnSe_2$ 纳米颗粒密封在 3D 多孔碳内，合成了 $SnSe_2 \subset 3DC$ 复合物，利用非原位 XRD 表征 $SnSe_2 \subset 3DC$ 复合物在钠化/脱钠过程中的相和界面的演化过程。如图 3.49(a) 所示，在 1.6V 的第一个短暂平台之后，$SnSe_2$ 在 14.4°和 44.1°两个明显的峰由于 Na^+ 插入导致结晶度的变化而减弱。当又一次短暂的平台期后，连续放电到 0.9V 时，$SnSe_2$ 的峰逐渐消失。同时，NaSn 合金在 26.7°和 35.4°出现明显的峰，表明合金化反应在该电压下发生反应。在 0.7V 时，在 26.7°处的峰移到 26.9°，这是另一种合金 $Na_{29.58} Sn_8$ 的峰。NaSn 在 35.4°处的峰强度增强，在 44.7°处出现 Na 含量较高的 $Na_{15} Sn_4$ 峰。在 0.01V 下反应越完全，$Na_{15} Sn_4$ 在 27.0°和 32.1°处的峰就越强。NaSn 在 26.7°和 35.4°的峰强度略有提升，在 33.2°、33.8°和 43.7°检测到

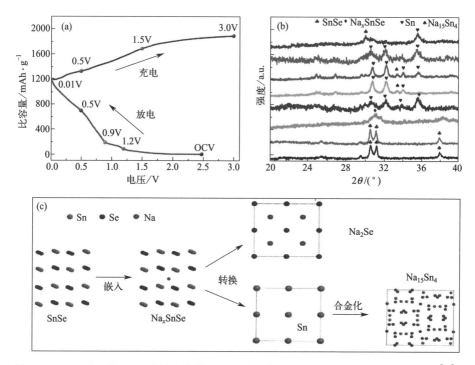

图 3.48　SnSe@C 的（a）充放电曲线，（b）非原位 XRD 图和（c）储钠机制示意图[82]

更多的峰，$Na_{29.58}Sn_8$ 中间产物缺失。这些结果表明，在放电过程中，$SnSe_2$ 是逐渐的钠化。在对 Na^+ 储存机制的研究中，很少报道多种合金共存的情况。在接下来的充电过程中，$Na_{15}Sn_4$ 在 1.0V 下转化为 $Na_{29.58}Sn_8$，所有的合金都被持续消耗，直到 2.9V，合金化反应的可逆性很高［图 3.49（b）］。而原始 $SnSe_2$ 的峰不能被明显识别，这可能是由于 Na 的嵌入反应是不可逆的，充电后仍保持为 Na_xSnSe_2。这也导致了第一次循环和第二次循环之间的 CV 曲线和充放电曲线中有不同的电化学信号。多反应步骤和可逆合金化反应机制的参与有助于 $SnSe_2 \subset 3DC$ 实现高容量。其反应机理归纳如下：

放电：
$$SnSe_2 + xNa^+ + xe^- \longrightarrow Na_xSnSe_2 \tag{3.54}$$

$$Na_xSnSe_2 + (4-x)Na^+ + (4-x)e^- \longrightarrow 2Na_2Se + Sn \tag{3.55}$$

$$(4m+n)Sn + (15m+n)Na^+ + (15m+n)e^- \longrightarrow mNa_{15}Sn_4 + nNaSn \tag{3.56}$$

充电：
$$mNa_{15}Sn_4 + nNaSn \longrightarrow (4m+n)Sn + (15m+n)Na^+ + (15m+n)e^- \tag{3.57}$$

$$2Na_2Se + Sn \longrightarrow Na_xSnSe_2 + (4-x)Na^+ + (4-x)e^- \tag{3.58}$$

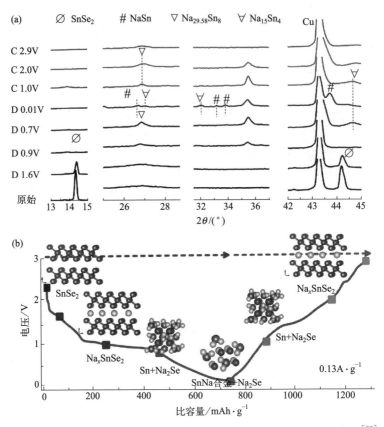

图 3.49　$SnSe_2 \subset 3DC$ 的（a）非原位 XRD 图和（b）储钠机制示意图[83]

Li 等人[84] 通过简单的一步水热法制备了一种 α-SnSe/rGO 复合材料（SnSe 锚定在 N 掺杂的石墨烯上）[图 3.50（a）]。α-SnSe 和石墨烯之间强烈的 Se—C、Sn—O—C 和 Sn—C 键可以保证电荷的快速转移，并防止嵌钠/脱钠过程中的体积变化。所得到的 α-SnSe/rGO 在 $1000mA \cdot g^{-1}$ 的电流密度下，1400 次循环后仍表现出 $397mAh \cdot g^{-1}$ 的比容量，表现出了超长循环稳定性。而且在 $5000mA \cdot g^{-1}$ 的电流密度下，仍然能够达到 $374mAh \cdot g^{-1}$ 的优异倍率性能 [图 3.50（b），（c）]。

3.5.4.5　其他硒化物及双金属硒化物

过渡金属硒化物在醚基电解液体系中过渡金属硒化物在长循环过程中经历一个"活化过程"，使得后续的充放电曲线平台与前几圈有所不同。导致这种现象的原因主要是在电化学反应过程中产生的 Se^{2-} 与来自铜集流体的 Cu^+ 首先结合生成了 Cu_2Se，即硒化物的良好循环稳定性均来自于 Cu_2Se。因此很有必要研究

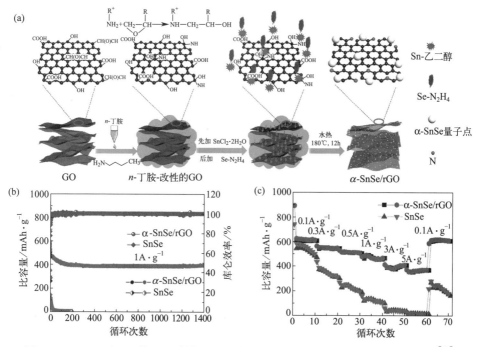

图 3.50　α-SnSe/rGO 的（a）制备过程示意图，（b）长循环性能和（c）倍率性能[84]

Cu$_2$Se 材料的储钠机理。Yue 等人[85] 以 Se 粉为原料，NaBH$_4$ 为还原剂在铜网原位生长 Cu$_2$Se 纳米片；随后再通过低温冰浴原位聚合包覆导电聚合物 PPy 构建核壳结构，实现了材料的简单、快速制备 [图 3.51(a)]。如图 3.51(b)～(d) 所示，Cu$_2$Se@PPy 纳米片均匀地固定在铜网纤维表面，Cu$_2$Se 纳米片的厚度为 5.75nm 左右，包覆 PPy 后表面略微变粗糙，PPy 的包覆层厚度为 3nm 左右。通过原位 XRD 研究了 Cu$_2$Se@PPy 电极的钠储存机理，将从基体上剥落的活性物质涂覆在钛网上，以避免铜网的影响。由原位 XRD 等高线图 [图 3.51(e)] 可知，位于 26.6° 和 44.2° 的峰强度归属于 Cu$_2$Se 的（111）和（220）面。随着放电的进行，Cu$_2$Se 的衍射峰角度略有下降，表明 Na$^+$ 插入 Cu$_2$Se 中产生晶格膨胀。随着进一步的钠化，在 25.3° 和 33.5° 出现弱峰，与 NaCuSe 相符合，并在 43.3° 处形成金属 Cu 相。连续放电至 0.4V 时，NaCuSe 峰消失，22.6° 和 37.3° 处的 Na$_2$Se 峰出现并增强。同时，衍射峰越来越强，说明 Cu$_2$Se 和 Na$^+$ 之间的转换反应已经完成。在初始充电过程中，Na$_2$Se 和金属 Cu 的衍射峰逐渐消失，Cu$_2$Se 对应的衍射峰恢复到初始位置。结果表明，Cu 与 Na$_2$Se 之间存在可逆转化反应。因此，其反应机理归纳如下：

$$Cu_2Se + Na^+ + e^- \longrightarrow NaCuSe + Cu \qquad (3.59)$$

$$NaCuSe + Na^+ + e^- \longrightarrow Na_2Se + Cu \qquad (3.60)$$

$$Na_2Se + 2Cu \longrightarrow Cu_2Se + 2Na^+ + 2e^- \qquad (3.61)$$

该材料在 $10A \cdot g^{-1}$ 电流密度下循环 2000 次后比容量依然维持在 $263.5mAh \cdot g^{-1}$，展现出优异的循环稳定性，说明 PPy 碳层能缓冲 Cu_2Se 在储钠过程中的体积膨胀，在一定程度上优化了材料的电子导电性。

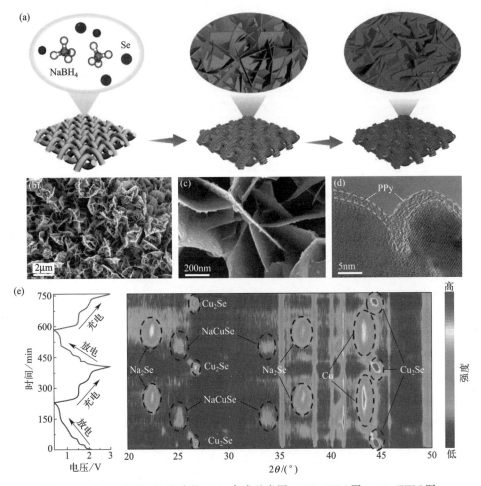

图 3.51　$Cu_2Se@PPy$ 纳米片的 (a) 合成示意图，(b) SEM 图，(c) TEM 图，(d) HRTEM 图和 (e) 原位 XRD 图及其对应的首次充放电曲线[85]

与单金属硒化物相比，二元金属硒化物具有更好的导电性，更丰富的氧化还原空位，更高的本征电导率，从而表现出更好的电化学性能。因此，这些双金属（多金属）硒化物在能量存储和转化系统中引起了更多的关注。Ali 等人[86] 采用简单的水热和退火过程制备了具有多孔结构的二元过渡金属硒化物 Fe_2CoSe_4，简称 FCSe。制备过程如图 3.52 (a) 所示。其储钠机理如下：

$$Fe_2CoSe_4 + xNa^+ + xe^- \longrightarrow Na_xFe_2CoSe_4 \qquad (3.62)$$

$$Na_xFe_2CoSe_4 + 2yNa^+ + 2ye^- \longrightarrow Na_xFe_2CoSe_{4-y} + yNa_2Se \qquad (3.63)$$

$$Na_xFe_2CoSe_{4-y} + (8-2y-x)Na^+ + (8-2y-x)e^- \longrightarrow 2Fe + Co + (4-y)Na_2Se \qquad (3.64)$$

$$2Fe + Co + 4Na_2Se \longrightarrow 8Na^+ + xe^- + Fe_2CoSe_4 \qquad (3.65)$$

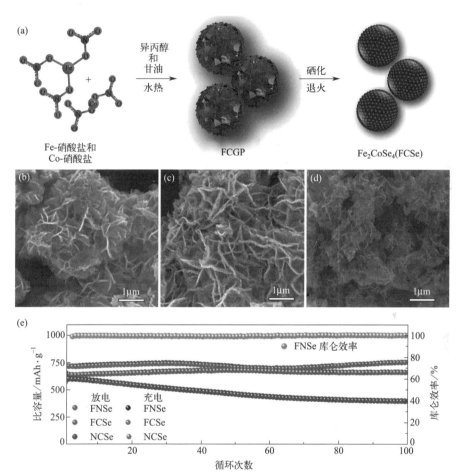

图 3.52 (a) Fe_2CoSe_4 (FCSe) 的制备过程示意图(水热处理得到由纳米片组成的

Fe-Co-甘油酸盐前驱体球,然后结合硒化和退火处理得到由纳米颗粒组成的多孔 FCSe 球)[86],

(b) Fe_2NiSe_4 (FNSe),(c) Fe_2CoSe_4 (FCSe),(d) $CoNiSe_2$ (CNSe) 的

SEM 图和 (e) 三种双金属硒化物的循环性能比较[87]

FCSe 纳米材料具有的多孔结构使其能够与电解液充分接触,并且碳基底良好的本征导电性提升了其电子的传输速率,通过它们的协同作用使 FCSe 的电化学性能显著提升。当将其用作钠离子电池负极材料时,FCSe 显示出优异

的倍率性能（$32A \cdot g^{-1}$ 时 $400mAh \cdot g^{-1}$）和循环稳定性（$4A \cdot g^{-1}$ 循环 5000 次后仍保持 $350mAh \cdot g^{-1}$）。Ali 等人还报道了 Fe_2NiSe_4，Fe_2CoSe_4，$CoNiSe_2$ 三种双金属硒化物的储钠性能[87]。图 3.52(b)～(d) 展示了双金属硒化物（Fe_2NiSe_4，Fe_2CoSe_4，$CoNiSe_2$）的 SEM 图，如图所示，它们都具有很高的比表面积。根据之前的研究，具有大比表面积的纳米结构能够增加反应的位点，且能够使得电解液与活性材料接触面积增加，还可以限制其循环过程中的体积膨胀。图 3.52(e) 展示了三种材料在 $1A \cdot g^{-1}$ 的电流密度下的循环性能。根据其电化学测试结果，它们的电化学性能明显优于之前报道的 Fe、Co 和 Ni 单金属硒化物，Fe_2NiSe_4，Fe_2CoSe_4，$CoNiSe_2$ 在 $1A \cdot g^{-1}$ 的电流密度下循环 100 次后，可逆容量分别为 $755mAh \cdot g^{-1}$、$660mAh \cdot g^{-1}$ 和 $397mAh \cdot g^{-1}$。双金属硒化物优异的倍率性能可以归因于离子的快速转移和导电能力的增强。此外，借助原位 XRD 和 HRTEM 分析，他们首次报道了 Fe_2NiSe_4 负极的储钠机制。

$$Fe_2NiSe_4 + 8Na^+ + 8e^- \Longleftrightarrow 4Na_2Se + Ni + 2Fe \tag{3.66}$$

Feng 等人[88] 以聚多巴胺包覆普鲁士蓝类似物（$Ni_3[Fe(CN)_6]_2$，Ni-Fe-PBA）为原料，通过硒化和碳化反应，合成了一种分级氮掺杂碳包覆的二元过渡金属硒化物（简称 $Ni_{0.6}Fe_{0.4}Se_2@NC$）纳米材料，其形貌图像如图 3.53(a),(b) 所示。从 TEM 图可以看出，氮掺杂碳包覆层将 NFS（$Ni_{0.6}Fe_{0.4}Se_2$）完全包裹起来，这种结构能够很好地容纳电极材料在充放电过程中的体积膨胀，因此有望在很大程度上提升电池的循环稳定性。如图 3.53(c),(d) 所示，将所得到的 NFS@NC 作为钠离子电池负极材料时，它表现出优越的倍率性能（$0.2A \cdot g^{-1}$ 电流密度下的可逆容量为 $449.3mAh \cdot g^{-1}$，$10A \cdot g^{-1}$ 电流密度下的可逆容量为 $289.5mAh \cdot g^{-1}$）和优异的循环稳定性（在 $5A \cdot g^{-1}$ 的电流密度下，2000 次循环后的比容量仍然能够保持在 $372.4mAh \cdot g^{-1}$）。

Kang 等人[89] 通过简单的离子交换策略制备了核-壳结构的 Co/(NiCo)Se_2 纳米立方体。这种独特的核壳结构外部的壳层厚度约为 60nm，将内部的 $CoSe_2$ 很好地包裹起来。此外，该结构可以有效地容纳循环过程中的电极材料的体积膨胀，因此能够增强电极材料的循环稳定性。此外，由于核壳结构和多组分硒化物的协同效应，使得电极材料在循环过程中不仅能够保持其结构稳定性，而且能够加快电子的传输速率，因此 Co/(NiCo)Se_2 表现出极佳的电化学性能。当使用该电极材料用作钠离子电池负极材料时，与纯 $CoSe_2$ 相比，Co/(NiCo)Se_2 电极由于具有独特的结构和多组分硒化物组成的协同作用，表现出比 $CoSe_2$ 电极更高的容量。而且在 $0.2A \cdot g^{-1}$ 的电流密度下，80 次循环后，其比容量仍然高达 $497mAh \cdot g^{-1}$，显示出优异的循环稳定性。

Huang 等人[90] 采用溶剂热反应和一步碳化硒化工艺成功制备了由金属-有

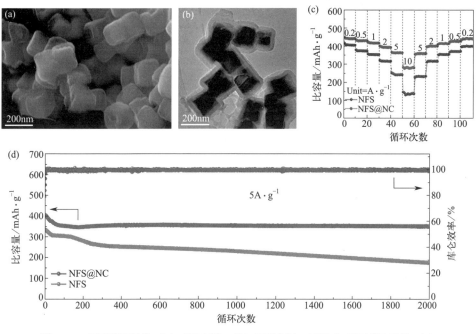

图 3.53　NFS@NC 的（a）SEM 图，（b）TEM 图，NFS 和 NFS@NC 的（c）
倍率性能对比图和（d）循环稳定性[88]

机骨架衍生的二元过渡金属硒化微球，记为 NiCoSe$_4$@NC@rGO。NiCoSe$_4$@
NC@rGO 电极具有优异的储钠性能，在 1A·g^{-1} 的电流密度下，经过 1500 次
循环后，其比容量为 293.3mAh·g^{-1}。循环稳定性高的原因可能是因为 Ni-
CoSe$_4$@NC@rGO 的层次结构限制了充放电过程中的体积膨胀。在 10A·g^{-1}
的电流密度下，同样表现出 277.8mAh·g^{-1} 的可逆容量，展示了优异的倍率性
能。NiCoSe$_4$@NC@rGO 电极优异的储钠性能可能是由于还原氧化石墨烯和相
互连通的孔隙组成的独特的导电网络结构，这种独特的结构提供了如下优点：还
原氧化石墨烯纳米片构建的导电碳网络不仅能够加快钠离子和电子的传输，而且
能够缓解嵌钠/脱钠过程中相应的体积膨胀。NiCoSe$_4$@NC@rGO 同样也表现出
优异的倍率性能：在 0.1A·g^{-1}、0.2A·g^{-1}、0.5A·g^{-1}、1A·g^{-1}、2A·
g^{-1}、5A·g^{-1} 和 10A·g^{-1} 的电流密度下，可逆容量分别为 425mAh·g^{-1}、
400mAh·g^{-1}、345mAh·g^{-1}、327mAh·g^{-1}、310mAh·g^{-1}、295mAh·
g^{-1} 和 277.8mAh·g^{-1}。经过 70 次循环后，当电流密度恢复到 0.1A·g^{-1} 时，
可逆容量又上升至 355mAh·g^{-1}，高于 NiCoSe$_4$@NC，表现出优异的倍率性能
和循环性能。

参考文献

[1] Liu Z G, Du R, He X X, et al. Recent progress on intercalation-based anode materials for low-cost sodium-ion batteries[J]. *Chemsuschem.*, 2021, 14 (18): 3724-3743.

[2] Senguttuvan P, Rousse G, Seznec V, et al. $Na_2Ti_3O_7$: Lowest voltage ever reported oxide insertion electrode for sodium ion batteries[J]. *Chem. Mater.*, 2011, 23 (18): 4109-4111.

[3] Nava A J, Morales G A, Ponrouch A, et al. Arroyo-de Dompablo M E, Palacin M R. Taking steps forward in understanding the electrochemical behavior of $Na_2Ti_3O_7$[J]. *J. Mater. Chem. A*, 2015, 3 (44): 22280-22286.

[4] Cao Y, Ye Q, Wang F, et al. A new triclinic phase $Na_2Ti_3O_7$ anode for sodium-ion battery[J]. *Adv. Funct. Mater.*, 2020, 30 (39): 2003733.

[5] Zhang Y, Guo L, Yang S. Three-dimensional spider-web architecture assembled from $Na_2Ti_3O_7$ nanotubes as a high performance anode for a sodium-ion battery[J]. *ChemComm.*, 2014, 50 (90): 14029-14032.

[6] Xie F, Zhang L, Su D, et al. $Na_2Ti_3O_7$@N-doped carbon hollow spheres for sodium-ion batteries with excellent rate performance[J]. *Adv. Mater.*, 2017, 29 (24): 1700989.

[7] Galceran M, Roddatis V, Zúñiga F J, et al. Na-vacancy and charge ordering in $Na \approx 2/3FePO_4$[J]. *Chem. Mater.*, 2014, 26 (10): 3289-3294.

[8] Xie F, Zhang L, Jiao Y, et al. Hydrogenated dual-shell sodium titanate cubes for sodium-ion batteries with optimized ion transportation[J]. *J. Mater. Chem. A*, 2020, 8 (31): 15829-15833.

[9] Fu S, Ni J, Xu Y, et al. Hydrogenation Driven Conductive $Na_2Ti_3O_7$ Nanoarrays as robust binder-free anodes for sodium-ion batteries[J]. *Nano Lett.*, 2016, 16 (7): 4544-4551.

[10] Wang Y, Zhang H, Yao X, et al. Theoretical understanding and prediction of lithiated sodium hexatitanates[J]. *ACS Appl. Mater.*, 2013, 5 (3): 1108-1112.

[11] Rudola A, Saravanan K, Devaraj S, et al. $Na_2Ti_6O_{13}$: a potential anode for grid-storage sodium-ion batteries[J]. *Chem. Comm.*, 2013, 49 (67): 7451-7453.

[12] Hwang J, Cahyadi H S, Chang W, et al. Uniform and ultrathin carbon-layer coated layered $Na_2Ti_3O_7$ and tunnel $Na_2Ti_6O_{13}$ hybrid with enhanced electrochemical performance for anodes in sodium ion batteries[J]. *J. Supercrit. Fluid.*, 2019, 148: 116-129.

[13] Cech O, Castkova K, Chladil L, et al. Synthesis and characterization of $Na_2Ti_6O_{13}$ and $Na_2Ti_6O_{13}$/$Na_2Ti_3O_7$ sodium titanates with nanorod-like structure as negative electrode materials for sodium-ion batteries[J]. *J. Energy Storage*, 2017, 14: 391-398.

[14] Ho C K, Li C V, Chan K Y. Scalable template-free synthesis of $Na_2Ti_3O_7$/$Na_2Ti_6O_{13}$ nanorods with composition tunable for synergistic performance in sodium-ion batteries[J]. *Ind. Eng. Chem. Res.*, 2016, 55 (38): 10065-10072.

[15] Chandel S, Lee S, Lee S, et al. Hierarchically nanorod structured $Na_2Ti_6O_{13}$/$Na_2Ti_3O_7$ nanocomposite as a superior anode for high-performance sodium ion battery[J]. *J. Electroanal. Chem.*, 2020, 877: 114747.

[16] Liu Y, Wang D, Liu J, et al. Surface modification of layer-tunnel hybrid $Na_{0.6}MnO_2$ cathode with open tunnel structure $Na_2Ti_6O_{13}$[J]. *J. Alloys Compd.*, 2020, 849: 156441.

[17] Rambabu A, Senthilkumar B, Sada K, et al. In-situ deposition of sodium titanate thin film as anode

for sodium-ion micro-batteries developed by pulsed laser deposition[J]. *J. Colloid Interface Sci.*, 2018, 514: 117-121.

[18]　Yi T F, Xie Y, Shu J, et al. Structure and electrochemical performance of niobium-substituted spinel lithium titanium oxide synthesized by solid-state method[J]. *J. Electrochem. Soc.*, 2011, 158（3）: A266-A274.

[19]　Zhao L, Pan H L, Hu Y S, et al. Spinel lithium titanate（$Li_4Ti_5O_{12}$）as novel anode material for room-temperature sodium-ion battery[J]. *Chin. Phys. B*, 2012, 21（2）: 028201.

[20]　Sun Y, Zhao L, Pan H, et al. Direct atomic-scale confirmation of three-phase storage mechanism in $Li_4Ti_5O_{12}$ anodes for room-temperature sodium-ion batteries[J]. *Nat. Commun.*, 2013, 4: 1870.

[21]　Chen C, Xu H, Zhou T, et al. Integrated intercalation-based and interfacial sodium storage in graphene-wrapped porous $Li_4Ti_5O_{12}$ Nanofibers Composite Aerogel[J]. *Adv. Energy Mater.*, 2016, 6（13）: 1600322.

[22]　Liu Y, Liu J, Hou M, et al. Carbon-coated $Li_4Ti_5O_{12}$ nanoparticles with high electrochemical performance as anode material in sodium-ion batteries[J]. *J. Mater. Chem. A*, 2017, 5（22）: 10902-10908.

[23]　Yun B N, Du H L, Hwang J Y, et al. Improved electrochemical performance of boron-doped carbon-coated lithium titanate as an anode material for sodium-ion batteries[J]. *J. Mater. Chem. A*, 2017, 5（6）: 2802-2810.

[24]　Naeyaert P J P, Avdeev M, Sharma N, et al. Synthetic, structural, and electrochemical study of monoclinic $Na_4Ti_5O_{12}$ as a sodium-ion battery anode material[J]. *Chem. Mater.*, 2014, 26（24）: 7067-7072.

[25]　Woo S H, Park Y, Choi W Y, et al. Trigonal $Na_4Ti_5O_{12}$ phase as an intercalation host for rechargeable batteries[J]. *J. Electrochem. Soc.*, 2012, 159（12）: A2016-A2023.

[26]　Avdeev M, Kholkin A. Low-temperature $Na_4Ti_5O_{12}$ from X-ray and neutron powder diffraction data [J]. *Acta Crystallogr. C.*, 2000, 56: E539-E540.

[27]　Huang Y, Xu Z, Mai J, et al. Revisiting the origin of cycling enhanced capacity of Fe_3O_4 based nanostructured electrode for lithium ion batteries[J]. *Nano Energy*, 2017, 41: 426-433.

[28]　Wang D, Bie X, Fu Q, et al. Sodium vanadium titanium phosphate electrode for symmetric sodium-ion batteries with high power and long lifespan[J]. *Nat. Commun.*, 2017, 8: 15888.

[29]　Park S I, Gocheva I, Okada S, et al. Electrochemical properties of $NaTi_2$（PO_4）$_3$ anode for rechargeable aqueous sodium-ion batteries[J]. *J. Electrochem. Soc.*, 2011, 158（10）: A1067-A1070.

[30]　Delmas C, Cherkaoui F, Nadiri A, et al. A nasicon-type phase as intercalation electrode: $NaTi_2$（PO_4）$_3$[J]. *Mater. Res. Bull.*, 1987, 22（5）: 631-639.

[31]　Pang G, Nie P, Yuan C, et al. Mesoporous $NaTi_2$（PO_4）$_3$/CMK-3 nanohybrid as anode for long-life Na-ion batteries[J]. *J. Mater. Chem. A*, 2014, 2（48）: 20659-20666.

[32]　Zhang L, Wang X, Deng W, et al. An open holey structure enhanced rate capability in a $NaTi_2$（PO_4）$_3$/C nanocomposite and provided ultralong-life sodium-ion storage[J]. *Nanoscale*, 2018, 10（3）: 958-963.

[33]　Zhang Q, Man P, He B, et al. Binder-free $NaTi_2$（PO_4）$_3$ anodes for high-performance coaxial-fiber aqueous rechargeable sodium-ion batteries[J]. *Nano Energy*, 2020, 67: 104212.

[34]　Tan J, Zhu W, Gui Q, et al. Weak ionization induced interfacial deposition and transformation towards fast-charging $NaTi_2$（PO_4）$_3$ nanowire bundles for advanced aqueous sodium-ion capacitors[J]. *Adv. Funct. Mater.*, 2021, 31（23）: 2101027.

[35] Mu L, Ben L, Hu Y S, et al. Novel 1. 5 V anode materials, ATiOPO$_4$ (A = NH$_4$, K, Na), for room-temperature sodium-ion batteries[J]. *J. Mater. Chem. A*, 2016, 4 (19): 7141-7147.

[36] Jiang L, Liu L, Yue J, et al. High-voltage aqueous Na-ion battery enabled by inert-cation-assisted water-in-salt electrolyte[J]. *Adv. Mater.*, 2020, 32 (2): 1904427. 1-1904427. 10.

[37] Yu L, Liu J, Xu X, et al. Ilmenite nanotubes for high stability and high rate sodium-ion battery anodes[J]. *ACS Nano*, 2017, 11 (5): 5120-5129.

[38] Ding C, Nohira T, Hagiwara R. High-capacity FeTiO$_3$/C negative electrode for sodium-ion batteries with ultralong cycle life[J]. *J. Power Sources*, 2018, 388: 19-24.

[39] Zheng X, Li P, Zhu H, et al. Understanding the structural and chemical evolution of layered potassium titanates for sodium ion batteries[J]. *Energy Storage Mater.*, 2020, 25: 502-509.

[40] Zhao J, Li Q, Shang T, et al. Porous MXene monoliths with locally laminated structure for enhanced pseudo-capacitance and fast sodium-ion storage[J]. *Nano Energy*, 2021, 86: 106091.

[41] Liang K, Tabassum A, Majed A, et al. Synthesis of new two-dimensional titanium carbonitride Ti$_2$C$_{0.5}$N$_{0.5}$T$_x$ MXene and its performance as an electrode material for sodium-ion battery[J]. *Infomat*, 2021, 3 (12): 1422-1430.

[42] 位广玲, 周佳辉, 王紫恒, 等. 钠离子电池金属氧/硫/硒化物负极材料研究进展[J]. 储能科学与技术, 2020, 9 (5): 1318-1326.

[43] Wu C, Jiang Y, Kopold P, et al. Peapod-like carbon encapsulated cobalt chalcogenide nanowires as cycle-stable and high-rate materials for sodium-ion anodes[J]. *Adv. Mater.*, 2016, 28 (33): 7276-7283.

[44] Kong D Z, Cheng C W, Wang Y, et al. Seed-assisted growth of alpha-Fe$_2$O$_3$ nanorod arrays on reduced graphene oxide: a superior anode for high-performance Li-ion and Na-ion batteries[J]. *J. Mater. Chem. A*, 2016, 4 (30): 11800-11811.

[45] Wu C, Dou S X, Yu Y. The state and challenges of anode materials based on conversion reactions for sodium storage[J]. *Small*, 2018, 14 (22): 1703671.

[46] 周思宇, 范景瑞, 唐有根, 等. 过渡金属氧化物微纳阵列在钠离子电池中的研究进展[J]. 储能科学与技术, 2020, 9 (5): 1383-1395.

[47] He K, Lin F, Zhu Y, et al. Sodiation kinetics of metal oxide conversion electrodes: A comparative study with lithiation[J]. *Nano Lett.*, 2015, 15 (9): 5755-5763.

[48] Zhao X, Jia Y, Liu Z H. GO-graphene ink-derived hierarchical 3D-graphene architecture supported Fe$_3$O$_4$ nanodots as high-performance electrodes for lithium/sodium storage and supercapacitors[J]. *J. Colloid Interface Sci.*, 2019, 536: 463-473.

[49] Zhang Z J, Wang Y X, Chou S L, et al. Rapid synthesis of alpha-Fe$_2$O$_3$/rGO nanocomposites by microwave autoclave as superior anodes for sodium-ion batteries[J]. *J. Power Sources*, 2015, 280: 107-113.

[50] Zhao Y, Feng Z, Xu Z J. Yolk-shell Fe$_2$O$_3$ circle dot C composites anchored on MWNTs with enhanced lithium and sodium storage[J]. *Nanoscale*, 2015, 7 (21): 9520-9525.

[51] Zhang N, Han X P, Liu Y C, et al. 3D porous gamma-Fe$_2$O$_3$@C nanocomposite as high-performance anode material of Na-ion batteries[J]. *Adv. Energy Mater.*, 2015, 5 (5): 1401123.

[52] Wu Y Z, Meng J S, Li Q, et al. Interface-modulated fabrication of hierarchical yolk-shell Co$_3$O$_4$/C dodecahedrons as stable anodes for lithium and sodium storage[J]. *Nano Res.*, 2017, 10 (7): 2364-2376.

[53] Chen Y, Dong H, Li Y, et al. Recent advances in 3D array anode materials for sodium-ion batteries

　　　　［J］. *Acta Phy. Chim. Sin.* , 2021, 37（12）: 2007075.

［54］ Li Y, Zhang M, Qian J, et al. Freestanding N-doped carbon coated CuO array anode for lithium-ion and sodium-ion batteries［J］. *Energy Technol.* , 2019, 7（7）: 1900252.

［55］ Zhang F, Zhu J, Zhang D, et al. Two-dimensional SnO anodes with a tunable number of atomic layers for sodium ion batteries［J］. *Nano Lett.* , 2017, 17（2）: 1302-1311.

［56］ Zhao S, Sewell C D, Liu R, et al. SnO_2 as advanced anode of alkali-ion batteries: Inhibiting Sn coarsening by crafting robust physical barriers, void boundaries, and heterophase interfaces for superior electrochemical reaction reversibility［J］. *Adv. Energy Mater.* , 2020, 10（6）: 1902657.

［57］ Fang G Z, Zhou J, Cai Y S, et al. Metal-organic framework-templated two-dimensional hybrid bimetallic metal oxides with enhanced lithium/sodium storage capability［J］. *J. Mater. Chem. A* , 2017, 5（27）: 13983-13993.

［58］ Jiang Y, Wu F, Ye Z, et al. Fe_2VO_4 nanoparticles anchored on ordered mesoporous carbon with pseudocapacitive behaviors for efficient sodium storage［J］. *Adv. Funct. Mater.* , 2021, 31（18）: 2009756.

［59］ Cho J S, Park J S, Kang Y C. Porous FeS nanofibers with numerous nanovoids obtained by Kirkendall diffusion effect for use as anode materials for sodium-ion batteries［J］. *Nano Res.* , 2017, 10（3）: 897-907.

［60］ Chen Y Y, Hu X D, Evanko B, et al. High-rate FeS_2/CNT neural network nanostructure composite anodes for stable, high-capacity sodium-ion batteries［J］. *Nano Energy* , 2018, 46: 117-127.

［61］ Li L L, Peng S J, Bucher N, et al. Large-scale synthesis of highly uniform $Fe_{1-x}S$ nanostructures as a high-rate anode for sodium ion batteries［J］. *Nano Energy* , 2017, 37: 81-89.

［62］ Guan B, Qi S Y, Li Y, et al. Towards high-performance anodes: Design and construction of cobalt-based sulfide materials for sodium-ion batteries［J］. *J. Energy Chem.* , 2021, 54: 680-698.

［63］ Han F, Tan C Y J, Gao Z. Template-free formation of carbon nanotube-supported cobalt sulfide@carbon hollow nanoparticles for stable and fast sodium ion storage［J］. *J. Power Sources* , 2017, 339: 41-50.

［64］ Liu D, Hu A, Zhu Y, et al. Hierarchical microstructure of CNTs interwoven ultrathin Co_3S_4 nanosheets as a high performance anode for sodium-ion battery［J］. *Ceram. Int.* , 2019, 45（3）: 3591-3599.

［65］ Zhang Y, Wang N, Xue P, et al. Co_9S_8@carbon nanospheres as high-performance anodes for sodium ion battery［J］. *Chem. Eng. J.* , 2018, 343: 512-519.

［66］ Li Q, Lu W, Li Z, et al. Hierarchical MoS_2/$NiCo_2S_4$@C urchin-like hollow microspheres for asymmetric supercapacitors［J］. Chemical Engineering Journal, 2020, 380: 154104.

［67］ Zhong J, Xiao X, Wu Z, et al. Enhancing the reversibility of $SnCoS_4$ microflower for sodium-ion battery anode material［J］. *J. Alloy. Compd.* , 2020, 825: 154104.

［68］ Li Q, Jiao Q, Feng X, et al. One-pot synthesis of $CuCo_2S_4$ sub-microspheres for high-performance lithium-/sodium-ion batteries［J］. *Chemelectrochem* , 2019, 6（5）: 1558-1566.

［69］ Wang X, Yang Z, Wang C, et al. Auto-generated iron chalcogenide microcapsules ensure high-rate and high-capacity sodium-ion storage［J］. *Nanoscale* , 2018, 10（2）: 800-806.

［70］ Liu J, Xiao S, Li X, et al. Interface engineering of Fe_3Se_4/FeSe heterostructure encapsulated in electrospun carbon nanofibers for fast and robust sodium storage［J］. *Chem. Eng. J.* , 2021, 417: 129279.

［71］ Zhang Z, Shi X, Yang X, et al. Nanooctahedra particles assembled $FeSe_2$ microspheres embedded into sulfur-doped reduced graphene oxide sheets as a promising anode for sodium ion batteries[J]. *ACS Appl. Mater. Int.*, 2016, 8 (22): 13849-13856.

[72] Pan Q, Zhang M, Zhang L, et al. FeSe$_2$@C Microrods as a superior long-life and high-rate anode for sodium ion batteries[J]. *ACS Nano*, 2020, 14 (12): 17683-17692.

[73] Wan M, Zeng R, Chen K, et al. Fe$_7$Se$_8$ nanoparticles encapsulated by nitrogen-doped carbon with high sodium storage performance and evolving redox reactions[J]. *Energy Storage Materials*, 2018, 10: 114-121.

[74] Xu X, Liu J, Liu J, et al. A general metal-organic framework (MOF)-derived selenidation strategy for in situ carbon-encapsulated metal selenides as high-rate anodes for Na-ion batteries [J]. *Adv. Funct. Mater.*, 2018, 28 (16): 1707573.

[75] Wu C, Jiang Y, Kopold P, et al. Peapod-like carbon-encapsulated cobalt chalcogenide nanowires as cycle-stable and high-rate materials for sodium-ion anodes[J]. *Adv. Mater.*, 2016, 28 (33): 7276-7283.

[76] Zhang Y, Pan A, Ding L, et al. Nitrogen-doped yolk-shell-structured CoSe/C dodecahedra for high-performance sodium ion . atteries[J]. *ACS Appl. Mater. Int.*, 2017, 9 (4): 3624-3633.

[77] Xiao Q, Song Q, Zheng K, et al. CoSe$_2$ nanodots confined in multidimensional porous nanoarchitecture towards efficient sodium ion storage[J]. *Nano Energy*, 2022, 98: 107326.

[78] Tang Y, Zhao Z, Hao X, et al. Engineering hollow polyhedrons structured from carbon-coated CoSe$_2$ nanospheres bridged by CNTs with boosted sodium storage performance[J]. *J. Mater. Chem. A*, 2017, 5 (26): 13591-13600.

[79] Ou X, Yang C, Xiong X, et al. A new rGO-overcoated Sb$_2$Se$_3$ nanorods anode for Na$^+$ battery: In situ X-ray diffraction study on a live sodiation/desodiation process[J]. *Adv. Funct. Mater.*, 2017, 27 (13): 1606242.

[80] Hu L N, Li X Z, Lv Z C, et al. Design of Sb$_2$Se$_3$-based nanocomposites for high-performance alkali metal ion batteries driven by a hybrid charge storage mechanism [J]. *Chem. Eng. J.*, 2022, 440: 135971.

[81] Li X Z, Qu J P, Zhao Y S, et al. Reaction mechanisms, recent progress and future prospects of tin selenide-based composites for alkali-metal-ion batteries[J]. *Compos. B. Eng.*, 2022, 242: 110045.

[82] Kong F, Han Z, Tao S, et al. Core-shell structured SnSe@C microrod for Na-ion battery anode[J]. *J. Energy Chem.*, 2021, 55: 256-264.

[83] Yang K, Zhang X, Song K, et al. Se-C bond and reversible SEI in facile synthesized SnSe$_2$ subset of 3D carbon induced stable anode for sodium-ion batteries[J]. *Electrochim. Acta*, 2020, 337: 135783.

[84] Wang M, Peng A, Xu H, et al. Amorphous SnSe quantum dots anchoring on graphene as high performance anodes for battery/capacitor sodium ion storage [J]. *J. Power Sources*, 2020, 469: 228414.

[85] Yue L, Wang D, Wu Z, et al. Polyrrole-encapsulated Cu$_2$Se nanosheets in situ grown on Cu mesh for high stability sodium-ion battery anode[J]. *Chem. Eng. J.*, 2022, 433 (1): 134477.

[86] Ali Z, Asif M, Huang X, et al. Hierarchically porous Fe$_2$CoSe$_4$ binary-metal selenide for extraordinary rate performance and durable anode of sodium-ion batteries [J]. *Adv. Mater.*, 2018, 30 (36): 1802745.

[87] Ali Z, Asif M, Zhang T, et al. General approach to produce nanostructured binary transition metal selenides as high-performance sodium ion battery anodes[J]. *Small*, 2019, 15 (33): 1901995.

[88] Feng J, Luo S H, Yan S X, et al. Hierarchically nitrogen-doped carbon wrapped Ni$_{0.6}$Fe$_{0.4}$Se$_2$ binary-

metal selenide nanocubes with extraordinary rate performance and high pseudocapacitive contribution for sodium-ion anodes[J]. $J. Mater. Chem. A$, 2021, 9（3）: 1610-1622.

[89] Park S K, Kim J K, Chan Kang Y. Metal-organic framework-derived $CoSe_2$/（NiCo）Se_2 box-in-box hollow nanocubes with enhanced electrochemical properties for sodium-ion storage and hydrogen evolution[J]. $J. Mater. Chem. A$, 2017, 5（35）: 18823-18830.

[90] Huang X, Men S, Zheng H, et al. Highly porous $NiCoSe_4$ microspheres as high-performance anode materials for sodium-ion batteries[J]. $Chem. Asian. J.$, 2020, 15（9）: 1456-1463.

第4章

合金化反应机制负极材料及其他负极材料

4.1　合金化反应机制负极材料

碳基、钛基材料具有来源广泛、制备简单、价格低廉等优点，但是其储钠位点有限，比容量低，倍率性能较差，首次可逆容量不高，制约了它们的发展，因此需要探索高比容量的钠离子电池负极材料。而合金类负极材料具有高的理论比容量和良好的倍率性能，是一类发展前景较好的负极材料。但这类材料在合金化过程中会有较大的体积膨胀，且活性材料表面在循环过程中不断形成 SEI 膜，导致 SEI 膜厚且不均匀，进而导致容量衰减严重。因此，解决合金类钠离子电池负极材料充放电过程中的体积膨胀问题是至关重要的。

广泛用于解决上述问题的方法有三种，其一是纳米化，同时也可以设计特殊的结构，包括零维的纳米颗粒、一维的纳米线、二维的纳米片层和三维的多孔架状结构，将材料纳米化可以有效地减小材料的表面应力，进而有效地减少颗粒的破碎。另外，材料纳米化可以大幅度缩短 Na^+ 的扩散距离，反应动力学得到增强，电化学性能得到改善。其二是对电极材料进行包覆，通过对合金化材料进行表面包覆来减少电解液和合金化活性材料的直接接触，形成稳定的 SEI 膜，而且包覆层可以给合金化材料提供更大的缓冲空间，进而缓解其循环过程中的体积膨胀。从导电性来看，在材料表面包覆一层导电性优良且在电解液以及在充放电过程中保持稳定的物质，用以改善颗粒间的电子传导性能，可以提高材料的循环性能。其三是与其他金属材料进行复合，通过引入缓冲介质来抑制循环过程中体积膨胀和颗粒破碎，增加导电性。

目前，研究比较广泛的合金材料主要包括ⅣA 族元素（Ge、Sn）和ⅤA 族元素（P、Sb、Bi）。这些材料与 Na 发生合金化反应的一般方程式为：

$$M + xNa^+ + xe^- \Longleftrightarrow Na_xM \tag{4.1}$$

M 为ⅣA 族元素（Ge、Sn）和ⅤA 族元素（P、Sb、Bi）。理论上，Ge 可以与 Na 形成 NaGe 合金，理论比容量为 $369mAh \cdot g^{-1}$。由于 Na^+ 在 Ge 晶格中具

有较高的扩散势垒，因此晶态 Ge 不具有储钠活性，但是无定形的 NaGe 合金又难以通过 XRD 来判定钠化产物是 1∶1。

4.1.1　P

磷具有白磷、红磷（red phosphorus，RP）、黑磷（black phosphorus，BP）和紫磷四种同素异构体，其结构和特性不尽相同。如图 4.1 所示，白磷又称为黄磷，有剧毒，由四面体 P4 分子组成，其中每个原子通过单键与其他三个原子结合，可以在焦炭和二氧化硅存在下简单地通过烧结矿物磷酸盐岩石获得，但是白磷燃点低、易挥发、具有毒性且不稳定[1]。由于 P—P 键能较低，使得白磷在常温下就有很高的化学活性而易形成氧化物，不适宜作为钠离子电池电极材料。红磷是 P4 的衍生物，可以在 N₂ 气氛中、300℃下加热白磷或将其暴露在阳光下来制备。在合成过程中，白磷的 P—P 键解离并与相邻的四面体 P4 形成新的键，产生类似于聚合物链式结构的红磷，因此具有稳定的化学性质。另外，红磷基本无毒、价格低廉且储量丰富，是储钠的优良负极材料。紫磷则可以在熔融铅协助下，在 550℃下长时间低温退火红磷制备。黑磷的热力学稳定性较高，在大多数溶剂中不溶也不可燃，外观类似于石墨，具有黑色金属光泽且导电性良好，可以在极端高压条件下（1.2GPa，200℃）加热白磷得到。黑磷的块状晶体由磷烯层状结构堆叠组成，这些堆叠层之间的层间相互作用与范德华相互作用相似[2]。黑磷导电性较好，离子在层间扩散较快，是一种良好的储钠材料。P 可与 Na 形成 Na₃P，其理论比容量可达 2596mAh·g⁻¹，但其体积膨胀率可达 490%，导

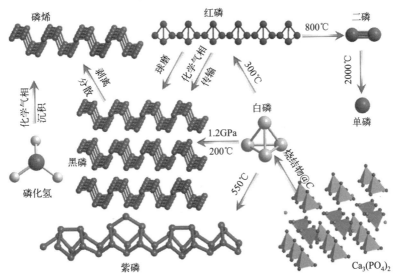

图 4.1　磷的同素异形体及其重要化合物与转化反应[1]

致其倍率和循环性能较差。因此以黑磷为原料通过简单的破碎可以获得单层磷烯，磷烯现已成为最受关注的多功能二维层状材料之一。紫磷兼具了高载流子迁移率和各向异性，且具有宽带隙、稳定、易剥离的特性。研究表明，单层紫磷烯的二维杨氏模量是石墨烯的 4.4 倍，也远高于目前已知的其他二维材料。但是，紫磷是否会像已经成为研究热点的黑磷一样，成为新的离子电池的"梦幻负极材料"仍有待进一步研究。

红磷具有链状结构［图 4.2(a)］，可视为 P_4 的衍生物，其中一个 P—P 键断裂，但与相邻四面体形成一个额外的键[3]。超高的理论容量和环境友好的优点引发了对红磷作为钠离子电池负极材料的深入研究。红磷作为钠离子电池负极材料，其储钠机理为先形成中间相 Na_xP，然后再得到 Na_3P，反应方程式为：

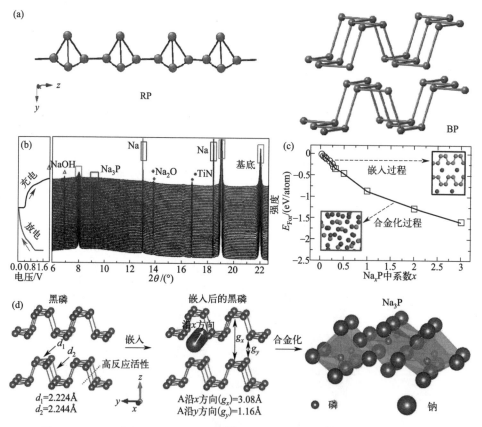

图 4.2 (a) 红磷和黑磷的晶体结构[3]，(b) 红磷的同步辐射原位 XRD 图[4]，
(c) 黑磷两步分解机理[6]，(d) 黑磷钠化时体积膨胀各向异性的原子机制[5]

$$P + xNa^+ + xe^- \Longleftrightarrow Na_xP \qquad (4.2)$$

$$Na_x P+(3-x)Na^+ +(3-x)e^- \Longleftrightarrow Na_3 P \tag{4.3}$$

Li 等人[4] 通过同步辐射原位 X 射线衍射技术证明了红磷作为负极材料，在充放电过程中 P 与 $Na_3 P$ 之间转换的储钠机理，如图 4.2(b)。虽然黑磷具有类似石墨的层状结构[3]，但其储钠机理与红磷略有不同，包括插层和合金化的两步钠化过程。Sun 等人[5] 通过原位 TEM 和非原位 XRD 技术证明了黑磷储钠机理包括插层和合金化的两步钠化过程，由于黑磷具有类似石墨的层状结构，钠离子先沿 x 轴插入到黑磷的夹层之间，但不会显著改变黑磷的晶体结构，随后发生类似红磷的合金化反应，形成 $Na_3 P$，容量大幅度提升，但体积发生巨大膨胀（约 500%），导致容量在循环过程中大幅衰减，其机理如图 4.2(d)。Hembram 等人[6] 通过第一性原理计算证明了类似的两步储钠机制，并伴随着巨大的体积膨胀，钠化过程从插入转变为合金化如图 4.2(c) 所示。

碳材料具有良好的导电性、可靠的化学稳定性和体积膨胀缓冲软垫效应，因此利用碳材料对红磷进行复合改性可有效缓解其导电性差及体积膨胀导致粉末化的问题。目前多种碳材料包括石墨碳、多孔碳、碳纳米管、石墨烯等均已被用于修饰红磷负极材料。红磷/碳基复合材料因结合了碳材料和磷活性材料的优势，可以在保持高比容量同时具备优异的循环稳定性和倍率性能。另外，采用两种及以上类型的碳基质可以协同地发挥不同碳材料的优点，为红磷/碳基负极材料带来优异的电化学性能。Gao 等人[7] 通过一种局部原位蒸汽再分布策略将红磷纳米颗粒以均匀分布的方式结合到 3D 多孔碳/石墨烯气凝胶（C/GA）中，即 C@P/GA 复合材料，合成过程如图 4.3(a) 所示。如图 4.3(b) 所示，尺寸为 $10\sim 20nm$ 的红色磷纳米颗粒均匀分布并牢固地密封在轮廓分明的 3D 多孔 C@GA 框架中，这不仅提供了用于电子转移的 3D 导电网络，还有效地容纳/缓冲了红磷在循环过程中巨大的体积变化，有助于保持电极的完整，提高了电化学性能。所制备的 C@P/GA 电极在 0.1C 下循环 100 次后提供 $1867mAh \cdot g^{-1}$ 的高比容量，并且即使在 1C 下 200 次循环后也表现出约 $1096mAh \cdot g^{-1}$ 的比容量。Zhou 等人[8] 通过将柔韧性和导电性良好的碳纳米管和红磷交织在一起，来解决颗粒间黏附而导致的团聚体内部电导率低的问题，并用具有体积膨胀空间的三维多孔氧化还原石墨烯封装红磷/碳纳米管材料构成 P/CNTs@rGO 的独特分级结构，其在钠化过程的示意图如图 4.3(c)。这种独特的分级结构使其具有较好的倍率性能和循环稳定性，在 0.2C、0.5C、1.0C、1.5C、2.0C、3.0C、4.0C 和 6.0C 的电流密度下分别具有约为 $2110mAh \cdot g^{-1}$、$1730mAh \cdot g^{-1}$、$1460mAh \cdot g^{-1}$、$1270mAh \cdot g^{-1}$、$1060mAh \cdot g^{-1}$、$680mAh \cdot g^{-1}$、$450mAh \cdot g^{-1}$ 和 $290mAh \cdot g^{-1}$ 的可逆容量，并在电流密度回到 0.5C 时，可逆容量约为 $1680mAh \cdot g^{-1}$。其在 1C 下循环 500 次后，比容量仍可保留约为 $1000mAh \cdot g^{-1}$。

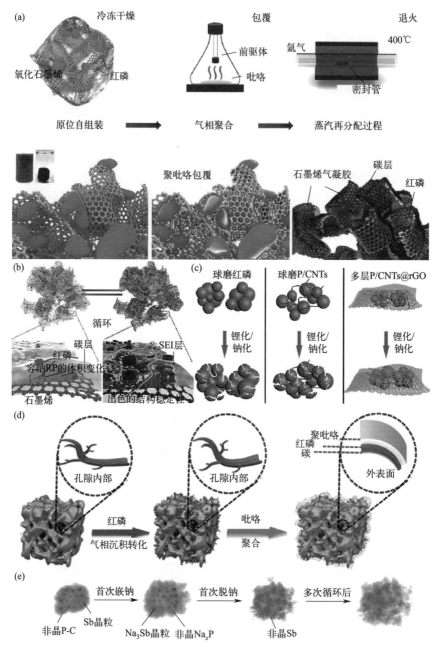

图 4.3 （a）C@P/GA 的合成[7]，（b）钠离子电池中的 C@P/GA 电极示意图[7]，（c）不同红磷在锂化或钠化前后示意图，（d）P@AC@PPy 复合材料的合成过程[9]，（e）电化学反应过程示意图[10]

研究表明纯金属或有机物等非碳材料也可以用于改善红磷在钠离子电池中导电性差和体积膨胀过大等固有缺陷。Fang 等人[9] 通过在红磷-活性炭（P@AC）复合材料上简单地表面涂覆聚吡咯（PPy）层来设计和制造双重保护红磷材料，即 P@AC@PPy 复合材料，其合成过程和钠化过程如图 4.3（d）。导电 PPy 涂层起到多种功能，包括通过隔离活性材料与电解质的直接接触来提高结构稳定性，改善导电性。在 $0.2A \cdot g^{-1}$ 时循环 60 次后还能保持 $484mAh \cdot g^{-1}$ 可逆容量。Zhang 等人[10] 报道了使用 Sb、RP 和膨胀石墨作为原材料，通过放电等离子体辅助研磨（P-milling）合成 Sb/RP-C 复合材料。这里，高硬度的 Sb 成功地促进了 RP 和碳的细化以形成强 P—C 键，这增强了结构抵抗钠化过程中体积变化的能力，反应过程示意图如图 4.3（e）。其在 $1A \cdot g^{-1}$ 下循环 300 次后的可逆容量约为 $596mAh \cdot g^{-1}$。

黑磷在电解液中的溶解度较低，且具有层状正交晶体结构，层间距离明显高于石墨。由于黑磷较宽的层间距和高效的电荷传输性能，使其成为潜在的高容量钠离子电池负极材料。但在充放电循环过程中，黑磷较大的体积膨胀仍然会导致较差的循环稳定性和倍率性能。而与碳材料结合是改善这些缺陷的有效策略。碳材料可根据需求制备成多样的结构和尺寸，从而缓解其各向异性体积膨胀作用。Zhu 等人[11] 采用原位透射电子显微镜技术实时研究了电场作用下黑磷烯电极接触界面的钠离子传输和相结构演变行为。研究首次动态观察到钠离子在相邻黑磷烯纳米片接触界面间的可逆穿梭，表明钠离子能够通过已钠化黑磷烯对相邻的黑磷烯纳米片进行电化学嵌钠，这为电极材料的钠化过程提供了新的反应路径；此外，如图 4.4 所示，他们通过高分辨率成像实时追踪了钠离子在黑磷烯电极界面处的独特的条纹状传输路径，并在原子尺度上揭示了黑磷烯与钠离子反应的多相演化过程：$P \rightarrow NaP_5 \rightarrow Na_3P_{11} \rightarrow NaP \rightarrow Na_3P$，从而解决了长期以来黑磷烯储钠机制不明的问题，为设计高性能黑磷烯钠离子电池提供机理性指导。

与红磷类似，黑磷/碳基复合材料因结合了碳材料和磷活性材料的优势，可以在保持高比容量同时具备优异的循环稳定性和倍率性能。Liu 等人[12] 开发了一种简单且可扩展的方法，通过在室温下加压来合成层状 BP/石墨烯复合材料（BP/rGO），合成过程如图 4.5（a）所示。这种方法制备的无炭黑和无黏合剂的 BP/rGO 负极在 $0.1A \cdot g^{-1}$、$0.5A \cdot g^{-1}$、$1A \cdot g^{-1}$、$5A \cdot g^{-1}$、$10A \cdot g^{-1}$、$20A \cdot g^{-1}$ 和 $40A \cdot g^{-1}$ 的电流密度下的比容量约为 $1460mAh \cdot g^{-1}$、$1401mAh \cdot g^{-1}$、$1378mAh \cdot g^{-1}$、$1340mAh \cdot g^{-1}$、$1278mAh \cdot g^{-1}$、$1124mAh \cdot g^{-1}$ 和 $721mAh \cdot g^{-1}$，在 $1A \cdot g^{-1}$ 和 $40A \cdot g^{-1}$ 的电流密度下循环 500 次后的比容量分别约为 $1250mAh \cdot g^{-1}$ 和 $640mAh \cdot g^{-1}$。Meng 等人[13] 通过界面组装策略将黑磷量子点（BPQD）均匀分散地锚定在 Ti_3C_2 MXene 纳米片（TNS）上，记为 BPQD/TNS 复合材料［图 4.5（b）］，

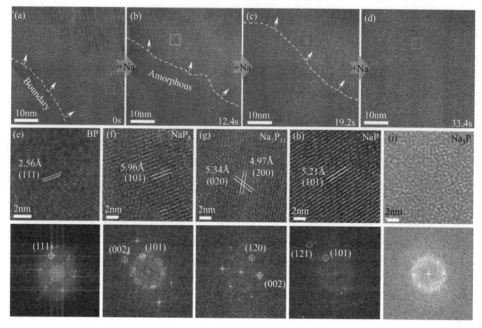

图 4.4 (a)～(d)黑磷烯界面钠离子传输的原子结构动态表征，(e)～(i)放大的 HRTEM 和 FFT 图，分别对应于(a)～(d)中的方框区域，表明了中间相 NaP_5、Na_3P_{11}、NaP 和 Na_3P 的形成[11]

其在 $1000mA \cdot g^{-1}$ 下循环 1000 次比容量稳定在 $110mAh \cdot g^{-1}$。其中具有高比表面积和活性表面基团的 TNS 有利于电荷吸附/插层和表面氧化还原反应，从而实现快速电容储能，而 BPQD 和 TNS 之间存在较强的共价相互作用（P—O—Ti 键），这种键的存在不仅可以实现有效的界面电荷转移和高界面机械稳定性，而且进一步诱导了 BPQD 和 TNS 之间的原子电荷极化，从而增强了复合材料的赝电容电荷存储能力。Guo 等人[14] 通过将 BP 剥离成 2D 磷烯，通过简单的两步法合成磷烯/MXene 复合材料用于钠的存储［图 4.5(c)］，由于将互补的二维材料堆叠，提高了钠离子电池的容量、充放电的速度和循环寿命。MXene 具有高的电子电导率、良好的弹性和亲水性能而被广泛关注，通过磷烯纳米片与 $Ti_3C_2T_x$ MXene 的结合可以促进离子和电子的转移，还能缓解磷烯的体积膨胀，从而提高钠离子电池的循环性能。这种磷烯/MXene 复合材料在 $0.1A \cdot g^{-1}$ 时，具有 $535mAh \cdot g^{-1}$ 的可逆容量，且在 $1A \cdot g^{-1}$ 下循环 1000 次后比容量仍可达到 $343mAh \cdot g^{-1}$，容量保持率为 87%。

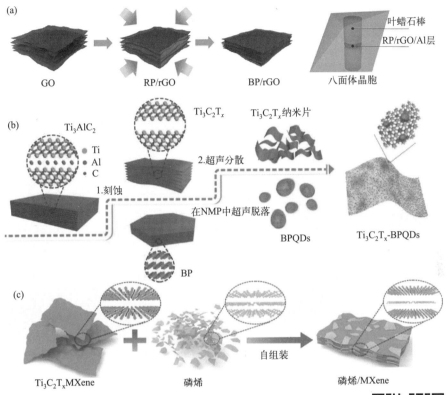

图 4.5　(a) BP/rGO[12]，(b) BPQD/TNS[13] 和(c) 磷烯/MXene 复合材料的合成过程[14]

4.1.2　Bi

Bi 是一种层状金属材料，由于层间距较大($d[003]=3.95\text{Å}$)，低毒性且储量丰富，被认为是很有前景的钠离子电池负极材料，虽然它的理论比容量仅为 385mAh·g^{-1}，使其与碳材料相比优势并不明显，但是它具有较安全的反应电压（约 0.6V），使得它可以在高安全的储钠体系中使用。但是其体积膨胀率约为 250%，会使电极材料从极片上脱落，容量损失严重，循环寿命明显缩短。Gao 等人[15] 通过原位 XRD 技术 [图 4.6(a)] 研究了 Bi 的储钠反应机理，在首次放电过程中，存在两个平坦的电压平台，与 Bi 的两步钠化过程（Bi→NaBi 和 NaBi→Na₃Bi）有关。相应地，在第一次充电过程中也出现两个平坦的电压平台，对应于 Na₃Bi 的两步去钠化过程（Na₃Bi→NaBi 和 NaBi→Bi），Bi 的钠化/去钠化反应是两步可逆的合金化/去合金化过程。Huang 等人[16] 通过原位透射电子显微镜揭示了层状 Bi 在 Na^+ 嵌入和合金化过程中的结构和相变，发现 Bi 纳米片的钠化机理为：

$$Bi(六方) + xNa^+ + xe^- \longrightarrow Na_xBi(六方) \tag{4.4}$$

$$Na_xBi(六方) + (1-x)Na^+ + (1-x)e^- \longrightarrow NaBi(四方) \tag{4.5}$$

$$NaBi(四方) + 2Na^+ + 2e^- \longrightarrow Na_3Bi(立方) \tag{4.6}$$

$$Na_3Bi(立方) \longrightarrow Na_3Bi(六方) \tag{4.7}$$

其在不同阶段分解的 HRTEM 如图 4.6(b) 所示。

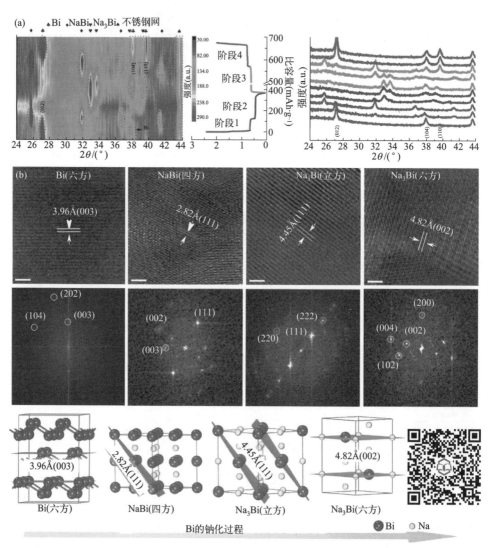

图 4.6 (a) Bi 在充放电过程中的原位 XRD 图[15] 和(b) Bi 在不同钠化阶段的结构演变[16]

Yang 等人[17] 通过溶剂热的方法形成 Bi 纳米微球，随后通过类似模板法的方式合成了包裹 Bi 纳米粒子的多孔碳壳（Bi@Void@C），其中优化后的间隙空间可以缓冲 Bi 纳米球严重的体积变化，多孔的碳壳又为快速的离子或电子传输提供了相互连接的导电路径［图 4.7(a)］。这种核壳状的铋/碳纳米球表现出优异的倍率性能，在 $1A \cdot g^{-1}$ 时，具有 $275mAh \cdot g^{-1}$ 的可逆容量，当电流密度增大到 $100A \cdot g^{-1}$ 时，仍具有 $190mAh \cdot g^{-1}$ 的可逆容量。其在 $20A \cdot g^{-1}$ 时，在循环 10000 次后，比容量仍可达到 $198mAh \cdot g^{-1}$，表现出优异的循环寿命。Bi 是一种物理化学性质与 Sb 相似的元素，在与 Sb 形成合金时，它们之间的协同效应可以减弱钠化/去钠化过程中的极化，因此能形成平坦的电位曲线。Zhao

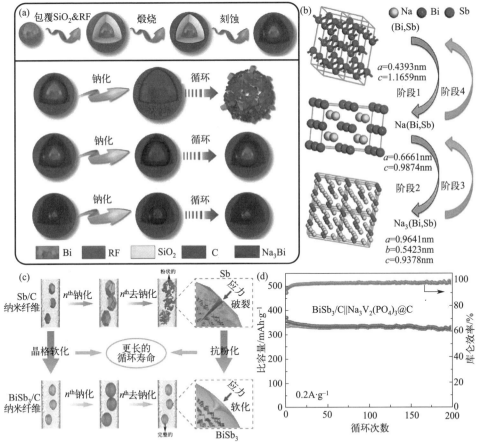

图 4.7　（a）Bi@Void@C 的合成及循环时的示意图[17]，（b）Bi_2Sb_6 的储钠机理[19]，（c）Sb/C 和 $BiSb_3$/C 纳米纤维的钠化/去钠化过程和（d）$BiSb_3$/C 全电池中的循环性能[20]

等人[18] 采用高能机械研磨的方法成功合成了均匀的 Bi-Sb 合金，Bi-Sb 合金协同效应使得该材料具有平坦的工作电压和优异的储钠性能。在 $100mA \cdot g^{-1}$ 的电流密度下循环 50 次后，Bi-Sb 合金的可逆容量约为 $293mAh \cdot g^{-1}$。Gao 等人[19] 通过三元镁基前驱体的去合金化方法制备了纳米多孔 Bi-Sb 合金。由于其多孔结构、合金化效应和适当的 Bi/Sb 原子比，该材料具有较优异的储钠性能。其中，Bi 和 Sb 的原子比为 2∶6 时的 Bi_2Sb_6 在 $10A \cdot g^{-1}$ 的电流密度下具有约 $400mAh \cdot g^{-1}$ 的可逆容量，在 $1A \cdot g^{-1}$ 下能表现出 10000 次的超长循环稳定性，在开始的 350 次循环时比容量衰减到约 $192mAh \cdot g^{-1}$，但经过 10000 次循环后的比容量仍可保持 $150mAh \cdot g^{-1}$，展示了优异的电化学性能。其电化学反应机理如图 4.7(b) 所示，在初始的放电过程中，Bi_2Sb_6 存在两步钠化过程，即：$(Bi,Sb) \rightarrow Na(Bi,Sb) \rightarrow Na_3(Bi,Sb)$；在随后的充电过程中，$Bi_2Sb_6$ 存在两步去钠化过程，即：$Na_3(Bi,Sb) \rightarrow Na(Bi,Sb) \rightarrow (Bi,Sb)$。Guo 等人[20] 通过静电纺丝技术合成了 Bi-Sb/C 纳米纤维（$BiSb_3$/C），将金属间化合物 $BiSb_3$ 限制在碳纳米纤维中，表现出了很强的抗粉化能力［图 4.7(c)］，进而表现出了优异的循环稳定性。密度泛函理论计算结果表明，Bi-Sb 合金与纯 Sb 相比具有更低的弹性模量和更高的泊松比，从而提高了断裂韧性，可以承受在循环过程中的 Sb 的大体积膨胀。在 $2A \cdot g^{-1}$ 的电流密度下经过 2500 次循环，$BiSb_3$/C 的比容量仍可保持在 $233mAh \cdot g^{-1}$，且在与 $Na_3V_2(PO_4)_3$@C 正极组成全电池时，在 $200mA \cdot g^{-1}$ 的电流密度下经过 200 次循环后可保持容量约为 $354mAh \cdot g^{-1}$ ［图 4.7(d)］。

4.1.3 Sn

Sn 在 2012 年被索尼公司成功开发用于高容量锂离子电池。在钠离子电池中，它具有较高的理论比容量（$847mAh \cdot g^{-1}$），无毒且价格便宜，因此成为一种很有潜力的负极材料。

Na^+ 嵌入金属 Sn 中，形成 Na-Sn 合金，但这远比 Li-Sn 合金化过程复杂，其中存在很多的中间相。Chevrier 等人[21] 根据密度泛函理论计算了 Sn 的嵌钠电势，计算结果显示有 4 个平台，作者认为分别对应 $NaSn_5$、$NaSn$、Na_9Sn_4 和 $Na_{15}Sn_{44}$ 这 4 种晶相。而 Ellis 等[22] 测得 Na-Sn 电压曲线同样由 4 个不同的平台组成，通过原位 X 射线衍射研究了 Na 在嵌入-脱出 Sn 的过程中电化学和结构变化，认为 4 个平台对应的反应分别为：

$$Na + 3Sn \longrightarrow NaSn_3 \tag{4.8}$$

$$2Na + NaSn_3 \longrightarrow 3NaSn \tag{4.9}$$

$$5Na + 4NaSn \longrightarrow Na_9Sn_4 \tag{4.10}$$

$$6Na + Na_9Sn_4 \longrightarrow Na_{15}Sn_4 \tag{4.11}$$

此外，Baggetto 等人[23] 通过研究不同厚度的 Sn 薄膜的反应机理，发现了新的 $Na_{0.6}Sn$ 相、无定型 $Na_{1.2}Sn$ 相、六方 Na_5Sn_2 相和 Na_7Sn_3 相的存在。Stratford 等人[24] 利用 XRD、固体核磁共振（ssNMR）、穆斯堡尔谱和对分布函数分析等手段也对 Sn-Na 体系的反应机理进行了更加细致的研究，并分离出了大量的中间态产物，结果比较复杂，如图 4.8。

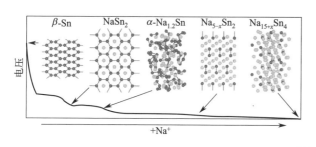

图 4.8 Sn 在放电过程中的结构变化[24]

对材料反应机理的研究能够为材料的设计提供理论支持，但是由于 Sn-Na 合金相较多，中间相为无定形相，难以确定其组成和结构，反应机理又会受到材料形貌、颗粒大小、微观结构和电流密度等众多因素的影响，要探究其反应机理十分困难。研究者目前还没有得出较为一致的结论，这还需要进一步研究。但确定的是在 Sn 向 $Na_{15}Sn_4$ 的相变过程中，发生了 420% 的巨大体积变化，导致电极粉化和从集电器上脱离，从而造成容量衰减严重。因此解决 Na 在嵌入和脱出 Sn 的过程中体积膨胀问题至关重要。

Sn 与 Na 形成合金时的体积膨胀示意图如图 4.9(a) 所示[25]。Palaniselvam 等人[26] 通过球磨石墨、Sn 和三聚氰胺的方法合成了氮掺杂石墨纳米片上的锡（SnNGnP），合成过程如图 4.9(b)，其中含 58% 的 Sn 和 42% 氮掺杂的碳。这种材料显示出了良好的循环稳定性，在 $0.5A \cdot g^{-1}$ 下循环 1000 次比容量能保持约为 $150mAh \cdot g^{-1}$；采用原位 XRD 技术表明其反应机理为 $Sn \rightarrow NaSn_5 \rightarrow \alpha\text{-}NaSn \rightarrow Na_9Sn_4 \rightarrow Na_{15}Sn_4$ [图 4.9(c)]，采用原位电化学膨胀法（ECD）研究了电极在循环过程中的厚度变化，发现氮掺杂石墨纳米片上的锡体积膨胀仅约 14%，远小于 Sn 在合金化过程中的 420%，这表明碳基体在循环过程中有效地缓冲了 Sn 的体积变化，电极厚度的微小变化可能是实现优良循环寿命的关键因素。

SnSb 合金是一种被广泛研究的钠离子电池负极材料，其循环稳定性的提高可归因于共存的富 Sn 相和富 Sb 相具有相互支撑作用，电化学反应方程式可表示为[27]：

$$SnSb + 3Na^+ + 3e^- \Longleftrightarrow Na_3Sb + Sn \tag{4.12}$$

$$Na_3Sb + Sn + 3.75Na^+ + 3.75e^- \Longleftrightarrow Na_3Sb + Na_{3.75}Sn \tag{4.13}$$

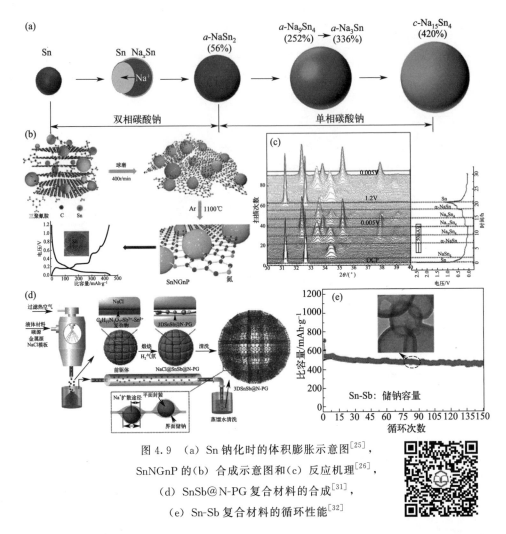

图 4.9 （a）Sn 钠化时的体积膨胀示意图[25]，
SnNGnP 的（b）合成示意图和（c）反应机理[26]，
（d）SnSb@N-PG 复合材料的合成[31]，
（e）Sn-Sb 复合材料的循环性能[32]

Xiao 等人[28] 首次报道了基于 SnSb/C 纳米复合材料的高容量合金反应，通过高能机械研磨法合成的 SnSb/C 纳米复合材料在 $100\text{mA} \cdot \text{g}^{-1}$ 的电流密度下循环 50 次后能维持 $435\text{mAh} \cdot \text{g}^{-1}$ 的可逆容量，容量保持率为 80%；在 $1000\text{mA} \cdot \text{g}^{-1}$ 电流密度下的比容量为 $274\text{mAh} \cdot \text{g}^{-1}$。因此，多元合金化反应是发展 SIB 高容量电极材料的重要方向。合金成分和结构的优化以及反应过程中不同合金相的结构变化的研究将有助于此类材料电化学性能的进一步改善。Ji 等人[29] 通过水热反应和随后的热解还原过程制备了氧化还原石墨烯（rGO）-SnSb 纳米复合材料，SnSb 纳米粒子被均匀锚定在 rGO 片上。由于 rGO 片具有优异的电子、机械和热特性，有效抑制了 SnSb 纳米粒子在连续充电/放电过程中严重的体积变化和团聚。此外，Sn 和 Sb 的原子级的分散可以避免相分离，可以进行结构自再生，充电后可恢复原始的 SnSb 相。在 0.2C 倍率下循环 80 次后，rGO-SnSb 可逆容量仍能保持在 360mAh·g^{-1} 以上，即使在 30C 的超高电流倍率下，仍可保持 85mAh·g^{-1} 的可逆容量。Jia 等人[30] 采用静电纺丝技术，将 rGO 引入了 SnSb@CNF 复合材料中作为高性能钠离子电池负极材料。rGO 组分不仅提高了复合材料的导电性，而且由于其适当的层间距和柔韧性，能够适应电极体积的变化，从而确保了电极在循环过程中的结构完整性。在 100mA·g^{-1} 的电流密度下循环 200 次后，SnSb@CNF 能维持约 422mAh·g^{-1} 的可逆容量，具有较好的电化学性能。Qin 等人[31] 结合工业化喷雾干燥方法和空间受限催化效应，利用一种简单的自上而下的策略将 SnSb 限制在三维 N 掺杂的多孔石墨烯网络中，即 3D SnSb@N-PG 复合材料［图 4.9(d)］，该复合材料由几十个互连的中空 N-石墨烯盒组成，在平面内牢固地嵌入了超小 SnSb 纳米晶体，大大增强了材料的倍率性能和循环稳定性。在 10A·g^{-1} 超高的电流密度下循环 4000 次后的可逆容量能稳定在 180mAh·g^{-1} 左右。

Yi 等人[32] 通过使用 Sn 作为模板和还原剂的一锅法合成了中空球 Sn-Sb 复合材料，Sn 和 Sb 均对钠有活性，这使得复合材料的比容量增加，也提高了钠离子电池的倍率性能和循环稳定性。空心球状 Sn-Sb 复合材料在 100mA·g^{-1} 的电流密度下，第一次循环后容量约为 820mAh·g^{-1}，在循环 100 次后容量保持为约 750mAh·g^{-1}，容量保持率高达约 90%，在 500mA·g^{-1} 下循环 150 次后容量仍可高达约 450mAh·g^{-1}，如图 4.9(e)。Wang 等人[33] 采用一种简单且可扩展的自组装 NaCl 模板辅助的原位催化策略，制备了单分散多核壳 SnSb@SnO$_x$/SbO$_x$@C 复合材料［图 4.10(a)］。纳米尺寸 SnSb 合金、无定形 SnO$_x$/SbO$_x$ 层、石墨化碳壳和 3D 连续碳网络的协同效应确保了材料强的界面相互作用、快速的电子传输、对循环过程中材料体积变化的高耐受性和电极结构的完整性。在 10A·g^{-1} 的大电流密度下，该材料具有约为 180mAh·g^{-1} 的比容量。Li 等人[34] 采用电镀和模板去除法合成了多孔镍支架（PNS），随后进行了 SnSb 的电沉积得到 PNS@SnSb 复合电极材料［图 4.10(b)］。在这种分级结构的负极材料中，PNS 能够适应由循环过程中 Sb 和 Sn 的体积变化引起的合金应变，同时它还可作为集流体传导电子。在 PNS 的表面上的纳米结构的 SnSb 合金层降低了合金粉化的可能性。1A·g^{-1} 下循环 1000 次后，该材料仍能维持约为 275mAh·g^{-1} 的可逆容量。Ma 等人[35] 通过三元 Mg-Sn-Sb 前驱体的成分设计和随后的去合金化制备了双金属纳米多孔 SnSb 合金（NP-SnSb）。以 Mg$_{90}$Sn$_5$Sb$_5$（原子数分数）作为合金前驱体，置于酒石酸溶液中，Sb 和 Sn 在室温酒石酸中化学性质稳定，Mg 易溶解。在脱合金过程中，Mg 选择性地从 Mg$_{90}$Sn$_5$Sb$_5$ 前驱体中溶解，Sn/Sb 自发形成独特的纳米孔结构。原位 XRD 结果表明［图 4.10(c),(d)］，在初始的放电过程中，首先出现了非晶态 Na(Sn, Sb)，随着钠化过程的继续，在 0.43～0.05V 的范围内生成了非晶态的 Na$_9$(Sn, Sb)$_4$；当放电至 0.001V 生成了 $Na_{15}(Sn，Sb)_4$ 相。在随后的充电过程，$Na_{15}(Sn，Sb)_4$ 相在 0.52V 处不断减弱并消失，并出现了两个宽的衍射峰，这与 $Na_9(Sn，Sb)_4$ 的转变有关。随着充电过程的继续，宽峰消失了，表明形成了非晶态的中间相 Na(Sn，Sb)。充电至 2.0V 时，SnSb 晶相重新出现，SnSb 的嵌钠/脱钠过程是可逆的。具有多孔结构和纳米级条带的 NP-SnSb 合金表现出优异的储钠性能，在 $200mA \cdot g^{-1}$ 的电流密度下循环 100 次后具有约 $507mAh \cdot g^{-1}$ 的可逆容量，在 $1000mA \cdot g^{-1}$ 的电流密度下循环 150 次后的比容量约为 $458mAh \cdot g^{-1}$。

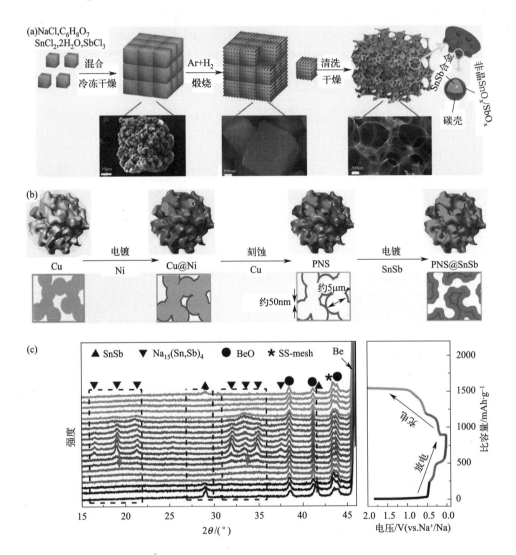

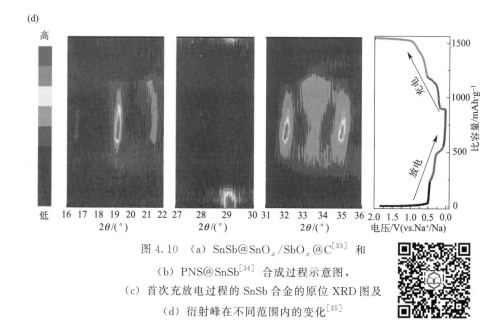

图 4.10　(a) $SnSb@SnO_x/SbO_x@C^{[33]}$ 和
(b) $PNS@SnSb^{[34]}$ 合成过程示意图,
(c) 首次充放电过程的 SnSb 合金的原位 XRD 图及
(d) 衍射峰在不同范围内的变化[35]

4.1.4　Sb

Sb 由于具有 $660mAh \cdot g^{-1}$ 的理论比容量,且 Sb 具有较好的导电性,被认为是有潜力的钠离子电池负极材料之一,但其在钠化过程中同样造成了较大的体积膨胀 (约 293%),这导致锑电极的粉碎并与电解质的接触不充分,而且新形成的锑表面会导致形成新的 SEI 膜,导致容量的进一步损失。

Sb 具有褶皱的层状结构 [图 4.11(a)],从而表现出较高的密度和较好的导电性 ($2.5 \times 10^6 S \cdot m^{-1}$),大的层间距可以容纳较多的 Na^+,并具有较好的化学稳定性和热稳定性。Darwiche 等人[36] 采用原位 X 射线衍射 (XRD) 测试发现,Sb 在放电过程中首先转变成 XRD 检测不到的非晶相 $Na_x Sb$ ($x \approx 1.5$),当 Sb 几乎全部反应时,$Na_x Sb$ 非晶相才开始转变成立方/六方相的 $Na_3 Sb$ 混合相,最后稳定为六方的 $Na_3 Sb$ 相。充电过程中 $Na_3 Sb$ 相逐渐消失,最后形成无定形的 Sb,在 $Na_3 Sb$ 相和无定形的 Sb 相之间还发现有未完全反应的 $Na_x Sb$ 非晶相存在。Baggetto 等人[37] 利用穆斯堡尔谱 (Mössbauer spectroscopy) 测试研究了 Sb 薄膜的嵌钠行为,提出了由于 Na^+ 嵌入 Sb 的动力学过程过于缓慢,所以没有形成晶态的 NaSb 相,而是形成类似于 NaSb 的非晶态中间相。在脱钠过程中会存在残留的 Na 和无序结构的 Sb,从而造成 Sb 的结晶度降低。Kong 等人[38] 利用精确的选区电子衍射 (SAED) 图谱揭示了 Sb—C 负极在不同充放电过程中的结构转变,发现在充放电过程中出现的相分别为 Sb、NaSb、$Na_3 Sb$、NaSb 和 Sb 相,且它们都处于晶态,如图 4.11(b)

所示。Allan 等人[39] 通过利用分布函数分析（PDF）和固体核磁共振（ss-NMR）等技术阐述 Sb-Na 反应机理，如图 4.11（c），（d）所示，其总的反应机制如下：

第一次钠化

$$c\text{-Sb} \longrightarrow a\text{-Na}_{3-x}\text{Sb} + c\text{-Na}_3\text{Sb} \longrightarrow c\text{-Na}_3\text{Sb} \tag{4.14}$$

第一次去钠化

$$c\text{-Na}_3\text{Sb} \longrightarrow a\text{-Na}_{1.7}\text{Sb} \longrightarrow a\text{-Na}_{1.0}\text{Sb} \longrightarrow a\text{-Na}_{1.0}\text{Sb} \longrightarrow c\text{-Sb} \tag{4.15}$$

第二次钠化

$$a\text{-Na}_{1.0}\text{Sb} + c\text{-Sb} \longrightarrow a\text{-Na}_{1.7}\text{Sb} + c\text{-Sb} \longrightarrow a\text{-Na}_{1.7}\text{Sb} + a\text{-Na}_{3-x}\text{Sb} \longrightarrow c\text{-Na}_3\text{Sb} \tag{4.16}$$

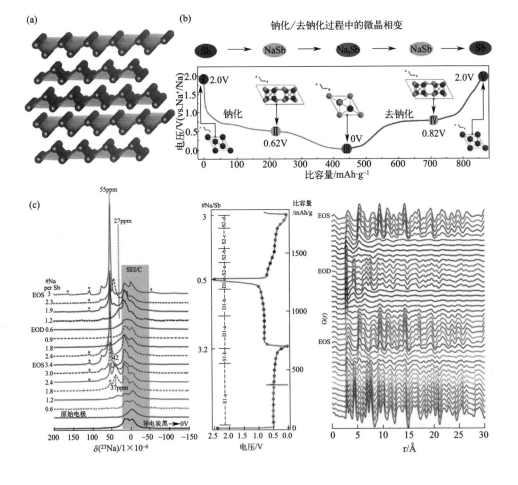

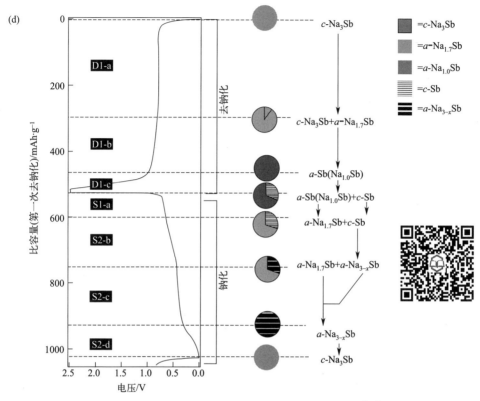

图 4.11 （a）Sb 的晶体结构，（b）Sb 材料的电化学反应机理示意图[38]，（c）循环后 Sb 电极的 Na-NMR 和 PDF 谱图和（d）由 PDF 和 NMR 图得到的 Sb 电化学反应机理图[39]

其中 a 代表非晶态，c 代表晶态。在首次循环过程中，Sb 的钠化过程包括 $Na_{3-x}Sb$ 和 $Na_{1.7}Sb$ 两个中间非晶相的形成，缓解了多相相变的应变。完全钠化后晶态的 Sb 转变为晶态和非晶态 Sb 网络的复合电极。总之，Sb 的钠化机理比较复杂，具体而详细的反应机理虽然还没有定论，但通常认为 Na^+ 在嵌入 Sb 后会先形成无定形相，随着 Na^+ 嵌入的不断增加，逐渐形成 Na_3Sb，最后全部转化为六方晶系的 Na_3Sb 合金，Na^+ 的脱出过程也会经历无定形相的形成过程，最终转变为三方晶系的 Sb。

通过纳米化和形貌控制可以为 Sb 材料提供更多的储钠活性位点，进一步减少颗粒破碎，并有效地防止纳米颗粒的团聚。Hou 等人[40] 通过一种简单、低成本且绿色环保的电偶置换法制备了 Sb 空心纳米球（Sb HNS）和 Sb 纳米球（Sb NS），如图 4.12（a）。这种空心纳米球的独特的结构不仅缓解了 Sb 在充放电过程中的体积膨胀问题，而且提高了 Sb 的比表面积，缩短了离子传输距离，进而表现出优异的电化学性能［图 4.12（c）］。在 $50mA \cdot g^{-1}$ 电流密度下循环 50 次后，Sb HNS 的可逆容量大约为 $620\text{mAh} \cdot \text{g}^{-1}$，接近 Sb 的理论容量。为了进一步提高 Sb 的储钠性能，Hou 等人[41] 又以 Zn 微球为模板，利用模板法合成了多孔的 Sb 空心微球（Sb PHMSs），其合成过程如图 4.12(b)，使其电化学性能得到了进一步提高。在 $100\text{mA} \cdot \text{g}^{-1}$ 的电流密度下，首次可逆容量约为 $635\text{mAh} \cdot \text{g}^{-1}$，循环 100 次后可逆容量大约为 $617\text{mAh} \cdot \text{g}^{-1}$，容量保持率为 97%。其优异的电化学性能可能归因于独特的多孔空心结构，它能够适应 Na^+ 在合金化和去合金化过程中 Sb 的体积变化，促进 Na^+ 的扩散，且多孔的结构提供了更大的比表面积，提供了更多的储钠活性位点，钠化过程如图 4.12(d)。由于管状、棒状结构可以有效地缓解结构应变，缩短循环过程中的 Na^+ 扩散距离，而受到较大的关注。Liang 等人[42] 合成了具有垂直排列且大间距的有序 Sb 纳米棒阵列，用于钠离子电池负极时，可不添加导电剂和黏结剂，循环 100 次后可逆容量为 $620\text{mAh} \cdot \text{g}^{-1}$（$0.2\text{A} \cdot \text{g}^{-1}$），循环 250 次后容量保持在大约 $520\text{mAh} \cdot \text{g}^{-1}$，容量保持率约为 84%，表现出优异的电化

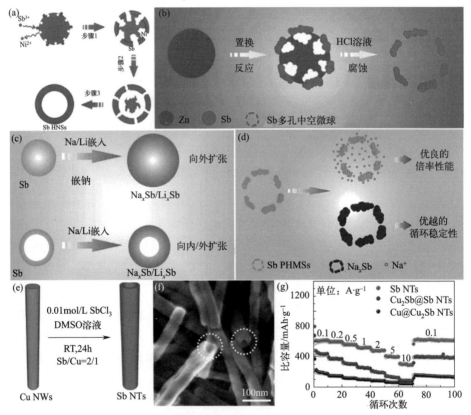

图 4.12 Sb HNS 的(a) 合成和(c) 钠化过程[40]；Sb PHMSs 的(b) 合成和
(d) 钠化过程[41]；Sb NTs 的(e) 合成过程示意图，(f) TEM 图和 (g) 倍率性能[43]

学性能。Liu 等人[43] 以 Cu 纳米线为模板，利用模板法合成了 Sb 纳米管［图 4.12(e)］，即 Sb-NTs，形貌如图 4.12(f) 所示。Sb-NTs 表现出了优异的电化学性能，在 $10A \cdot g^{-1}$ 的大电流密度下具有 $290mAh \cdot g^{-1}$ 的可逆容量［图 4.12（g）］；在 $1A \cdot g^{-1}$ 电流密度下，6000 次循环后仍可保持约 $340mAh \cdot g^{-1}$ 的容量，容量保持率约为 74％。这种均匀的 Sb 纳米管的成功合成及其良好的电化学性能为实现高性能钠离子电池合金型负极材料的设计提供了更多的借鉴。

　　二维锑烯具有扭曲的六方结构，较好热力学稳定性和电导率，使其在光电器件、储能、电催化和癌症治疗等众多领域迅速受到广泛关注。Lin 等人[44] 通过一种快速、高效的液相剥离法制备了厚度约为 0.5nm 的高质量少层锑烯（FLA），其良好的导电性和二维结构赋予了锑烯更多的活性位点来储钠，为电子传递和传质提供了便利的途径，并能减少充放电过程中的体积膨胀。在 $800mA \cdot g^{-1}$ 电流密度下循环 100 次可保持约为 $460mAh \cdot g^{-1}$ 的可逆容量，在 $1600mA \cdot g^{-1}$ 的电流密度下仍具有 $435mAh \cdot g^{-1}$ 的可逆容量。Tian 等人[45] 同样通过液相剥离法合成了少层锑烯，并基于原位同步辐射 X 射线衍射、非原位选区电子衍射和理论模拟的结果，提出了 2D 薄层锑烯的钠化/去钠化反应机理［图 4.13(a),(b)］。锑烯在循环过程中存在五个连续的钠化/去钠转化过程：$Sb \rightarrow NaSb \rightarrow Na_3Sb \rightarrow NaSb \rightarrow Sb$。在 5C 倍率下，锑烯的比容量约为 $430mAh \cdot g^{-1}$，在 0.5C 下循环 150 次后可逆容量为 $620mAh \cdot g^{-1}$，表现出优异的电化学性能。最近，Yang 等人[46] 采用液相剥离法合成了中孔范围在 2～50nm 的稳定多孔锑烯，合成过程如图 4.13(c) 所示。这种剥离的多孔锑烯在 $100mA \cdot g^{-1}$ 下循环 200 次后可提供约 $570mAh \cdot g^{-1}$ 的比容量，即使在 $5000mA \cdot g^{-1}$ 的大电流密度下仍可保持约 $280mAh \cdot g^{-1}$ 的可逆容量。

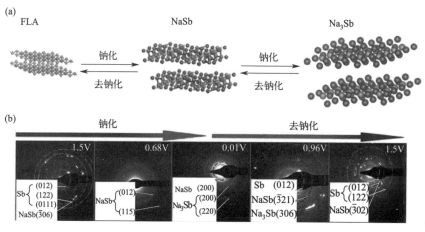

图 4.13

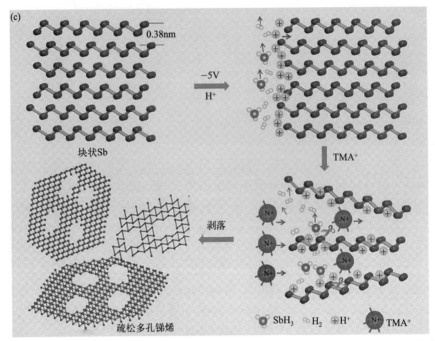

0.38nm

−5V
H⁺

块状Sb

TMA⁺

剥落

疏松多孔锑烯

SbH₃ H₂ ⊕H⁺ N⁺TMA⁺

图 4.13 (a, b) 2D 锑烯的钠化/去钠化反应机理[45] 和(c)多孔锑烯的合成过程[46]

将 Sb 与导电材料复合能够缓解循环中的体积膨胀，增加其循环寿命，其中，碳纳米管（CNTs）由于其优异的导电性、高柔性、大的表面积和显著的化学稳定性而成为钠离子电池负载活性材料的良好候选材料。此外，碳纳米管可以为电荷的传输提供良好的电子转移通道，进一步促进电极材料的电化学反应。与石墨烯片相比，碳纳米管在充放电过程中为活性材料提供了更加开放和可靠的支撑网络，这有利于实现电极材料高倍率容量和长循环稳定性的目标。高的电子导电性和规则的管状框架锚定 Sb 材料使得碳纳米管成为构建核壳结构的理想材料。Liu 等人[47] 将聚丙烯腈（PAN）、CNT 和 Sb 粉进行混合，利用球磨和热解过程制备了 Sb/N-C+CNTs 复合材料 [图 4.14(a)]，Sb 纳米粒子首先被 PAN 衍生的氮掺杂碳壳（N-C）包覆，然后通过 Sb-N 键强耦合 Sb 纳米粒子，有效地避免 Sb 纳米粒子与电解液的直接接触，而柔性 CNT 网络可以用来交织和连接 Sb/N-C 核壳复合材料，进一步提高了材料的导电性。在 $100mA \cdot g^{-1}$ 电流密度下循环 200 次后的比容量达到 $543mAh \cdot g^{-1}$，首次库仑效率可达到 88%；即使在 $10A \cdot g^{-1}$ 的大电流密度下也能保持大约 $260mAh \cdot g^{-1}$ 的可逆容量。Liu 等人[48] 通过高能球磨法制备了 Sb 纳米颗粒-多壁碳纳米管复合材料（SbNP-MWCNT），如图 4.14(b) 所示。复合材料中具有较高含量的锑（80%），在 $800mA \cdot g^{-1}$ 的电流密度下循环 300 次后可保持大约 $441mAh \cdot g^{-1}$ 的可逆容量，容量保持率高达 94%。Li 等人[49] 通过将辉锑矿（Sb_2S_3）和 CNTs 复合物在水溶液中的直接电脱硫的方法制备了 Sb/CNTs 复合电

极材料 [图 4.14(c)]，并研究了其储钠性能。辉锑矿的使用可以避免常用原料 $SbCl_3$ 制备金属锑的中间过程和污染问题。Sb/CNTs 材料在 $0.5A \cdot g^{-1}$ 的电流密度下经过 200 次循环，比容量可达 $452mAh \cdot g^{-1}$，在 $2A \cdot g^{-1}$ 的电流密度下的可逆容量可达 $450mAh \cdot g^{-1}$，在 $1A \cdot g^{-1}$ 的电流密度下经过 100 次循环后比容量仍可达 $425mAh \cdot g^{-1}$。

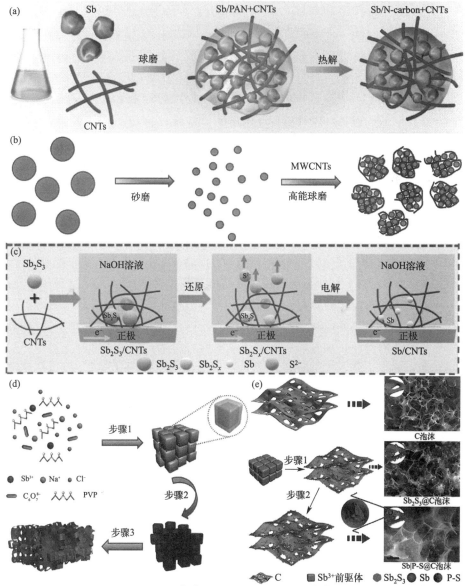

图 4.14　(a) Sb/N-C＋CNTs[47]，(b) SbNP-MWCNT[48]，(c) Sb/CNTs[49]，
(d) SbNPs@3D-C[50] 和 (e) Sb | P-S@C[51] 复合材料的合成过程

聚合物因为具有无数的大分子和自组装（纳米）结构、可调的化学组成和多样化的加工技术而在众多碳前驱体材料中脱颖而出，且聚合物一般含一定的杂原子，如 N、S 等。因此，聚合物衍生碳可在碳材料上原位产生杂原子掺杂。此外，通过合理选择聚合物，可以制备出不同形貌的碳，包括碳球体、碳纤维、碳薄膜、泡沫碳以及它们的中空结构对应物等。聚合物主要从生物聚合物或合成聚合物中选择，范围可从传统的 PAN 和共轭聚合物到最近出现的高度碳化的聚合物，例如聚离子液体和聚多巴胺等。Luo 等人[50] 采用 NaCl 模板辅助自组装策略，然后通过随后的冷冻干燥和碳化过程构建了一种 Sb 纳米粒子锚定在三维碳网络中的复合材料（SbNPs@3D-C），如图 4.14(d) 所示。这种均匀锚定在三维碳基体中的锑纳米颗粒、高度导电的互连碳网络和三维的大孔结构的共同作用，使得材料在 $100mA \cdot g^{-1}$ 的电流密度下循环 500 次后容量保持率可达 94％以上。Dong 等人[51] 将多孔磷硫化物和 Sb 纳米球锚定在 3D 碳泡沫上，制备了 Sb｜P-S@C 复合材料［图 4.14(e)］。磷硫化物纳米球的多孔特征、高导电性和 Sb 纳米颗粒的超细尺寸有利于减缓体积膨胀和改善电荷转移和扩散动力学。三维大孔互联碳泡沫作为骨架为 Sb｜P-S 颗粒的形成提供了足够的活性位，其高表面能和高活性有效地抑制了 Sb 和磷硫化物纳米球的聚集，且有效地缓解了负极材料的粉化，增加了电极和电解液之间的有效接触面积，为电子/离子的快速转移提供了三维通道。基于它们之间的协同作用，在 $100mA \cdot g^{-1}$ 的电流密度下循环 1000 次后的可逆容量为 $490mAh \cdot g^{-1}$；在 $1600mA \cdot g^{-1}$ 的电流密度下的比容量保持在 $176mAh \cdot g^{-1}$，表现出较优异的循环性能和倍率性能。Li 等人[52] 采用简单的聚合物发泡和电偶置换法制备了一种三维多孔互连碳基体中嵌入 Sb 纳米粒子的复合负极材料，即 Sb⊂3DPC 复合材料［图 4.15(a)］。这种结构设计的电极具有大的表面积、大的孔体积和互连的孔框架，提供了大的电解液/电极接触界面，减小了载流子的扩散路径，并抑制了充放电循环时 Sb 的体积膨胀。同时，氮掺杂碳的引入可以形成 n 型导电材料，提高了电极电子电导率。将杂原子掺杂和三维多孔互连碳基质封装的优点与优异的结晶相结合，可以进一步提高电极的电化学性能。在 $100mA \cdot g^{-1}$ 的电流密度下循环 200 次后的可逆容量为 $460mAh \cdot g^{-1}$，即使在 $5000mA \cdot g^{-1}$ 的高电流密度下仍具有大约 $350mAh \cdot g^{-1}$ 的比容量，且与 $Na_3V_2(PO_4)_3$ 组成的全电池也表现出显著的倍率性能。Song 等人[53] 以聚多巴胺（PDA）为碳源，通过还原/选择性刻蚀 Sb_2O_3 制备了低成本、可扩展的 Sb@C 核壳结构［图 4.15(b)］。这种核壳结构产生了可容纳 Sb 体积膨胀的空间，而 PDA 的原位碳化形成了高导电性的碳壳，使其在倍率性能和循环稳定性方面表现优异，在 10C 倍率下仍具有约为 $315mAh \cdot g^{-1}$ 的可逆容量，与 $O3-Na_{0.9}[Cu_{0.22}Fe_{0.30}Mn_{0.48}]O_2$ 组成的全电池具有 $130Wh \cdot kg^{-1}$ 的高比能量，约比使用硬碳作为负极的类似设计的全电池能量密度高 1.5 倍。

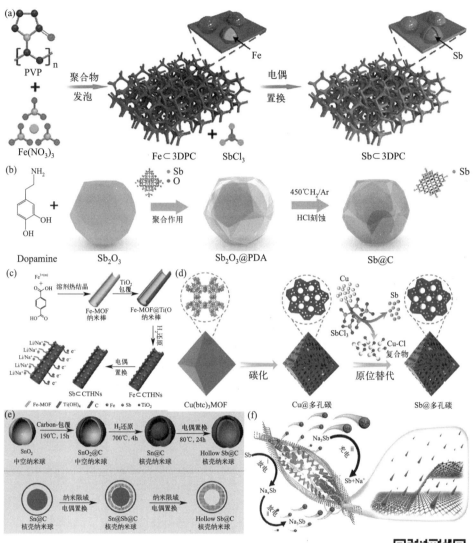

图 4.15 （a）Sb⊂3DPC[52]，（b）核壳结构的 Sb@C[53]，
（c）Sb⊂CTHNs[54]，（d）Sb@PC[55]，（e）Sb@C[56] 的
合成示意图，（f）Sb@（N，S—C）的储钠机理示意图[57]

以金属有机框架（MOFs）为前驱体碳化后得到的碳材料，既保留了 MOFs
的大比表面积和多孔结构，又实现了杂原子掺杂，因此通过选择合适的 MOFs
前驱体可调控产物的组成和形貌尺寸。Yu 等人[54] 以 Fe-MOFs 为碳前驱体，
通过 TiO₂ 包覆和电偶置换合成了封装在 MOFs 衍生碳和 TiO₂ 空心纳米管
（CTHNs）中的 Sb 颗粒 ［图 4.15（c）］，合成了核壳状 Sb⊂CTHNs，保留了 Fe-
MOFs 模板固有的多孔性、高比表面积和稳定的中空结构等优点，表现出了优异的

储钠性能。在 $2A \cdot g^{-1}$ 的电流密度下循环 2000 次后仍可具有约 $345mAh \cdot g^{-1}$ 的比容量，容量保持率约为 93%。Li 等人[55] 以 Cu-MOF 为前驱体，通过原位取代 Cu 将 Sb 嵌入到多孔碳纳米材料中，这种非破坏性取代反应保持了 Cu-MOF 的多孔八面体结构，并诱导与碳基体紧密接触的超细 Sb 纳米晶体形成 Sb@PC 复合材料，合成过程如图 4.15(d) 所示。三维多孔碳框架不仅提高了电极的整体电导率，还促进了 Na^+ 的扩散，而且缓解了在充放电过程中 Sb 纳米颗粒大的体积变化，抑制了纳米颗粒的团聚。Sb@PC 材料在 $100mA \cdot g^{-1}$ 的电流密度下循环 200 次后仍能维持约 $635mAh \cdot g^{-1}$ 的比容量，在 $2000mA \cdot g^{-1}$ 的电流密度下的可逆容量仍可达 $517mAh \cdot g^{-1}$。

此外，Liu 等人[56] 以葡萄糖为碳前驱体，采用纳米约束的电偶置换方式将 Sb 完全封装在中空蛋碳纳米壳中 [图 4.15(e)]。这种中空的 Sb@C 蛋黄-壳结构能够为电极材料提供足够的空隙空间（Sb 蛋黄中的中空核心和碳壳与 Sb 蛋黄之间的间隙），这可以很好地适应钠化过程的体积膨胀，从而保持材料的结构稳定性，且能形成稳定的 SEI 膜。该材料在 $2000mA \cdot g^{-1}$ 的电流密度下具有约为 $280mAh \cdot g^{-1}$ 的可逆容量。Cui 等人[57] 将 Sb 纳米棒封装在高导电性的 N、S 共掺杂碳框架中 [Sb@（N，S-C）]，这种独特的交联碳网络，为离子和电子的快速转移提供了高度导电的框架，缓解了 Sb 体积膨胀和循环过程中 Sb 纳米棒的团聚 [图 4.15(f)]。该材料在 $100mA \cdot g^{-1}$ 的电流密度下循环 150 次后可保持约为 $620mAh \cdot g^{-1}$ 的高可逆容量，在 $1000mAh \cdot g^{-1}$ 的电流密度下循环 1000 次后仍有约为 $390mAh \cdot g^{-1}$ 的可逆容量。更多的不同碳源的碳包覆层对 Sb 材料电化学性能的影响详见表 4.1。

表 4.1　不同的碳源对碳包覆的 Sb 负极材料电化学性能的影响（n 表示第 n 次循环）

负极材料	碳源	倍率性能 比容量/$mAh \cdot g^{-1}$ （电流密度）	循环稳定性 比容量/$mAh \cdot g^{-1}$ （n，电流密度）	参考文献
Sb-N/C	尿素和柠檬酸	142($10A \cdot g^{-1}$)	220(180,$2A \cdot g^{-1}$)	[58]
Sb@C 微球	糠醛	228(7C)	456(300,0.3C)	[59]
豆荚状的 Sb@C	葡萄糖	206($10A \cdot g^{-1}$)	305(3000,$1A \cdot g^{-1}$)	[60]
Sb@C	生物原油	303($5A \cdot g^{-1}$)	391(500,$1A \cdot g^{-1}$)	[61]
Sb@NC	1-乙基-3-甲基咪唑二氰胺	237($5A \cdot g^{-1}$)	395(100,$0.1A \cdot g^{-1}$)	[62]
Sb/NPC	苯胺	357($1.6A \cdot g^{-1}$)	530(100,$0.1A \cdot g^{-1}$)	[63]
Sb@NCs	二乙烯三胺五乙酸	240($2A \cdot g^{-1}$)	360(250,$0.1A \cdot g^{-1}$)	[64]
Sb/NPC	三乙酸	114($2A \cdot g^{-1}$)	401(100,$0.1A \cdot g^{-1}$)	[65]
Sb-CNC	1-甲基咪唑和氯乙腈	203($5A \cdot g^{-1}$)	475(150,$0.1A \cdot g^{-1}$)	[66]
a-Sb/C	CaC_2	164($10A \cdot g^{-1}$)	283(3000,$5A \cdot g^{-1}$)	[67]

通过引入缓冲介质可以抑制循环过程中 Sb 的体积膨胀和颗粒粉化，并增加材料的导电性。例如，将 Sb 与第二种元素合金化，如 Fe、Co、Ni、Cu、Sn、Zn 和

Bi 等，可以被用来解决 Sb 在钠离子电池中容量衰减快的问题。合金和金属间化合物由于它们热力学稳定，在电化学工作条件下不易发生表面重排和相分离，这使它们成为电化学能量转换和储存应用的潜在材料，通常的电化学反应方程式为[68]：

$$3MSb + 3Na^+ + 3e^- \Longleftrightarrow Na_3Sb + 3M \qquad (4.17)$$

其中 M 为上述 Sb 合金中的第二种金属（Fe、Co、Ni、Cu、Sn、Zn 和 Bi 等）。以上与 Sb 合金化元素中又可分为非活性金属和活性金属，非活性金属是指在电池充放电过程中不与 Na 发生反应，不贡献容量的金属元素，但它能够缓解活性物质的团聚，保持电极的稳定性，从而改善材料的性能，如 Fe、Co、Ni、Cu 等。而活性金属能在充放电过程中与 Na 反应形成稳定的合金，能够贡献一部分容量，从而提高了材料的性能，如 Sn、Zn 和 Bi 等。

Sb 与 Ni 的合金化具有更好的倍率性能和循环性能。Liu 等人[69] 报道了一种由单分散 0 维纳米空心球单元组成的三维分级互连微结构组成的新型 Ni-Sb 金属间化合物 [图 4.16(a)]。Ni-Sb 金属间化合物中纳米球的中空结构和三维互连通道不仅可以消除循环时 Sb 的体积膨胀而产生应力，还可以促进 Na$^+$ 和电解液向电极中的扩散。而从 NiSb 的钠化转化而来的三维互连的 Ni 中空纳米球结构也有利于电子传输，进而提高了材料的结构稳定性和电化学性能。在 1C、5C 和 10C 倍率下循环 150 次后，Ni-Sb 金属间化合物的可逆容量分别为 400mAh·g^{-1}、370mAh·g^{-1} 和 230mAh·g^{-1}。Lee 等人[70] 通过脉冲电沉积将 Sb 沉积在 Ni 集流体上，制备了 Sb/NiSb/Ni 电极材料 [图 4.16(b)]。所制备的电极单元由 Ni 核、无序的 NiSb 壳和通过 Ni 和 Sb 之间的原位合金化而稀疏附着的 Sb 晶体组成。在 66mA·g^{-1} 的电流密度下循环 300 次后的可逆容量约为 391mAh·g^{-1}，这种独特异质结在钠化/去钠化过程中表现出优异的循环性能，这归因于 Ni 和 Sb 之间的强烈相互作用，导致了 NiSb 界面的形成，并与 Sb 强烈结合，缓解了 NiSb 合金的体积膨胀问题。同时引入过渡金属和碳材料所形成的三元材料在缓冲/导电作用基础上，还能够利用双组分的协同效应，表现出更优异的储钠性能。Wu 等人[71] 通过氰胶还原法制备了 rGO@Sb-Ni 三元框架负极材料 [图 4.16(c)]。在用作钠离子电池负极材料时，这种 Sb-Ni-C 三元框架电极材料充分发挥了过渡金属 Ni 和不同维度纳米碳介质的缓冲/导电作用，从而展现出好的循环性能、倍率性能和高的可逆容量。在 1A·g^{-1} 的电流密度下，rGO@Sb-Ni 具有约为 470mAh·g^{-1} 的可逆容量；在 5A·g^{-1} 下的电流密度循环 500 次后仍具有约为 210mAh·g^{-1} 的可逆容量。Wang 等人[72] 通过冷冻干燥和热解处理的过程将 Fe-Sb 合金纳米颗粒封装在了具有 Fe-N-C 配位的三维多孔碳网络中 [图 4.16(d)]。在 5A·g^{-1} 的电流密度下该材料具有约为 230mAh·g^{-1} 的可逆容量，在 500mA·g^{-1} 的电流密度下循环 750 次后仍具有约为 233mAh·g^{-1} 的可逆容量，容量保持率约为 85%。这种优异的电化学性能得益于这种双基质型材料结合了 FeSb 纳米合金和 N 掺杂三维多孔碳的优点：①高度可调的孔结构、连续的导电骨架及具有大比表面积和导电性的 N 掺杂碳载体，可以显著缩短 Na⁺ 扩散路径，增加电极/电解液间的接触面积，抑制纳米 Sb 的生长和团聚；②FeSb 纳米合金在保证高容量的同时，提供了牢固的 Fe—N—C 键，有效地增强了界面相互作用，进而提高了材料的结构完整性和稳定性。

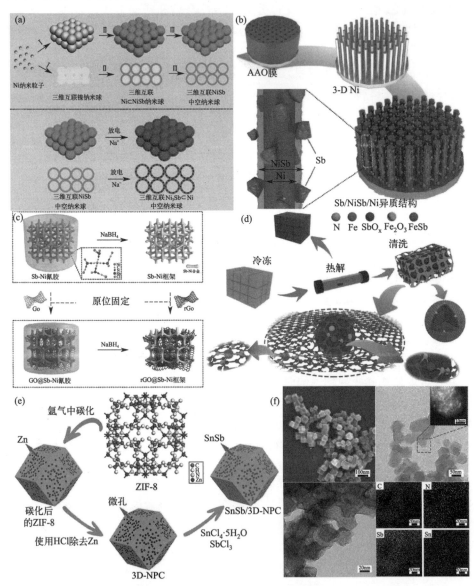

图 4.16　(a) NiSb 中空纳米球[69]，(b) Sb/NiSb/Ni[70]，(c) rGO@Sb-Ni[71] 和(d) FeSb@NC[72] 的合成过程示意图；(e) SnSb/3D-NP 的合成过程示意图 和(f) TEM 图及元素分布图[73]

非活性组分改善了 Sb 基金属间化合物的循环性能并保持了电极的稳定性，但由于它们不能与 Na 合金化来提供容量，导致 Sb 基负极的容量和能量密度有所降低。而使用钠活性金属形成金属间化合物，不仅可以提高材料的容量，还能够提高材料的能量密度。Sn 和 Bi 等元素已经被用作活性组分，因为它们不仅可以与 Sb 形成稳定的合金，自身也能与 Na^+ 进行合金化反应，有助于电池容量的提高。Li 等人[73] 通过简单的化学还原方法合成了包裹在三维氮掺杂纳米多孔碳框架中的超小 SnSb 纳米颗粒的复合材料［图 4.16(e)］。如图 4.16(f) 所示，超小的 SnSb 纳米颗粒均匀分布，增加了电极的比表面积，缩短了 Na^+ 扩散距离，从而保证了活性材料的充分利用，提高了赝电容对钠储存的贡献，并降低了循环过程中的体积应变；其独特的 3D 集成结构，为材料提供了导电网络、有效的电解液扩散路径和更多用于钠化的活性位点，抑制了 SnSb 纳米颗粒的团聚。另外，碳纳米框架缓冲了循环过程中 SnSb 的体积变化。在 $20A \cdot g^{-1}$ 的大电流密度下，SnSb 纳米颗粒的比容量约为 $360mAh \cdot g^{-1}$，在 $200mA \cdot g^{-1}$ 的电流密度下循环 100 次后的可逆容量约为 $694mAh \cdot g^{-1}$，展示了优异的电化学性能。尽管在 SnSb 合金中掺入适量的碳材料，能够改善电极的电化学性能。然而，掺入碳材料的电极的体积能量密度和首次库仑效率一般较低。因此，开发用于高性能无碳 SnSb 负极材料是非常必要的。Choi 等人[74] 通过一种简单、低成本、可扩展的熔融纺丝/化学刻蚀的方法合成了一种多孔无碳 PCF-SnSb 材料。在 $100mA \cdot g^{-1}$ 的电流密度下循环 100 次后的比容量约为 $450mAh \cdot g^{-1}$，首次库仑效率约为 80%。这些优异的性能归因于 PCF-SnSb 电极的多孔结构和在循环过程中发生的高度可逆的转化/复合反应，这些因素有助于适应机械应力，提高材料的电化学可逆性、倍率性能和长期循环稳定性。Fehse 等人[75] 通过 K-边 X 射线吸收光谱和穆斯堡尔谱研究了 SnSb 合金能提高钠离子电池电化学性能的原因。结果表明，SnSb 合金的钠化反应是一个两步过程。首先，Sb 被钠化，形成 Na_3Sb 和纳米尺寸金属 Sn 的中间相 α-Sn；但是 α-Sn 在自然环境条件下通常不稳定。然后，该 α-Sn 相完全钠化形成 $Na_{15}Sn_4$，这在纯锡基电极中很少观察到。扩展 X 射线吸收精细结构分析表明在一个完整的循环后形成明显不同于原始材料的无定形 SnSb 相。提高循环寿命和容量保持率的关键在于无定形的、纳米限域的中间相的逐渐形成以及高钠化的锡和锑相的相关弹性软化，这些相增强了 Na^+ 的吸收和减缓了钠化/去钠化时发生的强烈体积变化。在二元合金的基础上，研究者们又将材料扩展到三元合金，通过 Sb 化学势的变化和固溶体强化的内部应力的改性来提高材料容量保持率。Xie 等人[76] 研究了 Sn-Bi-Sb 三元合金材料，其中所有元素组分都对钠具有活性。100 次循环后，Sn-Bi-Sb 的比容量为 $621mAh \cdot g^{-1}$，保持其最大容量的 99%。更多的锑基合金负极材料的合成方法及其电化学性能详见表 4.2。

表 4.2　其他锑基合金负极材料的合成方法及其电化学性能（n 表示第 n 次循环）

负极材料	合成方法	倍率性能 比容量/mAh·g^{-1} （电流密度）	循环稳定性 比容量/mAh·g^{-1} （n，电流密度）	参考文献
MS_Fe-Sb 合金	熔融纺丝	300(1A·g^{-1})	466(80,0.05A·g^{-1})	[77]
FeSb$_2$	球磨	490(0.3A·g^{-1})	440(150,0.3A·g^{-1})	[78]
FeSb-TiC-C	高能球磨	155(10A·g^{-1})	215(100,0.1A·g^{-1})	[79]
Cu$_2$Sb-Al$_2$O$_3$-C	机械化学合成	160(10A·g^{-1})	198(70,0.1A·g^{-1})	[80]
NiSb⊂3DCM	交联和电置换反应	248(5A·g^{-1})	345(400,1A·g^{-1})	[81]
Bi$_{0.2}$Sb$_{0.8}$	机械合金化	270(1.5A·g^{-1})	520(200,0.05A·g^{-1})	[82]
Bi$_{0.25}$Sb$_{1.75}$Te$_3$/C	球磨	331(2A·g^{-1})	406(100,2A·g^{-1})	[83]
SnSb/NC	一步法成形	85(2A·g^{-1})	244(200,0.1A·g^{-1})	[84]
SnSb-TiC-C	高能球磨	200(3A·g^{-1})	210(30,0.1A·g^{-1})	[85]
CNF-SnSb	静电纺丝	110(20C)	345(200,0.2C)	[86]
SnSb@rGO@ CMFs	离心纺丝	190(0.8A·g^{-1})	325(200,0.05A·g^{-1})	[87]
SnSb/CNT@ graphene	水热	268(1A·g^{-1})	360(100,0.1A·g^{-1})	[88]
SnSbNCs	胶体合成	230(20C)	345(100,0.5C)	[89]
Sn-Sb	置换反应	367(2A·g^{-1})	451(150,0.5A·g^{-1})	[32]
SnSb	球磨	400(4C)	525(125,0.5C)	[90]
SnS/SnSb@C	静电纺丝	159(2A·g^{-1})	495(100,0.05A·g^{-1})	[91]
SnSb	电沉积	440(4C)	300(100,0.5C)	[92]

在首次循环过程中，Sb 的钠化过程包括 Na$_{3-x}$Sb 和 Na$_{1.7}$Sb 两个中间非晶相的形成，完全钠化后晶态的 Sb 转变为晶态和非晶态 Sb 网络的复合电极。Sb 的钠化机理比较复杂，具体而详细的反应机理还没有定论。另外，在每次循环过程中，每次新形成的 Sb 表面可能会形成新的 SEI 膜，导致进一步的不可逆容量损失。为了解决这些问题，提高 Sb 的循环稳定性，一种有效的方法是与其他合适的金属如铜、镍、铋等形成锑的金属间合金。金属间基质可以提供 3D 支架，增强离子导电性，从而增强电化学性能。另外，将锑基材料与石墨、碳纳米管等碳材料复合，可以保持电极良好的电接触；碳材料还可以避免 Sb 与电解液的直接接触，抑制电解液分解，有助于形成稳定的 SEI 膜，并可以缓解 Sb 在循环过程中的体积变化[93]。

综上所述，尽管纳米结构可以大幅度减小 Na$^+$ 的传输距离，缓解合金类材料的体积膨胀问题，从而改善钠离子电池的电化学性能，然而纳米结构也存在一些问题，比如它们有较大的表面效应，会消耗更多的电解液，而且在首次放电过程中更多的 Na$^+$ 被消耗形成 SEI 膜，导致首次库仑效率较低。此外，纳米材料在循环过程中可能存在较大的团聚问题，在一定程度上降低材料的循环稳定性。

目前普遍采用多种碳基材料作为包覆材料来改善合金类材料的储钠性能。典型的方法是设计由合金类核和非晶态碳壳组成的碳/合金类核壳复合体。然而，为了优化电化学性能，需要精确控制碳壳的厚度和合金类的含量。杂原子掺杂碳基材料会引入外来缺陷，对碳基材料的反应性和电导率有较大的提高。同时，多孔/中空结构可以缩短离子/电子传递的扩散路径，从而为循环时材料的体积变化提供缓冲空间。从大规模工业应用的角度来看，一些碳基材料，如碳纳米管或石墨烯基碳，由于成本高、制备工艺特殊，难以用作包覆层。因此，开发低成本的非晶碳壳包覆金属对于合金化反应机制的钠离子电池的大规模应用具有重要意义。

合金类材料因其固有的优点，包括合适的电位和较高的理论容量，被认为是钠离子电池负极材料的潜在替代材料。然而，合金类负极材料商业应用仍然面临着一些挑战，例如，循环过程中的巨大体积变化和缓慢的钠化动力学等限制了其进一步的应用。

① 为了提高钠离子电池的循环稳定性，应进一步研究其扩散控制或赝电容储能机理，或协同储能方式。此外，密度泛函理论计算与实验方法相结合，可以更好地理解电化学性能与微观结构之间的相互关系，这可以为理解和设计更高效的合金类钠离子电池负极材料提供有意义的指导。

② 需要探索具有不同形貌的合金类材料，包括 1D（纳米管、纳米棒或纳米线）、2D 纳米结构（纳米片）、3D 多孔/空心结构和纳/微结构等。纳米结构减轻了钠化过程中合金类材料的体积变化，从而提高了电池的可逆容量。但是，纳米结构的大比表面积会导致合金类材料与电解液发生有害的副反应，大量不稳定SEI 层的形成降低了首次库仑效率和实际容量。因此，构建三维多孔/中空的纳/微结构被认为是提高合金类材料实际充放电容量和循环稳定性的有效策略，这种特殊的结构可以抑制纳米颗粒的团聚，缓冲合金类材料循环过程中的体积变化。

③ 需要开发各种形貌的合金类复合材料。特别是将合金类材料纳米颗粒封装在胶囊碳（或杂原子掺杂碳）壳中的核壳结构被认为是提高电化学性能最有希望的方法之一。合金类核参与了实际的电化学反应，由碳质材料、导电聚合物或其他导电化合物组成的壳可以作为保护膜，可以避免合金类纳米颗粒的粉化，并提高了整个电极的电子导电性，增强了协同效应。导电壳不仅抑制了合金类纳米颗粒与电解液之间的副反应，而且提高了钠离子/电子的转移速率。其他导电化合物外壳，例如活性金属间化合物，可以参与电化学反应，并且由于结合了每个单一组分的优点，也可以提供良好的协同效应。这种协同效应明显促进了电荷转移和离子扩散，从而提高了可逆容量和循环稳定性。然而，壳层的厚度和含量明显影响了合金类材料的电化学性能。因此，需要优化外壳的适用厚度和含量，以达到最佳电化学性能。

尽管存在许多挑战，但合金类材料仍然是一种非常有前途的合金化反应机制钠离子电池负极材料。为了进一步促进合金类负极材料的大规模应用，有必要优化黏合剂、电极结构和电解液的组分。深入研究电化学反应机理和先进的表征技术相结合，对于钠离子电池用先进的合金类负极材料的开发和构建来说是非常重要的。最后，为了实现更广泛的大规模应用，需要进一步探索绿色、低成本、可控的合成技术来制备高性能的合金类负极材料。

4.2 其他负极材料

除了合金类材料之外，其他研究比较广泛的高比容量的负极材料还包括过渡金属（Mn、Fe、Co、Ni 和 Cu 等）的磷化物等，这些金属虽无储钠活性，但可充当导电基质同时缓冲储钠过程中的体积膨胀。Wang 等人[94] 对负载于 rGO 上的 Fe_2O_3 进行磷化[如图 4.17(a)所示]，制备了 FeP/N，P 共掺杂石墨烯复合物（FeP/NPG）。如图 4.17(b) 所示，在 $1A \cdot g^{-1}$ 的电流密度下，经过 6 次循环后，FeP/NPG 展示了 $422mAh \cdot g^{-1}$ 的可逆容量。700 次循环后，容量保持在 $378mAh \cdot g^{-1}$，是第六次放电容量的 90%。每个循环的容量损失仅为 0.014%。

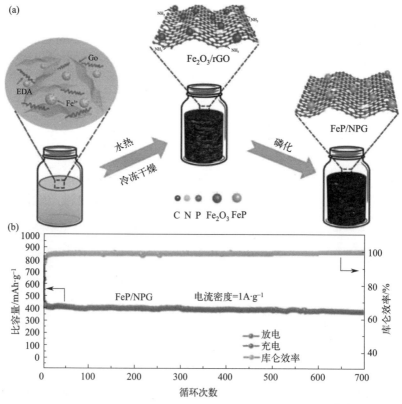

图 4.17 FeP/NPG 的(a) 形成示意图和(b) 循环稳定性[94]

Chen 等人[95] 通过有机交联和原位磷化法成功合成了颗粒间铰链的碳壳包覆磷化铜材料（CHCS-CuP$_2$），制备过程如图 4.18(a) 所示。首先在乙醇水溶液中沉淀交联和絮凝 Cu$_3$(PO$_4$)$_2$·3H$_2$O 纳米片，其具有良好的亲水/疏水性能，然后在 600℃ 的 H$_2$/Ar 中碳化，交联形态保持良好。同时，Cu$_3$(PO$_4$)$_2$·3H$_2$O 被氢还原为 Cu$_3$P，而相应的体积在从纳米片到纳米球的微观结构转变过程中大幅缩小，在钠化过程中留下足够的内部溶洞以进行体积膨胀。所获得的 Cu$_3$P 在 410℃ 下被红磷连续原位磷化，最终生成 CuP$_2$，并且交联的中空碳壳完全封装了 CuP$_2$ 纳米粒子。交联中空碳壳在尺寸控制和结构稳定方面起着重要作用。如果没有碳壳保护，CuP$_2$ 纳米颗粒很容易形成数百微米的聚集体，在循环过程中容易粉化 ［图 4.18(b) ］。

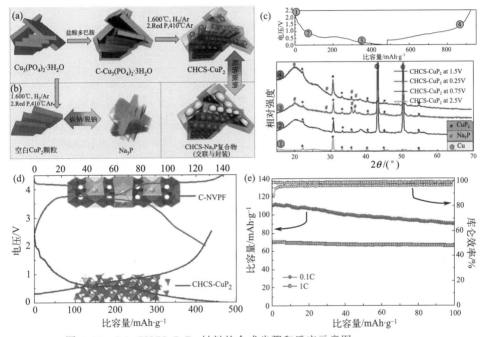

图 4.18　（a）CHCS-CuP$_2$ 材料的合成步骤和反应示意图，（b）未进行碳包覆的 CuP$_2$ 材料的反应示意图，（c）CHCS-CuP$_2$ 材料在不同电压下的 XRD 测试图和充放电曲线图，（d）CHCS-CuP$_2$ 材料和 C-NVPF 材料的充放电曲线对比及其晶胞结构和（e）不同倍率下（0.1C 和 1C）全电池的循环性能[95]

非原位 X 射线测试表明磷化钠（Na$_3$P）为钠化反应的主要产物，如图 4.18(c) 所示，在 2.5V（①）至 0.75V（②）之间无明显的相变迹象，在这第一阶段，只有对应于 SEI 膜形成的弱相峰。然后，在出现明显的放电平台后，在 0.25V 下检测到 Na$_3$P 的形成（③）。CuP$_2$ 的 XRD 峰变小但没有消失的事实可

以归因于未反应的 CuP_2 的存在和较宽的钠化反应窗口。未检测到 Cu_3P 中间相的形成。当充电时，新形成的 Na_3P 相在 1.5V 时几乎完全消失（④）。因此，其储钠机制为：

$$CuP_2 + 6Na \longrightarrow Cu + 2Na_3P \tag{4.18}$$

CHCS-CuP_2 材料具有颗粒间铰链和预留体积膨胀空间以及优良的导电性等优点，将该 CHCS-CuP_2 材料和碳包覆的 $Na_3V_2(PO_4)_2F_3$（C-NVPF）正极材料匹配，组装了全电池，并展示了优良的倍率性能和循环稳定性［图 4.18(d)，(e)］。通过和以往报道的全电池进行对比，该全电池的能量密度、实际工作电压和循环稳定性等方面具有相当大的优势。

Yuan 等人[96] 在碳布上原位构筑有序的多孔 Co_xP 纳米片和纳米针阵列（Co_xP@CFC），并用作自支撑复合柔性电极。该"一体化"多级微纳结构为电子、离子的传输提供丰富的路径，且有利于缓冲充放电过程中活性组分的体积膨胀［图 4.19(a)］。循环伏安测试表明，Co_xP 的储钠机制为：

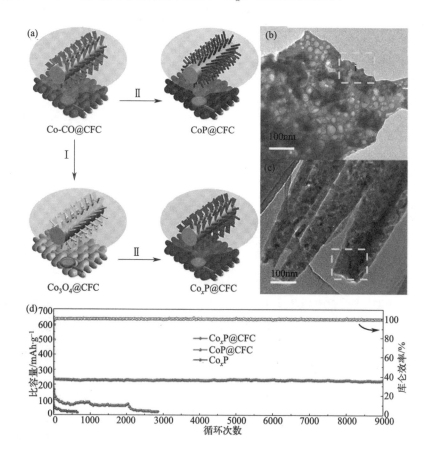

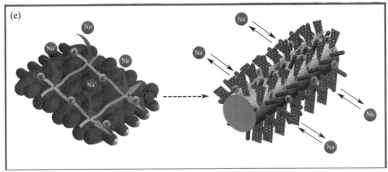

图 4.19　Co$_x$P@CFC 的(a) 合成示意图（Ⅰ：煅烧；Ⅱ：磷化）和 (b，c) TEM 图，Co$_x$P@CFC、CoP@CFC 和 Co$_x$P 在 5.0A·g^{-1} 下的循环性能，(d) Co$_x$P@CFC 电极中电子和 (e) 钠离子的传输路径示意图[96]

$$CoP + 3Na^+ + 3e^- \longrightarrow Co + Na_3P \tag{4.19}$$

$$Co_2P + 3Na^+ + 3e^- \longrightarrow 2Co + Na_3P \tag{4.20}$$

$$Na_3P \longrightarrow 3Na^+ + 3e^- + P \tag{4.21}$$

　　Co$_x$P 的形貌是由纳米针和纳米片阵列组成的多级结构，同时观察到纳米片和纳米针中存在丰富的多孔结构[图 4.19(b)，(c)]。这种多孔结构不仅有利于电解质的快速渗透和电子/钠离子的快速传输，而且能够减轻钠化/脱钠过程中引起的机械应变并缓冲体积膨胀，从而有助于防止电活性材料的结构粉化。Co$_x$P@CFC 电极在 5A·g^{-1} 的高电流密度下经过 9000 次循环后，可逆容量仍高达 229.7mAh·g^{-1}，库仑效率几乎为 100%，显示出几乎无衰减的容量保持率[图 4.19(d)]。Co$_x$P@CFC 电极具有优异储钠性能一个重要原因是 CFC 中互联互通的碳纤维构建了一个强大 3D 导电网络，可以作为电子传输的"高速公路"[图 4.19(e)]。

　　Shi 等人[97] 通过一步碳化-磷化法成功合成了单分散磷化镍共价耦合 N，P 共掺杂碳纳米片（Ni$_2$P@NPC），将单分散磷化镍纳米颗粒通过强共价键固定于部分石墨化的 N，P 掺杂硬碳纳米片上，形成了独特的储钠优势［图 4.20(a)］。受益于 Ni$_2$P 纳米颗粒与杂原子掺杂的部分石墨化碳之间的共价耦合作用，Ni$_2$P@NPC 在钠离子电池中展现了超长的循环性能及优异的倍率性能。在 500mA·g^{-1} 电流密度下循环 1200 次后，比容量依然保持在 181mAh·g^{-1}［图 4.20(b)］。第一性原理计算结果表明，Ni$_2$P 纳米颗粒通过强烈的化学键固定在杂原子掺杂的碳缓冲层上形成共价异质结构，避免了充放电过程中的粒子团聚现象；Ni$_2$P 与杂原子掺杂的部分石墨化碳层之间强烈的共价耦合作用，改善了整个复合材料的电子结构，增加了费米能级处电子的局域化程度，增强了材料的导电性从而提高了材料循环稳定性［图 4.20 (c)，(d)］。

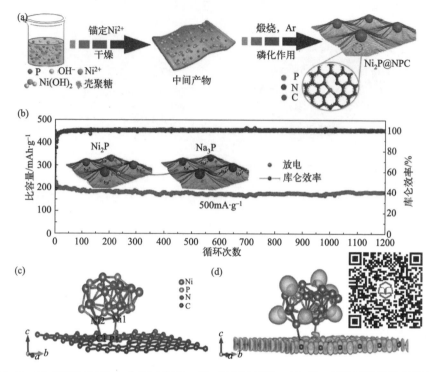

图 4.20　Ni$_2$P@NPC 的(a) 合成示意图，(b) 循环性能图，(c) 第一性原理计算模型图和
(d) 电子局域函数（ELF）图[97]

Yin 等人[98] 通过一步液相法合成 Mo/Cu 双金属有机框架（NENU-5）前驱体。随后一步磷化制得了 MoP/Cu$_3$P@C 核壳微米笼。磷化结晶过程中产生的收缩力（F_c）导致内核不断地收缩，最后形成了一个球体结构。而在外壳区，由于反应产生的气体向外释放以及外壳自身的黏附力（F_a）作用，抑制了收缩力（F_c）的作用，防止了外壳向内收缩。最终，外壳和内核被分开，形成蛋黄壳结构，产生了额外的空隙[图 4.21(a)～(c)]。这种蛋黄壳结构的内部空腔有效缓解了充放电过程中的体积变化。此外，Cu$_3$P 在放电过程中原位生成的单质 Cu 具有高导电性，保证了电极材料内部快速的电子传递，提高了电池的循环稳定性。在 5A·g^{-1} 电流密度下循环 6000 次后，比容量依然保持在 132.1mAh·g^{-1} [图 4.21(d)]。

双金属化合物，如双金属磷化物，通过引入二次金属物种构建，具有更丰富的氧化还原反应位点、更高的电导率和稳定性，将产生协同效应，大大提高电化学性能。Zhao 等人[99] 通过 MXene 结构控制与高效异质结构建等策略，实现了 MXene 材料在钠离子电池中的高效利用。如图 4.22(a) 所示，通过 NaOH 溶液诱导 Ti$_3$C$_2$ MXene 发生褶皱卷曲构建 MXene 三维多孔骨架，然后通过水热生长

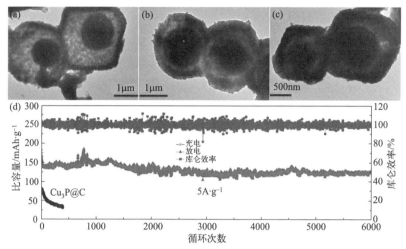

图 4.21　MoP/Cu$_3$P@C 核壳微米笼的(a)～(c)TEM 图和(d) 循环性能图[98]

和原位磷化相结合的方式，在三维 Ti$_3$C$_2$ 骨架上负载具有高理论比容量的双过渡金属磷化物 NiCoP 纳米颗粒，得到 Ti$_3$C$_2$/NiCoP 复合材料，实现了材料形貌、多孔结构与异质结构的有效控制与合成。具有优良导电性的三维多孔 Ti$_3$C$_2$ 提供大量开放的孔道结构，有利于电极材料和电解液的充分接触，为离子与电子提供快速传输通道；而 MXene 表面负载的双过渡金属磷化物 NiCoP 显著提高了电极材料的储钠容量。如图 4.22(b) 所示，在 1A·g^{-1} 电流密度下循环 2000 次后，比容量依然保持在 261.7mAh·g^{-1}。如图 4.22 (c)，(d) 所示，ex-situ XRD 表明，在未循环的 Ti$_3$C$_2$/NiCoP 电极的 XRD 图中可以很容易地区分 Ti$_3$C$_2$ 和 NiCoP 的衍射峰。当电极放电至 1V 时，Ti$_3$C$_2$ 和 NiCoP 的衍射峰仍然存在，但强度明显降低。Ti$_3$C$_2$ 的峰向较低的角度移动，表明 Na$^+$ 嵌入到了 Ti$_3$C$_2$ 层。

当放电至 0V 时，位于 36.0°、44.6°和 47.4°处的几个小峰可分别与 Na$_3$P 的 (110) 面、Ni 的 (111) 面和 Co 的 (101) 面对应。说明在此过程中，金属磷化物逐渐转变为 Na$_3$P 和金属，这一过程与 NiCoP 的钠离子插入过程有关。NiCoP 的消失以及 Na$_3$P、Ni 和 Co 的出现证实了磷化物的转化反应机理，其电化学反应机理为：

$$NiCoP + 3Na^+ + 3e^- \Longleftrightarrow Co + Ni + Na_3P \qquad (4.22)$$

在充电过程中，除 Cu（充电至 1.8V 和 3.0V）外，未观察到明显的强峰，表明充电产物结晶性较差。但当充电至 1.8V 时，仍无法观察到与 Na$_3$P、Ni 和 Co 相关的特征峰，并且重新出现了极微弱的 NiCoP 特征峰。这证明了电极反应的可逆性。当充电至 3V 时，Ti$_3$C$_2$ 峰向更大角度移动，证实了 Na$^+$ 的脱嵌。

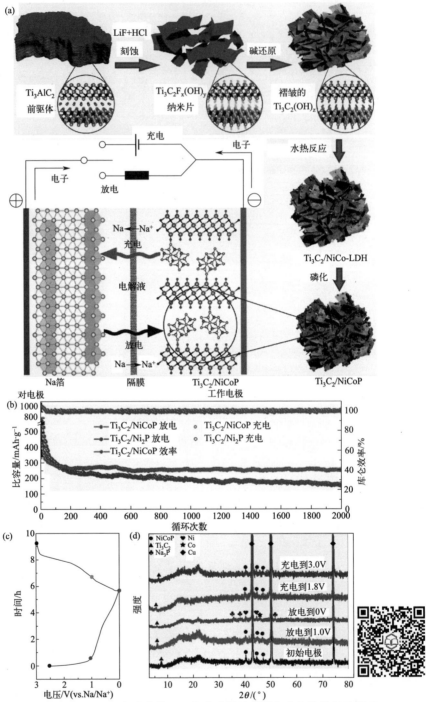

图 4.22　$Ti_3C_2/NiCoP$ 复合物的(a) 合成过程示意图和半电池机理示意图,

(b) 在 $1A \cdot g^{-1}$ 电流密度下的循环稳定性, (c) 充放电曲线和(d) ex-situ XRD 图[99]

另外，有一些过渡金属磷化物，如 Sn、Ge 等的磷化物可以与钠同时发生转换型和合金化型反应，显著提高了磷化物的理论容量。例如，Ran 等人[100] 通过水热反应和热处理，在碳纳米管（CNT）上生长了具有异质结构的 Sn_4P_3（Sn_4P_3@CNT/C），这种仿生结构类似于瓶刷 ［图 4.23(a)］。如图 4.23(b) 所示，ex-situ XRD 表明，未循环的样品显示出清晰的 Sn_4P_3 衍射峰（峰 a）。放电至 0.25V 后，Sn_4P_3 峰强度显著降低，并在 35.8°处观察到 Na_3P 的特征峰，这证实了初始的钠化反应。随着进一步放电至 0.01V，Sn_4P_3 峰消失，并在 39.9°和 53.3°出现新峰，证实了 $Na_{15}Sn_4$ 的形成，反应机理如式(4-23) 所示：

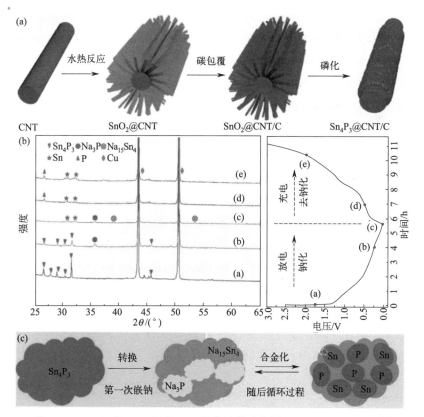

图 4.23　Sn_4P_3@CNT/C 的(a) 合成过程示意图，(b) ex-situ XRD 图及对应的充放电曲线和(c) 储钠机制示意图[100]

$$Sn_4P_3 + 24Na^+ + 24e^- \longrightarrow Na_{15}Sn_4 + 3Na_3P \tag{4.23}$$

在深度放电状态下，在 30.7°和 32.2°处有两个 Sn 峰，这意味着部分 Sn 不会与 Na 合金化。虽然部分 Sn 没有钠化，但它仍然可以改善电极的电子导电性。然后将电池充电至 0.5V（脱钠），在脱钠反应过程中，Na_3P 和 $Na_{15}Sn_4$ 的 XRD 峰消失，观察到弱 P 峰。当充电至 2.0V 时，P 和 Sn 峰增强，表明完全脱钠形成 Sn 和 P，反应机理如下式所示：

$$Na_{15}Sn_4 \Longrightarrow 4Sn+15Na^++15e^- \tag{4.24}$$

$$Na_3P \Longrightarrow P+3Na^++3e^- \tag{4.25}$$

该阶段不存在 Sn_4P_3，这表明式(4-23) 的反应是不可逆的。总的来说，如图 4.23 (c) 所示，在第一次钠化过程中，形成了 Na_3P 和 $Na_{15}Sn_4$。在接下来的脱钠过程中，元素 P 和 Sn 通过脱钠形成，在随后的循环中元素 P 和 Sn 单独与 Na 离子反应。这种异质结构中的 CNT 充当了"茎"，提供了快速电子通道和机械稳定性。众多纳米级的 Sn_4P_3 粒子在 CNT 表面充当了"果实"，增加了与电解质的接触面积，缩短了离子扩散路径。此外，非晶态碳涂层在 Sn_4P_3 表面充当了"渗透性气孔"，缓冲了体积变化，促进了电解质的渗透。在 $2C$ 倍率下循环 500 次后，比容量依然保持在 $449mAh \cdot g^{-1}$；以 $Sn_4P_3@CNT/C$ 作为负极，$Na_3V_2(PO_4)_3/C$ 为正极组装的全电池在 $0.2C$ 时的初始放电比容量为 $104mAh \cdot g^{-1}$，能量密度为 $267Wh \cdot kg^{-1}$。

Zeng 等人[101] 用掺氮碳网络组装的空心纳米反应器原位合成 GeP 电极（GeP/CN）。如图 4.24(a) 所示，这种纳米反应器形成了一个自支撑的导电网络，确保了足够的电解质渗透和快速的电子传输。此外，它们抑制了 GeP 的晶体生长，同时也调节了 GeP 的体积膨胀。如图 4.24(b)～(d) 所示，GeP/CN-1、GeP/CN-2 和 GeP/CN-3 的空心尺寸分别为 380nm、320nm 和 230nm，纳米管的厚度分别为 210nm、140nm 和 85nm，纳米反应器尺寸的精确调节有助于缓冲 GeP 的体积变化，并大大缩短钠离子扩散距离，从而改善循环稳定性和反应动力学。如图 4.24(e) 所示，在 $500mA \cdot g^{-1}$ 电流密度下，GeP/CN-0 电极在前 20 次循环后容量迅速衰减，350 次循环后比容量仅为 $177mAh \cdot g^{-1}$。另一方面，在受限纳米反应器内原位合成的 GeP 电极显示出显著改善的循环稳定性和增加的可逆容量。GeP/CN-3 经过初始的轻微容量衰减后，350 次循环后比容量为 $553mAh \cdot g^{-1}$，表明其具有优异的循环稳定性。

过渡金属氮化物是指氮在紧密填充的金属结构中占据间隙位置的化合物，这些化合物具有硬度高、熔点高、化学性质稳定以及电导率高等特点，在钠离子电池领域有一定的应用。基于密度泛函理论第一性原理计算得出 $T-MoN_2$ 作为钠离子电池负极材料时具有 $864mAh \cdot g^{-1}$ 的最大比容量，是硬碳作为钠离子电池负极材料的比容量的两倍多[102]。Liu 等人[103] 采用程序升温法制备出了多孔 Mo_2N 纳米带和 Mo_2N 纳米颗粒，并研究了将其作为钠离子电池负极材料时的电化学性能。在 $2A \cdot g^{-1}$ 的电流密度下，多孔 Mo_2N 纳米带具有 $79mAh \cdot g^{-1}$ 的比容量，其容量损失率约为 37%，而 Mo_2N 纳米颗粒的容量损失率高达 96%，并且多孔 Mo_2N 纳米带经过 200 次循环后的容量保持率约为 85%。这表明多孔 Mo_2N 纳米带具有更高的容量、更好的循环稳定性。

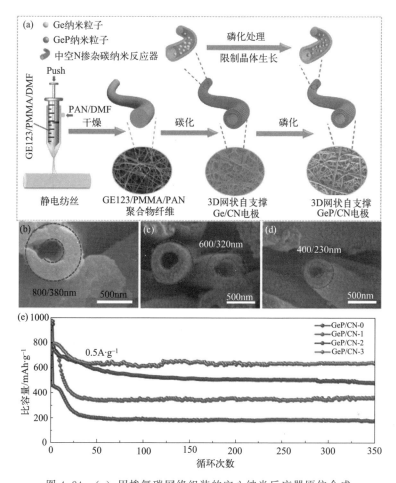

图 4.24　（a）用掺氮碳网络组装的空心纳米反应器原位合成
GeP 电极的示意图，（b）GeP/CN-1，（c）GeP/CN-2 和
（d）GeP/CN-3 的放大 SEM 图，（e）GeP/CN-x 电极的循环稳定性[101]

Wei 等人[104] 采用一步氨化法将 V_2C MXene 转化为层状 VN，该层状 VN 具有层间 Al 原子支撑、表面 C 包覆的独特结构。在 $500mA \cdot g^{-1}$ 电流密度下，这种新型层状 VN 在 7000 次循环后比容量为 $155mAh \cdot g^{-1}$，几乎无衰减。其优异的电化学性能得益于层间的 Al 原子支撑、外表面的碳包覆层、VN 优异的导电性，可促进层间钠离子的传输并形成稳定的 Na^+ 脱嵌框架结构。通过层状结构 VN 的设计与制备，其储能机理由传统的转化反应转变为插层型赝电容储能机制。该研究为构筑超长循环寿命的储能器件提供了一种新材料和新思路。

4.3 有机类材料

有机材料由于结构的灵活性，可以提供实现高钠离子迁移动力学的潜在机会。此外，有机化合物还具有重量轻、资源丰富、可循环利用，易于功能化等优点，并且有机氧化还原活性分子具有氧化还原点位低的特点，近年来被用于钠离子电池负极材料。

在 1985 年，Shacklette 等人[105] 证明了将聚乙烯-聚苯炔两种聚合物基负极材料用于包括钠离子电池在内的非水系可充电电池的可能性之后，有机类负极材料也得到了发展。有机化合物中不饱和键 C＝N、N＝N 和 C＝O 的还原反应通常会导致中间自由基的形成，其中大部分负电荷位于 N 和 O 上，未成对的电子位于 C 上。这些中间自由基通常是不稳定的，可以通过与电解质分子或自由基之间的相互作用而形成非活性化合物。这会影响钠离子电池中氧化/还原反应的可逆性，导致循环寿命较差，且有机类材料往往电导率较低，为解决上述问题通常可以采用的策略有：①功能化分子设计，如引入电子吸引集团和增加 π 的共轭度等；②形貌控制；③有机材料和无机材料的复合。几种不饱和键的反应机制如图 4.25 所示[106]。

4.3.1 羰基（C＝O）化合物

羰基（C＝O）化合物是目前有机钠离子电池中应用最为广泛的有机材料，其包含三种类型：醌和酮、羧酸盐、酸酐和酰亚胺。由于羰基化合物结构的多样性，可以通过调节分子中的诱导和共振效应来控制其氧化还原行为，但是这类材料氧化还原电位较低、高溶解度和低电导率，导致使用受限。

羧酸钠作为报道最多的钠离子电池负极材料，具有合适可调电压。该类化合物在电解液中的溶解性跟分子的对称性和共轭程度有关，一般来说，对称性和共轭程度越高的有机共轭羧酸钠盐在电解液中的稳定性越好[107]。

Zhao 等人[108] 首次将对苯二甲酸二钠（$Na_2C_8H_4O_4$）作为低成本的钠离子电池负极材料，但样品的粒度较大导致其循环稳定性一般。用于其他负极材料的改性方法同样适用于有机负极材料，Wan 等人[109] 合成了 $Na_2C_8H_4O_4$ 纳米片，其在容量和倍率性能方面相较于块状固体的性能有明显的提高。Luo 等人[110] 通过超声波喷雾热解将氧化还原石墨烯包裹在巴豆酸钠外层合成了 GO-CADS（石墨烯缠绕的巴豆酸钠）复合材料，形貌如图 4.26(a)，来改善因充放电过程中较大的体积变化引起样品粉碎，导致容量衰减较大的问题。但是有机材料的倍率性能仍较差，倍率性能与电荷的输运与收集，充放电状态的稳定性，以及离子的扩散三方面相关，受有机电子中有机半导体分子设计的启发，扩展的 π

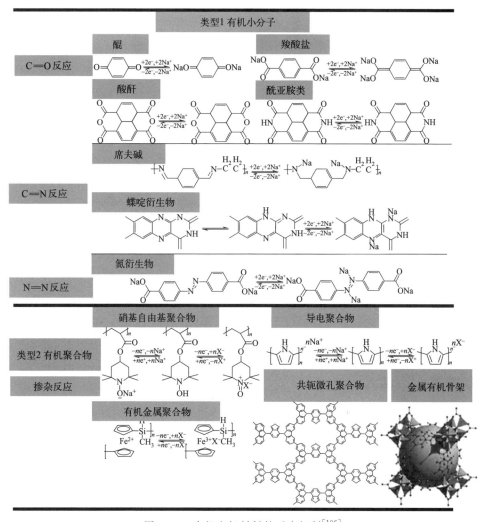

图 4.25　有机电极材料的反应机制[106]

共轭体系不仅可以稳定＋1 和-1 的电荷态，而且还可以促进电荷传输，因此 Wang 等人[111] 提出通过扩展 π 共轭体系，以对苯二甲酸二钠（SBDC）为起始分子合成了 4,4′-二苯乙烯二羧酸钠（SSDC），具有比 SBDC 好得多的倍率性能，在 $2A \cdot g^{-1}$ 下能提供约 $160mAh \cdot g^{-1}$ 的可逆容量，在 $5A \cdot g^{-1}$ 和 $10A \cdot g^{-1}$ 时比容量仍可高达约 $90mAh \cdot g^{-1}$ 和 $72mAh \cdot g^{-1}$，循环性能也得到了较大提高，在 $1A \cdot g^{-1}$ 下循环 400 次后容量仍可达到约 $110mAh \cdot g^{-1}$ [图 4.26（c），(d)]，比容量保持率高于 70%，钠化/去钠化过程的分子堆积示意图如图 4.26（b）。尽管这种 π 共轭体系的合理扩展提供了较好的倍率性能，但是分子量的几乎翻倍增加会大大降低其理论比容量。Zhao 等人[112] 通过简单的一锅法将对苯二甲酸二钠中的 O 原子逐步替换为 S 原子，得到三种含硫钠盐，S 的引入提高了电子离域、电导性和钠吸收能力，将两个硫引入单个羧酸支架中时，在 $50mA \cdot g^{-1}$ 时可达约 $470mAh \cdot g^{-1}$ 的可逆容量，当引入四个硫原子时，比容量可达约 $580mAh \cdot g^{-1}$，其倍率性能和循环性能都得到较大的提高 [图 4.26(e)]。

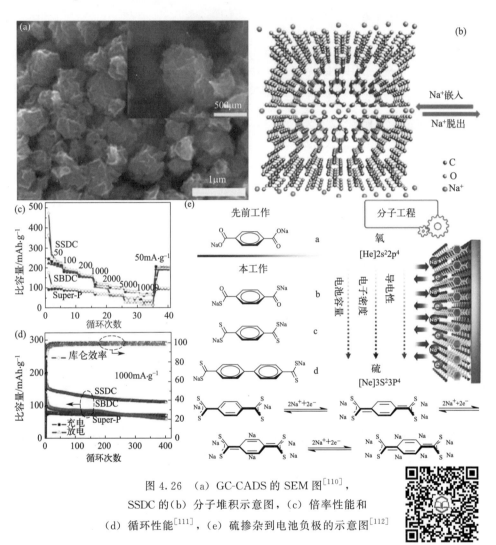

图 4.26 （a）GC-CADS 的 SEM 图[110]，
SSDC 的（b）分子堆积示意图，（c）倍率性能和
（d）循环性能[111]，（e）硫掺杂到电池负极的示意图[112]

4.3.2 亚胺（C═N）

亚胺（C═N）类钠离子电池负极材料主要包括席夫碱和蝶啶衍生物。希夫碱类有机化合物主要是指含亚胺或甲亚胺基团（—RC ═N—）的一类有机化合物。由于该类化合物中—C ═N—的杂化轨道上的 N 原子具有孤对电子，能够和

金属形成配合物。席夫碱类化合物一般拥有较低的氧化还原电位。蝶啶是吡嗪和嘧啶并联而成的二杂环化合物，分子通式为 $(C_6H_4N_4)_n$。该类衍生物一般难溶于有机溶剂。它们具有可调的电化学活性，其中平面结构和共轭结构对稳定其电化学活性起着重要作用，但是 C＝N 类负极材料存在理论容量低、循环稳定性差的问题。Elizabeth 等人[113] 报道了几种聚合物席夫碱作为钠离子电池负极材料，其结构式和充放电曲线如图 4.27(a)。后来，他们[114] 研究了低聚席夫碱的电化学性能，发现与简单席夫碱相比，带有羧酸酯基团的低聚席夫碱显示出更高的比容量，其结构如图 4.27(c)，并提出了钠离子结合数与活性中心数之间的线性关系，可逆容量可以直接与活性中心/总中心的比例联系起来 [图 4.27(b)]。

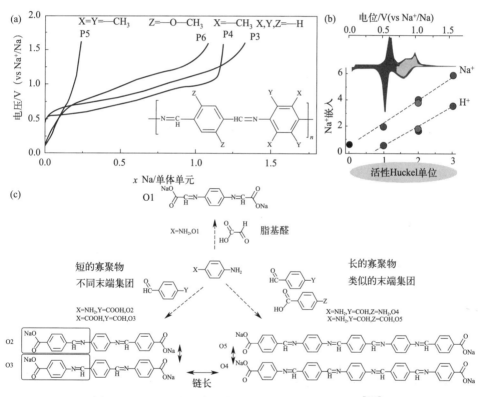

图 4.27　(a) 几种聚合物席夫碱结构式和充放电曲线[113]，
(b) 活性 Huckel 单元和插入的 Na^+ 的线性关系示意图，(c) 低聚席夫碱的制备[114]

4.3.3　偶氮（N＝N）衍生物

偶氮（N＝N）衍生物是一种较新型的电极材料，为高容量、高倍率的钠离子电池的发展提供了契机。芳香偶氮化合物具有延伸的 π 共轭结构，偶氮基团上的氮原子对 Na^+ 有较强的吸附能力，使偶氮化合物具有较长的循环寿命和高速率性能。Luo 等人[115] 以三种偶氮化合物，偶氮苯（AB），4-(苯偶氮)苯甲酸钠盐（PBASS）和偶氮苯-4,4′-二羧酸钠盐（ADASS）为模型化合物［图 4.28 (a)］，对其在钠离子电池中的电化学性能进行了评价。AB 由于中心只有一个功能偶氮基团，所以被选为基本模型的芳香偶氮化合物。然而，它在有机电解质中具有很高的溶解度，无色电解质与 AB 混合后变为橙色。为了抑制 AB 的溶解，在 AB 中加入羧酸基，生成 PBASS 和 ADASS。其中，ADASS 在倍率性能和循环寿命方面表现出最佳的电化学性能。在 0.2C 下提供约 170mAh·g^{-1} 的比容量，在 20C 下循环 2000 次仍可保留约 100mAh·g^{-1} 的比容量，并通过 XRD、拉曼光谱和密度泛函理论计算详细表征证实偶氮基团是可逆的与钠离子

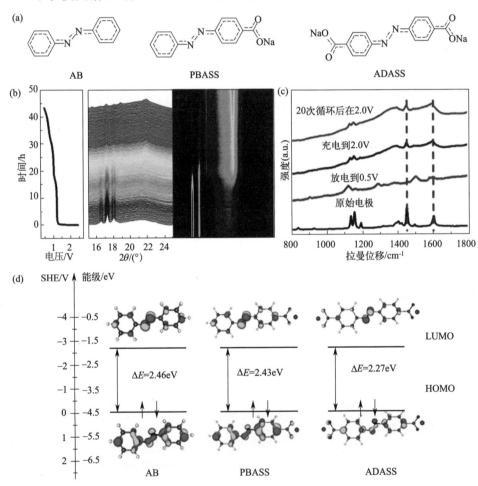

图 4.28 （a）AB、PBASS 和 ADASS 的分子结构，（b）ADASS 化合物的原位 XRD 图以及相应的电压曲线，（c）ADASS 的拉曼光谱，（d）AB、PBASS 和 ADASS 化合物的相对能量和优化结构的 DFT 计算结果[115]

结合的电化学活性位点[图 4.28(b)~(d)]。从原位 XRD 图［图 4.28(b)］可以看出，在 2.5~0.5V 放电过程中，ADASS 在 16.6°、17.3°和 18.2°处的典型 XRD 峰逐渐减小，而在 ADASS 钠化至 1.2V 以下后，在 19°和 22°处出现了两个新的峰，说明在 1.2V 处形成了新的相。从色图中可以清楚地看到，原始 ADA-SS 在 2.5~1.2V 放电后，XRD 峰的红色和黄色区域变得非常弱，而 19°和 22°的 XRD 峰在 1.2V 时出现新的黄色区域，在 1.2~0.5V 时变强，证实了初始化过程中的相变。在拉曼光谱中［图 4.28(c)］，当 ADASS 完全放电到 0.5V 时，偶氮基团在 $1450cm^{-1}$ 处的特征拉曼峰消失。相反，在 $1295cm^{-1}$ 处出现了一个新的峰，代表钠化偶氮基团（Na—N—N—Na），表明在钠化过程中偶氮基团与 Na^+ 发生反应。当 ADASS 电极充电至 2V 时，偶氮基团在 $1450cm^{-1}$ 处的特征拉曼峰恢复，表明偶氮基团与 Na^+ 之间发生可逆的电化学反应。此外，ADASS 中羰基在 $1600cm^{-1}$ 处的拉曼峰在循环过程中没有变化，表明羰基没有参与与 Na 离子的反应。利用 DFT 计算进一步证实了偶氮化合物的反应机理。AB、PBASS 和 ADASS 的最低未占据分子轨道（LUMO）和最高占据分子轨道（HOMO）能级如图 4.28(d) 所示。AB、PBASS 和 ADASS 的 LUMO 态电荷密度等表明，电子在钠化过程中定位于偶氮基团，证实偶氮基团是偶氮化合物还原的电化学活性位点。因此，详细的表征和 DFT 计算证实了偶氮基团的功能是作为与 Na^+ 可逆键合的电化学活性位点。ADASS 在 0.2C 下比容量为 170mAh·g^{-1}，并且当电流密度增加到 10C 和 20C 时，比容量分别保留 66% 和 58%。此外，在 20C 下保持 2000 次循环，可逆容量为 98mAh·g^{-1}，每次循环容量衰减率为 0.0067%。

4.3.4 其他有机负极材料

近年来，共价有机骨架（COFs）和金属有机骨架（MOFs）逐渐步入人们视野中，COFs 材料具有孔径均匀、密度低、比表面积大、孔径可调的特点。通过在单体或 COFs 聚合物中引入官能团，COFs 材料可以被赋予许多独特的性质，在储能、光电材料、催化、功能器件等方面具有巨大的应用前景。其高比表面积和微孔结构促进了 Na^+ 的快速迁移；聚合物结构降低了其溶解度；大量的氧化还原活性中心提供了更高的理论容量。因此，COFs 被用作一种新型的有机电极材料，用于锂离子电池、钠离子电池和锂硫电池等。Zhang 等人[116] 合成了一种 COFs 材料——PDCzBT［图 4.29(a)］，具有较高的比表面积，为钠离子存储提供了丰富的活性位点，其骨架由丰富的氧化还原活性单元构成，提供了丰富的储能模块，在钠离子电池中表现出优异的电化学性能。在 50mA·g^{-1} 和 100mA·g^{-1} 下循环 200 次后，比容量可达约 120mAh·g^{-1} 和 100mAh·g^{-1}。值得注意的是，通过提高聚合物骨架的平整度或增加其比表面积，同时保持骨架结构，可以显著提高 COFs 的钠离子存储能力。Kim 等人[117] 通过施蒂勒交叉偶联法制备了三种新网络结构的 COFs 材料［图 4.29(c)］，在 100mA·g^{-1} 下的电流密度下循环 30 次后，可保持 250mAh·g^{-1} 的可逆容量［图 4.29(b)］。

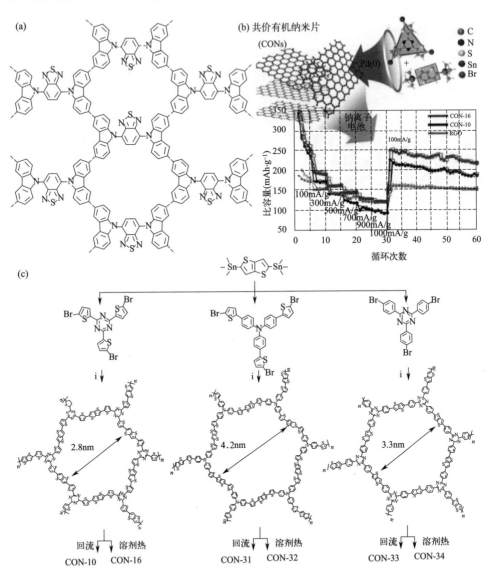

图 4.29 （a）PDCzBT 的结构[116]，（b）不同电流密度下 CoN-10 和 CoN-16 电极的循环性能和(c) CONs 及其前驱体单体的一般合成方法和分子结构[117]

金属有机框架（MOFs）是一类由配位金属离子（或团簇）和有机配体组成的新型结晶多孔材料。在钠离子电池中，MOFs 衍生物电极材料具有几个优势：其一 MOFs 衍生物具有多孔结构；其二，对于 MOFs 衍生的碳复合材料，由于热处理过程中金属元素的催化作用，材料的碳分布更加均匀，碳的石墨化程度高；其三，MOFs 衍生物的合成策略简单，通常具有均匀稳定的纳米结构；最后，通过简单的配体和金属元素调节，可以调节合成材料的形貌和结构以及多金属掺杂的种类（图 4.30）[118]。MOFs 材料在钠离子电池方向的研究主要有两个方面：一是 MOFs 材料在钠离子电池中用作直接电极材料，二是以 MOFs 材料为前驱体和模板，制备金属氧化物（MOs）、MOs/碳复合材料、金属硫化物（MSs）/碳复合材料、金属磷化物（MPs）/碳复合材料以及碳材料等。

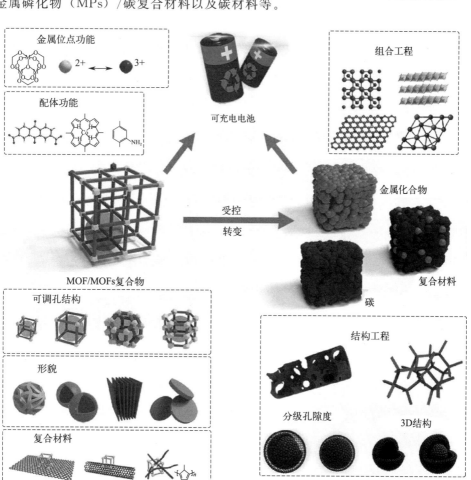

图 4.30　钠离子电池的 MOF 相关材料示意图[118]

Park 等人[119] 以钴基金属有机框架（ZIF-67）为模板，成功合成了多壳层结构的金属硒化物纳米立方体，即不同壳层组成的 Co/（NiCo）Se₂ 盒中盒结构，其合成过程如图 4.31(a)。由于独特的结构和多组分硒化物组合物的协同效应，

具有盒中盒结构的 $Co/(NiCo)Se_2$ 提供了优异储钠性能，在 $0.2A \cdot g^{-1}$ 的电流密度下循环 80 次后，保持约为 $497mAh \cdot g^{-1}$ 的可逆容量。Ge 等人[120] 通过低温磷化工艺成功制备了 ZIF-67 衍生的核/壳 CoP@多面体，并将其均匀锚定在 RGO 网络上，即 CoP@C-RGO-NF 复合材料。这种核/壳结构的 CoP@C 和 RGO 网络的协同效应，使它们表现出优异的钠储存性能，在 $0.1A \cdot g^{-1}$ 的电流密度下，经过 100 次循环后仍保持约 $473mAh \cdot g^{-1}$ 的比容量。核/壳结构可以提供足够的空间缓冲氧化还原反应引起的体积变化，而碳壳可以有效阻止 CoP 颗粒的分解和聚集。此外，具有较大面积的三维 RGO/泡沫镍网络可以作为黏合剂或电导体将分离的 CoP@C 多面体连接起来，从而大大提高它们的导电性和负载量。Zhang 等人[121] 通过使用 ZIF-67 作为牺牲模板，成功地制备了氮掺杂的蛋黄-壳结构的 CoSe/C 介孔十二面体。CoSe 纳米颗粒被连贯地限制在介孔碳框架中。此外，蛋黄-壳结构的介孔框架可以促进电解质的容易渗透和体积变化。作为钠离子电池的电极材料，CoSe/C 十二面体表现出优异的倍率性能和循环稳定性，该复合电极在 $0.2A \cdot g^{-1}$ 和 $16A \cdot g^{-1}$ 下的比容量分别约为 $597mAh \cdot g^{-1}$ 和 $362mAh \cdot g^{-1}$，在 $0.5A \cdot g^{-1}$ 的电流密度下，经过 50 次循环后仍保持约 $532mAh \cdot g^{-1}$ 的比容量。

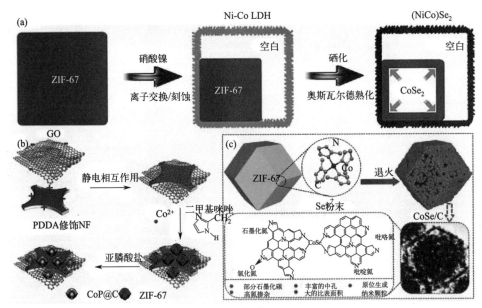

图 4.31　(a) $Co/(NiCo)Se_2$[119]，(b) CoP@C-RGO-NF，
(c) CoSe/C 复合材料的合成示意图[121]

总的来说，羰基（C=O）材料、醌类和酮类具有较高的氧化还原电位，羧酸类具有较低的 Na 插入电压，酸酐类化合物具有较高的比容量和长循环性能。

在 C ══N 键化合物中，席夫碱和蝶啶衍生物具有可调的电化学活性。基于 N ══N 键的偶氮衍生物作为一种新型电极材料，为发展高容量、高倍率的钠离子电池提供了契机。对于高分子材料，微孔聚合物和 MOF 衍生的材料容易获得均匀、稳定的纳米结构和层状形态。对于有机材料，聚合、盐化可以抑制有机化合物在非质子电解质中的溶解，与无机材料复合可以提高稳定性和导电性，从而提高循环稳定性和倍率性能。有机材料的特性可以通过功能导向设计有目的地控制。此外，纳米材料的尺寸效应以及与无机导电材料的复合也可以大大提高有机材料在钠离子电池电极中的应用。然而，要获得高容量、优异的循环稳定性和倍率性能仍是巨大的挑战，这需要功能设计、微观形貌控制和材料复合的协同作用[106]。

参考文献

[1] Pang J, Bachmatiuk A, Yin Y, et al. Applications of phosphorene and black phosphorus in energy conversion and storage devices[J]. *Adv. Energy Mater.*, 2018, 8（8）: 1702093.

[2] 王思岚, SalmanNasir Muhammad, 王筱珺, 等. 磷基钠离子电池负极材料研究进展[J]. 物理化学学报, 2021, 37（12）: 2001000-2001003.

[3] Wang L, Światowska J, Dai S, et al. Promises and challenges of alloy-type and conversion-type anode materials for sodium-ion batteries[J]. *Mater. Today Energy*, 2019, 11: 46-60.

[4] Li W, Han C, Gu Q, et al. Three-dimensional electronic network assisted by tin conductive pillars and chemical adsorption to boost the electrochemical performance of red phosphorus[J]. *ACS Nano*, 2020, 14（4）: 4609-4617.

[5] Sun J, Lee H W, Pasta M, et al. A phosphorene-graphene hybrid material as a high-capacity anode for sodium-ion batteries[J]. *Nat Nanotechnol*, 2015, 10（11）: 980-985.

[6] Hembram K P S S, Jung H, Yeo B C, et al. Unraveling the atomistic sodiation mechanism of black phosphorus for sodium ion batteries by first-principles calculations[J]. *J. Phys. Chem. C*, 2015, 119（27）: 15041-15046.

[7] Gao H, Zhou T, Zheng Y, et al. Integrated carbon/red phosphorus/graphene aerogel 3d architecture via advanced vapor-redistribution for high-energy sodium-ion batteries[J]. *Adv. Energy Mater.*, 2016, 6（21）: 1601037.

[8] Zhou J B, Jiang Z H, Niu S W, et al. Self-standing hierarchical P/CNTs@rGO with unprecedented capacity and stability for lithium and sodium storage[J]. *Chem*, 2018, 4（2）: 372-385.

[9] Fang K, Liu D, Xiang X, et al. Air-stable red phosphorus anode for potassium/sodium-ion batteries enabled through dual-protection design[J]. *Nano Energy*, 2020, 69: 104451.

[10] Zhang M, Ouyang L, Zhu M, et al. A phosphorus and carbon composite containing nanocrystalline Sb as a stable and high-capacity anode for sodium ion batteries[J]. *J. Mater. Chem. A*, 2020, 8（1）: 443-452.

[11] Zhu C, Shao R, Chen S, et al. In situ visualization of interfacial sodium transport and electrochemis-

try between few-layer phosphorene[J]. *Small Methods*, 2019, 3 (10): 1900061.

[12] Liu Y, Liu Q, Zhang A, et al. Room-temperature pressure synthesis of layered black phosphorus-graphene composite for sodium-ion battery anodes[J]. *ACS Nano*, 2018, 12 (8): 8323-8329.

[13] Meng R, Huang J, Feng Y, et al. Black phosphorus quantum dot/Ti_3C_2 Mxene nanosheet composites for efficient electrochemical lithium/sodium-ion storage [J]. *Adv. Energy Mater.*, 2018, 8 (26): 1801514.

[14] Guo X, Zhang W, Zhang J, et al. Boosting sodium storage in two-dimensional phosphorene/$Ti_3C_2T_x$ Mxene nanoarchitectures with stable fluorinated interphase [J]. *ACS Nano*, 2020, 14 (3): 3651-3659.

[15] Gao H, Ma W, Yang W, et al. Sodium storage mechanisms of bismuth in sodium ion batteries: An operando X-ray diffraction study[J]. *J. Power Sources*, 2018, 379: 1-9.

[16] Huang Y, Zhu C, Zhang S, et al. Ultrathin bismuth nanosheets for stable Na-ion batteries: Clarification of structure and phase transition by in situ observation[J]. *Nano Lett*, 2019, 19 (2): 1118-1123.

[17] Yang H, Chen L W, He F, et al. Optimizing the void size of yolk-shell Bi@Void@C nanospheres for high-power-density sodium-ion batteries[J]. *Nano Lett.*, 2020, 20 (1): 758-767.

[18] Zhao Y, Manthiram A. High-capacity, high-rate Bi-Sb alloy anodes for lithium-ion and sodium-ion batteries[J]. *Chem. Mat.*, 2015, 27 (8): 3096-3101.

[19] Gao H, Niu J, Zhang C, et al. A dealloying synthetic strategy for nanoporous bismuth-antimony anodes for sodium ion batteries[J]. *ACS Nano*, 2018, 12 (4): 3568-3577.

[20] Guo S, Li H, Lu Y, et al. Lattice softening enables highly reversible sodium storage in anti-pulverization Bi-Sb alloy/carbon nanofibers[J]. *Energy Storage Mater.*, 2020, 27: 270-278.

[21] Chevrier V L, Ceder G. Challenges for Na-ion negative electrodes[J]. *J. Electrochem. Soc.*, 2011, 158 (9): A1011.

[22] Ellis L D, Hatchard T D, Obrovac M N. Reversible insertion of sodium in tin[J]. *J. Electrochem. Soc.*, 2012, 159 (11): A1801-A1805.

[23] Baggetto L, Ganesh P, Meisner R P, et al. Characterization of sodium ion electrochemical reaction with tin anodes: Experiment and theory[J]. *J. Power Sources*, 2013, 234: 48-59.

[24] Stratford J M, Mayo M, Allan P K, et al. Investigating sodium storage mechanisms in tin anodes: A combined pair distribution function analysis, density functional theory, and solid-state nmr approach [J]. *J. Am. Chem. Soc.*, 2017, 139 (21): 7273-7286.

[25] Wang J W, Liu X H, Mao S X, et al. Microstructural evolution of tin nanoparticles during in situ sodium insertion and extraction[J]. *Nano Lett.*, 2012, 12 (11): 5897-5902.

[26] Palaniselvam T, Goktas M, Anothumakkool B, et al. Sodium storage and electrode dynamics of tin-carbon composite electrodes from bulk precursors for sodium-ion batteries[J]. *Adv. Funct. Mater.*, 2019, 29 (18): 1900790.

[27] Bai M, Zhang K, Du D, et al. SnSb binary alloy induced heterogeneous nucleation within the confined nano space: Toward dendrite-free, flexible and energy/power dense sodium metal batteries[J]. *Energy Storage Mater.*, 2021, 42: 219-230.

[28] Xiao L, Cao Y, Xiao J, et al. High capacity, reversible alloying reactions in SnSb/C nanocomposites for Na-ion battery applications[J]. *Chem Commun.*, 2012, 48 (27): 3321-3323.

[29] Ji L, Zhou W, Chabot V, et al. Reduced graphene oxide/tin-antimony nanocomposites as anode materials for advanced sodium-ion batteries [J]. *ACS Appl. Mater. Interfaces*, 2015, 7 (44):

24895-24901.

[30] Jia H, Dirican M, Chen C, et al. Reduced graphene oxide-incorporated snsb@cnf composites as anodes for high-performance sodium-ion batteries[J]. *ACS Appl. Mater. Interfaces*, 2018, 10 (11): 9696-9703.

[31] Qin J, Wang T, Liu D, et al. A top-down strategy toward SnSb in-plane nanoconfined 3d N-doped porous graphene composite microspheres for high performance Na-ion battery anode[J]. *Adv. Mater.*, 2018, 30 (9): 1704670.

[32] Yi Z, Han Q, Geng D, et al. One-pot chemical route for morphology-controllable fabrication of Sn-Sb micro/nano-structures: Advanced anode materials for lithium and sodium storage[J]. *J. Power Sources*, 2017, 342: 861-871.

[33] Wang Z, Dong K, Wang D, et al. Monodisperse multicore-shell SnSb@SnOx/SbOx@C nanoparticles space-confined in 3D porous carbon networks as high-performance anode for Li-ion and Na-ion batteries[J]. *Chem. Eng. J.*, 2019, 371: 356-365.

[34] Li J, Pu J, Liu Z, et al. Porous-nickel-scaffolded tin-antimony anodes with enhanced electrochemical properties for Li/Na-ion batteries[J]. *ACS Appl. Mater. Interfaces*, 2017, 9 (30): 25250-25256.

[35] Ma W, Yin K, Gao H, et al. Alloying boosting superior sodium storage performance in nanoporous tin-antimony alloy anode for sodium ion batteries[J]. *Nano Energy*, 2018, 54: 349-359.

[36] Darwiche A, Marino C, Sougrati M T, et al. Better cycling performances of bulk Sb in Na-ion batteries compared to Li-ion systems: an unexpected electrochemical mechanism[J]. *J. Am. Chem. Soc.*, 2012, 134 (51): 20805-20811.

[37] Baggetto L, Hah H Y, Jumas J C, et al. The reaction mechanism of SnSb and Sb thin film anodes for Na-ion batteries studied by X-ray diffraction, 119Sn and 121Sb Mössbauer spectroscopies[J]. *J. Power Sources*, 2014, 267: 329-336.

[38] Kong B, Zu L, Peng C, et al. Direct superassemblies of freestanding metal-carbon frameworks featuring reversible crystalline-phase transformation for electrochemical sodium storage[J]. *J. Am. Chem. Soc.*, 2016, 138 (50): 16533-16541.

[39] Allan P K, Griffin J M, Darwiche A, et al. Tracking sodium-antimonide phase transformations in sodium-ion anodes: insights from operando pair distribution function analysis and solid-state NMR spectroscopy[J]. *J. Am. Chem. Soc.*, 2016, 138 (7): 2352-2365.

[40] Hou H, Jing M, Yang Y, et al. Sodium/Lithium storage behavior of antimony hollow nanospheres for rechargeable batteries[J]. *ACS Appl. Mater. Interfaces*, 2014, 6 (18): 16189-16196.

[41] Hou H, Jing M, Yang Y, et al. Sb porous hollow microspheres as advanced anode materials for sodium-ion batteries[J]. *J. Mater. Chem. A*, 2015, 3 (6): 2971-2977.

[42] Liang L, Xu Y, Wang C, et al. Large-scale highly ordered Sb nanorod array anodes with high capacity and rate capability for sodium-ion batteries[J]. *Energy Environ. Sci.*, 2015, 8 (10): 2954-2962.

[43] Liu Y, Zhou B, Liu S, et al. Galvanic replacement synthesis of highly uniform Sb nanotubes: Reaction mechanism and enhanced sodium storage performance[J]. *ACS Nano*, 2019, 13 (5): 5885-5892.

[44] Lin W, Lian Y, Zeng G, et al. A fast synthetic strategy for high-quality atomically thin antimonene with ultrahigh sonication power[J]. *Nano Res.*, 2018, 11 (11): 5968-5977.

[45] Tian W, Zhang S, Huo C, et al. Few-layer antimonene: anisotropic expansion and reversible crystalline-phase evolution enable large-capacity and long-life Na-ion batteries[J]. *ACS Nano*, 2018, 12 (2): 1887-1893.

［46］ Yang Y, Leng S, Shi W. Electrochemical exfoliation of porous antimonene as anode materials for so-dium-ion batteries［J］. *Electrochem. Commun.* , 2021, 126: 107025.

［47］ Liu X, Du Y, Xu X, et al. Enhancing the anode performance of antimony through nitrogen-doped carbon and carbon nanotubes［J］. *J. Phys. Chem. C*, 2016, 120（6）: 3214-3220.

［48］ Liu C, Zeng F, Xu L, et al. Enhanced cycling stability of antimony anode by downsizing particle and combining carbon nanotube for high-performance sodium-ion batteries［J］. *J. Mater. Sci. Technol.* , 2020, 55: 81-88.

［49］ Li X, Qu J, Hu Z, et al. Electrochemically converting Sb₂S₃/CNTs to Sb/CNTs composite anodes for sodium-ion batteries［J］. *Int. J. Hydrog. Energy*, 2021, 46（33）: 17071-17083.

［50］ Luo W, Zhang P, Wang X, et al. Antimony nanoparticles anchored in three-dimensional carbon net-work as promising sodium-ion battery anode［J］. *J. Power Sources*, 2016, 304: 340-345.

［51］ Dong S, Li C, Li Z, et al. Synergistic effect of porous phosphosulfide and antimony nanospheres an-chored on 3D carbon foam for enhanced long-life sodium storage performance［J］. *Energy Storage Ma-ter.* , 2019, 20: 446-454.

［52］ Li P, Yu L, Ji S, et al. Facile synthesis of three-dimensional porous interconnected carbon matrix embedded with Sb nanoparticles as superior anode for Na-ion batteries［J］. *Chem. Eng. J.* , 2019, 374: 502-510.

［53］ Song J, Yan P, Luo L, et al. Yolk-shell structured Sb@C anodes for high energy Na-ion batteries［J］. *Nano Energy*, 2017, 40: 504-511.

［54］ Yu L, Zhang L, Fu J, et al. Hierarchical Tiny-Sb encapsulated in MOFs derived-carbon and TiO₂ hollow nanotubes for enhanced Li/Na-ion half-and full-cell batteries［J］. *Chem. Eng. J.* , 2021, 417: 129106.

［55］ Li Q, Zhang W, Peng J, et al. Metal-organic framework derived ultrafine Sb@porous carbon octa-hedron via in situ substitution for high-performance sodium-ion batteries［J］. *ACS Nano*, 2021, 15（9）: 15104-15113.

［56］ Liu J, Yu L, Wu C, et al. New nanoconfined galvanic replacement synthesis of hollow Sb@C yolk-shell spheres constituting a stable anode for high-rate Li/Na-ion batteries［J］. *Nano Lett.* , 2017, 17（3）: 2034-2042.

［57］ Cui C, Xu J, Zhang Y, et al. Antimony nanorod encapsulated in cross-linked carbon for high-per-formance sodium ion battery anodes［J］. *Nano Lett*, 2019, 19（1）: 538-544.

［58］ Zhou X, Zhong Y, Yang M, et al. Sb nanoparticles decorated N-rich carbon nanosheets as anode ma-terials for sodium ion batteries with superior rate capability and long cycling stability［J］. *Chem Com-mun.* , 2014, 50（85）: 12888-12891.

［59］ Qiu S, Wu X, Xiao L, et al. Antimony nanocrystals encapsulated in carbon microspheres synthesized by a facile self-catalyzing solvothermal method for high-performance sodium-ion battery anodes［J］. *ACS Appl. Mater. Interfaces*, 2016, 8（2）: 1337-1343.

［60］ Yang K, Tang J, Liu Y, et al. Controllable synthesis of peapod-like Sb@C and corn-like C@Sb nano-tubes for sodium storage［J］. *ACS Nano*, 2020, 14（5）: 5728-5737.

［61］ Qin B, Jia H, Cai Y, et al. Antimony nanocrystals self-encapsulated within bio-oil derived carbon for ultra-stable sodium storage［J］. *J. Colloid Interface Sci.* , 2021, 582: 459-466.

［62］ Xu X, Dou Z, Gu E, et al. Uniformly-distributed Sb nanoparticles in ionic liquid-derived nitrogen-en-riched carbon for highly reversible sodium storage［J］. *J. Mater. Chem. A*, 2017, 5（26）: 13411-13420.

[63] Wu T, Hou H, Zhang C, et al. Antimony anchored with nitrogen-doping porous carbon as a high-performance anode material for na-ion batteries[J]. *ACS Appl. Mater. Interfaces*, 2017, 9 (31): 26118-26125.

[64] Zhang D, Wang C, Xue H, et al. High-rate lithium/sodium storage capacities of nitrogen-enriched porous antimony composite prepared from organic-inorganic ligands[J]. *Appl. Surf. Sci.*, 2021, 563: 150297.

[65] Yang Q, Zhou J, Zhang G, et al. Sb nanoparticles uniformly dispersed in 1-D N-doped porous carbon as anodes for Li-ion and Na-ion batteries[J]. *J. Mater. Chem. A*, 2017, 5 (24): 12144-12148.

[66] Xu X, Si L, Zhou X, et al. Chemical bonding between antimony and ionic liquid-derived nitrogen-doped carbon for sodium-ion battery anode[J]. *J. Power Sources*, 2017, 349: 37-44.

[67] Yuan Y, Jan S, Wang Z, et al. A simple synthesis of nanoporous Sb/C with high Sb content and dispersity as an advanced anode for sodium ion batteries[J]. *J. Mater. Chem. A*, 2018, 6 (14): 5555-5559.

[68] Sarkar S, Peter S C. An overview on Sb-based intermetallics and alloys for sodium-ion batteries: trends, challenges and future prospects from material synthesis to battery performance[J]. *J. Mater. Chem. A*, 2021, 9 (9): 5164-5196.

[69] Liu J, Yang Z, Wang J, et al. Three-dimensionally interconnected nickel-antimony intermetallic hollow nanospheres as anode material for high-rate sodium-ion batteries[J]. *Nano Energy*, 2015, 16: 389-398.

[70] Lee C W, Kim J C, Park S, et al. Highly stable sodium storage in 3-D gradational Sb-NiSb-Ni heterostructures[J]. *Nano Energy*, 2015, 15: 479-489.

[71] Wu P, Zhang A, Peng L, et al. Cyanogel-enabled homogeneous Sb-Ni-C ternary framework electrodes for enhanced sodium storage[J]. *ACS Nano*, 2018, 12 (1): 759-767.

[72] Wang Z, Dong K, Wang D, et al. Constructing N-Doped porous carbon confined FeSb alloy nanocomposite with Fe-N-C coordination as a universal anode for advanced Na/K-ion batteries[J]. *Chem. Eng. J.*, 2020, 384: 123327.

[73] Li C, Pei Y R, Zhao M, et al. Sodium storage performance of ultrasmall SnSb nanoparticles[J]. *Chem. Eng. J.*, 2021, 420: 129617.

[74] Choi J H, Ha C W, Choi H Y, et al. Porous carbon-free SnSb anodes for high-performance Na-ion batteries[J]. *J. Power Sources*, 2018, 386: 34-39.

[75] Fehse M, Sougrati M T, Darwiche A, et al. Elucidating the origin of superior electrochemical cycling performance: new insights on sodiation-desodiation mechanism of SnSb from operando spectroscopy [J]. *J. Mater. Chem. A*, 2018, 6 (18): 8724-8734.

[76] Xie H, Kalisvaart W P, Olsen B C, et al. Sn-Bi-Sb alloys as anode materials for sodium ion batteries [J]. *J. Mater. Chem. A*, 2017, 5 (20): 9661-9670.

[77] Edison E, Sreejith S, Madhavi S. Melt-spun Fe-Sb intermetallic alloy anode for performance enhanced sodium-ion batteries[J]. *ACS Appl. Mater. Interfaces*, 2017, 9 (45): 39399-39406.

[78] Darwiche A, Toiron M, Sougrati M T, et al. Performance and mechanism of $FeSb_2$ as negative electrode for Na-ion batteries[J]. *J. Power Sources*, 2015, 280: 588-592.

[79] Kim I T, Allcorn E, Manthiram A. High-performance FeSb-TiC-C nanocomposite anodes for sodium-ion batteries[J]. *Phys. Chem. Chem. Phys.*, 2014, 16 (25): 12884-12889.

[80] Kim I T, Allcorn E, Manthiram A. High-performance M_xSb-Al_2O_3-C (M = Fe, Ni, and Cu) nanocomposite-alloy anodes for sodium-ion batteries[J]. *Energy Technol.*, 2013, 1 (5-6): 319-326.

［81］ Lin Z, Wang G, Xiong X, et al. Ni-polymer gels-derived hollow NiSb alloy confined in 3D interconnected carbon as superior sodium-ion battery anode[J]. *Electrochimica Acta*, 2018, 269: 225-231.

［82］ Usui H, Domi Y, Itoda Y, et al. Solid solution strengthening of bismuth antimonide as a sodium storage material[J]. *Energy & Fuels*, 2021, 35（22）: 18833-18838.

［83］ Orzech Marcin W, Mazzali F, McGettrick J D, et al. Synergic effect of Bi, Sb and Te for the increased stability of bulk alloying anodes for sodium-ion batteries[J]. *J. Mater. Chem. A*, 2017, 5（44）: 23198-23208.

［84］ Youn D H, Park H, Loeffler K E, et al. Enhanced electrochemical performance of a tin-antimony alloy/n-doped carbon nanocomposite as a sodium-ion battery anode[J]. *ChemElectroChem*, 2018, 5（2）: 391-396.

［85］ Kim I T, Kim S O, Manthiram A. Effect of TiC addition on SnSb-C composite anodes for sodium-ion batteries[J]. *J. Power Sources*, 2014, 269: 848-854.

［86］ Ji L, Gu M, Shao Y, et al. Controlling sei formation on SnSb-porous carbon nanofibers for improved Na ion storage[J]. *Adv. Mater.*, 2014, 26（18）: 2901-2908.

［87］ Jia H, Dirican M, Zhu J, et al. High-performance SnSb@rGO@CMF composites as anode material for sodium-ion batteries through high-speed centrifugal spinning[J]. *J. Alloy. Compd.*, 2018, 752（296-302.

［88］ Li L, Seng K H, Li D, et al. SnSb@carbon nanocable anchored on graphene sheets for sodium ion batteries[J]. *Nano Res.*, 2014, 7（10）: 1466-1476.

［89］ He M, Walter M, Kravchyk K V, et al. Monodisperse SnSb nanocrystals for Li-ion and Na-ion battery anodes: synergy and dissonance between Sn and Sb[J]. *Nanoscale*, 2015, 7（2）: 455-459.

［90］ Darwiche A, Sougrati M T, Fraisse B, et al. Facile synthesis and long cycle life of SnSb as negative electrode material for Na-ion batteries[J]. *Electrochem. Commun.*, 2013, 32: 18-21.

［91］ Zhu J, Shang C, Wang Z, et al. SnS/SnSb@C Nanofibers with Enhanced Cycling Stability via Vulcanization as an Anode for Sodium-Ion Batteries[J]. *ChemElectroChem*, 2018, 5（7）: 1098-1104.

［92］ Ma J, Prieto A L. Electrodeposition of pure phase SnSb exhibiting high stability as a sodium-ion battery anode[J]. *Chem. Commun.*, 2019, 55（48）: 6938-6941.

［93］ 李莹, 来雪琦, 曲津朋, 等. 钠离子电池用高性能锑基负极材料的调控策略研究进展[J]. 物理化学学报, 2204040-2204049.

［94］ Wang Y, Fu Q, Li C, et al. Nitrogen and phosphorus dual-doped graphene aerogel confined monodisperse iron phosphide nanodots as an ultrafast and long-term cycling anode material for sodium-ion batteries[J]. *ACS Sustain. Chem. Eng.*, 2018, 6（11）: 15083-15091.

［95］ Chen S, Wu F, Shen L, et al. Cross-linking hollow carbon sheet encapsulated CuP_2 nanocomposites for high energy density sodium-ion batteries[J]. *ACS Nano*, 2018, 12（7）: 7018-7027.

［96］ Yuan G, Liu D, Feng X, et al. In situ fabrication of porous Co_xP hierarchical nanostructures on carbon fiber cloth with exceptional performance for sodium storage[J]. *Adv. Mater.*, 2022, 34（23）: 2108985.

［97］ Shi S, Li Z, Sun Y, et al. A covalent heterostructure of monodisperse Ni_2P immobilized on N, P-co-doped carbon nanosheets for high performance sodium/lithium storage[J]. *Nano Energy*, 2018, 48: 510-517.

［98］ Yin Y, Zhang Y, Liu N, et al. Metal-organic frameworks-derived porous yolk-shell MoP/Cu_3P@carbon microcages as high-performance anodes for sodium-ion batteries[J]. *Energy & Environ. Mater*, 2020, 3（4）: 529-534.

［99］　Zhao D, Zhao R, Dong S, et al. Alkali-induced 3D crinkled porous Ti_3C_2 MXene architectures cou-pled with NiCoP bimetallic phosphide nanoparticles as anodes for high-performance sodium-ion batter-ies［J］. *Energy Environ. Sci.*, 2019, 12（8）: 2422-2432.

［100］　Ran L, Luo B, Gentle I R, et al. Biomimetic Sn_4P_3 anchored on carbon nanotubes as an anode for high-performance sodium-ion batteries［J］. *ACS Nano*, 2020, 14（7）: 8826-8837.

［101］　Zeng T, He H, Guan H, et al. Tunable hollow nanoreactors for in situ synthesis of gep electrodes towards high-performance sodium ion batteries［J］. *Angew. Chem. Int. Edit.*, 2021, 60（21）: 12103-12108.

［102］　王利霞, 李雷, 沈静, 等. 钼氮化物电化学储能材料的制备及研究进展［J］. 电源技术, 2019, 43（09）: 1543-1546.

［103］　Liu S L, Huang J, Liu J, et al. Porous Mo_2N nanobelts as a new anode material for sodium-ion bat-teries［J］. *Mater Lett*, 2016, 172: 56-59.

［104］　Wei S, Wang C, Chen S, et al. Dial the mechanism switch of VN from conversion to intercalation toward long cycling sodium-ion battery［J］. *Adv. Energy Mater.*, 2020, 10（12）: 1903712.

［105］　Shacklette L W, Toth J E, Murthy N S, et al. Polyacetylene and polyphenylene as anode materials for nonaqueous secondary batteries［J］. *J. Electrochem. Soc.*, 1985, 132（7）: 1529-1535.

［106］　Yin X, Sarkar S, Shi S, et al. Recent progress in advanced organic electrode materials for sodium-ion batteries: Synthesis, mechanisms, challenges and perspectives［J］. *Adv. Funct. Mater.*, 2020, 30（11）: 1908445.

［107］　肖遥, 邓雯雯, 李长明. 电活性有机材料在钠离子电池中的研究进展［J］. 功能材料, 2019, 50（02）: 2038, 2044, 2050.

［108］　Zhao L, Zhao J, Hu Y S, et al. Disodium terephthalate（$Na_2C_8H_4O_4$）as high performance anode material for low-cost room-temperature sodium-ion battery［J］. *Adv. Energy Mater.*, 2012, 2（8）: 962-965.

［109］　Wan F, Wu X L, Guo J Z, et al. Nanoeffects promote the electrochemical properties of organic $Na_2C_8H_4O_4$ as anode material for sodium-ion batteries［J］. *Nano Energy*, 2015, 13: 450-457.

［110］　Luo C, Zhu Y, Xu Y, et al. Graphene oxide wrapped croconic acid disodium salt for sodium ion bat-tery electrodes［J］. *J. Power Sources*, 2014, 250: 372-378.

［111］　Wang C, Xu Y, Fang Y, et al. Extended pi-conjugated system for fast-charge and -discharge sodi-um-ion batteries［J］. *J. Am. Chem. Soc.*, 2015, 137（8）: 3124-3130.

［112］　Zhao H, Wang J, Zheng Y, et al. Organic thiocarboxylate electrodes for a room-temperature sodi-um-ion battery delivering an ultrahigh capacity［J］. *Angew Chem. Int. Ed. Engl.*, 2017, 56（48）: 15334-15338.

［113］　Castillo-Martinez E, Carretero-Gonzalez J, Armand M. Polymeric Schiff bases as low-voltage redox centers for sodium-ion batteries［J］. *Angew Chem. Int. Ed. Engl.*, 2014, 53（21）: 5341-5345.

［114］　López-Herraiz M, Castillo-Martínez E, Carretero-González J, et al. Oligomeric-Schiff bases as negative electrodes for sodium ion batteries: unveiling the nature of their active redox centers［J］. *Energy Envi-ron. Sci.*, 2015, 8（11）: 3233-3241.

［115］　Luo C, Xu G L, Ji X, et al. Reversible redox chemistry of azo compounds for sodium-ion batteries［J］. *Angew Chem. Int. Ed. Engl.*, 2018, 57（11）: 2879-2883.

［116］　Zhang S, Huang W, Hu P, et al. Conjugated microporous polymers with excellent electrochemical performance for lithium and sodium storage［J］. *J. Mater. Chem. A*, 2015, 3（5）: 1896-1901.

［117］　Kim M S, Lee W J, Paek S M, et al. Covalent organic nanosheets as effective sodium-ion storage materials[J]. *ACS Appl. Mater. Interfaces*, 2018, 10 (38): 32102-32111.

[118] Zhao R, Liang Z, Zou R, et al. Metal-organic frameworks for batteries[J]. *Joule*, 2018, 2 (11): 2235-2259.

[119] Park S K, Kim J K, Chan Kang Y. Metal-organic framework-derived $CoSe_2$/ (NiCo) Se_2 box-in-box hollow nanocubes with enhanced electrochemical properties for sodium-ion storage and hydrogen evolution[J]. *J. Mater. Chem. A*, 2017, 5 (35): 18823-18830.

[120] Ge X L, Li Z Q, Yin L W. Metal-organic frameworks derived porous core/shellCoP@C polyhedrons anchored on 3D reduced graphene oxide networks as anode for sodium- ion battery[J]. *Nano Energy*, 2017, 32: 117-124.

[121] Zhang Y, Pan A, Ding L, et al. Nitrogen-doped yolk-shell-structured CoSe/C dodecahedra for high-performance sodium ion batteries[J]. *ACS Appl. Mater. Interfaces*, 2017, 9 (4): 3624-3633.

第5章

层状氧化物正极材料

对比第一代应用广泛且技术成熟的 $LiCoO_2$ 层状氧化物，Okada 及其同事发现[1]，$NaFeO_2$ 在钠离子电池中具有电化学活性，其基础是 Fe^{3+}/Fe^{4+} 氧化还原反应。但 $NaFeO_2$ 正极材料在循环过程存在结构可逆性差等问题，导致其循环性能较差，因此开发合适的正极材料对钠离子电池的发展有着至关重要的作用。

钠离子电池正极材料应具有比能量高、循环寿命长和倍率性能好等电化学特性。比能量主要由比容量和电位决定，循环寿命由其结构稳定性决定，倍率性能受动力学因素的影响，主要是离子扩散系数。根据不同的应用需求研究人员开发出多种正极材料，目前可用的正极材料主要有高能量密度的过渡金属氧化物、高倍率性能的聚阴离子型化合物、经济适用的金属六氰酸盐和有机化合物。图 5.1 为常用正极材料的工作电压及理论容量。

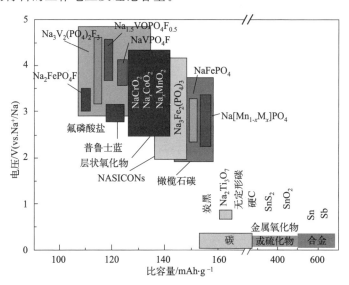

图 5.1　常见钠离子电池正极材料的工作电压与理论容量[2]

过渡金属氧化物材料具有合成简单、组成可调、功率密度高等优点。过渡金属氧化物正极材料根据其晶体结构特点可进一步分为层状过渡金属氧化物材料和隧道结构过渡金属氧化物材料。层状氧化物结构通式为 Na_xMO_2（M 主要为过渡金属元素中的一种或者多种），由边共享的 MO_6 八面体过渡金属层的重复片状组成，钠离子位于过渡金属层之间。根据钠配位环境与氧堆积序列的不同，层状氧化物主要被分为 P2、O2、O3 和 P3 等，如图 5.2 所示。P（O）代表钠离子的配位环境（P 是三棱柱位置，O 是八面体位置），数字代表晶胞内 MO_6 的重复数量，例如 P2 是 ABBA，O2 是 ABAC，O3 是 ABCABC，P3 是 ABBCCA。用"′"代表单斜晶体的畸变。用 O′3、P′2 和 P′3 表示与原始材料空间群相同，但晶胞参数不同的结构。P2 型层状氧化物的空间群为 P63/mmc，其中有两个 Na^+ 棱柱形位点，如图 5.2 所示，Na1 沿其表面接触两个 MO_6 八面体，而 Na2 沿其边缘接触六个 MO_6 八面体。

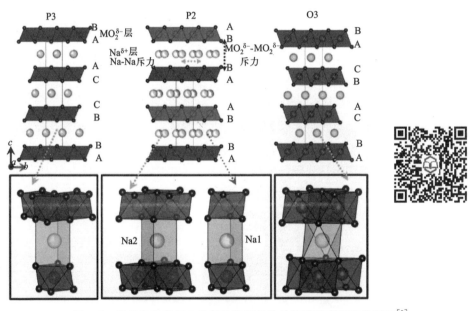

图 5.2　常见的钠离子电池氧化物的晶体结构及钠离子配位环境[3]

O3 型层状氧化物的空间群为 R-3m，其中的钠离子通过间隙四面体位置迁移，这些位置是与其他 NaO_6 或 TMO_6 八面体面共享的位置（TM 为过渡金属），钠离子从一个相邻八面体位置直接跳到另一个相邻八面体位置，类似于层状 Li_xTMO_2 中的锂离子扩散路径。但这种迁移不是直接通过八面体位置发生的，而是间接地以"N"型模式发生，如图 5.3（a）所示。而 P2 型晶格中的 Na^+ 传输与在 O3 型晶格中的传输不同，在 P2 型层状氧化物中的 Na^+ 通过它们的共同面从一个棱柱状位点传输到另一个棱柱状位点。钠离子在 P2 型层板的棱柱配位环境中的迁移是直接的，如图 5.3(b) 所示。这两个位点之间扩散的活化能垒低于 O3 型，这就是 P2 型层状氧化物具有更高的钠离子迁移率的原因。P2 型层状过渡金属氧化物材料具有更稳定的结构、更好的离子导电性和更好的倍率性能。

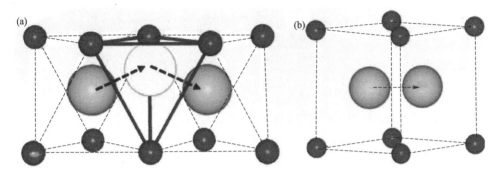

图 5.3　(a) O 型框架中具有中间四面体位的钠离子间接扩散路径和
(b) P 型框架中钠离子的直接扩散路径（没有中间位置）[4]

隧道 Na_xMO_2 氧化物属于具有 Pbam 空间群的正交晶系，它们主要由一个 MO_5 金字塔和一个 MO_6 八面体组成，形成 S 形和五角形的隧道，其中 Na^+ 位于三个不同的位置（图 5.4）。这种独特的开放结构和相互连接的大隧道允许在 Na^+ 脱嵌/插层过程中发生多次可逆相变。典型的隧道型氧化物 $Na_{0.44}MnO_2$ 首次由 Sauvage 等人[5] 提出，近年来被作为钠离子储存正极材料广泛研究，其理论比容量为 $121mAh \cdot g^{-1}$，且具有优异的循环稳定性。

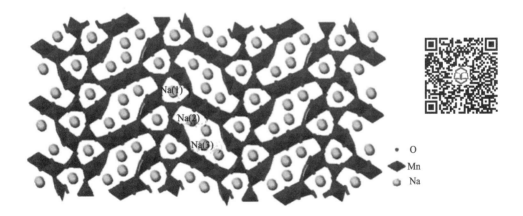

图 5.4　隧道型氧化物的结构示意图[6]

5.1 P2 型过渡金属氧化物

$LiCoO_2$ 等单金属氧化物正极材料在锂离子电池中表现出优异的电化学性能，因此，在早期的研究中，科学家们就开始了对单金属氧化物钠离子电池的研究。由于 Na 和 Mn 元素的成本效益，Na_xMnO_2 是一种备受瞩目的锰基钠离子电池正极材料。锰是一种典型的三维过渡金属元素，通常表现为 +2、+3 和 +4 态。$P2\text{-}Na_xMnO_2$ 的离子存储机制是由 Mn^{3+}/Mn^{4+} 氧化还原电对决定的，如果 Mn 处于 +3 态，则会发生姜-泰勒效应，人们普遍认为，Mn^{3+} 的姜-泰勒效应是导致 Na_xMnO_2 容量迅速下降的主要原因之一。P2 型 Na_xMnO_2 中 Na 的含量在 $0.45\sim0.85$，在 2.0V 以上发生电化学脱嵌反应。如图 5.5(a) 所示，在 $Na_{0.53}MnO_2$ 的 CV 曲线中，我们可以看到至少三对氧化还原峰，对应于钠离子电池的多步电化学过程[7]。2.5V 和 2.38V 处的峰对应着 Mn^{3+}/Mn^{4+} 氧化还原反应。位于 $3.0\sim4.3V$ 较高的电压区间内，可以解释为由晶格结构中 Na^+ 嵌入/脱出造成的复杂的多步相变过程。从图 5.5(b) 的电压曲线中，可以清楚地看到 Na^+ 嵌入/脱出过程是与 Mn^{3+}/Mn^{4+} 氧化还原对相关的可逆多步反应。在第一个循环中，$Na_{0.53}MnO_2$ 可以提供 $135.7mAh \cdot g^{-1}$ 的放电比容量，对应于 0.51mol 的 Na^+ 脱嵌，这与 $Na_{0.53}MnO_2$ 的理论比容量 $140mAh \cdot g^{-1}$ 非常相近。在接下来的循环中也可以看到相同的电压平台，第五次的放电比容量为 $123.9mAh \cdot g^{-1}$，对应于 0.47mol 的 Na^+ 脱嵌。Shinichi 等人[8] 研究了 $P2\text{-}Na_{2/3}MnO_2$ 和 $P2\text{-}Na_{2/3}MnO_2$ 材料在储钠性能上的差异。$P'2\text{-}Na_{2/3}MnO_2$ 材料在 $1.5\sim4.4V$ 范围内以 $20mA \cdot g^{-1}$ 的电流密度循环时，其放电比容量比 $P2\text{-}Na_{2/3}MnO_2$ 有所增加，如图 5.5(c) 和 (d) 所示，$P'2\text{-}Na_{2/3}MnO_2$ 初始放电比容量可达 $216mAh \cdot g^{-1}$，与硬碳组成全电池时的能量密度为 $590Wh \cdot kg^{-1}$，循环 25 次可保持初始容量的 94%。Luo 等人[9] 研究了 $P2\text{-}Na_{2/3}MnO_2$ 材料在较窄电压窗口下（$2.0\sim3.8V$）的电化学性能。该材料在 0.1C 时的初始放电比容量为 $155mAh \cdot g^{-1}$，初始库仑效率高于 100%，在 1C 循环 225 次后容量保持率为 86.5%。

研究人员还采用表面包覆的方式改进锰基材料的电化学性能。Jo 等人[10] 用 $NaPO_3$ 包覆了 $Na_{2/3}MnO_2$ 材料，显著提高了其循环性能。同年，他们又用 $\beta\text{-}NaCaPO_4$ 对 $Na_{2/3}MnO_2$ 材料进行了包覆[11]，发现包覆后的 $Na_{2/3}MnO_2$ 材料在 0.2C 循环 200 次后容量保持率为 74%。$Na_{2/3}MnO_2$ 表面的 $\beta\text{-}NaCaPO_4$ 可以与电解液中的 HF 及 H_2O 反应生成 $CaHPO_4$。由于清除了电解液中的 HF 和 H_2O，可以缓解 HF 在电极表面的副作用，提高电极的循环稳定性，而且 $\beta\text{-}NaCaPO_4$ 包覆层在抑制析氧方面也发挥了一定的作用。

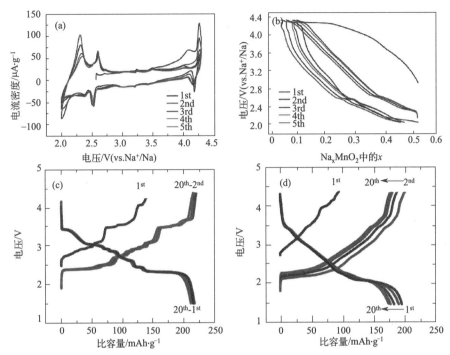

图 5.5　P2-Na$_{0.53}$MnO$_2$ 纳米棒的(a) 循环伏安曲线及(b) 0.1C 下第一至第五个循环的恒流充放电曲线[7]，(c) P′2-Na$_{2/3}$MnO$_2$ 和 (d) P2-Na$_{2/3}$MnO$_2$ 的充放电曲线[8]

P2-Na$_x$CoO$_2$ 有着与其他 P2 型层状氧化物不同的特点，那就是它的结构可以在整个电化学过程中保持不变。但是即使没有相变，这种类型材料的充放电曲线也表现出多个电势平台（图 5.6）[12]。P2-Na$_x$CoO$_2$ 中存在一些允许阳离子分布的能量最小化效应：倾向于分离 a-b 面上的 Na$^+$ 的静电斥力，NaO$_6$ 和 CoO$_6$ 多面体共面上的 Na$^+$-Co^{3+} 相互排斥，以及钴层中的电子-电子相互作用。晶格中的 Na$^+$ 和电子都具有很高的扩散率，而且由于钠离子的脱嵌作用，结构可能会重新排列（即使钠离子改变 1% 也可以形成新的分布）。这就是在图 5.6 的曲线中显示了如此多的电压平台的原因。此外，P2 型氧化物中钠离子两个活性位点 Na1 和 Na2 的不同分布是形成多个电位脱嵌机制的主要原因。

虽然单金属氧化物具有一定的优势，但其综合电化学性能不足限制了其应用。例如，层状 Na$_x$MnO$_2$ 具有较高的比放电容量，但由于 Mn^{3+} 的姜-泰勒畸变和不可逆的相变，其容量衰减严重而不能被实际应用。P2 型 Na$_{2/3}$MnO$_2$ 中存在姜-泰勒畸变的特征是 Mn 和 O 在一个方向（z 轴）上的距离不同，导致结构紊乱，从而导致容量快速衰减。因此，迫切需要解决 Mn-O 距离的各向异性变化问题，最合理的方法是通过降低化合物中 Mn^{3+} 的含量来抑制 Mn-O 在 MnO$_6$ 八面体中沿 z 轴的异常延长。降低 Mn^{3+} 含量的一种有效方法是通过各种金属离

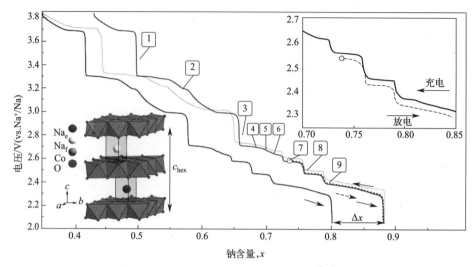

图 5.6 P2-Na$_x$CoO$_2$ 的电化学相图[12]

子部分取代 Mn^{3+}，即一价的 Li$^+$，二价的 Ni^{2+}、Mg^{2+}、Cu^{2+} 和三价的 Al^{3+}、Co^{3+}、Fe^{3+} 等。例如，Yabuuchi 等人[13] 成功合成了 P2-Na$_{5/6}$[Li$_{1/4}$Mn$_{3/4}$]O$_2$，在 2～4.8V 的电压范围内，10mA·g^{-1} 的电流密度下循环 20 次后其放电比容量约为 200mAh·g^{-1}，电压平台与富锂材料类似。尽管添加 Li$^+$ 降低了 Mn^{3+} 的浓度，在一定程度上抑制了姜-泰勒畸变，但人们认为与电荷补偿相关的氧释放会造成循环过程中电压的逐渐衰减，影响循环寿命。

在众多潜在的掺杂离子中，由于 Mn^{3+}（0.645Å）和 M^{2+}（0.69～0.78Å）的离子半径相似，使得采用二价阳离子来降低化合物中 Mn 平均价态的方法引起了人们的广泛关注。2001 年，Dahn 等人[14] 首次通过"共沉淀"方法成功合成了 P2-Na$_{2/3}$[Ni$_{1/3}$Mn$_{2/3}$]O$_2$ 材料，并报道了其储钠性能。该材料在 2～4.5V 的电压范围内有三个明显的平台，在充电过程中 P2-Na$_{2/3}$[Ni$_{1/3}$Mn$_{2/3}$]O$_2$ 的首次充电比容量为 160mAh·g^{-1}，接近其理论比容量，但其循环稳定性较差。如图 5.7(a) 所示，在第一次充电时，（001）和（101）峰移至较低角度，而（110）和（112）峰移至较高角度。这表明 c 轴在充电过程中会发生膨胀而 a 轴则会收缩。在 3.9V 之前 Na$_{2/3}$[Ni$_{1/3}$Mn$_{2/3}$]O$_2$ 仍保持 P2 结构。当 Na 含量等于约 1/3 时，（002）峰变得比原始相更宽。当充电到 4.2V 时，形成一组新的（002）和（112）衍射峰，而原来的（002）和（112）衍射峰消失。这时 P2-Na$_{2/3}$[Ni$_{1/3}$Mn$_{2/3}$]O$_2$ 处于两相共存状态。当电位达到 4.4V 时，只留下 O2 相结构的衍射峰。如图 5.7(b) 所示，放电过程发生了与充电过程完全相反的结构变化。由于显著的 P2-O2 相变，Na$_{2/3}$[Ni$_{1/3}$Mn$_{2/3}$]O$_2$ 在充放电前后的体积变化高达 23%，这也是其在 2.0～4.5V 电压范围内循环稳定性差的原因之一。

Dai 等人[15] 研究了 $Na_{2/3}Ni_{1/3}Mn_{2/3}O_2$ 材料中的阴离子氧化还原活性，利用有超高探测效率的全图共振非弹性 X 射线散射（MRIXS）技术，结合 X 射线吸收光谱（XAS）分析了 $Na_{2/3}Ni_{1/3}Mn_{2/3}O_2$ 在充放电过程中氧离子化学状态的变化。结果表明，这种材料表现出可以忽略不计的电压滞后（0.1V）和高的初始库仑效率。如图 5.7(c) 所示，阴离子氧化还原反应在该材料的电化学循环中表现出强烈的可逆信号，初始库仑效率高达 96%。然而，由于长期循环过程中晶格氧的损失或还原为氧的氧气的溢出，$Na_{2/3}Ni_{1/3}Mn_{2/3}O_2$ 材料表现出较差的长期循环稳定性能。

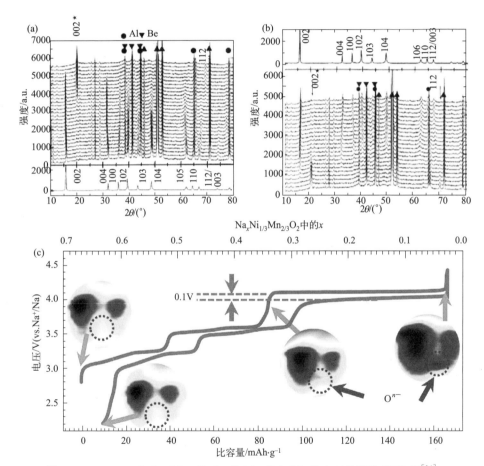

图 5.7　P2-$Na_{2/3}[Ni_{1/3}Mn_{2/3}]O_2$ 的(a) 充电(b) 放电时的原位 XRD 图[14]，(c) $Na_{2/3}Ni_{1/3}Mn_{2/3}O_2$ 在 $16mA \cdot g^{-1}$ 的电流密度下的充电和放电曲线[15]

Sharma 等人[16] 用 Mg^{2+} 部分取代 Mn^{3+} 制备了 $Na_{2/3}[Mn_{1-y}Mg_y]O_2$ 正极材料，Mg^{2+} 的部分取代可以得到较为平滑的电压曲线。他们还对不同二价离子的掺杂进行了比较，制备了 $Na_{0.67}M_{0.2}Mn_{0.8}O_2$（M=Cu、Mg 和 Zn）正极

材料。Mg^{2+} 和 Zn^{2+} 不会参与电化学反应，但是 Cu^{2+} 掺杂后由于 Cu^{2+}/Cu^{3+} 氧化还原反应的作用，使得材料的工作电压有所提高，如图 5.8(a) 所示。图 5.8(b) 中比较了三个正极材料的倍率性能，$Na_{0.67}Cu_{0.2}Mn_{0.8}O_2$ 具有优异的倍率性能。Cu^{2+} 取代减少了 Mn^{3+} 元素在电化学反应中的参与度，这降低了充放电过程中姜-泰勒效应引起的晶格畸变[17]。Cao 等人[18] 成功合成了 $Na_{0.67}Ni_{0.1}Cu_{0.2}Mn_{0.7}O_2$，并通过环境稳定性实验发现，该含铜材料在水中浸泡暴露一个月后仍保持相同的晶体结构，表明新合成的材料具有良好的空气稳定性。

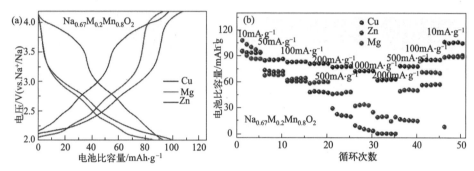

图 5.8　$Na_{0.67}M_{0.20}Mn_{0.80}O_2$（M＝Cu，Zn 和 Mg）电极的
(a) 充放电曲线（电流密度：10mA·g^{-1}）和(b) 倍率性能[17]

Wang 等人[19] 报道了缺钠的 P2-$Na_{2/3}Mn_{0.72}Cu_{0.22}Mg_{0.06}O_2$（简称 P2-NaMCM）正极材料的电化学性能，所有的 Mn^{3+}/Mn^{4+}、Cu^{2+}/Cu^{3+} 和 $O^{2-}/(O_2)^{n-}$ 在钠离子脱出和嵌入后均参与氧化还原反应。采用原位 XRD 研究了 Na/P2-NaMCM 半电池中 P2-NaMCM 正极在 Na 脱出/嵌入过程中的结构演化［图5.9(a)］。在 Na^+ 脱出时，（002）和（004）衍射峰由于相邻 MO_2 层之间扩大的静电斥力而向较低的角度移动，而（100）、（102）和（103）峰由于 ab 平面的收缩向更高的角度移动。当 0.42 个 Na^+ 脱出后，未发现 P2 相以外的衍射峰，表明其反应机制为固溶反应。不同平面内 Na^+/空位的重排使（004）峰的形状在 Na^+ 脱出过程中变得不对称［图 5.9(b)］。在随后放电到 2.0V 时，充电相的特征峰恢复到原来的位置，P2-NaMCM 表现出优异的结构可逆性。Na_xMCM 的晶格参数随 Na^+ 含量的变化如图 5.9(c) 所示，在 Na^+ 脱出过程中，晶格参数 a 收缩。而由于相邻氧层间静电斥力的增加，c 轴在膨胀。原位 XRD 技术证实了电池循环过程中存在固溶体反应机理，并伴随着一些 Na/空位有序重排。P2-NaMCM 脱 Na^+ 前后的单位胞体积变化仅为 0.68%，表明其具有优异的结构稳定性。在 2.0～4.5V 电压窗口和 174mA·g^{-1} 的电流密度下循环时，该材料具有约 93mAh·g^{-1} 的稳定比容量，并在 100 次循环后保持初始容量的 87.9%。

组装的 P2-NaMCM/硬碳全电池在 $17.4mA \cdot g^{-1}$ 电流密度下的放电比容量约为 $101.0mAh \cdot g^{-1}$，50 次循环后容量保持率接近 62.2%，在 $348mA \cdot g^{-1}$ 的较高电流密度下循环时，P2-NaMCM 仍能提供 $66.8mAh \cdot g^{-1}$ 的放电比容量。

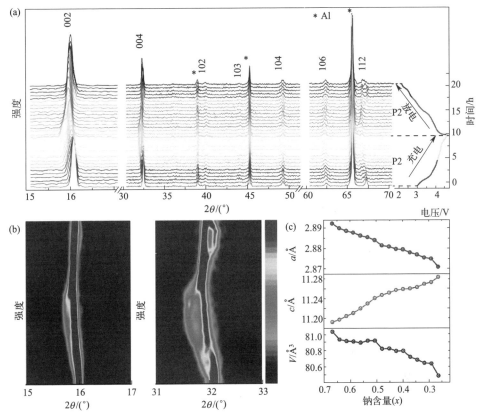

图 5.9 （a）在 $2.0 \sim 4.5V$ 电压范围内，$0.1C$ 电流下，Na/NaMCM 电池第一次充放电时的原位 XRD 图，（b）（002）和（004）峰对应的等高线图和（c）Na_xMCM 晶格参数随 Na^+ 含量的变化规律[19]

Konarov 等人[20] 成功合成了 $Na_{2/3}$ $[Mn_{0.8}Co_{0.2}]$ O_2 材料。$Na_{2/3}$ $[Mn_{0.8}Co_{0.2}]$ O_2 在 $1.5 \sim 4.6V$ 电压区间内，$0.1C$ 时的初始放电比容量为 $175mAh \cdot g^{-1}$，在 300 次循环后容量保持率超过 90%。此外，$10C$ 下循环 300 次后的比容量仍为 $90mAh \cdot g^{-1}$。$Na_{2/3}$ $[Mn_{0.8}Co_{0.2}]$ O_2 材料显示出优异的循环稳定性及倍率性能。Bucher 等人[21] 报道了 Co^{2+} 掺杂对 $Na_{0.7}MnO_{2+z}$ 化合物循环性能的影响，$Na_{0.7}$ $[Co_{0.11}Mn_{0.89}]$ O_{2+z} 正极材料在 $1.5 \sim 3.8V$ 的电压范围内，$0.3C$ 倍率下 20 次循环后的放电比容量约为 $92mAh \cdot g^{-1}$。而未掺杂 Co^{2+} 的氧化物 $Na_{0.7}MnO_{2+z}$ 在相同条件下仅提供 $75mAh \cdot g^{-1}$ 的放电比容量，

这主要是由于 Co^{2+} 的掺杂有效地抑制了有序 Na^+/空位相的形成，加速了材料内 Na^+ 传输速率，提高了 $Na_{0.7}MnO_{2+z}$ 材料的循环稳定性。

三价金属离子掺杂是抑制 $P2-Na_{2/3}MnO_2$ 的姜-泰勒畸变的另一种有效方法，因为 Mn^{3+} 和 M^{3+} 具有相同的价态，可以降低 Mn^{3+} 的含量。Liu 等人[22] 利用柠檬酸辅助的溶胶-凝胶法也成功地将 Al^{3+} 引入到 $Na_{2/3}MnO_2$ 材料中。如图 5.10(a) 所示，合成的 $P2-Na_{0.67}Al_{0.1}Mn_{0.9}O_2$ 在 $2\sim4.0V$ 的电压范围内，$120mA \cdot g^{-1}$ 的电流密度下循环 100 次后放电比容量为 $125mAh \cdot g^{-1}$，容量保持率为 86%。如图 5.10(b) 所示，Al^{3+} 掺杂减少了 Mn^{3+} 的姜-泰勒效应，扩大了 Na^+ 层的间距，加速了 Na^+ 的运动。Pang 等人[23] 的研究结果表明，Al^{3+} 掺杂不仅会导致 P2 相 $Na_{2/3}MnO_2$ 正极材料电压平台变得更加平滑，而且掺杂后的 $Na_{2/3}Mn_{8/9}Al_{1/9}O_2$ 在比容量、倍率性能和循环稳定性上都比原始的 $Na_{2/3}MnO_2$ 材料有大幅提升。如图 5.10(c) 所示，$Na_{2/3}Mn_{8/9}Al_{1/9}O_2$ 在 $2\sim4.0V$ 的电压范围内，$0.5C$ 下 150 次循环后放电比容量约为 $107.8mAh \cdot g^{-1}$，且容量保持率为 82.5%。

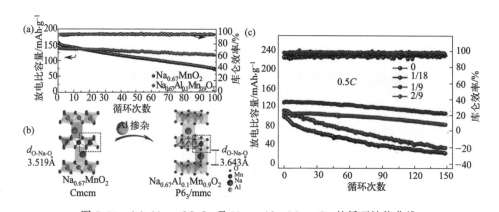

图 5.10　(a) $Na_{0.67}MnO_2$ 及 $Na_{0.67}Al_{0.1}Mn_{0.9}O_2$ 的循环性能曲线，

(b) Al^{3+} 掺杂对电极结构的影响[22]，(c) $Na_{2/3}Mn_{1-x}Al_xO_2$

($x=0$, 1/18, 1/9, 2/9) 材料的循环性能曲线[23]

Li 等人[24] 提出了另一种稳定 $P2-Na_{2/3}MnO_2$ 结构的方法，他们采用 Fe^{3+} 部分取代 Mn^{3+} 以形成稳定的 P2 相结构。所得材料显示出活性 Mn^{3+}/Mn^{4+} 和 Fe^{3+}/Fe^{4+} 氧化还原电对，并且 $P2-Na_{0.6}Fe_{1/2}Mn_{1/2}O_2$ 化合物表现出较高的放电比容量。

在充放电过程中，P2 型层状氧化物正极材料通常在高压下经历有序的 Na^+/空位排列和 P2-O2/OP4 相变 (OP4 型氧化物为 ABBACAAC 构型)，导致它们在 Na^+ 嵌入/脱出过程中出现多个电压平台。然而，P2 型正极材料中的缺钠现象导致其在深度脱钠状态下结构稳定性差，限制了可逆容量。这些缺点导致大多数 P 相层状氧化物的倍率性能较差，容量迅速衰减。图 5.11 展示了 P2 相在高电压区域向 O 相转变的结构示意图[25]。在 P2 相中临近的过渡金属层之间面面相接，所以 P2 相过渡金属层仅有一个可滑移的等效滑移方向，如图 5.11 (a) 所示，为 $\{\gamma\}=\{2/3a+1/3b, -1/3a+1/3b, -1/3a-2/3b, 1/3a+2/3b, 1/3a-1/3b, -2/3a-1/3b\}$。P2 相单胞中仅有两层过渡金属层，仅需一个过渡金属层滑移，就可以实现向 O2 相的转变，如图 5.11(b) 所示。但是，当沿 c 轴方向的两个单胞中相邻的过渡金属层同时协同发生滑移时，则会形成 OP4 结构（P2 相和 O2 相交替排布），如图 5.11(c) 所示。当更多的过渡金属层协同参与滑移时，还会产生更加复杂的 P2 和 O2 共生相，一般称作"Z"相。研究表明最终形成 Z 相或者 OP4 相的材料，体相的 Na^+ 含量相对较大，充电比容量较小，结构可逆性相对较好。说明体相 Na^+ 的含量对结构的稳定性至关重要，因此一方面可以通过提高初始材料的 Na^+ 含量（即设计高钠含量的 P2 相），使其体相 Na^+ 含量在充电末态保持相同的情况下提供更多稳定的放电比容量，另一方面通过优化组成设计，使其在高脱钠情况下的结构稳定性能够得到有效保持。

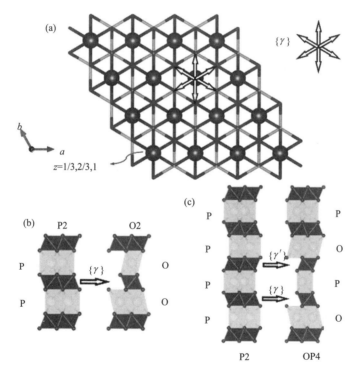

图 5.11　(a) P2 相过渡金属层可能滑移的方向 γ，(b) 通过 γ 滑移 P2 相向 O2 相的转变示意图，(c) 通过 γ 滑移 P2 相向 OP4 相的转变示意图。晶体结构观察方向为 [100]，钠位为浅色多面体，过渡金属位于深色八面体，结构示意图中没有考虑晶胞参数的变化[25]

Gao 等人[26] 利用球差电镜结合第一性原理计算等方法，通过比较两种带状有序（Li$^+$和过渡金属离子有序排布）的层状氧化物正极 P2-Na$_{0.6}$Li$_{0.2}$Mn$_{0.8}$O$_2$（NLMO）和 P3-Na$_{0.6}$Li$_{0.2}$Mn$_{0.8}$O$_2$（NLMO），确定了拓扑保护对提高晶格氧氧化还原可逆性的关键作用。在此项研究中，首先结合球差电镜及第一性原理计算确定了 NLMO 带状过渡金属层的堆积序列，即一维拓扑结构（ODT），原始的 P2-NLMO 和 P3-NLMO 中分别为-α-β-堆积和-α-γ-堆积。电化学和结构分析证实，在 P3-NLMO 中，-α-γ-堆积在钠离子脱嵌过程中保持不变，其稳定的拓扑特征为可逆氧离子的氧化还原提供了拓扑保护，而 P2-NLMO 中-α-β-堆积的拓扑特征则不能稳定保持，在循环过程中逐渐从-α-β-堆积演变为-α-γ-堆积，而-α-γ-模型容纳更少的钠离子，导致容量衰减。研究人员提出了利用一维拓扑序来重新定义 P3-NLMO 结构，对应的拓扑序为 [1，3，5，…，2q+1]，而 P2-NLMO 为 [1，2，3，…，q]。区别于传统相（O 型或 P 型）定义，拓扑序作为层状正极的一个新序参量，可以用来描述不均匀过渡金属层之间的相互作用。P3-NLMO 所具有的奇数型拓扑序更有利于维持结构的稳定性，从而提升氧离子的氧化还原的可逆性。在电压范围为 2.0～4.8V，电流密度 10mA·g^{-1} 的条件下，P3-NLMO 半电池在第 2 个循环中提供了约 240mAh·g^{-1} 的放电比容量，在 30 次循环后显示出 98% 的容量保持率。而 P2-NLMO 比容量为 183mAh·g^{-1}，30 次循环后容量保持率仅为 60%。这项工作为开发高能量、低成本、环境可持续和安全的正极材料提供了强有力的指导。

Wang 等人[27] 发现 Li$^+$ 掺杂对 Na$_{0.67}$Ni$_{0.2}$Fe$_{0.15}$Mn$_{0.65}$O$_2$ 材料的晶体结构、颗粒形貌和电化学性能有显著影响，可以显著提高材料的循环稳定性和倍率性能，合成的 Na$_{0.67}$Li$_{0.2}$(Ni$_{0.2}$Fe$_{0.15}$Mn$_{0.65}$)$_{0.8}$O$_{2+\delta}$ 展示了优异的电化学性能。在 1.5～4.3V 的电压范围内，0.1C 倍率下 Na$_{0.67}$Li$_{0.2}$(Ni$_{0.2}$Fe$_{0.15}$Mn$_{0.65}$)$_{0.8}$O$_{2+\delta}$ 可以提供 151mAh·g^{-1} 的初始比容量，并且在 50 次循环后容量保留率约为 78%。即使在 5C 的大电流密度下，仍可以保持 68mAh·g^{-1} 的高放电比容量。在 4.3V 的高压下，Li$^+$ 掺杂可以有效降低电池电阻并且增强正极材料的结构稳定性，抑制 P2-O2/OP4 相变。Jin 等人[28] 通过简单的高温固相法成功地合成了高钠含量的 P2 型 Na$_{0.85}$Li$_{0.12}$Ni$_{0.22}$Mn$_{0.66}$O$_2$ 材料，结果表 Li$^+$ 掺杂改善了 Na$_{0.85}$Ni$_{0.34}$Mn$_{0.66}$O$_2$ 的电化学性能。如图 5.12(a) 所示，在 2.0～4.3V 之间循环时，高钠含量 P2-Na$_{0.85}$Li$_{0.12}$Ni$_{0.22}$Mn$_{0.66}$O$_2$ 材料在 0.1C 倍率下的初始放电比容量为 123mAh·g^{-1}。该材料的平均电压为 3.5V，能量密度为约 430.5Wh·kg^{-1}。在 5C 倍率下循环时，500 次后容量保持率可达 85.4%，展示了优异的循环稳定性。该材料与硬碳组成的全电池在 0.2C 倍率下循环时的初始比容量为 286mAh·g^{-1}，平均电压为 3.4V，能量密度为约 486.2Wh·kg^{-1}，循环 100 次后容量保持率为 85.6%。如图 5.12(b) 所示，这种材料在循环过程中保持了 P2 相，没有经历在未改性的材料中发现的 P2-O2/OP4 相变，在整个充电过程中表现出完整的固溶体反应过程，因此该材料具有优异的循环稳定性。

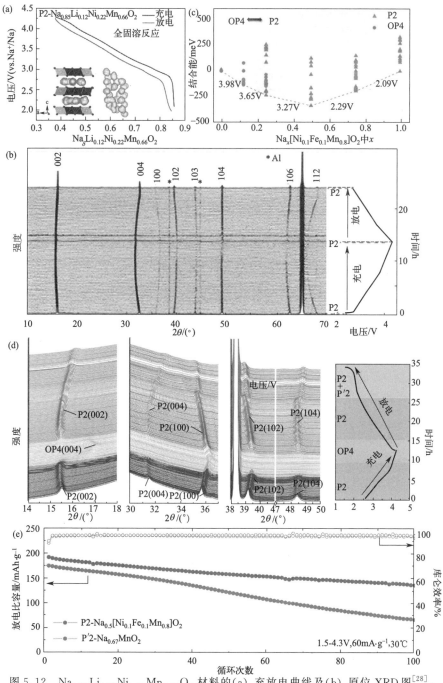

图 5.12　$Na_{0.85}Li_{0.12}Ni_{0.22}Mn_{0.66}O_2$ 材料的（a）充放电曲线及（b）原位 XRD 图[28]，
（c）$P2\text{-}Na_x[Ni_{0.1}Fe_{0.1}Mn_{0.8}]O_2$ 及 $OP4\text{-}Na_x[Ni_{0.1}Fe_{0.1}Mn_{0.8}]O_2$ 的形成能及
（d）$P2\text{-}Na_{0.55}[Ni_{0.1}Fe_{0.1}Mn_{0.8}]O_2$ 在首次充放电过程中的非原位 XRD 图，
（e）$P'2\text{-}Na_{0.67}MnO_2$ 及 $P2\text{-}Na_{0.5}[Ni_{0.1}Fe_{0.1}Mn_{0.8}]O_2$ 的循环性能曲线[29]

Hwang 等人[29] 合成了 P2 相 $Na_{0.55}[Ni_{0.1}Fe_{0.1}Mn_{0.8}]O_2$ 材料，并通过原位 XRD 和第一性原理计算分析了 $Na_x[Ni_{0.1}Fe_{0.1}Mn_{0.8}]O_2$ 材料的储钠机理。如图 5.12(d) 所示，在第一次充电过程中，XRD 图中的 P2 (002) 和 P2 (004) 衍射峰向较低角度偏移，而 P2 (100) 和 P2 (102) 峰逐渐向较高角度移动。当约 0.3mol Na^+（在 4.1V 下带电）从晶体结构中脱出时，$P2-Na_x[Ni_{0.1}Fe_{0.1}Mn_{0.8}]O_2$ 的 c 轴由于 $O^{2-}-O^{2-}$ 排斥而增加，这导致 $P2-Na_{0.55}[Ni_{0.1}Fe_{0.1}Mn_{0.8}]O_2$ 的结构不稳定，开始向 OP4 相变。由于 OP4 相不仅具有棱柱形位点，而且具有八面体位点，从 P2 到 OP4 的相位可以降低 $Na_x[Ni_{0.1}Fe_{0.1}Mn_{0.8}]O_2$ 的结构不稳定性而不延长 c 晶格参数，这意味着在 Na^+ 脱嵌过程中，P2-OP4 相变后 $Na_x[Ni_{0.1}Fe_{0.1}Mn_{0.8}]O_2$ 的 c 晶格参数可能会降低。在 Na^+ 插层过程中，P2-OP4 相变具有高度可逆性。在放电至 4.1V 时，与 OP4 相相对应的 XRD 峰的强度随着钠含量的增加而逐渐降低。与 OP4 对应的峰值完全消失，P2 相位重新出现，直到 $\approx 2.0V$。最后，从 $2.0\sim1.5V$ 放电的最后阶段表现出略微复杂的行为，涉及 P2 及 $P'2$ 的双相机制。这些结构变化现象通常在钠离子电池的富锰 P2 型层状氧化物正极中观察到，这是由在 2.0V 深度放电期间 Mn^{3+} 的量增加引起的。另一方面，可以观察到 $P2-Na_x[Ni_{0.1}Fe_{0.1}Mn_{0.8}]O_2$ 在 P2/OP4 相变之前的 XRD 峰变宽。在 Na^+ 从结构脱出过程中，$P2-Na_x[Ni_{0.1}Fe_{0.1}Mn_{0.8}]O_2$ 处 Na^+ 的层间距离及其 c 晶格参数变大。当 $P2-Na_x[Ni_{0.1}Fe_{0.1}Mn_{0.8}]O_2$ 中的 Na 量低于 0.25mol 时，它经历了从 P2 到 OP4 的相变。因此，相变引起的 $P2-Na_x[Ni_{0.1}Fe_{0.1}Mn_{0.8}]O_2$ 的巨大结构变化可能会影响 $P2-Na_x[Ni_{0.1}Fe_{0.1}Mn_{0.8}]O_2$ 的 XRD 峰的增宽。然而，当 Na^+ 被重新嵌入到结构中时，OP4 相被重新转换为 P2 相，并且扩大的 XRD 峰返回到原始的尖锐峰。如图 5.12(c) 所示，由于在固溶反应过程中，$Na_1[Ni_{0.1}Fe_{0.1}Mn_{0.8}]O_2$ 和 $Na_0[Ni_{0.1}Fe_{0.1}Mn_{0.8}]O_2$ 之间存在几个稳定的中间相 $P2-/OP4-Na_x[Ni_{0.1}Fe_{0.1}Mn_{0.8}]O_2$。特别是当 $Na_x[Ni_{0.1}Fe_{0.1}Mn_{0.8}]O_2$ 中的 Na 量小于 0.25mol 时，OP4 相比 P2 相更稳定，与原位 XRD 结果非常吻合。如图 5.12(e) 所示，在 $1.5\sim4.3V$ 的电压范围内，$60mA\cdot g^{-1}$ 的电流密度下循环时，$P2-Na_{0.55}[Ni_{0.1}Fe_{0.1}Mn_{0.8}]O_2$ 表现出优异的循环稳定性，100 次循环后容量保持率为 75%。Yuan 等人[30] 对这种低压区复杂的结构变化现象进行了总结，认为这种结构变化现象主要发生在富锰 P2 型层状钠离子电池正极材料中。这主要是由深放电至 2.0V 后 Mn^{3+} 含量增加所致。

P2 型层状氧化物通常表现出各种单相畴，并伴有不同的 Na^+/空位有序超结构。因此，它们的 Na^+ 传输动力学和循环稳定性受到这些超结构的影响，在充放电曲线中产生明显的电压平台，通过合理的结构设计可以有效地解决这个问题。Wang 等人[31] 所设计的 $P2-Na_{2/3}Ni_{1/3}Mn_{1/3}Ti_{1/3}O_2$ 显示出超长的循环寿命（在 $2.5\sim4.3V$ 的电压范围内 $1C$ 下循环 500 次后容量保持率为 83.9%）和优异的倍率性能（在 20C 的高倍率下可达到 1C 时初始容量的 77.5%）。如图 5.13 所示，Ti^{4+} 替代一方面可以有效抑制 Na^+/空位有序，使 Ti^{4+} 替代后的材料在较宽的电压区间内仅发生 P2 单相固溶反应，另一方面降低材料中两种不同占位的 Na^+ 的占位能，使 Na^+ 具有更好的扩散性能。替代后的材料因此展现出平滑的充放电曲线，并具有出色的循环性能和倍率性能。

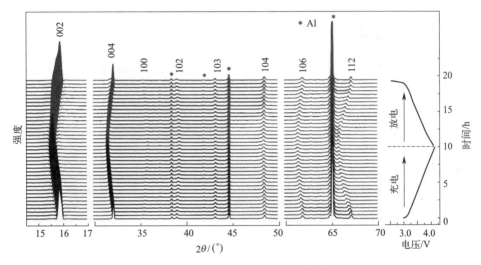

图 5.13　P2-$Na_{2/3}Ni_{1/3}Mn_{1/3}Ti_{1/3}O_2$ 电极在 2.5～4.3V
电压范围内首圈充放电过程中的原位 XRD 图谱[31]

由于 P2 相材料本身处于缺钠状态，在首次放电过程中如果继续放电到较低电压下，如 1.5V 时，会有额外的 Na^+（一般来自钠金属负极）嵌入到晶体结构内而形成新相。图 5.14 展示了 P2-$Na_{2/3}Ni_{1/3}Mn_{2/3}O_2$ 在 4.0～1.5V 之间循环时原位 XRD 图[32]。在放电过程中，开始时观察到固溶反应机理。然而，当放电低于 2.0V 时，（002）、（100）、（102）和（112）峰随着峰强度的降低而分裂成两个峰，这表明存在双相机制。在大约 15.9°和 32.0°处出现两个衍射峰，对应于出现一个新相（正交 $P'2$ 相）。新相的形成主要归因于低电压平台下 Mn^{4+} 会被还原成 Mn^{3+}，大量具有姜-泰勒效应的 Mn^{3+}，导致过渡金属八面体畸变，形成晶格扭曲的 $P'2$ 相结构，在 $Na_x Ni_{1/3}Mn_{2/3}O_2$ 中当 Na 含量为 0.85～0.95 时，可以观察到 P2 和 $P'2$ 相之间的双相结构域，这里的双相机制是完全可逆的，并且在放电过程中相恢复到其初始状态。

此外，还有一个不容忽视的问题，层状氧化物的初始库仑效率往往大于 100%，这意味着初始充电比容量低于放电比容量（大约比放电比容量低 50～100mAh·g^{-1}）。这种现象对该材料在全电池中的应用极为不利，因为全电池选用的负极材料一般为碳基或锡基负极，且没有足够的钠源，会大大限制 P2 型层

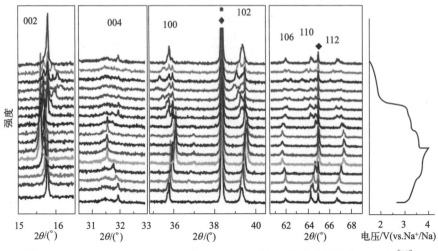

图 5.14　P2-Na$_{2/3}$Ni$_{1/3}$Mn$_{2/3}$O$_2$ 在 4.0～1.5V 之间循环时的原位 XRD 图[32]

状正极材料的容量和能量密度。因此，这类材料在实际应用中需要使用补钠剂。Mariyappan 等人[33] 开发了 Na$_2$CO$_3$ 作为 P2-Na$_x$MO$_2$ 材料的钠补充剂，并取得了良好的效果。Niu 等人[34] 报道了一种具有 400mAh·g^{-1} 的高理论比容量和高达 99% 容量利用率的高效正极钠补偿剂——草酸钠（Na$_2$C$_2$O$_4$）。研究者通过调节具有不同物理化学性质的导电添加剂，将 Na$_2$C$_2$O$_4$ 的氧化电位从传统 Super P 体系的 4.41V 有效降低到科琴黑体系的 4.11V，使其与正极材料兼容，实现了在钠离子全电池中的应用。电化学结果表明，在以硬碳负极和 P2-Na$_{2/3}$Ni$_{1/3}$Mn$_{1/3}$Ti$_{1/3}$O$_2$ 正极为基础，以 Na$_2$C$_2$O$_4$ 为钠储存器以补偿 SEI 膜形成过程中钠损失的全电池，在 1C 电流密度下经过 200 次循环后容量保持率从 63% 提高到 85%，能量密度由 129.2Wh·kg^{-1} 提高到 172.6Wh·kg^{-1}（基于正负极电极质量计算）。

　　P2-Na$_x$MeO$_2$ 作为钠离子电池的典型层状过渡金属氧化物正极材料，表现出优异的倍率性能、高比容量和高比能量，如 P2-Na$_{2/3}$MnO$_2$，具有约 200mAh·g^{-1} 的超高比容量，但在这些材料的实际应用中仍存在许多问题需要进一步探索和解决。例如，阴离子的氧化还原活性在高电压下容易被激发，且阴离子的氧化还原机理尚不清楚，长期循环性能有待提高，循环过程中的 P2-O2 相变或 P2-OP4 相变导致不可逆的容量衰减。在初始放电曲线中仍存在一个小的低压平台区域，导致初始充放电库仑效率超过 100%，需要补充钠以应用于全电池。总体而言，P2 型层状正极材料是一类有前途的正极材料，但其库仑效率、循环寿命、能量密度、结构稳定性和空气稳定性仍需进一步优化，以求实际应用。

5.2　O3 型氧化物

O3 型层状过渡金属氧化物正极材料具有容量大、制备工艺简单、原料丰富等优点，具有很大的应用潜力。在钠嵌入/脱出过程中，通过 MeO_2 层滑移可以很容易地将 O3 型 $Na_x MeO_2$ 转变为 P3 型 $Na_x MeO_2$ 而不破坏 Me—O 键。此外，钠离子半径较大，晶体结构中存在电荷有序和钠空位有序，使得材料在钠离子脱嵌过程中容易发生不可逆相变，动力学性能较差，严重影响了 O3 型 $Na_x MeO_2$ 的电化学性能。为了改善层状材料的电化学性能，通常引入一些过渡金属元素（如 Ti、Zr、Li、Mg、Zn、Cu 等），可以在电化学反应过程中稳定结构。

Komaba 等人[35] 研究了一种层状 $O3\text{-}NaNi_{0.5}Mn_{0.5}O_2$ 钠离子电池正极材料，在 2.2～4.5V 的电位范围内，电流密度为 0.02C 下的初始放电比容量为 185mAh·g^{-1}。如图 5.15(a)，(b) 中的非原位 XRD 所示循环过程中发生了 $O'3$、P3、$P'3$ 和 $P3''$ 等几个相变，导致了放电容量的急剧衰减。虽然作者认为该层状材料的最终脱钠相为 $P3''$ 相，但是此处可能为脱钠态材料的吸水相，主要是由非原位测试过程中极片暴露在环境中导致的。后续 Sathiya 等人[36] 的原位 XRD 测试发现了不一样的结果，如图 5.15(c) 所示，电极材料在 4.2V 左右的充电平台发生了 P 相再到 O 相的演变（图中区域 2）。新生成的 O 相的 (003) 衍射峰位于较高角度（约 20.3°），说明钠层层间距急剧减小，不利于材料的结构稳定和循环性能。

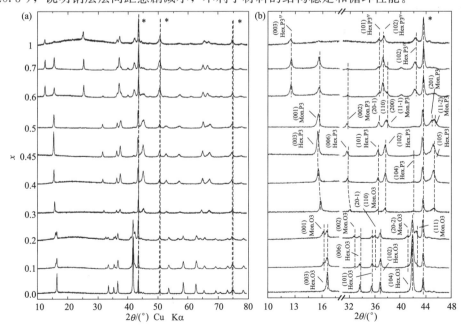

图 5.15

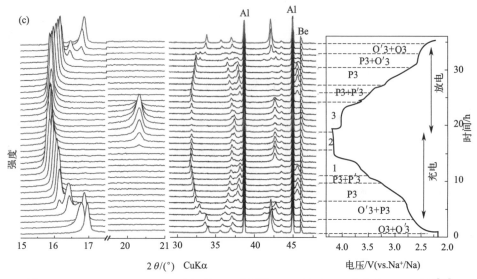

图 5.15　$Na_{1-x}Ni_{0.5}Mn_{0.5}O_2$ 电极的（a）非原位 XRD 图及（b）放大的 XRD 图谱[35]
（c）$NaNi_{0.5}Mn_{0.5}O_2$ 材料首次在 $C/20C$ 倍率下充放电过程中的原位 XRD 图谱[42]

图 5.16（a）展示了 O3 相的晶体结构转变示意图，理想情况下 O3 相和 O′3 相的晶胞参数满足图 5.16（b）中的矩阵关系，实际上 O′3 相晶胞参数 a 与 $\sqrt{3}$ 的比值约为 2.89Å，比 b 值小 1.5%，表明过渡金属层层间出现明显的晶格扭曲。电极材料从 O 型到 P 型的相变一般是在室温恒电流脱钠的条件下进行的。因此，在晶胞中完成相变的唯一可能的方法是依据最小作用原理的层间滑动，而不是层的旋转或 TM—O 共价键断裂。因为在层间旋转过程中，远离旋转中心的原子需要移动很长的距离，并伴随着化学键的断裂，而化学键断裂通常在较高的温度下。因此，O3 向 P3 相的转变主要通过过渡金属层滑移，其中 CA 氧层配位的过渡金属层滑移方向为 $1/3a+2/3b$（其中 a，b 分别代表着六方晶系空间点阵的基向量），BC 氧层配位的过渡金属层滑移方向为 $2/3a+1/3b$，最终形成钠层三棱柱型的配位形式，晶格氧排布为 ABBCCA……。同时，晶格扭曲在新的配位形式下可以得到缓解。但随着脱钠的进行，姜-泰勒效应引起的晶格扭曲再次显现出来（形成 P′3 相）。P3 相和 P′3 相的晶胞参数对称性满足图 5.16（c）中的矩阵关系。P′3 相晶胞参数 $a/3^{1/2}$ 与 b 值只差约 0.5%，说明晶格扭曲程度与 O′3 相相比明显较弱。

充电到 4.2V 的电压平台时，层间钠离子不足 0.4mol，为了避免氧离子面面相接，过渡金属层再次滑移形成 O 相结构。然而对 P3 相有两个滑移方向可以选择，如图 5.17（a）所示，分别为 $\{\alpha\}=\{2/3a+1/3b,-1/3a+1/3b,-1/3a-2/3b\}$ 和 $\{\beta\}=\{1/3a+2/3b,1/3a-1/3b,-2/3a-1/3b\}$。滑移方向 α 倾向于让

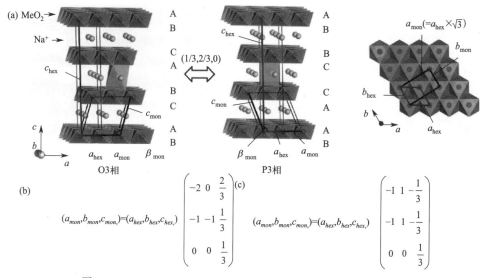

图 5.16 (a) $Na_{1-x}Ni_{0.5}Mn_{0.5}O_2$ 电极的晶体结构转化示意图，

(b) O3 和 O′3 相之间的转化关系，(c) P3 和 P′3 相之间的转化关系[35]

过渡金属离子与上层毗邻的过渡金属离子（$z+1/3$）面面接触，而滑移方向 β 倾向于让过渡金属离子与下层毗邻的过渡金属离子（$z-1/3$）面面接触。点阵中由于没有垂直于 c 轴的镜像平面，因此上下不同的滑移方向影响很大。例如在 $NaNi_{0.5}Mn_{0.4}Ti_{0.1}O_2$ 和 $NaNi_{0.4}Cu_{0.1}Mn_{0.4}Ti_{0.1}O_2$ 体系中在高电压区域就出现明显不同的相转变，分别为 P3-O1 和 P3-O3′，另外在 $NaFe_{1/2}Mn_{1/2}O_2$ 材料中发现 P3-OP2 的相转变。下面详细介绍较低钠含量时 P3 相向 O 相转变的各种转化类型。

假设 P3 相中有两层过渡金属层可以滑移，总共有 4 种组合 $\{\beta\}\{\beta\}$，$\{\alpha\}\{\alpha\}$，$\{\alpha\}\{\beta\}$ 和 $\{\beta\}\{\alpha\}$ 分别形成 OPO_13、O_1PO3、O3 和 O1 结构，如图 5.17(c) 所示。O_1、P 和 O 分别代表 O1、P3 和 O3 结构的原子层排布，其中 O1 相晶格氧排列方式为 ABAB……，钠八面体与毗邻的过渡金属八面体共面连接，钠层层间距减小，如图 5.17(b) 所示。假设 P 相中仅有一层过渡金属层可以滑移，同样有 4 种组合 $\{\alpha\}_{1/3}$、$\{\alpha\}_{2/3}$、$\{\beta\}_{1/3}$ 和 $\{\beta\}_{2/3}$（角标 1/3 和 2/3 代表滑移层的位置）形成 PO_1O3、O_1OP3、POO_13 和 OO_1P3 结构，如图 5.17(d) 所示。由于在六方晶系中 OPO_13、PO_1O3 和 O_1OP3 以及 O_1PO3、POO_13 和 OO_1P3 是等效的，因此根据最小作用原理仅通过一次的 $\{\alpha\}$ 或 $\{\beta\}$ 滑移就可以实现 P3 向 OPO_13 或 O_1PO3 的转变。另外，假如在 P3 相两个沿 c 轴方向的单胞中同时发生 4 次滑移，则可以实现 P3 到 OP2 相的转变，如图 5.17(e) 所示。

上述相变中最大的不同点在于 O1 和 O3 相结构的比例，而 O3 和 O1 相主要由金属离子和配离子之间键的离子性/共价性决定的。例如在 Li_xTiS_2 中过渡金属-阴离子（TM-X）更强的共价键性，使其在不同 Li^+ 含量中都以 O1 结构稳定存在。在 Li_xNiO_2 体系中，$x<0.3$ 时 Ni—O 键较强的共价性使空间效应的作用超过 O-O 间静电排斥力的作用，完全脱锂态的 NiO_2 以 O 型结构存在[37]。因此可以推断在较低钠含量的充电态下，随着过渡金属-氧键的共价性的增强，稳定的电极材料结构倾向性排序为 $OP2<O3'<OPO13=O1PO3<O1$，也就表明钠层层间缩聚会越来越严重。因此可以通过调整过渡金属与氧的共价性，使最终的结构尽量避免向 O1 相转变。

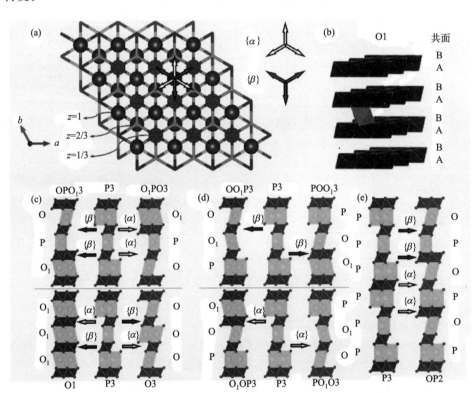

图 5.17　（a）P3 相过渡金属层可能的滑移方向 α 和 β，（b）O1 相的晶体结构示意图，
（c）通过 α 和 β 滑移 P3 相向 O3、O1、OPO_13 和 O_1PO3 相的转变示意图，
（d）通过 α 和 β 滑移 P3 相向 OO_13、O_1OP3、POO_13 和 PO_1O3 相的转变示意图，
（e）通过 α 和 β 滑移 P3 相向 OP2 相的转变示意图。晶体结构观察方向为 [100]，钠位为黄色多面体，过渡金属位于紫色八面体，结构示意图中没有考虑晶胞参数的变化[25]

O3 型的 Na_2RuO_3 材料跟一般的 O3 相材料相比，展现出不同的相变过程[38]。该材料跟富锂锰基材料 Li_2MnO_3 相似，过渡金属层的 Na^+ 伴随着氧离子的氧化还原可以可逆地脱出/嵌入，因此显现出不同的结构转变。从图 5.18

(a) 中的原位 XRD 图谱可以看出充放电过程中该正极主要经历了 O3-Na_2RuO_3，O1-Na_1RuO_3 和 O1′-$Na_{1/2}RuO_3$ 之间的两个两相转变 [图 5.18(b)]。在第一个充电平台（2.7V）发生的是 O3-Na_2RuO_3 和 O1-Na_1RuO_3 之间的两相转变。O1-Na_1RuO_3 的晶格氧以 ABAB…… 的形式排布，蜂巢有序分布的 [$Ru_{2/3}$□$_{1/3}$] O_2 和 [$Na_{2/3}$□$_{1/3}$] O_2（□为空位）层交替排布。在 O1 相中钠层的 NaO_6 八面体和过渡金属层共面相接。此时，钠层的钠离子与过渡金属层中的 Ru^{5+} 和□之间分别存在较强的库仑斥力和库仑吸引力，会导致过渡金属层的滑移更倾向于让钠层的 NaO_6 八面体与过渡金属的空位八面体相接 [图 5.18(c)]。最终导致初始 O3 相由自由的堆叠方式（有堆叠层错）向有序排布转变。但是局域稳定的 Na^+-□-Na^+ 构型，导致 O1 相中仍有层错存在。在第 2 个充电平台时，新相 O1′-$Na_{1/2}RuO_3$ 是由 O1-Na_1RuO_3 转变形成的，钠层层间距从 5.21Å 减小到 4.91Å。此时 O1′ 相的过渡金属层和钠层占位情况为蜂巢有序的 [$Ru_{2/3}$□$_{1/3}$] O_2 和 [$Na_{1/3}$□$_{2/3}$] O_2，□-Na^+-□-Na^+ 构型进一步平衡静电作用。因此过渡金属层排布更加有序，堆叠层错消失。放电过程则为完全相反的过程。相似的结构转变也在 Na_2IrO_3[39] 中存在。除了过渡金属层的整体滑移之外，金属离子在充电过程中也有可能迁移到相邻的碱金属层中，因此层状材料在充电态下的结构稳定性有时与金属离子的迁移密切相关，并有可能影响到电化学性能。特别要注意的是，嵌入/脱出 Na^+ 时不可逆的过渡金属离子迁移可能导致材料的热稳定性下降，进一步导致容量和电压迅速衰减。在锂离子层状材料中，由于 Li^+ 和金属离子的离子半径接近，阳离子迁移行为十分普遍。钠离子的离子半径较大，因此充电时金属离子的迁移主要发生在 O3 型层状氧化物中，例如 O3-$NaVO_2$[40]，O3-$NaCrO_2$[41] 和 O3-$NaFeO_2$[42]。

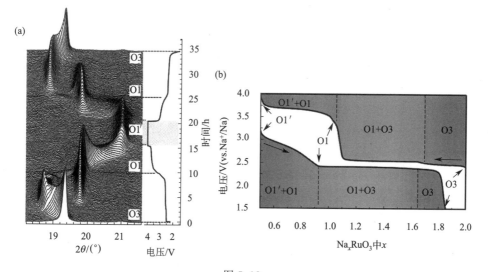

图 5.18

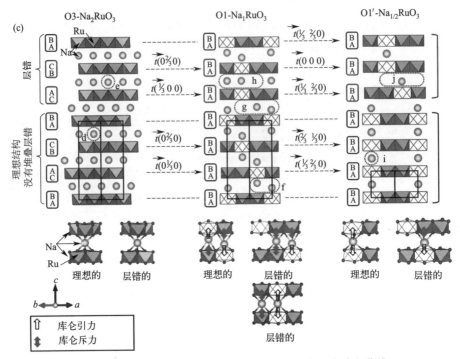

图 5.18　(a) Na_2RuO_3 的原位 XRD 图及其对应的充放电曲线，

（b）根据原位实验确定的钠含量随电压变化的相图，

（c）库仑力对 $Na_{2-x}RuO_3$ 材料自有序过程的机理[38]

O3-NaFeO$_2$（a-NaFeO$_2$）于 1980 年首次应用于锂离子电池，由于钠离子电池与锂离子电池工作原理相似，2013 年由 Okada 等人将 α-NaFeO$_2$ 应用于钠离子电池中[42]。图 5.19 显示了 α-NaFeO$_2$ 在 1.5~3.6V 电压范围内前三个周期的充放电曲线，稳定电压平台出现在约 3.3V，比 LiCoO$_2$ 低 0.7V。α-NaFeO$_2$ 首次充电比容量为 $103mAh \cdot g^{-1}$。3.6V 的完全充电时化学成分可以表示为 $Na_{0.58}FeO_2$。1.5V 时的放电比容量为 $85mAh \cdot g^{-1}$，库仑效率约为 82%。从第二个循环开始，库仑效率提高到约 100%。α-NaFeO$_2$ 正极材料具有良好的循环性能和约 $85mAh \cdot g^{-1}$ 的比容量，约相当于理论比容量的 35%[43]。然而，在 2.5~3.4V 范围内，只有 0.3mol 的 Na$^+$ 能被可逆脱出，当截止电压增大时，α-NaFeO$_2$ 的结构就会被破坏，导致容量衰减。相比之下，O3-NaMnO$_2$ 的研究更为广泛。在 2.0~3.8V 电位范围内，可以可逆脱出 0.8mol Na$^+$，比容量为 $185mAh \cdot g^{-1}$。O3-NaCoO$_2$ 和 NaNiO$_2$ 正极材料的放电比容量约为 $140mAh \cdot g^{-1}$。由于循环过程中结构的严重变化以及 O3 类材料在空气中的不稳定性，容量衰减现象严重，并不适合实际应用。因此，已经实施了几种策略来解决这些问题，如改进合成工艺、控制材料形貌和过渡金属元素在 M 位上的多种取代等。

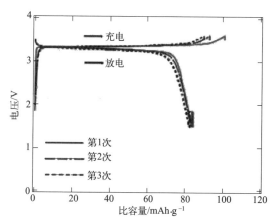

图 5.19　α-NaFeO$_2$ 的前三次充放电曲线[42]

为了解决 O3 型 NaNi$_{0.5}$Mn$_{0.5}$O$_2$ 材料不可避免的复杂相变过程及其缓慢的扩散动力学，Wang 等人[44] 通过引入适量的非活性 Ti^{4+} 合成了一系列 O3 型层状 NaNi$_{0.5}$Mn$_{0.5-x}$Ti$_x$O$_2$（$0 \leqslant x \leqslant 0.5$）材料。NaNi$_{0.5}Mn_{0.2}Ti_{0.3}O_2$ 材料在电压范围为 2.0～4.0V，电流密度为 0.05C 时的初始放电比容量为 135mAh·g^{-1}，其平均电压约为 3.2V，能量密度约为 432Wh·kg^{-1}，且同样电压范围内 5C 倍率下的放电比容量为 93mAh·g^{-1}。部分 Ti^{4+} 取代可以抑制高压区域中 O3 相 NaNi$_{0.5}$Mn$_{0.5}$O$_2$ 正极材料中存在的不可逆多相转变，并使 NaNi$_{0.5}$Mn$_{0.2}$Ti$_{0.3}$O$_2$ 材料在较宽的电压范围内保持高度可逆的 O3-P3 相变，从而获得更高的容量保持率和更好的倍率性能。

Zheng 等人[45] 探索了 Li$^+$ 取代的 NaLi$_{0.1}$Ni$_{0.35}$Mn$_{0.55}$O$_2$ 材料的电化学性能。该材料在 2～4.2V 电压范围内，12mA·g^{-1} 的电流密度下初始放电比容量为 128mAh·g^{-1}，初始库仑效率为 92%，平均工作电压为约 3.05V，能量密度为约 390Wh·kg^{-1}，循环 100 次后容量保持率为 85%。此外，该材料经 Li$^+$ 掺杂后经历了 O3→O$'$3→P3 相变过程，降低了相变的复杂性，降低了 Na$^+$ 嵌入/脱出过程的应力变形。Li$^+$ 的引入有助于形成 O$'$3 相，从而缓解 O3-P3 相变。

Yao 等人[46] 用简单的固相反应成功地在 NaNi$_{0.5}$Mn$_{0.5}$O$_2$ 材料中掺杂了 Ti^{4+} 和 Cu^{2+}。NaNi$_{0.45}$Cu$_{0.05}$Mn$_{0.4}$Ti$_{0.1}$O$_2$ 材料的空气稳定性测试表明，经 Ti^{4+}、Cu^{2+} 优化后的材料在水中和空气中都保持了良好的稳定性，该材料在电压范围为 2.0～4.0V，电流密度为 0.1C 时的初始比容量为 124mAh·g^{-1}，平均电压为约 3.1V，能量密度为约 384Wh·kg^{-1}。在 1C 下循环 500 次后容量保持率为 70.2%。即使在 10C 的高倍率下仍可保持相对较高的比容量（81mAh·g^{-1}）。

在 $NaNi_{0.5}Mn_{0.5}O_2$ 材料中引入 Fe 元素可以明显改善其电化学性能。Wang 等人[47] 系统研究了 $NaNi_{1/3}Fe_{1/3}Mn_{1/3}O_2$ 材料的电化学性能。该材料在 2~4.1V 的电压范围内，电流密度为 $13mA \cdot g^{-1}$ 时的初始放电比容量为 $136mAh \cdot g^{-1}$，初始库仑效率为 99%，平均电压约为 3.15V，能量密度约为 $428.4Wh \cdot kg^{-1}$。半电池在 1C 下 100 次循环后容量保持率为 80%。与硬碳为负极组装成的软包电池在电压范围为 1.5~3.8V 之间循环时，1C 倍率下 500 次循环后，容量保持率为 73%。Xie 等人[48] 发现当充电到 4.3V 时，$NaNi_{1/3}Fe_{1/3}Mn_{1/3}O_2$ 在高压阶段会产生新的 O′3 相，相变过程表现为充电时的 O3-P3-O′3 和放电时的 O′3-P′3。为了进一步优化其循环稳定性，他们在材料中掺杂了 Ca^{2+}，合成的 $Na_{0.9}Ca_{0.05}Ni_{1/3}Fe_{1/3}Mn_{1/3}O_2$ 材料在 2~4.0V 的电压范围内，0.1C 下的初始放电比容量为 $126.9mAh \cdot g^{-1}$，能量密度约为 $400Wh \cdot kg^{-1}$，且在 1C 循环 200 次后放电比容量为 $116mAh \cdot g^{-1}$，容量保持率可达 92%[49]。

Hu 等人[50] 在 $NaNi_{0.5}Mn_{0.5}O_2$ 中引入了半径稍大的 Fe^{3+}，合成了 $NaFe_{0.3}Ni_{0.35}Mn_{0.35}O_2$，$Fe^{3+}$ 掺杂的目的是扩大过渡金属层间距，促进电子离域。如图 5.20(a) 所示，在初始充电时，样品结构经历了一个单相反应，表明所有的峰都指向六方 O3 相（O3hex）。在进一步的 Na^+ 脱出过程中，经历了 O3hex-P3hex 相变，发现了与 O3 相共存的新的六方 P3 相（P3hex）衍射峰，导致了 2.8V 左右的长电压平台。随着 O3 向 P3 转变的完成，P3 相的（003）和（006）衍射峰的角度不断减小，直到充电到 4.0V 为止，没有新相出现，这表明在 3.0V 以上存在较大的固溶区，且由于脱氧后静电屏蔽减小，层间距离逐渐扩大。在反向放电时，则呈现相反的演变，放电到 2.0V 时，一组清晰的 O3 相峰恢复到初始位置，表明 Na^+ 的嵌入机制具有很高的可逆性。可以看出，$NaFe_{0.3}Ni_{0.35}Mn_{0.35}O_2$ 在整个电化学结构演化过程中没有发现任何单斜的 O′3 或 P′3 相，与 $NaNi_{0.5}Mn_{0.5}O_2$ 有显著差异。不同电化学状态下 Ni、Fe 和 Mn K 边 XANES 光谱也证实了其优异的结构稳定性。当充电到 4.0V 时，Ni 和 Fe 的 K 边光谱 [图 5.20(b)，(c)] 明显地向高能量区域移动，表明 Na^+ 的脱出是由 Ni 和 Fe 离子氧化的电荷补偿的。相比之下，Mn 的 K 边光谱只表现出由于局部配位结构调整而导致的形状变化，而不是 Mn^{4+} 的氧化。当放电至 2.0V 时，过渡金属离子的 K 边吸收回移并与原始样品的 K 边重叠，表明氧化还原反应是完全可逆的，结构演化伴随 Na^+ 的嵌入/脱出。第一性原理计算的结果表明，掺杂半径略大的异质离子到过渡金属层以撑大过渡金属层间距进而加强层间电子离域。这样的离域效应在电化学过程中起到抑制电子结构剧烈变化的作用，进而缓解晶体结构的变化和抑制材料单斜相变。得益于单斜相变的有效抑制，改性后的材料的容量、倍率性能和循环稳定性均得到明显的改善。

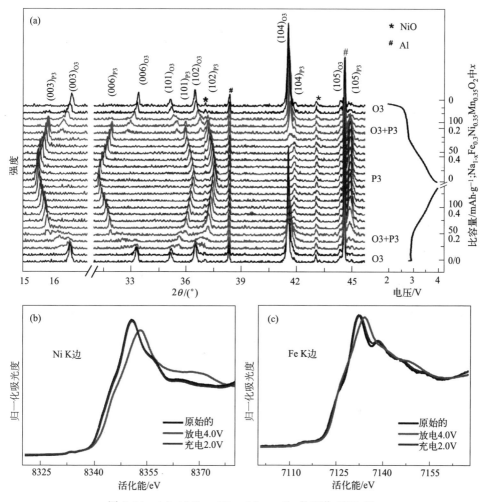

图 5.20　(a) $NaFe_{0.3}Ni_{0.35}Mn_{0.35}O_2$ 的原位 XRD 图，

(b) Ni K 边和(c) Fe K 边非原位 XANES 光谱[50]

Delma 等人[51] 制备了一系列 O3 型 $Na_xMn_{1/3}Fe_{2/3}O_2$ 钠离子电池正极材料，并研究了 Na^+ 嵌入/脱出过程中的结构变化和材料的氧化还原机理。如图 5.12 所示，在几乎完全嵌钠状态下，观察到结构变形 O′3，钠脱出后会形成 O3 相（原始相），在 Na^+ 含量为 $0.85 \sim 0.94$ 时双相结构域形成。Na^+ 含量小于 0.62 时将出现 P3 相。由于 Na^+ 的棱柱形环境，P3 相表现出更大的层间距，如 P3 相 $(003)_{P3}$ 衍射峰角度低于 O3 相 $(003)_{O3}$ 衍射峰。与 O3 相相比，P3 相衍射峰总是非常弱。$Na_{0.82}Mn_{1/3}Fe_{2/3}O_2$ 材料在 $1.5 \sim 3.8V$ 的电压范围内，$C/50$ 的电流密度下的初始放电比容量为 $132mAh \cdot g^{-1}$，能量密度约为 $409.2Wh \cdot kg^{-1}$，电池的平均电压约为 3.1V，室温下循环 12 次的容量保持率约为 92%。如图 5.21。

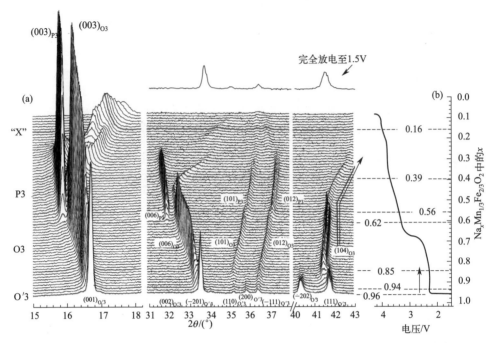

图 5.21　(a) $Na_x Mn_{1/3} Fe_{2/3} O_2$ 充电过程中的原位 XRD 图以及 (b) 相应的充电曲线

在 $Na_x MnO_2$ 材料中引入少量的 Nb 和 Fe 可以极大地提高材料的循环性能。Zhang 等人[52] 成功合成了一系列 Nb^{5+} 掺杂的 O3 型 $NaFe_{0.55} Mn_{0.45-x} Nb_x O_2$，并在 $x = 0.01$ 时获得了最佳的电化学性能。$NaFe_{0.55} Mn_{0.44} Nb_{0.01} O_2$ 材料在 $2\sim 4V$ 的电压范围内 0.1C 倍率下的初始放电比容量为 $127.4mAh \cdot g^{-1}$，平均电压约为 2.86V，且在 0.1C 倍率下循环 200 次的容量保持率约为 65.6%，5C 倍率循环时的可逆容量为 $45mAh \cdot g^{-1}$。在以硬碳为负极的全电池中，$2.0\sim 4.0V$ 电位窗口循环时，0.1C 的电流密度下全电池初始比容量为 $84mAh \cdot g^{-1}$，能量密度为 $211.2Wh \cdot kg^{-1}$，功率密度为 $21.2W \cdot kg^{-1}$，且在 2C 下循环 100 次容量保持率为 90%。Nb^{5+} 掺杂可以增加晶格间距，提高 $NaFe_{0.55} Mn_{0.44} Nb_{0.01} O_2$ 正极材料的循环稳定性，少量的 Nb^{5+} 掺杂可以部分降低 TM 的化合价，从而提高材料的导电性。

Oh 等人[53] 发现 $Na[Li_{0.05} (Ni_{0.25} Fe_{0.25} Mn_{0.5})_{0.95}] O_2$ 具有优异的结构稳定性和良好的电化学性能。该材料在 $1.75\sim 4.4V$ 电压范围内 0.1C 下的初始放电比容量为 $180.1mAh \cdot g^{-1}$，初始库仑效率为 95%。该材料在 5C 时仍能达到 $96.2mAh \cdot g^{-1}$ 的放电比容量。且在 0.5C 下循环 20 次后的容量保持率为 92.1%。该材料与硬碳组成的全电池同样具有良好的循环性能。You 等人[54] 重新研究了 Li^+ 掺杂对于 $NaNi_{1/3} Fe_{1/3} Mn_{1/3} O_2$ 的影响，发现 $Na_{0.85} Li_{0.1} Ni_{0.175} Mn_{0.525} Fe_{0.2} O_2$ 材料在 $2.0\sim$

4.5V 电压范围内，0.1C 电流密度下的初始放电比容量为 157mAh·g^{-1}，且 100 次循环后容量保持率为 88%。锂元素也可以掺杂到碱金属位置。Wang 等人[55] 探索了 Li^+ 掺杂到 Na^+ 位的 [$Na_{0.67}Li_{0.2}$] [$Fe_{0.4}Mn_{0.4}$] $O_{1.6}$ 的电化学性能，发现该材料在 1.5～4.5V 的电压范围内，10mA·g^{-1} 的电流密度下的放电比容量约为 162mAh·g^{-1}，平均电压约为 2.6V。

Zhang 等人[56] 制备了 $NaMn_{0.48}Ni_{0.2}Fe_{0.3}Mg_{0.02}O_2$ 材料。该材料在 1.5～4.2V 的电压范围内，12mA·g^{-1} 的电流密度下初始放电比容量为 160mAh·g^{-1}，平均电压约为 3.0V，能量密度约为 481Wh·kg^{-1}，且循环 100 次后，容量保持率约为 99%。Mg^{2+} 的引入大大提高了 $NaNi_{1/3}Fe_{1/3}Mn_{1/3}O_2$ 电极材料的循环稳定性。

目前商用锂离子电池的三元层状正极材料如 $LiNi_{1/3}Co_{1/3}Mn_{1/3}O_2$ 可表现出约 680～700Wh·kg^{-1} 的高能量密度，与之相类似的钠离子电池三元层状正极材料也受到了广泛的关注。Yang 等人[57] 用 Na^+ 取代 $LiNi_{0.82}Co_{0.12}Mn_{0.06}O_2$ 电极中的 Li^+，通过电化学离子交换法制备了 $Na_{0.75}Ni_{0.82}Co_{0.12}Mn_{0.06}O_2$ 正极材料。该材料在 2.0～4.0V 范围内，0.1C 的电流密度下的初始放电比容量为 171mAh·g^{-1}，初始库仑效率为 99.4%。材料的平均电压约为 2.8V，能量密度约为 478.8Wh·kg^{-1}。该材料在 1C 下循环 400 次后放电比容量可达 80mAh·g^{-1}，容量保持率为 65%。且在 9C 时的比容量高达 89mAh·g^{-1}，$Na_{0.75}Ni_{0.82}Co_{0.12}Mn_{0.06}O_2$ 材料表现出较好的循环稳定性与倍率性能。$Na_{0.75}Ni_{0.82}Co_{0.12}Mn_{0.06}O_2$ 正极材料具有良好的电化学性能和很高的应用潜力。然而，由于钴原料的毒性和价格，未来的研究应减少钴等元素的添加。

O3-$Na_{0.9}$ [$Cu_{0.22}Fe_{0.30}Mn_{0.48}$] O_2 是 Hu 等人研究的最具代表性的铜基材料之一[58]。该材料可实现 0.4mol 钠离子的可逆脱嵌，如图 5.22(a) 所示，在 2.5～4.05V 电压范围内，0.1C 下初始放电比容量为 100mAh·g^{-1}，初始库仑效率为 90.4%。如图 5.22(b) 所示，循环 100 次后的容量保持率为 97%，平均电压约为 3.2V，能量密度约为 320Wh·kg^{-1}。5C 时放电比容量也有 60mAh·g^{-1}。该材料显示出优异的倍率性能及循环稳定性。如图 5.22(c) 所示，$Na_{0.9}$ [$Cu_{0.22}Fe_{0.30}Mn_{0.48}$] O_2 正极材料与硬碳负极形成的全电池在 1～4V 的电压范围内，0.2C 的电流密度下初始容量约为 300mAh·g^{-1}，0.5C 时的平均电压为 3.2V。全电池系统的能量密度估计为 210Wh·kg^{-1}。如图 5.22(d) 所示，全电池循环 100 次后容量没有衰减，显示出超高的循环保持率。O3 相 $NaNi_{0.5}Mn_{0.5}O_2$ 材料在大气条件下对水非常敏感，长期储存可能会导致材料中出现非均相，严重影响其电化学性能。因此，许多研究人员对这类层状材料的空气稳定性问题进行了研究。对 $Na_{0.9}$ [$Cu_{0.22}Fe_{0.30}Mn_{0.48}$] O_2 的老化实验表明，

Cu^{2+} 掺杂后材料具有良好的空气稳定性。

Mu 等人[59] 用 Ni^{2+} 取代了 O3-$Na_{0.9}$ $[Cu_{0.22}Fe_{0.30}Mn_{0.48}]$ O_2 中的部分 Mn^{3+}，成功地合成了一系列 O3-$NaCu_{1/3-x}Ni_xFe_{1/3}Mn_{1/3}O_2$（$x=1/9$、$1/6$、$2/9$）氧化物。其中，O3-$NaCu_{1/9}Ni_{2/9}Fe_{1/3}Mn_{1/3}O_2$ 性能最好。在 2.0～4.0V 电压范围内和 0.1C 的电流密度下的初始放电比容量为约 $127mAh \cdot g^{-1}$，平均电压为 3.1V，能量密度为约 $393.7Wh \cdot kg^{-1}$。该正极材料与硬碳负极组成的全电池初始比容量约为 $322.9mAh \cdot g^{-1}$，小电流放电过程中的平均电压为 3.1V，整个电池系统的能量密度为 $248Wh \cdot kg^{-1}$。在 0.2C 循环 400 次后，容量保持率约为 71%。

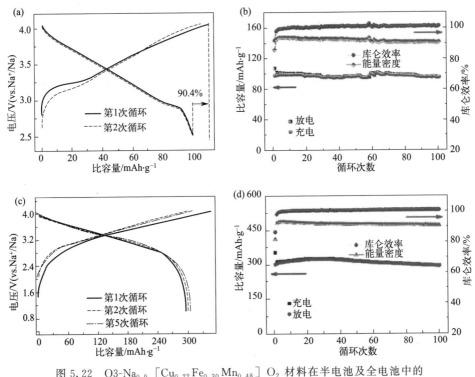

图 5.22 O3-$Na_{0.9}$ $[Cu_{0.22}Fe_{0.30}Mn_{0.48}]$ O_2 材料在半电池及全电池中的
(a) 和(c) 充放电曲线及(b) 和(d) 循环性能曲线[58]

在含 Ni^{2+} 和含 Ti^{4+} 的 O3 相化合物中通常存在 NiO 相。随后，Cao 等人[60] 研究了缺钠的 O3-$Na_{0.9}Ni_{0.45}Mn_{0.4}Ti_{0.15}O_2$ 以防止 NiO 相的形成，但这类氧化物表现出严重的容量衰减。通过固相反应制备了缺钠的 O3 型 $Na_{0.83}Cr_{1/3}Fe_{1/3}Mn_{1/6}Ti_{1/6}O_2$，并在初始循环中发现了（O3→/O3+O3″→O3″）的相变路径，这归因于 $Cr^{3+}/Cr^{4.3+}$、Fe^{3+}/Fe^{3+-4+} 以及 Mn^{3+-4+}/Mn^{4+} 氧化还原对。Wei 等人[61] 利用溶胶-凝胶法制备了一种钠缺乏的 O3 相 $Na_{0.75}Fe_{0.5-x}Cu_xMn_{0.5}O_2$（NFCM）层状氧化物用作高性能

的钠离子电池正极材料。通过掺杂适量的 Cu^{2+} 不仅可以稳定晶体结构，还可以提供更高的放电比容量。利用非原位 XRD 和非原位 XPS 等手段研究了 NFCM 电极材料的钠离子存储机制及相变过程，证明了 $Na_{0.75}Fe_{0.25}Cu_{0.25}Mn_{0.5}O_2$ 在循环过程中主要基于固溶反应。如图 5.23(a) 所示，Cu^{2+} 的适量掺杂可以有效地抑制 O3-P3 的不可逆相变，极大地提高了材料的循环稳定性。该缺钠型 O3 相层状氧化物兼具 O3 相的高容量和 P2 相的良好稳定性的双重优点，为钠离子正极材料的设计提供了一种新的思路。

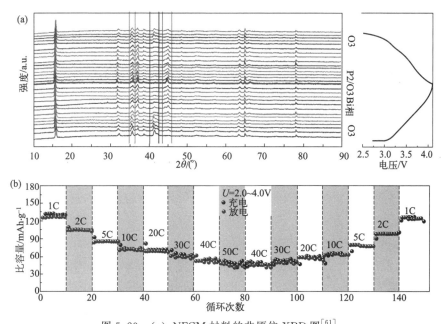

图 5.23　(a) NFCM 材料的非原位 XRD 图[61]，

(b) Na [$Li_{0.05}Mn_{0.50}Ni_{0.30}Cu_{0.10}Mg_{0.05}$] O_2 电极的倍率性能[52]

Deng 等[62] 在 $NaNi_{0.5}Mn_{0.5}O_2$ 材料中成功地引入了 Li、Cu 和 Mg 三种元素，设计了一种针对多层有序堆叠纳米片构建的反应性晶体表面结构的双功能调制策略。Na [$Li_{0.05}Ni_{0.3}Mn_{0.5}Cu_{0.1}Mg_{0.05}$] O_2 在 2.0～4.0V 的电压范围内，$0.1C$ 电流密度下的初始放电比容量为 172mAh·g^{-1}。平均电压为 3.03V。如图 5.23(b) 所示，该正极材料在高倍率下具有优异的倍率性能和循环稳定性，在 $1C$，$2C$，$5C$，$10C$，$20C$，$30C$，$40C$，$50C$ 的倍率下，放电比容量分别为 125.8mAh·g^{-1}、104.5mAh·g^{-1}、85.3mAh·g^{-1}、72.5mAh·g^{-1}、68.2mAh·g^{-1}、61.8mAh·g^{-1}、53.3mAh·g^{-1} 和 49.0mAh·g^{-1}。当电流再次回到 $1C$ 时，放电比容量可以恢复到 113mAh·g^{-1}，证明了 O3-Na [$Li_{0.05}Ni_{0.3}Mn_{0.5}Cu_{0.1}Mg_{0.05}$] O_2 正极材料的优异可逆性。在 1.01～4.19V 的电压窗口内和 $0.1C$ 电流密度下以 Na [$Li_{0.05}Ni_{0.3}Mn_{0.5}Cu_{0.1}Mg_{0.05}$] O_2 为正极

材料，硬碳为负极组成的全电池的能量密度高达 $215Wh \cdot kg^{-1}$，在 $0.5C$ 倍率下循环 200 次，容量保持率为 87.8%。这种表观结构优化与化学成分修饰和材料纳米修饰相结合的协同改性技术极大地提高了材料的循环性能和倍率性能，为未来层状正极材料的结构和性能优化策略提供了新的思路。

此外，还研究了通过引入 Ti^{4+}、Sn^{4+}、Sb^{3+}、和 Bi^{5+} 等元素替代过渡金属元素来改善 $O3\text{-}NaNiO_2$ 材料的电化学性能，从而稳定了材料的晶体结构，大大提高了材料的循环性能。Bhange 等人[63] 制备了高度有序的蜂窝层状 $Na_3Ni_2BiO_6$ 作为钠离子电池正极材料，在 $2\sim4V$ 电压范围内，$0.05C$ 的电流密度下 50 次循环后仍能保持 $106mAh \cdot g^{-1}$ 的放电比容量，电压平台约为 $3.5V$，五价的 Bi^{5+} 在过渡金属层中的存在赋予了该层额外的稳定性，从而有助于保持结构完整性。

Shao 等人[64] 对 $Na_{0.97}Cr_{0.97}Ti_{0.03}O_2$ 材料进行了研究，用 3% 的 Ti 元素取代了 Cr 位。Ti^{4+} 掺杂的正极材料 $Na_{0.97}Cr_{0.97}Ti_{0.03}O_2$ 在 $2.0\sim3.6V$ 电压范围内，$0.2C$ 倍率下 100 次循环后的容量保持率达到 96%。随着截止电压的提高，更多的 Na^+ 从 $NaCrO_2$ 结构中被脱出，从而提供更多的容量，但在循环过程中容量迅速衰减。

Yu 等人[65] 报道了一系列 Ti^{4+} 取代 O3 相 $Na[Ti_x(Ni_{0.6}Co_{0.2}Mn_{0.2})_{1-x}]O_2$ 正极材料的电化学性能。Ti^{4+} 掺杂使材料的容量、循环保持率、倍率性能和热稳定性能方面都有很大的提高。此外，以硬碳为负极，$Na[Ti_x(Ni_{0.6}Co_{0.2}Mn_{0.2})_{1-x}]O_2$ 为正极的全电池表现出了优异的循环性能，在 $1.5\sim4.1V$ 的电压范围内，$15mA \cdot g^{-1}$ 的电流密度下，400 次循环中容量保持率达到 77%。这是由于 Ti^{4+} 提高了材料的机械强度和拉伸强度，并将循环过程中的体积收缩降至最低。

O3 相层状过渡金属氧化物具有更多的插层位点，因此可以容纳更多的 Na^+，因此在相同的电压范围内，O3 相过渡金属氧化物具有更高的理论容量和更高的初始库仑效率，进而在全电池中可以提供更多的容量。此外，O3 层状过渡金属氧化物具有制备工艺简单、原料丰富廉价、环保无毒、具备工业化可批量生产等优点，受到了研究人员的极大关注。然而，由于氧化物滑层、Na^+/空位排序和姜-泰勒效应，O3 型层状正极材料在循环过程中会发生一系列相变，这导致晶格变形引起的不可逆结构变化和体积变化，导致循环稳定性差，容量衰减严重。O3 型正极材料的电化学性能和储钠机理仍需进一步探索和深入研究。通过掺杂技术进行成分优化，如在 $NaNi_{0.5}Mn_{0.5}O_2$ 材料中引入 Fe^{3+}、Li^+、Ti^{4+}、Zr^{5+} 和 Sn^{4+}，在 $NaNi_{1/3}Fe_{1/3}Mn_{1/3}O_2$ 电极材料中引入 Li^+、Mg^{2+} 和 Ca^{2+}，均大大提高了层状正极材料的结构稳定性和循环寿命。综上所述，O3 型层状过渡金属氧化物正极材料是一类具有很大商业应用前景和实用价值的钠离子电极材料。

高熵氧化物（HEO）作为一种新型化合物，因其具有独特的特性（通常是一些仅具有一种或几种主要元素的常规材料而无法实现的）而广受科学界关注。HEO 代表可以结晶为单相的多元素金属氧化物系统，其中不同的系统可以处于不同的晶体结构中，包括岩盐、尖晶石和钙钛矿结构。一般晶体结构中，具有 5 个或更多主要元素在 HEO 中共享相同的原子位点，可以形成稳定的固溶体状态。由于这些材料的组成极其复杂，它们通常表现出优异的性能，例如高断裂韧性，高强度，良好的高温/低温性能，良好的储能性能等。

Zhao 等人[66] 通过高温固相反应法，成功合成了高熵构型单相 O3 型的 $NaNi_{0.12}Cu_{0.12}Mg_{0.12}Fe_{0.15}Co_{0.15}Mn_{0.1}Ti_{0.1}Sn_{0.1}Sb_{0.04}O_2$ 钠离子电池正极材料。如图 5.24（a）所示，通过原位 XRD 测试解析其充放电过程中的结构信息发现：充电过程前期空间群的 O3 相先转变为相同空间群晶胞参数略微不同的 O3′相，脱出 0.32mol Na$^+$ 后转变为空间群为 R-3m 的 P3 相（充电截止电压为 3.9V），放电过程 P3 相可逆地转变为 O3′相，并没有回到初始态的 O3 相［图 5.24（b）］。第 2 周的原位 XRD 测试结果表明充放电过程为可逆的 O3′转变。值得注意的是，通过对比放电过程中 P 和 O 相结构内对应的放电比容量发现：O3′相下拥有 60% 的放电比容量，远高于目前文献中报道的其他 O3 型层状正极材料。文中提出高熵材料中多重组分的过渡金属离子可以调节钠离子嵌入/脱出过程中的局部结构，从而使相转变得以延迟并高度可逆［如图 5.24（c）所示］。因此该材料具有优异的倍率性能和循环性能，5C 倍率下仍拥有 0.1C 倍率测试条件下 80% 的放电比容量，3C 倍率下循环 500 次后容量保持率 83%。该工作提出的高熵构型的概念，为进一步提高钠离子电池能量密度提供了新的思路。

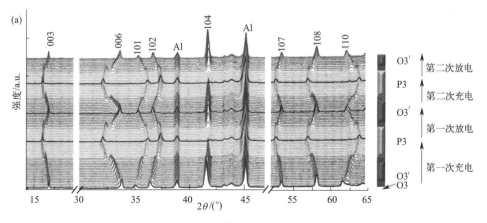

图 5.24

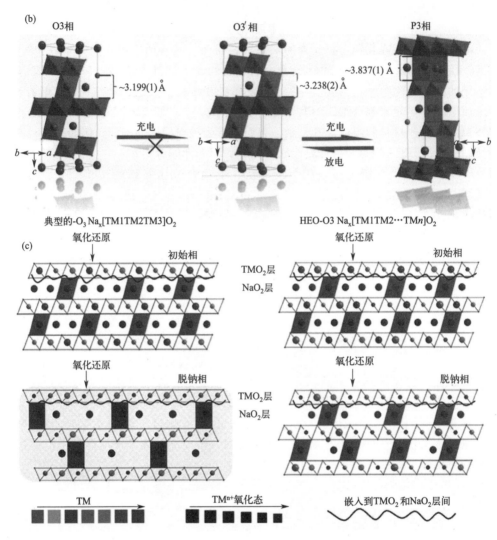

图 5.24 (a) $NaNi_{0.12}Cu_{0.12}Mg_{0.12}Fe_{0.15}Co_{0.15}Mn_{0.1}Ti_{0.1}Sn_{0.1}Sb_{0.04}O_2$

在 2.0~3.9V 电压范围内的前两个循环周期内以 0.1C 倍率充放电条件下的

原位的 XRD 图。标示在 38°和 45°左右的峰属于用作 X 射线窗口的铝箔，

(b) $NaNi_{0.12}Cu_{0.12}Mg_{0.12}Fe_{0.15}Co_{0.15}Mn_{0.1}Ti_{0.1}Sn_{0.1}Sb_{0.04}O_2$

的晶体结构演变过程和(c) 高熵构型稳定 O3 结构的机理阐释[66]

Tian 等人[67] 设计并制备了一种新的六组分 HEO 层状正极 O3-Na $(Fe_{0.2}Co_{0.2}Ni_{0.2}Ti_{0.2}Sn_{0.1}Li_{0.1})O_2$，以实现高度可逆的电化学反应和相变行为。由于钠扩散系数（高于 $5.75×10^{-11}cm^2 \cdot s^{-1}$）高于大多数报道的 O3 型正极材料，因此 HEO 正极表现出良好的循环稳定性（在 0.5C 下循环 1000 次后比容

量保持约 81mAh·g^{-1}）和出色的倍率性能（在 2.0C 时比容量为约 81mAh·g^{-1}）。此外，高熵正极与硬碳负极具有优异的相容性，可提供 90.4mAh·g^{-1} 的比容量（能量密度约 267.5Wh·kg^{-1}）。非原位 XRD 图（图 5.25）表示，高熵设计有效地抑制了中间相变，实现了可逆的 O3-P3 相演化，从而稳定了层状结构。X 射线吸收光谱和 ^{57}Fe 的穆斯堡尔光谱表明，$Ni^{2+}/Ni^{3.5+}$、$Co^{3+}/Co^{3.5+}$ 和 $Fe^{3+}/Fe^{3.5+}$ 的部分氧化还原反应有助于电荷补偿。电化学性能的增强可归因于 HEO 中多组分过渡金属的无序分布，抑制了电荷和钠空位的有序，从而抑制了层间滑动和相变。

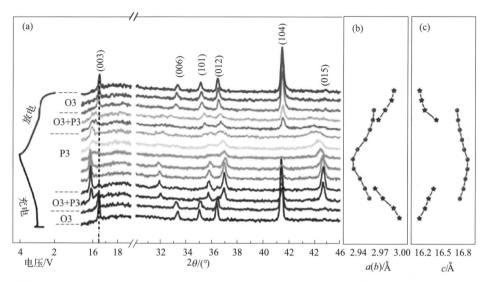

图 5.25　（a）O3-Na（Fe$_{0.2}$Co$_{0.2}$Ni$_{0.2}$Ti$_{0.2}$Sn$_{0.1}$Li$_{0.1}$）O$_2$ 电极在初始充电/放电过程中的非原位 XRD 图及其对应的充放电曲线，晶格参数（b）$a(b)$ 和（c）c 随电压的演变[67]

5.3　双相层状氧化物

P2 相和 O3 相各有其优点，将这两个相结合在一起以利用协同效应可以提高材料的电化学性能。最近一系列具有 P2 和 O3 两相的高性能正极材料被陆续报道。Qi 等人[68] 利用低成本的锰和铁元素，通过传统的高温固相法制备了一系列 Na$_x$［Ni$_{0.2}$Fe$_{x-0.4}$Mn$_{1.2-x}$］O$_2$ 材料。当 $x<0.8$ 时，出现了 O3/P2 复合结构。如图 5.26 所示，在循环过程中，我们可以看到 P 相只经历了一个固溶过程，仅会发生峰的偏移。而 O3 相经历了一个完整的相变过程，即 O3→P3→O′3，但是这种相变是完全可逆的，在放电结束后，Na$_{0.78}$［Ni$_{0.2}$Fe$_{0.38}$Mn$_{0.42}$］O$_2$ 正极材料又回到了原始的 O3/P2 双相。此外，在充电过程中没有发现 OP4 相，因此，O3 相可能抑制 P2 相的滑移。

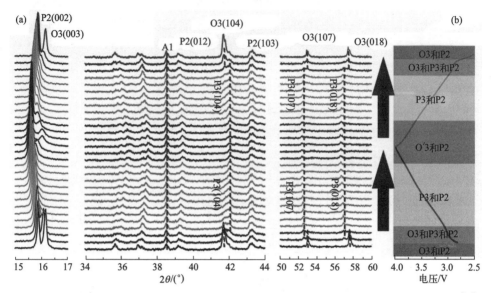

图 5.26 Na$_{0.78}$［Ni$_{0.2}$Fe$_{0.38}$Mn$_{0.42}$］O$_2$ 的（a）原位 XRD 图以及（d）对应的充放电状态[68]

Guo 等人[69] 在 O3 相中引入了部分 Li$^+$ 取代的 P2 相，形成了性能优异的 P2＋O3 层状氧化物复合材料 Na$_{0.66}$Li$_{0.18}$Mn$_{0.71}$Ni$_{0.21}$Co$_{0.08}$O$_{2+d}$（其中 P2 相为主相）。在 1.5～4.5V 之间循环时，在 0.2C 倍率下 Na$_{0.66}$Li$_{0.18}$Mn$_{0.71}$Ni$_{0.21}$Co$_{0.08}$O$_{2+d}$ 提供了 200mAh·g^{-1} 的放电比容量，且 50 次循环后容量保持率可达 84％，在 0.5C 倍率下 150 次循环后有 75％ 的容量保持。值得注意的是，当平均工作电压为 3.2V 时，电池的能量密度可达到 640Wh·kg^{-1}。两相材料的 c 轴大于纯 P2 相的 c 轴，有利于 Na$^+$ 的扩散，这是双相材料有较好循环稳定性的原因。

Li 等人[70] 也利用 Li$^+$ 取代 Ti^{4+} 制备了 P2/O3 两相复合材料 Na$_{0.67}$Mn$_{0.55}$Ni$_{0.25}$Ti$_{0.2-x}$Li$_x$O$_2$。Li 元素主要进入 TM 位以保持 P2 相，还有少量的 Li$^+$ 进入 Na 位形成了 O3 相。过渡金属位点中的 Li$^+$ 取代会产生更多的缺陷以保持电中性，从而提高电子电导率，并对钠离子的扩散产生积极影响。用 Li$^+$ 代替 Ti^{4+} 后，与 Na$_{0.67}$Mn$_{0.55}$Ni$_{0.25}$Ti$_{0.2}$O$_2$ 相比，Na$_{0.67}$Mn$_{0.55}$Ni$_{0.25}$Li$_{0.2}$O$_2$ 的电子电导率和 Na$^+$ 扩散系数分别提高了 122％ 和 29％。同时，Li$^+$ 的掺杂也提高了平均工作电压。因此，用 Li$^+$ 取代过渡金属离子是研究新型钠离子电池正极材料的一条可行的新途径。

有研究表明，在纯净的 P2 相 Na$_{0.5}$（Fe$_{0.5}$Mn$_{0.5}$）O$_2$ 材料中掺入 Li$^+$ 就可以合成出双相材料。当 Li 含量大于 0.1 时，主相会由 P2 相变为 O3 相。Veerasu-bramani 等人[71] 尝试制备了一系列不同的 Li 含量的 P2/O3 双相 Na$_{0.5}$Li$_x$（Fe$_{0.5}$Mn$_{0.5}$）$_{1-x}$O$_2$（x＝0、0.05、0.1、0.2）正极材料，其结构示意图如图 5.27(a) 所示。以 O3 相为主的 Na$_{0.5}$（Li$_{0.10}$Fe$_{0.45}$Mn$_{0.45}$）O$_2$ 的组成性能最

好。如图 5.27(b) 所示，在 1.5～4V 的电压范围内，20mA·g^{-1} 的电流密度下，$Na_{0.5}$（$Li_{0.10}Fe_{0.45}Mn_{0.45}$）$O_2$ 正极材料首次放电比容量为 146.2mAh·g^{-1}，且容量保持率也高于其他样品，这说明适量的 Li^+ 掺杂会提高材料的电化学性能。与纯 P2 相和纯 O3 相相比，P2/O3 两相材料的电化学性能提高的原因在于两方面：一是混合材料中的 P2 和 O3 相共同作用提供容量，不同相的优势被放大，二是两相材料中的 O3 相保持不活跃，从而稳定了晶格。

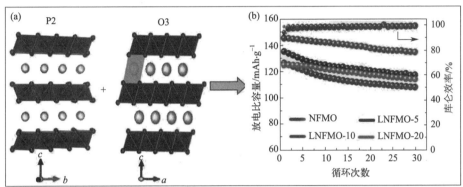

图 5.27 $Na_{0.5}$ [Li_x （$Fe_{0.5}Mn_{0.5}$）$_{1-x}$] O_2 材料的(a)
结构示意图和(b) 循环性能曲线[71]
许多具有 P2 和 P3 相的正极材料被广泛研究，
它们都具有开放的扩散路径

Chagas 等人[72] 通过固相反应制备了 $Na_{0.45}Ni_{0.22}Co_{0.11}Mn_{0.66}O_2$ 材料。当最后一步烧结温度为 800℃时，材料为纯 P2 相，但当温度为 750℃时，合成的是 P2 相和 P3 相的混合物。两相材料在容量和可逆性方面都比纯 P2 相材料表现得更好。特别是当电解液从有机碳酸盐改变为离子液体基时，$Na_{0.45}Ni_{0.22}Co_{0.11}Mn_{0.66}O_2$ 材料的电化学性能更好，在 1.5～4.6V 的电压范围内和 0.1C 的电流密度下，初始放电容量约为 200mAh·g^{-1}。后来同一小组报道了合成温度对 $Na_xNi_{0.22}Co_{0.11}Mn_{0.66}O_2$ 材料在电化学性能上的影响[73]。当煅烧温度分别为 700℃、750℃和 800～900℃时，$Na_xNi_{0.22}Co_{0.11}Mn_{0.66}O_2$ 材料分别显示 P3 型、P3/P2 型和 P2 型结构。P3 型材料显示出较高的初始容量，但每个循环的容量衰减也很快，导致循环稳定性较差。相比之下，纯 P2 型 $Na_xNi_{0.22}Co_{0.11}Mn_{0.66}O_2$ 表现出较低的初始容量，但循环性能稳定，具有良好的倍率性能、高库仑效率和高平均放电容量。P3/P2 相在 2.1～4.1V 的电压范围内。0.1C 的电流密度下，首次循环的放电比容量为 146.8mAh·g^{-1}，200 次循环后容量保持率为 56.7%。

Chen 等人[74] 制备出了具有 P3 相（76.05%）和 P2 相（23.95%）的 $Na_{0.66}Co_{0.5}Mn_{0.5}O_2$ 材料，其精修后的 XRD 图如图 5.28 所示。在 1.5～4.3V

的电压范围内，1C 的电流密度下其初始放电比容量为 $156.1mAh \cdot g^{-1}$，电化学性能优于纯 P3 相 $Na_{0.66}Co_{0.5}Mn_{0.5}O_2$。非原位 XRD 图表明，$Na_{0.66}Co_{0.5}Mn_{0.5}O_2$ 材料没有发生任何相变，始终保持着 P3/P2双相。电化学阻抗谱（EIS）结果表明，两相材料的电荷转移电阻值比纯 P3 相小得多，这表明 Na^+ 更容易（脱）插层。

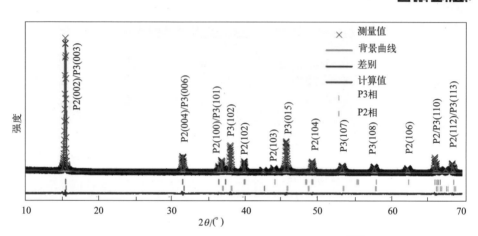

图 5.28 $Na_{0.66}Co_{0.5}Mn_{0.5}O_2$ 材料的 XRD 图[74]

Zhou 等人[75] 最近报道了 P2/P3 双相的 $Na_{0.7}Li_{0.06}Mg_{0.06}Ni_{0.22}Mn_{0.67}O_2$ 材料，其中 P2 相含量为 46.7%，P3 相含量为 53.3%。不同温度下制备的前驱体和焙烧材料的 XRD 图如图 5.29(a) 所示，纯 P2 相倾向于在较高温度下形成，P3 相倾向于在较低温度下形成，采用介于纯 P2 和 P3 之间的中间温度合成了 P2和 P3 两相材料。该正极在 2.0～4.4V 的电压范围内，0.2C 的电流密度下初始放电比容量为 $119mAh \cdot g^{-1}$，50 次循环后的容量保持率为 97.2%；即使在 5C

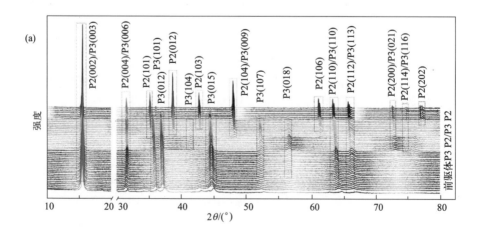

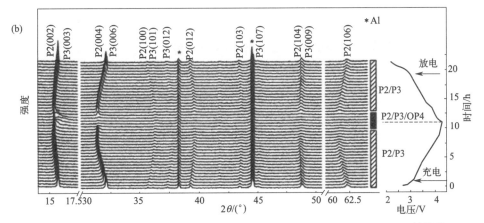

图 5.29　(a) 450～900℃温度下合成的 $Na_{0.7}Li_{0.06}Mg_{0.06}Ni_{0.22}Mn_{0.67}O_2$ 材料的
XRD 图及 (b) 800℃下合成的 $Na_{0.7}Li_{0.06}Mg_{0.06}Ni_{0.22}Mn_{0.67}O_2$ 的原位 XRD 图[75]

的高电流密度下，放电比容量仍保持在 $62.2mAh \cdot g^{-1}$，证明了具有 P2/P3 双相的 $Na_{0.7}Li_{0.06}Mg_{0.06}Ni_{0.22}Mn_{0.67}O_2$ 材料良好的倍率性能。图 5.29(b) 的原位 XRD 结果显示，材料在充放电过程中经历了从 P2/P3 相到 P2/P3/OP4 相的转变过程。与 P2/P3→O2/P3 相直接相变相比，中间相 OP4 相降低了结构应力。

Yan 等人[76] 设计了一种低成本且对水稳定的 P2/P3 双相 $Na_{0.78}Cu_{0.27}Zn_{0.06}Mn_{0.67}O_2$ 正极材料。Zn^{2+} 的取代诱导了 P2 和 P3 相的共生，如图 5.30(a)，(b) 所示，在 HRTEM 图上 P3 相分布在表面，P2 相在内侧，相界面清晰可见。图 5.30(c) 的原位 XRD 图展示了 $Na_{0.78}Cu_{0.27}Zn_{0.06}Mn_{0.67}O_2$ 正极材料在充放电过程中的结构演变。初始相的 (002) 峰被称为 P2 相（原始），在 $0.51<x<0.78$（x 代表 $Na_{0.78}Cu_{0.27}Zn_{0.06}Mn_{0.67}O_2$ 中 Na^+ 的量）的区域内，P2（原始）相在 2θ 值和强度上略有下降，表明 $Na_{0.78}Cu_{0.27}Zn_{0.06}Mn_{0.67}O_2$ 正极材料在此区间仅发生了涉及 Cu^{2+} 和 Mn^{4+} 的氧化还原的固溶反应 [图 5.30(d)，(e)]。同时，当充电至 $0.42<x<0.51$ 的区域时，开始形成新相，即 P2（新相），新相不同于 OP4 或 Z 相，这表明 Zn^{2+} 的掺杂抑制了高压下高度无序的相的形成。两相材料的倍率性能和循环稳定性优于未掺杂的纯 P2 材料。甚至在浸水后仍能保持其稳定的结构和优异的电化学性能。由于 P2/P3 两相同时工作，进一步降低了结构应力，因此 P2/P3 两相的性能也优于单相。

一些多相材料同时含有层状氧化物结构和尖晶石结构。尖晶石相加速了电子的传递，从而改善了电化学性能。Guo 等人[77] 介绍了一种对环境稳定的层状氧化物 $NaMn_{0.8}Ti_{0.1}Ni_{0.1}O_2$ 材料。在材料的内部，它由 P2 和 O'3 两相结构组成。如图 5.31(a)，(c) 所示，Ti（Ⅲ）主要集中在颗粒表面，是原子级厚度的尖晶石状覆盖物，主要为 $TiO_{1.63}$ 到 $TiO_{0.66}$。浓缩的钛尖晶石涂层可保护材料免受

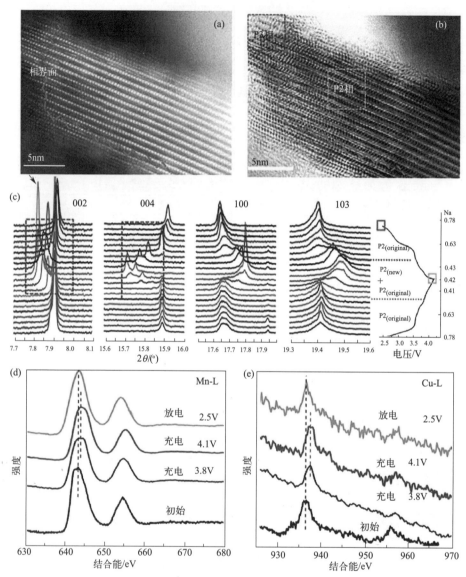

图 5.30 $Na_{0.78}Cu_{0.27}Zn_{0.06}Mn_{0.67}O_2$ 正极材料的(a)，（b）HRTEM 图，

（c）非原位 XRD 图，不同充放电状态下(d) $MnL_{2,3}$ 和(e) $CuL_{2,3}$ 的 EELS 光谱[76]

潮湿环境的影响。在湿空气中暴露 3 天后，材料仍保持其原始结构。由于尖晶石相阻止了与空气/电解液的接触，因此 Mn（Ⅲ）的歧化程度也降低了。根据电化学阻抗谱，三相材料的电荷转移电阻较小，表明材料表面的电荷转移增加。这可能是因为这种类似尖晶石的结构存在着 Na^+ 迁移的 3D 通道。综合所有结构优势，该材料的电化学性能良好。在 1.5～4.2V 的电压范围内和 0.1C 的电流密度

下，该材料的初始放电比容量为 186mA h・g^{-1}，在 5C 下循环 500 次后容量保持率达 81％，整个过程的平均库仑效率为 98％。尖晶石状钛（Ⅲ）氧化物界面为钠离子扩散和电子快速迁移提供了 3D 通道。掺杂诱导的表面重建为提高电极材料的电化学性能提供了新的思路，应在未来的研究中进一步研究。

Hou 等人[78] 设计了稳定的层状 P2/P3 相和尖晶石相共生的纳米复合材料 Na$_{0.5}$［Ni$_{0.2}$Co$_{0.15}$Mn$_{0.65}$］O$_2$。该材料在 1.5～4.0V 的电压范围内和 0.1C 倍率下的初始放电比容量为 177.6mAh・g^{-1}，循环 100 次后的保持率为 87.6％［图 5.31(d)］。为了研究这种层状 P3/P2 和尖晶石共生正极材料在循环过程中的结构演变，非原位 XRD 如图 5.31(e)～(h) 所示，在 Na$^+$ 嵌入/脱出过程中，除了峰位置偏移外，没有检测到除了层状 P3/P2 和尖晶石相以外的新衍射峰，在图 5.31 (g)，(h) 中，尖晶石相的（311）衍射峰在放电过程中移动到更高的角度，表明该 Fdm 尖晶石相有一定的电化学活性。尖晶石结构的三维 Na$^+$ 扩散路径将改善这种混合阴极在氧化还原反应期间的 Na$^+$ 动力学。此外，如图 5.31 (g) 所示，在充电过程结束时，c 轴收缩，主要是由于局部堆垛层错的集中而导致了层间距减小。堆垛层错是由 MO$_2$ 层沿 a-b 平面滑动形成的。在放电过程中，c 轴进一步减小而后增大，最终恢复到初始状态。非原位 XRD 结果证明了这种层状 P3/P2 和尖晶石共生复合材料在循环时的结构稳定性较好。此外，该正极和硬碳组成的全电池性能也很好，表明它是一种很有前途的钠离子电池正极

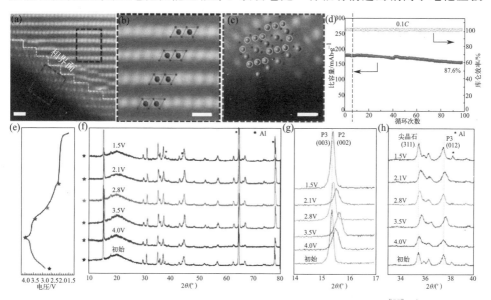

图 5.31　(a)～(c) NaMn$_{0.8}$Ti$_{0.1}$Ni$_{0.1}$O$_2$ 表面的透射电镜图[77]，(d) Na$_{0.5}$［Ni$_{0.2}$Co$_{0.15}$Mn$_{0.65}$］O$_2$ 的循环性能曲线，(e) 首次充放电曲线，(f) 循环过程的非原位 XRD 曲线及 (g)，(h) 放大的非原位 XRD 图谱[78]

候选材料。

在具有层状氧化物和尖晶石相的多相材料中，协同效应起着重要作用，它们具有特殊的性质。一种机制是尖晶石相在电化学过程中是活跃的，尖晶石相具有促进 Na^+ 扩散动力学的 3D 路径，在不同的结构之间发挥协同效应。另一种机制是，当尖晶石相不具备电化学活性时，它对层状氧化物具有保护作用。一般来说，两相和多相的发生大多是偶然的，形成机理还需进一步明确。

5.4 隧道型氧化物

锰基材料因其成本低、富集性好而备受关注。隧道型 $Na_{0.44}MnO_2$ 由于其独特的适合 Na^+ 插层的大隧道而非常吸引人，具有较强的结构稳定性及循环稳定性。$Na_{0.44}MnO_2$ 与 $Na_4Mn_4Ti_5O_{18}$ 具有相同的构型，即正交晶格结构（Pbam 空间群）。$Na_{0.44}MnO_2$ 晶胞由 MnO_5 正方形金字塔和 MnO_6 八面体组成，形成了两种类型的隧道：大的 S 形隧道和较小的五边形隧道。独特的隧道型结构使其在充放电过程中性能较为稳定，被作为一种重要的钠离子正极材料研究。

早期一般采用固相法合成 $Na_{0.44}MnO_2$，方法简单，易于实现工业化，但制得的 $Na_{0.44}MnO_2$ 颗粒大、分布不均匀、长径比大。Sauvage 等人[79] 采用固相反应法制备了 $Na_{0.44}MnO_2$ 粉末，在 2～3.8V 的电压范围内，0.1C 的电流密度下首次放电比容量为 $80mAh \cdot g^{-1}$，但循环稳定性较差，50 次循环后容量仅为原来的一半。Demirel 等人[80] 发现焙烧温度对 $Na_{0.44}MnO_2$ 的形貌和粒径比有很大的影响，在 2～3.8V 的电压范围内和 0.08C 的电流密度下，所制备的 $Na_{0.44}MnO_2$ 的初始放电比容量约为 $122mAh \cdot g^{-1}$。众所周知，Na^+ 沿 $Na_{0.44}MnO_2$ 的轴线方向扩散。但是，线材尺寸大，长径比大，结构应变大，离子扩散路径长，导致循环稳定性差和倍率性能差。因此，通过纳米化、缩短长径比、离子掺杂和表面修饰等方法可以提高 $Na_{0.44}MnO_2$ 的电化学性能。

为了降低 $Na_{0.44}MnO_2$ 材料的结构应变，Cao 等人[81] 采用聚合物热解法制备了 $Na_{0.44}MnO_2$ 纳米线，如图 5.32 所示。600℃ 合成的 $Na_{0.44}MnO_2$ 样品的 TEM 图显示了纳米线的形貌 [图 5.32(a)]，但在纳米线内部观察到许多空洞 [图 5.32(a) 插图]，表明不完全结晶和高密度的缺陷。图 5.32(b) 的 HRTEM 图像展示了晶相（A 区和 B 区）以及空腔（C 区）。晶格平面如图 5.32(b) 所示为（151）和（1110）面，纳米线生长方向沿 [001] 方向。750℃ 合成的 $Na_{0.44}MnO_2$ 样品的 TEM 图显示，纳米线的直径 ≈50nm，非常均匀，晶粒度很高 [图 5.32 (c)]。750℃ 合成的 $Na_{0.44}MnO_2$ 纳米线在 2～3.8V 的电压范围内，0.1C 下的初始放电比容量为 $128mAh \cdot g^{-1}$。经过 1000 次循环后，$Na_{0.44}MnO_2$ 纳米线的放电比容量保持在 $84.2mAh \cdot g^{-1}$，容量保持率为 77%。

另外，焙烧温度对样品的形貌和电化学性能有很大影响。此后，人们相继报道了各种合成方法对 $Na_{0.44}MnO_2$ 进行纳米化的研究。Eiji 等人[82] 使用一种简单、直接且耗时较少的热化学转化工艺，从水基溶液前体制备 $Na_{0.44}MnO_2$ 正极材料的亚微米至微米尺寸的片状/棒状单晶粉末。电化学表征表明比容量接近理论值（$122mAh \cdot g^{-1}$），且具有出色的循环稳定性。

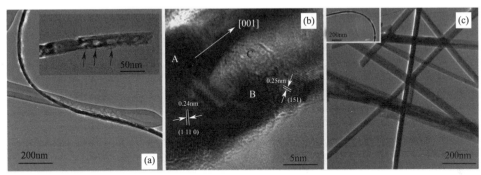

图 5.32　600℃ 合成的 $Na_{0.44}MnO_2$ 样品的(a) TEM 图和(b) HRTEM 图，

(c) 750℃ 合成的 $Na_{0.44}MnO_2$ 样品的 TEM 图[81]

Na^+ 在高温下倾向于沿 [001] 方向扩散，因此 $Na_{0.44}MnO_2$ 的长线形态更有利于电化学性能的提升。钠离子的优先扩散路径是沿材料的轴线方向，然而长的材料会导致离子扩散距离较长，最终导致倍率性能较差。在这种情况下，降低长径比是至关重要的。Zhou 等人[83] 合成了细长的片状或棒状 $Na_{0.44}MnO_2$ 晶体，其长径比较低，$Na_{0.44}MnO_2$ 在 2～3.8V 的电压范围内，0.08C 的电流密度下，具有 $122mAh \cdot g^{-1}$ 的初始放电比容量，在 1.14C 倍率下，100 次循环后容量保持率仍为 90%。Chen 等人[84] 采用苯酚-福尔马林辅助的溶胶-凝胶法制备了低长径比的 $Na_{0.44}MnO_2$ 纳米棒。在 2～3.8V 的电压范围内和 0.1C 和 20C 倍率下，$Na_{0.44}MnO_2$ 纳米棒的初始放电比容量分别为 $120mAh \cdot g^{-1}$ 和 $92.2mAh \cdot g^{-1}$。20C 倍率下 1000 次循环后容量保持率达到 91.7%，$Na_{0.44}MnO_2$ 纳米棒表现出良好的循环稳定性。减小长径比不仅可以改善 $Na_{0.44}MnO_2$ 的倍率性能，而且可以通过减短离子扩散路径和减小 $Na_{0.44}MnO_2$ 的体积变化来增强结构的稳定性。

除了在合成过程中直接降低 $Na_{0.44}MnO_2$ 的长径比外，机械粉碎也是一种有效的方法。Ju 等人[85] 采用熔盐合成法制备了结构良好的棒状一维 $Na_{0.44}MnO_2$（NMO-1）。随后，利用生物场细胞研磨机将得到的 NMO-1 机械粉碎成较短的一维 $Na_{0.44}MnO_2$（NMO-2）。在 2～3.8V 的电压范围内，0.1C 的低倍率下，两个样品的放电容量基本相同。然而，在高倍率下，缩短的 NMO-2 表现出比NMO-1 高得多的放电容量。此外，缩短的 NMO-2 还表现出良好的循环稳定性，在 5C 倍率下 200 次循环后的容量保持率为 93.9%，高于 NMO-1 的 81.3%。结果表明，适当的形态剪裁有利于 $Na_{0.44}MnO_2$ 的快速电子/离子传输和高倍率性能。

为了获得更高的能量密度以及更高的循环稳定性，人们尝试用阳离子/阴离子取代 $Na_{0.44}MnO_2$ 正极。Ti^{4+} 可以在不改变隧道结构的情况下取代结构中的 Mn^{4+}，并且通过抑制钠嵌入/脱出过程中的结构破坏来增强材料的循环性能[86]。如图 5.33(a) 所示，在 1.5～3.9V 的电压范围内和 0.1C 倍率下，所合成的 $Na_{0.44}Mn_{0.89}Ti_{0.11}O_2$ 正极材料的初始放电比容量为 110mAh·g^{-1}，100 次循环后容量保持率高达 90%。Guo 等人[87] 构建了 Na^+ 含量更高的隧道型氧化物 $Na_{0.61}Ti_{0.48}Mn_{0.52}O_2$，在 1.5～4.7V 的电压范围内，0.2C 倍率下可以提供 86mAh·g^{-1} 的初始放电比容量，平均电压为 2.9V，表现出良好的容量保持率，且具有更高的库仑效率。Xu 等人[88] 以 Fe_2O_3 和锐钛矿型 TiO_2 为原料制备了 Fe^{3+} 和 Ti^{4+} 双离子掺杂且对空气稳定的 $Na_{0.61}Mn_{0.27}Fe_{0.34}Ti_{0.39}O_2$ 正极材料，该材料具有高的钠含量和高的放电电压 3.56V（vs. Na/Na$^+$），在 2.6～4.2V 的电压范围内，0.2C 倍率下，该材料具有约 90mAh·g^{-1} 的初始放电比容量，这是第一次在非层状氧化物中实现了 Fe^{3+}/Fe^{4+} 的氧化还原[图 5.33(b)]。

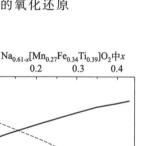

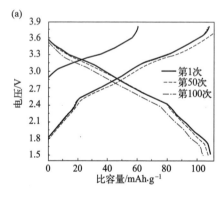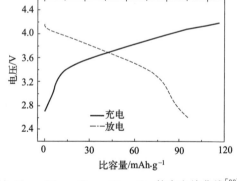

图 5.33 (a) $Na_{0.44}Mn_{0.89}Ti_{0.11}O_2$[86] 及 (b) $Na_{0.61}Mn_{0.27}Fe_{0.34}Ti_{0.39}O_2$ 的充电放曲线[88]

Al^{3+} 掺杂在 $NaAl_{0.1}Mn_{0.9}O_2$ 中可以形成新的斜方晶系层状 $NaMnO_2$ 相，并在表面形成高度稳定的 Al—O 键而提高了材料的循环稳定性[89]。如图 5.34 (a) 所示，在 2.0～3.8V 的电压范围内，0.1C 倍率下 $Na_{0.65}MnO_2$ 和 $NaAl_{0.1}Mn_{0.9}O_2$ 这两种材料表现出完全不同的容量衰减特性。$Na_{0.65}MnO_2$ 的放电容量在循环的早期阶段保持不变，大约 50 次循环之后放电容量突然下降。然而，$NaAl_{0.1}Mn_{0.9}O_2$ 表现出高的初始放电比容量，约 103mAh·g^{-1}，100 次循环后容量保持率为 71.0%。对钠锰氧化物的循环性能产生负面影响的关键因素之一是氧化物颗粒表面的结构不稳定性。然而，由于强 Al—O 键的存在，在 $NaAl_{0.1}Mn_{0.9}O_2$ 颗粒表面形成的 Mn—O 键被削弱导致正极材料的循环稳定性大幅增强。掺锆的 $Na_{0.44}Mn_{1-x}Zr_xO_2$ 样品具有非常稳定的循环性能以及优异的快速充放电性能[90]。$Na_{0.44}Mn_{0.98}Zr_{0.02}O_2$ 在 2~3.8V 的电压范围内，0.1C 下的初始放电比容量为 117mAh·g^{-1}，在 5C 倍率下放电比容量仍为 100mAh·g^{-1}，且 1000 次循环后容量保持率高达 80% [图 5.34(b)]。

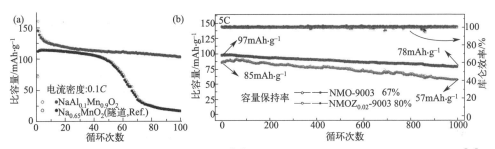

图 5.34　(a) $Na_{0.65}MnO_2$ 和 $NaAl_{0.1}Mn_{0.9}O_2$[89] 及(b) $Na_{0.44}Mn_{0.98}Zr_{0.02}O_2$ 的循环性能曲线[90]

Zhou 等人[91] 采用热聚合法合成了 Co^{2+} 取代部分 Mn 的 $Na_{0.44}Mn_{0.89}Co_{0.11}O_2$ 正极材料。如图 5.35(a) 所示，$Na_{0.44}Mn_{0.89}Co_{0.11}O_2$ 电极在 2~4V 的电压范围内，电流密度为 12mA·g^{-1} 时可以提供 200.5mAh·g^{-1} 的放电比容量，且具有良好的循环稳定性，Co^{2+} 的取代促进正极材料由隧道相向 P2 型层状结构的相变。

为了进一步改善 Na^+ 的扩散动力学，Liu 等人[92] 合成了 F^- 掺杂的 $Na_{0.44}MnO_{1.93}F_{0.07}$，并研究了合成温度对 F 掺杂正极材料的晶体结构及电化学性能的影响。在 2~3.8V 的电压范围内和 0.5C 和 1C 倍率充放电时，优化后的正极 $Na_{0.44}MnO_{1.93}F_{0.07}$ 分别具有 149mAh·g^{-1} 和 138mAh·g^{-1} 的超高放电比容量。此外，如图 5.35(b) 所示，该电极表现出优异的循环稳定性，在 5C 倍率下 400 次循环后容量保持率高达约 79%。F^- 掺杂通常会改变氧原子的结合能，改善钠离子扩散动力学。通过引入卤素阴离子来修饰结构，为设计和优化具有优异电化学性能的钠离子电池先进正极材料提供了新途径。

合理的包覆层还可以提高正极材料的结构稳定性和容量保持率。功能化表面包覆层的存在可以形成保护缓冲区，避免副反应的发生并促进界面电荷传输。Choi 等人[93] 通过熔融浸渍的方法在 $Na_{0.44}MnO_2$ 表面包覆了一层 Na_2MoO_4。包覆后的材料具有高的放电比容量、优异的循环稳定性和倍率性能。如图 5.36(a) 所示，即使在 2~4.2V 的电压范围内，60C 的倍率下，容量保持率也高达 100%。通过形成氟化的 $MoO_{3-x}F_{2x}$ 层来保护活性材料的表面，从而起到清除 HF 和保护活性材料表面免受氢氟酸侵蚀的作用 [图 5.36(b)]。采用

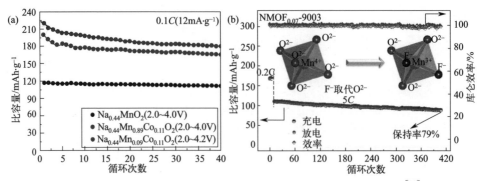

图 5.35 （a）$Na_{0.44}Mn_{0.89}Co_{0.11}O_2$ 在不同电压范围的循环性能曲线[91]，

（b）$Na_{0.44}MnO_{1.93}F_{0.07}$ 在 $5C$ 倍率下的循环性能曲线[92]

溶胶-凝胶法在 $Na_{0.44}MnO_2$ 颗粒表面制备 $NaTi_2(PO_4)_3$ 包覆层是另一种改善 $Na_{0.44}MnO_2$ 正极材料电化学性能的有效手段，$NaTi_2(PO_4)_3$ 包覆层既抑制了表面层的生长，又抑制了有害锰离子的溶解[94]，使得该材料的循环稳定性得到改善，在 2～4V 的电压范围内，$0.42C$ 倍率下 100 次循环后容量保持率为 99.0%，具有优异的倍率性能。

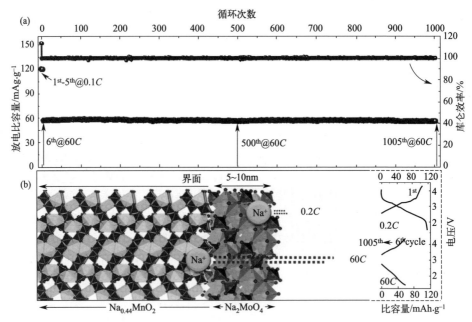

图 5.36 （a）Na_2MoO_4 包覆的 $Na_{0.44}MnO_2$ 材料的循环性能曲线和

（b）Na^+ 嵌入 Na_2MoO_4 包覆层示意图[93]

在钠离子电池中，正极材料的成本占整个电池系统的 32.4%[95]。因此，钠离子电池正极材料需要兼具低廉的价格和较高的可逆比容量。目前来说，过渡金属离子的掺杂和取代是提高层状氧化物正极材料电化学性能的有效手段之一。Mg^{2+} 和 Fe^{3+} 的使用在提高电池平均工作电压、循环稳定性及倍率能力等方面产生了一些显著的效果。但是，大多数 O3 相和 P2 相 Na_xMeO_2 的耐水性都比较差，这就极大地限制了其在实际生产中的应用。Na_xMeO_2 的层间距较大，易与空气中水分子的氢离子发生离子交换反应，并在材料表面生成 Na_2CO_3、$NaHCO_3$ 和 $NaOH$ 等碱性氧化物或者直接吸收水分子作为层间结晶水[96,97]。这会改变材料的晶体结构和降低材料结晶性，且材料表面形成较强的碱性环境会使黏结剂脱氟而失效，并且碱会腐蚀具有两性金属特性的集流体铝箔[98,99]。研究表明，使用少量 Cu 元素取代过渡金属层或惰性金属氧化物包覆正极材料可以有效地提高层状氧化物的耐水性能。因此，作为应用于大规模储能领域的层状过渡金属氧化物，应具备良好的耐水性能和较高的循环寿命。综合考虑下，可以优先选择含少量 Cu 元素的富锰高钠体系的多元素或高熵金属氧化物以及使用纳米碳层或价格较低的惰性金属氧化物（如 Al_2O_3 和 TiO_2）包覆富锰高钠体系的多元素或高熵金属氧化物。

如图 5.37 所示，低成本、较高能量密度的富锰含钠的层状金属氧化物正极材料在理论上可以满足动力电池领域的需求[100]。然而，一般涉及阴离子反应的材料，在循环过程中会出现明显的电压迟滞现象，这不利于商用电池的长期使用和电池管理系统的监测。因此，使用阴、阳离子共同参与反应的富锰含钠的层状

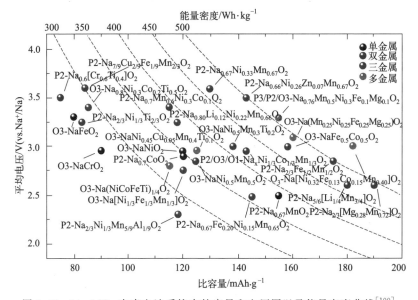

图 5.37　Na_xMO_2 在半电池系统中的容量和电压图以及能量密度曲线[100]

金属氧化物作为钠离子电池材料目前还不能应用于动力电池领域[89]。总之，对于钠离子电池正极而言，仍然具有很高的研究价值及发展前景，能够开发出具有高比容量、耐水性好及长循环稳定的正极材料是未来钠离子电池正极材料的重要研究方向。最近有一些尝试通过合成复合结构（例如混合 Na/Li 复合材料、尖晶石集成层状结构和不同层状材料复合等）来提高性能，这些结构已被证明具有改善的电化学性能。虽然这是一个相对未探索的研究领域，但鉴于结构、化学计量和性能之间的密切关系，未来对复合钠离子层状氧化物正极材料的研究会越来越多。

参考文献

[1] Zhao J, Zhao LW, Dimov N, et al. Electrochemical and thermal properties of alpha-NaFeO$_2$ cathode for Na-ion batteries[J]. *J. Electrochem. Soc.*, 2013, 160（5）: A3077-A3081.

[2] Wang T, Su D, Shanmukaraj D, et al. Electrode materials for sodium-ion batteries: Considerations on crystal structures and sodium storage mechanisms[J]. *Electrochem. Energy Rev.*, 2018, 1（2）: 200-237.

[3] Sathiya M, Hemalatha K, Ramesha K, et al. Synthesis, structure, and electrochemical properties of the layered sodium insertion cathode material: NaNi$_{1/3}$Mn$_{1/3}$Co$_{1/3}$O$_2$[J]. *Chem. Mater.*, 2012, 24（10）: 1846-1853.

[4] Guo S, Yi J, Sun Y, et al. Recent advances in titanium-based electrode materials for stationary sodium-ion batteries[J]. *Energy Environ. Sci.*, 2016, 9（10）: 2978-3006.

[5] Sauvage F, Baudrin E, Tarascon J M. Study of the potentiometric response towards sodium ions of Na$_{0.44-x}$MnO$_2$ for the development of selective sodium ion sensors[J]. *Sens. Actuators B-Chem.*, 2007, 120（2）: 638-644.

[6] Nathan M G T, Yu H, Kim G-T, et al. Recent advances in layered metal-oxide cathodes for application in potassium-ion batteries[J]. *Adv. Sci.*, 2022, 9（18）: 2105882.

[7] Li J Y, Lu H Y, Zhang X H, et al. P2-type Na$_{0.53}$MnO$_2$ nanorods with superior rate capabilities as advanced cathode material for sodium ion batteries[J]. *Chem. Eng. J.*, 2017, 316: 499-505.

[8] Kumakura S, Tahara Y, Kubota K, et al. Sodium and manganese stoichiometry of P2-type Na$_{2/3}$MnO$_2$[J]. *Angew. Chem. Inter. Ed.*, 2016, 55（41）: 12760-12763.

[9] Luo C, Langrock A, Fan X, et al. P2-type transition metal oxides for high performance Na-ion battery cathodes[J]. *J. Mater. Chem. A*, 2017, 5（34）: 18214-18220.

[10] Jo J H, Choi J U, Konarov A, et al. Sodium-ion batteries: building effective layered cathode materials with long-term cycling by modifying the surface via sodium phosphate[J]. *Adv. Funct. Mater.*, 2018, 28（14）: 1705968.

[11] Jo C-H, Jo J-H, Yashiro H, et al. Bioinspired surface layer for the cathode material of high-energy-density sodium-ion batteries[J]. *Adv. Energy Mater.*, 2018, 8（13）: 1702942.

[12] Berthelot R, Carlier D, Delmas C. Electrochemical investigation of the P2-Na$_x$CoO$_2$ phase diagram

[J]. *Nat. Mater.*, 2011, 10（1）: 74-U73.

[13] Yabuuchi N, Hara R, Kajiyama M, et al. New O2/P2-type Li-excess layered manganese oxides as promising multi-functional electrode materials for rechargeable Li/Na batteries[J]. *Adv. Energy Mater.*, 2014, 4（13）: 1-3.

[14] Lu Z, Dahn JR. In situ x-ray diffraction study of P2-$Na_{[2/3]}[Ni_{[1/3]}Mn_{[2/3]}]O_{[2]}$[J]. *J. Electrochem. Soc.*, 2001, 148（11）: A1225.

[15] Dai K, Mao J, Zhuo Z, et al. Negligible voltage hysteresis with strong anionic redox in conventional battery electrode[J]. *Nano Energy*, 2020, 74: 104831.

[16] Sharma N, Tapia-Ruiz N, Singh G, et al. Rate dependent performance related to crystal structure evolution of $Na_{0.67}Mn_{0.8}Mg_{0.2}O_2$ in a sodium-ion battery[J]. *Chem. Mater.*, 2015, 27（20）: 6976-6986.

[17] Kang W, Zhang Z, Lee P-K, et al. Copper substituted P2-type $Na_{0.67}Cu_xMn_{1-x}O_2$: a stable high-power sodium-ion battery cathode[J]. *J. Mater. Chem. A*, 2015, 3（45）: 22846-22852.

[18] Wang L, Sun Y-G, Hu L-L, et al. Copper-substituted $Na_{0.67}Ni_{0.3-x}Cu_xMn_{0.7}O_2$ cathode materials for sodium-ion batteries with suppressed P2-O2 phase transition[J]. *J. Mater. Chem. A*, 2017, 5（18）: 8752-8761.

[19] Wang P-F, Xiao Y, Piao N, et al. Both cationic and anionic redox chemistry in a P2-type sodium layered oxide[J]. *Nano Energy*, 2020, 69: 104474.

[20] Konarov A, Kim HJ, Voronina N, et al. P2-$Na_{2/3}MnO_2$ by Co incorporation: As a cathode material of high capacity and long cycle life for sodium-ion batteries[J]. *ACS Appl. Mater. Interfaces*, 2019, 11（32）: 28928-28933.

[21] Bucher N, Hartung S, Gocheva I, et al. Combustion-synthesized sodium manganese（cobalt）oxides as cathodes for sodium ion batteries[J]. *J. Solid State Electrochem.*, 2013, 17（7）: 1923-1929.

[22] Liu X, Zuo W, Zheng B, et al. P2-$Na_{0.67}Al_xMn_{1-x}O_2$: cost-effective, stable and high-rate sodium electrodes by suppressing phase transitions and enhancing sodium cation mobility[J]. *Angew. Chem. Inter. Ed.*, 2019, 58（50）: 18086-18095.

[23] Pang W-L, Zhang X-H, Guo J-Z, et al. P2-type $Na_{2/3}Mn_{1-x}Al_xO_2$ cathode material for sodium-ion batteries: Al-doped enhanced electrochemical properties and studies on the electrode kinetics[J]. *J. Power Sources*, 2017, 356: 80-88.

[24] Li M, Wood D L, Bai Y, et al. Eutectic synthesis of the P2-Type $Na_xFe_{1/2}Mn_{1/2}O_2$ cathode with improved cell design for sodium-ion batteries[J]. *ACS Appl. Mater. Interfaces*, 2020, 12（21）: 23951-23958.

[25] Liu J, Kan W H, Ling C D. Insights into the high voltage layered oxide cathode materials in sodium-ion batteries: Structural evolution and anion redox[J]. *J. Power Sources*, 2021, 481: 229139.

[26] Gao A, Zhang Q, Li X, et al. Topologically protected oxygen redox in a layered manganese oxide cathode for sustainable batteries[J]. *Nature Sustain.*, 2022, 5（3）: 214-224.

[27] Wang Y, Hu G, Peng Z, et al. Influence of Li substitution on the structure and electrochemical performance of P2-type $Na_{0.67}Ni_{0.2}Fe_{0.15}Mn_{0.65}O_2$ cathode materials for sodium ion batteries[J]. *J. Power Sources*, 2018, 396: 639-647.

[28] Jin T, Wang P-F, Wang Q-C, et al. Realizing complete solid-solution reaction in high sodium content P2-type cathode for high-performance sodium-ion batteries[J]. *Angew. Chem. Inter. Ed.*, 2020, 59（34）: 14511-14516.

［29］ Hwang J-Y, Kim J, Yu T-Y, et al. A new P2-type layered oxide cathode with extremely high energy density for sodium-ion batteries［J］. 2019, 9 (15): 1803346.

［30］ Yuan D, Hu X, Qian J, et al. P2-type $Na_{0.67}Mn_{0.65}Fe_{0.2}Ni_{0.15}O_2$ cathode material with high-capacity for sodium-ion battery［J］. *Electrochim. Acta*, 2014, 116: 300-305.

［31］ Wang P-F, Yao H-R, Liu X-Y, et al. Na^+/vacancy disordering promises high-rate Na-ion batteries ［J］. 2018, 4 (3): eaar6018.

［32］ Liu Q, Hu Z, Chen M, et al. P2-type $Na_{2/3}Ni_{1/3}Mn_{2/3}O_2$ as a cathode material with high-rate and long-life for sodium ion storage［J］. *J. Mater. Chem. A*, 2019, 7 (15): 9215-9221.

［33］ Sathiya M, Thomas J, Batuk D, et al. Dual stabilization and sacrificial effect of Na_2CO_3 for increasing capacities of na-ion cells based on P2-Na_xMO_2 electrodes［J］. *Chem. Mater.*, 2017, 29 (14): 5948-5956.

［34］ Niu Y-B, Guo Y-J, Yin Y-X, et al. High-efficiency cathode sodium compensation for sodium-ion batteries［J］. *Adv. Mater.*, 2020, 32 (33): 2001419.

［35］ Komaba S, Yabuuchi N, Nakayama T, et al. Study on the reversible electrode reaction of $Na_{1-x}Ni_{0.5}Mn_{0.5}O_2$ for a rechargeable sodium-ion battery［J］. *Inorg. Chem.*, 2012, 51 (11): 6211-6220.

［36］ Sathiya M, Jacquet Q, Doublet M-L, et al. A chemical approach to raise cell voltage and suppress phase transition in O3 sodium layered oxide electrodes［J］. 2018, 8 (11): 1702599.

［37］ Croguennec L, Pouillerie C, Mansour A N, et al. Structural characterisation of the highly deintercalated LiNiO phases (with≤0.30)［J］. *J. Mater. Chem.*, 2001, 11 (1): 131-141.

［38］ Mortemard de Boisse B, Reynaud M, Ma J, et al. Coulombic self-ordering upon charging a large-capacity layered cathode material for rechargeable batteries［J］. *Nature Comm.*, 2019, 10 (1): 2185.

［39］ Perez A J, Batuk D, Saubanère M, et al. Strong oxygen participation in the redox governing the structural and electrochemical properties of Na-rich layered oxide Na_2IrO_3［J］. *Chem. Mater.*, 2016, 28 (22): 8278-8288.

［40］ Didier C, Guignard M, Denage C, et al. Electrochemical Na-Deintercalation from $NaVO_2$ ［J］. *Electrochem. Solid-State Lett.*, 2011, 14 (5): A75.

［41］ Yu C-Y, Park J-S, Jung H-G, et al. $NaCrO_2$ cathode for high-rate sodium-ion batteries［J］. *Energy Environ. Sci.*, 2015, 8 (7): 2019-2026.

［42］ Zhao J, Zhao L, Dimov N, et al. Electrochemical and thermal properties of alpha-$NaFeO_2$ cathode for Na-ion batteries［J］. *J. Electrochem. Soc.*, 2013, 160 (5): A3077-A3081.

［43］ Braconnier J J, Delmas C, Hagenmuller P. Etude par desintercalation electrochimique des systemes $NaxCrO_2$-Na_xNiO_2［J］. *Mater. Res. Bull.*, 1982, 17 (8): 993-1000.

［44］ Wang P-F, Yao H-R, Liu X-Y, et al. Ti-substituted $NaNi_{0.5}Mn_{0.5-x}Ti_xO_2$ cathodes with reversible O3-P3 phase transition for high-performance sodium-ion batteries［J］. *Adv. Mater.*, 2017, 29 (19): 13-15.

［45］ Zheng S, Zhong G, McDonald M J, et al. Exploring the working mechanism of Li^+ in O3-type Na-$Li_{0.1}Ni_{0.35}Mn_{0.55}O_2$ cathode materials for rechargeable Na-ion batteries［J］. *J. Mater. Chem. A*, 2016, 4 (23): 9054-9062.

［46］ Yao H-R, Wang P-F, Gong Y, et al. designing air-stable O3-type cathode materials by combined structure modulation for Na-ion batteries［J］. *J. Am. Chem. Soc.*, 2017, 139 (25): 8440-8443.

［47］ Wang H, Liao X-Z, Yang Y, et al. Large-scale synthesis of $NaNi_{1/3}Fe_{1/3}Mn_{1/3}O_2$ as high performance cathode materials for sodium ion batteries［J］. *J. Electrochem. Soc.*, 2016, 163 (3):

A565-A570.

[48]　Xie Y, Wang H, Xu G, et al. In Operando XRD and TXM study on the metastable structure change of $NaNi_{1/3}Fe_{1/3}Mn_{1/3}O_2$ under electrochemical sodium-ion intercalation[J]. *Adv. Energy Mater.*, 2016, 6 (24): 1601306.

[49]　Sun L, Xie Y, Liao X-Z, et al. Insight into Ca-substitution effects on O3-Type $NaNi_{1/3}Fe_{1/3}Mn_{1/3}O_2$ cathode materials for sodium-ion batteries application[J]. *Small*, 2018, 14 (21): 1704523.

[50]　Yao H-R, Lv W J, Yin Y-X, et al. Suppression of monoclinic phase transitions of O3-type cathodes based on electronic delocalization for Na-ion batteries[J]. *ACS Appl. Mater. Interfaces*, 2019, 11 (25): 22067-22073.

[51]　Mortemard de Boisse B, Cheng J H, Carlier D, et al. O3-$Na_xMn_{1/3}Fe_{2/3}O_2$ as a positive electrode material for Na-ion batteries: structural evolutions and redox mechanisms upon Na^+ (de) intercalation[J]. *J. Mater. Chem. A*, 2015, 3 (20): 10976-10989.

[52]　Zhang L, Yuan T, Soule L, et al. Enhanced ionic transport and structural stability of Nb-doped O3-$NaFe_{0.55}Mn_{0.45-x}Nb_xO_2$ cathode material for long-lasting sodium-ion batteries[J]. *ACS Appl. Energy Mater.*, 2020, 3 (4): 3770-3778.

[53]　Oh S-M, Myung S-T, Hwang J-Y, et al. High capacity O3-type $Na[Li_{0.05}(Ni_{0.25}Fe_{0.25}Mn_{0.5})_{0.95}]O_2$ cathode for sodium ion batteries[J]. *Chem. Mater.*, 2014, 26 (21): 6165-6171.

[54]　You Y, Xin S, Asl H Y, et al. Insights into the improved high-voltage performance of Li-incorporated layered oxide cathodes for sodium-ion batteries[J]. *Chem*, 2018, 4 (9): 2124-2139.

[55]　Wang J E, Han W H, Chang K J, et al. New insight into Na intercalation with Li substitution on alkali site and high performance of O3-type layered cathode material for sodium ion batteries[J]. *J. Mater. Chem. A*, 2018, 6 (45): 22731-22740.

[56]　Zhang C, Gao R, Zheng L, et al. New Insights into the roles of Mg in improving the rate capability and cycling stability of O3-$NaMn_{0.48}Ni_{0.2}Fe_{0.3}Mg_{0.02}O_2$ for sodium-ion batteries[J]. *ACS Appl. Mater. Interfaces*, 2018, 10 (13): 10819-10827.

[57]　Yang J, Tang M, Liu H, et al. O3-type layered ni-rich oxide: a high-capacity and superior-rate cathode for sodium-ion batteries[J]. *Small*, 2019, 15 (52): e1905311.

[58]　刘丽露, 戚兴国, 胡勇胜, 等. 钠离子电池新型 Cu 基隧道型氧化物正极材料研究[C], 第 18 届全国固态离子学学术会议暨国际电化学储能技术论坛.

[59]　Mu L, Xu S, Li Y, et al. Prototype sodium-ion batteries using an air-stable and Co/Ni-free O3-layered metal oxide cathode[J]. *Adv. Mater.*, 2015, 27 (43): 6928-6933.

[60]　Cao M-H, Shadike Z, Zhou Y-N, et al. Sodium-deficient O3-type $Na_{0.83}Cr_{1/3}Fe_{1/3}Mn_{1/6}Ti_{1/6}O_2$ as a new cathode material for Na-ion batteries[J]. *Electrochim. Acta*, 2019, 295: 918-925.

[61]　Wei T-T, Zhang N, Zhao Y-S, et al. Sodium-deficient O3-$Na_{0.75}Fe_{0.5-x}Cu_xMn_{0.5}O_2$ as high-performance cathode materials of sodium-ion batteries[J]. *Compos. B Eng.*, 2022, 238: 109912.

[62]　Deng J, Luo W-B, Lu X, et al. High energy density sodium-ion battery with industrially feasible and air-stable O3-type layered oxide cathode[J]. 2018, 8 (5): 1701610.

[63]　Bhange D S, Ali G, Kim D-H, et al. Honeycomb-layer structured $Na_3Ni_2BiO_6$ as a high voltage and long life cathode material for sodium-ion batteries[J]. *J. Mater. Chem. A*, 2017, 5 (3): 1300-1310.

[64]　Shao Y, Tang Z-F, Liao J-Y, et al. Layer-structured Ti doped O3-$Na_{1-x}Cr_{1-x}Ti_xO_2$ ($x = 0$, 0.03, 0.05) with excellent electrochemical performance as cathode materials for sodium ion batteries[J]. 2018, 31 (5): 673-676.

[65]　Yu T-Y, Hwang J-Y, Bae I T, et al. High-performance Ti-doped O3-type $Na[Ti_x(Ni_{0.6}Co_{0.2}Mn_{0.2})_{1-x}]$

O_2 cathodes for practical sodium-ion batteries[J]. *J. Power Sources*, 2019, 422: 1-8.

[66] Zhao C, Ding F, Lu Y, et al. High-entropy layered oxide cathodes for sodium-ion batteries[J]. 2020, 59 (1): 264-269.

[67] Tian K, He H, Li X, et al. Boosting electrochemical reaction and suppressing phase transition with a high-entropy O3-type layered oxide for sodium-ion batteries[J]. *J. Mater. Chem. A*, 2022, 10: 14943-14953.

[68] Qi X, Liu L, Song N, et al. Design and comparative study of O3/P2 hybrid structures for room temperature sodium-ion batteries[J]. *ACS Appl. Mater. Interfaces*, 2017, 9 (46): 40215-40223.

[69] Guo S, Liu P, Yu H, et al. A layered P2-and O3-type composite as a high-energy cathode for rechargeable sodium-ion batteries[J]. *Angew. Chem. Inter. Ed.*, 2015, 54 (20): 5894-5899.

[70] Li Z-Y, Zhang J, Gao R, et al. Li-substituted Co-free layered P2/O3 biphasic $Na_{0.67}Mn_{0.55}Ni_{0.25}TiO_{2-x}Li_xO_2$ as high-rate-capability cathode materials for sodium ion batteries[J]. *J. Phy. Chem. C*, 2016, 120 (17): 9007-9016.

[71] Veerasubramani G K, Subramanian Y, Park M-S, et al. Enhanced sodium-ion storage capability of P2/O3 biphase by Li-ion substitution into P2-type $Na_{0.5}Fe_{0.5}Mn_{0.5}O_2$ layered cathode[J]. *Electrochim. Acta*, 2019, 296: 1027-1034.

[72] Chagas L G, Buchholz D, Wu L, et al. Unexpected performance of layered sodium-ion cathode material in ionic liquid-based electrolyte[J]. *J. Power Sources*, 2014, 247: 377-383.

[73] Chagas L G, Buchholz D, Vaalma C, et al. P-type $Na_xNi_{0.22}Co_{0.11}Mn_{0.66}O_2$ materials: Linking synthesis with structure and electrochemical performance[J]. *J. Mater. Chem. A*, 2014, 2 (47): 20263-20270.

[74] Chen X, Zhou X, Hu M, et al. Stable layered P3/P2 $Na_{0.66}Co_{0.5}Mn_{0.5}O_2$ cathode materials for sodium-ion batteries[J]. *J. Mater. Chem. A*, 2015, 3 (41): 20708-20714.

[75] Zhou Y-N, Wang P-F, Niu Y-B, et al. A P2/P3 composite layered cathode for high-performance Na-ion full batteries[J]. *Nano Energy*, 2019, 55: 143-150.

[76] Yan Z, Tang L, Huang Y, et al. A hydrostable cathode material based on the layered P2@P3 composite that shows redox behavior for copper in high-rate and long-cycling sodium-ion batteries [J]. *Angew. Chem. Inter. Ed.*, 2019, 58 (5): 1412-1416.

[77] Guo S, Li Q, Liu P, et al. Environmentally stable interface of layered oxide cathodes for sodium-ion batteries[J]. *Nature Comm.*, 2017, 8: 135.

[78] Hou P, Yin J, Lu X, et al. A stable layered P3/P2 and spinel intergrowth nanocomposite as a long-life and high-rate cathode for sodium-ion batteries[J]. *Nanoscale*, 2018, 10 (14): 6671-6677.

[79] Sauvage F, Laffont L, Tarascon J M, et al. Study of the insertion/deinsertion mechanism of sodium into $Na_{0.44}MnO_2$[J]. *Inorg. Chem.*, 2007, 46 (8): 3289-3294.

[80] Demirel S, Oz E, Altin E, et al. Growth mechanism and magnetic and electrochemical properties of $Na_{0.44}MnO_2$ nanorods as cathode material for Na-ion batteries[J]. *Mater. Charact.*, 2015, 105: 104-112.

[81] Cao Y, Xiao L, Wang W, et al. Reversible sodium ion insertion in single crystalline manganese oxide nanowires with long cycle life[J]. *Adv. Mater.*, 2011, 23 (28): 1100904.

[82] Hosono E, Saito T, Hoshino J, et al. High power Na-ion rechargeable battery with single-crystalline $Na_{0.44}MnO_2$ nanowire electrode[J]. *J. Power Sources*, 2012, 217: 43-46.

[83] Zhou X, Guduru R K, Mohanty P. Synthesis and characterization of $Na_{0.44}MnO_2$ from solution precursors[J]. *J. Mater. Chem. A*, 2013, 1 (8): 2757-2761.

［84］　Chen Z, Yuan T, Pu X, et al. Symmetric sodium-ion capacitor based on $Na_{0.44}MnO_2$ nanorods for low-cost and high-performance energy storage[J]. *ACS Appl. Mater. Interfaces*, 2018, 10（14）: 11689-11698.

［85］　Ju X, Huang H, Zheng H, et al. A facile method to hunt for durable high-rate capability $Na_{0.44}MnO_2$ [J]. *J. Power Sources*, 2018, 395: 395-402.

［86］　Wang Y S, Liu J, Lee B, . Ti-substituted tunnel-type $Na_{0.44}MnO_2$ oxide as a negative electrode for a-queous sodium-ion batteries[J]. *Nature Comm.*, 2015, 6: 6401.

［87］　Guo S, Yu H, Liu D, et al. A novel tunnel $Na_{0.61}Ti_{0.48}Mn_{0.52}O_2$ cathode material for sodium-ion batteries[J]. *Chem. Commun.*, 2014, 50（59）: 7998-8001.

［88］　Xu S, Wang Y, Ben L, et al. Fe-based tunnel-type $Na_{0.61}Mn_{0.27}Fe_{0.34}Ti_{0.39}O_2$ designed by a new strategy as a cathode material for sodium-ion batteries［J］. *Adv. Energy Mater.*, 2015, 5（22）: 1501156.

［89］　Han D-W, Ku J-H, Kim R-H, et al. Aluminum manganese oxides with mixed crystal structure: High-energy-density cathodes for rechargeable sodium batteries[J]. *Chemsuschem*, 2014, 7（7）: 1870-1875.

［90］　Shi W-J, Zheng Y-M, Meng X-M, et al. Designing sodium manganese oxide with 4d-cation Zr doping as a high-rate-performance cathode for sodium-ion batteries[J]. *Chemelectrochem*, 2020, 7（12）: 2545-2552.

［91］　Zhou Y-T, Sun X, Zou B-K, et al. Cobalt-substituted $Na_{0.44}Mn_{1-x}Co_xO_2$: Phase evolution and a high capacity positive electrode for sodium-ion batteries[J]. *Electrochim. Acta*, 2016, 213: 496-503.

［92］　Shi W-J, Yan Y-W, Chi C, et al. Fluorine anion doped $Na_{0.44}MnO_2$ with layer-tunnel hybrid structure as advanced cathode for sodium ion batteries[J]. *J. Power Sources*, 2019, 427: 129-137.

［93］　Choi J U, Jo J H, Jo C-H, et al. Impact of Na_2MoO_4 nanolayers autogenously formed on tunnel-type $Na_{0.44}MnO_2$[J]. *J. Mater. Chem. A*, 2019, 7（22）: 13522-13530.

［94］　Wang J, Zhou Q, Liao J, et al. Suppressing the unfavorable surface layer growth on $Na_{0.44}MnO_2$ cathode by a $NaTi_2（PO_4）_3$ coating to improve cycling stability and ultrahigh rate capability[J]. *ACS Appl. Energy Mater.*, 2019, 2（10）: 7497-7503.

［95］　Ortiz-Vitoriano N, Drewett N E, Gonzalo E, et al. High performance manganese-based layered oxide cathodes: Overcoming the challenges of sodium ion batteries[J]. *Energy Environ. Sci.*, 2017, 10（5）: 1051-1074.

［96］　Doubaji S, Philippe B, Saadoune I, et al. Passivation layer and cathodic redox reactions in sodium-ion batteries probed by HAXPES[J]. 2016, 9（1）: 97-108.

［97］　Monyoncho E, Bissessur R. Unique properties of α-$NaFeO_2$: De-intercalation of sodium via hydroly-sis and the intercalation of guest molecules into the extract solution[J]. *Mater. Res. Bull.*, 2013, 48（7）: 2678-2686.

［98］　Kubota K, Komaba S. Review-practical issues and future perspective for na-ion batteries [J]. *J. Electrochem. Soc.*, 2015, 162（14）: A2538-A2550.

［99］　Myung S-T, Hitoshi Y, Sun Y-K. Electrochemical behavior and passivation of current collectors in lithium-ion batteries[J]. *J. Mater. Chem.*, 2011, 21（27）: 9891-9911.

［100］　朱晓辉, 庄宇航, 赵旸, 等, 钠离子电池层状正极材料研究进展, 储能科学与技术, 2020, 9（5）: 1340-1349.

第 6 章

聚阴离子型正极材料

聚阴离子材料是由一系列四面体聚阴离子单元 $(XO_4)^{n-}$ 或其衍生物 $(X_mO_{3m+1})^{n-}$（其中 X=P,S,Si 等）和强共价键 MO_x（M 表示过渡金属元素）多面体组成的化合物。聚阴离子化合物中的强 X—O 键产生的"诱导效应"使得材料具有更高的氧化还原电位。此外，聚阴离子化合物具有强大的共价框架，这使得它们具有很强的热稳定性，并且在充电电压很高时也能保证其结构稳定。但是，与过渡金属氧化物相比，聚阴离子化合物通常表现出较低的电导率和相对较低的理论容量，阻碍了其实际应用。因此，针对这类材料的改性主要以提高电子电导率为主，改性方法主要有纳米化和碳包覆两种。纳米化可以提高材料的比表面积，增加反应活性位点，缩短钠离子的传输路径；碳包覆可以提高材料表面的电子电导率，而且包覆层的存在可以使材料纳米化的同时改善颗粒团聚现象。

6.1 磷酸盐型化合物

磷酸盐型是最具代表性的一类聚阴离子化合物，其中，triphylite 型 $NaFePO_4$ 和 NASICON 型材料 $Na_3V_2(PO_4)_3$ 等因其良好的电化学性能而备受关注。

6.1.1 NaFePO₄

在锂离子电池的发展历史中，橄榄石型 $LiFePO_4$ 是第一个成功商业化的聚阴离子型正极材料。受 $LiFePO_4$ 的启发，人们研究了同结构的 $NaFePO_4$ 在钠离子电池中的应用[1]。

作为最早应用于钠离子电池体系的电极材料之一，$NaFePO_4$ 有两种不同的结构：triphylite 型（t-型）和 maricite 型（m-型），结构如图 6.1(a) 所示[2]。t-$NaFePO_4$ 由 FeO_6 八面体和 PO_4 四面体通过共边紧凑相连，而且 FeO_6 八面体单元共角相连。Fe^{2+} 和 P^{5+} 之间的静电库仑斥力使 Fe—O 键长变长，有利于

Fe^{3+}/Fe^{2+} 氧化还原电位的提高。与 $LiFePO_4$ 类似，它具有沿 b 轴方向上的一维 Na^+ 扩散通道，而 m-$NaFePO_4$ 具有边共享的 FeO_6-FeO_6 单元，它们由相邻的 PO_4 单元以角共享的方式连接，不为 Na^+ 的移动提供通道，因此认为其不具备电化学活性。如

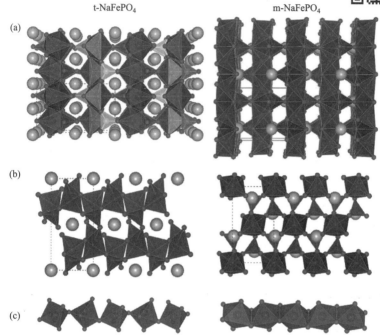

图 6.1 t-$NaFePO_4$（左）和 m-$NaFePO_4$（右）晶体结构示意图 [图(a) 和 (b)]，其中 FeO_6 八面体（绿色）、PO_4 四面体（蓝色）和 Na 原子（黄色）和 (c) t-$NaFePO_4$ 和 m-$NaFePO_4$ 相邻 FeO_6 八面体间的共角和共边连接[2]

图 6.1(c) 所示，这两种晶型的显著不同之处在于，triphylite 型和 maricite 型的 FeO_6 链分别为共享角和共享边。在应用于钠离子电池的磷酸铁系列材料中，橄榄石型 $NaFePO_4$ 拥有最高的理论比容量（154mAh·g^{-1}）以及良好的工作电压。但是，传统的高温固相反应并不能合成 t-$NaFePO_4$，因为 $NaFePO_4$ 的热力学稳定相是 maricite 型而非 triphylite 型，因此一般通过化学/电化学置换法从 $LiFePO_4$ 来间接得到 t-$NaFePO_4$。人们通过各种光谱技术[3,4] 等，证明了 t-$NaFePO_4$ 的反应过程是两个连续的一级相变，中间相为 $Na_{2/3}FePO_4$，反应过程可以表述为：

$$NaFePO_4 \rightarrow Na_{2/3}FePO_4 \rightarrow FePO_4 \tag{6.1}$$

Fang 等人[5] 在 Na^+ 嵌入过程中首次发现了 $Na_{2/3}FePO_4$ 中间相，证实了 $Na_{2/3}FePO_4$ 在嵌脱层过程中均存在两步相转变反应（图 6.2），阐明了橄榄石相

$NaFePO_4$ 的反应机理。与 $LiFePO_4$ 类似，$NaFePO_4$ 的导电性很差，通常需要将其与导电能力强的碳材料复合。Ali 等人[6] 用聚噻吩（PTh）修饰橄榄石型 $NaFePO_4$ 并研究了其电化学性能。与未包覆的 $NaFePO_4$ 相比，PTh 包覆的 $NaFePO_4$ 电极的电化学性能显著提高，其放电比容量为 $142mAh \cdot g^{-1}$，循环 100 次后容量保持率为 94％。而且 $NaFePO_4$/PTh 电极在高电流密度下也表现出令人满意的电化学性能，即在 $150mA \cdot g^{-1}$ 的电流密度下具有 $70mAh \cdot g^{-1}$ 的可逆容量，$300mA \cdot g^{-1}$ 电流密度下具有 $42mAh \cdot g^{-1}$ 的可逆容量。

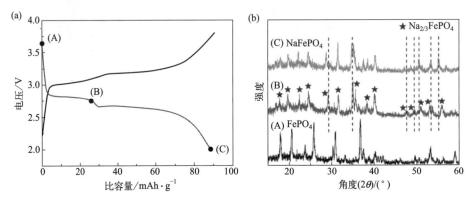

图 6.2 （a）$NaFePO_4$/C 电极在 $0.5C$ 倍率时的充放电曲线和

（b）不同放电电压的 $NaFePO_4$/C 电极对应的 XRD 谱图[5]

尽管早期人们认为 $m-NaFePO_4$ 不具备电化学活性，但是 Kim 等人[7] 通过 XRD 和 EXAFS 分析表明钠离子在第一次脱出时 $m-NaFePO_4$ 将转化为非晶态的 $FePO_4$，而转变为非晶态的 $FePO_4$ 是电极中钠可逆嵌脱的关键步骤，这是因为钠离子在非晶态 $FePO_4$ 中跃迁比 $m-NaFePO_4$ 中的势垒要小得多，使得 $m-NaFePO_4$ 成为低成本钠离子电池阴极的潜在候选材料。然而，由于 $m-NaFePO_4$ 的导电性差，导致倍率性能和循环稳定性较差，这阻碍了 $m-NaFePO_4$ 的大规模应用。Liu 等人[8] 利用静电纺丝技术将平均尺寸仅 1.6nm 的 $NaFePO_4$ 纳米粒子均匀镶嵌入多孔氮掺杂的碳纳米纤维 [图 6.3(a)]。制得的 $NaFePO_4$@C 纤维膜紧贴于铝箔，可直接用作钠离子电池正极。超小纳米尺寸效应以及高电位脱钠过程能够将通常认为是电化学非活性的磷铁钠矿相 $NaFePO_4$ 转变为高活性的无定形相，进而展示了优异的电化学性能，在 $0.2C$、$0.5C$、$1C$、$2C$、$5C$、$10C$、$20C$ 和 $50C$（$1C = 150mA \cdot g^{-1}$）倍率下，其可逆容量为 $145mAh \cdot g^{-1}$、$134mAh \cdot g^{-1}$、$129mAh \cdot g^{-1}$、$115mAh \cdot g^{-1}$、$102mAh \cdot g^{-1}$、$84mAh \cdot g^{-1}$、$73mAh \cdot g^{-1}$ 和 $61mAh \cdot g^{-1}$，展示了优异的倍率性能 [图 6.3(b)]。为了评估 $NaFePO_4$@C 纳米纤维的长期循环稳定性，电极在 $0.2C$ 倍率下循环 20 次进行活化后，然后在 $5C$ 下进行 6300 次循环 [图 6.3(c)]。在循环 6300 次后，可逆容量保持在 96.1mAh・g^{-1}，容量保持率达到了 89%，循环过程中库仑效率接近 100%，展示了优异的循环稳定性。超细 NaFePO$_4$ 纳米颗粒均匀嵌入相互连接的多孔氮掺杂碳纳米纤维，形成稳定的三维导电网络，可以有效提高活性物质的利用率，促进离子/电子快速传导，加强电极在长循环过程中的稳定性，因而造就了其优异的储钠性能。

　　Xiong 等人[9] 通过高能球磨，制备了具有不同非晶相含量的系列 NaFePO$_4$ 复合材料，证明了非晶相含量与储钠容量之间的关系。研究结果表明，非晶相与晶相的协同效应有利于电化学性能的提升。活性的非晶相有利于实现高的储钠容量，而非活性的晶相能够增强结构稳定性。非晶化过程中共边的 [FeO$_6$] 八面体

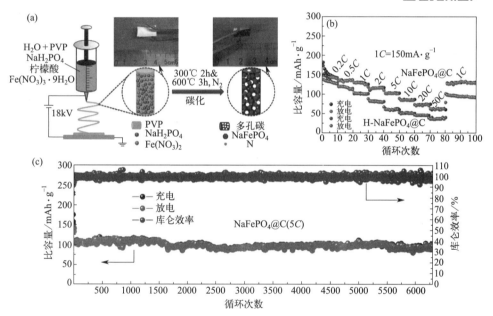

图 6.3　NaFePO$_4$@C 纳米纤维的 （a）合成示意图，（b）倍率性能和 （c）循环性能[8]

向共顶或共边 [FeO$_n$] 多面体的转变是获得高储钠性能的关键。优化后的 NaFePO$_4$ 复合材料表现出优异的循环稳定性，在 1C 倍率下比容量约 115mAh・g^{-1}，循环 800 次后容量保持率为 91.3%。

6.1.2　NASICON 型材料 Na$_3$V$_2$(PO$_4$)$_3$

　　NASICON（sodium super ionic conductor，钠离子超导体结构）型结构材料首先被当作固态电解质是由 Yao 等人[10] 报道出来的，后来由于其具有优异的结构稳定性和良好的离子导电性而被广泛用作碱金属离子的理想插层材料。

NASICON 化学式可写为 $AnM_2(XO_4)_3$，式中 $A = Li^+$、Na^+，$M = Fe^{3+}$、V^{3+}、Mn^{3+} 等，$X=Si^{4+}$、P^{5+}、S^{6+}、Mo^{6+} 等。其结构中的 MO_6 八面体与 XO_4 四面体构成了三维骨架结构，Na^+ 在骨架间隙之间能进行各向同性的快速离子传导，离子传导的可逆性良好[11]。该系列中最具代表性的化合物是 $Na_3V_2(PO_4)_3$，被广泛认为是钠离子电池的潜在候选正极，其三维结构如图 6.4（a）所示。$Na_3V_2(PO_4)_3$ 提供了一个像"灯笼"一样的钠离子嵌脱通道，在晶体空间结构上，VO_6 八面体和 PO_4 四面体通过共享角建立了三维 $[V_2(PO_4)_3]^{3-}$ 骨架，并定义了 $Na(1)$ 和 $NaPO_4$ 位点。$Na_3V_2(PO_4)_3$ 属于三方晶系，空间群 R-3c，晶胞参数 $a=8.7288Å$、$c=21.8042Å$，$V=1438.73Å^3$。其晶体空间结构中 VO_6 八面体和 PO_4 四面体通过共用顶点上的 O 原子构成了 $[V_2(PO_4)_3]^{3-}$ 聚阴离子结构，两个自由钠离子部分占据了晶格中两个氧化态通道（六配位与八配位）。Song 等人[12] 等利用第一性原理计算了钠离子在 $Na_3V_2(PO_4)_3$ 晶体中不同迁移路径的迁移能。图 6.4(b) 展示了三种主要的迁移机制：第一种机制是 Na^+ 在两个 PO_4 四面体间隙中沿 x 方向的迁移，迁移能为 0.0904eV；第二种机制是 Na^+ 在 PO_4 四面体和 VO_6 八面体中间的间隙中沿 y 方向迁移，对应迁移能是 0.11774eV；第三种机制是钠离子绕过八面体，通过相邻的 PO_4 四面体和 VO_6 八面体之间的通道，弯向 z 轴方向扩散，对应迁移能 2.438eV。因此，这种三维开放的离子传输框架有利于促进快速的化学扩散，为其具有 117mAh·g^{-1} 的理论比容量提供了有力的依据。

为了确定 $Na_3V_2(PO_4)_3$ 晶格中钠离子的嵌入/脱出机理，非原位 X 射线光电子能谱（XPS）和原位 XRD 被用于研究 $Na_3V_2(PO_4)_3$ 在循环过程中的元素价态变化和结构演变。非原位 XPS 结果表明 [图 6.5（a）][13]，循环前的原始材料在结合能为 515.5eV 处出现峰值，对应于 V^{3+}。充电时，V^{3+} 的结合能显著

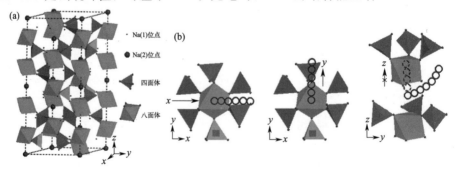

图 6.4　（a）$Na_3V_2(PO_4)_3$ 的结构示意图和（b）$Na_3V_2(PO_4)_3$ 晶体中沿 x、y、弯向 z 方向的 Na^+ 可能的迁移路径[12]

增加（1eV），表明形成了更高的氧化态，此时只检测到 V^{4+}，没有 V^{3+} 或 V^{5+}。放电时，V^{4+} 完全降为 V^{3+}。原位 XRD 结果表明 [图 6.5(b)][14]，充电开始前，所有的衍射峰均来自 $Na_3V_2(PO_4)_3$，充电到一定程度时，出现新的衍射峰，随着继续充电，新的衍射峰峰强增加而 $Na_3V_2(PO_4)_3$ 峰强减弱。新的衍射峰对应于 $NaV_2(PO_4)_3$ 的标准 XRD 卡片。在 3.4V 充电平台区，$Na_3V_2(PO_4)_3$ 峰强减弱，两相共存。直至充电到 3.7V 后 $Na_3V_2(PO_4)_3$ 的衍射峰消失仅剩下 $Na_3V_2(PO_4)_3$ 的衍射峰。这两种测试结果均表明钠离子的嵌入/脱出机理即为在 3.4V 的 $Na_3V_2(PO_4)_3$ 和 $NaV_2(PO_4)_3$ 的两相反应。

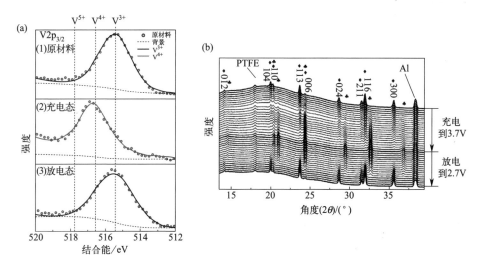

图 6.5 （a）$Na_3V_2(PO_4)_3$/C 的非原位 XPS：(1) 循环前；(2) 充电态；(3) 放电态[13] 和
（b）$Na_3V_2(PO_4)_3$/Na 半电池在 3.7～2.7V 以 $C/10$ 倍率循环的原位 XRD 图[14]
◆代表 $Na_3V_2(PO_4)_3$，♣代表 $NaV_2(PO_4)_3$

虽然 $Na_3V_2(PO_4)_3$ 具有高的离子电导率以及比大多数钠离子电池正极材料高的电压平台（3.4V），但是由于阴离子的电负性以及多面体的存在，阻碍了电子转移通道，导致其电子电导率较低。Huang 等人[15] 通过溶胶-凝胶法制备了氮/硫共掺杂碳包覆的 $Na_3V_2(PO_4)_3$（NVP-C-NS）复合物。结果表明，与未修饰的 $Na_3V_2(PO_4)_3$ 和碳包覆的 $Na_3V_2(PO_4)_3$（NVP-C）的相比，NVP-C-NS 具有更优异的电化学性能。在 $50mA \cdot g^{-1}$ 和 $1000mA \cdot g^{-1}$ 电流密度下，NVP-C-NS 的放电比容量分别可达到 $115.7mAh \cdot g^{-1}$ 和 $98.2mAh \cdot g^{-1}$，分别比 NVP-C 电极高 $9.4mAh \cdot g^{-1}$ 和 $63.6mAh \cdot g^{-1}$。另外，NVP-C-NS 在长循环测试中还表现出较高的稳定性。在 $200mA \cdot g^{-1}$ 下循环 500 次，放电比容量为 $74.2mAh \cdot g^{-1}$，为初始放电比容量的 83.4%。NVP-C-NS 复合材料性能的提高主要是由于导电性能的改善、表面缺陷的形成以及分散性的改善。NVP-C-NS

复合材料优异的电化学性能表明，N 和 S 掺杂可以将必要的缺陷引入碳包覆层，促进 Na$^+$ 在电极材料中的存储。如图 6.6 所示，缺陷数量增加可以提高 Na$^+$ 的扩散速度，使电化学性能得到明显提高[16]，其他常见的非金属元素，如磷和氯对碳层可能也有类似的影响。

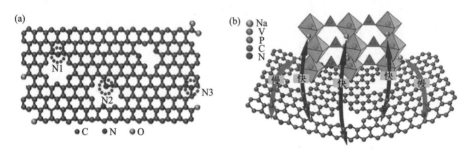

图 6.6 （a）碳层上 N 掺杂的结构示意图（N1：吡啶 N，N2：吡咯 N，N3：四价 N）和（b）钠离子在 N 掺杂 C 包覆的 NVP 复合电极中的储钠机理示意图[16]

通过 V 位点的部分阳离子掺杂也是优化 Na$_3$V$_2$(PO$_4$)$_3$ 电化学性能的一种方法。由于 Mg 的原子质量较轻以及其对提高钠离子电池电极性能的潜力，Li 等人[17] 通过溶胶-凝胶法制备了一系列 Mg 掺杂 Na$_3$V$_{2-x}$Mg$_x$(PO$_4$)$_3$/C 复合材料，其倍率性能和循环性能都有显著提高。其中，电流密度从 1C 增加到 30C 时，Na$_3$V$_{1.95}$Mg$_{0.05}$(PO$_4$)$_3$/C 的比容量仅从 112.5mAh·g^{-1} 下降到 94.2mAh·g^{-1}，展示了优异的倍率性能。即使在 20C 的高倍率下循环 50 次，放电比容量依然具有 86.2mAh·g^{-1}，容量保持率 81%，展示了较好的循环稳定性。Mg 的掺杂优化了颗粒的尺寸、结构稳定性，提高了离子电导率和电子电导率，从而提升了倍率性能和循环性能。由于 Al 较轻，价格较低，理论容量会略有所增加，能量密度会随着电压的增加而增加。Wu 等人[18] 制备了碳包覆的 Na$_3$Al$_x$V$_{2-x}$(PO$_4$)$_3$（NAVP@C）复合材料，其中 Na$_3$Al$_{1/3}$V$_{5/3}$(PO$_4$)$_3$ 的可逆容量最大，约为 113.82mAh·g^{-1}，这是因为 Al 的取代导致晶体尺寸减小，使得 NAVP 不能完全可逆的脱嵌两个 Na$^+$。但是在含 Al 的 NAVP 中，均出现了 3.9～4.1V 的充放电电压平台和 3.4V 的常见充放电电压平台。通过 DFT 计算 [图 6.7(a)，(b)] 发现[19]，Na$^+$ 通过 V^{5+}/V^{4+} 氧化还原电对实现嵌脱的位点不同，即在 Na$^+$ 在 NAVP 中从 Na2 位点脱嵌，而 NVP 中的 Na$^+$ 从 Na1 位点脱嵌，所以 NAVP 中的 V^{5+}/V^{4+} 氧化还原电对电压要比 NVP 中的氧化还原电对低，所以在 NAVP 样品中会出现两个电压平台 [图 6.7(c)]。

减少材料的微观尺寸是提高电极容量和能量密度的有效手段，碳包覆能够有效提高正极材料的电子导电性。Cao 等人[20] 利用水热法合成了一种由纳米片组装的 Na$_3$V$_2$(PO$_4$)$_3$/C 分级微米球，这种新型的微/纳米结构不仅提供了双连续的电子/离子通道和较大的电极电解液接触面积，而且与纳米材料相比，它具有更高的振实密度。在 20C 的倍率下，$Na_3V_2(PO_4)_3/C$ 分级微米球//Na 半电池初始放电比容量为 109.5mAh·g^{-1}，循环 10000 次后比容量为 86.6mAh·g^{-1}，平均每次循环的容量衰减率为 0.002%。以 $Na_3V_2(PO_4)_3/C$ 分级微米球和 SnS/C 纤维分别

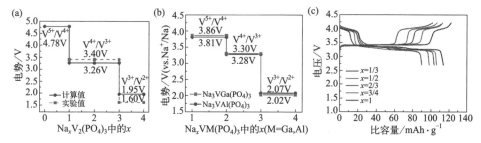

图 6.7　(a) $Na_3V_2(PO_4)_3$ 的计算电压平台；(b) $Na_3AlV(PO_4)_3$ 的计算电压平台和 (c) $Na_3Al_xV_{2-x}(PO_4)_3$ 在 0.5C 时的首次充放电曲线[19]

为正负极，组装了钠离子全电池。图 6.8(a) 中的绿色区域显示了 SnS/C 在 0.001~2.0V 的电压范围内的 CV 曲线，可以明显观察到多步合金化/去合金化氧化还原峰和转化反应峰，表明 SnS/C 具有合金化和转换反应两种储钠机制。图 6.8(c) 展示了 $Na_3V_2(PO_4)_3/C$ 分级微米球和 SnS/C 纤维在半电池中的充放电曲线。

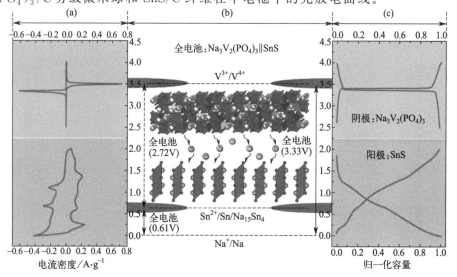

图 6.8　(a) $Na_3V_2(PO_4)_3/C$ 分级微米球（上图）和 SnS/C（下图）的 CV 曲线；(b) NVP‖SnS 钠离子全电池示意图和 (c) $Na_3V_2(PO_4)_3/C$ 分级微米球（上图）和 SnS/C（下图）的充放电曲线[20]

图 6.8(b) 显示了 V^{4+}/V^{3+} 氧化还原电对与 NVP 中的 Na^+/Na 以及 $Sn^{2+}/Sn/$ $Na_{15}Sn_4$ 转化和合金化电对与层状 SnS 材料中的 Na^+/Na 的电势示意图，这种基于 NVP 阴极和 SnS 阳极的不对称电池的平均电位大约是 2.7V。该全电池在 $200mA \cdot g^{-1}$ 的电流密度下，初始放电比容量为 $102mAh \cdot g^{-1}$，500 次循环后仍能保持 $76.1mAh \cdot g^{-1}$，容量保有率为 74.6%，展示了出色的循环稳定性。

6.2 焦磷酸盐型化合物

磷酸盐类化合物在高温下容易分解/析氧（$2PO_4 \rightarrow P_2O_7$），形成缺氧组分，这就形成了焦磷酸盐类聚阴离子化合物。20 世纪 60 年代以来，人们探索了各种碱金属焦磷酸盐（$A_{2-x}MP_2O_7$，A＝Li、Na、Ag，M＝3d 金属）在锂离子电池中应用，其显示出的比磷酸盐更显著改善的动力学性能引起了人们广泛的关注，因而钠基焦磷酸盐在钠离子电池中的应用也引起了人们极大的兴趣。由于焦磷酸根电负性略高于磷酸根，因此焦磷酸盐类正极材料与磷酸盐类正极材料相比，表现出较高的氧化还原电位。

6.2.1 NaMP$_2$O$_7$（M= Fe,Ti,V）

$NaFeP_2O_7$ 可以在不同温度下发生不可逆相变而形成两种不同的结构。Ⅰ-$NaFeP_2O_7$ 由角共享的四面体 PO_4 和 FeO_6 八面体单元构成，是被报道的第一个焦磷酸盐化合物。它沿 [001] 方向有开放的通道，为钠离子的脱嵌反应提供了可能 [图 6.9(a)][21]。然而 Ⅰ-$NaFeP_2O_7$ 热力学不稳定，当温度升高到 750℃时，转变成高温多晶 Ⅱ-$NaFeP_2O_7$。Ⅱ-$NaFeP_2O_7$ 具有笼形结构，其中 PO_4 四面体与 FeO_6 八面体共享角 [图 6.9(b)]。这种结构提供了狭长的位置来容纳钠离子。虽然其结构紧凑，但为钠离子的迁移提供了沿 [101] 方向的通道。这两种晶型目前均未测试其电化学性能，但是他们具有的允许钠离子嵌入的开放通道为其应用于钠离子电池的电化学活性提供了可能。

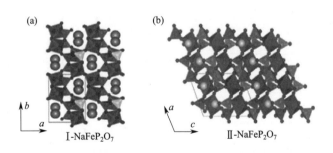

图 6.9 （a）Ⅰ-$NaFeP_2O_7$ 和 （b）Ⅱ-$NaFeP_2O_7$ 的晶体结构[21]

除了 $NaFeP_2O_7$，还报道了与 II-$NaFeP_2O_7$ 同结构的 $NaVP_2O_7$ 和 $NaTiP_2O_7$，这些化合物的输运性质与钠离子插层行为还有待进一步研究。

6.2.2　$Na_2MP_2O_7$（M=Fe,Co,Mn,Cu）

$Na_2MP_2O_7$（M=Fe,Co,Mn,Cu）聚阴离子材料根据其晶体结构可以分为三类：单斜（monoclinic）型（P21/cn）、三斜（triclinic）型（P1 空间群）和四方（tetragonal）型（P42/mnm）。在含二钠的焦磷酸盐中，$Na_2FeP_2O_7$ 是第一个被报道用于钠离子电池的材料。通过固态、溶液燃烧法和玻璃-陶瓷三种途径制备的 $Na_2FeP_2O_7$ 具有三斜结构（对称 P-1）［图 6.10(a)］。它具有共用角的 FeO_6 八面体二聚体［Fe_2O_{11} 二聚体］，通过共用角和边的方式与 PO_4 四面体桥接。Na^+ 以不同的占有程度占据了多达四个可能的位点。即使是微米级颗粒，合成产物也能传递出近 $85mAh \cdot g^{-1}$ 的可逆容量（理论比容量 $\approx 97mAh \cdot g^{-1}$）。值得注意的是，它涉及一个多步（脱）钠化过程，在 2.5V 和 3V 有两个电压平台，其中 3V 处对应于 Fe^{3+}/Fe^{2+} 的氧化还原［图 6.10(b)］。$Na_2FeP_2O_7$ 还具有良好的反应动力学，这可能与存在低迁移势垒（约 0.5eV）的 3D Na^+ 扩散通道有关。此外，这种化合物的充电态具有足够的热稳定性，在高温下发生不可逆相变时不发生任何分解和/或气体析出，提高了 $Na_2FeP_2O_7$ 作为正极材料使用时的安全性[22]。此外，同结构但非化学计量比的缺钠焦磷酸盐［$Na_{1.66}Fe_{1.17}P_2O_7$］可以转移不止一个 Na^+，具有更高的放电比容量（约 $110mAh \cdot g^{-1}$）[23] 和较快的反应动力学。通过控制粒径、表面包覆技术或与其他金属元素掺杂等方法可以进一步提高 $Na_2FeP_2O_7$ 的电化学性能。

但是，$Na_2FeP_2O_7$ 的倍率性能受到不连续电子路径的影响，这可能归因于 $NaFeP_2O_7$ 晶体结构中金属八面体之间的不连续性，从而导致较差的电子导电性。通过进一步的颗粒尺寸的缩小、表面修饰或者元素掺杂的方法将进一步提高该材料的电化学性能，而该

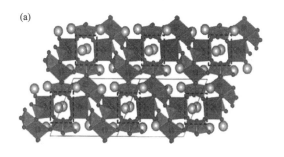

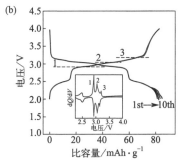

图 6.10　(a) $Na_2FeP_2O_7$ 晶体结构示意图，绿色、紫色和黄色分别代表 FeO_6，PO_4 和 N 和 (b) $C/20$ 倍率下 $Na_2FeP_2O_7$ 的充放电曲线，插图为各点的 dQ/dV 曲线[24]

研究方法同样适用于其他焦磷酸盐的研究。Zhao 等人[25] 利用新型液相结合高温固相法制备了硼掺杂的 $Na_2FeP_2O_7/C$（$Na_2FeP_{1.95}B_{0.05}O_7/C$）正极材料，结果表明，硼掺杂提高了正极材料的放电比容量。材料表现出均匀的颗粒和更小的尺寸，在充电和放电过程中改善了离子扩散，表现出优异的电化学性能，在 $0.1C$、$0.2C$、$0.5C$、$1.0C$ 和 $2.0C$ 时的比容量分别为 $87.5mAh \cdot g^{-1}$、$81.8mAh \cdot g^{-1}$、$68.2mAh \cdot g^{-1}$、$60.2mAh \cdot g^{-1}$ 和 $46.4mAh \cdot g^{-1}$。

$Na_2CoP_2O_7$ 的结构是 Erragh 等人[26] 首次公开的，与 $Na_2FeP_2O_7$ 不同的是，$Na_2CoP_2O_7$ 以三种不同的晶型存在。将化学计量比的前驱体混合均匀在 700℃熔化，然后缓慢冷却，得到蓝色的 Ⅰ-$Na_2CoP_2O_7$ 正交相（P21/cn）。然而，将前驱体加热到 800℃，然后缓慢冷却，则得到玫瑰色的 Ⅱ-$Na_2CoP_2O_7$ 三斜相

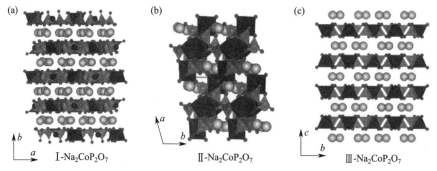

图 6.11　(a) Ⅰ-$Na_2CoP_2O_7$；(b) Ⅱ-$Na_2CoP_2O_7$ 和（c）Ⅲ-$Na_2CoP_2O_7$ 的晶体结构[21]

（P-1）。但是，将三斜相在 600℃退火 12h 后其转变为正交相，说明正交相是热力学稳定相。之后，Sanz 等人将熔化的前驱体混合物在 600℃快速淬火得到了一个 Ⅲ-$Na_2CoP_2O_7$ 四方相（P42/mnm）。能量稳定性的顺序为：正交相＞三斜相＞四方相。这三种晶型的晶体结构如图 6.11 所示[21]。其中，正交 Ⅰ-$Na_2CoP_2O_7$ 由堆叠的 $[Co(P_2O_7)]^{2-}$ 层组成，这些层相互连接 CoO_4 和 PO_4 四面体，由 Na 原子层交替组成。每个 CoO_4 四面体单元与相邻的四个 P_2O_7 单元共用氧原子，钠原子位于由六个氧原子组成的扭曲的八面体空间，可以传递出接近 $80mAh \cdot g^{-1}$ 的可逆容量[27]。三斜相 Ⅱ-$Na_2CoP_2O_7$ 的 Co^{2+} 位于交变（1$\bar{1}$0）面上的八面体配位（CoO_6）。由交错排列的 CoO_6 八面体和 PO_4 四面体组成，从而形成平行于 [001] 方向的隧道，Na 原子就位于其中。四方相的 Ⅲ-$Na_2CoP_2O_7$，呈现层状结构，钠原子平面夹在钴原子平面之间。每个 $[Co(P_2O_7)]^{2-}$ 层由孤立的 CoO_4 四面体组成，通过 P_2O_7 桥接基团相互连接。就像正交 Ⅰ-$Na_2CoP_2O_7$ 一样，钠离子保持电中性并防止 $[Co(P_2O_7)]^{2-}$ 层发生扭曲（弯曲/坍塌）。在这些晶型中，均存在 Na 离子隧道（三斜相是一维隧

道，四方/正交相是三维隧道）。为促进 Na$^+$ 的迁移和钠离子电池插入材料的应用提供了广阔的前景。层状和三维结构的存在、不同的钠扩散通道以及 CoO$_4$ 和 CoO$_6$ 的配位可以巧妙地调整当前生成电解质的稳定区域内的 Co$^{2+/3+}$ 氧化还原电位。

Na$_2$MnP$_2$O$_7$ 由于其高电位（3.6V）、低成本和无毒等优点，被认为是先进钠离子电池的极具前景的候选正极材料之一。Na$_2$MnP$_2$O$_7$ 有两种晶型（图 6.12），其中，三斜相Ⅰ-Na$_2$MnP$_2$O$_7$ 中所有的 Mn 原子都与来自四个 P$_2$O$_7$ 单元的 O 原子在一个扭曲的八面体几何结构中进行了八面体配位。三维框架由平行的二维 Mn-P-O 层组成，钠离子位于层间。这些 Mn-P-O 层由角共享的 Mn$_2$O$_{10}$ 二聚体和相互连接的 P$_2$O$_7$ 基团构成。两个 Mn$_2$O$_{10}$ 二聚体和两个 P$_2$O$_7$ 基团交替排列，形成笼形的 Mn$_4$P$_4$O$_{26}$。Na 原子位于通道之间，沿 b 轴至少有一个有利的扩散通道。

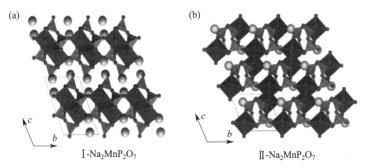

图 6.12 （a）Ⅰ-Na$_2$MnP$_2$O$_7$ 和（b）Ⅱ-Na$_2$MnP$_2$O$_7$ 的晶体结构[21]

Barpanda 等人[28] 研究了其电化学性能，研究表明，在已有报道的锰基材料中，Ⅰ-Na$_2$MnP$_2$O$_7$ 可以提供最高的 Mn^{3+}/Mn^{2+} 氧化还原电位（3.6V），理论比容量大于 95mAh·g^{-1}，放电比容量接近 80mAh·g^{-1}，可逆性稳定，是作为新一代钠离子电池正极材料的候选材料之一。然而，由于其固有的低电导率和锰溶解导致的初始库仑效率低、高倍率性能差和循环性能差等问题严重阻碍了其实际应用。2019 年，Li 等人[29] 报道了一种基于可行的高能振动激活工艺制备稳定的石墨烯层（GL）改性 Na$_2$MnP$_2$O$_7$ 材料（命名为 NMP@GL）的方法。制备的 NMP@GL 具有极高的初始库仑效率（90%），能量密度超过 300Wh·kg^{-1}。如图 6.13(a) 所示，NMP@GL 在 0.1C 的前三个循环中充放电曲线几乎完全重叠，且其在 0.1C 倍率下表现出 93mAh·g^{-1} 的可逆容量，是理论比容量（97.5mAh·g^{-1}）的 95.4%，意味着该材料具有良好的结构稳定性。此外，倍率性能和循环稳定性也得到了改善，在 2C 倍率下循环 600 次后，容量保持率高达 83%。Shakoor 等人[30] 报道了 Na$_2$Fe$_{0.5}$Mn$_{0.5}$P$_2$O$_7$ 的电化学性能。恒流充放电测试表明，Na$_2$Fe$_{0.5}$Mn$_{0.5}$P$_2$O$_7$ 具有电化学活性，在 C/20 倍率下可逆容量接近 80mAh·g^{-1} [图 6.13(b)]，平均氧化还原电位为 3.2V（vs. Na/Na$^+$）。在 0.05C 倍率下循环 90 次后容量保持率为 84%，显示出良好的循环稳定性，且具有比 Na$_2$MnP$_2$O$_7$ 更好的倍率性能。与其他焦磷酸盐材料（Na$_2$FeP$_2$O$_7$ 和 Na$_2$MnP$_2$O$_7$）相比，由于 Na 配位环境和 Na 位占用不同，Na$_2$Fe$_{0.5}$Mn$_{0.5}$P$_2$O$_7$ 发生了单相反应而不是双相反应 [图 6.13(c)]。之后，人们又报道了另一种 II-Na$_2$MnP$_2$O$_7$，其结构与 I-Na$_2$MnP$_2$O$_7$ 相似，但晶格参数不同。这种晶型也被认为是潜在的离子导体，然而目前还未被用于钠离子电池。

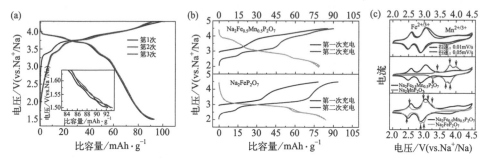

图 6.13 （a）NMP@GL 前三次充放电曲线，插图为放电细节[29]；

（b）Na$_2$Fe$_{0.5}$Mn$_{0.5}$P$_2$O$_7$（上）和 Na$_2$FeP$_2$O$_7$（下）在 C/20 倍率时的前两次恒流

充放电曲线和（c）在 0.05mV·s^{-1} 扫描速率下，Na$_2$Fe$_{0.5}$Mn$_{0.5}$P$_2$O$_7$、

Na$_2$MnP$_2$O$_7$ 和 Na$_2$FeP$_2$O$_7$ 的循环伏安曲线[30]

图 6.14 Na$_2$CuP$_2$O$_7$ 的晶体结构图[21]

Na$_2$CuP$_2$O$_7$ 与 Li$_2$CuP$_2$O$_7$ 晶体结构相同，由 CuO$_4$ 方形平面和 PO$_4$ 四面体单元组成的波浪形 [CuP$_2$O$_7$]$^{2-}$ 准二维框架（图 6.14）。其中，CuO$_4$ 和 PO$_4$ 由共用角的 O 原子连接，交替排列。钠原子位于 [CuP$_2$O$_7$]$^{2-}$ 层之间，形成 NaO$_6$ 配位。Na 原子层主要用来平衡电荷并抑制 [CuP$_2$O$_7$]$^{2-}$ 构建块坍塌的可能。这种简单的结构使得 Na 离子可以很容易地沿着 b 和 c 轴方向移动，使其成为一个二维导体。同结构的 Li$_2$CuP$_2$O$_7$ 和 Na$_2$CuP$_2$O$_7$ 允许简单的离子交换形成另一化合物，并有可能形成完整的（Na$_{2-x}$Li$_x$）CuP$_2$O$_7$ 固溶体化合物。这些

化合物的输运性质和电化学活性值得研究。这最终为钠基和锂基电池设计低电压正极至少提供了一个阳离子嵌/脱的可能性，并具有良好的倍率性能。

6.2.3 Na₄M₃(PO₄)₂P₂O₇ (M=Fe,Co,Ni)

混合磷酸盐 $Na_4M_3(PO_4)_2P_2O_7$（M＝Fe,Co,Ni）体积变化小，循环性能好，是极有前景的钠离子电池正极材料。迄今为止，通过溶胶-凝胶法制备了 $Na_4Co_3(PO_4)_2P_2O_7$ 体系，具有 4.1～4.7V（vs. Na^+/Na）的高电位窗口，在 0.2C 的倍率下可以提供 95mAh·g^{-1} 的比容量，即使在 25C 的高倍率下，它在充放电过程中也表现出很小的极化。最具代表性的混合磷酸盐是 Na_4Fe_3 $(PO_4)_2P_2O_7$，其结构为正交结构（空间群 Pn21a），理论比容量为 129mAh·g^{-1}。在大约 3.2V（vs. Na/Na^+）时，它可以提供大约 82% 的理论比容量。

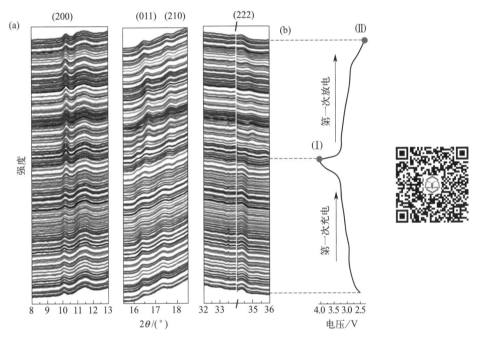

图 6.15 $Na_4Fe_3(PO_4)_2P_2O_7$ 材料的 （a）原位同步
辐射 XRD 和 （b）对应的首次充放电曲线[31]

Chen 等人[31] 原位同步辐射 XRD 和 X 射线吸收光谱（XAS）研究了钠离子在 $Na_4Fe_3(PO_4)_2P_2O_7$ 中的嵌脱机制。如图 6.15 所示，在充放电过程中，所有索引峰都可逆地发生了变化，且图样保持不变，表明电化学活化后可以很好地保持稳定的晶体框架。（200）、（011）、（210）和（222）等主要峰在钠离子嵌入过程中逐渐移动到较高的 2θ 处，在脱钠过程中又恢复到原来的值，这可能与循环过程中晶格体积的连续变化有关。没有观察到不对称的变化，表明在脱钠/嵌钠过程中不存在晶体畸变或阳离子迁移。由此可以推断，在循环过程中，$Na_4Fe_3(PO_4)_2P_2O_7$ 电极发生了拓扑单向相变。原位 X 射线吸收近边结构（XANES）分析表明，在充电过程中，Fe K 边的前缘出现了明显的变化，峰值向高能方向移动，表明铁从 Fe^{2+} 氧化为 Fe^{3+}。XANES 光谱在放电过程中回到较低的能量区域，相应的预边缘光谱也随之移动。基于原位 XRD 和 XANES 的分析，可以确定，铁的稳定的可逆晶体骨架和连续的价态变化促成了 $Na_4Fe_3(PO_4)_2P_2O_7$ 优异的电化学性能。图 6.16 给出了三种不同类型 Na^+ 的 $Na_4Fe_3(PO_4)_2P_2O_7$ 材料晶体结构图。计算发现，在同一 Na^+ 类型内，A 到 A 型、B 到 B 型和 C 到 C 型的扩散能垒分别为 0.553eV、0.02eV 和 0.365eV，对于 Na^+ 的转移来说，它们都是非常低的能垒 [图 6.16(b)]，可以得出第一阶段最有利的扩散通道在 a 方向，因为几乎没有检测到能垒（0.02eV）。然后进行了不同 Na^+ 类型之间的计算，由于 a、b、c 三个方向都涉及，这相当于三维扩散路径。从图 6.16(e) 可以看出，Na^+ 扩散的所有能垒都低于 0.9eV，这都是所示晶体结构中可能的扩散途径，为新发现的 $Na_4Fe_3(PO_4)_2P_2O_7$ 材料中具有 3D 扩

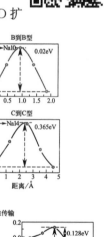

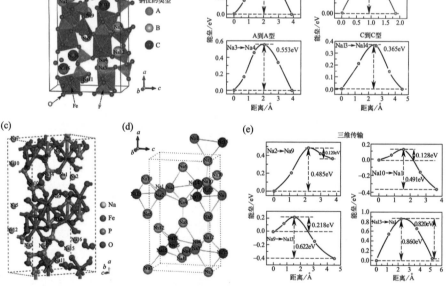

图 6.16　(a)，(c)，(d) 三种不同类型 Na^+ 的 $Na_4Fe_3(PO_4)_2P_2O_7$ 材料晶体结构；
(b) 相同 Na^+ 基团内的迁移能垒和 (e) 不同 Na^+ 基团之间的
迁移能垒（相当于三维扩散途径）[31]

散途径或通道的 NACISON 型结构提供了有力证据。

为了进一步了解在充放电过程中的电化学反应机理，采用第一性原理计算研究了中间状态 $Na_xFe_3(PO_4)_2P_2O_7$（$1<x<4$）。结果表明，$Na_4Fe_3(PO_4)_2P_2O_7$ 在 Na 离子脱出后没有发生相变，体积变化小于 4%。为了进一步探究 $Na_4M_3(PO_4)_2P_2O_7$（M=Fe,Co,Ni）类材料的缺陷、扩散和电压趋势，结合原子能量最小化、分子动力学（MD）和 DFT 模拟技术进行了研究[32]。首先，原子能量最小化表明 Fe 基材料具有最高的缺陷浓度，这对电化学性能有显著的影响；其次，MD 模拟表明，Na^+ 扩散系数和活化势垒优于锂离子电池正极；最后，DFT 模拟技术表明，在 $Na_4Fe_3(PO_4)_2P_2O_7$ 中掺杂 Ni 可以显著提高工作电位。

总之，焦磷酸盐体系是一类非常值得研究的阴极材料，具有丰富的结构多样性和（脱）嵌钠行为。然而，与 $Li_{2-x}MP_2O_7$ 体系类似，焦磷酸盐化合物中的两个 Na 难以完全脱出来。因此，$Na_{2-x}MP_2O_7$ 的可实现容量较低，不适合实际应用。研究的重点应放在提取双电子反应、控制（非）化学计量学和发现新的 $Na_2MP_2O_7$（M=Ti,Cr）焦磷酸盐体系上。

6.2.4　氟磷酸盐

在磷酸盐的骨架中引入 F 元素能够提高材料的工作电压，这是因为 F 元素的电负性很强，F 元素通过诱导效应使材料的氧化还原电位得到提高。其中研究最多的是正交晶系的 $Na_3V_2(PO_4)_2F_3$，属于 $P4_2/mnm$ 空间群，如图 6.17 所示[33]。$Na_3V_2(PO_4)_2F_3$ 中拥有 Na1 和 Na2 位点，但不同的是 1 个 Na 占据 Na2 位点，两个 Na 占据 Na1 位点。由于 3 个 F^- 的诱导效应强于 PO_4^{3-}，$Na_3V_2(PO_4)_2F_3$ 表现出了三个充放电平台：3.4V、3.7V、4.2V，平均电压为 3.9V，理论比容量为 mAh·g^{-1}。

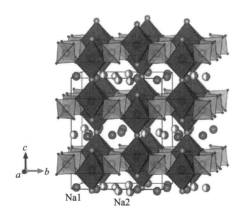

图 6.17　$Na_3V_2(PO_4)_2F_3$ 的晶体结构[33]

目前对 $Na_3V_2(PO_4)_2F_3$ 的充放电机理解释主要有两种。一种是基于第一性理论计算，发生单相反应，Na1 位点的 Na 比 Na2 位点的 Na 更加稳定，因此 3.4V 和 3.7V 的充电平台对应的是 Na2 位点的 Na 脱出。当 Na2 位点的第 1 个 Na 脱出后，剩余的 Na 会发生结构重排，形成稳定结构的 $Na_3V_2(PO_4)_2F_3$，伴随着 Na1 位点的部分 Na 移动到 Na2 位点，由于移动到 Na2 位点的 Na 变得稳定，需要更多的能量才能脱出，因此第 3 个充电平台在更高的 4.2V 电压出现[34]。另一种是基于在线 SXRD 测试，首先发生两相反应，后发生固溶反应。如图 6.18 所示，在 3.7V 的低电压区域发生的是三个两相反应，而不是固溶反应，并产生了两个中间体：$Na_{2.4}V_2(PO_4)_2F_3$ 和 $Na_{2.2}V_2(PO_4)_2F_3$。在 4.1V 的高电压区域发生的是一个两相反应，$Na_2V_2(PO_4)_2F_3$ 消失，形成 $Na_xV_2(PO_4)_2F_3$ $(1.8 \leqslant x \leqslant 1.3)$ 固溶体。由于所采用的研究方法不同，对充放电机理有着不同的认识。这对材料高效合成和开发先进电化学表征方式提出了挑战，更加科学准确的理解有赖于高纯度材料合成和更先进的原位或在线表征方式进行深入分析。

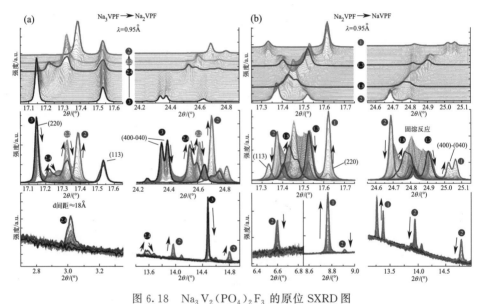

图 6.18　$Na_3V_2(PO_4)_2F_3$ 的原位 SXRD 图

(a) 1 个 Na^+ 从 $Na_3V_2(PO_4)_2F_3$ 脱出；(b) 1 个 Na^+ 从 $Na_2V_2(PO_4)_2F_3$ 脱出[35]

为了进一步提高 $Na_2V_2(PO_4)_2F_3$ 的能量密度，Deng 等人[36] 通过稳定氟的合成策略，消除了其 3.4V 的低压平台，制备了一种高电压的 $Na_2V_2(PO_4)_2F_3$（NVPF）正极。其中 Na 与 F 的摩尔比为 0.805 和 1.039 的 NVPF 分别命名为 NVPF-2 和 NVPF-4。事实上，$Na_3V_2(PO_4)_3$ 和 $Na_2V_2(PO_4)_2F_3$ 中 V 的价态都是 +3，它们的工作原理都是基于 V^{3+}/V^{4+} 的转换。而在 $Na_3V_2(PO_4)_3$ 中，V 以 $[VO_6]$ 八面体的形式存在，而在 $Na_2V_2(PO_4)_2F_3$ 中形成 $[VO_4F_2]$ 八面

体。因此，F 损耗可能导致［VO_4F_2］八面体向［VO_6］八面体转变，形成低压平台。根据晶体场理论，V3d 轨道在八面体场中的能级会分裂为高能 e_g 轨道和低能 t_{2g} 轨道。由于化学环境的不同，［VO_4F_2］八面体中 V^{III} 3d 轨道的分裂能以及 V^{III} 的晶体场稳定能与［VO_6］八面体中 V^{III} 不同。当 NVPF 正极在一个循环中充电时，［VO_4F_2］和［VO_6］八面体中的 V^{IV} 也会发生相同的变化。因此，［VO_6］和［VO_4F_2］从 V^{III} 到 V^{IV} 的能级变化是不同的。［VO_4F_2］中的能量变化（$\Delta E^{\#}$）大于［VO_6］中的能量变化（ΔE^{*}）。这些差异从本质上带来了不同的能量转换。如图 6.19(d) 所示，当 NVPF 正极充电时，其费米能级降低，从而显示电池电压增加。考虑到 NVPF-4 中 $Na_2V_2(PO_4)_2F_3$ 相的高纯度，在讨论能带时只考虑［VO_4F_2］。这与没有观察到低电压平台的结果是一致的［见图 6.19(a) 和 (b)］。对于 NVPF-2，$Na_3V_2(PO_4)_3$ 相也是其组成部分之一。在其能带中，［VO_6］也应考虑在内。由于［VO_4F_2］中 V^{III} 的能级比［VO_6］低，因此 3.4V 左右的低压平台出现时间早于约3.7V 和约 4.2V［图 6.19(a) 和 (c)］。基于同样的原因，这可以解释放电过程中出现 C1 平台的原因。综上所述，V 原子的不同化学环境导致了 NVPF-4 和 NVPF-2 之间不同的电化学行为。

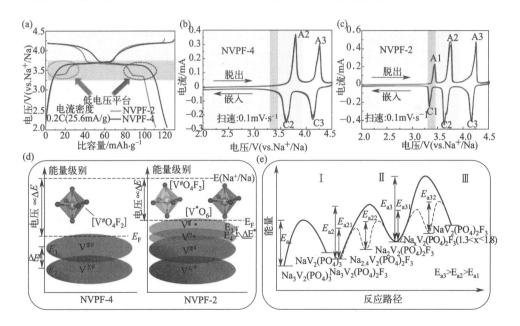

图 6.19　(a) NVPF-4 和 NVPF-2 正极的恒流充放电曲线对比；(b) NVPF-4 和 (c) NVPF-2 的循环伏安曲线；(d) 基于 V3d 轨道的 NVPF-4 和 NVPF-2 正极的能带结构示意图和 (e) NVPF-2 正极反应历程及相应能量变化的简易示意图[36]

为了进一步说明多个电压平台的出现，图 6.19（e）显示了 NVPF-2 正极的反应路径。为了更好地理解 $[VO_4F_2]$ 和 $[VO_6]$ 之间的差异，假设 $[VO_6]$ 只存在于 $Na_3V_2(PO_4)_3$ 中。由于化学环境的不同，不同部位、不同相中 Na^+ 的脱出和再插入过程的活化能（E_a）也不同。以充电过程为例，可分为三个步骤［见图 6.19(e)］，分别对应充电剖面中的三个平台［见图 6.19(a)］。步骤 I 对应 Na^+ 从 $Na_3V_2(PO_4)_3$ 的去除过程，因此 A1 平台首先出现在充电曲线中，对应电化学反应方程式为：

$$Na_3V_2(PO_4)_3 \longrightarrow NaV_2(PO_4)_3 + 2Na^+ + 2e^- \tag{6.2}$$

当电压升高时，$Na_2V_2(PO_4)_2F_3$ 获得足够的能量越过能量势垒。在 $Na_2V_2(PO_4)_2F_3$ 相中存在两个 Na 位点，分别命名为 Na(1) 和 Na(2)。从 Na(2) 位点脱出 Na^+ 比从 Na(1) 位点脱出 Na^+ 需要更多的能量，因此对应的过程显示出不同的电化学电位。因此可以观察到 A2 高原是在 A1 平台之后出现的，A3 平台是最后出现的，对应电化学反应方程式为：

$$Na_3V_2(PO_4)_2F_3 \longrightarrow Na_2V_2(PO_4)_2F_3 + (1)Na^+ + e^- \tag{6.3}$$

$$Na_2V_2(PO_4)_2F_3 \longrightarrow NaV_2(PO_4)_2F_3 + Na(2)^+ + e^- \tag{6.4}$$

此外，除了上述两相转化反应外，在步骤 II 中还有 $Na_{2.4}V_2(PO_4)_2F_3$ 的上层结构和步骤 III（$Na_xV_2(PO_4)_2F_3$，$1.3 < x < 1.8$）的固溶反应。这些事实表明，$Na_2V_2(PO_4)_2F_3$ 的作用机制比 $Na_3V_2(PO_4)_3$ 更为复杂。这也说明了低电压平台的 NVPF 正极在工作过程中会经历更为复杂的相变过程。但这对其循环稳定性是不利的。在 $1C$（$128mA \cdot g^{-1}$）的电流密度下，NVPF-4 正极能量密度可达 $446.4Wh \cdot kg^{-1}$。另外，在 $30C$ 的大电流密度下循环 1000 次的容量保持率为 89.2%，表现出优异的倍率性能和长循环稳定性。

目前提高 $Na_2V_2(PO_4)_2F_3$ 的策略仍然是以包覆、金属离子掺杂以及形貌设计为主。碳包覆不仅可以提高材料的导电能力，还可抑制电解液与 $Na_2V_2(PO_4)_2F_3$ 之间的副反应等，但碳含量过高会降低材料的振实密度。氧化物包覆不仅能提高 $Na_2V_2(PO_4)_2F_3$ 的离子传导性，还能有效清除电解液中的 HF。不过，目前关于 $Na_2V_2(PO_4)_2F_3$ 的氧化物包覆改性报道仍然很少。金属离子掺杂不仅可以提高材料的本征电导率，还可稳定材料的结构，但单独的金属离子掺杂无法避免 $Na_2V_2(PO_4)_2F_3$ 中 V 离子在电解液中的溶解。合理的形貌设计（如纳米化、空间限域、三维导电网络或缺陷等）不仅可以缩短钠离子扩散路径、提高材料导电性，甚至还可实现额外的钠离子脱嵌，不过这些特殊结构构筑往往也是结合了碳改性，且产量低、不易规模化生产[37]。

$NaVPO_4F$ 也是一种典型的氟磷酸钒基聚阴离子型化合物，理论比容量为 $143mAh \cdot g^{-1}$。它具有两种晶体结构：四方结构（空间群：I4/mmm）和单斜结构（空间群：C2/c），晶体结构如图 6.20 所示。

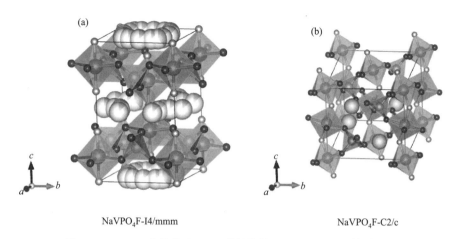

NaVPO₄F-I4/mmm　　　　　　　　NaVPO₄F-C2/c

图 6.20　(a) 四方结构和 (b) 单斜结构 NaVPO₄F 的晶体结构图

四方的 $NaVPO_4F$ 与 $\alpha\text{-}Na_3Al_2(PO_4)_2F_3$ 具有相似结构，在 $\alpha\text{-}Na_3Al_2(PO_4)_2F_3$ 中，$[Al_2O_8F_3]$ 八面体与 $[PO_4]$ 四面体通过 O 顶点相互连接而组成三维的结构框架，可提供快速的钠离子扩散通道，但是目前仍缺乏对四方相结构解析方面的报道。单斜相 $NaVPO_4F$ 与 $Na_3Al_2(PO_4)_2F_2$ 具有一样的结构，$[PO_4]$ 四面体与 $[VO_4F_2]$ 连接组成三维的 Na^+ 快速传输通道。晶胞结构不同导致 $NaVPO_4F$ 的氧化还原电位有所不同，四方相 $NaVPO_4F$ 通常拥有 4.1V 和 3.7V 两个平台，平均电压可达 3.9V，而单斜相 $NaVPO_4F$ 为 3.4V 的稳定电压平台。因此，四方相 $NaVPO_4F$ 拥有更高的理论能量密度。Ling 等人[38] 的研究表明，单斜相因具有更高的 V—P—V 键结合能表现出更好的热稳定性，当温度升高至 650℃ 以上时会发生由四方相 $NaVPO_4F$ 逐渐转变为单斜相的不可逆相变；电化学原位 XRD 和 DFT 理论计算的研究结果表明：四方相在充放电过程中发生无相变的固溶反应，单斜相发生由单斜-正交的两相相变反应，因此前者的电化学稳定性更好；在动力学方面，单斜相 $NaVPO_4F$ 具有更高的本征电导率和钠离子扩散速率，表现出更高的功率密度，而四方相 $NaVPO_4F$ 电荷传递动力学虽慢，但其本征脱钠活化能较高，放电电压较高，表现出更高的能量密度 (501.6Wh·kg⁻¹)，证实了单斜相 $NaVPO_4F$ 可作为一种功率型钠离子电池用正极优选材料，四方相 $NaVPO_4F$ 可作为一种能量型钠离子电池用正极优选材料。上述研究为高性能钠离子电池电极晶胞结构设计及下一代高比能量、高比功率钠离子电池体系开发提供了理论基础和技术支持。

总的来说，氟磷酸钒基化合物具有高的工作电压 (>3.4V) 和理论比容量 (>128mAh·g⁻¹)，因此其理论能量密度有望提高至 500Wh·kg⁻¹。F⁻ 取代可以改变 Na^+ 扩散能垒甚至扩散路径，通过适当的 F 取代可以获得更多储钠容量。因此，F^- 取代 PO_4^{3-} 是一种提高钒基聚阴离子型化合物的有效手段。焦磷酸盐和混合型磷酸盐能够实现更高氧化还原电位（＞3.8V），但由于较大的相对分子量而降低了其理论比容量，使其能量密度反而降低。钒基聚阴离子化合物晶胞结构较稳定、钠扩散快（$10^{-12} \sim 10^{-11} \mathrm{cm \cdot s^{-1}}$），因而相比于其他正极材料，其具备潜在的稳定性和功率密度优势。

6.3 硫酸盐型化合物

根据鲍林电负性规则，S—O 之间的键合作用比 P—O 更强。在硫酸盐类正极材料中，由于硫酸根的诱导作用，使得过渡金属离子 d 轨道与氧 2p 轨道杂化产生的能级劈裂更大，材料的氧化还原电位更高。另一方面，由于硫酸根的荷质比明显低于磷酸根，因此硫酸盐类正极材料的理论比容量通常低于同类型的磷酸盐类正极材料。从实用角度考虑，硫酸盐类正极材料很难与 $LiCoO_2$、$LiFePO_4$ 等锂离子电池正极材料媲美，在低成本储能领域具有一定的应用价值[39]。

6.3.1 氟硫酸盐

受锂离子电池氟硫酸盐中 Fe^{3+}/Fe^{2+} 的高氧化还原电压（$3.6 \sim 3.9 \mathrm{V}$ vs Li/Li^+）的启发，人们对 Na 基氟硫酸盐（$NaMSO_4F$，M＝3d 金属）产生了极大的兴趣。但是由于 $SO4^{2-}$ 在 400℃ 以上会发生热分解，因此人们利用离子热法、固态法和溶解-沉淀法等低温（$T<300℃$）途径，通过 NaF 和 $MSO_4 \cdot H_2O$ 前驱体之间的拓扑反应，合成了这类化合物。由于 Na^+ 的尺寸较大（116pm；$Na_{CN=6}^+$），$NaMSO_4F$ 硫酸盐偏离了 $LiMSO_4F$ 的三斜结构（P-1），形成了具有较高对称性的单斜结构（C2/c）[图 6.21(a)]。它们由沿 [001] 方向共享角的 MO_4F_2 八面体链组成，八面体由单个 SO_4 四面体连接，Na^+ 位于其间的空隙里。$NaMSO_4F$ 氟硫酸盐系列有两个异常：①在 $NaCuSO_4F$ 中观察到姜-泰勒不稳定，CuO_4F_2 八面体高度扭曲；②在 $NaMnSO_4F$ 中，从单斜结构向三斜结构偏离。

虽然 $NaMSO_4F$ 具有与 $LiMSO_4F$ 相似的离子电导率（约 $10^{-7} \mathrm{S \cdot cm^{-1}}$），但它们大多不具有电化学活性。$NaFeSO_4F$ 中 Na^+（脱）嵌入程度非常小，在 3.5V 时出现明显的平台 [图 6.21(b)]。这种差的电化学活性在化学氧化和离子交换反应中进一步得到证实。原子模型揭示了这种电化学活性差的三个根本原因：①$NaFeSO_4F$ 是一维钠离子导体；②（去）钠化过程中体积变化较大（约 16%）；③高活化能势垒（约 0.9eV）阻碍了 Na^+ 扩散[40]。尽管进行了几次优化，$NaFeSO_4F$ 的活性仍然很糟糕。为了寻找合适的 Na^+ 嵌入材料，将 KF 与 $MSO_4 \cdot H_2O$ 反应合成了氟硫酸钾类似物 [$KMSO_4F$]。$KFeSO_4F$ 的制备方法是将前驱体混合物密封在真空石英管中，在 380℃ 下退火 4 天得到。由于 K^+ 半径（152pm：$K_{CN=6}^+$）较大，导致其结构不同于 Li-和 Na-类似物。氟硫酸盐 $KMSO_4F$ 与 $KTiOPO_4$（KTP）型材料同为正交结构，$Pna2_1$ 对称 [图 6.21(c)]。它们由被 SO_4 四面体缩减的扭曲的 $[MO_4F_2]$ 八面体链组成，其中 F 原子具有交替的顺式和反式位置。这些链沿 $[011]$ 和 $[0\bar{1}1]$ 方向弯曲形成容纳 K^+ 的大空腔。经过化学氧化，它形成了一个正交 $FeSO_4F$ 多晶体，Pnna 对称，具有大的开放空腔，允许 Na^+ 脱嵌，使其比容量超过 $120mAh \cdot g^{-1}$，涉及以 3.5V 为中心的平阶电压分布 [图 6.21(d)]。总的来说，由于 SO_4^{2-} 和 F^- 阴离子的综合电负性，氟硫酸盐能够高压嵌入 Li（3.6～3.9V）、Na（3.6V）和 K（4V）。因此当发现 $NaFeSO_4F$ 不活跃时，能够实现 Na^+ 脱嵌的 $KFeSO_4F$ 衍生物就成为了人们新的研究对象。接下来的探索应集中于揭示未知的氟硫酸盐，如①V-基类似物 $[A(VO)SO_4F, A＝Li/Na/K]$ 和②铵类似物 $[(NH_4)MSO_4F]$ 等。

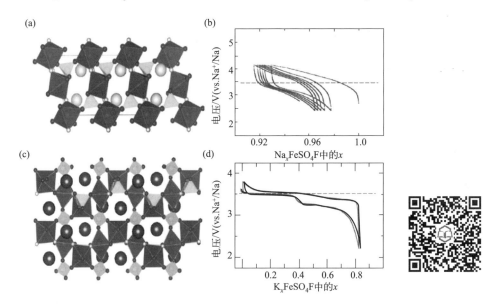

图 6.21 （a）单斜型 $NaFeSO_4F$[41] 和（c）KTP-型 $KFeSO_4F$[42] 晶体结构图 [由 FeO_4F_2 八面体（绿色），SO_4 四面体，Na（黄色）和 K（蓝色）原子组成]；（b）恒流条件下 Na^+ 在 $NaFeSO_4F$[41] 和（d）$KFeSO_4F$[42] 中的充放电曲线

与 PO_4 化合物不同，这些含氟硫酸盐容易受到水分侵蚀，可能形成水合衍生物。水合氟硫酸盐可以通过溶解沉淀法合成。这些 $NaMSO_4F \cdot 2H_2O$ 化合物具有单斜结构（$P2_1/m$），由 MO_4F_2 八面体的平行链组成，其中两个 O 原子与 H 原子桥接形成 H_2O 结构单元。这些链状结构有开放的空腔，Na^+ 位于其中。然而，它们的电化学活性与 $NaMSO_4F$ 相似。可以尝试合成新的 $KMSO_4F \cdot$

$n\,\mathrm{H_2O}$，研究其 $\mathrm{Na^+}$ 嵌入行为。

6.3.2 过渡金属硫酸盐 $\mathrm{Na}_x\mathrm{M}_y(\mathrm{SO_4})_z$ (M= Fe,Mn,Co,Ni)

虽然碱金属氟硫酸盐由于 $\mathrm{SO_4^{2-}}$ 和 $\mathrm{F^-}$ 的电负性而具有较高的氧化还原电位，但它们的存在（特别是 $\mathrm{F^-}$）使它们易于受潮和化学降解。这种材料稳定性问题可以通过完全省略 $\mathrm{F^-}$ 等来部分解决。基于这种解决方法，Yamada 等人[43]使用 350℃ 以下的低温固态方法制备了一种全新的 alluaudite 型硫酸盐框架——$\mathrm{Na_2Fe_2(SO_4)_3}$。与典型的 NASICON 结构的 $\mathrm{FeO_6}$ 八面体的角共享不同，$\mathrm{Na_2Fe_2(SO_4)_3}$ 具有边共享的 $\mathrm{FeO_6}$ 八面体。然后，边共享的 $\mathrm{FeO_6}$ 八面体单元通过 $\mathrm{SO_4}$ 单元连接在一起，形成一个沿 c 轴有大通道的三维框架［图 6.22(a)］。由于其特殊的结构，$\mathrm{Na_2Fe_2(SO_4)_3}$ 具有一个 3.8V 的工作电位，对应于 $\mathrm{Fe^{3+}}$/$\mathrm{Fe^{2+}}$ 的氧化还原反应。到目前为止，这是所有铁基钠离子电池正极材料中工作电压最高的。在没有任何材料优化的情况下，其可逆容量也达到了 $102\mathrm{mAh\cdot g^{-1}}$（基于 1 个电子转移的理论比容量为 $120\mathrm{mAh\cdot g^{-1}}$），而且即使在 20C 下经过 30次循环后，其可逆容量仍然有 $60\mathrm{mAh\cdot g^{-1}}$。图 6.22(b) 中 4 对不同的峰表明发生了不可逆的结构转变，而非化学计量学［如 $\mathrm{Na_{2+2x}Fe_{2-x}(SO_4)_3}$］的存在进一步证明了这一点。倾斜的电压曲线又表明这是一个单相反应。

目前，研究人员认为 $\mathrm{Na_2Fe_2(SO_4)_3}$ 材料稳定性差的原因是硫酸盐基团连接的 $\mathrm{Fe_2O_{10}}$ 二聚体中 $\mathrm{Fe^{2+}}$ 之间存在较大的斥力。然而，非整数化学计量比的材料限制了其脱钠程度，进而限制了 $\mathrm{Na_2Fe_2(SO_4)_3}$ 电化学比容量的充分利用。其中，富钠的

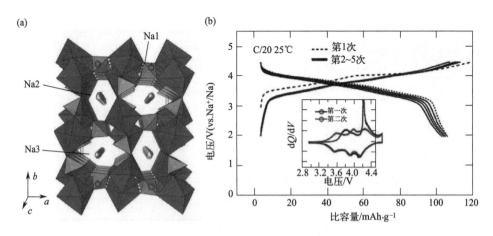

图 6.22 (a) $\mathrm{Na_2Fe_2(SO_4)_3}$ 的晶体结构图和

(b) $\mathrm{Na_{2-x}Fe_2(SO_4)_3}$ 的充放电曲线（插图为微分电容曲线）[43]

$Na_{2.4}Fe_{1.8}(SO_4)_3$ 的理论比容量仅为 $106mAh \cdot g^{-1}$。因此，对 $Na_2Fe_2(SO_4)_3$ 中 Na 和 Fe 的比例研究是十分有意义的[44]。另外，以 $Na_2Fe_2(SO_4)_3$ 正极材料为基础，研究人员相继研究了不同过渡金属取代 Fe 的系列化合物以及富含缺陷的非化学计量比化合物作为钠离子电池正极材料的性能，包括 $Na_2M_2(SO_4)_3$（M＝Fe、Co、Ni、和 Mn）等。

$Na_2M(SO_4)_2 \cdot 4H_2O$（M＝Fe,Co）是一种白钠镁矾矿物家族化合物，它们与白钠镁矾 $Na_2Mg(SO_4)_2 \cdot 4H_2O$ 同结构，形成单斜结构（P21/c），由孤立的 $MO_2(OH_2)_4$ 八面体组成，其中 4 个 O 原子分别与 2 个 H 原子连接，形成 4 个结构单元的 H_2O。其余两个 O 原子被 SO_4 四面体缩减，形成 $M(SO_4)_2$ $(H_2O)_4$ 块，Na^+ 占据较大空隙。$Na_2Fe(SO_4)_2 \cdot 4H_2O$ 具有倾斜的电压曲线，在 $C/50$ 倍率下具有超过 $50mAh \cdot g^{-1}$ 的比容量，Fe^{3+}/Fe^{2+} 的平均电位为 3.3V［图 6.23(a)］。除了容量低以外，非原位 XRD 分析还揭示了材料的不稳定性，即一经充电，白钠镁矾相就会逐渐变质［图 6.23(b)］。

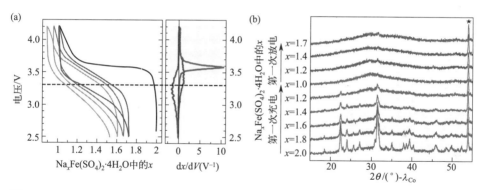

图 6.23　(a) $Na_2Fe(SO_4)_2 \cdot 4H_2O$ 的横流电压分布；(b) 电化学制备的几种组分（x）的 $Na_xFe(SO_4)_2 \cdot 4H_2O$ 样品的 X 射线衍射图，星形表示铍的反射，在 $20° \leqslant 2\theta \leqslant 45°$ 范围内，活性材料在第一次充电过程中的非晶化[45]

Barpanda 等人[46] 利用经典的溶解和沉淀路线成功制备了另一种新型插入化合物 $Na_2Fe(SO_4)_2 \cdot 2H_2O$。与 $Na_2Fe(SO_4)_2 \cdot 4H_2O$ 和 $Na_2Fe(SO_4)_2$ 的结构不同，双水合的 $Na_2Fe(SO_4)_2 \cdot 2H_2O$ 形成了一个伪层状单斜骨架［图 6.24(a)］。由于这种独特的结构，形成了曲折的钠通道和可逆的离子插层。为了提高纳米材料的导电性，通过简单的低温合成方法，研究人员构建了三维石墨烯夹心型 $Na_2Fe(SO_4)_2 \cdot 2H_2O$ 骨架，它在钠离子电池中的放电比容量为 $72mAh \cdot g^{-1}$（基于 1 电子转移的理论比容量约为 $82mAh \cdot g^{-1}$），Fe^{3+}/Fe^{2+} 氧化还原活性集中在 3.25V［图 6.24(b)］。这是第一个用于钠离子电池的双水合插入化合物的例子。

除上述硫酸聚阴离子材料外，其他硫酸化合物如 $NaFe(SO_4)_2$ 和 $Fe_2(SO_4)_3$ 也被报道用作钠离子电池正极材料。如图 6.25(a) 所示[47]，Eldfellite 型 $NaFe(SO_4)_2$ 层状正极材料的结构由 FeO_6 八面体和 SO_4 四面体通过共用角组成，形成垂直于 c 轴的 SO_4-FeO_6-SO_4 三层结构，Na 离子位于这些层之间。这种相对坚固的结构允许晶

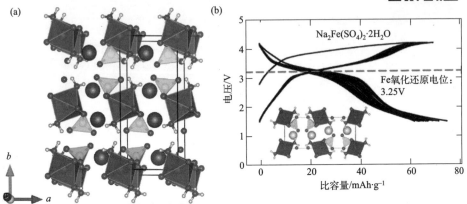

图 6.24　(a) $Na_2Fe(SO_4)_2 \cdot 2H_2O$ 沿 b 轴弯曲的 Na^+ 扩散通道结构图；FeO_6 八面体为棕色，SO_4 四面体为黄色，O 原子为红色，Na 原子为绿色；(b) $Na_2Fe(SO_4)_2 \cdot 2H_2O$ 在 $C/20$ 倍率下的恒电流充放电曲线[46]

胞尺寸沿 c 轴改变，但是在 Na 脱嵌这些层时结构不会坍塌。该材料在电压约 3.2V（vs. Na^+/Na）发生可逆单相反应，对应于 Fe^{3+}/Fe^{2+} 的氧化还原。在 0.1C 下的可逆容量为 78mAh·g^{-1}（基于 1 个电子转移的理论比容量为 99mAh·g^{-1}），且经过 80 次循环后

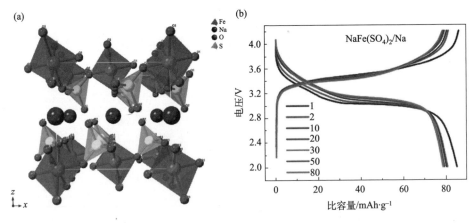

图 6.25　(a) $NaFe(SO_4)_2$ 的晶体结构（绿色球体是钠，红色是氧，蓝色是铁，黄色是硫）[47] 和 (b) $NaFe(SO_4)_2$ 的恒电流充放电曲线[48]

库仑效率接近 100% [图 6.25(b)][48]。另一种菱形的 NASICON 化合物，Fe_2 $(SO_4)_3$，也被报道为钠插层主体，其中 SO_4 四面体与 FeO_6 八面体共角连接。电压平台为 3V，可以归因于单相反应机制，在 $13mA \cdot g^{-1}$ 放电到 2V 时，首次放电比容量为 $65mAh \cdot g^{-1}$。与锂离子电池不同的是，每摩尔的 $Fe_2(SO_4)_3$ 只能电化学存储 1mol 的 Na^+。尽管 $NaFe(SO_4)_2$ 和 $Fe_2(SO_4)_3$ 的实际电化学性能并不优于其他正极材料，但是它们扩大了嵌层化学的研究范围，提供了一种新的铁基聚阴离子材料亚群。

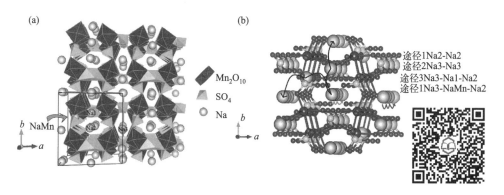

图 6.26 （a） $Na_{2.5}Mn_{1.75}(SO_4)_3$ 的晶体结构示意图（SO_4 四面体单位用黄色表示，Mn_2O_{10} 双八面体用紫色表示，Na1、Na2 和 Na3 是 alluaudite 结构中 3 个不同的钠位点，NaMn 是 Mn 去除后形成的位点）和 （b） $Na_{2.5}Mn_{1.75}(SO_4)_3$ 晶体结构中 Na^+ 扩散路径图示[49]

为了研究取代对 $Na_{2+2x}Fe_{2-x}(SO_4)_3$ 结构和电化学氧化还原性能的影响，研究人员研究了 Mn 在 $Na_{2.5}(Fe_{1-y}Mn_y)_{1.75}(SO_4)_3$（$y = 0, 0.25, 0.5, 0.75, 1.0$）固溶体中的取代，研究证明 Mn 取代可以提高 Fe^{3+}/Fe^{2+} 氧化还原反应电位。然而，Mn^{2+} 是非活性金属，这可能会导致容量降低。Dwibedi 等人[49] 首次报道了一种新型高电压（4.4V）正极材料 $Na_{2+2x}Mn_{2-x}(SO_4)_3$（$x = 0.22$），这种属于 C2/c 空间群的单斜骨架由 Mn_2O_{10} 单元和 SO_4 四面体单元共享角组成 [图 6.26(a)]。为了进一步确定 $Na_{2+2x}Mn_{2-x}(SO_4)_3$ 结构中 Na 离子的迁移机制，对四种可能的扩散路径的活化能进行了计算 [图 6.26(b)]。在第一条途径，Na^+ 与 V_0^{Na} 空位一起沿 [0 0 1] 方向跳跃，从 Na2 位向 Na2 位移动的现象。第二条途径也是在 [0 0 1] 方向，而空缺通过 Na3 主要位置移动。第三条途径从 Na3 到 Na1 再到 Na2。第四条途径是 V_0^{Na} 空位通过 Na2 向 NaMn 迁移，然后向 Na3 迁移的途径。因此，$Na_{2+2x}Mn_{2-x}(SO_4)_3$ 晶体结构中离子扩散的最大问题是 Mn 空位增加了 Na^+ 沿 [001] 平衡位置跳跃的活化能，说明 Na^+ 在该体系中是二维的离子扩散机制。

6.3.3 羟基硫酸盐

与羟基磷酸盐（$NaMPO_4OH$）类似，OH^- 取代氟硫酸盐中的 F^- 可以生成羟基硫酸盐（$NaMSO_4OH$）嵌入材料。然而，$NaMSO_4OH$ 类材料尚未被人们发现。但是，在探索 $Na-Fe-SO_4-OH$ 体系时，研究人员发现了四个相。分别为 $Na_{0.84}Fe_{2.86}(SO_4)_2(OH)_6$（黄钾铁矾）、$NaFe_3(SO_4)_2(OH)_6$（钠黄铁矾）、$Na_2FeOH(SO_4)_2 \cdot H_2O$（变纤钠铁矾）和 $Na_2FeOH(SO_4)_2 \cdot 3H_2O$（纤钠铁矾）。$NaFe_3(SO_4)_2(OH)_6$ 是报道出来的第一个羟基硫酸盐基的钠嵌入化合物。通过含 Na_2SO_4 和 $Fe_2(SO_4)_3 \cdot nH_2O$ 的前驱体溶液沉淀制备出了目标黄钾铁矾。这种黄钾铁矾化合物具有 R-3m 对称的三角结构，由共用角的 $FeO_4(OH)_2$ 八面体链构成层状框架。这些链被 SO_4 四面体依次连接，形成容纳 Na^+ 的六边形空位。这个主体框架有足够的空腔来嵌入多个碱金属离子。

当在 Na 半电池结构中进行测试时，观察到 $2Na^+$ 的可逆脱嵌，具有 $120mAh \cdot g^{-1}$ 的比容量，Fe^{3+}/Fe^{2+} 的平均氧化还原电位为 2.72V（vs. Na/Na^+）。它表现出良好的循环稳定性，包括倾斜的电压分布，表明其潜在的固溶体氧化还原机制。有趣的是，Na^+ 的插入使结晶黄钾铁矾转变为非晶态的 $Na_3Fe_3(SO_4)_2(OH)_6$ 相。XRD 和 TEM 研究表明，黄钾铁矾晶体可以可逆拓扑转变为其非晶态钠化衍生物。黄钾铁矾的形成层 $[Fe_3(SO_4)_2(OH)_6]$ 非常薄，在钠化过程中可以变形、波纹化并与相邻层分离，同时保持所有的多面体特征和原子间键的完整。相反，去钠化会释放局部应变，使其回到黄钾铁矾晶体结构。虽然容量和氧化还原电压较低，排除了实际应用的可能性，但该黄钾铁矾体系为探索非晶态聚阴离子相作为钠电池插入基体铺平了道路。

6.4 混合型化合物

6.4.1 碳磷酸盐 $Na_3M(PO_4)(CO_3)$(M= Mg,Mn,Fe,Co,Ni,Cu)

Sidorenkite 型 $Na_3MnPO_4CO_3$ 具有单斜结构（$P2_1/m$）。该结构由独立的 MnO_6 八面体在 bc 平面上形成的层组成，这些层通过氧顶点与四个 PO_4 四面体连接，并与 CO_3 基团共享一条边。钠在阴离子框架中占据两个不同的位点 [图 6.27(a)]。根据双电子转移反应，$Na_3MnCO_3PO_4$ 具有较高的理论比容量，约为 $192mAh \cdot g^{-1}$。在 Na^+ 嵌入/脱出过程中，出现了 Mn^{2+}/Mn^{3+} 和 Mn^{3+}/Mn^{4+} 氧化还原偶相对应的两个平台，平均电位为 3.7V（vs. Na/Na^+）。原位 XRD 表明，在电化学循环过程中，$Na_3MnPO_4CO_3$ 发生了固溶体型可逆拓扑结构演化。非原位固态核磁共振研究表明，每个分子式单元可以有多个 Na 从结构中脱嵌，表明 Mn^{2+}/Mn^{3+} 和 Mn^{3+}/Mn^{4+} 氧化还原偶都具有电化学活性，是罕见的双电子插层反应。具有较高的放电比容量（约 $125mAh \cdot g^{-1}$）和良好的循环性能（在 $C/100$ 倍率度下循环几次后稳定在 $100mAh \cdot g^{-1}$ 左右）[图 6.27(b)][50]。

第一性原理计算表明，与其他聚阴离子化合物相比，$Na_3MnPO_4CO_3$ 具有较低活化势垒的 3D 扩散途径，这使它们容易实现快速充放电。然而，$Na_3MnPO_4CO_3$ 的电导率较低，可以通过减小颗粒尺寸并避免结构缺陷，微纳米加工、掺杂或碳包覆等策略，提高正极材料的电子导电性。通过水热法及之后

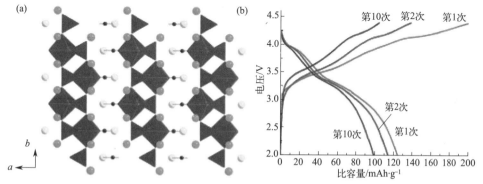

图 6.27　$Na_3MnPO_4CO_3$ 的（a）晶体结构图和（b）充放电曲线图[50]

与导电碳一起球磨制备的 $Na_3MnCO_3PO_4$，在将导电碳含量提高到 60%（体积分数）时，比容量达到 $176mAh \cdot g^{-1}$（理论比容量的 92.5%）。Huang 等人[51] 利用改性的水热法合成了 $Na_3FePO_4CO_3$ 纳米片。电化学测试表明，在 $10mA \cdot g^{-1}$ 下循环 50 次后比容量稳定在 $96mAh \cdot g^{-1}$，平均电位为 $2.6V$。Fe 的原位和非原位近边吸收光谱表明，类似于 $Na_3MnPO_4CO_3$，Fe^{3+}/Fe^{2+} 和 $Fe4^+/Fe^{3+}$ 氧化还原偶对均具有电化学活性，表明存在双电子插层反应。非原位 XRD 表明，$Na_3FePO_4CO_3$ 在 $2.0 \sim 4.55V$ 的充放电过程中，晶体结构保持稳定。

Song 等人[52] 用水热法成功制备了混合聚阴离子型 $Na_2Fe(C_2O_4)SO_4 \cdot H_2O$（NFOS）晶体材料，并研究了其电化学性能。该晶体属于六方晶系、空间群为 $P2m$，晶体结构如图 6.28(a)，(b) 所示。在该晶体结构中，FeO_6 八面体与 C_2O_4 基团通过边共享 O 原子相连，形成二维的 $[FeC_2O_4]_\infty$ 层。层与层之间通过 SO_4 四面体相互连接，SO_4 四面体与 FeO_6 八面体共用顶点 O 原子，形成三维骨架结构，钠离子与少量游离的水分子分散在骨架的间隙中。采用原位同步 X 射线吸收光谱（XAS）、原位 XRD 测试及第一性原理计算揭示了该材料的电化学反应机理。归一化 XAS 光谱的二维轮廓图如图 6.28(e) 所示，对应的充放电曲线如图 6.28（d）所示。可以看出，XAS 数据的变化与电化学

过程密切相关，随着充放电的交替，电化学过程是可逆的。更具体地说，Fe K 边 X 射线吸收近边光谱（XANES）在充放电过程中如图 6.28（f）所示。在充电过程中，Fe K 边不断向高能量方向移动，这表明铁的平均价态增加。在接下来的放电过程中，Fe K 边位移回原来的能量位置。在充电过程中，铁的价态由 +2 变为 +3，在随后的放电过程中又恢复到 +2 ［图 6.28（g）］。铁的价态的增加和减少分别对应 Na^+ 的脱出和嵌入，以平衡 NFOS 正极的整体电荷。显然，铁的价态变化表明 Fe^{2+}/Fe^{3+} 氧化还原偶具有较高的可逆性。如图 6.28（h）的原位 XRD 所示，NFOS 正极在充放电过程中骨架得到了较好的保持。具体而言，在 17.0°、28.0°、30.0° 和 32.5° 附近的峰，分别对应于 $(\bar{1}20)$、(002)、(030) 和 $(\bar{1}22)$ 面，在充电过程中，峰的角度增大，说明 Na 离子脱出过程中 d 间距减小。放电到 1.7V 后，峰恢复到原来的位置，晶格发生可逆的收缩和扩张，说明可逆性好。如图 6.28（c）所示，NFOS 中有两个不同的 Na_α 和 Na_β 位点，以及沿 c 轴的两个可能的钠离子嵌入/脱出通道，且 Na_α 比 Na_β 活性高。当充电截止电压为 4.5/4.6V 时，该材料的比容量为近 170mAh·g^{-1}，与 Na^+ 全部脱出时的理论比容量相近，但容量衰减严重；当充电截止电压控制在 4.2V 时，该材料在 45mA·g^{-1} 电流密度下获得了约 85mAh·g^{-1} 的稳定比容量，并呈现 3.1V 和 3.5V 两个电压平台，稳定循环 500 次后依然具有 85% 的比容量（75mAh·g^{-1}）。

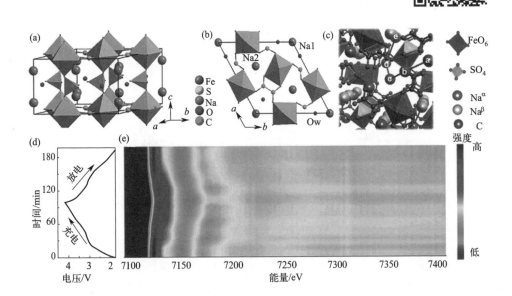

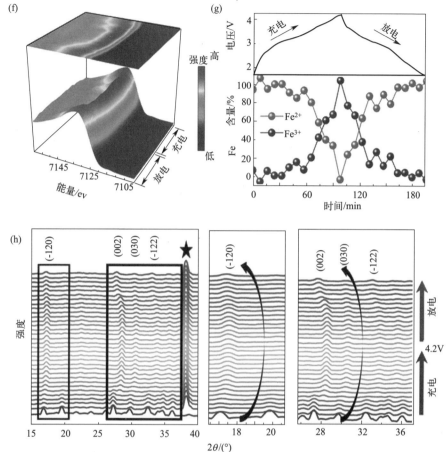

图 6.28 （a，b）NFOS 的晶体结构图；（c）Na$_\alpha$ 离子在 NFOS 充放电过程中的扩散路径；
（d）NFOS/Na 半电池的充放电曲线及对应的（e）归一化 XAFS 光谱的二维等高线图；
（f）充放电过程中 Fe K 边 XANES 光谱投影的三维图；（g）NFOS/Na
半电池中铁的价态变化和电压分布随时间的变化规律和（h）在 1.7～4.2V
电压范围内，NFOS 充放电过程的原位 XRD 谱[52]

6.4.2 草酸盐

草酸铁，K$_4$Na$_2$[Fe(C$_2$O$_4$)$_2$]$_3$ · 2H$_2$O，它具有开放框架结构，Fe^{2+} 位于八面体的中心，通过氧原子与 6 个草酸盐单元连接，允许 K$^+$/Na$^+$ 沿一维通道扩散。在充电时，在 3.6V 和 3.9V（vs. Na/Na$^+$）时观察到两个平台，总比容量为 54.5mAh · g^{-1}（脱 K$^+$）。之后放电在 2.7V（vs. Na/Na$^+$）（嵌入 Na$^+$）时提供 50.2mAh · g^{-1}[53]。

Yao 等人[54] 最近的一项研究描述了 Na$_2$Fe(C$_2$O$_4$)F$_2$ 的电化学性能。这种新型化合物是通过水热方法合成的。其结构可描述为单斜空间群 C2/c，由 $[FeO_4F_2]$ 八面体组成，通过氧顶点连接。它们通过草酸基团进一步桥接。每个草酸基团依次与三个 $[FeO_4F_2]$ 八面体相连。$[Fe(C_2O_4)F_2]^{2-}$ 沿 b 轴形成 z 字形链，Na 位于链之间 [图 6.29(a)]。充放电曲线表明，该材料有两个充电平台（3.3V 和 3.6V，vs. Na/Na$^+$）和两个放电平台（2.95V 和 3.25V，vs. Na/Na$^+$），比容量为 70mAh·g^{-1}，对应于 0.56 个 Na$^+$ 的可逆嵌入 [图 6.29(b)]。

进一步报道的羧酸基化合物还有草酸钠 $Na_2Fe_2(C_2O_4)_3$·$2H_2O$、丙酸钠 $Na_2Fe(H_2C_3O_4)_2$·$2H_2O$ 和 $Fe_2(C_2O_4)_3$·$4H_2O$。然而，它们只在锂离子电池中循环使用，尚未研究其在钠离子电池中的应用。还有两种钒混合聚阴离子电极 $Na_7V_4(P_2O_7)_4PO_4$ 和 $Na_7V_3(P_2O_7)_4$ 也引起了人们的关注。这两种复

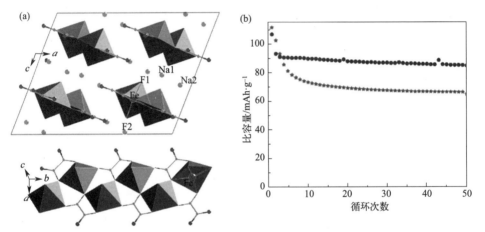

图 6.29　(a) 沿 b 轴观察的 $Na_2Fe(C_2O_4)F_2$ 晶体结构（上）以及 $[Fe(C_2O_4)F_2]$ 无限链（下）（蓝色显示的是 FeO_4F_2 八面体）和 (b) $Na_2Fe(C_2O_4)F_2$ 的循环性能[54]

合材料由于其高工作电位（接近 4.0V vs. Na$^+$/Na）以及优越的高倍率长循环能力（即使在 20C 和 3C 的高倍率下循环 800 次，容量也分别保持了约 94% 和 91%）而被认为是很有前途的候选正极材料。

总的来说，聚阴离子型正极材料凭借其稳定的骨架结构和含有大尺寸通道的优势，通常可提供丰富的离子扩散通道。但是，钠离子电池正极材料一般需要具有高电子、离子传导来支撑其电化学性能的发挥。而在聚阴离子化合物结构骨架中，过渡金属价电子的电子云被孤立，从而阻碍了电子交换，加之电子在过渡金属离子间的传递被聚阴离子基团所阻碍，因此聚阴离子型正极材料的电子电导率普遍较低，从而限制了聚阴离子型正极材料的应用。因此，提高聚阴离子材料的电子电导率是充分发挥聚阴离子正极材料电化学性能的关键。

参考文献

[1] Barpanda P, Lander L, Nishimura S-i, et al. Polyanionic Insertion Materials for Sodium-Ion Batteries [J]. *Adv. Energy Mater.*, 2018, 8(17): 13-19.

[2] Avdeev M, Mohamed Z, Ling C D, et al. Magnetic Structures of $NaFePO_4$ Maricite and Triphylite Polymorphs for Sodium-Ion Batteries[J]. *Inorg. Chem.*, 2013, 52(15): 8685-8693.

[3] Boucher F, Gaubicher J, Cuisinier M, et al. Elucidation of the $Na_{2/3}FePO_4$ and $Li_{2/3}FePO_4$ Intermediate Superstructure Revealing a Pseudouniform Ordering in 2D[J]. *J. Am. Chem. Soc.*, 2014, 136 (25): 9144-9157.

[4] Galceran M, Roddatis V, Zúñiga F J, et al. Na-Vacancy and Charge Ordering in $Na_{\frac{2}{3}}FePO_4$[J]. *Chem. Mater.*, 2014, 26(10): 3289-3294.

[5] Fang Y, Liu Q, Xiao L, et al. High-Performance Olivine $NaFePO_4$ Microsphere Cathode Synthesized by Aqueous Electrochemical Displacement Method for Sodium Ion Batteries[J]. *ACS Appl. Mater. Inter.*, 2015, 7(32): 17977-17984.

[6] Ali G, Lee J-H, Susanto D, et al. Polythiophene-Wrapped Olivine $NaFePO_4$ as a Cathode for Na-Ion Batteries[J]. *ACS Appl. Mater. Inter.*, 2016, 8(24): 15422-15429.

[7] Kim J, Seo D H, Kim H, et al. Unexpected discovery of low-cost maricite $NaFePO_4$ as a high-performance electrode for Na-ion batteries[J]. *Energ. Environ. Sci.*, 2015, 8(2): 540-545.

[8] Liu Y, Zhang N, Wang F, et al. Approaching the Downsizing Limit of Maricite $NaFePO_4$ toward High-Performance Cathode for Sodium-Ion Batteries[J]. *Adv. Funct. Mater.*, 2018, 28 (30): 3712-3719.

[9] Xiong F, An Q, Xia L, et al. Revealing the atomistic origin of the disorder-enhanced Na-storage performance in $NaFePO_4$ battery cathode[J]. *Nano Energy*, 2019, 57: 608-615.

[10] Yung-Fang Yu Y, Kummer J T. Ion exchange properties of and rates of ionic diffusion in beta-alumina[J]. *J. Inorg. Nucl. Chem.*, 1967, 29(9): 2453-2475.

[11] 李玲芳, 杨家兴, 吴超. 钠离子电池正极材料磷酸钒钠的研究进展[J]. 人工晶体学报, 2017, 46 (11): 2238-2243.

[12] Song W, Ji X, Wu Z, et al. First exploration of Na-ion migration pathways in the NASICON structure $Na_3V_2(PO_4)_3$[J]. *J. Mater. Chem. A*, 2014, 2(15): 5358-5362.

[13] Saravanan K, Mason C W, Rudola A, et al. The First Report on Excellent Cycling Stability and Superior Rate Capability of $Na_3V_2(PO_4)_3$ for Sodium Ion Batteries[J]. *Adv. Energy Mater.*, 2013, 3 (4): 444-450.

[14] Jian Z, Yuan C, Han W, et al. Atomic Structure and Kinetics of NASICON $Na_xV_2(PO_4)_3$ Cathode for Sodium-Ion Batteries [J]. *Adv. Funct. Mater.*, 2014, 24 (27): 4265-4272.

[15] Huang X, Yi X, Yang Q, et al. Outstanding electrochemical performance of N/S co-doped carbon/ $Na_3V_2(PO_4)_3$ hybrid as the cathode of a sodium-ion battery [J]. *Ceram. Int.*, 2020, 46 (18): 28084-28090.

[16] Shen W, Wang C, Xu Q, et al. Nitrogen-Doping-Induced Defects of a Carbon Coating Layer Facilitate Na-Storage in Electrode Materials [J]. *Adv. Energy Mater.*, 2015, 5 (1): 2218-2220.

[17] Li H, Yu X, Bai Y, et al. Effects of Mg doping on the remarkably enhanced electrochemical performance of $Na_3V_2(PO_4)_3$ cathode materials for sodium ion batteries [J]. *J. Mater. Chem. A*, 2015, 3 (18): 9578-9586.

[18] Wu C, Tong J, Gao J, et al. Studies on the Sodium Storage Performances of $Na_3Al_xV_{2-x}$ $(PO_4)_3$@C Composites from Calculations and Experimental Analysis [J]. *ACS Appl. Energ. Mater.*, 2021, 4 (2): 1120-1129.

[19] Wang Q, Gao H, Li J, et al. Importance of Crystallographic Sites on Sodium-Ion Extraction from NASICON-Structured Cathodes for Sodium-Ion Batteries [J]. *ACS Appl. Mater. Inter.*, 2021, 13 (12): 14312-14320.

[20] Cao X, Pan A, Yin B, et al. Nanoflake-constructed porous $Na_3V_2(PO_4)_3$/C hierarchical microspheres as a bicontinuous cathode for sodium-ion batteries applications [J]. *Nano Energy*, 2019, 60: 312-323.

[21] Barpanda P, Nishimura S-i, Yamada A. High-Voltage Pyrophosphate Cathodes [J]. *Adv. Energy Mater.*, 2012, 2 (7): 841-859.

[22] Barpanda P, Liu G, Ling C D, et al. $Na_2FeP_2O_7$: A Safe Cathode for Rechargeable Sodium-ion Batteries [J]. *Chem. Mater.*, 2013, 25 (17): 3480-3487.

[23] Ha K H, Woo S H, Mok D, et al. $Na_{4-\alpha}M_{2+\alpha/2}(P_2O_7)_2$ ($2/3 \leqslant \alpha \leqslant 7/8$, M=Fe, $Fe_{0.5}Mn_{0.5}$, Mn): A Promising Sodium Ion Cathode for Na-ion Batteries [J]. *Adv. Energy Mater.*, 2013, 3 (6): 770-776.

[24] Barpanda P, Ye T, Nishimura S-i, et al. Sodium iron pyrophosphate: A novel 3.0V iron-based cathode for sodium-ion batteries [J]. *Electrochem. Commun.*, 2012, 24: 116-119.

[25] Zhao H, Li J, Xu H, et al. Effective enhancement of the electrochemical properties for $Na_2FeP_2O_7$/C cathode materials by boron doping [J]. *Chinese J. Chem. Eng.*, 2021, 39: 277-285.

[26] 王华丽, 白莹, 陈实, 等. 室温铝二次电池及其关键材料 [J]. 化学进展, 2013, 25 (8): 1392-1400.

[27] Barpanda P, Lu J, Ye T, et al. A layer-structured $Na_2CoP_2O_7$ pyrophosphate cathode for sodium-ion batteries [J]. *Rsc. Adv.*, 2013, 3 (12): 3857-3860.

[28] Barpanda P, Ye T, Avdeev M, et al. A new polymorph of $Na_2MnP_2O_7$ as a 3.6V cathode material for sodium-ion batteries [J]. *J. Mater. Chem. A*, 2013, 1 (13): 4194-4197.

[29] Li H, Chen X, Jin T, et al. Robust graphene layer modified $Na_2MnP_2O_7$ as a durable high-rate and high energy cathode for Na-ion batteries [J]. *Energy Storage Mater.*, 2019, 16: 383-390.

[30] Shakoor R A, Park C S, Raja A A, et al. A mixed iron-manganese based pyrophosphate cathode, $Na_2Fe_{0.5}Mn_{0.5}P_2O_7$, for rechargeable sodium ion batteries [J]. *Phys. Chem. Chem. Phys.*, 2016, 18 (5): 3929-3935.

[31] Chen M, Hua W, Xiao J, et al. NASICON-type air-stable and all-climate cathode for sodium-ion batteries with low cost and high-power density [J]. *Nat. Commun.*, 2019, 10: 15910-15917.

[32] Wood S M, Eames C, Kendrick E, et al. Sodium Ion Diffusion and Voltage Trends in Phosphates $Na_4M_3(PO_4)_2P_2O_7$ (M=Fe, Mn, Co, Ni) for Possible High-Rate Cathodes [J]. *J. Phys. Chem. C*, 2015, 119 (28): 15935-15941.

[33] Bianchini M, Brisset N, Fauth F, et al. $Na_3V_2(PO_4)_2F_3$ revisited: A high-resolution diffraction study [J]. *Chem. Mater.*, 2014, 26: 4238-4247.

[34] 易红明, 吕志强, 张华民, 等. 钠离子电池钒基聚阴离子型正极材料的发展现状与应用挑战 [J]. 储能科学与技术, 2020, 9 (05): 1350-1369.

[35] Bianchini M, Fauth F, Brisset N, et al. Comprehensive Investigation of the $Na_3V_2(PO_4)_2F_3$- $NaV_2(PO_4)_2F_3$ System by Operando High Resolution Synchrotron X-ray Diffraction [J]. *Chem. Mater.*, 2015, 27: 3009.

[36] Deng L, Yu F D, Xia Y, et al. Stabilizing fluorine to achieve high-voltage and ultra-stable Na_3V_2

$(PO_4)_2F_3$ cathode for sodium ion batteries [J]. *Nano Energy*, 2021: 82.

[37] 孙畅, 邓泽荣, 江宁波, 等. 钠离子电池正极材料氟磷酸钒钠研究进展 [J]. 储能科学与技术, 2022, 11 (04): 1184-1200.

[38] Ling M, Jiang Q, Li T, et al. The Mystery from Tetragonal $NaVPO_4F$ to Monoclinic $NaVPO_4F$: Crystal Presentation, Phase Conversion, and Na-Storage Kinetics [J]. *Adv. Energy Mater.*, 2021, 11 (21): 7210-7213.

[39] 闫琦, 兰元其, 姚文娇, 等. 聚阴离子型二次离子电池正极材料研究进展 [J]. 储能科学与技术, 2021, 10 (03): 872-886.

[40] Tripathi R, Gardiner G R, Islam M S, et al. Alkali-ion Conduction Paths in $LiFeSO_4F$ and $NaFeSO_4F$ Tavorite-Type Cathode Materials [J]. *Chem. Mater.*, 2011, 23 (8): 2278-2284.

[41] Barpanda P, Chotard J N, Recham N, et al. Structural, Transport, and Electrochemical Investigation of Novel $AMSO_4F$ (A=Na, Li; M=Fe, Co, Ni, Mn) Metal Fluorosulphates Prepared Using Low Temperature Synthesis Routes [J]. *Inorg. Chem.*, 2010, 49 (16): 7401-7413.

[42] Recham N, Rousse G, Sougrati M T, et al. Preparation and Characterization of a Stable $FeSO_4F$-Based Framework for Alkali Ion Insertion Electrodes [J]. *Chem. Mater.*, 2012, 24 (22): 4363-4370.

[43] Barpanda P, Oyama G, Nishimura S-i, et al. A 3.8V earth-abundant sodium battery electrode [J]. *Nat. Commun.*, 2014, 5: 11122-11127.

[44] 刘奕彤, 郭晋芝, 吴兴隆. 钠离子电池硫酸盐正极材料的研究进展 [J]. 分子科学学报, 2021, 37 (04): 323-334.

[45] Reynaud M, Rousse G, Abakumov A M, et al. Design of new electrode materials for Li-ion and Na-ion batteries from the bloedite mineral $Na_2Mg(SO_4)_2 \cdot 4H_2O$ [J]. *J. Mater. Chem. A*, 2014, 2 (8): 2671-2680.

[46] Barpanda P, Oyama G, Ling C D, et al. Kröhnkite-Type $Na_2Fe(SO_4)_2 \cdot 2H_2O$ as a Novel 3.25V Insertion Compound for Na-Ion Batteries [J]. *Chem. Mater.*, 2014, 26 (3): 1297-1299.

[47] Trussov I A, Kokhmetova S T, Driscoll L L, et al. Synthesis, structure and electrochemical performance of Eldfellite, $NaFe(SO_4)_2$, doped with SeO_4, HPO_4 and PO_3F [J]. *J. Solid State Chem.*, 2020, 289: 121395.

[48] Singh P, Shiva K, Celio H, et al. Eldfellite, $NaFe(SO_4)_2$: an intercalation cathode host for low-cost Na-ion batteries [J]. *Energ. Environ. Sci.*, 2015, 8 (10): 3000-3005.

[49] Araujo R B, Islam M S, Chakraborty S, et al. Predicting electrochemical properties and ionic diffusion in $Na_{2+2x}Mn_{2-x}(SO_4)_3$: crafting a promising high voltage cathode material [J]. *J. Mater. Chem. A*, 2016, 4 (2): 451-457.

[50] Chen H, Hao Q, Zivkovic O, et al. Sidorenkite ($Na_3MnPO_4CO_3$): A New Intercalation Cathode Material for Na-Ion Batteries [J]. *Chem. Mater.*, 2013, 25 (14): 2777-2786.

[51] Huang W, Zhou J, Li B, et al. Detailed investigation of $Na_{2.24}FePO_4CO_3$ as a cathode material for Na-ion batteries [J]. *Sci. Rep.*, 2014, 4.

[52] Song T, Yao W, Kiadkhunthod P, et al. A Low-Cost and Environmentally Friendly Mixed Polyanionic Cathode for Sodium-Ion Storage [J]. *Angew. Chem. Int. Edit.*, 2020, 59 (2): 740-745.

[53] Wang X, Kurono R, Nishimura S-i, et al. Iron-Oxalato Framework with One-Dimensional Open Channels for Electrochemical Sodium-Ion Intercalation [J]. *Chem. Eur. J.*, 2015, 21 (3): 1096-1101.

[54] Yao W, Sougrati M T, Hoang K, et al. $Na_2Fe(C_2O_4)F_2$: A New Iron-Based Polyoxyanion Cathode for Li/Na Ion Batteries [J]. *Chem. Mater.*, 2017, 29 (5): 2167-2172.

第 7 章

普鲁士蓝类正极材料

普鲁士蓝（PB）是一种亚铁氰化铁 $Fe_4[Fe^{2+}(CN)_6]_3 \cdot nH_2O(n=6\sim14))$ 配位化合物，简写为 Fe-HCF。其中 Fe^{2+} 和 Fe^{3+} 阳离子交替连接到氰化物配体的碳和氮端（ $Fe^{2+}—C\equiv N—Fe^{3+}$ ）以形成八面体配位框架。在不改变 PB 整体框架结构的前提下，采用其他金属元素代替其中的 Fe 元素得到一类新化合物，其通常被称为普鲁士蓝类化合物（PBAs）。普鲁士蓝类材料具有开放的框架结构，为钠离子的可逆脱嵌提供了丰富的位点和传输通道，其化学式可以表示为：$A_xM_1[M_2(CN)_6]_{1-y} \cdot \square_y \cdot nH_2O$ $(0{\leqslant}x{\leqslant}2,\ 0{\leqslant}y{\leqslant}1)$，其中 A 为碱金属离子，如 Li^+、Na^+、K^+ 等；M_1 和 M_2 为不同配位的过渡金属离子，如 Mn、V、Fe、Co、Ni、Cu、Zn 等的离子，且 M_1、M_2 分别与 N、C 配位；$\square$ 为 $[M_2(CN)_6]$ 空位；H_2O 代表结晶水，n 代表结晶水分子数。由于铁基普鲁士蓝结构稳定、易制备，因此，目前普鲁士蓝的研究多集中于铁基普鲁士蓝 $A_xM[Fe(CN)_6]_{1-y} \cdot \square_y \cdot nH_2O$（metal hexacyanoferrate，简写为 MFeHCF 或 MFe-PBAs）。MFe-PBAs 通常为面心立方结构，其空间群为 $Fm\overline{3}m$，晶格中的铁离子和金属离子与氰根离子按照 Fe—C$\equiv$N—M 顺序排列在空间上形成三维框架结构，其中铁离子与金属离子位于立方体顶点，C$\equiv$N 位于立方体棱边，嵌入的碱金属离子 A 和晶格水则处于立方体间隙中，如图 7.1 所示[1]。

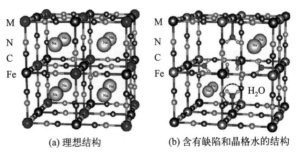

(a) 理想结构　　　　(b) 含有缺陷和晶格水的结构

图 7.1　普鲁士蓝化合物 $Na_2M[Fe(CN)_6]$ 的晶体结构示意图[1]

　　铁基普鲁士蓝结构具有以下结构特点：① Fe—C≡N—M 框架独特的电子结构使得 Fe^{3+}/Fe^{2+} 氧化还原电对具有较高的工作电势（2.7～3.8V vs. Na^+/Na）；②由于结构中存在 M^{3+}/M^{2+} 和 Fe^{3+}/Fe^{2+} 氧化还原电对，普鲁士蓝最多可以实现两个 Na^+ 的可逆嵌入/脱出；③具有开放的三维离子通道，有利于 Na^+ 的快速嵌入/脱出；④ Fe—C≡N—M 的配位稳定数高（$[Fe(CN)_6]^{3-}$，$\lg K = 42$；$[Fe(CN)_6]^{4-}$，$\lg K = 35$），可以有效地维持三维结构的稳定性，有效缓解了 Na^+ 在嵌入/脱出过程中产生的体积膨胀，因此具有较高的循环稳定性；⑤普鲁士蓝材料合成简便，成本低廉，通过简单的液相沉淀法即可制备，且对环境友好；⑥普鲁士蓝材料在水溶液中具有较低的溶解度常数，因此也可以作为水系钠离子电池正极材料。

　　尽管普鲁士蓝材料拥有以上一系列优点，但在实际应用中普鲁士蓝普遍存在着容量利用率低、倍率性能差、循环不稳定等缺点，其最主要的原因可能与普鲁士蓝结构中的 $[Fe(CN)_6]$ 空位和结晶水分子有关。以 $Na_2M[Fe(CN)_6]$ 为例：$Na_2M[Fe(CN)_6]$ 主要是通过单一铁源法或共沉淀反应制备得到，在快速的结晶过程中，普鲁士蓝晶体结构中不可避免地会存在一定量的 $[Fe(CN)_6]$ 空位和结晶水分子，因此其化学式可以表述为 $Na_{2-x}M[Fe(CN)_6]_{1-y} \cdot \square_y \cdot nH_2O$，如图 7.1(b) 所示[1]，$[Fe(CN)_6]$ 空位和结晶水分子的存在会严重影响普鲁士蓝的电化学储钠性能。具体原因表现为：①由于 $[Fe(CN)_6]$ 空位存在，减少了氧化还原活性中心，降低了普鲁士蓝晶格中 Na^+ 的含量，导致其实际储钠容量比理论值低；②$[Fe(CN)_6]$ 空位增加了晶格中结晶水的含量，在电化学反应过程中一部分结晶水会进入到电解液中，导致首次循环效率和库仑效率降低；③部分结晶水占据了 Na^+ 的嵌入位点，导致其实际储钠容量比理论值低；④$[Fe(CN)_6]$ 空位破坏了晶格完整度，导致 Na^+ 在嵌入/脱出时造成晶格扭曲甚至结构塌陷，造成其容量严重衰减。现阶段，研究的普鲁士蓝材料主要包括贫钠和富钠两种。其中，贫钠普鲁士蓝中钠含量一般＜1，而富钠普鲁士蓝中钠含量一般≥1。通过控制前驱体的比例可以控制普鲁士蓝中的钠含量，富钠材料一般不需要提供额外的钠源，便可以和目前商用的碳负极材料相匹配。根据过渡族金属离子 M^{n+} 的不同，目前主要研究的普鲁士蓝材料包括：$A_xFe[Fe(CN)_6]$、$A_xCo[Fe(CN)_6]$、$A_xNi[Fe(CN)_6]$、$A_xMn[Fe(CN)_6]$、$A_xCu[Fe(CN)_6]$、$A_xCo[Co(CN)_6]$、$A_xNi_xCo_{1-x}[Fe(CN)_6]$ 等。

　　$A_xFe[Fe(CN)_6]$ 化合物以其制备简单、低成本、高比容量等优点、是研究最广泛的普鲁士蓝化合物。目前，制备 $A_xFe[Fe(CN)_6]$ 的方法主要为共沉淀法、水热法和电沉积法。

7.1 $A_x Fe[Fe(CN)_6]$ 正极材料

共沉淀法是制备 $A_x Fe[Fe(CN)_6]$ 材料最为常见的方法，典型的合成流程为：将一定量的乙酸钠或硫酸钠溶于去离子水中形成溶液 A，将与乙酸钠或硫酸钠摩尔比为 1∶1 的亚铁氰化钠溶于去离子水形成溶液 B，将一定量的去离子水置于反应器中标为溶液 C，将反应容器置于恒温磁力搅拌仪上保持一定温度并不断搅拌，并不断向其中通入大量的 N_2，保持惰性氛围的反应环境。反应前先向溶液 C 中加入一定量的 NaCl，再通过蠕动泵同时将溶液 A 和 B 以同样的速率缓慢滴加到装有溶液 C 的反应器中进行共沉淀。待反应结束后，将所得的沉淀用去离子水反复离心洗涤至上清液为无色透明，再用无水乙醇离心洗涤一遍后置于真空干燥箱中，在 80～120℃温度范围内真空干燥 24h，即可得产物 PBAs。

水热法是制备普鲁士蓝微粒的一种常用方法，典型制作流程是：将一定量的乙酸钠或硫酸钠溶于去离子水形成溶液 A，将乙酸钠或硫酸钠摩尔比为 1∶1 的亚铁氰化钠溶于去离子水形成溶液 B 并向溶液 B 中加入一定量的 NaCl 和柠檬酸钠，然后直接将溶液 A 加入溶液 B 中，混合均匀后立即将混合溶液导入合适容积的反应釜，倒入后密封并将反应釜置于 120℃下的鼓风干燥箱保温 24h，保温后打开反应釜将所得溶液的上层清液倒掉，下层沉淀用去离子水反复离心洗涤至上清液为无色透明，再用无水乙醇离心洗涤一遍后置于真空干燥箱中，在 120℃下真空干燥 24h，即可得产物。

弗农是第一个提出可以通过电化学反应直接从 Fe^{3+} 和 $[Fe(CN)_6]^{4-}$ 酸性溶液中沉积普鲁士蓝方法的学者。经典的 $Fe_4[Fe(CN)_6]_3 \cdot nH_2O$ 纳米管的电化学沉积富钠普鲁士蓝类正极材料制备方法如下：首先将电极浸入含有 $FeCl_3$、$K_3Fe(CN)_6$、H_3BO_4 和 KCl 的混合液中，通过在负极氧化的多孔铝箔上进行电沉积制备得到 $Fe_4[Fe(CN)_6]_3 \cdot nH_2O$ 纳米管，或最初将一些 PBAs 颗粒沉积在膜上，然后等这些颗粒变得足够大，可以在几次沉积循环后形成覆盖负极氧化铝孔壁的完整膜，最后选择性蚀刻氧化铝模板后得到 PBAs 纳米管。

2012 年 B. Goodenough 等人[2] 利用共沉淀法制备了 $KFe[Fe(CN)_6]$ 材料，首次充电比容量为 160mAh·g^{-1}，放电比容量约为 100mAh·g^{-1}，库仑效率仅为 63%，在 30 次循环中没有容量衰减但库仑效率始终低于 80%。库仑效率如此低的一个最可能的原因是 PBAs 化合物中的结晶水，而充电过程中结晶水分解。随着后续循环的进行，结晶水量会减少，效率会提高。Yang 等人[3] 用共沉淀法制备了单晶 $Fe[Fe(CN)_6]$ 纳米颗粒，通过电感耦合等离子体（ICP）和热重分析法（TG）确定了该普鲁士蓝材料的分子式，结果表明该材料具有较少的 $Fe(CN)_6$ 空位和结晶水分子。由于其物相纯度高和晶格完好，该材料具有 120mAh·g^{-1} 的可逆储钠比容量和 100%的库仑效率，在 20C 倍率下表现出优异的倍率性能，在 500 次循环后容量保持率为 87%，有望成为低成本、无污染的钠离子电池正极材料。作为钠离子电池正极材料，水含量和空位对普鲁士蓝电化学特性有明显的影响。一方面，$[Fe(CN)_6]$ 空位降低 PBAs 的电导率，导致 PBAs 晶格在循环过程中导致坍塌和晶格无序；另一方面，水分子占用间隙位置抑制 Na^+ 的嵌入和脱出，水的分解使库仑效率和循环性能变差。Guo 等人[4] 以 $Na_4Fe(CN)_6$ 为单铁源前驱体，获得了少量空位和低含水量的普鲁士蓝晶体 $Na_{0.61}Fe[Fe(CN)_6]_{0.94} \cdot \square_{0.06} \cdot nH_2O$。作为钠离子电池正极材料，水含量和空位对其电化学性能有明显的影响。一方面，$[Fe(CN)_6]$ 空位降低 PBAs 的电导率，导致 PBAs 晶格在循环过程中发生坍塌和晶格无序；另一方面，水分子占用间隙位置抑制 Na^+ 的嵌入和脱出，水的分解使库仑效率和循环性能变差。通过 X 射线衍射和拉曼光谱研究了 $Na_{0.61}Fe[Fe(CN)_6]_{0.94}$ 的电化学反应机理见图 7.2，在 Na^+ 的插入过程中，随着晶格参数的增大，XRD 峰的位置逐渐向左偏移，当 $Na_xFe[Fe(CN)_6]$ 中的 x 值达到 2.0 时，其晶体结构由立方变为菱面体，表明 Na^+ 浓度的增加降低了晶体的对称性。在 Na^+ 脱出过程中，结构的变化是高度可逆的。从理论上讲，Fe—C 和 Fe—N 这两个铁中心都可以作为氧化还原活性中心，在反应过程中先将 $Fe^{III}Fe^{III}(CN)_6$ 电化学还原为 $NaFe^{II}Fe^{III}(CN)_6$（插入一个碱金属离子 Na^+），然后再进一步还原为 $Na_2Fe^{II}Fe^{II}(CN)_6$，再插入另一个 Na^+，反之亦然，其结构演变过程为：

$$2Na^+ + 2e^- + Fe^{III}Fe^{III}(CN)_6 \Longrightarrow NaFe^{II}Fe^{III}(CN)_6 + Na^+ + e^- \Longrightarrow Na_2Fe^{II}Fe^{II}(CN)_6$$

$$(7.1)$$

　　空位和配位水的存在会破坏 Fe—C≡N—M 骨架的桥联，导致晶格畸变，从而导致 PBAs 化合物充放电过程中效率较低和结构不稳定。尽管有报道合成了一种几乎没有空位的 $Na_{0.61}Fe[Fe(CN)_6]_{0.94} \cdot \square_{0.06} \cdot nH_2O$，可以稳定地循环 150 次而没有明显的容量损失。但该报道的材料存在一个严重的问题，即分子式单位

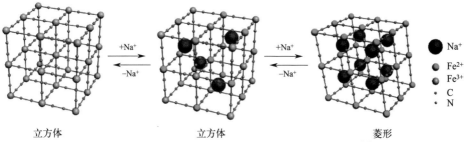

图 7.2　$Na_{0.61}Fe[Fe(CN)_6]_{0.94}$ 氧化还原机理示意图[4]

钠离子含量很低，必须先放电，不适合在钠离子全电池中使用。Zhou 团队[5] 在高浓度 NaCl 溶液中，以 $Na_4Fe(CN)_6$ 为前驱体，通过简便的一步法制备了富 Na 的 $Na_{1+x}Fe[Fe(CN)_6]$。随着钠离子进入骨架的增加，$Na_{1+x}Fe[Fe(CN)_6]$ 中的空

位减少，配位水减少，结构稳定性增强。因此，富 Na 的 $Na_{1+x}Fe[Fe(CN)_6]$ 表现出优异的循环性能，400 次循环后容量保持率达 97%。You 等人[6] 通过控制合成过程中的还原剂和反应环境，成功地制备了高 Na 离子含量的六氰铁酸铁钠，每摩尔配方中的 Na 离子的物质的量可高达 1.63mol。抗坏血酸（VC）和 N_2 能有效地防止 $Fe^{2+}/[Fe^{II}(CN)_6]^{4-}$ 被氧化为 $Fe^{3+}/[Fe^{III}(CN)_6]^{3-}$，使 Fe 的平均价态降低，$Na^+$ 含量增加。在 VC 和 N_2 保护的同时，六氰铁酸铁钠的钠含量最高（1.63/单位）。高钠含量的六氰铁酸铁钠具有较高的放电比容量（150mAh·g^{-1}）、优异的循环性能（200 次以上的循环后容量保持率为 90%）和库仑效率（约 100%）。最重要的是，高钠含量确保了它可以作为一个丰富的储钠材料，从实用的角度来看，这使它成为一个非常有吸引力的富钠正极材料。Qin 等人[7]通过化学抑制策略开发了一种具有高效动力学和稳健结构的高度结晶的普鲁士蓝（H-PB）正极材料。系统地研究了 H-PB 和低结晶普鲁士蓝（L-PB）之间的结构和分子偏差。有趣的是，由于迁移通道平滑，H-PB 表现出大大提高的固态扩散效率，从而实现了前所未有的钠存储性能。通过动态分析和实验系统地研究了快速电子和离子转移。此外，如图 7.3（a）所示，为了跟踪电化学过程中 H-PB 的结构变化，在 2.0～3.8V 范围内记录了原位 XRD 图案。在放电过程中，（200）、（220）、（400）和（420）的衍射面移动到较低的角度，这意味着由于 Na^+ 的嵌入晶格参数增加。这些峰值的连续变化表明 Na^+ 扩散的能量势垒相对较低。放电过程结束时（400）峰的轻微加宽归因于 H-PB 的内部应变。如放电到 2.6V 时（220）和（420）面的峰发生分裂（约 3.2 Na^+ 嵌入晶格）随着 Na^+ 在晶格中的积累，原始立方框架中的晶格对称性逐渐降低，导致从立方相到菱形相的相变。这种结构变化有利于释放内应力，并在钠离子嵌入期间有效保持晶体结构的完整性。在接下来的充电过程中，分裂峰合并在一起，结构从菱形相变回立方相。此外，在充电过程中，所有峰逐渐向更高角度移动，同时峰对称性和强度保持良好，证明了从晶格中提取钠离子的可行性和可逆性。在接下来的循环中，主要衍射峰得到了很好的保持，结构变化是高度可逆的，这是提高倍率性能和形成超长循环稳定性的原因。由于 C≡N 周围的铁原子的敏感性，采用原位拉曼技术研究了钠离子嵌入/脱出的活性位点，如图 7.3（b）所示，在充电过程中，以 2110cm^{-1} 为中心的峰值逐渐减小到零，而位于 2150cm^{-1} 的峰值向更高的波数移动，强度增加，这清楚地表明了从 Fe^{2+} 到 Fe^{3+} 的氧化。在相反的过程中，高波数的峰值恢复到其原始阶段，甚至在放电到 2V 时消失，表明钠离子扩散到体相，因此导致 Fe^{3+} 完全还原为 Fe^{2+}。在上述分析的基础上，可以推导出电荷存储机制，多电子参与的反应可以表示为：

$$Fe_4[Fe(CN)_6]_3(立方相)+4Na^++4e^- \Longleftrightarrow Na_4Fe_4[Fe(CN)_6]_3(菱形相)$$

$$(7.2)$$

原位 X 射线衍射和原位拉曼光谱结果表明，在充放电过程中，晶体结构稳定，立方相和菱形相之间发生可逆相变。更重要的是，以 H-PB 和硬碳作为正负极材料组装而成的全电池表现出良好的电化学性能，证明了 H-PB 电极材料在实际应用中的可行性。

铁基普鲁士蓝类似物是有前途的低成本且易于制备的钠离子电池正极材料。Wang 等人[8] 报告了一种可控的沉淀方法来合成用于钠离子存储的高结晶 $Na_{2-x}FeFe(CN)_6$ 微立方体，并对其成核和演化过程进行一系列表征。以合成的菱方相 PB-S3（$Na_{1.73}Fe$[$Fe(CN)_6$]·$3.8H_2O$）为例，原位 XRD 显示钠离子（脱）插层

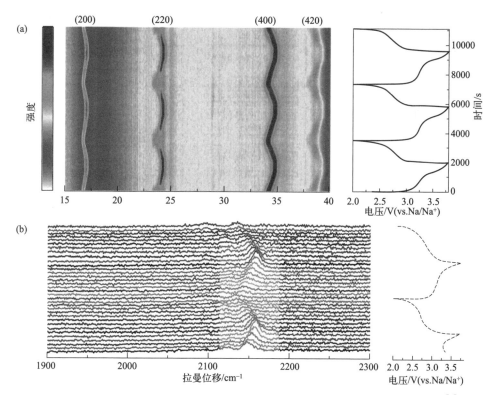

图 7.3　H-PB 的（a）原位 XRD 结果及相应的充放电曲线和（b）原位拉曼光谱[7]

时铁基普鲁士蓝材料经历了菱面体、立方和四方结构之间的高度可逆结构转变（图 7.4）。图 7.4(a) 为 (012) 晶面的二维等高线图，可以很容易地观察到峰值偏移。晶胞体积变化如图 7.4(b) 所示，菱形结构在单次充电或放电过程中经历了收缩和膨胀，体积变化约为 4%，并且结构也得到了恢复。如图 7.4(c) 所示，在第一次循环中，充电时，(012) 和 (024) 晶面向高角度移动，这表明钠离子脱出后晶格参数降低。充电至 3.2V 后，(110) 和 (104) 峰伴随着相变合并在一起，从菱形结构变为立方结构。此外，峰值移动在 3.2V 左右停止。然后再继

续充电超过 3.2V 到达 4.0V 时，峰稍微移回较低的角度，这是从立方相向四方相（P4/mmm 空间群）的相变导致的，因为脱出了更多的钠离子，晶格被扩大。在上述分析的基础上，可以推导出电荷存储机制，菱方相 PB-S3 的充放电过程中的三相演变如图 7.4(d) 所示。得益于其稳定的结构，$Na_{1.73}Fe[Fe(CN)_6] \cdot 3.8H_2O$ 样品表现出优异的电化学性能，初始库仑效率高达 97.4%，在 2A·g^{-1} 的电流密度下保持了 70mAh·g^{-1} 的放电比容量，500 次循环后容量保持率为 71%。此项工作为通过沉淀法合成其他 PBA，并为大规模生产 PBAs 和设计高性能钠离子电池提供了新思路。

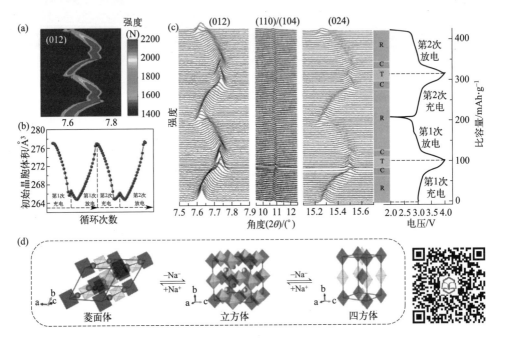

图 7.4　(a) PB-S3 的 (012) 晶面的 2D 轮廓图，(b) PB-S3 原位 XRD 充放电过程中的晶胞体积变化；(c) (012)，(110) / (104) 和 (024) 晶面的原位 XRD 图；(d) 循环过程中 $Na_{2-x}FeFe(CN)_6$ 的结构演变示意图[8]

PBAs 框架结构的大空隙和阳离子扩散通道允许阳离子快速嵌入/脱出而不发生明显变形，这使得 PBA 成为钠离子电池的理想正极材料。然而，具有大量缺陷的 PBA 在钠离子电池中的实际应用受到阻碍。$Fe(CN)_6^{4-/3-}$ 空位通常是由快速的化学沉淀动力学引起的，降低了 PBAs 在比容量、循环寿命、倍率性能等方面的电化学性能。目前常见的解决办法主要有三种：①合成过程中使用螯合物，如柠檬酸钠、乙二胺四乙酸（EDTA）、焦磷酸钠等，用于抑制晶核的生长并防止严重的晶粒聚集，从而获得结晶良好的 PBAs；②利用六氰基金属盐在酸性溶液中的分解反应，通过六氰基金属盐与缓慢释放的过渡金属阳离子的共沉淀，可以得到高质量的 PBAs；③使用包括表面活性剂和钠盐在内的添加剂可能有利于晶体生长过程，使 PBAs 富含钠且生长良好并具有更高的电化学性能。然而，由于它们的高成本、有毒的副产物（氰化物）或杂质，使得这些合成方法通常受到限制，阻碍了 PBAs 的大规模生产和应用。

Peng 等人[9] 采用两种方法合成了 $Na_{2-x}Fe[Fe(CN)_6]_y$，一种是简便的"冰辅助"两相法策略，一种是传统的共沉淀法，合成的样品分别简称为 I-PB 和 W-PB。合成的 I-PB 具有高度可逆的结构、足够的 Na^+ 存储位点以及由于缺陷浓度受到抑制而增加的快速阳离子迁移通道，该电极表现出 $123mAh \cdot g^{-1}$ 的高比容

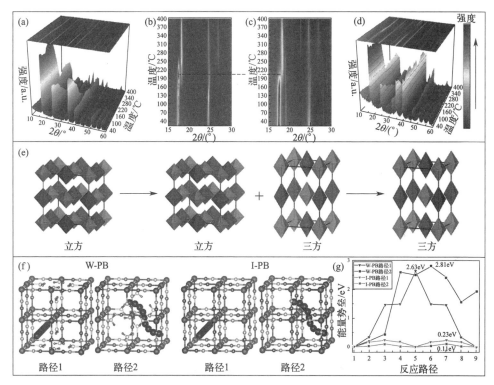

图 7.5　(a)，(b) I-PB 和 (c)，(d) W-PB 的原位加热 XRD 图，(e) 加热过程中 I-PB
和 W-PB 的相演变示意图，(f) W-PB 的富缺陷晶体结构和 I-PB 的无缺陷晶体
结构内的两种可能的 Na^+ 迁移路径（绿球：Fe；灰球：C；黄球：N；紫球：
Na）和 (g) W-PB 和 I-PB 中两条路径对应的迁移能[9]

量，初始库仑效率为 87.2%，具有 3000 次循环的长循环寿命，并显著提高了高/低温性能和长寿命。采用原位加热 PXRD 研究了 W-PB 和 I-PB 从室温到 400℃ 的脱水行为和热稳定性，如图 7.5(a)~(e) 所示。两个样品在室温下均呈现立方结构，但 W-PB 从约 160℃ 开始发生结构变化，并在约 200℃ 完全转变为

三方结构。相比之下，I-PB 显示出更高的热稳定性，并且可以将其立方结构保持到约 260℃。这表明可以通过改善结晶来提高热稳定性，这将有利于制备可在较宽温度范围内应用的钠离子电池。利用密度泛函理论（DFT）计算进一步研究了 Na^+ 的存储和迁移机制。考虑立方结构的对称性，客体离子可能存在三种宿主间隙，根据 Wyckoff 符号分别为 8c、24d 和 32f。在这三个位点中，24d 提供的自由空间最小，8c 提供的自由空间最大，而富缺陷的晶体结构由于失去 $Fe(CN)_6$ 八面体而形成较大的空隙，这些空隙通常被配位水分子占据。Na^+ 可以嵌入到富缺陷晶体结构中水分子占据的空隙处，但很难从水团簇中脱出，导致这种富缺陷 W-PB 作为钠离子电池的正极材料时，容量较低。为了研究 Na^+ 在两种不同晶体结构中的转移机理，作者考虑了两种可能的 Na^+ 迁移路径：Na^+ 沿轴线通过缺陷/单位细胞中心转移（路径 1）；Na^+ 沿 s 形路径迁移，绕过最近的缺陷/单位晶胞中心（路径 2）[图 7.5(f)]。图 7.5(g) 给出了对应的 Na^+ 迁移能垒，其中路径 2 在两种晶体结构中都表现出较低的能垒，说明 Na^+ 迁移首选 s 形路径。值得注意的是，完整晶体结构内部的 Na^+ 扩散能垒（路径 1 为 0.23eV，路径 2 为 0.11eV）远低于富缺陷晶体结构（路径 1 为 2.63eV，路径 2 为 2.81eV），导致 Na^+ 扩散速度较快 [图 7.5(g)]。因此，提高结晶度有利于制备高倍率性能的钠离子电池。

尽管有报道称利用单一铁源方法可以控制晶体生长速率并获得具有良好电化学性能的高结晶 Fe 基 PBA 材料（NaFeHCF），但 NaFeHCF 中的水含量仍然很高。Geng 等人[10] 开发了一种微波辅助溶剂热（MW-ST）方法，使用无水乙醇作为反应溶剂来制备高结晶的 NaFeHCF 纳米颗粒。由于 $Na_4Fe(CN)_6$ 前驱体几乎不溶于无水乙醇，微波处理提供外部能量以在略微升高的温度下加速反应。通过该方法合成的 NaFeHCF 纳米颗粒具有少量的间隙水，该样品在 0.1C 时具有 $150mAh \cdot g^{-1}$ 的高放电比容量，该研究证明 MW-ST 是一种可靠有效的无水 PBA 材料合成技术。

尽管高度结晶的普鲁士蓝在充放电过程中，晶体结构稳定，然而其导电性差阻碍了其进一步应用。设计具有最佳暴露晶面的普鲁士蓝并将其限制在导电基质中是提高其钠存储性能的一个解决办法，这将大大改善钠离子的吸附和扩散过程，并提高离子迁移率。Jiang 等人[11] 通过 DFT 模拟得到了 [图 7.6(a)]，$K_{0.33}FeFe(CN)_6$ 的 (100)、(110) 和 (111) 面表面的吸附能，发现对应的吸附能分别为 $-2.7eV$、$-0.4eV$ 和 $-0.1eV$，表明 $K_{0.33}FeFe(CN)_6$ 晶体的 {100} 晶面簇和 [100] 方向是钠离子的首选占位点和扩散路径。此外，通过与 RGO 的耦合，$K_xFeFe(CN)_6$ 电极表现出更好的电子导电性。因此，作者使用一种简单的 CTAB（溴化十六烷基三甲铵）辅助方法制备了 {100} 晶面簇暴露的立方 $K_xFeFe(CN)_6$，并将其包裹在 RGO 中，如图 7.6（b）所示。$K_{0.33}FeFe(CN)_6$/rGO 在钠离子电池中表现出优异的电化学性能。作为正极，$K_{0.33}FeFe(CN)_6$/

rGO 在 0.5C 下的初始放电比容量为 $160mAh \cdot g^{-1}$，1000 次循环后容量保持率为 92.2%；10C 倍率下 500 次循环后的容量保持率为 90.1%。此外，XRD、DFT 模拟、XANES 和 EXAFS 验证了 Na^+ 嵌入/脱出过程中的结构变化是高度可逆的。

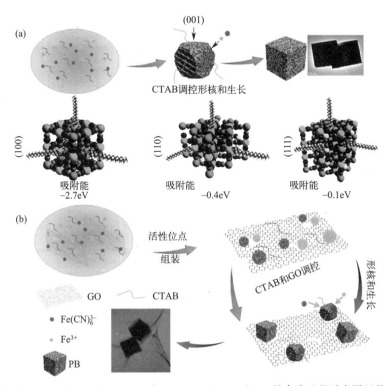

图 7.6　(a)，(b) $K_{0.33}FeFe(CN)_6$ 和 $K_{0.33}FeFe(CN)_6/rGO$ 的合成过程示意图以及 CTAB 在 $K_{0.33}FeFe(CN)_6$ 的 (100)、(110) 和 (111) 面表面的吸附能[11]

Han 等人[12] 首次采用原位石墨烯卷 (GRs) 包裹法制备了 Fe-HCF 纳米球 (NSS)，形成了 Fe-HCF@NSS@GRs 的一维管状分级结构。GRs 不仅为 Fe-HCF@NSS 提供了快速的电子传导路径，而且有效地防止了有机电解液接触到活性物质，抑制了副反应的发生。将 Fe-HCF@NSS@GRS 复合材料用作无黏结剂正极，电流密度为 $150mA \cdot g^{-1}$ (约 1C) 时，其可逆容量为约 $110mAh \cdot g^{-1}$，500 次循环后容量保持率为 90%。此外，FeHCF@NSS@GRs 正极在 $1500mA \cdot g^{-1}$ (约 10C) 电流密度下表现出超高倍率性能。结果表明，2D GRs 包裹的 Fe-HCF@NSS 的一维管状结构有望成为钠离子电池的高性能正极材料。受聚多巴胺 (PDA) 优异的黏附性启发，Liu 等人[13] 合成了聚多巴胺 (PDA) 包覆的纳米立方多孔 $Na_xFeFe(CN)_6$ (NFF@PDA)，合成流程见图 7.7(a)，(b)。作为钠离子电池的正极，在 $0.2A \cdot g^{-1}$ 的电流密度下循环 500 次后，NFF@PDA 可提供 93.8mAh·g^{-1} 的可逆容量。第一性原理计算结果表明普鲁士蓝中的 Fe^{II} 位点更倾向于与稳健的 PDA 层结合以稳定普鲁士蓝结构。此外，用 PDA 包覆后普鲁士蓝结构中的钠离子迁移能力增强，从而提高了储钠性能。聚苯胺包覆可有效提高普鲁士蓝的电导率和循环过程中钠离子传输的动力学，从而获得更高的比容

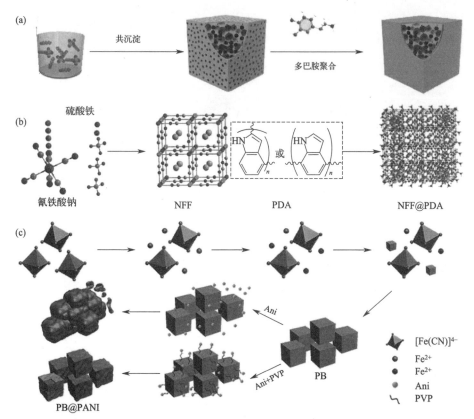

图 7.7 （a）多孔 NFF@PDA 的合成示意图，（b）多孔 NFF、PDA 和
NFF@PDA 的结构图[13]；（c）PB 的合成和 PANI 包覆层形成机理示意图[14]

量和更好的倍率性能。Zhang 等人[14] 采用简便的低温方法合成了独特的核壳结构的普鲁士蓝@聚苯胺（PB@PANI）纳米立方体，合成示意如图 7.7(c) 所示。得益于聚乙烯吡咯烷酮（PVP）在 PB@PANI 之间的配位作用，PB@PANI 纳米立方体呈现出直径约 600nm 的核壳结构，聚苯胺包覆层的均匀厚度平均为 20nm。由于聚苯胺层的优异导电性和电化学反应动力学，PB@PANI 在高电流密度下电化学性能得到显著改善。在核壳结构和优化的电压范围内，可以避免在高工作电压下过多的 Na$^+$ 嵌入和 PANI 层的损坏，从而有效地提高了循环寿命。PB@PANI 电极在 100mA·g^{-1} 电流密度下的可逆容量为 108.3mAh·g^{-1}，

500 次循环后容量保持率为 93.4％。

普鲁士蓝（PB）的正极-电解质界面（CEI）膜的不稳定性导致电解质的消耗和循环寿命差的问题。Ye 等人[15]通过化学预处理策略在 PB 正极上原位设计了一种富含 NaF 的人工 CEI 膜，以延长钠离子电池的循环寿命，如图 7.8 所示。均匀、薄且富含 NaF 的 CEI 膜涂覆在 PB 表面上，形成 CEI@PB。CEI@PB 中的 CEI 膜成分主要包括无机钠盐（NaF、Na_2CO_3 和 $NaHCO_3$）和有机钠基物质，可确保 Na^+ 的快速传输，同时有效防止 CEI@PB 受到有机溶剂的侵蚀，提高其循环稳定性。此外，密度泛函理论计算还表明，NaF 是良好的电子绝缘体和离子导体，适合作为稳定的 CEI 膜。得益于上述优点，在 1C 倍率下循环时，CEI@PB‖Na 电池初始的面积比容量为 $0.45mAh \cdot cm^{-2}$，22 次循环后比容量增加至 $0.61mAh \cdot cm^{-2}$，3000 次循环后比容量衰减为 $0.42mAh \cdot cm^{-2}$，平均每个循环的比容量衰减率为 0.01％，仅为 PB‖Na 电池的 1/2。

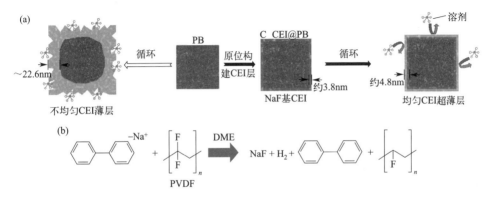

图 7.8　(a) 循环后的 CEI@PB 和 PB 正极 CEI 膜生长示意图；(b) 金属钠和 PVDF 在 CEI@PB 正极表面原位形成 NaF 基 CEI 的化学反应机理[15]

另外，设计特殊的体系结构，为钠离子的快速迁移提供了较大的比表面积，并为体积膨胀预留了足够的空间。化学刻蚀法制备的多孔 PB 立方体具有丰富的电极与电解液界面。为了减小亚微米颗粒在电池工作过程中的体积膨胀，增加亚微米立方体与电解液的接触面积，Chen 等人[16]通过化学腐蚀反应制备了具有复杂多孔结构的 OPB2（$Na_{0.39}Fe[Fe(CN)_6]_{0.82} \cdot \square_{0.18} \cdot 2.35H_2O$）亚微米立方体。化学腐蚀的过程可以分为两个步骤，如图 7.9 所示。首先，在具有明确立方结构的颗粒表面涂覆适量的保护剂（PVP），通过共沉淀反应制备出沉淀速度较慢的 $Fe_4[Fe(CN)_6]_3$ 颗粒。其次，加入盐酸溶液使溶液呈酸性。在这一步骤中，通过对 $Fe_4[Fe(CN)_6]_3$ 颗粒进行刻蚀，使其在盐酸的刻蚀下形成多孔结构，说明了颗粒在酸性溶液中的不稳定性。由于其稳定的结构，盐酸很容易扩散到粒子的中心。经过老化和反复洗涤，得到 OPB2 颗粒。一方面，缓慢的沉降速率有效地减少了普鲁士蓝材料中空位和配位水的数量，从而具有高容量和长循环寿命。另一方面，通过化学蚀刻获得的多孔结构为快速钠离子嵌入/脱出过程提供了高比表面积。在 $50mA \cdot g^{-1}$ 电流密度下，OPB2 的首次放电比容量为 $115.2mAh \cdot g^{-1}$，150 次充放电循环后容量没有明显下降，库仑效率约为 100%。

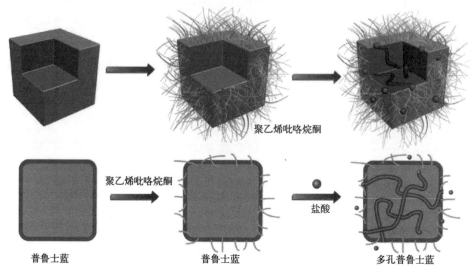

聚乙烯吡咯烷酮

聚乙烯吡咯烷酮

盐酸

普鲁士蓝　　　　　　　　　普鲁士蓝　　　　　　　　　多孔普鲁士蓝

图 7.9　OPB2 亚微米立方体的合成过程和 PVP 作用示意图[16]

Huang 等人[17] 通过抑制剂和温度控制，获得了富边界结构的 FeHCF 材料，使电极-电解质界面有良好的接触，增加了 Na^+ 的传输路径。此外，制备的菱形相样品具有较低的带隙和较低的 Na^+ 嵌入能垒。得益于动力学优化，制备的电极在电流密度为 $100mA \cdot g^{-1}$ 下的初始比容量为 $120mAh \cdot g^{-1}$，循环 280 次后容量保持近 80%。在 $10C$ 速率下，该电极的放电比容量约为 $60mAh \cdot g^{-1}$，其结构稳定性也与充放电过程中钝化层的形成有关。优化后的钝化层不仅能防止电极在高压下发生不良副反应，还能提供较低的界面阻抗。可以推断钝化层对长循环性能有积极的作用。在含氟代碳酸乙烯酯（FEC）添加剂的电解液中测试，500 次循环后，电极的容量保持率达到 79%。

Liu 等人[18] 采用一种定向自组装策略合成了具有三维（3D）花状结构的普鲁士蓝，在实验中实现了不同大小花状结构的可控合成。如图 7.10(a) 所示，整个过程经历了 Fe^{2+} 从 $Na_4Fe(CN)_6$ 中解离，部分 Fe^{2+} 氧化，Fe^{2+}/Fe^{3+} 与 $[Fe(CN)_6]^{4-}$ 组装，以及 $Na_xFeFe(CN)_6$ 生长。其中，乙醇的存在对 PB 的形貌起着至关重要的作用。乙醇产生的羟基容易吸附在某些 Fe 离子上，阻碍了这些晶核的生长，从而形成花状结构的 PB 材料。为了进一步验证这一假设，作者首先估算了三种 PB 晶体平面（100）、（110）和（111）的表面能 [图 7.10(b)]，发现对应的表面能分别为 $-835.37meV \cdot Å^{-2}$、$-349.04meV \cdot Å^{-2}$ 和 $-26.78meV \cdot Å^{-2}$。也就是说，｛100｝面是 PB 纳米立方体的主要暴露面，从而控制了 PB 纳米立方体的取向形成。当反应溶液中加入乙醇时，—OH 的吸附主要发生在｛100｝晶面簇上。用 DFT（密度泛函理论）法计算了 C_2H_5OH 在 PB｛100｝表面的吸附能。结构优化前后的空间构型如图 7.10(c) 所示。在所有构型中，C_2H_5OH 吸附与碳原子相连的 Fe 的能量值最低（−792.73meV），表明 C_2H_5OH 诱导的

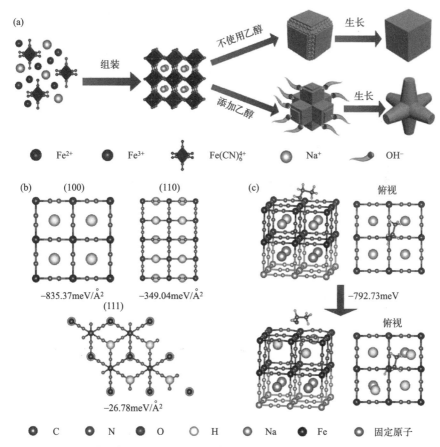

图 7.10　(a) 不同形态 PB 的生长机理示意图，(b) PB 的三种晶面（100）、（110）和（111）的表面能，(c) 结构优化前后碳原子连接的 Fe 对 C_2H_5OH 的吸附及吸附能[18]

—OH 基团更倾向于吸附与碳原子相连的 Fe。总之，根据 DFT 模拟结果，—OH 基团倾向于吸附在晶体的边缘和顶点，抑制了这些位点上晶核的生长，从而形成了具有花朵结构的 PB 材料。花状普鲁士蓝表现出优异的倍率性能（1600mA·g^{-1} 电流密度时的可逆容量为 113mAh·g^{-1}）和优异的循环稳定性（800mA·g^{-1} 电流密度下 400 次循环后容量保持率接近 80%）。提高的性能可归因于纳米级的花状结构，它可以提供强大的结构完整性，扩大电极和电解质之间的接触面积，并提高 Na^+ 的表观扩散系数。此外，花状结构在多次充放电循

环后仍能保持原有结构，进一步证实了结构的稳定性。

Wan 等人[19] 利用苯甲酸对普鲁士蓝晶体（FeHCFe）进行刻蚀，并与 CNT 复合，形成柔性自支撑复合电极。电镜结果表明，普鲁士蓝晶体整体还是保持了原有的立方形貌，但从外向内呈现逐渐刻蚀的特殊框架结构，缩短了钠离子扩散路径。而 CNT 形成相连的网络结构，同时可以缓冲普鲁士蓝在充放电过程中的体积膨胀。电极在 0.1C 的电流密度下可以贡献出高达 149.2mAh·g^{-1} 的比容量，并且在 100C 的大电流密度下依旧还有 35.0mAh·g^{-1} 的比容量。利用同步辐射 X 射线吸收近边光谱（XANES）研究了阶梯式中空 FeHCFe 纳米框架在充放电过程中的氧化还原反应机理。如图 7.11(a) 所示，阶梯式中空的 Fe-HCFe 纳米框架表现出了之前报道过的 PBAs 的典型结构特征，Fe^{2+} 和 Fe^{3+} 在 PBAs 中是共存的。XANES 的主峰归因于铁的偶极子允许 1s→4p 跃迁。在充放电过程中，从 7127eV 变为 7132eV。这意味着中心 Fe 的氧化态或化学环境在电化学过程中发生了明显的变化。同时，当正极放电时，XANES 的边缘位置向低能量转移，反映了氧化态的 Fe 被还原。当样品充电到 3.6V 和 4.2V 时，Fe K 边吸收谱明显向高能量转移。这表明 Fe 的平均价增加，充电到 4.2V 时，电极中的大部分 Fe 都以 Fe^{3+} 的状态存在。对于一个循环后的样品，当样品放电至 2.0V 时，Fe K 边吸收谱向较低能量转移。此时，Fe 化合价接近+2。经快速傅里叶变换分析了原始的和完全充放电的阶梯式中空 FeHCFe 的 Fe 的 K 边 EX-AFS（扩展 X 射线吸收精细结构）谱线。如图 7.11(b) 所示，在 1.4Å、2.5Å 和 4.7Å 附近（没有相位修正）可以清晰地观察到三个主要峰，这可以分别归因于 Fe-C/N、Fe-N/C 和 Fe-Fe。与原始样品和放电样品相比，充电后的样品（充电 3.6V 和 4.2V）的 Fe-C/N 和 Fe-N/C 峰强度明显增加。这一现象说明在充电过程中 Na$^+$ 的嵌入，导致晶体从高度对称的立方相转变为菱形结构。根据以上结果，可以对阶梯式空心 FeHCFe 结构的氧化还原机理进行分析总结。如图 7.11(c) 所示，由 Fe1-N-C-Fe2 组成的长链组合是一个 3D 网络结构，其中 N 连接的是 Fe1，连接到 C 的是 Fe2。钠离子储存在 FeHCFe 框架的立方空隙中。两个 Fe 位点（Fe1 和 Fe2）都可以充当氧化还原活性中心并提供相同的容量。阶梯式中空的 FeHCFe 发生双电子氧化还原反应：立方 Fe^{III}Fe^{III}(CN)$_6$（普鲁士黄）↔立方 NaFe^{III}Fe^{II}(CN)$_6$（普鲁士蓝）↔菱形 Na$_2$Fe^{II}Fe^{II}(CN)$_6$（普鲁士白）。随着充电的进行，钠离子不断脱出，二价亚铁离子被氧化为三价，普鲁士蓝变成普鲁士黄；随着放电的进行，钠离子不断嵌入，三价铁离子被还原为二价亚铁离子。普鲁士蓝变成了菱形普鲁士白。由于单晶 FeHCFe 纳米框架具有完整的晶体结构，没有杂相和空位，因此该氧化还原反应具有很高的稳定性和可逆性。因此，逐步中空 FeHCFe 纳米框架/CNTs 复合电极具有高容量和优越的倍率容量，在钠离子电池的应用中具有巨大的潜力。

Wang 等人[20] 利用对苯二甲酸刻蚀 PB，合成了阶梯式中空的 PB 立方体和介孔碳（CMK-3）包覆的 PB 阶梯式中空立方体（N-PB@CMK）。图 7.12（b）为普通 PB 晶体的晶体结构示意图。当 $[Fe(CN)_6]^{4-}$ 暴露在对苯二甲酸的酸性条件下，Fe^{2+} 随后被氧化为 Fe^{3+}，最终形成不溶性的-Fe^{2+}-C-N-Fe^{3+}-骨架。如图 7.12（a）所

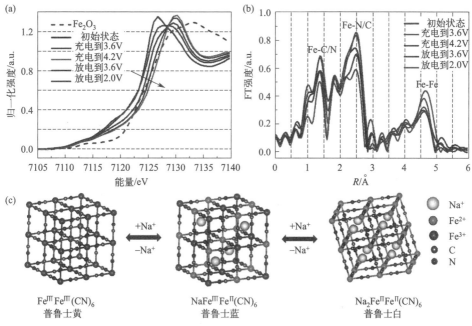

图 7.11　（a）非原位 XANES 光谱图；（b）非原位 EXAFS 光谱图；
（c）普鲁士蓝的氧化还原机理示意图[19]

示，酸化后 CMK-3 颗粒活性位点上的小立方体和被对苯二甲酸氧化腐蚀的阶梯空心大立方体均由 PB 晶体组装而成。由于 CMK-3 颗粒具有较高的比表面积，因此小立方体分散地附着在 CMK-3 颗粒表面。在凝聚力的作用下，阶梯式中空的大体积立方体也与 CMK-3 粒子密切接触，它们可以共同构建连续的导电网络，保证 Na^+ 和电子的快速迁移。图 7.12（c），（d）的原位 XRD 图显示，在 Na^+ 脱出过程中，（200）、（400）和（420）峰明显地向高角度偏移。当充电至 4.2V 时，PB 晶体的晶格参数逐渐减小。当放电到 2.0V 时，峰值的角度几乎完全恢复，表明变化是高度可逆的。其中，24°和 39°附近的峰在钠离子脱出/嵌入过程中表现出轻微的合并和分裂行为。由于在原始状态下，大部分 $Fe(N)^{3+/2+}$ 以 Fe^{3+} 的形式存在，在 3.2~3.4V 的较高电位范围内，$Fe(C)^{3+/2+}$ 作为主要电对参与钠离子脱出/嵌入过程，对应立方相向菱形相的转变过程。由此可见，$Fe(N)^{3+/2+}$ 电对的价态变化是由立方相转变为菱形相的主要原因 ［图 7.12

（e）]。N-PB@CMK 电极在电流密度为 $100mA \cdot g^{-1}$ 的情况下，放电比容量为 $120mAh \cdot g^{-1}$，循环 200 次后容量保持率为 85.0%。即使在 $1000mA \cdot g^{-1}$ 的电流密度下循环，可逆容量也可以达到 $102mAh \cdot g^{-1}$，并在长周期内表现出稳定性。特别是采用 $NaTi_2(PO_4)_3@C$ 负极组装的全电池也表现出良好的稳定性，为 N-PB@CMK 在未来储能系统中的应用提供了一种有前景的策略。

嵌入式钠离子赝电容不仅能够实现体相的钠离子存储，并且其储能动力学由表面所控制，因此被认为是最有潜力的储钠机制。然而，目前这种机制绝大部分都是在负极材料中得到发现，对于嵌入式钠离子赝电容在正极材料中的开发还远远不足。普鲁士蓝及其类似物因其本征的开放式结构，大的嵌入位点，以及组分的

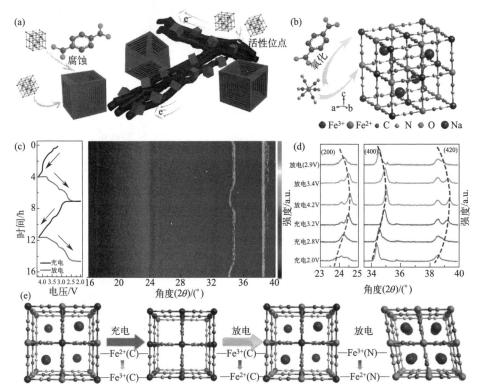

图 7.12 （a）PB 立方体的晶体结构，（b）N-PB@CMK 样品中 Na^+ 和电子快速迁移的示意图，（c）N-PB@CMK 样品原位 XRD 图及对应的充放电曲线，（d）（200）、（400）和（420）峰在某些电位下的放大图和（e）充放电过程中 PB 晶体的结构演化示意图[20]

多样性而被认为是最具前景的钠离子正极材料之一。传统普鲁士蓝类材料的储钠机制是典型的钠离子扩散控制过程，而且其块状的形貌进一步增大了扩散距离，以上两个因素相加，极大地限制了材料的高功率性能。Ren 等人[21] 基于自模板法合

作开发了一种普鲁士白（$Na_{3.1}Fe_4[Fe(CN)_6]_3$）分级纳米管
（PW-HN）正极材料，证明了具有完全开放框架的普鲁士白分级
纳米管具有 Na^+ 嵌入赝电容。$Na_{3.1}Fe_4[Fe(CN)_6]_3$ 分级纳米管
合成过程如图 7.13(a) 所示。该材料在 50C 的超高倍率下仍具有
高达 83mAh·g^{-1} 的比容量，以及超过 10000 次的循环寿命。如

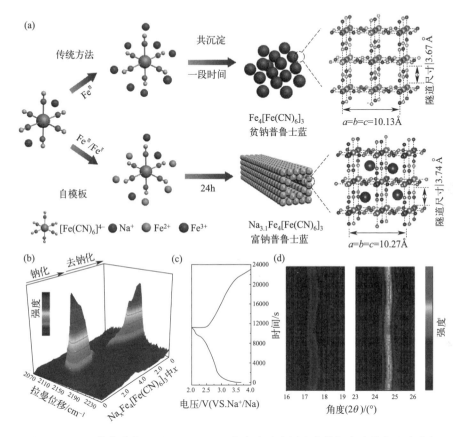

图 7.13　(a) 传统普鲁士蓝（PB-Bulk）的合成示意图和自模板合成普鲁士白分级
纳米管（PW-HN）的示意图，(b) PW-HN 的原位拉曼图及其 (c) 对应充放电曲线，
(d) PW-HN 的原位 XRD 图[21]

图 7.13(b)，(c) 所示，在放电（钠化）过程中，$2163cm^{-1}$ 处的峰可以归因于
Fe^{III} 与氮配位，其逐渐减小为零，表明 Fe^{III} 完全转化为 Fe^{II}。这一证据证实了
Na^+ 插层赝电容不仅存在于 PW-HN 表面，而且存在于 PW-HN 本体中。反向扫
描时，脱钠后峰恢复到初始状态，N-Fe^{II} 完全氧化为 N-Fe^{III}。基于这些结果，
可以得出结论，高自旋 N-Fe^{III}/Fe^{II} 偶联是氧化还原活性位点，因此在电化学上
负责钠离子的存储。整体充放电过程可以描述为：

$$Na_4Fe_4^{II}[Fe^{II}(CN)_6]_3 \Longleftrightarrow Na_{4-x}Fe_{4-x}^{II}Fe_x^{III}[Fe^{II}(CN)_6]_3 + xNa^+ + xe^- \ (0 \leqslant x \leqslant 4)$$

$$(7.3)$$

如图 7.13(d) 所示，通过原位 XRD 可以看出，PW-HN 的主要衍射峰在充放电过程中保持着轻微的偏移，反映了电荷储存的插层特征。PW-HN 的晶格参数在充电（Na^+ 脱出）时从 10.25Å 下降到 10.18Å，反之亦然。因此，PW-HN 的晶格膨胀或收缩为 0.7%，体积变化估计小于 2.1%，这反映了开放框架在循环过程中晶体结构的稳定。另外，PW-HN 在整个充放电过程中均显示可逆的峰移，没有立方相和菱形相之间的相变。原位 XRD 以及原位拉曼分析，证实了普鲁士白分级纳米管的储钠机制是基于由表面控制的嵌入式赝电容，该机制极大地提高了材料在高功率密度下的能量密度。进一步制备了含有 PW-HN 正极和硬碳负极的钠离子全电池，其能量密度高达 225Wh·kg^{-1}，100 次循环后容量保持率达 84%。

7.2 $A_x Mn[Fe(CN)_6]$ 正极材料

普鲁士蓝 $A_x Mn[Fe(CN)_6]$ 作为钠离子电池正极材料，具有较快的 Na^+ 迁移率以及自适应的体积变化，但 Mn-Fe 普鲁士蓝类似物（PBAs）正极材料在循环过程中由于发生立方相到四方相的相变，从而导致循环过程中可逆性和容量保持率较差。例如 $Na_2Mn[Fe(CN)_6]$（NMF）具有高的工作电压（3.45V），可进一步提升电极的能量密度，但是在第二个 Na^+ 脱出时，Mn^{2+} 变为 Mn^{3+} 而导致 Mn-N6 的晶体场稳定能急剧变化而产生 Jahn-Teller 畸变，使得结构表面不断被破坏而溶于电解液。根据 $A_x Mn[Fe(CN)_6]$ 的结构与电化学性能之间的构效关系，人们通过改进材料合成方法，合理调控材料结构，如降低结构缺陷率、提高晶格规整度、调节普鲁士蓝骨架和隧道尺寸等，可以实现电化学性能的大幅改善。

Qiao 等人[22] 采用共沉淀法制备了不同钾、钠离子含量的 $K_x Na_y Mn[Fe(CN)_6]$（$x+y \leqslant 2$，KNMF）材料。钾钠比和形态可以通过以柠檬酸钠为钠源和有机添加剂的离子交换过程方便地调节。随着柠檬酸钠含量的增加，KNMF 结构中钠含量增加，钾含量减少。同时，由于钾离子和钠离子在纳米立方结构中的协同作用，所获得的钾离子和钠离子共掺 KNMF 表现出优异的倍率性能和优异的循环性能。Hu 等人[23] 通过简单的共沉淀法成功合成了 $Na_2Mn[Fe(CN)_6]$，然后在 $Na_2Mn[Fe(CN)_6]$ 颗粒表面包覆导电聚合物（PPy）。$Na_2Mn[Fe(CN)_6]$ 和 $Na_2Mn[Fe(CN)_6]$@PPy 都显示出具有纳米级空心八面体分层结构。$Na_2Mn[Fe(CN)_6]$@PPy 在 10mA·g^{-1} 的电流密度下循环 150 次后的放电比容量为 107mAh·g^{-1}。即使电流密度增加到 200mA·g^{-1}，仍能保持 65mAh·g^{-1}，这种优异的电化学性能可归因于独特的分层结构以及改进的电子导电性。由于 PBA 晶体中存在间隙水和晶格缺陷，因此所得产品的 Na 含量通常低于预期，这降低了 PBA 的实际容量。Xie 等人[24] 采用共沉淀法合成了六氰亚铁酸锰钠（$Na_xMn[Fe(CN)_6]$）。与 $Na_2Mn[Fe(CN)_6]$ 相比，$Na_xMn[Fe(CN)_6]$ 具有更高的工作电压，具有更好的应用前景。通过高温沉淀反应，在前驱体溶液中加入柠檬酸钠，得到了富钠单斜相 $Na_xMn[Fe(CN)_6]$。产品为白色（普鲁士白），由亚微米级的不规则小颗粒和微米级的大立方体颗粒组成。该工艺制备的 $Na_xMn[Fe(CN)_6]$ 具有容量大、倍率性能好、循环稳定性好等特点，在高性能钠离子电池中具有广阔的应用前景。

具有刚性开放框架的普鲁士蓝类似物（PBA）有望成为低成本且易于制备的钠离子电池正极。然而，它们的电化学性能受到传统水共沉淀过程中晶体空位和间隙水的阻碍。在此，He 等人[25] 探索了一种无溶剂机械化学方案，通过调节前驱体中的结晶水制备单斜晶系 $Na_{1.94}Mn[Fe_{0.99}(CN)_6]_{0.95}·\square_{0.05}·1.92H_2O$。通过提高干燥温度可以进一步减少 NaMHCF 的间隙水。非原位 XRD 证实在第一个循环期间单斜晶相转变为菱面体结构，并且从第二个循环开始发生在菱面体、立方相和贫钠相之间的高度可逆的多相演化 [图 7.14 (a)，(b)]。NaMHCF 的单斜相在第一次充电过程中转变为立方相，然后转变为贫钠相，在第一次放电过程中贫钠相转变为新的菱形相。从第二个循环开始，具有刚性开放框架的菱形相在菱形相和贫钠相之间发生了高度可逆的相演化，如图 7.14(c) 所示。得益于其低空位和高钠含量，优化后的 NaMHCF 无论是半电池还是全电池都表现出优异的电化学性能，显示出其潜在的应用前景。高收率无溶剂机械化学方案为制备用于钠离子电池的低空位和高质量六氰基金属盐提供了一种替代策略。

Li 等人[26] 以 $Mn_3[Fe(CN)_6]_2$ 作为前驱体，通过拓扑外延的方式将其转化为 $K_2Mn[Fe(CN)_6]$（KMF）亚微米八面体，尺寸为 600nm。并且，每 6 个 KMF 八面体可通过"棱-棱"融合的方式进行组装，形成自组装单晶结构。该结构降低了 KMF 与电解液的接触面积，并抑制 Mn 元素的溶解。如图 7.15(a) 所示，在第一次充电过程中，第一个 K$^+$ 在 3.65V 时脱出，斜方的 $K_2Mn^{II}[Fe^{II}(CN)_6]$ 转变为立方的 $KMn^{II}[Fe^{III}(CN)_6]$，Fe^{2+}（$3d^6$）通过失去一个 e$^-$ 被氧化为 Fe^{3+}（$3d^5$）。稳定的构型转换不会引起 Jahn-Teller 畸变，从而保证了 KMF 的循环稳定性。充电至 3.80V 时，立方相的 $KMn^{II}[Fe^{III}(CN)_6]$ 脱出第二个 K$^+$，晶胞收缩为四方相的 $Mn^{III}[Fe^{III}(CN)_6]$ [图 7.15(b)]。在 $KMn^{II}[Fe^{III}(CN)_6]$ 相转变为 $Mn^{III}[Fe^{III}(CN)_6]$ 的过程中，其晶格变形程度小于

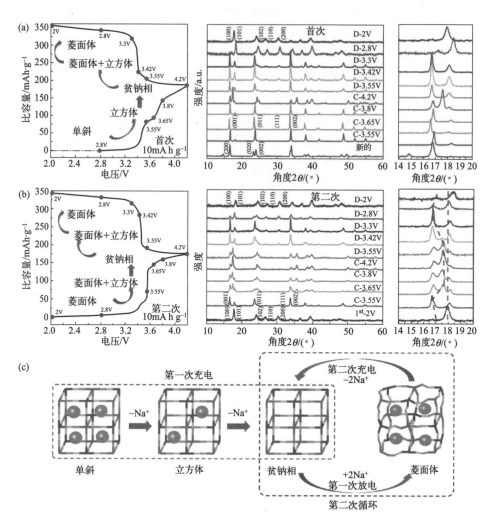

图 7.14　NaMHCF-14 在（a）第一次循环和（b）第二次循环的非原位 XRD 图谱；
（c）第一次循环中单斜相和第二次循环中菱形相的结构演变示意图[25]

NMF 中的晶格变形程度。由于电解液为 $NaPF_6$，里面大量的 Na^+ 会插入到四方相 $Mn[Fe(CN)_6]$ 形成 $Na_2Mn[Fe(CN)_6]$（NMF）物相。K^+ 优先于 Na^+ 插入到 $Mn[Fe(CN)_6]$，形成 $KMn[Fe(CN)_6]$，随后以竞争的方式形成 NMF 和 KMF［图 7.15（c）］。并且在循环过程中，KMF 物相一直存在。随机分布的 KMF 打破了 NMF 内部长程有序的 Jahn-Teller 变形，最终提升了材料的循环性能。在 $500mA \cdot g^{-1}$ 的电流密度下，KMF 自组装正极经过 1300 次循环后仍可维持 80% 的比容量。

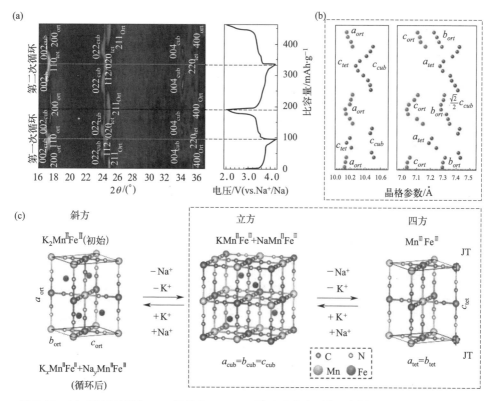

图 7.15 （a）KMF 的原位 XRD 图及在 $25mA \cdot g^{-1}$ 电流密度下前两次循环的恒流充放电曲线，（b）前两个周期 KMF 晶格参数的相应变化，（c）KMF 向 NMF 转换示意图[26]

7.3 $A_x Co[Fe(CN)_6]$ 正极材料

钴类普鲁士蓝（CoHCF）材料由于具有较高的氧化还原电以及两电子的反应，也引起了学者们的关注。该类材料往往在 3.8V 和 3.4V 处拥有两个放电平台，对应着 Fe^{2+}/Fe^{3+} 和 Co^{2+}/Co^{3+} 的氧化还原。Yang 等人[27] 利用一种简单的柠檬酸盐辅助控制结晶方法制备了低缺陷的 $Na_2Co[Fe(CN)_6]$ 框架。原位紫外-可见光谱实验证明柠檬酸离子作为缓释螯合剂可显著降低结晶动力学。由于其高结晶度，抑制了 $Fe(CN)_6$ 的缺陷，$Na_2Co[Fe(CN)_6]$ 材料表现出了高度的可逆性，可以允许 2 个 Na^+ 可逆嵌脱。该材料具有 $150mAh \cdot g^{-1}$ 的可逆容量，同时循环 200 次后容量保持率为 90%，表现出较好的电化学稳定性。

相对于实心材料来说，空心材料具有额外的中空结构特征，因此赋予了此类结构材料特异的物理化学性质以及广泛的应用。在钠离子电池领域，空心结构具有以下结构优势：较高的比表面积能提供更多的电化学活性位点以及更大的与电解液的接触面积；较薄而同时具有渗透性的壳层结构极大的加快电子与离子的传输；内部中空结构能有效地缓解离子循环穿梭带来的体积膨胀问题等。B. Zakaria 等人[28] 以球形二氧化硅颗粒为模板制备了空心普鲁士蓝类似物（CoFe-PBA）纳米立方体。如图 7.16 所示，首先，CoFe-PBA 生长在球形二氧化硅颗粒上。反应完成后，离心收集 SiO$_2$@CoFe 沉淀，用水和乙醇洗涤。最后，通过刻蚀去除 SiO$_2$ 岩心，利用 HF 溶液制备中空的 CoFe-PBA 立方体。与固体 CoFe-PBA 纳米立方体相比，中空的 CoFe-PBA 纳米立方体有助于提高钠离子的存储能力，具有稳定的循环性能。空心结构可以在电解液和电极之间提供更大的界面面积，从而提高电化学活性。这一策略可用于开发更多具有中空内饰的PBAs，以获得广泛的应用。

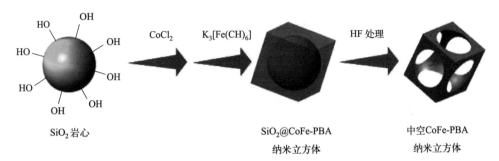

图 7.16　用硅球作为牺牲模板形成中空的 CoFe-PBA 的示意图

Li 等人[29] 通过优化的共沉淀方法制备了高结晶、富钠的 Na$_2$Co[Fe(CN)$_6$]纳米立方体，系统研究了结晶度和钠含量对电化学性能的影响。当用作钠离子电池的正极材料时，电化学反应机理可表示为：

$$Na_2Co^{II}[Fe^{II}(CN)_6] \Longrightarrow Na^+ + e^- + NaCo^{III}[Fe^{II}(CN)_6]$$

$$NaCo^{III}[Fe^{II}(CN)_6] \Longrightarrow Na^+ + e^- + Co^{III}[Fe^{III}(CN)_6]$$

优化后的 Na$_2$Co[Fe(CN)$_6$]纳米立方体的初始比容量为 151mAh·g^{-1}，接近其理论比容量（170mAh·g^{-1}）。同时，该材料表现出优异的长期循环性能，500 次循环后其初始容量仍保持 78%。此外，该材料也展示了优异的倍率性能。其性能的提高可归因于晶体结构的稳定和 Na$^+$ 在开放框架中通过大通道的快速传输。最值得注意的是，制备的 Na$_2$Co[Fe(CN)$_6$]纳米立方体不仅原材料成本低，而且含有丰富的钠（每晶格单元电池 1.87 个钠离子），这将有利于全电池制造和大规模的电存储应用。

Huang 等人[30] 开发了一种简单方便的自模板方法来制备空心结构的普鲁士蓝类似物（CoFe-PBA），合成示意图如图 7.17(a) 所示。首先，采用传统方法制备有机前驱体 ZIF-67 ［图 7.17(b)，(c)］。随后，该前驱体在水溶液中缓慢水解，释放钴离子（Co^{2+}）；然后，Co^{2+} 与 $[Fe(CN)_6]^{4-}$ 在有机前驱体表面结合，形成低溶解度的 $Na_2Co[Fe(CN)_6]$（CoFe-PBA）。随着反应时间的增加，作为模板的 ZIF-67 逐渐被消耗，大约 3h 后形成核壳结构，然后消耗前驱体后形成中空结构。此外，聚多巴胺（PDA）包覆层可作为一种保护层，在不影响材料形貌的情况下适应充放电过程中的晶格应变［图 7.17(d)］。因此，可以预期这种方法可以提高材料的稳定性。合成的 CoFe-PBA@PDA 在 $0.1A \cdot g^{-1}$ 下表现出 $123.1mAh \cdot g^{-1}$ 的高放电比容量，500 次循环后容量保持率为 71.5％。此外，CoFe-PBA@PDA 在 100 次循环后的容量保持率比两个对比样品高 14.3％。此外，通过原位 X 射线衍射验证了 CoFe-PBA@PDA 的可逆结构而不形成新相，多巴胺包覆层不仅可以提高稳定性，还可以作为保护层缓冲材料在充电和放电过程中的结构应变。

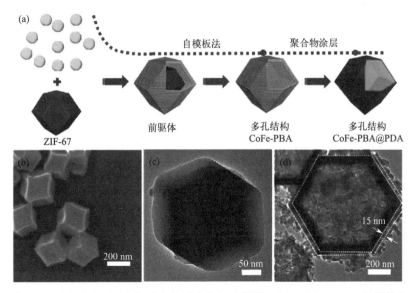

图 7.17　(a) CoFe-PBA@PDA 的形成机制示意图；(b)，(c) ZIF-67 前驱体和
(d) CoFe-PBA@PDA 的 TEM 图[30]

为了提高 CoHCF（$Co[Fe(CN)_6]$）电极的倍率性能和循环稳定性，Kim 等人[31] 通过使用适量的 Zn 离子掺杂 Co 位点，对 CoHCF 粉末的化学成分进行了修饰。在循环过程中，弱氮配位晶体场的结构畸变使 Co 发生不可逆的分解反应。在 Co 位点添加 $0 \sim 1$ 不等的 Zn 可抑制 CoHCF 的结构不可逆性，得到 $Co_{1-x}Zn_xHCF$ 粉末；Zn（$x \leqslant 0.09$）的加入降低了粉末的尺寸，因为低的 Zn-N 四配位限制了粉末的生长。同时，得到了较小的晶格参数和轴向角（约 $90°$），这意味着形成了更窄的 $Co_{1-x}Zn_xHCF$ 内部结构来容纳 Na 离子。$Co_{1-x}Zn_xHCF$ 的电导

率在 $0\sim0.09S/m$ 范围内逐渐增大。更小的颗粒尺寸和高表面积导致近表面限制氧化还原过程，类似于电容反应。由于锌的加入，电极/电解液界面的电荷转移电阻变小，表面限制反应和电子导电性都提高了可逆性。用无活性 Zn（$Co_{0.93}Zn_{0.07}HCF$）取代具氧化还原活性的 Co，由于 Co 充电位点的减少，在 $0.1A\cdot g^{-1}$ 电流密度时比容量从 $127mAh\cdot g^{-1}$ 降低到 $119mAh\cdot g^{-1}$。通过降低容量和减少晶体结构扭曲来提高倍率性能，在 $20C$ 的高倍率充放电时，容量保持率为 81%。值得注意的是，$Co_{0.93}Zn_{0.07}HCF$ 样品具有良好的稳定性，在 $0.5A\cdot g^{-1}$ 电流密度下 200 次循环后保持了 74% 的初始容量。

7.4 $A_x M[Fe(CN)_6]$ (M= Ni, Cu, Zn) 正极材料

含 Ni、Cu 的普鲁士蓝类化合物在水溶液电池中研究比较广泛，在有机钠离子电池体系研究较少。Ni-Fe 普鲁士蓝（$NiHCF$）尽管由于 Ni 的电化学惰性而表现出较低的放电容量，但由于它是一种零应变材料，在充放电过程中表现出极优的循环稳定性。Zhang 等人[32] 报道了一种简单而新颖的策略，通过使用 $7,7,8,8$-四氰基喹啉二甲烷（TCNQ）客体分子进行后合成功能化，使 PBA 具有良好的循环性能和倍率性能。实验和计算结果表明，TCNQ 分子与 $NiHCF$ 普鲁士蓝类似物中的 Fe 原子发生桥联，导致这些分子与 $NiHCF$ 开放骨架之间发生电子耦合，从而起到加速电子运动和增强电导率的作用。所得 $NiHCF$/TCNQ 表现出较高的倍率性能，在 $80mA\cdot g^{-1}$ 电流密度下经 2000 次循环后，比容量仍保持在 $35mAh\cdot g^{-1}$，容量衰减率为 0.035%/次。

Wei 等人[33] 采用 K 掺杂 Na 位进行结构调控显著提升 $NiHCF$ 正极材料储钠性能。通过 DFT 计算证实了 K 离子在 $NiHCF$ 表面的吸附是一个自发过程，但进一步比较 K 吸附在 $NiHCF$ 表面和 K 直接取代内部 Na 的相对能，发现 K 直接取代 $NiHCF$ 晶格中的 Na 具有更低的相对能，说明通过 K 掺杂对 $NiHCF$ 进行结构调控是可行的。如图 7.18(a)～(c) 所示，通过 DFT 计算了 K 掺杂前后 $NiHCF$ 的迁移能垒及带隙。K 掺杂后，$NiHCF$ 中 Na 离子的迁移能垒由 $587meV$ 降低到 $356meV$，而带隙则由 $2.135eV$ 减小为 $1.529eV$，说明 K 掺杂提高了 $NiHCF$ 的 Na 离子及电子迁移能力。通过 K 掺杂结构调控 $NiHCF$ 可以显著提升材料的容量性能和循环稳定性，如图 7.18(d) 所示，即使在 $800mA\cdot g^{-1}$ 的大电流密度下循环 1000 次后，K 掺杂 $NiHCF$ 材料仍能释放出 $47.7mAh\cdot g^{-1}$ 的比容量，而 $NiHCF$ 材料比容量仅为 $29.3mAh\cdot g^{-1}$。可见，K 掺杂改性 $NiHCF$ 正极材料在钠离子电池领域具有潜在的应用前景。

Ren 等人[34] 提出完全有效的利用储钠活性位点是提高 PBAs 电化学性能的有效策略，通过表面刻蚀 $NiHCF$ 制备具有更多储钠活性位点的钠离子电池正极

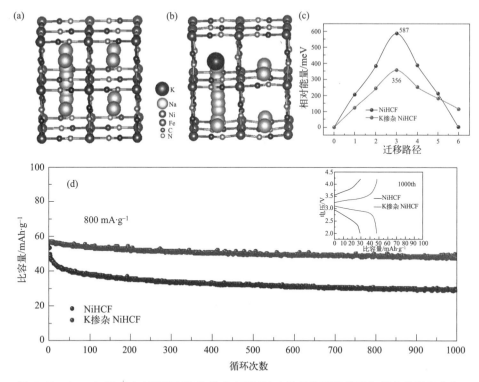

图 7.18　(a～c) Na$^+$ 在 NiHCF 和 K 掺杂 NiHCF 中的最佳迁移路径和相应的能垒分布，

(d) NiHCF 和 K 掺杂 NiHCF 在 800mA·g^{-1} 的大电流密度下

循环的循环性能（插图为对应的充放电曲线）

材料。如图 7.19(a) 所示，Na$^+$ 在电极中的固态扩散过程遵循由外向内的路线，其迁移率成为电极反应的限制因素。为了利用 NiHCF 立方中的所有反应位点 [图 7.19(a-1)]，Na$^+$ 需要从表面经过很长一段距离才能进入中心，导致中心部分的反应活性受到抑制。同时，对于刻蚀后的 NiHCF，Na$^+$ 只需通过更短的距离扩散就可以占据所有的插入位点 [图 7.19(a-2)]，中心区域的大部分反应位点都可以进入。如图 7.19(b) 所示，在 Na$^+$ 脱出过程中，XRD 谱图的峰移可以忽略不计，这意味着刻蚀后的 NiHCF 的晶格参数基本不变。这种氧化还原反应是有利的，因为刻蚀后的 NiHCF 的晶体结构避免了 Na$^+$ 嵌入/脱出过程中较大的体积变化和应力应变，从而防止了晶体骨架的崩溃。随着 Na 含量的降低，刻蚀后的 NiHCF 的晶体结构由菱形相逐渐演变为立方相，说明低 Na 浓度提高了晶体的对称性。结构变化具有很强的可逆性，Na$^+$ 完全嵌入后，峰值恢复到原来的位置。整个电化学反应以 LS-Fe^{2+} ($t_{2g^6}e_g^0$)～LS-Fe^{3+} ($t_{2g^5}e_g^0$) 为基准，可以用如下表达式来描述：菱形 Na$_x$Ni^{II}[Fe^{II}(CN)$_6$]$\Longleftrightarrow$立方 Na$_{x-1}$Ni^{II}[Fe^{III}(CN)$_6$]。刻蚀后的 NiHCF 的倍率性能好，电流密度从 1.1C (1C＝90mA·g^{-1}) 到 44.4C，容量变化很小，当电流密度回到 1.1C 时，容量也回归到与初始容量相当大小，在超高倍率的电流密度下（44.4C），比容量相当稳定，大小为 70.9mAh·g^{-1}。立方相 NiHCF 在 1.1C 的电流密度下比容量为 66.8mAh·g^{-1}，在 44.4C 电流密度下，比容量仅为 5.9mAh·g^{-1}。刻蚀后的 NiHCF 和立方相 NiHCF 在 5.5C 的电流密度下循环 5000 次，容量保持率分别为 83.2% 和 76.9%，库仑效率接近 100%。刻蚀后 NiHCF 表现出如此好的电化学性能，一方面是符合作者提出的理论——刻蚀后暴露出更多的活性位点，内部的 Fe^{LS}（C）氧化还原电对完全参与反应提高材料的比容量；另一方面如果极大的利用活性位点，在立方体 NiHCF 中 Na^+ 从表面到中心需要穿过一个很长的距离，导致反应被抑制，而在刻蚀后 NiHCF 中 Na^+ 仅仅需要一个短的扩散距离就可以占据内部的位点（NiHCF 的中心具有大量的活性位点）。

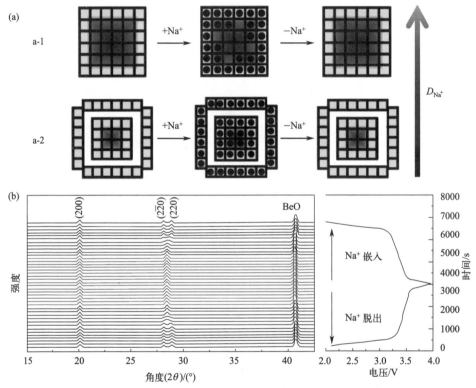

图 7.19　（a）Na^+ 在刻蚀后的 NiHCF 和立方 NiHCF 中的扩散路线示意图；
（b）刻蚀后 NiHCF 原位 XRD 及对应的充放电曲线[34]

Jiao 等人[35] 报道了一种化学式为 $Cu_3[Fe(CN)_6]_2$ 的 PBA，它具有典型的普鲁士蓝结构，而且合成过程简单，所制备的 $Cu_3[Fe(CN)_6]_2$ 由于其开放的骨架结构和纳米粒子的形貌，能够在高电位平台上达到理论上的单电子转移容量，作为钠离子电池正极材料表现出良好的电化学性能。

2012 年，Choi 等人[36] 首次用 Zn^{2+} 取代现有的 Fe^{3+} 来改善 PBAs 结构的方法，设计合成了六氰亚铁酸锌（$Na_2Zn_3[Fe(CN)_6]_2 \cdot xH_2O$，NZH）。与典型的 PBAs 相比，$Na_2Zn_3[Fe(CN)_6]_2 \cdot xH_2O$ 具有更大的离子通道。氰化物配体连接八面体 Fe 中心和四面体 Zn 中心的开放骨架赋予了 NZH 良好的电化学活性，在 2.0～4.0V 的氧化还原电位范围内，NZH 的可逆容量为 $56.4mAh \cdot g^{-1}$。值得注意的是，在 NZH 中，Zn^{2+} 是电化学惰性的，只是有助于维持框架结构。相反，在钠离子的嵌脱时，主要是八面体 $[Fe(CN)_6]^{4-}$ 进行电化学反应，电化学反应可以表示为：

$$Na_2Zn_3[Fe^{II}(CN)_6]_2 \cdot xH_2O \Longleftrightarrow 2Na^+ + 2e^- + Zn_3[Fe^{III}(CN)_6]_2 \cdot xH_2O$$

$$(7.4)$$

此外，NZH 还有一个额外的优势，那就是可以用低成本的原材料在低温下通过环境友好的工艺合成该化合物。

Xu 等人[37] 通过柠檬酸盐辅助控制结晶方法制备了高度结晶的 $Na_2Zn_3[Fe(CN)_6]_2$ 纳米晶体。在 $Na_2Zn_3[Fe(CN)_6]_2$ 的晶体结构中，其中 FeC_6 八面体和 ZnN_4 四面体通过 CN^- 配体连接在一起，从而建立了一个具有大间隙的三维多孔骨架，可以容纳随机分布的 Na^+ 和水分子。ICP-AES 和 TG 测试表明该材料的化学组成为 $Na_{1.9}Zn_3[Fe(CN)_6]_{1.9} \cdot 7.3H_2O$。$Na_2Zn_3[Fe(CN)_6]_2$ 材料主要由清晰的菱形纳米晶体组成，尺寸分布均匀，约 300nm。电化学研究表明，在 $120mA \cdot g^{-1}$（2C）的电流密度下，该材料表现出优异的循环稳定性，在 1000 次循环后，其容量保持率为 94%，库仑效率为约 100%，比容量从 $52mAh \cdot g^{-1}$ 到 $49mAh \cdot g^{-1}$，略有下降。这种优越的循环稳定性很可能来自它坚固的晶格结构和高结晶度。特别是，$Na_2Zn_3[Fe(CN)_6]_2$ 是由丰富且环保的元素组成，这为其大规模商业化应用奠定了基础。为了阐明 $Na_2Zn_3[Fe(CN)_6]_2$ 电极的 Na 储存机理，进行了非原位 XRD 和 XPS 实验，研究了不同充放电状态下的结构演化和价态变化。如图 7.20(a)，(b) 所示，当该电极从 2.0V 的初始状态连续充电到 4.0V 的终止状态时，其 XRD 图谱仍显示其是菱面体晶格，仅仅具有微小的电池膨胀，这反映为衍射峰移动到更小角度。$[Fe(CN)_6]^{3-}$ 的半径略大于 $[Fe(CN)_6]^{4-}$ 的半径，这可能是晶格参数略有增加的原因。同时，图 7.20(c) 和 (d) 所示的 XPS 测试检测到 Fe 离子从 +2 到 +3 的价态变化，而 Zn 离子在 +2 价态下保持不变。一旦电池反转到放电状态，整个 XRD 图和 XPS 光谱逐渐恢复到它们的初始状态，表明结构演化是完全可逆的。这种 $Na_2Zn_3[Fe(CN)_6]_2$ 电极通过利用 Fe 离子作为氧化还原活性中心和 Zn 离子作为惰性位点，可以在 Na^+ 反复的嵌脱过程中有效地减轻晶格应变并保持结构稳定。

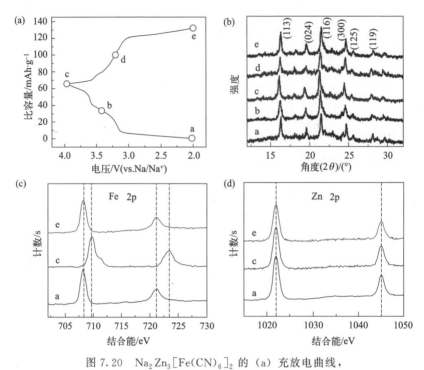

图 7.20 Na$_2$Zn$_3$[Fe(CN)$_6$]$_2$ 的 (a) 充放电曲线,
(b) 选定状态下的非原位 XRD 图; 选定状态下 (c) Fe 和 (d) Zn 的 XPS 光谱[37]

7.5 A$_x$Ni$_y$Mn$_z$[Fe(CN)$_6$] ($y+z \leqslant 1$) 正极材料

过渡金属元素的掺杂可以增强材料晶体结构稳定性和抑制 Mn-HCF 材料发生 Jahn-Teller 畸变。此外, Fe 与 Ni 元素的掺杂可以增大 PBAs 材料的晶胞体积, 形成三元 PBAs 材料, 以促进 Na$^+$ 的脱嵌并提升材料的可逆容量。如图 7.21(a) 所示, Huang 等人[38] 采用形貌调控剂控制合成中空结构的 Mn^{2+} 和 Ni^{2+} 共掺杂形成的三元 PBAs 材料 Na$_2$Mn$_x$Ni$_y$Fe(CN)$_6$ (HCS-PBMN)。由此获得中空核壳结构的双金属普鲁士蓝类似物作为钠离子电池正极材料具有低晶格应力和高界面传输效率。因此该材料表现出较高的初始比容量 (123mAh·g^{-1}) 和较长的循环寿命。在 50mA·g^{-1} 的电流密度下, 经过 600 次循环后, 电极的可逆容量仍保持在 102mAh·g^{-1}, 没有明显的电压衰减, 表明其具有优异的结构稳定性和钠储存动力学。即使在 3200mA·g^{-1} 的高电流密度下, 该电极仍可提供高于 52mAh·g^{-1} 的可逆容量。如图 7.21(b) 所示, 非原位 XRD 图揭示了 HCS-PBMN 电极在充放电过程中的结构演变。第一次循环后, HCS-PBMN 电极呈现出标准的面心立方 (fcc) 结构, 这可能是由于复合结构与双金属离子的自适应所致［图 7.21(d)］。这种新结构有利于形成大小相似的连通通道，便于钠离子的转移。随着电位的增加，(002)、(220) 和 (400) 的特征峰略微向更高的角度移动，表明由于钠离子的脱出，晶格略微收缩。在相反的过程中，这些峰逐渐回到初始位置，伴随着电压的降低，表明晶格完全恢复，电化学反应高度可逆。在整个充放电过程中，PBN($Na_2Ni[Fe(CN)_6]$) 成分保持了刚性和稳定的结构，从而增强了材料的循环稳定性和运输动力学。

此外，通过非原位拉曼光谱研究了 HCS-PBMN 电极在不同电压状态下的钠含量［图 7.21(c)］。氰化物振动拉伸模式的频率 $\upsilon(CN)$ 描述了过渡金属离子的价态和主体结构中的钠含量。当 HCS-PBMN 完全放电至 2.0V 时，在 $2092cm^{-1}$、$2132cm^{-1}$ 和 $2170cm^{-1}$ 处有三个 $\upsilon(CN)$，对应于富钠结构。在三个特征峰的拉曼映射中，可以推断，由于惰性 Ni 成分，HCS-PBMN 没有完全被 Na^+ 嵌入。随后，$\upsilon(CN)$ 带的数量和强度逐渐减少，表明 Na^+ 被脱出，Fe^{3+}/Mn^{3+} 被氧化。即使在完全充电的状态下，也没有观察到完整的贫钠结构，这可以归因于电化学惰性 Ni^{2+}。因此，荷电 4.2V 的 HCS-PBMN 电极如图 7.21(d) 所示，PBM ($Na_2Mn[Fe(CN)_6]$) 内部 Na 含量高，PBN 壳层 Na 含量低，同时具有优异的结构稳定性和界面稳定性。

Gebert 等人[39] 报道了一种通过外延镍基普鲁士蓝 ($Na_{2-\delta}Ni[Fe(CN)_6]$) (NiPB) 外层来稳定 $Na_{2-\delta}Mn[Fe(CN)_6]$ (MnPB) 的方法。NiPB 与 MnPB 具有相似的晶格，因此如果一种材料生长在另一种材料的表面上，它们可以相互耦合。基于非原位 XRD 分析，富 Mn 相和富 Ni 相在充放电过程中都发生了相变，与纯 MnPB 相比，这些相变是完全可逆的，即使在长时间循环后也是如此。这表明富 Ni 外层在稳定通常电化学不稳定的富 Mn 核方面具有积极的作用。研究人员认为富 Ni 外层的外延性质对富 Mn 内层施加了各向异性应变，这可以防止它在脱钠过程中通常经历的 Jahn-Teller 畸变。在 $100mA \cdot g^{-1}$ 的电流密度下，所得材料的电化学比容量为 $93mAh \cdot g^{-1}$，500 次充放电循环后仍保持 96% 的容量 (MnPB 为 37%)。此外，该材料具有出色的倍率性能：在 $4A \cdot g^{-1}$ (约 55C) 的电流密度下，可逆容量为 $70mAh \cdot g^{-1}$，Na^+ 扩散系数在 $10^{-8}cm^2 \cdot s^{-1}$ 以上。

Jiang 等人[40] 通过简单的柠檬酸钠辅助方法合成了钾离子稳定的空心锰基普鲁士蓝类似物 ($K_xNa_yMnFe(CN)_6$，H-KMF)，用于钠离子电池正极材料。独特的中空结构不仅提供了足够的缓冲空间，而且提供了大的比表面积，缓解了 Na^+ 嵌入/脱出过程中的体积变化，增加了 Na^+ 的储存活性位点，提高了 Na^+ 的扩散速率，结果，使其具有高比容量、优异的倍率性能和出色的循环性能。虽然独特的中空结构可能会在充电/放电过程中发生体积变化，但引入 K^+ 可以进一步稳定其结构。H-KMF 正极在 $50mA \cdot g^{-1}$ 的电流密度下具有 $128mAh \cdot g^{-1}$ 的高可逆容量，在 $3200mA \cdot g^{-1}$ 的高电流密度下表现出 $72mAh \cdot g^{-1}$ 的可逆容

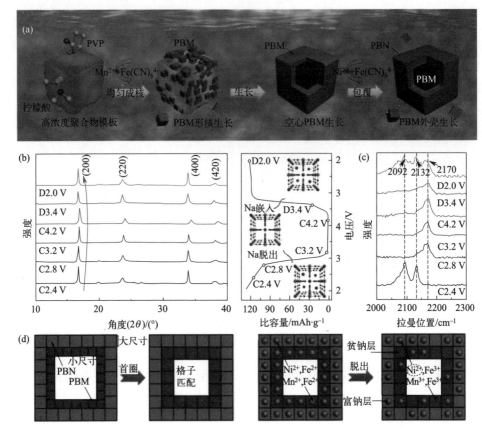

图 7.21 (a) HCS-PBMN 异质结构形成过程示意图；(b) HCS-PBMN 电极在第二次循环中不同放电和充电状态下的非原位 XRD 图和对应的放电/充电曲线；

(c) HCS-PBMN 电极在第 2 次循环中不同电压状态下的非原位拉曼图；

(d) 第一次循环中 PBN 壳层与 PBM 核晶格匹配过程和 Na$^+$ 脱出过程示意图[38]

量，展示了优异的倍率性能，这归功于其稳定的结构和增强的钠离子传输动力学。非原位 XRD/拉曼测试和电化学测试进一步证明了各种碱离子（K$^+$/Na$^+$）的协同作用和独特的中空结构的共同作用，提高了锰基 PBAs 的结构稳定性，提高了钠离子的扩散速率。

Jiang 等人[41] 开发了一种可控的策略，即使用强螯合剂乙二胺四乙酸二钠（Na$_2$EDTA）在 Na$_2$Mn[Fe(CN)$_6$]（NMF）上产生非常规阳离子 Mn 空位（V$_{Mn}$）。产生的 V$_{Mn}$ 空位可以抑制 Mn-N 键的运动，从而减轻 Mn-N$_6$ 八面体的 Jahn-Teller 畸变，进而使得 NMF 的可逆相变高度可逆，电池容量在长期循环中保持稳定。由于 EDTA 离子的强螯合作用，锰离子和 EDTA 离子螯合形成高度稳定的六配位八面体。随着反应的进行，EDTA 将腐蚀 NMF，从 NMF 中抢走锰离子，并在表面上产生更多的 V_{Mn}。NMF 中的 V_{Mn} 可以作为防止电池循环过程中结构损坏的第一道屏障。结果显示，处理过的类普鲁士蓝正极显示出极好的循环稳定性。在半电池情况下，在 $500mA \cdot g^{-1}$ 的电流密度下循环 2700 次后剩余容量约为 72.3%；在全电池情况下〔负极为 $NaTi_2(PO_4)_3$〕，在 $500mA \cdot g^{-1}$ 的电流密度下循环 550 次后剩余容量为 75.5%。Yu 等人[42] 通过简单的共沉淀法合成了氧化还原石墨烯（rGO）包裹的 $Na_{1.83}Ni_{0.12}Mn_{0.88}[Fe(CN)_6]$。RGO 的存在不仅大大提高了正极的电导率，而且使骨架在长循环过程中更加坚固。在 $20mA \cdot g^{-1}$ 的电流密度下，$Na_{1.83}Ni_{0.12}Mn_{0.88}[Fe(CN)_6]$/rGO 初始放电比容量为 $120mAh \cdot g^{-1}$，100 次循环后的容量保持率达到 96.7%。即使在 $1000mA \cdot g^{-1}$ 的电流密度下，电池仍然提供 $86mA \cdot h^{-1}$ 的比容量，展示了优异的倍率性能。

Qiu 等人[43] 采用反相微乳液法制备了均匀修饰在 rGO 表面的 Ni-CoHCF 纳米粒子，如图 7.22 所示。Ni-CoHCF/rGO 纳米复合材料具有比表面积大、电解液润湿性好、导电性好等综合优点。这些特性的协同作用确保了足够的电荷存储空间以及离子和电子的快速传输。NiCoHCF/rGO 纳米复合材料作为超级电容器和钠离子电池的电极材料表现出良好的电化学性能。令人印象深刻的是，作为钠离子电池正极材料，它在 $0.1A \cdot g^{-1}$ 下的可逆容量高达 $118mAh \cdot g^{-1}$，具有良好的倍率性能和优异的循环稳定性。这些结果表明，它有可能成为高性能的钠离子电池正极材料。

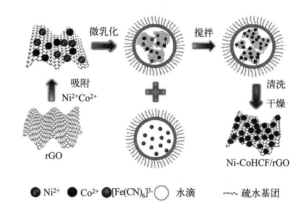

图 7.22　微乳液法制备 Ni-CoHCF/rGO 纳米复合材料示意图[43]

Quan 等人[44] 通过一种可行且简单的一步共沉淀法制备了一种新的高结晶态单斜的镍掺杂六氰基铁酸钴（$NaNi_{0.17}Co_{0.83}[Fe(CN)_6]$）。与 $Na_2Co[Fe(CN)_6]$（CoHCF）相比，Ni 掺杂的 $NaNi_{0.17}Co_{0.83}[Fe(CN)_6]$（NCHCF）材料从立方相转变为单斜相，结晶水减少，并表现出优异的电化学性能。图 7.23(a) 和 (b) 展示了 NCHCF 样品作为正电极在钠离子转运过程中的结构演变。如图 7.23(b) 所示，随着钠离子从 NCHCF 中不断脱出，可以明显看到 XRD 谱图的劈裂峰

（220）变为单峰，表明晶体结构由单斜相转变为立方相。随着钠离子的脱出，一个电子从体系中过渡金属离子（Fe，Co，Ni）的 d 轨道迁移，导致过渡金属原子的电子云收缩，配位半径减小。这一现象最终导致晶面间距减小，XRD 衍射峰右移可以证明这一点。随着电化学反应的继续，钠离子重新嵌入到晶体框架中，晶体结构也从立方相变回单斜相。仔细比较初始相和末相的 XRD 谱图，可以看出峰的角度和形状基本相同，说明材料在充放电循环过程中具有较高的可逆性。同时，这也说明镍离子的加入只是造成了桥接的空间变形，而没有造成三维框架结构的坍塌。利用 XPS 技术研究了电子态信息的演化过程。如图 7.23(c)所示，在脱钠过程中，Fe 的峰基本保持一致的形状，但向更高的结合能移动，表明在氧化还原过程中，铁的外层电子密度降低。如图 7.23(d)所示，钴在 3.8V 的充电状态下，出现明显的峰移，向更高的结合能方向移动，当放电电压较低时，谱峰恢复到原来的形状。这一明显而可逆的演化表明钴原子在高电位下发生电子迁移。非原位 XPS 分析表明，低电压下的电子转移对铁和镍原子的外层电子都有影响，而高电压下的电子转移只对钴原子的外层电子有影响。镍离子在氧化还原过程中不发生电子转移，但其外层电子离域变大。在钠离子脱嵌过程中，首次出现了与循环伏安性能一致的三个稳定充放电平台，展现了普鲁士蓝中镍离子的作用，即掺杂镍离子不仅可以提高材料的电子导电性，还可以促进氧化还原反应产生的电子转移。在 $100 \text{mA} \cdot \text{g}^{-1}$ 的电流密度下，NCHCF 的初始比容量为 $146 \text{mAh} \cdot \text{g}^{-1}$，100 次循环后容量保持率高达 85%，库仑效率高达 96% 以上。

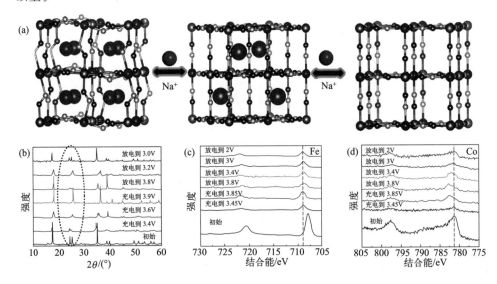

图 7.23 (a) NCHCF 的结构演变示意图，(b) NCHCF 的非原位 XRD 图，(c) Fe 和 (d) Co 在充电和放电过程中的 XPS 光谱[44]

普鲁士蓝类化合物虽然优点众多，但是在实际研究中却出现了倍率性能差、循环不稳定、库仑效率低（≤90%）等问题。主要原因是化合物中 $Fe(CN)_6$ 空位和 H_2O 的存在。$Fe(CN)_6$ 空位会导致材料电化学性能降低、结构退化等问题，H_2O 会与电解质发生副反应[45]。钠离子的损失和 $Na_4[Fe(CN)_6]$ 形成机理示意图如图 7.24 所示[46]。具体来说，钠通过水和氧的氧化还原反应从本体结构中浸出，形成 NaOH，随后物质分解形成 $Fe(OH)_3$ 和 $Na_4[Fe(CN)_6]$。

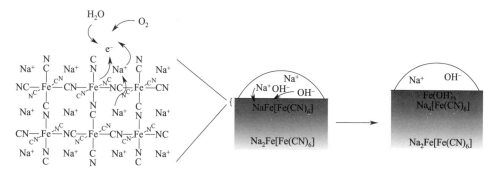

图 7.24 钠离子的损失和 $Na_4[Fe(CN)_6]$ 形成机理示意图

总的来说，为了促进 PBAs 在钠离子电池中的最终实际应用，还有许多问题有待解决。就 PBAs 而言，其固有的质量能量密度使其不适合高比能领域的应用，但更适合在强调可持续循环寿命的体系中应用。Fe 是 PBAs 的基本元素，而基于 Fe 的 PBAs 因其成本低、循环性能好、倍率高而备受关注。具有更高工作电压的 Mn 基 PBAs 也引起了人们的关注，并展示了它们的应用潜力。在引入了 Ni 和 Co 之后，需要考虑到其增加的成本。由于 PBAs 是溶液化学合成的产物，其结构中固有的晶水和空位必然会对其电化学性能产生影响。弄清反应机理，包括任一相变、结晶水的占位以及电化学循环过程中的活性储钠位置，对 PBAs 在钠离子电池中的应用可以提供更好的理论指导。应该开发制备高 Na 含量、低结晶水和空位的 PBAs。除成分设计外，通过金属掺杂改性、脱水处理和与导电材料复合等也是提高 PBAs 电化学性能的有效策略[47]。

参考文献

[1] Paolella A, Faure C, Timoshevskii V, et al. A review on hexacyanoferrate-based materials for energy storage and smart windows: challenges and perspectives[J]. *J. Mater. Chem. A*, 2017, 5(36): 18919-18932.

[2] Lu Y, Wang L, Cheng J, et al. Prussian blue: a new framework of electrode materials for sodium

batteries[J]. *Chem. Commun.*, 2012, 48(52): 6544-6546.

[3] Wu X, Deng W, Qian J, et al. Single-crystal FeFe(CN)$_6$ nanoparticles: a high capacity and high rate cathode for Na-ion batteries[J]. *J. Mater. Chem. A*, 2013, 1(35): 10130-10134.

[4] You Y, Wu X L, Yin Y X, et al. High-quality Prussian blue crystals as superior cathode materials for room-temperature sodium-ion batteries[J]. *Energy Environ. Sci.*, 2014, 7(5): 1643-1647.

[5] Li W J, Chou S L, Wang J Z, et al. Facile Method to synthesize Na-enriched Na$_{1+x}$FeFe(CN)$_6$ frameworks as cathode with superior electrochemical performance for sodium-ion batteries[J]. *Chem. Mater.*, 2015, 27(6): 1997-2003.

[6] You Y, Yu X, Yin Y, et al. Sodium iron hexacyanoferrate with high Na content as a Na-rich cathode material for Na-ion batteries[J]. *Nano Res.*, 2015, 8(1): 117-128.

[7] Qin M, Ren W, Jiang R, et al. Highly crystallized prussian blue with enhanced kinetics for highly efficient sodium storage[J]. *ACS Appl. Mater. Interfaces*, 2021, 13(3): 3999-4007.

[8] Wang W, Gang Y, Hu Z, et al. Reversible structural evolution of sodium-rich rhombohedral Prussian blue for sodium-ion batteries[J]. *Nat. Commun.*, 2020, 11(1): 980.

[9] Peng J, Zhang W, Hu Z, et al. Ice-assisted synthesis of highly crystallized prussian blue analogues for all-climate and long-calendar-life sodium ion batteries[J]. *Nano Lett.*, 2022, 22(3): 1302-1310.

[10] Geng W, Zhang Z, Yang Z, et al. Non-aqueous synthesis of high-quality Prussian blue analogues for Na-ion batteries[J]. *Chem. Commun.*, 2022, 58(28): 4472-4475.

[11] Wang H, Wang L, Chen S, et al. Crystallographic-plane tuned Prussian-blue wrapped with rGO: a high-capacity, long-life cathode for sodium-ion batteries[J]. *J. Mater. Chem. A*, 2017, 5(7): 3569-3577.

[12] Luo J, Sun S, Peng J, et al. Graphene-roll-wrapped Prussian blue nanospheres as a high-performance binder-free cathode for sodium-ion batteries[J]. *ACS Appl. Mater. Interfaces*, 2017, 9(30): 25317-25322.

[13] Liu Y, He D, Cheng Y, et al. A heterostructure coupling of bioinspired, adhesive polydopamine, and porous Prussian blue nanocubes as cathode for high-performance sodium-ion battery[J]. *Small*, 2020, 16(11): 1906946.

[14] Zhang Y, Liu S, Ji Y, et al. Emerging nonaqueous aluminum-ion batteries: challenges, status, and perspectives[J]. *Adv. Mater.*, 2018, 30(38): 1706310.

[15] Ye M, You S, Xiong J, et al. In-situ construction of a NaF-rich cathode-electrolyte interface on Prussian blue toward a 3000-cycle-life sodium-ion battery [J]. *Mater. Today Energy*, 2022, 23: 100898.

[16] Chen R, Huang Y, Xie M, et al. Preparation of Prussian blue submicron particles with a pore structure by two-step optimization for Na-ion battery cathodes[J]. *ACS Appl. Mater. Interfaces*, 2016, 8(25): 16078-16086.

[17] Huang Y, Xie M, Zhang J, et al. A novel border-rich Prussian blue synthetized by inhibitor control as cathode for sodium ion batteries[J]. *Nano Energy*, 2017, 39: 273-283.

[18] Zuo D, Wang C, Han J, et al. Oriented formation of a Prussian blue nanoflower as a high performance cathode for sodium ion batteries[J]. *ACS Sustain. Chem. Eng.*, 2020, 8(43): 16229-16240.

[19] Wan P, Xie H, Zhang N, et al. Stepwise hollow Prussian blue nanoframes/carbon nanotubes composite film as ultrahigh rate sodium ion cathode[J]. *Adv. Funct. Mater.*, 2020, 30(38): 2002624.

[20] Wang Z, Huang Y, Chu D, et al. Continuous conductive networks built by Prussian blue cubes and mesoporous carbon lead to enhanced sodium-ion storage performances[J]. *ACS Appl. Mater. Inter-*

faces, 2021, 13(32): 38202-38212.

[21] Ren W, Zhu Z, Qin M, et al. Prussian white hierarchical nanotubes with surface-controlled charge storage for sodium-ion batteries[J]. *Adv. Funct. Mater.*, 2019, 29(15): 1806405.

[22] Liu Y, He D, Han R, et al. Nanostructured potassium and sodium ion incorporated Prussian blue frameworks as cathode materials for sodium-ion batteries[J]. *Chem. Commun.*, 2017, 53(40): 5569-5572.

[23] Hu F, Li L, Jiang X. Hierarchical octahedral $Na_2MnFe(CN)_6$ and $Na_2MnFe(CN)_6$@Ppy as cathode materials for sodium-ion batteries[J]. *Chin. J. Chem.*, 2017, 35(4): 415-419.

[24] Shen Z, Guo S, Liu C, et al. Na-Rich Prussian white cathodes for long-life sodium-ion batteries[J]. *ACS Sustain. Chem. Eng.*, 2018, 6(12): 16121-16129.

[25] He S, Zhao J, Rong X, et al. Solvent-free mechanochemical synthesis of Na-rich Prussian white cathodes for high-performance Na-ion batteries[J]. *Chem. Eng. J.*, 2022, 428(15): 131083.

[26] Li X, Shang Y, Yan D, et al. Topotactic epitaxy self-assembly of potassium manganese hexacyanoferrate superstructures for highly reversible sodium-ion batteries[J]. *ACS Nano*, 2022, 16(1): 453-461.

[27] Wu X, Wu C, Wei C, et al. Highly crystallized $Na_2CoFe(CN)_6$ with suppressed lattice defects as superior cathode material for sodium-ion batteries[J]. *ACS Appl. Mater. Interfaces*, 2016, 8(8): 5393-5399.

[28] Azhar A, Zakaria M B, Ebeid E-Z M, et al. Synthesis of hollow Co-Fe Prussian blue analogue cubes by using silica spheres as a sacrificial template[J]. *ChemistryOpen*, 2018, 7(8): 599-603.

[29] Li C, Zang R, Li P, et al. High crystalline Prussian white nanocubes as a promising cathode for sodium-ion batteries[J]. *Chem. Asian J.*, 2018, 13(3): 342-349.

[30] Huang T, Niu Y, Yang Q et al. Self-Template Synthesis of Prussian blue analogue hollow polyhedrons as superior sodium storage cathodes[J]. *ACS Appl. Mater. Interfaces*, 2021, 13(31): 37187-37193.

[31] Kim J, Yi S H, Li L, et al. Enhanced stability and rate performance of zinc-doped cobalt hexacyanoferrate (CoZnHCF) by the limited crystal growth and reduced distortion[J]. *J. Energy Chem.*, 2022, 69: 649-658.

[32] Nie P, Yuan J, Wang J, et al. Prussian blue analogue with fast kinetics through electronic coupling for sodium ion batteries[J]. *ACS Appl. Mater. Interfaces*, 2017, 9(24): 20306-20312.

[33] Wei C, Fu X Y, Zhang L L, et al. Structural regulated nickel hexacyanoferrate with superior sodium storage performance by K-doping[J]. *Chem. Eng. J.*, 2021, 421: 127760.

[34] Ren W, Qin M, Zhu Z, et al. Activation of sodium storage sites in Prussian blue analogues via surface etching[J]. *Nano Lett.*, 2017, 17(8): 4713-4718.

[35] Jiao S, Tuo J, Xie H, et al. The electrochemical performance of $Cu_3[Fe(CN)_6]_2$ as a cathode material for sodium-ion batteries[J]. *Mater. Res. Bull.*, 2017, 86: 194-200.

[36] Lee H, Kim Y I, Park J K, et al. Sodium zinc hexacyanoferrate with a well-defined open framework as a positive electrode for sodium ion batteries[J]. *Chem. Commun.*, 2012, 48(67): 8416-8418.

[37] Xu L, Li H, Wu X, et al. Well-defined $Na_2Zn_3[Fe(CN)_6]_2$ nanocrystals as a low-cost and cycle-stable cathode material for Na-ion batteries[J]. *Electrochem. Commun.*, 2019, 98: 78-81.

[38] Huang Y, Xie M, Wang Z, et al. A chemical precipitation method preparing hollow-core-shell heterostructures based on the Prussian blue analogs as cathode for sodium-ion batteries[J]. *Small*, 2018, 14(28): 1801246.

［39］ Gebert F, Cortie D L, Bouwer J C, et al. Epitaxial nickel ferrocyanide stabilizes jahn-teller distortions of manganese ferrocyanide for sodium-ion batteries[J]. *Angew. Chem. Int. Ed.*, 2021, 60 (34): 18519-18526.

［40］ Jiang W, Qi W, Pan Q, et al. Potassium ions stabilized hollow Mn-based Prussian blue analogue nanocubes as cathode for high Performance sodium ions battery[J]. *Int. J. Hydrog. Energy*, 2021, 46(5): 4252-4258.

［41］ Shang Y, Li X X, Song J J, et al, Unconventional Mn vacancies in Mn-Fe Prussian blue analogs: suppressing jahn-teller distortion for ultrastable sodium storage[J], *Chem*, 2020, 6(7): 1804-1818.

［42］ Yu S, Li D, Zhang Y, et al. A Na-rich nanocomposite of $Na_{1.83}Ni_{0.12}Mn_{0.88}Fe(CN)_6$/RGO as cathode for superior performance sodium-ion batteries[J]. *Nano*, 2018, 13(06): 1850064.

［43］ Qiu X, Liu Y, Wang L, et al. Reverse microemulsion synthesis of nickel-cobalt hexacyanoferrate/reduced graphene oxide nanocomposites for high-performance supercapacitors and sodium ion batteries [J]. *Appl. Surf. Sci.*, 2018, 434: 1285-1292.

［44］ Quan J, Xu E, Zhu H, et al. A Ni-doping-induced phase transition and electron evolution in cobalt hexacyanoferrate as a stable cathode for sodium-ion batteries[J]. *Phys. Chem. Chem. Phys.*, 2021, 23(3): 2491-2499.

［45］ 游济远, 曹永安, 孟绍良, 等. 钠离子电池正极材料研究进展[J]. 石油化工高等学校学报, 2022, 35(02): 1-8.

［46］ Ojwang D O, Svensson M, Njel C, et al. Moisture-driven degradation pathways in Prussian white cathode material for sodium-ion batteries[J]. *ACS Appl. Mater. Interfaces*, 2021, 13(8): 10054-10063.

［47］ Liu Q, Hu Z, Chen M, et al. The cathode choice for commercialization of sodium-ion batteries: layered transition metal oxides versus Prussian blue analogs[J]. *Adv. Funct. Mater.*, 2020, 30(14): 1909530.

第8章

钠离子电池其他正极材料

8.1 有机化合物类正极材料

有机化合物尤其是聚合物，具有资源丰富、种类众多、环境友好等优点，是二次电池电极材料发展的重要方向。同时有机电极合成所需的原材料是各种生物质材料，而生物质的产生根本上是通过植物光合作用利用太阳能且消耗了 CO_2 而产生的，因此有机电极是具有高度可再生性且环境友好的一类电极材料。有机材料丰富的组成与结构，创造了多种类型的储钠正极材料，它们主要的活性基团包括羧基、双硫键、亚氨基等。与无机电极材料相比，有机电极材料具有以下特点：

① 与无机晶体材料的阳离子嵌入反应机理不同，在正负极均为有机材料的二次电池中电解质中的阴阳离子均可参与电极反应过程。其具体反应机理如下。

P 型反应：
$$P+A^- \underset{\text{放电}}{\overset{\text{充电}}{\rightleftharpoons}} P^+A^-+e^- \qquad (8.1)$$

（P：p 型掺杂有机物；A^-：ClO_4^-、PF_6^-、BF_4^-、$TFSI^-$）

N 型反应：
$$N+M^++e^- \underset{\text{放电}}{\overset{\text{充电}}{\rightleftharpoons}} M^+N^- \qquad (8.2)$$

（N：n 型掺杂有机物；M^+：Li^+、Na^+）

电池反应：
$$P+N+A^-+M^+ \underset{\text{放电}}{\overset{\text{充电}}{\rightleftharpoons}} M^+N^-+P^+A^- \qquad (8.3)$$

p 型掺杂有机物在充电过程中失去电子，电解质中的阴离子迁移进入聚合物链段以维持电荷平衡，放电过程与之相反；n 型掺杂有机物在放电过程中得到电子，电解质中的氧离子迁移进入聚合物骨架以保持电极的电中性，充电过程则发生相反的反应。根据 Nernst 方程，电极的氧化还原电势受活性电对浓度的影响，充电过程氧化部分逐渐增加，电极电势升高，放电过程与之相反，因此有机电极的充放电曲线不像无机固体的相转化反应那样具有平坦的电势平台。值得注意的是，p 型掺杂的过程与电解质中的阳离子无关，因此改变阳离子种类对其电化学性质影响较小，所以适用于锂离子电池的 p 型掺杂电极同样可以用于钠离子电池。

② 结构多样化。有机物种类繁多，结构多样，可以通过改变材料的结构调控材料的能量和功率密度，改善循环稳定性能、加工性能等。通过在有机分子上引入给电子基团或拉电子基团，可在一定程度上提高或降低氧化还原电势，调节材料的氧化还原电势；降低氧化还原活性基团的质量可在一定程度上提高比容量。

③ 可持续性。无机材料的电化学反应大多基于过渡金属离子的氧化还原反应，大规模应用将伴随资源不足、环境污染、生产和回收过程的高成本等问题。而有机电极材料可由生物质原料合成，甚至来自于有机废弃物，因此对环境影响小。

通常可逆的电化学反应发生于共轭体系和含有孤对电子的基团（N、O、S）。共轭结构有利于电子的传输和电荷的离域化，稳定电化学反应后的分子结构；而孤对电子或单电子通常具有更高的反应活性。目前研究的有机电极材料均基于上述原则，根据活性基团的不同主要分为以下两类：导电聚合物和共轭羟基化合物。

导电聚合物是一类具有大 π 键共轭结构的聚合物，离域 π 键电子可以在聚合物链上自由移动，本征态时呈绝缘态或半导体态，经氧化掺杂（p 掺杂）或还原掺杂（n 掺杂）后可获得与金属媲美的电导率，因此被称为导电聚合物。首个导电聚合物——聚乙炔是由日本研究者白川英树和美国研究者 Macdiarmind 及 Heeger 于 1977 年合作发现的[1]，三人因此共同获得 2000 年诺贝尔化学奖。作为电极材料时，导电聚合物的实际比容量与本身的单元分子量和掺杂有关，但大部分导电聚合物的掺杂度不高，导致实际比容量远远低于理论比容量，均小于 $150\text{mAh} \cdot \text{g}^{-1}$。常见的导电聚合物主要有聚乙炔、聚对苯、聚苯胺、聚吡咯、聚噻吩及其衍生物。它们一般通过化学聚合和电化学聚合的方法制备，除聚乙炔外，其余聚合物的导电聚合产物均为掺杂态。

2012 年，Yang 等人[2] 率先报道了聚苯胺及氰化铁掺杂的聚吡咯等导电聚合物的储钠性能，这类材料均是靠传统的 p 型掺杂机理进行储钠的。随后该课题组又报道了在聚吡咯的主链上引入掺杂基团（磺酸根）的方式，提高了聚合物的掺杂度，得到比容量为 $85\text{mAh} \cdot \text{g}^{-1}$ 的自掺杂聚吡咯正极，经 100 次循环后仍能保持 $75\text{mAh} \cdot \text{g}^{-1}$ 的放电比容量。此外带有亚磺酸钠接枝的聚吡咯也具有 $85\text{mAh} \cdot \text{g}^{-1}$ 的比容量，平均放电电压接近 3.0V，但是其库仑效率低，可能是 p 型掺杂反应造成的。

Kim 等人[3] 设计了一种独特的有机电极，将活性聚合物 2,2,6,6-四甲基哌啶氧基-4-甲基丙烯酸乙烯酯（PTMA）封装在碳纳米管（CNT）中，以形成具有高聚合物含量的电极。CNT 具有大的表面积，起到强吸收剂的作用，能够防止活性聚合物材料溶解到电解液中，CNT 还提供了有效的电子传导路径，其网状结构形成了稳定的有机电极结构。PTMA 具有稳定的有机自由基，2,2,6,6-四甲基哌啶氧基（TEMPO）作为其重复单元表现出快速可逆的氧化还原行为，使得该材料具有高的电压和优异的循环稳定性。TEMPO 在充电过程中被氧化成氧铵阳离子；在放电过程中，氧铵阳离子通过两步过程还原为氮氧自由基和氨氧阴离子。在随后的电化学过程中，TEMPO 自由基发生双电子氧化还原反应，对应于理论比容量 $225mAh \cdot g^{-1}$，如图 8.1 所示。PTMA 经历快速氧化还原反应，电子转移速率常数约为 $10^{-1}cm \cdot s^{-1}$，因此具有高倍率性能。

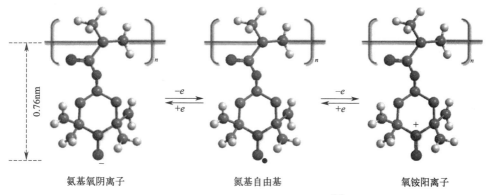

氨基氧阴离子　　　　　　　氮基自由基　　　　　　　氧铵阳离子

图 8.1 PTMA 的电化学机理示意图[3]

Tang 等人[4] 通过设计聚合物的 π 共轭体系来提高材料电化学性能。如图 8.2 所示，他们合成了一种共轭链状聚合物（PPTS），通过扩展聚合物的 π 共轭体系增强 π—π 分子间相互作用和长程 π—π 堆积，改善所得电极材料稳定性、电荷传输和离子扩散，并成功实现高比容量（$290mAh \cdot g^{-1}$）、良好的循环稳定性（$10A \cdot g^{-1}$ 的电流密度下 5000 次循环后比容量仍达 $160mAh \cdot g^{-1}$，在此倍率下，充满（放完）一次仅需 56s）以及非常突出的快充性能（$50A \cdot g^{-1}$ 的电流密度下 10000 次循环后比容量仍达约 $100mAh \cdot g^{-1}$，完成该过程仅需 7s）。

苝二酰亚胺化合物不溶于有机电解质且每个分子单元有多个 Na^+ 键合位点，这有利于实现长循环寿命和高储钠能力。Yang 等人[5] 报告了一种简单的苝二酰亚胺——3,4,9,10-苝-双（二甲酰亚胺）（PTCDI），它作为钠离子电池的有机正极具有显著的电化学性能。由于在稳定的共轭结构中具有高密度的氧化还原活性羰基，PTCDI 分子可以进行双电子氧化还原反应，每个分子单元可以可逆地嵌入/脱出 2 个 Na^+。在 $20mA \cdot g^{-1}$ 时能提供 $140mAh \cdot g^{-1}$ 的比容量。此外，这种有机正极还表现出强大的倍率性能，在 $600mA \cdot g^{-1}$（5C）电流密度下的可逆容量为 $103mAh \cdot g^{-1}$，并且在 300 次循环后具有 90% 的容量保持率，展示了稳定的循环性能。酰亚胺结构的羰基发生电子转移反应，伴随着 Na^+ 的嵌入和脱出。原则上，每个 PTCDI 分子都有四个羰基，它们应该能够转移四个电子以可逆地容纳 4 个 Na^+。然而，与报道的用于 Na^+ 存储应用的大多数芳香族酰亚胺一样，PTCDI 正极只能在 ≥1.5V 的可接受高电位下实现双电子氧化还原反应，这可能是由于静电排斥和 PTCDI 晶体中的空间位阻造成的。根据 CV 曲线和充放电容量，PTCDI 正极的氧化还原机理可以描述为可逆插入 2 个 Na^+ 的两步烯醇化反应，如图 8.3 所示。

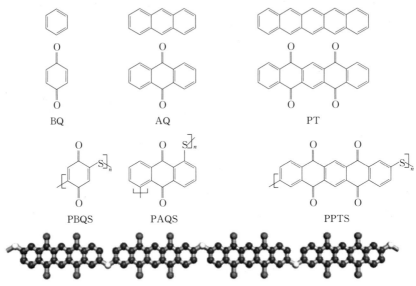

图 8.2　高性能 PPTS 电极材料的分子设计[4]

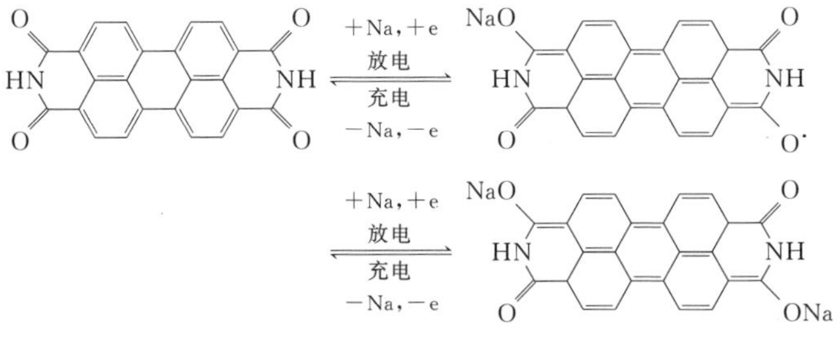

图 8.3　PTCDI 可逆钠储存反应的氧化还原机制示意图[5]

含钠有机聚合物正极材料可用于碱金属离子电池中。Fan 等人[6] 采用聚阴离子 9,10-蒽醌-2,6-二磺酸盐（$Na_2AQ26DS$）为正极和对苯二甲酸钠（Na_2TP）为负极组装成全电池，该电池在 0.5~3.2V 范围内可提供 131mAh·g^{-1} 的最大放电比容量，同时在 500mA·g^{-1}（约 4C）电流密度下，1200 次循环后的平均比容量约为 62mAh·g^{-1}。

Zhou 等人[7] 研究了不对称的羧酸基配位盐苯-1,2,4-三羧酸钠（Na-1,2,4-BTC）的储钠性能。钠离子表现出扩散控制行为，涉及 Na-1,2,4-BTC 中 C ═O

基团的烯醇化。同时，得益于 Na-1,2,4-BTC 强大的有机金属配位框架和快速电荷转移特性，所制备的 Na-1,2,4-BTC 具有 258mAh·g^{-1} 的初始脱钠比容量，以及出色倍率性能和超过 500 次循环的显著稳定性，显示出作为高性能和低成本的钠有机电池电极的巨大潜力。

羧酸盐、醌和聚合物均可用于钠离子电池正极材料，但它们中的大多数都存在有限的电活性位点，这些位点主要位于 C═O 和 C═N 官能团连接到芳香核心。增加 Na$^+$ 的存储位点，重要的是要激活芳环中的 sp^2 杂化碳。总的来说，根据官能团差异，羰基化合物电极材料主要可分为醌类、酰亚胺类和共轭羧酸类三大类，三类羰基化合物的典型结构和储钠机理如图 8.4 所示[8]。

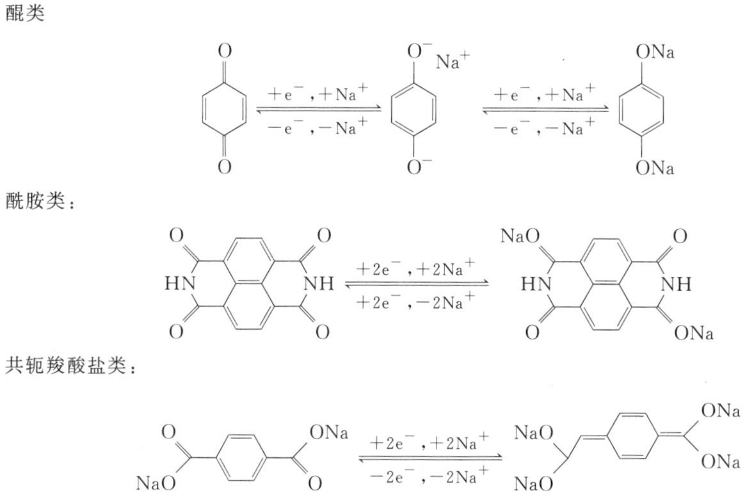

醌类

酰胺类：

共轭羧酸盐类：

图 8.4　醌类、酰亚胺类和共轭羧酸类羰基化合物的典型结构和储钠机理[8]

醌类化合物结构中的羰基一般位于共轭芳香环的邻位或对位，在钠离子电池和钾离子电池中的氧化还原电位为 1～3V（vs. Na$^+$/Na）。此外，醌类化合物理论比容量高，有望成为高能量密度的有机正极材料。酰亚胺类化合物一般具有较大的芳香共轭平面，结构中有 4 个羰基，且均具有电化学活性，充放电区间为 0.5～2.5V。然而，如果酰亚胺材料结构中的 4 个 C═O 双键均发生还原反应，会引起电荷的排斥作用，造成结构的不可逆破坏。因此，通常情况下，将酰亚胺类材料的氧化还原电位限制在一个较高的范围（1.0～2.5V），从而只发生 2 个 C═O 的烯醇化反应，保证了材料在充放电过程中的结构稳定性。因此酰亚胺类材料多用于二次电池正极材料，比容量一般不超过 250mAh·g^{-1}；共轭羧酸盐类化合物结构中位于羧基中的 C═O 可以进行可逆的氧化还原反应。由于具有供电子基团—ONa，共轭羧酸盐类材料的充放电电压一般低于 1V，因此多作为钠离子电池的负极材料使用[8]。

事实上，芳环的活化需要使可能的 sp^2 杂化碳存储位点，稳定位于特定 C 原子中的未配对电子，这与钠离子电池的能量密度和可逆性密切相关。Huang 等人[9] 利用过渡金属配位键替代有机层间的范德华力，设计了一种具有三维开放通道结构的金属有机化合物苝四甲酸锌（Zn-PTCA），首次实现了钠离子在芳香环平面的层间可逆存储。Zn-PTCA 由 Zn^{2+} 与平面共轭型配体 PTCA（3,4,9, 10-苝四羧酸盐）配位组成。苝环平面之间由 ［ZnO_6］八面体相互连接，并形成一种三维波浪形的开放骨架结构。有机配体与过渡金属离子之间的配位既消除了储钠过程破坏范德华力的影响，又形成了可控的开放空间，有利于 Na^+ 在芳香环平面的层间传输（图 8.5）。更重要的是，占据 sp^2 杂化碳位点的过量 Na^+ 可以通过 p-π 共轭系统的共振效应来稳定，Zn-PTCA 的可逆容量 $357mAh \cdot g^{-1}$，对应于八个电子的转移过程。充放电过程中的红外光谱（FTIR）、固态核磁（ss-NMR）和原位 XRD 的表征证明了 Zn-PTCA 结构中具有两种可逆储钠位点。其中有四个 Na^+ 储存在 C ═O 附近，另外四个 Na^+ 与芳香环发生了可逆的结合。材料多次深度放电循环之后，结构仍具有良好的稳定性。

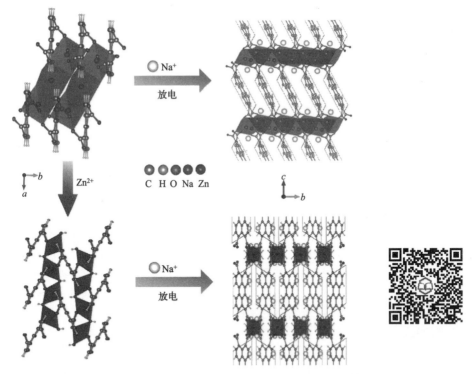

图 8.5　Na-PTCA 和 Zn-PTCA 的储钠示意图[9]

在钠离子电池正极领域，高能量密度的玫棕酸钠（$Na_2C_6O_6$）受到广泛关注，$Na_2C_6O_6$ 的结构示意图如图 8.6（a）所示。理论上 $Na_2C_6O_6$ 最多可以和 4 个 Na^+ 发生可逆反应，理论比容量高达 $501mAh \cdot g^{-1}$，并能从植物中提取的肌醇出发并以较低的成本制得。但玫棕酸钠作为钠离子电池正极材料的可逆容量远低于其理论容量，并在首次循环过程中伴随着明显的容量衰减，理论上预期的四电子过程在实际中很难实现。其实际比容量大约在 $180mAh \cdot g^{-1}$，只有两个 Na^+ 参与可逆反应，首次库仑效率低且容量衰减严重[10]。$Na_2C_6O_6$ 可能在电化学循环中从集流体上脱落，导致容量迅速衰减。Yuan 等人[11] 采用溶剂沉淀法制备了玫棕酸钠-导电聚苯胺（$Na_2C_6O_6$-PANI）复合材料。粉化后产生的 $Na_2C_6O_6$ 表面仍能与导电聚苯胺（PANI）表面接触，防止活性物质与导电剂分离。导电聚苯胺的高电导率可以降低电化学循环中因粉化的 $Na_2C_6O_6$ 与集流体接触不良而导致的高阻抗。在 $500mA \cdot g^{-1}$ 的电流密度下，电压 $0.5 \sim 3.2V$ 范围内，$Na_2C_6O_6$-PANI（9∶1）50 次循环后的放电比容量为 $174mAh \cdot g^{-1}$，容量保持率为 63%。

Bao 等人[12] 分析了实际容量与理论容量相差较大的原因。一般情况下，$Na_2C_6O_6$ 在电化学反应过程中其晶相会发生从 α 相向 β 相转变，抑制 Na^+ 反应，但是如果限制电解液种类和活性物质材料颗粒的大小有可能维持 $Na_2C_6O_6$ 的结构稳定性，从而实现 4 个 Na^+ 的电化学反应。基于此分析，Bao 等人[12] 合成出纳米尺寸的 $Na_2C_6O_6$ 并且和二乙二醇二甲醚电解液进行匹配，$Na_2C_6O_6$ 电极材料在 $0.5 \sim 3.3V$ 的电压范围内实现了 4 个 Na^+ 脱嵌，可逆容量为 $484mAh \cdot g^{-1}$，正极能量密度为 $726Wh \cdot kg^{-1}$，能量效率高于 87%，具有良好的循环保持率。

为增加电极材料的初始 Na 含量，Wang 等人[13] 合成了具有两组活性官能团的 2,5-二羟基对苯二甲酸（$Na_4C_8H_2O_6$）电极材料。该材料的反应机理如图 8.6(b) 所示，可以发现该材料分别在 $1.6 \sim 2.8V$ 和 $0.1 \sim 1.8V$ 有两个活性区域。基于 2 个 Na^+ 反应的正负极材料分别具有 $180mAh \cdot g^{-1}$ 的可逆容量。该全电池的工作电压为 1.8V，能量密度达到 $65Wh \cdot kg^{-1}$，并且可以稳定循环100 次。

Lee 等人[12] 共同揭示了玫棕酸钠（$Na_2C_6O_6$）作为钠离子电池正极材料的主要限制因素。该研究表明，充放电过程中 $Na_2C_6O_6$ 会在 α-$Na_2C_6O_6$ 与 γ-$Na_2C_6O_6$ 之间发生相变，该相变的可逆性决定了 $Na_2C_6O_6$ 正极的可逆容量及长循环稳定性。由于充电（脱钠）过程中由 γ-$Na_2C_6O_6$ 转变为 α-$Na_2C_6O_6$ 的相变过程需要克服较大的活化能，该相变通常呈现出高度的不可逆性，严重制约了 $Na_2C_6O_6$ 正极的电化学性能。为了解决这一问题，可以通过减小 $Na_2C_6O_6$ 的晶粒尺寸并选取合适的电解质溶液的方法降低该相变的活化能垒，使充放电过程中 α-$Na_2C_6O_6$ 与 γ-$Na_2C_6O_6$ 之间的相变具备高度可逆的特征，实现了在每个 $Na_2C_6O_6$ 晶胞中可逆储存 4 个钠原子的储钠机制，从而实现了高的可逆容量及循环稳定性。电化学测试表明，当选取溶剂化作用强的二甘醇二甲醚（DEG-DME）作为电解质溶液时，纳米 $Na_2C_6O_6$ 正极能达到 $484mAh \cdot g^{-1}$ 的可逆容

量及 $726Wh \cdot kg^{-1}$ 的能量密度（基于 $Na_2C_6O_6$ 正极），其能量效率高达 87%，并具有较高的容量保持率。该 $Na_2C_6O_6$ 正极的比能量高达其理论值的 96.6%，并超过了之前报道的所有钠离子电池正极材料。这一发现为构建可持续型高性能大规模储能体系点亮了曙光。

具有可设计的周期性骨架和有序纳米孔的（COF）作为可充电电池的正极材料越来越受到人们的关注。Shi 等人[14] 设计了以四氨基酚（TABQ）与环己酮（CHHO）三重缩合反应制备一种含多个羰基的蜂窝状富氮 TQBQ（三喹啉和苯醌单元）-COF。其氧化还原机制如图 8.6(c) 所示，由于羰基和吡嗪基都被设计

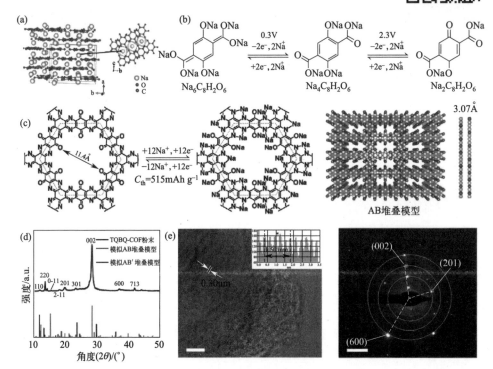

图 8.6 （a）$Na_2C_6O_6$ 的三维晶体结构图[10]；（b）在电位分别为 0.3V 和 2.3V 时 Na^+ 在 $Na_4C_8H_2O_6/Na_6C_8H_2O_6$ 和 $Na_2C_8H_2O_6/Na_4C_8H_2O_6$ 中的电化学氧化还原反应机理[13]；（c）TQBQ-COF 的化学结构和可能的电化学氧化还原机理示意图和 TQBQ-COF 层的 AB 堆叠模型示意图；TQBQ-COF 粉末的（d）PXRD 图，（e）HRTEM 图像和（f）SAED 图[14]

为 TQBQ-COF 电极的氧化还原位点，因此可以得到 $515mAh \cdot g^{-1}$ 的理论比容量［基于 8.6(c) 中黄色虚线内标记的一个重复单元］。采用 DFT 计算方法计算了 TQBQ-COF 的优化结构，根据模拟的 AB 叠加模型，TQBQ-COF 的六方微

孔为 11.4Å，堆积距离为 3.07Å。采用粉末 X 射线衍射（PXRD）和高分辨透射电镜（HRTEM）研究了 TQBQ-COF 的结晶度。28.24°处的强衍射峰归因于（002）面 [图 8.6（d）]，这与模拟 AB 叠加模型 [图 8.6（c）] 的共轭 TQBQ-COF 层之间的层间距 3.0Å±0.2Å 有关。13.74°和 19.84°处的峰可分别归属于（$\bar{2}$20）和（201）面。此外，PXRD 谱图中 15.69°处的峰可以归属于（0$\bar{1}$1）面的 d 间距，这与 TQBQ-COF 的 AB 堆积模型中约 5.6Å 的孔径一致。受相邻 2D 层之间强 p-π 相互作用的影响，TQBQ-COF 层倾向于通过交替交错叠加模型彼此接触。HRTEM 图表明，TQBQ-COF 具有大量的周期性结晶 [图 8.6（e）]，可见晶格条纹距离（0.30nm）与 TQBQ-COF 层的层间距相当。如图 8.6（f）所示，所选择的区域电子衍射（SAED）图显示六角孔分别沿着 TQBQ-COF 的（002），（201）和（600）面排列，d 间距分别为 3.0Å、4.6Å 和 2.4Å。因此，实验的 PXRD 和 HRTEM 结果与所提出的 AB 叠加模型吻合得很好。同时，HRTEM 元素图显示了碳、氮、氧的均匀分布，TQBQ-COF 材料具有少量缺陷和多孔结构，能与 Na^+ 很好地结合，类似于无序软、硬碳的储钠性能。通过原位/非原位傅里叶变换红外光谱和密度泛函理论计算证明了 TQBQ-COF 的钠存储能力以及每个重复单元最多十二个钠离子氧化还原化学机制。在 $100mA \cdot g^{-1}$ 的电流密度下，TQBQ-COF 的可逆容量可达到 $327.2mAh \cdot g^{-1}$，400 次循环后容量保持率在 89% 左右。在 $500mA \cdot g^{-1}$ 和 $1000mA \cdot g^{-1}$ 的电流密度下进行 1000 次循环后，它们的可逆容量分别为 $236.5mAh \cdot g^{-1}$ 和 $213.6mAh \cdot g^{-1}$，容量保持率分别为 91.3% 和 96.4%，具有约 100% 的库仑效率，能量效率约为 85%，显示出良好的循环稳定性和高能量效率。TQBQ-COF 的多孔氮掺杂结构有利于多个活性中心之间的离子/电子快速传输，从而使 TQBQ-COF 电极具有优异的循环稳定性和倍率性能。

总的来说，有机正极材料用作钠离子电池有两个明显的缺点：①电导率差，从而使 Na^+ 或者电子的迁移率降低，电化学反应迟缓，从而导致倍率性能较差；②有机正极材料易于溶解于有机电解液中，造成容量衰减。目前有机正极材料的主要改进方法包括：①包覆包括碳在内的导电材料，在提高有机正极材料导电性的同时降低其与有机电解液的接触，抑制材料溶解；②通过聚合反应合成高分子材料来抑制电解材料溶解。

8.2　其他正极材料

与一般的过渡金属氧化物、硫化物负极材料不同，金属氟化物材料因其独特的金属离子与氟离子之间形成独特的配位作用，可以用作钠离子电池正极。过渡金属氟化物具有类似氧化物的高还原电位，通过过渡金属离子的化合价变换来实现钠离子的嵌脱。金属氟化物作为电极材料最大的问题在于金属和 F 组成的稳定化学键使材料具有高电阻率，严重影响其倍率性能，而且实际比容量普遍很低。迄今为止，具有较大比容量的氟化物材料是铁基氟化物，典型代表是 $NaFeF_3$（实际比容量 $128mAh \cdot g^{-1}$，理论比容量 $197mAh \cdot g^{-1}$）。此外，某些水合氟化铁材料具有很高的比容量，例如 $Fe_2F_5 \cdot H_2O$（初始比容量 $251mAh \cdot g^{-1}$），但是循环性能较差。

Nishijima 等人[15] 通过对 $NaMF_3$（M＝Fe，V，Ti，V，Mn）的研究表明，这些材料都是通过变价金属离子的氧化还原反应实现 Na^+ 的嵌入和脱出。但除了 $NaFeF_3$ 具有较大的比容量（$128mAh \cdot g^{-1}$）外，其他材料表现的电化学性能都较差。$NaFeF_3$ 虽然只能通过 $Fe^{2+/3+}$ 进行单电子反应，但晶体结构中有充足的 Na^+ 迁移通道，理论比容量能达到 $197mAh \cdot g^{-1}$，且放电平台接近3V。提高 $NaFeF_3$ 电化学性能的关键主要在于提高材料的电子导电性，可以直接通过碳复合的方式或者将材料纳米化来增加导电性或减少 Na^+ 的传输路径。

Li 等人[16] 合成了一种新型的开放框架氟化物 $FeF_3 \cdot 0.5H_2O$，发现该材料具有相交的隧道结构，为钠离子的容纳和传输提供了空间。$FeF_3 \cdot 0.5H_2O$ 具有高于 $220mAh \cdot g^{-1}$ 的比容量和至少 300 次的循环寿命。石墨烯、碳纳米管等材料虽然能提升 FeF_3 类材料的稳定性和倍率性能，但是如果使用高成本碳材料不符合选低成本卤族元素 F 作钠离子电池电极材料的初衷。有研究发现 $FeF_5 \cdot H_2O$ 因为具有结晶水，因此可以拓宽 Na^+ 传输的通道。进一步稳定晶体结构的方式还包括 K^+、Cr^{2+} 等离子的掺杂，循环稳定性能够得到显著提升。但这些离子本身并不能贡献容量，也具有降低材料放电平台的缺点。在铁基氟化物材料中，$Fe_2F_5 \cdot H_2O$ 是目前唯一与阴离子基团具有相似结构的一类材料，Fe^{2+} 和 Fe^{3+} 同时出现在一个如此小分子量的化合物中是十分罕见的。Wang 等人[17] 对于 $FeF_5 \cdot H_2O$ 做了一系列改性的工作，其初始的高达 $251mAh \cdot g^{-1}$ 的放电比容量也将对铁基氟化物材料的研究提供数据支撑和理论依据。

参考文献

［1］ Shirakawa H, Louis E J, MacDiarmid A G, et al. Synthesis of electrically conducting organic polymers: halogen derivatives of polyacetylene,（CH）[J]. *J.C.S. Chem. Comm.*, 1977,（16）: 578-580.

［2］ Zhou M, Zhu L, Cao Y, et al. Fe(CN)6－4-doped polypyrrole: a high-capacity and high-rate cathode material for sodium-ion batteries[J]. *RSC Adv.*, 2012, 2(13): 5495-5498.

［3］ Kim J-K, Kim Y, Park S, et al. Encapsulation of organic active materials in carbon nanotubes for application to high-electrochemical-performance sodium batteries[J]. *Energy Environ. Sci.*, 2016, 9

(4)：1264-1269.

[4]　Tang M, Zhu S, Liu Z, et al. Tailoring pi-Conjugated Systems：From pi-pi Stacking to High-Rate-Performance Organic Cathodes[J]. *Chem*, 2018, 4(11)：2600-2614.

[5]　Deng W, Shen Y, Qian J, et al. A Perylene Diimide Crystal with High Capacity and Stable Cyclability for Na-Ion Batteries[J]. *ACS Appl. Mater. Inter.*, 2015, 7(38)：21095-21099.

[6]　Li D, Tang W, Yong C Y, et al. Long-lifespan Polyanionic Organic Cathodes for Highly Efficient Organic Sodium-ion Batteries[J]. *ChemSusChem*, 2020, 13(8)：1991-1996.

[7]　Gu T, Gao S, Wang J, et al. Electrochemical Properties and Kinetics of Asymmetric Sodium Benzene-1, 2, 4-tricarboxylate as an Anode Material for Sodium-Organic Batteries [J]. *ChemElectroChem*, 2020, 7 (16)：3517-3521.

[8]　刘梦云, 谷天天, 周敏, 等. 共轭羰基化合物作为钠/钾离子电池电极材料的研究进展 [J]. 储能科学与技术, 2018, 7 (06)：1171-1181.

[9]　Liu Y, Zhao X, Fang C, et al. Activating Aromatic Rings as Na-Ion Storage Sites to Achieve High Capacity [J]. *Chem*, 2018, 4 (10)：2463-2478.

[10]　Chihara K, Chujo N, Kitajou A, et al. Cathode properties of $Na_2C_6O_6$ for sodium-ion batteries [J]. *Electrochim. Acta*, 2013, 110 (1)：240-246.

[11]　Huang Y, Jiang G, Xiong J, et al. Recrystallization synthesis of disodium rhodizonate-conductive polyaniline composite with high cyclic performance as cathode material of sodium-ion battery [J]. *Appl. Surf. Sci.*, 2020, 499 (1)：143849.

[12]　Lee M, Hong J, Lopez J, et al. High-performance sodium-organic battery by realizing four-sodium storage in disodium rhodizonate [J]. *Nat. Energy*, 2017, 2 (11)：861-868.

[13]　Wang S, Wang L, Zhu Z, et al. All Organic Sodium-Ion Batteries with $Na_4C_8H_2O_6$ [J]. *Angewandte Chemie*, 2014, 53 (23)：5892-5896.

[14]　Shi R, Liu L, Lu Y, et al. Nitrogen-rich covalent organic frameworks with multiple carbonyls for high-performance sodium batteries [J]. *Nat. Commun.*, 2020, 11 (1)：178.

[15]　Nishijima M, Gocheva I D, Okada S, et al. Cathode properties of metal trifluorides in Li and Na secondary batteries [J]. *J. Power Sources*, 2009, 190 (2)：558-562.

[16]　Li C, Yin C, Gu L, et al. An $FeF_3 \cdot 0.5H_2O$ Polytype：A Microporous Framework Compound with Intersecting Tunnels for Li and Na Batteries [J]. *J. Am. Chem. Soc.*, 2013, 135 (31)：11425-11428.

[17]　Jiang M, Wang X, Shen Y, et al. New iron-based fluoride cathode material synthesized by non-aqueous ionic liquid for rechargeable sodium ion batteries [J]. *Electrochim. Acta*, 2015, 186 (20)：7-15.

第 9 章

钠离子电池电解液及电极/电解液界面

9.1 概述

在众多电池相关材料的研究中，人们往往倾向于研究电极上的活性材料，而疏忽了对电解质的研究。这背后的深层原因是，电极材料的性能取决于系统的能量密度（重量和体积），因此也最引人注目。然而，由于在很大程度上，电解液的性能将影响电池的寿命、实际容量、充放电能力和安全性等实际适用性能，因此有关电解液的研究是不应被忽视的。幸运的是，现在已有越来越多的研究者加入到电解液的研究中，同时随着新的分析技术的发展，越发揭示出了电解液在电极界面和全电池性能中的重要性。在多种表征能量存储性能的参数中，电池的服役寿命和总能量存储释放量可能是最难优化的一个性能，但也是所有大型电池或更大规模应用领域最吸引人的部分之一。这一性能与电池中副反应发生的程度有关，并且最终取决于电解液的选择。电解液是所有钠离子电池中必不可少的决定性组件，它在平衡和传递两个电极之间的电荷方面起着关键作用。它基本上是根据反映热力学稳定性的最低未占分子轨道（LOMO）和最高占据分子轨道能量（HOMO）来确定电池的电化学窗口。此外，钠离子电池的动力学控制与电解液的钠离子迁移数和阳极上的固体-电解液界面（SEI）密切相关，后者与电解液的组成有关。最佳电解液将在负极上形成合适的 SEI 层，并改善电池的循环和倍率性能。电解液的选择通常决定或影响电池的能量密度、安全性、循环寿命、储存性能、运行条件等。此外，众所周知，电极材料决定了电池的比容量，而活性材料的可逆容量则受电解液的影响。在所有的电化学过程中，电解液和电极之间的相互作用对活性材料的 SEI 界面状态和内部结构有重要影响。电解液和电极之间良好的匹配性将提高电极材料的性能，甚至整个电池的性能。目前钠离子电池最常用到的电解质为酯类有机电解液，由于其含有大量的有机易燃溶剂，当电池出现热失控后会发生爆燃，给电池带来了极大的安全隐患。相比于锂，钠具有更高的反应活性，安全性对于钠离子电池显得更加重要。因此，电解液的设计和开发在常温钠离子电池的发展中占有举足轻重的地位。

钠离子电池电解液一般需要具有如下的特性：①化学稳定性——在电池运行过程中，不与电池本身、隔膜和电极以及使用集流体等发生化学反应；②电化学稳定性——具有较宽的氧化还原电化学窗口；③热稳定性——具有较宽的液相温度区，其熔点和沸点都应该在电池内部的操作温度范围之外；④能导通离子和对电子绝缘——易于传输 Na^+ 以维持正常电池运行，并能将电池的自放电降至最低；⑤必须低毒性，并能满足其他限制环境危害的措施；⑥必须是可持续的、能循环利用的化学反应和物质——丰富的元素含量，和对环境影响最小的合成工艺（能源消耗、污染产生等）；⑦在材料的生产过程中尽可能低成本。

虽然上述限制条件是定性的，并没有给出具体的最佳值或满足最低限度的阈值，这还是需要进行优化的。但这既可以单独进行，也可以与每个具体的电池组成和应用一起进行，例如，当要设计和控制一个可以在室温下操作的电池时，低的工作温度就需要扩大热稳定窗口。具体目标或阈值事实上也是存在的，最常见的可能离子电导率应当大于 $1mS \cdot cm^{-1}$。然而，单一的措施不能说明全部问题，往往需要多个参数的共同改进来提高电解液的性能。

目前对电解液的优化主要通过改变电解液的成分、钠盐种类、溶剂和添加剂及其各自的比例来实现。每个组成部分都对上述提及的要求条件有不同程度的影响。钠盐的选择既会影响电解质化学和电化学稳定性，也会影响离子导电性。在电解液中，溶质中的阴离子常常是最先被氧化的组分，这就决定了电化学窗口中所能设置的电压上限值（而下限更多由溶剂的还原反应电位决定）。同时，离子-离子相互作用的强度决定了可用的载流子的数量，从而影响对离子的传输能力。

电解液的溶剂，或者更普遍地说是溶剂的组成类型，对电解液的热稳定性有深远的影响。通常用于钠离子电池的有机溶剂的黏度都较低，且大多具有较高的蒸气压，在高温下会产生易燃的有机蒸气，而聚合物或离子液体类电解液则完全没有这种情况。同时，后两种类型的电解液的黏度较高，并不适于在低温甚至不适于在室温下使用。因此，上述两个类型的电解液看起来几乎是相互矛盾的，必须时刻注意电解液的选用要与实际应用和工作条件相适应。

即使当每一种钠离子电池电解质基本要求和重要性能都已得到尽可能满足和优化后，若想实现电池在最佳条件下运行，仍存在一些问题。此时就需要加入一些电解质添加剂来弥补这些不足。可以针对不同需求在电解液中加入不同的添加剂，比如可以针对性地解决电解液没有达到足够的化学和电化学稳定性窗口的问题，也可以用于提高电池的性能，例如可以通过降低黏度来提高倍率性能。添加剂的种类和数量应该保持在一定的限度内，因为它们大多会产生更复杂和不可预测的化学反应，并可能增加电池的总体成本。但同时，通过引入添加剂可以开发出功能性更强更全面的电解液。

在电解液/电极界面的电荷转移方面，钠离子电池电解液比锂离子电池电解液更有优势。对于锂离子电池来说，电解质/电极界面上的锂离子转移实际上可能成为电化学反应的控制步骤。在各种电池溶剂中，活化能垒与溶剂分子的去溶剂化动力学性能密切相关。Okoshi 等人[1] 基于这个理念，并利用 DFT 计算评估了各种阳离子（包括 Li$^+$ 和 Na$^+$）在一系列有机溶剂下的去溶剂化能。相较于 Li$^+$，Na$^+$ 展现出了更低的去溶剂化能，这可能是由于 Na$^+$ 的 Lewis 酸性较弱，所需的去溶剂化能量就比 Li$^+$ 更少，其所需能量差距最高可达 $40 \sim 70 \text{kJ} \cdot \text{mol}^{-1}$（比 Li$^+$ 低约 $25\% \sim 30\%$）。这一热力学结论与最近的 DFT 计算研究以及 Sagane 等人[2] 和 Mizuno[3] 等人对钠离子嵌入所需更低活化能的实验发现非常吻合。总的来说，这意味着钠离子电池比锂离子电池有更快的充放电动力学。有多种参数可以用来评估钠离子电池电解液的基本性能，包括局部结构、溶剂化层和电极/电解液界面的光谱分析，以及基本的宏观性质，如密度、黏度和离子电导率等。对于离子传输扩散的评估，核磁共振与通过等效电路分析的阻抗谱是非常有意义的。电化学稳定性通常是通过循环伏安法评估，或者通过比较惰性电极与实际在钠离子电池中使用的"真实"电极来确定其电化学稳定性。此外，蒸气压力、闪点、着火温度、着火次数、自熄次数是评定安全等级的重要参数。热重分析（TGA）、差示扫描量热法（DSC）以及加速量热法（ARC）是用来研究电解液的安全性及在可能的操作温度范围和高温下的长期稳定性的常用方法，此外，还可研究其与电极、集流体、电池包装材料之间可能发生的反应。

迄今为止，包括电池测试在内的电化学方法主要集中在对电解质本身性质的研究。这正是曾经在锂离子电池研究中取得进展的方式，它很大程度上依赖于大量的经验积累，有时还依赖于意外发现，而不是依靠理性的设计和开发。最近的研究方法上出现了一些变化，即通过对钠离子电池性能的整体评估来开发更合适的钠离子电池电解液，而不再仅仅依赖于研究最大化离子电导率等单一特性。这也证实了电解液与电极的匹配同样重要。

9.2　有机液体电解液

与锂离子电池一样，钠离子电池中的强还原性负极和强氧化性正极需要具有较大电化学窗口的电解液溶剂，这就形成了一条严格且绝对的限定标准，即不能使用含有活性质子的溶剂。一种合适的溶剂还需要符合大多数已经为钠盐设定好的先决条件：稳定、无毒、低成本等。此外，极性基团的存在可以溶解足量的钠盐，这也是一个必须的要求。虽然这一整套性质可以通过不同类型的溶剂以多种不同的方式组合来实现，但是每种溶剂配方都有自己的优势和问题。

钠离子电池电解液使用有机溶剂的主要类型与锂离子电池所使用的基本相同：有机碳酸盐（线性和环状）、酯类和醚类，如表 9.1 所示。溶剂的 Lewis 酸碱度性质（即电子受体/供体的能力）是最重要的，并且会影响最终获得的电解液的电化学窗口。溶剂的受体（AN）和供体（DN）数量与其 HOMO、LUMO 水平相关。此外，溶剂的酸性（碱性）也将决定其溶剂化性质；强（低）酸/碱性导致阴离子/阳离子更容易（难）溶剂化。根据软硬酸碱理论（HSAB），这将决定溶剂-溶剂和离子-溶剂的相互作用。

表 9.1　常见有机溶剂的基本性质

名称	分子式	缩写	介电常数	黏度 /mPa·s	密度 /g·cm^{-3}	HOMO	LUMO
碳酸乙烯酯	$C_3H_4O_3$	EC	89.78	1.99	1.32	−12.86	1.51
碳酸丙烯酯	$C_4H_6O_3$	PC	66.14	2.50	1.20	−12.72	1.52
碳酸二甲酯	$C_3H_6O_3$	DMC	3.087	0.58	1.06	−12.85	1.88
碳酸甲乙酯	$C_4H_8O_3$	EMC	2.985	0.65	1.01	−12.71	1.91
碳酸二乙酯	$C_5H_{10}O_3$	DEC	2.82	0.75	0.97	−12.59	1.93
乙二醇二甲醚	$C_4H_{10}O_2$	DME	7.30	0.46	0.86	−11.49	2.02
二乙二醇二甲醚	$C_6H_{14}O_3$	DEGDME	7.23	1.06	0.94	—	—
三乙二醇二甲醚	$C_8H_{18}O_4$	TRGDME	7.62	—	1.01	—	—
磷酸三甲酯	$C_3H_9O_4P$	TMP	20.60	2.032	1.21	—	—
磷酸三乙酯	$C_5H_{15}O_4P$	TEP	13.20	1.56	1.07	—	—

9.2.1　酯类电解液

对于钠离子电池电解液来讲，一种合适的溶剂应当满足标准。单种组分的化合物往往很难满足这些多样且有时相互矛盾的要求，因此不同溶剂的组合使用几乎是必须的。

碳酸酯是钠离子电池中最常用的溶剂，已被初步开发并广泛用作室温钠离子电池的电解液中的溶剂。到目前为止，可用于钠离子电池的电解质溶剂通常是基于两种碳酸酯：环状碳酸酯（例如，PC 和 EC）和直链碳酸酯（例如，EMC，DMC 和 DEC）。没有一种单一的溶剂可以满足钠离子电池的所有要求，需要多种溶剂组合使用才能达到要求。PC 和 EC 由于具有高介电常数、稳定的化学和电化学性质而成为钠离子电池最有吸引力的溶剂，而且 PC 不会共插入到主要的负极材料硬碳中。然而，使用 PC 基电解液的钠离子电池容量随时间变化衰减严重，这主要源于 PC 的持续分解和 SEI 膜的生长。因此，在实际应用中，PC 经常与其他成膜添加剂或溶剂一起使用。纯 EC 在常温下不适合作为溶剂，因为它的熔点高（36℃）。但是，EC 是形成保护层 SEI 膜的有效成分，因此在优化的电解液体系中常作为助溶剂使用[4]。SEI 膜在提高钠离子电池电极循环寿命方面起着重要作用，但目前其化学组成和形成机理的研究仍较少。在 EC 溶剂中形成 SEI 的还原机理如下[5]：

$$EC + 2e^- + 2Na^+ \longrightarrow Na_2CO_3 + CH_2 \!=\! CH_2 \uparrow (原子比\ O/C=3) \quad (9.1)$$

$$EC + e^- + Na^+ \longrightarrow (EC^-, Na^+) \quad (9.2)$$

$$2(EC^-, Na^+) \longrightarrow (-CH_2-CH_2-OCO_2Na)_2(原子比\ O/C=1) \quad (9.3)$$

Thomas 等人[6] 认为 SEI 的主要成分是 Na_2CO_3，主要在 $0.75 \sim 0.8V$ 的电位下形成，而烷基碳酸钠在较低的电位下形成。Kumar 等人[7] 通过密度泛函理论的计算进一步证实了这一基本机理，基于理论计算，他们进一步发现，在碳酸氟乙烯（FEC）等添加剂分子的作用下，EC 不仅会减少溶剂分解，还会促进替代的分解途径，形成潜在稳定的 SEI 膜。Komaba 等人[8] 研究了一系列碳酸酯作为电解液溶剂，以寻找适合硬碳电极的电解质。在比较了 Na/硬碳电池与单一溶剂（EC、PC 和 BC）和二元溶剂（EC+X 和 PC+X，其中 X＝DMC、EMC 和 DEC）电解液的循环性能后，他们发现 PC 或 EC＋DEC 基电解液与硬碳电极兼容，如图 9.1 所示。

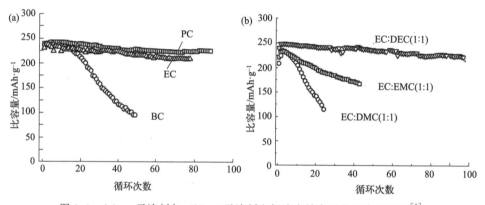

图 9.1 （a）一元溶剂与（b）二元溶剂电解液在钠离子电池中的应用[8]

FEC 是钠离子电池中一种有效的 SEI 添加剂。Komaba 等人[9] 认为 FEC 在约 $0.7V$ 的电化学反应中会在电极上形成保护膜，有效地抑制了 PC 的还原分解。如图 9.2(a) 所示，与不含 FEC 的电解液（$1mol \cdot L^{-1} NaClO_4$-PC）相比，添加 FEC 添加剂的电解液显著提高了电池性能。Wang 等人[10] 利用不同的电解液：$1mol \cdot L^{-1} NaClO_4/EC+DEC$（或 FEC），在 Na/硼功能化的还原石墨烯氧化物（rGO）半电池中进行了对比。如图 9.2(b) 所示，在 $1mol \cdot L^{-1} NaClO_4/EC+DEC$ 电解液中加入 2% 的 FEC 可显著延长寿命。然而，Ponrouch 等人[11] 在使用 Na 金属阳极的半电池中，与不添加 FEC 的 $NaClO_4$/EC-PC 电解液相比，FEC 添加剂降低了 SEI 的电导率，导致 Na/C 电池的倍率容量较低。

直链碳酸酯的黏度和熔点低于环状碳酸酯，通常用作与环状碳酸酯（EC 或 PC）共溶剂，以获得性能更好的电解液。钠离子电池电解液中常用的直链碳酸酯主要有 EMC、DMC 和 DEC。在钠离子电池的实际电解液应用中，最常见的

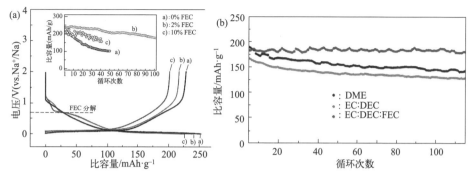

图 9.2　（a）不同含量的添加剂对硬碳电极可逆容量的影响[9]，（b）不同电解液组成
在 Na/硼功能化的还原石墨烯氧化物（rGO）半电池中的循环性能曲线[10]

是二元碳酸酯或三元碳酸酯溶剂。最常用的二元系电解液主要包括 EC＋PC、
EC＋DEC、EC＋DMC 和 PC＋FEC。其他常用的三元溶剂包括：EC＋DEC＋
PC、EC＋DEC＋FEC、EC＋PC＋FEC、EC＋DMC＋FEC 和 EC＋PC＋DMC。
Ponrouch 等人[12] 对不同溶剂的电解液电导率进行了系统的研究。如图 9.3 所
示，研究发现，二元溶剂型电解液的电导率比单组分溶剂型电解液高得多；趋势
是 EC：DME＞EC：DMC＞EC：PC＞EC：Triglyme（三甘醇二甲醚），CH_3O
$(CH_2CH_2O)_3CH_3$＞EC：DEC＞PC＞Triglyme＞DME，DMC，DEC。从二元
溶剂的配方来看，将高介电常数溶剂（如 EC）与低黏度溶剂（如 DME 或
DMC）混合将提高离子导电性。Kamath 等人[13] 通过研究不同溶剂的热力学和

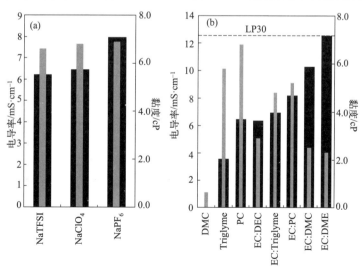

图 9.3　（a）含有 $1mol \cdot L^{-1}$ 各种钠盐的 PC 基电解液的电导率和（b）基于
$1mol \cdot L^{-1}$ $NaClO_4$ 溶解在各种溶剂和溶剂混合物中的物化性质[12]

动力学因素，得出结论是 EC：DMC 和 EC：EMC 具有动力学优势，是制备高性能钠离子电池电解液的最佳配方。

9.2.2 醚类电解液

酯类和醚类电解液是最常用的两种有机电解液，其中酯类电解液是锂离子电池体系的主要选择，因为其可以有效地在石墨负极表面进行钝化且高电压稳定性（＞4V）远优于醚类电解液。但在钠离子电池体系，酯类电解液中石墨的电化学活性极差，且针对诸如钠金属、碳材料等负极难以有效地构建稳定的电极/电解液界面，亟待改性和优化。由于在醚类电解液中钠离子和醚类溶剂分子可以高度可逆地在石墨中发生共插层反应，且有效地在其他负极材料表面构建稳定的电极/电解液界面，所以受到越来越广泛的关注和研究。醚类电解液在钠离子电池体系中的应用潜力体现在以下几方面：①形成稳定的石墨三元插层化合物；②优化各类负极材料的固态电解质界面（SEI）；③降低如硫化物等中间产物的溶解度；④减小电化学极化等。因此，在钠金属负极、碳材料负极及其他非碳材料负极，还有硫正极、氧气正极以及部分无机正极等体系均具备显著的应用优势。

醚类电解液使商业石墨可以作为钠离子电池的负极，同时也说明了不同的溶剂对钠离子电池的电化学性能有很大的影响。在早期的研究中，石墨被认为不适合作为钠离子电池的负极，因为金属钠不像其他碱金属（例如钾、铯和铷等）那样可以形成合适的二元插层化合物。Jache 等人[14] 首次报道了石墨作为钠离子电池阳极的成功应用。石墨负极在乙醚基电解液中表现出优异的循环性能和较高的可逆容量。Jache 等人认为石墨在乙醚基的电解液中的储钠机制为：

$$C_n + e^- + Na^+ + y \text{ solvent} \longrightarrow a^+ (\text{solvent}) y C_n^- \qquad (9.4)$$

溶剂化的钠离子共插层到石墨中，形成了三元石墨插层化合物（t-GIC）。如图 9.4 所示，石墨材料在二甘醇二甲醚基电解液 [电解质盐为 $1 \text{mol} \cdot \text{L}^{-1}$ 三氟甲磺酸钠（NaOTf）] 1000 次循环后仍具有 $100 \text{mAh} \cdot \text{g}^{-1}$ 的稳定比容量[15]。

Jache 等人[14] 系统地比较了不同的聚乙烯醚类化合物对锂离子电池和钠离子电池体系中石墨性能的影响，包括直链聚乙烯醚类（乙二醇二甲醚、二甘醇二甲醚、三甘醇二甲醚和四乙二醇二甲醚）和环醚类 [四氢呋喃（THF）及其衍生物]，并进一步详细说明了 t-GIC 的形成和稳定性。直链聚乙烯醚类分子的长度影响氧化还原电位，通过循环伏安（CV）测试发现，随着链长的增加（三甘醇二甲醚除外），氧化还原电位向更高的电位移动。研究还发现，含有乙二醇二甲醚衍生物（在乙二醇二甲醚上添加侧基或去除氧原子）和四氢呋喃（THF）的电池表现出较差的共插层能力和低容量。Kim 等人[16] 用同步辐 X 射线衍射结合密度泛函理论（DFT）计算了 GIC（钠-乙醚-石墨）的化学计量，以及钠离子和乙醚溶剂在石墨烯层间的排列，提出了溶剂化钠在石墨中的插层机理。钠离

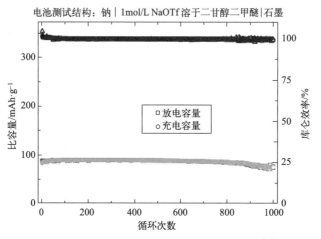

图 9.4　钠/石墨电池循环稳定性和库仑效率[15]

子嵌入石墨是通过多个阶段反应发生，最终在 Na/C 比例为 1/28～1/21 的范围内会形成具有良好可逆性的 GIC（石墨插层化合物）。嵌入的 Na^+ 和醚溶剂以 [Na-醚]$^+$ 络合物的形式与石墨通道中的石墨烯层平行双叠。溶剂种类和插层之间的相关性表明钠离子存储特性的可能可调性。由于较长的溶剂分子对放电产物中带正电的钠离子之间的排斥作用更强，钠存储电位随着溶剂碳链长度的增加而增加。

　　Kim 等人[17] 通过循环伏安测试 [图 9.5(a)] 和相应的计算 [图 9.5(b)] 进一步说明了以乙醚基的电解液的半电池中钠离子在天然石墨中的存储机制，即：Na^+-溶剂共嵌入和赝电容行为是共存的。基于峰值电流和扫描速率之间的关系，可以用下式估计电容和插层元素的贡献：

$$i = k_1 v + k_2 v^{1/2} \tag{9.5}$$

　　式中，i 是给定电位下的电流，A；v 是扫描速率，mVs^{-1}；k_1 和 k_2 是常数。$k_1 v$ 和 $k_2 v^{1/2}$ 分别代表电容和插层元件。如果我们将式(9.5) 的两边除以扫描速率的平方根并绘制 $i/v^{1/2}$ 与 $v^{1/2}$ 的关系，我们可以得到一条斜率为常数 k_1 且 y 轴截距为常数 k_2 的直线，它提供了有关电容和嵌入元素的定量信息 [如图 9.5(c)]。根据这种定量分析，我们将电化学反应分为图 9.5(d) 中的三个区域。结果表明，扩散控制的插层反应主要发生在区域 Ⅱ。相反，插入反应与电容反应结合发生在区域 Ⅰ 和 Ⅲ 中。电容反应在 C3 步（对应的 b 值为 0.5）或区域 Ⅱ，扩散控制的插层主要发生在其他步骤（C1、C2、C4 或 Ⅰ 区和 Ⅲ 区），两种计算方法都表明插层反应和电容反应共存。

　　Zhu 等人[18] 通过原位拉曼光谱和非原位 XRD 分析再次证实了（Na-乙醚）$^+$ 共插层和赝电容行为的共存，如图 9.6 所示。利用原位拉曼光谱 [图 9.6(a)] 研究

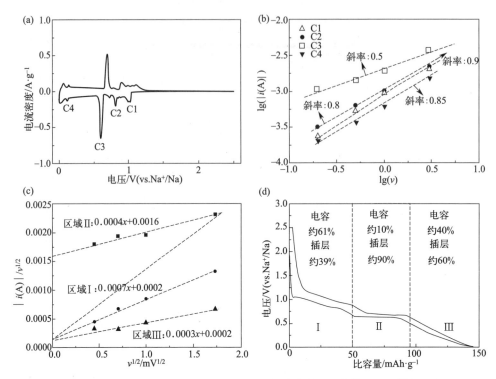

图 9.5 （a）天然石墨在 $NaPF_6$-DEG/DME 电解液中的 CV 曲线，（b）阴极（嵌入）
峰值电流的 b 值测定，（c）阴极峰值电流与扫描速率的相关性（用于确定
电容和插层对储能的贡献）和（d）天然石墨的充电/放电曲线[17]

了循环过程中石墨电极结构的变化。原始石墨在约 $1580cm^{-1}$ 处出现一个强烈的尖峰，该峰属于石墨的 C—C 拉伸模式（E_{2g2}，G 带）。这个峰值随着电压的降低而变宽。在 1.00～0.92V 的电压范围内，存在 $n>2$ 级 GICs（石墨层间化合物）的双重信号拉曼光谱。低频组分和高频组分可分别归因于高阶 GICs 的内部模式和边界层模式。随着放电的进行，前者逐渐减弱，最终在 0.78V 左右消失。这是由于第 2 阶段和/或第 1 阶段 GICs 的形成，其中不存在石墨内层。这些结果支持了阶段演化过程的结论。从图 9.6(b) 可以看出，来自 DME 的特征峰出现在完全放电的电极 FTIR 光谱中，而在充电后消失。考虑到 DME 的低沸点（83℃）和两电极相同的干燥过程，观测到的信号应归因于共插层溶剂。这些结果有力地证实了共插层行为的存在。从图 9.6(c)，（d）可以看出，原始电极在 26°呈现密集而尖锐的反射，对应于石墨的（002）平面。随着电位的降低，初级反射向较低的散射角转移，出现了一些新的反射，这可以归因于不同阶段的 GICs。在这些醚电解质中形成了第一阶段的三元 Na-溶剂-GICs，表明溶剂在石墨中共插层。在 1mol/L $NaCF_3SO_3$/四甘醇二甲醚（TGM）电解液中，天然石墨具有优异的循环性能，

在 $110mA \cdot g^{-1}$ 电流密度下可循环 6000 次且有超高倍率容量。

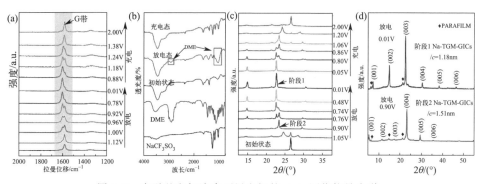

图 9.6　在醚基电解液中石墨电极的 (a) 原位拉曼光谱，
(b) FTIR 光谱及 (c) 和 (d) 非原位 XRD 图[18]

Castillo 等人[19] 研究了一系列用于钠离子电池的聚合 Schiff-基材料（—N＝CH—Ar—HC＝N—，具有 10 个 π 电子，Ar＝芳香基），并通过非共轭脂肪族或共轭芳香族二胺嵌段与对苯二甲醛单元反应制备了具有电活性的低压聚合物 Schiff 碱。为了优化这种材料的性能，他们比较了各种电解液，包括 $NaPF_6$-EC-DMC，NaFSI（双（氟磺酰基）亚胺钠）-PC（DEGDME，Me-THF），NaTFSI-DEG-DME（Me-THF）。研究结果表明，在 NaFSI-Me-THF 电解液中，电极材料具有最高的容量和最好的循环稳定性（图 9.7）。这种 NaFSI-Me-THF 电解液后来被用来测试一些负极材料的循环性能，在 $21mA \cdot g^{-1}$ 的电流密度下，带有羧酸端基的阳离子低聚 Schiff 碱的可逆容量高达 $340mAh \cdot g^{-1}$，使石墨等负极材料具有一定的储钠能力，但也为金属钠负极的应用带来了希望[20]。

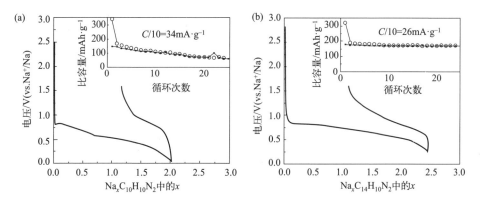

图 9.7　(a) 非共轭聚合 Schiff 碱和 (b) 共轭聚合 Schiff 碱的
首次充放电曲线（插图为循环性能曲线）[19]

最近，Seh 等人[21] 发现，在以 $NaPF_6$ 为电解质盐的不同醚基溶剂（乙二醇二甲醚、二甘醇二甲醚和四甘醇二甲醚）电解液中，在金属钠表面形成了均匀而薄的非树枝状 SEI 层［如图 9.8(a) 所示］，在 $0.5mA \cdot cm^{-2}$ 电流密度下经过 300 多次溶出/沉积循环后，纳金属阳极的平均库仑效率高达 99.9%［如图 9.8(b) 所示］。优异的可逆性是由于形成了由氧化钠和氟化钠组成的均匀的无机固体电解质界面，该界面对电解液溶剂高度不渗透，有利于非树枝状钠的生长。

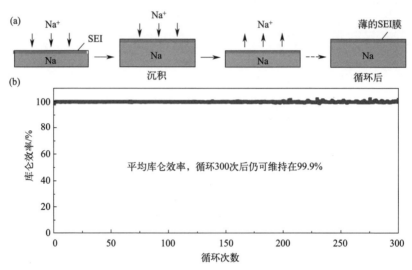

图 9.8　(a) 非树枝状钠的沉积示意图，(b) Na 金属阳极在二甘醇二甲醚电解液
（电解质盐为 $1mol \cdot L^{-1}$ 的 $NaPF_6$）中溶出/沉积的库仑效率图

总的来说，醚基电解质不仅会形成更薄的 SEI，而且在负极侧具有更好的还原稳定性。这可以大大降低首次循环不可逆容量以及后续循环中电解液的分解，从而获得较高的首次库仑效率和优异的循环稳定性以及倍率性能。但是醚类电解液仍有很多科学和技术问题需要突破，包括：醚类溶剂分解形成 SEI 的机制及表征，进一步提升醚类电解液高电压稳定性（<4V）以及添加剂的系统研究等。

9.3　离子液体

如今，离子液体（ILs）已经是一门成熟的科学分支，而它们作为锂离子电池或钠离子电池的电解液还只是一个小部分。ILs 也称为室温熔盐，通常由一种特殊的有机阳离子和一种无机或有机阴离子组成，在室温（或接近）温度下是液体。由于它们特殊的物理化学和电化学性质，如低蒸气压、高沸点、宽的电化学窗口、良好的热稳定性以及易于设计的优点，它们有可能被开发为替代电解液。此外，与在储能设备中使用传统电解液相比，它们可以产生具有良好电化学性能和更高安全性的电池。然而，在过去的几年中，由于它们相对较高的黏度和相应的低离子电导率，以及 IL 电解液与电极之间的进一步的界面问题，对于钠离子电池的研究仅限于有限程度。值得注意的是，大多数关于离子液体的报道集中在由咪唑离子、吡咯烷（PYR）离子、铵和四氟硼酸根、双（三氟甲磺酰基）亚胺（TFSI）离子和双（氟磺酰亚胺）（FSI）离子组成的离子液体上，如图 9.9 所示。离子液体是一类只由离子组成的熔点在 100℃ 以下的液体材料[22]。

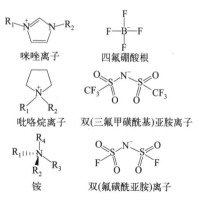

图 9.9　钠离子电池中常用离子液体的阳离子和阴离子结构[22]

由于上述优点，ILs 是离子的优良溶剂，其构成组分的本质决定了它具备高离子导电性。通常情况下，ILs 是由中等尺寸到较大尺寸的有机阳离子（Cation）和弱配位阴离子类的阴离子组成。因此，钠离子电池电解液的化学式可以简单地写作 $Na_x Cation_{(1-x)} WCA$，其摩尔比 x 通常在 $0.1\sim0.25$ 范围内；此类溶剂通过直接混合制备，有时需要通过加热辅助制备。因此，系统中可能存在一种或两种弱配位阴离子类阴离子。

由于 IL 的阴离子通常是在钠盐中的弱配位阴离子类阴离子中选择的（常常是 TFSI 或 FSI），因此 IL 阳离子的选择会进一步限制电解液的组分选择。例如，基于咪唑的 Cnmim［通常被称为 EMIm（$m=2$）、BMIm（$m=4$）等］阳离子在电化学窗口的阴极极限电位方面存在问题，而基于吡咯烷的 Pyr1x 类阳离子在这方面具有更好的电化学稳定性。

对于钠离子电池电解液来说，使用 IL 作为溶剂也存在一些问题。首先是几乎所有的离子液体的黏度都相当高，其在室温下的黏度约为几十厘泊，并且黏度会随着 Na 盐的掺入而进一步增加。这是由于钠盐与 IL 之间形成了更强的离子-离子相互作用，使得钠离子的迁移成为一个复杂的、原理尚未明晰的问题。其次，IL 由于成本过高而被认为不适合实际应用。IL 成本受到阴离子选择的限制，同时所使用的盐应与弱配位阴离子一致，所以材料的总体成本进一步增加，导致其应用受限。使用一些 FSI 基的 ILs 可以在一定程度上减少成本，因为 FSI 的合成路径相对比较简单，因此成本线也会相应降低。此外，有一点值得重视，许多研究可能使用了没有足够干燥或含有杂质的 ILs，这使得所获得的一些结果很可疑，并在一定程度上阻碍了该研究领域的发展。

作为电解液，咪唑类离子液体由于其相对低的黏度和较高的离子电导率而很早就引起了人们的注意。与易燃碳酸盐电解液相比，采用 NaBF$_4$/1-乙基-3-甲基咪唑四氟硼酸盐（EMIBF$_4$）为电解液的对称的钠离子电池［阴极和阳极均为

$Na_3V_2(PO_4)_3$]，具有更高的热稳定性和更好的高温循环性能 [图 9.10(a)]。此外，通过热重/差示扫描量热仪（TG/DSC）测试表明，在掺有 IL 电解液中的 $Na_3V_2(PO_4)_3$ 材料在 400℃ 左右仍是稳定的[23] [图 9.10(b)]。

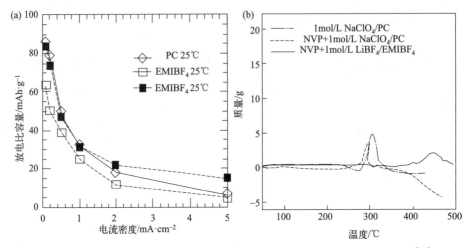

图 9.10　(a) $Na_3V_2(PO_4)_3$ 在不同电解液中的倍率性能及 (b) DSC 曲线[23]

随后，Monti 等人[24] 系统地研究了咪唑基离子液体（1-乙基-3-甲基咪唑双三氟甲磺酰亚胺盐，EMIMTFSI）和 Na(Li) 盐掺杂的 1-丁基-3-甲基咪唑双三氟甲磺酰亚胺盐（BMITFSI）的物理化学特性。如图 9.11(a) 所示，$Na_{0.1}EMIM_{0.9}TFSI$ 的室温电导率为 $5.3mS\cdot cm^{-1}$，其热稳定性窗口为 $-86\sim150℃$。通过拉曼光谱和 DFT 计算对钠离子溶剂化进行了系统研究，结果表明钠电荷载流子主要是 $[Na(TFSI)_3]^{2-}$。另外，$EMIBF_4/NaBF_4$ 可以作为不可燃的钠离子电池电解液[25]。如图 9.11 所示，这种 IL 电解液的电化学窗口随着盐的加入而变宽；然而，这种

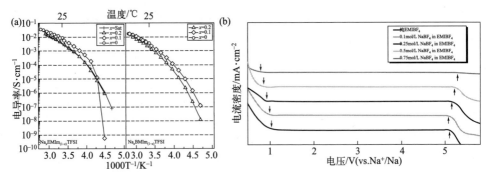

图 9.11　(a) $Na_xEMIm_{(1-x)}$ TFSI and $Na_xBMIm_{(1-x)}$ TFSⅡ（$x=0,0.1,0.2$）
在室温下的电导率[24]，(b) $EMIBF_4$ 中不同浓度的 $NaBF_4$（$0.1mol\cdot L^{-1}$、
$0.25mol\cdot L^{-1}$、$0.5mol\cdot L^{-1}$ 和 $0.75mol\cdot L^{-1}$）电解液中的线性扫描伏安曲线[25]

添加也带来了相对较低的离子电导率。$0.1 mol \cdot L^{-1}$ 的 $NaBF_4$ 溶液在 20℃时的离子电导率为 $9.833 mS \cdot cm^{-1}$，电化学窗口约为 4V（1～5V）。Kumar 等人[26]将 1-乙基-3-甲基咪唑三氟甲烷磺酸盐（EMITf）和三氟化钠（$NaCF_3SO_3$）混合，然后固定聚偏氟乙烯-六氟丙烯（PVDF-HFP），合成了聚合物电解质。EMITf/PVDF-HFP（4∶1，质量比）＋0.5M $NaCF_3SO_3$ 的电解质在常温下具有 $5.7 mS \cdot cm^{-1}$ 的高离子电导率和优异的机械稳定性。此外，这种聚合物电解质的电导率与温度之间的关系遵循 Vogel-Tamman-Fulcher（VTF）方程。

基于吡咯烷的离子液体，包括 N-丙基-N-甲基-吡咯烷（Pyr_{13}^-）和 N-丁基-N-甲基-吡咯烷（Pyr_{14}^- 或者 BMP^-），在钠离子电池中具有很好的应用前景。Ding 等人[27]报道了最佳摩尔比为 2∶8 的 NaFSA ［FSA＝双（氟磺酰基）酰胺］-C_1C_3PyrFSA ［C_1C_3Pyr＝N-甲基-N-丙基吡咯烷］在 25℃ 和 80℃时的电导率分别为 $3.2 mS \cdot cm^{-1}$ 和 $15.6 mS \cdot cm^{-1}$ ［图 9.12(a)］。在 25℃ 和 80℃时，以这种离子液体为电解液的 $Na/NaCrO_2$ 半电池的放电比容量分别为 $92 mAh \cdot g^{-1}$ 和 $106 mAh \cdot g^{-1}$ ［图 9.12(b)］。在 80℃ 时，该电解液的电化学窗口为 5.2V。随后 Ding 等人[28]使用了相同的半电池体系，并优化了 PyrrFSA 离子液体中 NaFSA 的浓度，结果表明，在 90℃（363K）和 0℃（273K）下工作时，40%（物质的量分数）NaFSA 和 25%（物质的量分数）NaFSA 分别是电解液的最佳浓度。在 298～363K 下具有不同 Na^+ 浓度的 $Na/Na[FSA]-[C_3C_1pyrr][FSA]/NaCrO_2$ 电池在 20～50mA $(g-NaCrO_2)^{-1}$ 的低放电速率下表现出相似的充放电行为。然而，在 253～273K 的较低温度下，具有不同 Na^+ 浓度的电池的放电容量是不同的。图 9.12(b) 比较了 10%（物质的量分数）、15%（物质的量分数）、20%（物质的量分数）、25%（物质的量分数）和 30%Na[FSA] 在 253～363K 时电池的放电容量。在 298～363K 的放电容量几乎不受钠离子浓度影响。在低

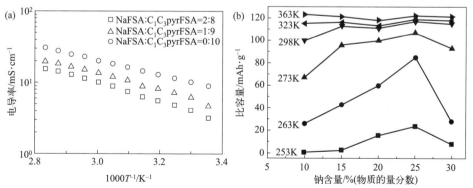

图 9.12　(a) 摩尔比不同的 NaFSA-C_1C_3pyrFSA 离子液体在不同温度下的电导率[25]，
(b) $Na/Na[FSA]-[C_3C_1pyrr][FSA]/NaCrO_2$ 电池在 253～363K 下的放电比容量[26]

于 273K 的温度下，放电容量随着钠离子浓度的增加而逐渐增加。在 253K、263K 和 273K 的温度下，电池在 25%（物质的量分数）Na[FSA] 下表现出最高的放电比容量。在 30%（物质的量分数）Na[FSA] 时，放电容量再次下降，这是由于电解质黏度增加对离子传导的相反影响。综上，具有 25%（物质的量分数）Na[FSA] 的电池在室温以下表现出最佳的电化学性能。Forsyth 等人[29]证实了使用高浓度的钠盐是增加离子液体中 Na^+ 迁移数和改善 Na 金属电极界面性能的有效途径，高浓度的钠盐将会带来低的极化电位，进而提高了电池的循环寿命。

Fukunaga 等人[30] 研究了 NaF-SI-Pyr_{13}FSI 离子液体电解质的高温性能。在 90℃（363K）下，电流密度为 $1000mA \cdot g^{-1}$ 时该离子液体可以提供 $211mAh \cdot g^{-1}$ 的可逆容量，如图 9.13 所示。Wang 等人[31] 在 Pyr_{13}FSI 离子液体中加入 $1mol \cdot L^{-1}$ NaFSI 用作全电池（$Na_{0.44}MnO_2$-HC）的电解液。在室温下，该电池在第 50 次循环时的放电比容量为 $252mAh \cdot g^{-1}$，相当于第一次放电比容量的 95.5%。这

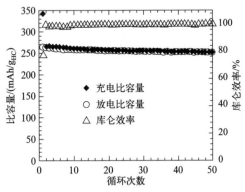

图 9.13　硬碳在 NaFSI-Pyr_{13}FSI
电解液中的循环性能曲线[28]

证实在 NaFSA-C_1C_3pyrFSA 离子液体中，Na^+ 可以可逆地插入到硬碳电极中。无论采用哪种正极材料，室温下的电荷转移电阻值都比使用传统碳酸盐电解液的电池更低、更稳定，表明 NaFSA-C_1C_3pyrFSA 离子液体在全电池中会具有更好的性能。

Noor 等人[32] 对掺杂 NaTFSI 的 Pyr_{14}TFSI 离子液体进行了系统的研究。随着 NaTFSI 浓度的增加，电解液的玻璃化转变温度、密度和黏度都有不同程度的提高。该电解液的电导率和黏度均符合 VTF 方程。其他研究者发现相同混合物在室温下的离子电导率为 $1mS \cdot cm^{-1}$[33]。

近年来有关 Pyr_{14}TFSI-NaTFSI 离子液体电解液在钠离子电池实际中应用的研究报道逐渐增多。Wongittharom 等人[34] 研究了 $NaFePO_4$/Na 电池中在 Pyr_{14}TFSI 添加 NaTFSI 对电池性能的影响。在 50℃ 的工作温度下，电池在 0.5mol/L NaTFSI-Pyr_{14}TFSI 电解液中 0.05C 的电流密度下放电比容量可达 $125mAh \cdot g^{-1}$。电池在 1mol/L 的 NaTFSI-Pyr_{14}TFSI 电解液中循环 100 次后容量保持率为 87%，而在 1mol/L $NaClO_4$/EC＋DEC 有机电解液中的容量保持率仅为 62%，这充分证明了该种离子液体在钠离子电池实际应用的可能性。此外，$NaFePO_4$ 在 50℃ 时的容量是 25℃ 时的 2 倍，表明 NaTFSI-Pyr_{14}TFSI 在高温下

比有机电解液更适合于钠离子电池
的应用。

Wang 等人[35] 研究了含不同钠盐
（NaClO$_4$、NaBF$_4$、NaTFSI 和 NaPF$_6$）
的 Pyr$_{14}$TFSI 离子液体对 Na$_{0.44}$MnO$_2$/
Na 电池体系的影响，发现在 75℃
时，采用 NaClO$_4$ 基 Pyr$_{14}$TFSI 离
子液体电解液的电池在 0.05C 电流
密度下的初始比容量最高，可达到
115mAh·g^{-1}；在 50℃时电池体系
的循环性能最佳，循环 100 次后，容
量保持率为 80%。从图 9.14 可以看
出，使用 NaClO$_4$-Pyr$_{14}$TFSI 电解液
的电池之所以具有出色的充放电性

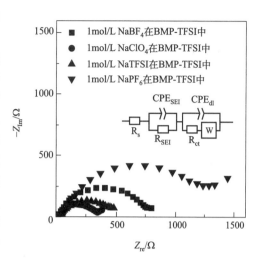

图 9.14　含有不同钠盐电解液的 Nyquist 图[33]

能，是因为在 Na$_{0.44}$MnO$_2$ 和 Na 金属电极上的 R_{ct}（电荷转移电阻）和 R_{SEI}
（SEI 膜电阻）都很低，电荷传输速率较快。另外在室温下，基于 Pyr$_{14}$TFSI-
NaTFSI 电解液的全电池（P2-Na$_{0.6}$Ni$_{0.22}$Fe$_{0.11}$Mn$_{0.66}$O$_2$/Sb-C）的初始比容量
为 120mAh·g^{-1}，平均工作电压约为 2.7V，这表明该体系可以作为钠离子电池
电解液的有力的候选者[36]。

为了提高 NaBF$_4$ 在四氟硼酸二乙基甲氧基乙基铵中的溶解度，Egashira 等
人[37] 通过将 NaBF$_4$/PEGDME（聚乙二醇二甲醚）的络合物溶解到 DEMEBF$_4$
离子液体中合成了一种三元电解质。通过对这种新型三元钠基电解液体系的电导
率、黏度和热稳定性等性能与锂电解液进行了比较发现，当聚乙二醇：二甲醚：
氟化钠的摩尔比为 8：1：2 时，25℃时的最大离子电导率为 1.2mS·cm^{-1}。另
一种提高钠盐在离子液体中的溶解度的有效方法是通过在季铵盐阳离子上直接设
计醚化基团[38]。研究结果表明，NaTFSI 在这种离子液体电解液中的浓度可达
2.0mol·kg^{-1}。这些离子液体良好的溶解性能都可以归因于乙醚官能团具有良
好的钠螯合能力，而类似的现象存在于锂离子电池体系中[39]。

Sun 等人[40] 将 AlCl$_3$、NaCl 和氯化 1-乙基-3-甲基咪唑（[EMIm]Cl）按照
一定比例混合，并添加少量二氯乙基铝（EtAlCl$_2$）和 1-乙基-3-甲基咪唑双氟磺
酸亚胺（[EMIm]FSI），制成了一种常温下呈液态，具有高导电性、不可燃性及
能在钠金属负极表面形成稳定固态电解质界面膜（SEI）的离子液体电解液。如
图 9.15（a）所示，电解液阳离子为 Na$^+$ 和 EMIm$^+$，阴离子包含 AlCl$_4^-$，
Al$_2$Cl$_7^-$ 和 FSI$^-$。该离子液体电解液室温下离子电导率达 9.2mS·cm^{-1}。此
外，该电解液热稳定性优异，加热到 400℃仍未出现明显质量衰减，而传统的酯

类电解液在 132℃ 下质量即发生大幅降低，230℃ 时质量仅余约 15％ ［图 9.15(b)］。良好的热稳定性使得基于氯铝酸盐的离子液体在空气中不能引燃，从而提升了含有该电解液电池的安全性 ［图 9.15(c)，(d)］。基于氯铝酸盐的离子液体具有高达 4.56V 的稳定电位窗口，在实际组装的钠金属电池中表现出优异的性能。利用金属钠负极、负载 $Na_3V_2(PO_4)_2F_3$（NVPF）纳米颗粒的还原氧化石墨烯（rGO）正极组装的钠离子电池平均放电电压可达 3.75V，库仑效率接近100％，表明电池充放电过程近乎可逆。在 $300mA \cdot g^{-1}$ 的电流密度下，电池在连续充放电 700 次后，放电容量仍可保持在 90％ 以上，平均库仑效率达 98.5％。

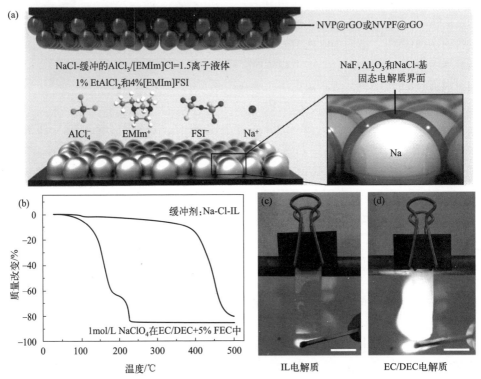

图 9.15 （a）基于氯铝酸盐基离子液体（缓冲剂：Na-Cl-IL）电解液的钠离子电池示意图，（b）缓冲剂：Na-Cl-IL 与传统酯基电解液热重曲线，（c），（d）浸润有缓冲剂：Na-Cl-IL 与传统酯基电解液的电池隔膜在空气中燃烧情况对比[40]

9.4 电解质盐

电解质盐是钠离子电池电解液的两种主要成分之一，对电解液的最终性能具有深远影响。在影响电解液性能的几种特性中，应该尤其注意的是[41]：①为了获得能够产生足够载流子的电解液，电解质盐在所用溶剂中要有高的溶解度；

②具有大的电化学稳定性窗口；③不与电解液、电极材料和集流体等其他材料发生化学反应，具有较高的化学稳定性；④需要无毒并满足其他安全相关的需求。事实上，仅根据上述①和②两条要求，就会将许多盐类成分排除在外。

电解液中的阴离子相较于阳离子更能决定电解液最终的性质。最经典的确定盐类成分的方法是，寻找一种无机阴离子基团，其配位体会降低中心原子电子密度，从而产生离域负电荷，使整个基团成为一个弱配位阴离子[42]。这一类阴离子基团会有更好的氧化稳定性（因为它们有足够大的 HOMO 能量）。对于钠离子电池电解液，我们应主要探索在锂离子电池电解液中已应用多年的相似的阴离子，如无机离子，包括高氯酸根（ClO_4^-）、四氟硼酸根（BF_4^-）、六氟磷酸根（PF_6^-）等，有机离子，包括三氟甲磺酸根 $CF_3SO_3^-$（OTf）、双（三氟甲基磺酰）亚胺根离子 $[N(CF_3SO_2)_2]^-$（TFSI）及双（氟磺酰）亚胺离子（FSO_2）$_2N^-$（FSI）等。表 9.2 列出了常见钠盐的基本性质。

表 9.2　常见钠盐的基本性质[41]

钠盐	分子量/(g·mol^{-1})	电导率/(×10^{-3}S·cm^{-1})	熔点/℃
NaClO$_4$	122.4	6.4	468
NaBF$_4$	109.8	—	384
NaPF$_6$	167.9	7.98	300
NaOTf	172.1		248
NaTFSI	303.1	6.2	257
NaFSI	203.3	—	118

注：电导率的测定是在盐浓度为 1mol·L^{-1}，溶剂为 PC 时。

ClO_4^- 是一种强氧化剂，因此在电池实际的发展中或多或少都会被禁止使用；BF_4^- 由于与阳离子的相互作用更强，导致电解液的导电性变差，并且电解液中会在一定程度上缺少电荷载体；PF_6^- 虽然是锂离子电池的首选电解液组分，但其具有严重的安全问题，尤其是在高温和有水的情况下，会水解生成 PF_5、POF_3 和 HF；OTf 和 BF_4^- 有相同的问题，即它们的电解液导电性较差，同时会腐蚀铝集流体，这也是目前学界比较流行的使用 TFSI 阴离子的主要原因[43]。

现行研究中最常用的盐是 NaClO$_4$，在已发表的钠离子电池论文中约有 2/3 在研究 NaClO$_4$ 盐，这可能是综合了此前研究历史和成本的原因。除了安全方面之外，一个严峻的问题是，这些盐都很难干燥[44]。虽然电解质的含水量在文献中很少被报道，但是在 80℃ 下烘干一整夜后，NaPF$_6$ 基电解液依然会有较高的含水量（>40mg/kg），相比之下 NaClO$_4$ 的含水量通常小于 10mg/kg。NaPF$_6$ 也是钠离子电池的常用电解液之一，它恰好可以与许多锂离子电池电解液的研究进行比较。另外，NaTFSI 和 NaFSI 是一类首选的强钠盐（尽管存在铝腐蚀问题），一定程度上是因为这些阴离子可以在生成合适的离子液体基质中起到作用。

虽然 NaTFSI 和 NaFSI 可能不能直接用作钠离子电池电解液（由于铝腐蚀问题）的单一盐组分使用，但它们的无毒性、比 NaPF$_6$ 和 NaBF$_4$ 更高的热稳定性，以及由此产生的比使用 NaOTf 时更高的电导率依然使其成为一类非常有希望的电解液组分。值得注意的是，FSI 在腐蚀问题上的影响尚不明确。事实上，很早就有报道称 FSI 盐会腐蚀铝，但后来又将这一腐蚀问题归咎于盐合成过程中残留的 Cl$^-$ 杂质[45]。

目前对不同钠盐的比较研究还很少。Bhide 等人[46] 以常见的 EC：DMC 溶液为溶剂，对 NaPF$_6$、NaClO$_4$、NaOTf 和 NaTFSI 等电解质盐进行了比较，并测量了作为盐浓度函数的离子电导率。NaOTf 和 NaClO$_4$ 的电导率明显高于 NaPF$_6$，0.6mol · L^{-1} 的 NaPF$_6$ 可以达到的最大电导率为 6.8mS · cm^{-1}，1mol · L^{-1} 的 NaClO$_4$ 的最大电导率为 5.0mS · cm^{-1}，但 NaOTf 在 0.8mol · L^{-1} 时的电导率较低。Goktas 等人[47] 研究了 NaTFSI、NaFSI、NaClO$_4$、NaPF$_6$ 和 NaOTf 这五种盐在 Diglyme 溶剂中对石墨/钠电池的性能影响。实验发现，这五种电解液与金属钠会发生不同的副反应，Na/Na 对称电池的恒流充放电结果表明，使用含有 NaTFSI、NaFSI 和 NaClO$_4$ 盐的电解液与金属钠发生了明显的副反应，增大了界面阻抗，使电池的过电位增加，并随着循环进行一直加剧。对副反应进行分析发现，反应产生 H$_2$、CH$_4$、C$_2$H$_4$ 和 CO 等气体，反应后金属钠表面有 NaCl、Na$_2$O 和 NaF 物质生成。

电解液的研究热点领域短时间内可能并不会有新的阴离子加入，因为专注于开发电池电解液的新盐体系的学术团体非常有限。这在很大程度上是受制于电解液所须满足的要求，这就使得只有几个原子可供选择并且需要结合成足够小的阴离子。然而，相比于电极材料的研究而言，一旦制成了一种适用于锂离子电池的锂盐，通常就可以直接将其制成钠盐应用在钠离子电池上，反之亦然。最近探索的一条途径是使用杂环物质作为阴离子的骨架结构[48,49]。这些含有杂环阴离子的钠盐包括 4,5-二氰基-2-(三氟甲基)咪唑酸钠（NaTDI）、4,5-二氰基-2-(五氟乙基)咪唑酸钠（NaPDI）、双草酸硼酸钠（NaBOB）、双（水杨酸-2-）硼酸钠（NaBSB）以及水杨酸苯二酚硼酸钠（NaBDSB）[50,51]。但是这些成果目前只存在于学术研究中，即便是最好的应用场景也只是半商业化规模，因此很难评估它们的全部可行性。

NaTDI 及 NaPDI 这两种盐的电导率都约为 4mS · cm^{-1}，并且在氧化反应方面有相似的电化学稳定性（>4V，vs. Na/Na$^+$）[46]。NaTDI 和 NaPDI 盐还具有非常高的抗湿稳定性，这在材料处理和实际应用方面都很有前景。此外，NaTDI 的熔点高于 330℃（LiTDI 仅有 160℃）[52]。

在最近的电解液研究中，使用—CN 这类伪卤素基团取代吸电子的 F 原子是另一个反复被提及的研究方向。比如 BF$_4^-$ 阴离子的类似物 [B(CN)$_4$]$^-$ 最近常被用来制造完全不含氟的电解液[53]。这种阴离子的盐在 PC 等常规有机溶剂中的溶解度很低，但在聚乙二醇二甲醚中溶解度还可以。但其电化学稳定性比较复杂，在超过 4V 的电压下使用时有时会出现问题。

Jónsson 等人[54] 在一项纯理论计算的研究中提出了另一个不含任何 F 原子的新钠盐合成路线。该研究针对伪离域阴离子（即具有中心正核和带负电荷末端的阴离子，不符合标准弱配位阴离子配方中关于负电荷完全离域的要求）进行了研究。结果表明，就离子-离子之间的弱相互作用和阴离子的氧化电位而言，该项研究所提出的一些阴离子（例如 1,3-二磺酸盐-咪唑，螺砜胺，螺砜膦）具有可行性，但需要实验证明。总的来说，Na 盐的选择可能会对钠离子电池电解液的性能产生深远的影响。

9.5　固态电解质

9.5.1　聚合物电解质

基于液体电解液的电池，无论是锂离子电池还是钠离子电池，都表现出优异的电化学性能。然而，在液体电解液电池中使用易燃或易挥发的液体溶剂会带来严重的安全问题，包括电解液泄漏、易燃、枝晶形成和电解液与电极之间的副反应，这在很大程度上阻碍了液体电解液电池的具体应用[55,56]。由于钠与水和氧气的反应活性更高，钠离子电池的安全性问题甚至比锂离子电池更严重。在这一背景下，固态电解质因其安全性高、电化学窗口宽、热稳定性高和循环寿命长等优点在过去三十年中受到越来越多的关注。此外，优异的力学性能、灵活性和简单的组装工艺使它们成为钠离子电池发展中重要的组成部分。因此，它们的广泛使用被认为是解决下一代电池安全问题的有效途径，可以取代传统的有机液体电解液。

然而，钠离子电池固态电解质的主要问题是离子导电性差，电极和电解质之间的界面阻抗较大，以及加工工艺较为复杂[57,58]。目前在钠离子电池中制备和研究的固态电解质材料主要是固态聚合物电解质和无机固态电解质。聚合物大体上也被认为是一种溶剂，主要的优点是：①聚合物在具有热稳定性和化学稳定性的同时兼具空间稳定性；②聚合物材料的柔韧性会使电池更易于加工和制造。聚合物材料被应用在电池领域的最重要的原因是其具有极强的机械稳定性，它可以直接使用于电池体系中而不需要任何隔膜，在半电池中能避免金属（Li/Na）枝晶的形成。但聚合物具有非常高的黏度和较低的介电常数（通常在 3～5 范围内），通常不适合作为离子的溶剂。因此，满足使用条件的聚合物应具有如醚氧原子、羰基或腈基等强溶剂化基团，并应以某种适当的方式排列，以满足阳离子的首选溶剂化外层结构。阴离子通常不会被聚合物直接溶剂化，而是直接作用于基体的自由空间内。钠离子电池的 SPE（固体聚合物电解质）电解液的最大缺点是其较差的室温离子导电性（$10^{-5} \sim 10^{-7} \mathrm{S \cdot cm^{-1}}$）[58]。大多数 SPE 电解质都是在高温下操作才能获得所需的离子导电性；例如，据报道，在锂离子电池中具有高离子导电性的聚环氧乙烷（PEO）的 SPE 工作温度至少为 60℃[59-61]。然而，与锂金属电池不同，钠金属的熔化温度低至 98℃，非常接近 SPE 的工作温度。这一条件限制了固态电解质的实际应用。

PEO、聚乙烯醇（PVA）、聚丙烯腈（PAN）和聚乙烯吡咯烷酮（PVP）等常用的固相聚合物是钠离子电池中常用的聚合物主体。聚环氧乙烷及其衍生物是锂离子电池中报道最早、研究最深入的聚合物主体，具有较高的溶剂化能力、络合能力和离子解离能力[62]。与锂离子电池类似，基于 PEO 的固体聚合物电解质也被研究并应用于钠离子电池中。早在 1988 年，West 等人[63] 就报道了一种应用于全固态钠电池中 PEO 的电解质，在 60℃时，PEO/NaClO$_4$ 电解质的离子电导率最高（$3.1 \times 10^{-6} \mathrm{S \cdot cm^{-1}}$），此时 EO/Na$^+$ 摩尔比为 12 : 1。Chandra 等人[64] 用溶液浇注技术制备了不同 EO/Na$^+$ 比的 PEO-NaPF$_6$ 薄膜，并对 PEO-NaPF$_6$ 电解质的室温离子电导率进行了研究。EO/Na$^+ \approx 0.065$ 时的室温离子电导率为 $5 \times 10^{-6} \mathrm{S \cdot cm^{-1}}$。Chandra 等人[65] 研究了一种新型的导电聚合物电解质 PEO-NaClO$_3$，并使用聚乙二醇（PEG）作增塑剂，将其用于 Na/PEO-NaClO$_3$/MnO$_2$ 电池。该电解质具有较高的活化能（0.539eV）和较低的离子电导率（$10^{-8} \mathrm{S \cdot cm^{-1}}$）。当 PEG 加入后，PEO : PEG : NaClO$_3$ 比例为 3 : 6 : 1 时，固态电解质的离子电导率被提高到 $3.4 \times 10^{-6} \mathrm{S \cdot cm^{-1}}$，活化能降至 0.417eV。电池（Na/固态电解质/MnO$_2$）的能量密度接近 350Wh·kg^{-1}。

除了常见的无机钠盐可以用来作为聚合物电解质的离子载体，一些离子液体盐也可以用于固态电解质中。Boschin 等人[66] 研究发现 $n = 9$ 的 NaTFSI(PEO)$_n$ SPE 在 20℃时的离子电导率高于 NaFSI(PEO)$_n$ 在 40℃时的电导率，如图 9.16 所示。这种差异归因于 TFSI$^-$ 的内部柔韧性和较大的体积，从而抑制了结晶，而 FSI$^-$ 在室温下更容易结晶。然而，在无定形区域，这种空间效应将变得微不足道。此外，FSI 与 Na$^+$ 之间的相互作用比 TFSI 与 Na$^+$ 之间的作用更强，这也是 NaFSI 基 SPEs 具有较低的离子电导率的原因。

单离子导电聚合物电解质是近年来发展起来的一种提高 SPE 离子导电性的新方法，它可以通过将阴离子固定在聚合物链上来抑制浓差极化，从而促进阳离子（Na$^+$ 或 Li$^+$）的迁移性。Armand 等人[67] 报道了一种基于 PEO 和 PEG-DME 共混主体聚合物的固体聚合物混合电解质，其中分散了功能化的无机-有机二氧化硅。通过与钠盐的阴离子（SiO$_2$-阴离子）或聚乙二醇（SiO$_2$-PEG-阴离子）的连接，使 SiO$_2$ 纳米粒子功能化。如图 9.17 所示，EP（环氧树脂）-SiO$_2$-阴离子（EO/Na$^+ \approx 10$）和 EP-SiO$_2$-PEG-阴离子（EO/Na$^+ \approx 20$）的离子电导率在室温（25℃）下均达到 $2 \times 10^{-5} S \cdot cm^{-1}$。然而，EP-SiO$_2$-PEG-阴离子电解质需要较低的 Na$^+$ 浓度才能获得类似的离子电导率。具有最佳 EO/Na$^+$ 比的 EP-SiO$_2$-阴离子和 EP-SiO$_2$-PEG-阴离子的电化学窗口分别为 4.4V 和 3.8V。电导率提高的主要原因是使用了具有高度离域性的大阴离子磺酰亚胺基团，这抑制了

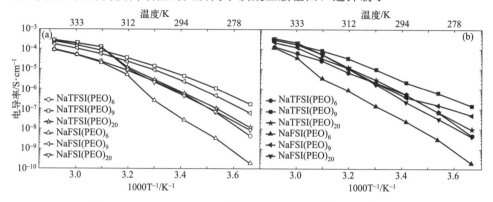

图 9.16 NaTFSI(PEO)$_n$ 和 NaFSI (PEO)$_n$ 离子电导率的

Arrhenius 图，（a）冷却和（b）加热扫描线[63]

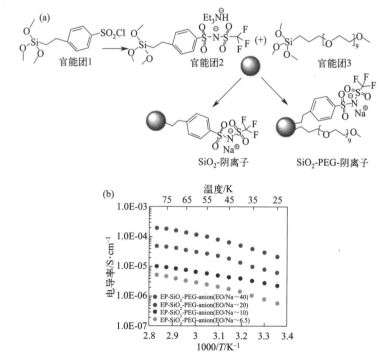

图 9.17 （a）无机有机杂化二氧化硅纳米粒子（SiO$_2$-阴离子和 SiO$_2$-PEG-阴离子）的

合成示意图，（b）SiO$_2$-PEG-阴离子纳米粒子制备的聚合物电解质的离子电导率[64]

阴离子迁移引起的大浓差极化。此外，在 EP-SiO$_2$-PEG-阴离子中接枝的聚乙二醇链段可能起到增塑剂的作用，提出了一种新的导电性模型。固体聚合物混合电解质具有较高的室温离子电导率，是一种很有前途的电解质材料。

Hwang 等人[68] 报道了一种用于钠离子电池的 TiO$_2$：PEO：NaClO$_4$（nCPE）共混固体聚合物电解质。如图 9.18 所示，与纯 PEO 和基于 PEO 的 SPE 相比，5% 的二氧化钛与 EO/Na＝20 的 nCPE 在 60℃时的离子电导率可以被提高到 1.34×10^{-5} S·cm^{-1}。电导率的增加主要是由于聚合物基电解质中形成了一个更加无定形的区域，并提高了 PEO 链的流动性，从而导致了高离子电导率。在 60℃下，研究了 5%-TiO$_2$ 共混 nCPE 在 Na$_{2/3}$Co$_{2/3}$Mn$_{1/3}$O$_2$//nCPE//Na 半电池中的电化学性能。当电流密度为 0.1C 时，Na$_{2/3}$Co$_{2/3}$Mn$_{1/3}$O$_2$//nCPE//Na 的首次放电比容量为 49.2mAh·g^{-1}，放电比容量低主要归因于 nCPE 电解质膜导致的极化更大。因此，界面问题是固体电解质应用的关键问题。

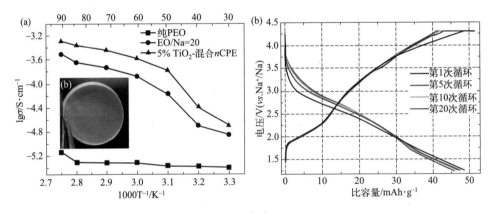

图 9.18　(a) PEO、PEO-NaClO$_4$ 和 TiO$_2$ 混合 nCPE 的温度相关电导率图，(b) 典型 PEO/NaClO$_4$ 固体聚合物电解质薄膜的照片：5% TiO$_2$ 混合的 nCPE（EO/Na＝20）[65]

基于纤维素基的杂化聚合物电解质是改善全固态钠离子电池力学性能的有效途径。Gerbaldi 等人[69] 制备了一种以 PEO 与羧甲基纤维素钠（Na-CMC）混合的聚合物，并找到了最佳的摩尔比即 PEO：NaClO$_4$：Na-CMC＝82：9：9。同时，Na-CMC 作为电极黏结剂优化了电极与电解液的界面。此外，PEO-Na-CMC 电解质的电荷转移电阻低于 PEO 电解质，这意味着 PEO-Na-CMC 电解质与电极之间具有更好的相容性和理想的离子扩散。使用 PEO-Na-CMC 的半电池（Na/SPE/TiO$_2$ 和 Na/SPE/NaFePO$_4$）具有良好的可逆性、明确的电压平台和循环稳定性，如图 9.19 所示。

聚乙烯醇（PVA）是另一种用于钠离子电池电解质的钠离子导电聚合物。

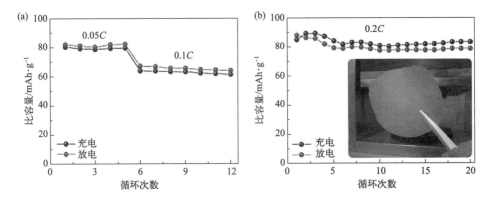

图 9.19　60℃时 PEO-Na-CMC 在固态 Na 电池中的（a）倍率性能图和
（b）循环性能，插图为载有 Na-CMC 的 SPE 照片[66]

Bhargav 等人[70] 以水为溶剂，通过溶液浇注技术制备了 PVA/NaBr 电解质，并在使用前对最终产品进行了彻底的真空干燥。他们发现，NaBr 的引入可以提高 PVA 聚合物主体的离子电导率，制得的质量比为 7∶3 的 PVA/NaBr 络合物，在 40℃时的最高离子电导率为 $1.362 \times 10^{-5} \, S \cdot cm^{-1}$，比纯 PVA 高 3 个数量级（图 9.20）。同时，活化能从纯 PVA 的 0.478eV 降至 PVA/NaBr（7∶3）的 0.326eV。与其他同类电池相比，Na/（7∶3 PVA/NaBr/电解液）/（I_2/C）电池具有更好的电化学性能。因此，PVA/NaBr 型电解质在全固态钠离子电池中具有潜在的应用前景。Osman 等人[71] 研究了以 $NaCF_3SO_3$ 和三氟化锂 $LiCF_3SO_3$ 为盐，以 DMF 为溶剂的聚丙烯腈（PAN）基离子导电聚合物电解

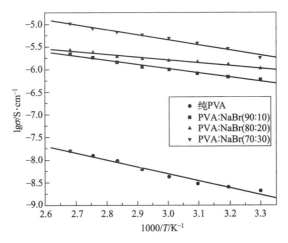

图 9.20　纯 PVA，90∶10-PVA∶NABR，80∶20-PVA∶NABR，
70∶30-PVA∶NABR 聚合物电解质的电导率（σ）变化[67]

质。与 PAN+26％LiCF$_3$SO$_3$ 相比，PAN+24％NaCF$_3$SO$_3$ 具有更高的离子电导率（0.71mS·cm^{-1}）和更低的活化能（0.23eV）。较高的离子电导率和较低的活化能可以解释为 Li$^+$ 的 Lewis 酸度较高，从而导致 Na$^+$ 与 PAN 中的氮原子的相互作用弱于 Li$^+$。

聚（乙烯基吡咯烷酮）（PVP）是另一种离子导电聚合物电解质，Jaipal-Reddy 等人[72] 制备了分散有 NaClO$_3$ 的 PVP 基固体聚合物电解质，如图 9.21（a）所示，PVP/NaClO$_3$（7∶3）的电导率比纯 PVP 大四个数量级。PVP/NaClO$_3$ 电解质的离子导电性可能是由于 PVP 链的局部结构弛豫、配位位置和链段迁移率之间的跳跃机制引起的。Chen 等人[73] 发现，相同的 PVP 主体聚合物与 NaClO$_4$ 络合，在 25～150℃（298～423K）温度范围内，PVP/NaClO$_4$ 电解质的电导率随 NaClO$_4$ 浓度和温度的升高而增大。由于 PVP 的非晶态性质增加，PVP/NaClO$_4$ 电解质的活化能（0.26eV）比纯 PVP 的活化能（0.72eV）低。此外，PVP/NaClO$_4$ 的钠离子迁移数为 0.27，表明平衡阴离子（ClO$_4^-$）的反向迁移率导致了较大的浓差极化。Kumar 等人[74] 研究了 NaF 对 PEO/PVP 共混电解质室温离子电导率和活化能的影响。NaF 的加入提高了 PEO/PVP 聚合物电解质的离子电导率，降低了活化能。含 15％ NaF 的 PEO/PVP 共混物的离子电导率比纯 PEO/PVP 共混物高出近两个数量级 [图 9.21(b)]。

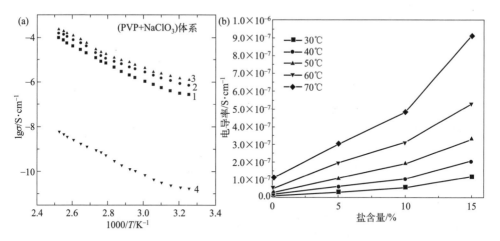

图 9.21　(a) 纯 PVP，(PVP＋NaClO$_3$)（90∶10)，(PVP＋NaClO$_3$)（80∶20) 和
(PVP＋NaClO$_3$)（70∶30) 的电导率随温度的变化[72]；(b) (PEO/PVP/NaF)
聚合物共混电解质体系在不同温度下的电导率与盐浓度的关系图[74]
1—PVP＋NaClO$_3$（90∶10)；2—PVP＋NaClO$_3$（80∶20)；
3—PVP＋NaClO$_3$（70∶30)；4—纯 PVP

9.5.2　无机固态电解质

与聚合物电解质相比，无机固态电解质具有更高的 Na^+ 离子电导率。因此，在过去的几年里，各种无机固态电解质陆续开发出来。硫化物固态电解质具有高离子电导率、低晶界电阻和可延展性等优点，被认为是一种有广阔前景的钠离子电池固态电解质。S 原子较大的离子半径和较高的极化率，导致其与 Na^+ 之间是弱静电相互作用，因而硫化物的离子电导率相比氧化物更高。Na_3PS_4 是最常见的硫化物固态电解质，其具有两种晶体结构，分别是四方晶相和立方晶相，前者为低温稳定相，后者为高温稳定相。Hayashi 等人[75] 首次报道了立方晶相的 Na_3PS_4 作为钠离子电池电解质。室温下的电导率为 $2×10^{-4}S·cm^{-1}$，活化能为 $27kJ·mol^{-1}$。在相同条件下，四方晶相的 Na_3PS_4 电导率为 $6×10^{-6}S·cm^{-1}$，活化能为 $47kJ·mol^{-1}$。此外，立方晶相的 Na_3PS_4 拥有 5V 的宽电压窗口 [图 9.22(a)]，并且具有较好的电化学稳定性。此外，由钠锡合金/Na_3PS_4（固体电解液）/TiS_2 组成的全固态电池的可逆容量约为 $90mAh·g^{-1}$，并保持该容量 10 次[图 9.22(b)]。这项工作首次证明了使用无机电解质粉末的全固态可充电钠离子电池可以在室温下工作。

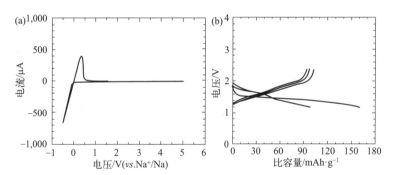

图 9.22　（a）Na_3PS_4 玻璃陶瓷电解质的循环伏安图，（b）全固态可充电钠离子电池

（Na-Sn/Na_3PS_4 玻璃陶瓷/TIS_2）的充放电曲线[72]

为进一步提高了 Na_3PS_4 微晶玻璃态电解质的导电性，Hayashi 等人改进了制备条件，以高纯度的 Na_2S 为原料，采用球磨法制备了立方 Na_3PS_4 晶体[76]。经球磨 1.5h，270℃热处理 1h 后制得的 Na_3PS_4 微晶玻璃电解质具有较高的室温电导率，可达到 $4.6×10^{-4}S·cm^{-1}$，是原立方相的两倍多。使用新制备的电解质的全固态 $Na_{15}Sn_4$/Na_3PS_4/$NaCrO_2$ 电池在室温下进行了测试，15 次循环后，$NaCrO_2$ 的比容量约为 $60mAh·g^{-1}$。用机械球磨法制备了玻璃和微晶玻璃态的 $xNa_2S(100-x)P_2S_5$（$x=67\sim80$），玻璃电解质的室温电导率随 Na_2S 含量的增加而增加[77]。当 $x=80$ 时，得到的最大电导率值为 $1×10^{-5}S·cm^{-1}$；同时，

当 $x=70$ 或 75 时，立方 Na_3PS_4 晶体成为超离子晶体，其电导率高于相应玻璃态。值得一提的是，$75Na_2S25P_2S_5$ 微晶玻璃在 25℃时具有较高的电导率（$2\times10^{-4}S\cdot cm^{-1}$），其活化能为 $27kJ\cdot mol^{-1}$。更重要的是，$75Na_2S25P_2S_5$ 微晶玻璃对钠的沉积和溶解具有电化学稳定性。$75Na_2S25P_2S_5$ 微晶玻璃的这些优点表明，它是一种适合于全固态钠离子充电电池的电解质。Tanibata 等人[78] 通过机械球磨和热处理制备了 $Na_3PS_4\cdot Na_4SiS_4$ 微晶玻璃电解质，研究发现 Na_4SiS_4 的加入提高了 $Na_3PS_4\cdot Na_4SiS_4$ 微晶玻璃电解质的 Na^+ 的离子电导率；含 6%（物质的量分数）Na_4SiS_4（$94Na_3PS_4$、$6Na_4SiS_4$）的微晶玻璃的电导率高达 $7.4\times10^{-4}S\cdot cm^{-1}$，远高于纯 Na_3PS_4 微晶玻璃电解质的电导率。此外，添加 10%（物质的量分数）Na_4SiS_4（$90Na_3PS_4\cdot 6Na_4SiS_4$）的微晶玻璃具有 5V 的宽电化学窗口，表明该电解质将改善全固态钠二次电池的电化学性能。与硫化物微晶玻璃电解质相比，硒系电解质有两个优点。第一种是 Se 原子的原子半径大于 S 原子的原子半径，表明晶格是可以扩展的；二是 Se^{2-} 的高极化率可以减少移动离子（Na^+）与阴离子框架之间的障碍[79]。Zhang 等人[79] 将 Na_3PSe_4 作为固体钠离子电池的电解质，该材料的室温离子电导率为 $1.16\times10^{-3}S\cdot cm^{-1}$，图 9.23（a）展示了 Na_3PSe_4 和之前报道过的其他典型硫属化物固态电解质中温度的倒数与离子电导率关系。$lg\sigma$ 与（$1/T$）的线性关系遵循 Arrhenius 定律，且 Na_3PSe_4 的离子电导率比其他固态电解质的离子电导率高出一个数量级以上。图 9.23（b）为室温离子电导率和 $Na_3PSe_{4-x}S_x$ 的结构参数与 $Na_3PSe_{4-x}S_x$ 中 S 含量的关系，由于与 Se 相比，S 的原子半径更小，样品的结构参数与 Vegard 定律非常吻合，随着 S 掺杂分数的增加而提前减小。离子电导率随着 S 浓度的增加而单调下降。较少的 S 掺杂（$x=0.5$）使 σ 显著降低。进一步将 S 的浓度增加（$x=2$）会导致离子电导率进一步降低（$\sigma=0.16mS\cdot cm^{-1}$），接近 Na_3PS_4 的离子电导率（$\sigma=0.12mS\cdot cm^{-1}$）。

尽管硫化物表现出较高的离子电导率以满足实际应用的需求，但是由于大多数硫化物在空气中不稳定的原因，它们仍然面临着巨大的挑战。硫化物的稳定性可以通过化学封装或掺杂来提高，比如将晶相包裹在玻璃相基质中来隔绝与空气的直接接触。由于 P—S 键能相对较弱，大多数硫化物可以与 H_2O 和 O_2 反应产生有毒的 H_2S 气体。因此，通过掺杂替换敏感的 P—S 键可以有效增强硫化物的化学稳定性。硫化物电解质对空气极为敏感，导致其较差的化学稳定性，给将来进一步应用带来了安全隐患。除化学稳定性外，基于硫化物的固态电解质的电化学稳定性也是限制其进一步应用的关键因素，较低的电化学窗口导致其难以匹配大多数的正极材料，且因为其与钠负极的稳定性较差，只能用 Na-Sn 合金作为负极，一般的碳基材料也难以与其匹配[80]。

β''-Al_2O_3 无机陶瓷固态电解质是钠离子电池的另一种可能的电解质。β''-

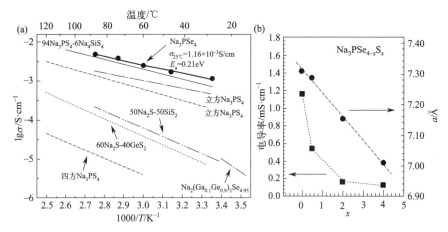

图 9.23　（a）Na_3PSe_4 和之前报道的其他固态电解质的离子电导率对比，

（b）室温离子电导率和 $Na_3PSe_{4-x}S_x$ 的结构参数与 $Na_3PSe_{4-x}S_x$ 中 S 含量的关系[76]

Al_2O_3 具有不同于 β-Al_2O_3（六方结构）的斜方结构 β''-Al_2O_3 比 β-Al_2O_3 相具有更高的离子导电性。β''-Al_2O_3 的室温电导率为 2.6×10^{-3} S·cm^{-1}，高于 β-Al_2O_3[81]。但是，合成的 β''-Al_2O_3 总是混合着 β-Al_2O_3 相，难以合成纯净的 β''-Al_2O_3。所以，多晶 β''-Al_2O_3 的离子电导率与 β''/β 的比值有关[82]。

　　NASICON 是另一种陶瓷固态电解质，可以提供丰富的三维通道用于快速的 Na^+ 传输。具有与 $A_{1+2x+y+z}M_x^{(II)}M_y^{(II)}M_{2-x-y}^{(IV)}Si_zP_{3-z}O_{12}$ 相同的晶体结构和组成，其中 A 通常是一价或二价阳离子（这里，A＝Na^+），M 是二价、三价或四价阳离子；P 也可以被 Si 或 As 取代。NASICON 结构中传导通路的示意图，如图 9.24(a),(b)所示。钠离子浓度和晶体结构对 NASICON 电解质在钠离子电池中的离子电导率有着较大的影响，而钠离子浓度和晶体结构又受 M 离子大小的影响。$Na_{1+x}Zr_2Si_xP_{3-x}O_{12}$（$0<x<3$）材料作为 NASICON 固态电解质被应用于钠离子电池中，这种电解质在 $x=2$ 的室温电导率为 0.67 mS·cm^{-1}[83]。据报道，为了获得高的离子电导率，M 离子的半径应接近于 Zr 的离子半径。此外，每个配方中含有 $3\sim3.5$ molNa 的 NASICON 具有最高的钠离子电导率和单斜晶格[84]。Sc 的原子半径接近于 Zr 的原子半径，Sc^{3+} 的使用可以使每个单元中含有更多的 Na^+。对固相法合成的 $Na_{3+x}Sc_2Si_xP_{3-x}O_{12}$（$0.05\leqslant x\leqslant0.8$，NS-SiP$_x$）化合物进行的电学性能了测试，如图 9.24(c) 所示，当 $x=0.4$ 时 $Na_{3+0.4}Sc_2Si_{0.4}P_{3-0.4}O_{12}$ 在室温下具有最好的钠离子电导率（6.9×10^{-4} S·cm^{-1}）[84]。

　　Noguchi 的团队[85] 研究了以 $Na_3Zr_2Si_2PO_{12}$（NASICON）为固体电解质，$Na_3V_2(PO_4)_3$ 为活性电极材料的新型全固态钠离子对称电池的电化学性能。首

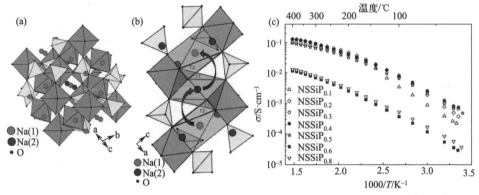

图 9.24 （a），（b）NASICON 结构中离子传导通路的示意图[79]，（c） NSSiP$_x$ 离子电导率的 Arrhenius 图[82]

先在 NVP/NASICON/Na 半电池中对固态电解质进行电化学性能测试，如图 9.25(a) 所示，在 80℃，10μAcm^{-2} 的电流密度下，第一个半电池从 2.0～3.6V 之间开始循环，其中 NVP 用作阴极。第二个测试在 1.5～2.0V 开始循环，NVP 作为阳极。从 NVP 阴极脱出钠的电压约为 3.4V，与 V^{4+}/V^{3+} 氧化还原反应相关。1.6V 左右的平台与 V^{3+}/V^{2+} 氧化还原反应相关，表明 Na 离子在 NVP 阳极中的嵌入。在室温下，0.01V 和 1.9V 的电压窗口对固体电池进行了放电-充电测试。当电流密度为 1.2mA·cm^{-2} 时，电池的放电比容量为 68mAh·g^{-1}，是 Na$_3$V$_2$(PO$_4$)$_3$ 理论比容量 （117mAh·g^{-1}） 的 58%。这一结果证明了该 NASICON 固态电解质在钠离子电池中的应用是可行的。

Li 等人[86] 通过 1400℃ 熔融技术制备了新型微晶玻璃态电解质 Na$_{1+x}$Y$_y$Ga$_{x-y}$Ge$_{2-x}$(PO$_4$)$_3$，然后通过再加热处理将玻璃态转变为微晶玻璃态。如图 9.25(b) 所示，该材料在室温下的钠离子电导率为 1.15×10^{-5}S·cm^{-1}。虽然 NASICON 材料具有很高的离子电导率，但它们通常需要在高于 1100℃ 的温度下进行传统的固相反应来降低电阻率。因此，较高的焙烧温度和空位的存在阻碍了 NASICON 作为钠离子电池的固体电解质的应用。

Honma 的团队[87] 通过将 NASICON 与 60Na$_2$O-10Nb$_2$O$_5$-30P$_2$O$_5$ 玻璃态相结合解决了制备条件苛刻和空位的存在，如图 9.26(a) 所示，这种玻璃在 700℃ 熔化，在室温下表现出 10^{-6}S·cm^{-1} 的离子电导率。90%Na$_3$Zr$_2$Si$_2$PO$_{12}$ 与 10%60Na$_2$O-10Nb$_2$O$_5$-30P$_2$O$_5$ 玻璃态的混合物在 900℃ 下焙烧仅 10min 就可制成固态电解质。如图 9.26(b) 所示，该复合电解质在室温下的钠离子电导率为 1.2×10^{-4}S·cm^{-1}，是一种很有前途的钠离子电池固体电解质。

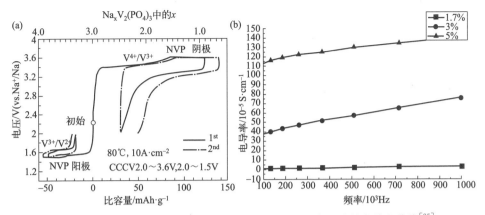

图 9.25　(a) 在 $10\mu A$ 和 $80℃$ 下 NVP/NASICON/Na 半电池的充放电曲线[85]，
(b) $Na_{1+x}Y_yGa_{0.2}Ge_{2-x}(PO_4)_3(0.1≤y≤0.3)$ 玻璃陶瓷在 $300℃$ 时的电导率[86]

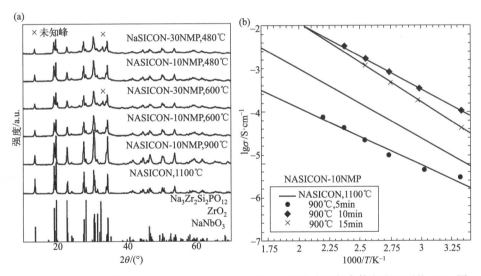

图 9.26　(a) NASICON 与 $60Na_2O-10Nb_2O_5-30P_2O_5$ 玻璃陶瓷复合体在室温下的 XRD 图，
(b) 含 10% NASICON 的 $60Na_2O-10Nb_2O_5-30P_2O_5$ 玻璃陶瓷复合材料的电导率 (σ)
随温度的变化[83]

Goodenough 等人[88] 首次报道了反钙钛矿 A_3OCl 作为钠离子电池的电解质，如图 9.27(a) 所示，制备方法是在 A_3OCl 溶剂化极限上加入由盐酸蒸发而剩余的含 O^{2-} 的水，这种水会吸引一个 Na^+ 形成偶极子。图 9.27(b) 比较了 $Na_{2.99}Ba_{0.005}OCl_{1-x}(OH)_x$ 与其他钠离子超离子导体的 Arrhenius 图。$Na_{2.99}Ba_{0.005}OCl_{1-x}(OH)_x$ 在玻璃化转变温度 ($T_g=41℃$) 以上时，Na^+ 的导电性增强，且在 60℃时的离子电导率为 $6.3 \times 10^{-2} S \cdot cm^{-1}$，这表明它在钠离子电池的电解液中具有潜在的应用价值。

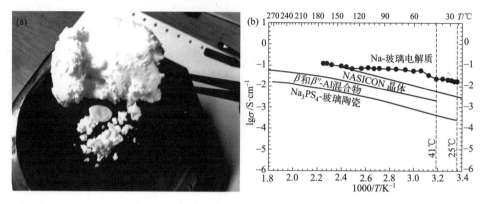

图 9.27 （a）合成后的玻璃电解质照片，（b）含 Na 玻璃电解质和其他三种 Na^+ 离子快导体电解质的 Arrhenius 图比较[86]

Ni 等人[89] 报道了一种新型的氟磷酸盐玻璃陶瓷电解质，$(Na_2O + NaF)$-TiO_2-B_2O_3-P_2O_5-ZrF_4（NTBPZ）。该微晶玻璃具有 $13.9 kJ \cdot mol^{-1}$ 的低活化能和低的晶界电阻，因此，NTBPZ 在室温下的离子电导率为 $3 \times 10^{-5} S \cdot cm^{-1}$。此外，这种 NTBPZ 微晶玻璃电解质在常温下具有良好的热稳定性和化学稳定性，是一种很有前途的固体钠离子电池电解质。

总的来说，NASICON 前体的制备仍需要 1100℃的高温。除此之外，由于 NASICON 固体颗粒与电极材料颗粒之间接触面积较小，导致界面阻抗过大，因而为了实现固态电池室温下稳定循环，常通过在界面滴加少量液态电解质或者离子液体来润湿电解质与电极界面，从而达到有效降低界面电阻的目的[80]。

9.5.3 复合电解质

无机陶瓷固体电解质具有高离子导电率（$>10^{-4} S \cdot cm^{-1}$）、良好的机械强度和宽的电化学窗口等优点，可用于高能量密度和安全电池。但固体电解质与电极之间的高界面电阻限制了无机陶瓷固体电解质电池的电化学性能。克服这一局限的有效方法之一是将聚合物电解质（柔性）和无机电解质的优点结合起来形成复合固体电解质（HSE）。

新型复合电解质包含了各种类型的 Na^+ 转移介质，具有优异的物理化学和电化学性质，结合了上述电解质的优点。其中最具代表性的复合电解质是有机和 IL 复合电解质，它既具有高 Na^+ 迁移率，又具有卓越的安全性和稳定的界面[90]。复合电解质的性能通常是由各种前驱体之间的协同或抑制作用控制的，而不是简单地叠加优点。因此，需要进行进一步的试验和理论研究来改进复合电解质。

　　大多数商用全电池电解液都是基于有机溶剂，表现出较高的离子导电性；然而，这伴随着较差的安全性和力学性能。补救的安全措施不足以解决易燃性和挥发性高的问题。巧合的是，IL 溶剂是安全的，尽管它们具有高黏度和低离子导电性。因此，为了在电化学性质和热稳定性之间取得平衡，人们开展了以离子液体为助溶剂或添加剂的复合电解质的研究。例如，由混合有机溶剂（EC：PC）、不同的 ILS（EMIM-TFSI、BMIM-TFSI 和 PYR₁₃ TFSI）作为助溶剂、NaTFSI 作为盐组成的有机/无机电解质的复合物具有较高的 Na⁺ 迁移数[90]。有机溶剂和 IL 溶剂之间的适当比例是性能优化的关键因素。试验结果表明，IL 含量为 $10\% \sim 50\%$ 的复合电解质具有合适的离子导电性和更高的安全性。电极上 SEI 膜的机械稳定性和电化学稳定性通过添加 ILs 也得到了改善。值得注意的是，Na⁺ 的第一溶剂化壳层被不同的电解液组成所修饰，表现出较低的去溶剂化性能。除了硬碳负极，Mitra 等人[91] 还研究了 IL/有机电解液对 NVP 阴极的界面优化效应。在复合电解质中可以形成更稳定的含有 Na-TFSI 化合物的钝化层。如图 9.28 所示，在有机电解液和混合电解液循环后的 NVP@C 表面钝化层具有明显差异。在有机电解液中循后的 NVP@C 电极表面形成了均匀的钝化层（3.9nm±0.3nm），而在混合电解液循环后的 NVP@C 表面的 SEI 层较薄（2.5nm±0.3nm）。在复合电解质中，离子液体的存在可能会抑制 NaFSI 在阴极材料表面上诱导的反应，并防止电解质在阴极表面上分解。

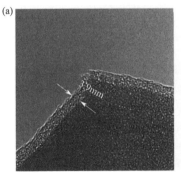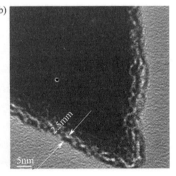

图 9.28　NVP@C 电极在（a）有机电解液和（b）混合电解液循环后的 HR-TEM 图[87]

　　SPE 具有较好的灵活性和弹性，以及极好的尺寸稳定性。然而，由于 SPE 的离子迁移速率和离子迁移数有限，因此经常用有机溶剂和离子液体来改善其电化学性质。Kumar 等人[92] 报道了一种由 NaCF₃SO₃ 和 EMITf（1-乙基 3-甲基咪唑三氟甲磺酸）固定在 PVDF-HFP 中的钠离子电池复合电解质，其外观透明致密，如图 9.29(a) 所示。图 9.29(b) 显示该复合电解质具有较高的室温离子电导率（$5.74 \times 10^{-3} \text{S} \cdot \text{cm}^{-1}$）和较大的 Na⁺ 迁移数（≈0.23），这主要归因于

IL 组分离子的阴离子迁移和传导。

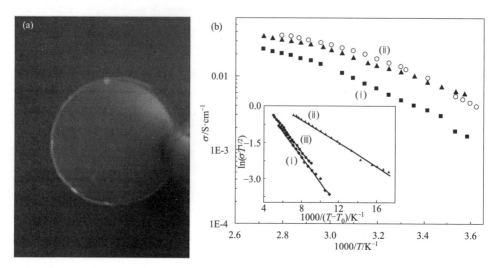

图 9.29　(a) 典型的 NaTf/EMITf/PVdF-HFP 凝胶聚合物电解质膜的照片，
(b) i) 3∶1 质量比，ii) 4∶1 质量比，iii) 离子液体/PVdF-HFP（1∶1，质量比）
＋NaTf 凝胶聚合物电解质的共混物的电导率（σ）随温度的变化，
插图为与对数（$\sigma T^{1/2}$）相应的 $1/(T-T_0)$ 关系图[92]

除了聚合物，无机固态电解质和离子液体电解质的结合也是复合电解质的一种新思路[93]。这两种电解液都具有不可燃性、高的电化学稳定性和突出的安全性。基于 IL 修饰的 Na-β''/β-Al$_2$O$_3$ 电解质的 Na$_{0.66}$Ni$_{0.33}$Mn$_{0.67}$O$_2$ 电极在高温下具有长的循环寿命和高的（约 100%）库仑效率[94]。Zhang 等人[95] 通过在 NASICON 体系中引入 La^{3+} 开发了一种新型的钠离子复合固态电解质（SE），La^{3+} 的引入可以形成新的 Na$_3$La(PO$_4$)$_2$ 相，改变原有 NASICON 主相中的 Na$^+$ 浓度，从而提高整体的电导率。同时，La^{3+} 的引入还可以调节晶界的化学成分，获得高致密的陶瓷。SE 在 25℃ 时的电导率为 3.4×10^{-3}S·cm^{-1}，在 80℃ 时为 1.4×10^{-2}S·cm^{-1}，高于 Na-β''-Al$_2$O$_3$ 的离子电导率（室温下为 2.0×10^{-3}S·cm^{-1}），此外，SE 在烧结温度低和不吸湿性等其他方面优于 Na-β''-Al$_2$O$_3$。如图 9.30(a) 所示，Na$_3$V$_2$(PO$_4$)$_3$（NVP）/SE/Na 全固态电池性能不佳是由于活性材料与 SE 颗粒接触不良，正极层与 SE 陶瓷接触不紧密所致。如图 9.30(b) 所示，使用优化的复合电解质组装固态电池，正极材料采用 NVP，负极为金属钠。为了降低界面电阻，在阴极侧添加了约 5.0μL cm^{-2} 不易燃、不挥发的 N-甲基-N-丙基哌啶-双（氟磺酰基）亚胺（PP$_{13}$FSI）离子液体（IL）作为界面润湿剂。NVP/IL/SE/Na 固态电池表现出优异的循环性能和倍率性能，优于目前文献报道的所有固态或准固态钠电池。在 10C，室温下循环

10000 次后，可以提供约 $90mAh \cdot g^{-1}$ 的比容量。这种优异的性能可归因于高导电陶瓷电解质和离子液体修饰的紧密界面接触。少量填充在固-固界面之间的离子液体也可以有效解决界面动力学差的问题。离子液体不仅弥补了氧化物固态电解质的主要缺陷，还不会损害全固态电池的安全性和稳定性。Kim 等人[96] 使用混合固体膜电解质制备柔性全电池，所述混合固体膜电解质包含有机电解液、聚合物电解质和固体电解质，通过三种离子通道考虑安全性和电化学性质。

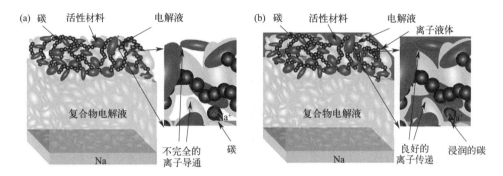

图 9.30　(a) NVP/SE/Na 和 (b) NVP/IL/SE/Na 固态电池的示意图[93]

通过有序的结构可以实现将有机电解液、固体陶瓷电解质和水电解液组合成三元电解液的创新想法[97]。如图 9.31(b) 所示，这种具有可更换阴极结构的复合电解液电池使用海水作为阴极电解液，非水电解液作为阳极电解液。NASI-CON 陶瓷避免了两种液体电解液之间的直接接触，但允许 Na^+ 快速迁移。在该体系中，阳极有机电解液的使用增大了截止电压的下限。此外，水溶液电解液具有较高的离子电导率和较低的成本。类似的装置也可以由 PBsA 阴极、水溶液、陶瓷膜、有机电解液和金属钠阳极组装而成，如图 9.31(c) 所示[98]。因此，合理设计多元复合电解液，包括成分和结构的调整，被认为是获得最佳性能的可行手段。此外，由于 $[Fe^{II}(CN)_6]^{4-}/[Fe^{III}(CN)_6]^{3-}$ 电偶的氧化还原反应，$[Fe^{II}(CN)_6]_4Fe_3(CN)_6]_3Na_2SO_4$ 可以提供额外的容量，因此可以使用溶解在水溶液中的六氰基亚铁酸钠作为氧化还原活性电解液。此外，溶解在 TEGDME（四乙二醇二甲醚）中的半液体状的 $NaC_{12}H_{10}$ 已被用作流体阳极，以取代钠金属阳极。该系统具有更高的安全性和更低的界面阻抗；因此，整个电池具有高的能量密度和优异的倍率性能。

8mol/L 三氟甲磺酸钠（NaOTf）和水性电解质（7mol/L NaOTf）可以直接混合可被用于 NVP//NTP 全电池，如图 9.32 所示，该电解质具有更宽的电化学窗口和更高的电导率[99]。超浓缩"盐包水"和"盐包溶剂"系统对于复合电解质的协同效应发挥着重要作用[100]。Firouzi 等人[101] 将 1mol/L $NaClO_4$ 溶解在含有 90% 乙腈和 10% 水的共溶剂中，作为一种新型有机-水混合电解质，以

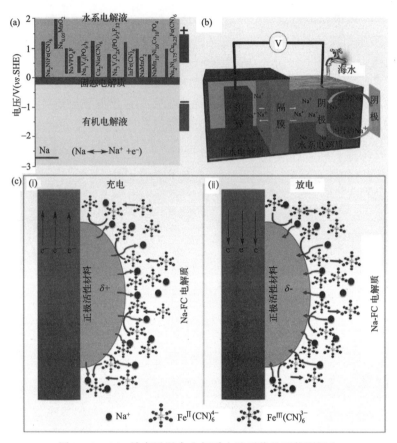

图 9.31 （a）钠离子混合电解质电池系统的可能阴极和

（b）具有可更换阴极的钠离子混合电解质电池系统的示意图[97]，

（c）使用 Na-FC 电解质的双电解液钠离子电池在充电和放电状态下正极的动力学模型[96]

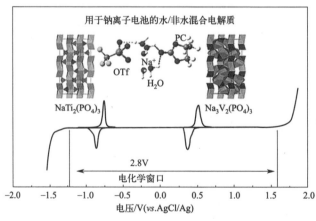

图 9.32　基于 NaOTf 的水性/非水性复合电解质的线性伏安扫描曲线[95]

解决锰基普鲁士蓝正极的溶解问题。除了不同溶剂的混合物，混合水电池还可以由两种盐制成，例如钠盐和钾盐的混合物[102]。由于存在选择性阳离子通道，这种电池可以提供足够的容量和电压。

基于 PVDF-HFP[聚(偏氟乙烯-六氟丙烯)]的混合固态电解质（HSE）也可以用于钠离子电池中[103]，其中 NASICON 陶瓷粉末（$Na_3Zr_2Si_2PO_{12}$）和 $1mol·L^{-1}$ 三氟化钠（$NaCF_3SO_3$）/TEGDME 通过混合工艺分散过程如图 9.33 所示。在相对较低的温度（0℃）下该混合电解液表现出 $1.2×10^{-4}S·m^{-1}$ 的离子电导率，并且在 90℃ 以下的任何温度，该复合电解质的离子电导率都高于大部分报道的陶瓷和聚合物基电解质。在 25℃ 下，混合电解质还表现出较宽的电化学窗口（5V）和较高的 Na^+ 迁移数（$t_{Na}^+ = 0.92$），这归因于 Na^+ 室温导电性随 NASICON 陶瓷负载量的增加而升高。此外，在这种复合电解质的半电池中，$NaFePO_4$ 正极的首次放电比容量为 $131mAh·g^{-1}$，硬碳负极的首次放电比容量为 $330mAh·g^{-1}$。硬碳/混合电解质/$NaFePO_4$ 软包式全固态电池表现出高的倍率容量、良好的循环稳定性和高的比容量。$Na_{3.4}Zr_{1.8}Mg_{0.2}Si_2PO_{12}$-NaFSI 在 150℃ 以上表现出较高的热稳定性和高达 4.37V 的电化学稳定性[104]，在 80℃ 的高温下表现出 $2.4mS·cm^{-1}$ 的高离子电导率，$Na_3V_2(PO_4)_3$/$Na_{3.4}Zr_{1.8}Mg_{0.2}Si_2PO_{12}$-$PEO_{12}$-NaFSI/Na 全固态电池表现出良好的可逆性、循环性能和放电容量。在 0.1C 下，首次充电比容量为 $106.1mAh·g^{-1}$，库仑效率为 94.0%。120 次循环后没有明显的容量损失。

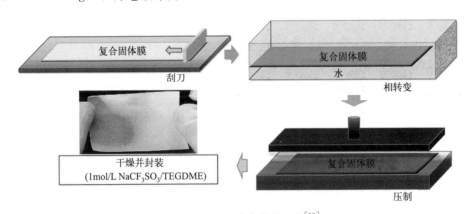

图 9.33　HSE 混合制备工艺[99]

电解质类型决定了电化学窗口和能量密度，有机电解液的稳定窗口在 1.5～4.25V 之间，有机电解液电池的能量密度为 150～300Wh·kg^{-1}，具体取决于材料体系。与有机液体电解液相比，固态电解质具有更稳定的电化学窗口和更高的安全性，允许使用高电位正极材料和金属钠作为阳极。在现在研究的基础上高电势材料，电池能量密度甚至可以达到 500Wh·kg^{-1}。虽然已经报道了各种有机电解液配方和新的电解液体系，但仍有许多研究工作要做。

钠离子电池电解液的基础研究应从以下方面进行。首先是研究组成对电解液特性的影响及其规律。很少有报道关注包括固态电解质在内的电解液成分（溶剂、盐或聚合物）的分子结构与电解液性质（离子导电性、电化学窗口和热稳定性）之间的关系。利用传统的试错方法在广阔的化学空间中确定有应用前景的电解液分子结构是耗时的。因此，一种有效的方法是选择特定用途的候选分子。高通量筛选是合成及分析数以千计的分子以获得所需性质的良好选择。通过一系列计算，可以获得还原电位、氧化电位、反应路径等，以帮助选择目标分子。基于高通量筛选策略，通过实验验证以开发和确定电解液配方。

电极材料在多种电解液，特别是有机电解液中的热稳定性，以及在不同工作条件下的相互作用机理，对高安全性的钠离子电池的发展至关重要。因此，有必要对这些因素进行进一步的综合研究。提高钠离子电池安全性的一种有效的方法是通过添加阻燃剂或非易燃溶剂作为添加剂或共溶剂来取代部分或全部易燃溶剂。锂离子电池中主要研究的一类化合物是有机磷化合物，如磷酸盐、膦酸盐等。提高有机电解液的不可燃性的另一种方法是使用氢氟醚、氟化酯和碳酸盐等化合物。此外，离子液体是二次电池中有机溶剂的替代品，因为它们对电解液的综合性能都有所提升，包括宽的温度范围、高电导率、低易燃性和挥发性，以及电化学稳定性等。此外，在面向应用的研究中，当前使用的钠基电解液远远不足以使钠离子电池与商业锂离子电池相媲美，需要进一步提高。

一般来说，不同电解液的优点可以在一定程度上结合到混合电解液中。复合电解质的设计应遵循以下思路：①以有机溶剂为主要组分，降低黏度，增加离子电导率；②以 IL 溶剂为添加剂，提高固-固界面的安全性，优化其界面结构；③以 SPE 为基材，提高力学性能，优化界面相容性；④以无机固态电解质为主要组分，可以提高安全性和 Na^+ 迁移数。在今后的研究中，不仅要关注混合电解液的组成和含量，而且要探索不同类型电解液之间更多的组合方式。

9.6 电极-电解质界面

电极和电解质之间的界面对于钠离子电池的电化学性能很重要。由于电解质的还原或氧化分解，在电极表面形成了 SEI 膜钝化层。SEI 膜的形成机制可以从具有高于电解质 LUMO 的电化学电位的阳极来解释。通常，在基于液体电解质的碱金属离子电池的阳极表面会形成 SEI 层。然而，许多试验表明，钝化层的生长不仅发生在负极表面（SEI）上，还发生在正极表面[阴极固体电解质界面（CEI）]。总体而言，SEI 薄膜的形成机制、有效成分和稳定性应通过额外的试验技术进一步研究。通常 XPS 光谱用来研究电极表面上的 SEI 膜的成分。XPS 还可用于通过蚀刻技术检测不同厚度的 SEI。此外，固体核磁共振（SS-NMR）试

验揭示了电极中的大量成分，这也与电解质和活性材料之间的反应有关。SEM
成像可用于研究 SEI 层的形态和厚度。AFM 用于显示 SEI 层的粗糙度和厚度。
结合 AFM 和电化学技术可以为 SEI 层的识别和相应的离子电导率数值提供直观
的信息。此外，SEI 层中的质量密度分布可以深入了解物理和化学性质，包括化
合物的稳定构型、SEI 层的厚度以及各种成分的分布。

最近，基于混合蒙特卡罗/分子动力学方法，研究人员使用理论模拟来描述
SEI 层的形成过程和组成成分。理论计算和实验分析相结合，应用微观推理和知
识宏观现象已成为研究钠离子电池中 SEI 层性质的有效方法。

XPS 的测试结果表明，有机电解质中电极表面的 SEI 层的主要成分包括无
机化合物（如 NaF 和 NaCl）、碱金属碳酸盐、烷基碳酸盐、半碳酸盐和聚合物。
通常，SEI 中的 NaF 来源于 FEC 添加剂的分解、NaPF 的变性以及 PVdF 与
Na^+ 之间的反应。类似地，当 $NaClO_4$ 用作盐时，可以在 SEI 层中观察到 NaCl。
其他有机成分主要由有机电解质的分解和钠化合物的沉积形成。来自碱金属碳酸
盐和烷基碳酸盐的有机物可能会降低电化学性能；然而，这些物质为 SEI 层提
供了良好的附着力和内聚力。这些成分在 SEI 层中的分布并不均匀；高度还原
的化合物倾向于定位在内电极表面，而还原程度较低的化合物则与电解质接触。

因此，各种可能的 SEI 层结构被提出，包括双层结构、多层结构和镶嵌微
相结构。通过控制近表面异质结构和 SEI 组分可以获得最佳的离子输运速率。
除了稳定性和电化学性质外，SEI 层的力学性能也很重要，因为弹性差可能会导
致 SEI 层断裂并暴露新的表面，从而导致低的库仑效率。因此，需要良好的力
学性能来提供足够的柔韧性，以适应电极的体积膨胀并保持电极表面的强大吸附
能力。

Hu 等人[105] 用原子力显微镜研究了钠离子电池中 SEI 层的力学性能，如
图 9.34 所示。杨氏模数定量描述了 SEI 层的力学性能，这表明 SEI 层具有不均
匀的双层结构。此外，SEI 层的溶解度影响电极的电化学性质并导致电池的自放
电。SEI 层在钠离子电池中的溶解比在锂离子电池中更严重，因为钠离子电池中
的 SEI 层组分主要是不稳定的有机金属化合物。SEI 层中的这些有机物是单体，
它们在有机电解液中高度溶解。相反，锂离子电池中不溶的 SEI 层由交联和聚
合的化合物组成。

描述 Na^+ 从电解质通过 SEI 层嵌入主体电极的可靠模型可分为四个部分。
最初，溶剂化的 Na^+ 被输送到电极外表面附近。随后，这些 Na^+ 在去溶剂化后
形成自由离子，并存在于延伸到液体电解质中的多孔聚合物结构中。在第三步
中，一部分 Na^+ 被致密的无机层捕获，生成位于电极表面的 Na_2CO_3 或 NaF 化
合物。这是导致低库仑效率的不可逆过程。最后，Na^+ 与电极材料之间的插层
反应发生在宿主结构中，与可逆的钠储存过程相对应。由此推测，Na^+ 通过 SEI
层的扩散能垒是影响反应动力学的关键因素。SEI 层的作用是一把双刃剑，因为

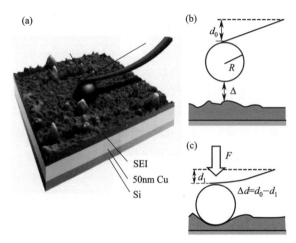

图 9.34 用胶体探针缩进的 SEI 层示意图

(a) 电极结构示意图，在压痕过程中；(b) 探头向下朝向表面；(c) 接触后压痕的表面[101]

它保护了电极免受副反应的影响，但也增加了界面电阻。SEI 层可以防止过渡金属离子的溶解和溶剂分子的共嵌入，形成更稳定的结构。然而，SEI 层通常是电绝缘的，这增加了电极和电解液之间的界面阻抗。此外，SEI 层的形成消耗了电极和电解液中大量的碱金属离子，导致初始循环中的库仑效率较低。因此，控制 SEI 层的成分、厚度、机械强度和其他性能非常重要。优化后的 SEI 层要求薄、光滑、均匀、稳定。有效的 SEI 膜不仅保护了电极，而且改善了界面上的反应动力学，从循环后电荷转移电阻的降低可以证实这一点。

　　SEI 层被认为是高性能锂离子电池的重要组成部分，由于金属 Na 和 Na^+ 的高反应性，SEI 层对钠离子电池更加重要。Na^+ 的物理化学性质与 Li^+ 不同，包括离子半径、溶剂能和氧化还原电位。这些特殊的特性导致了锂离子电池和钠离子电池中 SEI 层之间的显著差异。Moshkovich 等人[106] 提出在 1mol·L^{-1} $LiClO_4$-PC 电解液中生成的 SEI 层比在 1mol·L^{-1} $NaClO_4$-PC 电解液中形成的 SEI 层物质更稳定，这是由碳酸酯及其衍生物在 Na^+/Na 标准电位下的热力学不稳定性造成的。先前的实验证实，EC 基电解液在钠离子电池中的还原电位高于锂离子电池，这表明酯基电解液在钠离子电池中更容易被降解。除了不同的形成机理外，Soto 等人[107] 还研究了 Li^+/Na^+ 在无机组分如 LiF、NaF、Li_2CO_3 和 Na_2CO_3 中的迁移机制。理论模拟的结果表明，Li^+ 在 Na 基 SEI 层中的输运模式遵循击穿或直接跳跃机制；相反，Na^+ 在 Li 基 SEI 层中的传输更倾向于空位扩散机制。可以推测，离子通过含 Li^+ 和 Na^+ 组分的 SEI 层具有不同的输运过程，这可以归因于不同离子尺寸效应引起的动力学差异。同时，在锂离子电池和钠离子电池中形成的 SEI 层的 SEM 图显示出不同的形貌，这可能影响

SEI 层的力学性能。在钠离子电池中，电极上的沉积层粗糙且不均匀；相反，锂离子电池的电极表面覆盖着均匀的 SEI 层。钠离子电池中的 SEI 层主要由 Na_2O、$NaCl$、NaF 和 Na_2CO_3 等无机化合物组成。相反，锂离子电池中的 SEI 层主要由有机化合物组成。虽然结晶 LiF 和 NaF 在锂离子电池和钠离子电池中都是稳定的组分，但它们对缺陷热力学、扩散载流子浓度和扩散势垒的影响是不同的，导致了一系列离子电导率不同。对于 NaF，无论是在阴极还是阳极条件下，离子电导率都比 LiF 低许多个数量级。因此，无机成分（即 NaF）决定了钠离子电池中 SEI 层的电化学性质。总体而言，钠离子电池中 SEI 层的劣势和重要性应得到更多关注。除了阳离子的影响外，溶剂的选择也影响 SEI 层的优化。对于有机电解液，酯基和醚基溶剂会导致不同厚度、成分和性质的 SEI 层的形成。这种现象不仅可以在碳阳极上观察到，也可以在硫化物电极上观察到。对于普通的酯基电解液，溶剂分子的环或链结构可以被认为是决定 SEI 层组分的主要因素。溶剂纯度对于获得高质量的钠离子电池也很重要，因为 SEI 层中的不利成分往往是由于杂质的分解而造成的。

作为电池系统的关键材料，电解液，包括盐、溶剂和添加剂，在钠离子电池安全性能中占有重要地位。常用的有机溶剂如 EC、DMC 和 DEC 是易燃的，这在滥用条件下直接带来了安全问题。为了评价电池的热行为，可以通过加速量热仪（ARC）、差示扫描量热仪（DSC）或 C80 量热计来获取有价值的信息。考虑到钠的高活性，钠离子电池的热稳定性甚至比锂离子电池更重要，但到目前为止报道较少。Ponrouch 等人[10] 通过 DSC 测量研究了钠盐和常用有机溶剂的热稳定性，见图 9.35。DMC、DEC 和 DME 共溶剂的第一个吸热峰的温度分别从 $-25℃$、$-50℃$ 到 $-75℃$，这表明不同的二元 EC 基溶剂之间存在显著差异。但是，PC 基电解质的 DSC 加热曲线中没有吸热峰，只能发现在 $-95℃$ 附近的玻璃化转变。简而言之，当 PC 作为助溶剂加入时，没有观察到电解液凝固，这对低温应用是最重要的，因为在非常低的温度下，电解液保持液态，表现出离子液体基电解质的行为。然而，在全电池体系中，放热反应通常始于阳极上 SEI 层的热分解，这被认为是引发热失控的关键因素。因此，使用全电池或盐化阳极电极来研究钠离子电池中 SEI 层的热稳定性是合理的，可以获得更多的实用信息。

SEI 层的热性能与其组分密切相关，这些组分受盐、溶剂、电解液中的添加剂和电极的影响。减少高活性有机化合物确实有利于提高 SEI 层的热稳定性，但 SEI 层中无机固体的含量和种类需要优化，这往往会对离子传输造成负面影响。Xie 等人[108] 报道了以 $NaPF_6$-PC/EMC/FEC 为电解液的 $Na_x Ni_{1/3} Fe_{1/3} Mn_{1/3} O_2 ∥$ 硬碳全电池的热失控行为。电池自热的起始温度位于 $166.3℃$，对应于全电池中 SEI 分解的放热反应。然后加速电池的放热阶段，直到热失控。要进一步提高电池的热稳定性，有效的方法之一是添加功能性电解液添加剂。

一般来说，添加剂被证明有助于获得更好的电池性能。添加剂按其作用可分

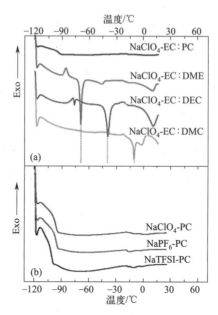

图 9.35 将样品冷却至 $-120℃$ 后，电解质的 DSC 加热曲线

(a) $1mol \cdot L^{-1} NaClO_4$ 溶于各种溶剂混合物的电解质；(b) PC 基电解质与 $1mol \cdot L^{-1}$ 各种钠盐[10]

为以下几类：①成膜添加剂；②阻燃添加剂；③过充保护添加剂；④盐类稳定剂、润湿剂、铝集电体缓蚀剂等。目前，钠离子电池电解液添加剂的研究主要集中在成膜添加剂、阻燃添加剂和过充电保护添加剂上。成膜添加剂通常用于在钠离子电池的负极材料表面形成 SEI 层。致密而稳定的 SEI 层的形成不仅对电池性能至关重要，而且对钠离子电池的安全也至关重要。然而，据报道，在 $1mol \cdot L^{-1} NaClO_4/PC$ 的碳酸盐基电解液中，在钠离子电池中形成的 SEI 层不如在锂离子电池中形成的 SEI 层均匀和稳定。因此，引入成膜添加剂来修饰钠离子电池中的 SEI 层比锂离子电池中更有必要。FEC 是目前钠离子电池中应用最广泛的成膜添加剂。事实上，FEC 已被证明能有效地在金属钠和硬碳电极表面形成 SEI 层，甚至在 Na^+ 插入过程中表现出显著体积膨胀的 SnO_2、Sn、Sb、红磷也是如此。

Choi 等人[109] 研究发现 FEC 成膜添加剂对钠离子电池的安全性能有积极的作用。负极电解质之间的热反应对电池的安全性至关重要，因为在电池系统中负极表面的 SEI 层的热分解是进行的。如图 9.36(a) 所示，负极上的 SEI 层通常在大约 $100℃$ 左右发生断裂/裂纹，然后在无 SEI 层的负极和电解液之间发生进一步的化学反应，导致电池运行过程中在负极材料上不断重复地和不必要地形成 SEI 层。随后，SEI 层发生热分解，导致与黏合剂发生热反应，产生额外的热量。因此，与锂离子电池相比，钠离子电池的负极表面不容易形成稳定的 SEI 层。用差示扫描量热法（DSC）研究了完全钠化的 Sn 电极在 NaPF$_6$ 基电解质中循环的热行为，如图 9.36（b）所示。在 NaPF$_6$ 基电解液中，由于 Sn 电极表面膜较厚，钠化 Sn 电极在固体电解质界面（SEI）层热分解反应的第一次放热反应中表现出更大的热量。与不含 FEC 的钠化 Sn 电极（1243J·g^{-1}）相比，含 FEC 的钠化 Sn 电极在 50～200℃ 的 SEI 层热分解区域产生的热量（592.1J·g^{-1}）明显减少。这一结果表明，从含 FEC 的电解质衍生的 SEI 层阻止了钠化锡电极的热降解。根据 X 射线光电子能谱（XPS），有机成分如酯、碳酸酯和乙醚被抑制，而在这种改性的 SEI 层中发现了热稳定的无机 NaF。在 NaPF$_6$-EC/DEC 电解液中使用 EFPN 添加剂，在具有更稳定 SEI 层的乙炔黑阳极上也得到了类似的结果。

(a)

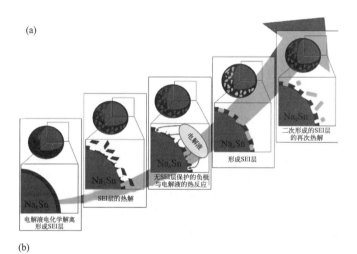

(b)

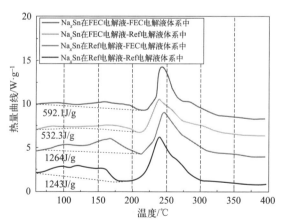

图 9.36 （a）含电解质的全钠化的 Sn 电极的热变化示意图，
（b）三次充放电循环后钠化的 Sn 电极的 DSC 曲线[109]

Cao 等人[110] 对 SiC-Sb-C 电极在添加或不添加 FEC 的电解液中的循环性能进

行了比较，结果表明，FEC 的存在可以防止副反应的发生，使电极结构保持稳定，从而提高电极的容量保持率。Sb 基负极 SEI 膜在含 FEC 电解液中的形成机理为双层结构。图 9.37 为 SiC-Sb-C 电极在不含 FEC 和含 FEC 的电解液中成膜机理的结构示意图。在不含 FEC 的电解液中，碳酸盐溶剂（EC 和 DEC）随着放电过程进行在 SiC-Sb-C 颗粒表面逐渐分解，形成 SEI 膜。SEI 膜的成分应由多种钠盐组成，如 Na_2CO_3、$ROCO_2Na$、$RONa$（R：烷基）等。然而，由这些盐形成的沉淀层通常是松散的，导致 SEI 膜很厚[图 9.37(a)]。在含有 FEC 的电解液中，与 EC 和 DEC 相比，FEC 具有更高的反应活性，因此 FEC 首先在颗粒表面分解。FEC 分解产生的含氟盐类（如 NaF、$F-ROCO_2Na$、$F-RONa$ 等）可以形成致密而薄的 SEI 膜[图 9.37(b)]。虽然含氟薄膜可以在一定程度上抑制 EC 和 DEC 的分解，但 EC 和 DEC 仍可以在较低电位（<0.5V）下与 FEC 一起分解形成第二层 SEI 膜[图 9.37(b)]。SEI 膜的双层结构可以很好地解释 FEC 电极中 SEI 膜的电阻和放电曲线中的电位在 0.5V 和 0.2V 之间的突变。虽然含 FEC 的电解质仍然可以在 FEC 形成的第一层膜上分解，但在整个充放电电位区域内，电极的总阻抗低于不含 FEC 的电解质。因此，电极在 FEC 电解液中电化学性能的提高应该归因于电极表面的分解和由于 FEC 添加剂的存在而形成的双层 SEI 膜。

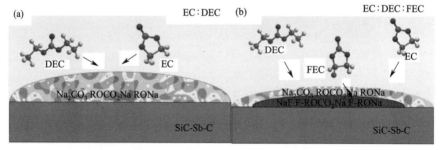

图 9.37　SiC-Sb-C 电极在（a）不含 FEC 和（b）含 FEC 的电解质中成膜机理的示意图[110]

　　FEC 与三（三甲基硅基）亚磷酸盐（TMSP）相结合，可以进一步提高 Sn_4P_3 的循环稳定性[111]。TMSP 能够清除 FEC 分解产生的 HF，而 FEC 有助于在 Sn_4P_3 表面构建保护膜，防止电解质分解产生有害的副作用，防止 $Na_{15}Sn_4$ 的形成。$Na_{15}Sn_4$ 的产生会使得电极的体积发生较大的变化。在 $1.0mol \cdot L^{-1}NaClO_4/PC$ 电解液中加入 FEC 时，在 0.7V 左右可以观察到 FEC 的还原。得益于 FEC 形成的稳定的 SEI 层，可以实现高度可逆的 Na^+ 嵌入/脱出，并可以有效地抑制在常规碳酸盐电解液中的容量退化。如上所述，高温下 SEI 膜的降解是影响钠离子电池安全性的主要因素。成膜添加剂直接影响 SEI 层的厚度、形貌和成分，进而极大地影响 SEI 层的稳定性。

　　为了降低非水电解液的易燃性，在常规电解液中引入阻燃添加剂是一种很有前景的方法。根据以往的研究，阻燃添加剂通常可分为磷系阻燃添加剂、氟化物阻燃添加剂和复合阻燃添加剂。这些阻燃添加剂通常通过两种机制延缓燃烧反应：物理隔离氧形成阻燃气体蒸气或化学捕获活性自由基以终止自由基链式反应。由于物理阻燃效果有限，研究最广泛的阻燃添加剂主要集中在捕捉活性自由基方面。通常，传统的有机碳酸酯溶剂在高温下会产生大量的氢自由基，这些氢自由基随后会与氧气反应产生氧自由基。同时，生成的氢自由基将继续引发反应，从而产生更多的自由基。采用阻燃添加剂，容易捕获和还原游离的氢活性自由基。自发现对磷酸三甲酯（TMP）可以用于锂离子电池的阻燃剂后，大量的阻燃添加剂，如三苯基磷酸盐，磷酸三乙酯，磷酸三丁酯，二甲基膦和乙氧基-五氟环三磷腈（$N_3P_3F_5OCH_2CH_3$，EFPN）等陆续被开发出来。然而，目前对钠离子电池阻燃添加剂的研究还很有限。根据经验，锂离子电池中使用的那些阻燃添加剂也适用于钠离子电池，因为它们的电解液组成相似。Feng 等人[112] 首先引入 EFPN[乙氧基（五氟）环三磷腈]作为钠离子电池的阻燃添加剂，如图 9.38 所示。研究发现加入 5%EFPN 后，传统的 1.0mol·L^{-1} $NaPF_6$/EC-DEC（体积比为 1∶1）电解液变得不可燃。当 EFPN 从 0 增加到 5% 时，电解液的自熄灭时间（SET）从 58s 减少到 0s，表明电解液具有不可燃能力。此外，添加 EFPN 不会影响离子导电性。值得注意的是，EFPN 阻燃添加剂对金属钠也是稳定的，并在 $Na_{0.44}MnO_2$‖Na 和乙炔黑‖Na 电池中表现出提高的循环性能。因此，上述阻燃添加剂可作为助溶剂用于开发钠离子电池的不可燃电解液。Feng 等人[113] 研究发现，在四种常见的钠基电池添加剂[TMP、DMMP、三(2,2,2-三氟乙基)亚磷酸酯（TFEP）和甲基非氟丁基醚（MFE）]中，MFE 对金属钠更稳定。优化后的电解液为 0.4mol·L^{-1} $NaPF_6$/MFE-DEC-FeC（体积比为 5∶4∶1），对普鲁士蓝正极和碳纳米管负极均适用。然而，低的离子电导率（$5×10^{-4}$ S·cm^{-1}）仍然限制了它的广泛应用。

图 9.38　（a）EFPN 的化学结构和在添加了 5%EFPN 的 1mol·L^{-1} $NaPF_6$/EC-DEC（1∶1，体积比）电解液与金属钠的兼容性，（b）可燃性测试（左槽为空白电解液，右槽为添加 5%EFPN 电解液）[112]

除了阻燃添加剂外，过充保护添加剂也很有吸引力。在电解液中引入过充电保护添加剂可以有效地减缓或抑制电池在过充电条件下的电压升高。过充电保护添加剂可分为氧化还原添加剂和电化学聚合添加剂。通常情况下，氧化还原添加剂通过重复阳极和阴极之间的氧化还原反应发挥作用，而电化学聚合添加剂通过聚合作用在正极/隔膜上，防止钠金属刺穿隔膜形成内部短路。通常情况下，过充电保护添加剂的选择与电池的工作电压密切相关。除了联苯（BP）外，用于钠离子电池的过充电保护添加剂的研究报道很少。BP 添加剂可以在 4.3V 时通过 BP 在 $Na_{0.44}MnO_2$ 和隔膜表面的电聚合来保护 $Na_{0.44}MnO_2 \parallel Na$ 电池免受电压失控，过充容量超过 800%，重要的是，BP 对 $Na_{0.44}MnO_2 \parallel Na$ 电池的电化学性能的影响也可以忽略不计。

到目前为止，尽管硬碳仍被认为是最有前途的钠离子电池负极材料，但金属钠因其成本效益和高比容量而受到广泛关注。然而，金属钠在溶出/沉积过程中的高反应活性和大的体积膨胀给 SEI 膜的机械稳定性带来了严峻的挑战。裂解和重整过程不可避免地在不稳定的钝化膜上重复，导致库仑效率低、容量下降，最终导致危险事故。因此，改进后的稳定 SEI 膜应该是均匀致密的，紧密地锚定在具有体积变化能力的负极上。

与传统的酯基溶剂相比，醚基溶液具有更高的 LUMO 能级来抑制还原，并在碳负极上沉积薄而有序的 SEI 膜。最近，多硫化物（Na_2S_6，PS）被认为是一种在醚基电解液中提高金属钠负极稳定性的有效添加剂，即使在高电流密度下也可以发挥一定的作用。图 9.39(a)，(b)说明了单独使用 Na_2S_6 以及同时使用 Na_2S_6 和 $NaNO_3$ 在二甘醇二甲醚电解质中形成的 SEI 膜之间的差异。单独由 Na_2S_6 形成的 SEI 膜（主要成分为 Na_2O、Na_2S_2 和 Na_2S）足以稳定地抑制 Na 枝晶的生长[图 9.39(a)]。相比之下，含有 Na_2S_6 和 $NaNO_3$ 以及醇钠（RCH_2ONa）和 Na_2S 组成的原始 SEI 膜导致树枝状/苔藓状钠生长[图 9.39(b)]。图 9.39(c) 比较了在 $2mA \cdot cm^{-2}$ 和 $1mAh \cdot cm^{-2}$ 条件下 $0mol \cdot L^{-1}$ PS、$0.033mol \cdot L^{-1}$ PS 和 P-N 共添加剂循环时对称电池的电压分布。不添加添加剂的电池（$0mol \cdot L^{-1}$ PS）在 78 次循环后失效。相比之下，只有 $0.033mol \cdot L^{-1}$ PS 的电池在 400 次循环中表现出稳定的电压分布。在有 P-N 共添加剂的情况下，电池表现出高度波动的电压分布和较大的过电位。此外，PS 添加剂的作用在 $5mA \cdot cm^{-2}$ 时更为显著[图 9.39(d)]。没有任何添加剂的电池在第 65 次循环中迅速失效，而具有 $0.033mol \cdot L^{-1}$ PS 的电池在 150 次循环中显示出更稳定的电压曲线。同时，单独添加 1% 的 $NaNO_3$ 也使电压分布高度不稳定。SEM 图表明，30 次循环后，用 $0.033mol \cdot L^{-1}$ PS 循环的钠电极表面光滑，而用 P-N 共添加剂循环的钠电极表面非常粗糙，有明显的裂纹/孔洞。在没有任何添加剂的情况下，可以观察到树枝状/苔藓状结构[图 9.39(e)~(g)]。用 XPS 表征了 $NaPF_6$ 在二甘醇-PS 中加入 $NaNO_3$ 前后 SEI 膜组分的差异。结果表明，Na_2O、Na_2S 和 Na_2S_2 等无机化合物主要存在于二甘醇

PS 电解液中，有利于抑制 Na 枝晶的生长，而 Na_2S 和 RCH_2ONa 在二甘醇-PS-$NaNO_3$ 电解液中存在较多。然而，这两个样品中都没有 NaF，这与以前没有添加剂的结果不同。还原反应在阳极上沉积了一层薄、致密、完整的无机 SEI 膜，这不仅有利于非树枝状 Na 的生长，而且有利于对循环过程中体积变化的调节。

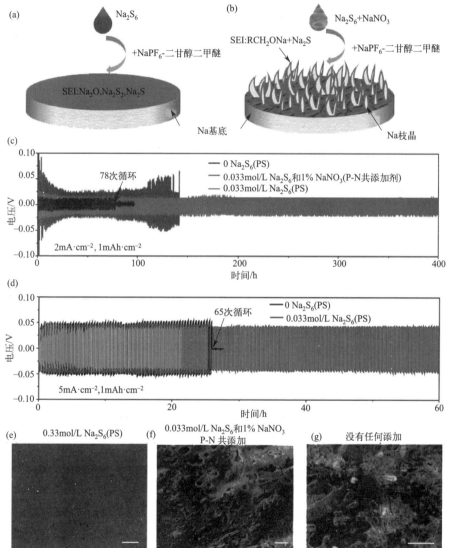

图 9.39　Na_2S_6 添加剂和 Na_2S_6-$NaNO_3$ 共添加剂对二甘醇二甲醚电解质中 Na 稳定性的影响：
（a）单独添加 PS 和（b）P-N 共添加剂时 Na 的表面形貌存在差异，对称电池在
（c）$2mA \cdot cm^{-2}$ 和 $1mAh \cdot cm^{-2}$ 和（d）$5mA \cdot cm^{-2}$ 和 $1mAh \cdot cm^{-2}$ 下的恒电流循环，
（e）$0.033mol \cdot L^{-1}$ PS，（f）P-N 共添加剂，（g）0PS（无添加剂），
30 次循环后 Na 表面的 SEM 图，（e）～（g）的比例尺为 $10\mu m$[114]

Lee 等人[115] 发现超浓缩电解液（DME 中的 5mol·L^{-1} NaFSI）可以用来稳定金属钠与电解液之间的界面。Cao 等人和 Schafzahl 等人[116,117] 也给出了类似的结果，表明在较浓的电解液中形成了具有优异力学性能的钝化膜。此外，Choi 等人[118] 报道了 Na 阳极在 1mol·L^{-1} NaFSI-FEC 电解液中具有稳定电化学性能，揭示了 FEC 对金属 Na 的可能还原机理。然而，在全电池中过多的 FEC 对阴极侧有不利的影响，因此这种方法不适用于实际的钠离子电池。

Hu 等人[119] 用原子层沉积（ALD）的方法制备了 Al$_2$O$_3$ 涂层的 Na 金属阳极。Al$_2$O$_3$ 涂层作为人工 SEI 膜，提供了另一种防止 Na 树枝晶生长的有效方法，如图 9.39 所示。Al$_2$O$_3$ 薄层可以被钠化为 Na-Al-O，它可以为 Sn 阳极传导 Na$^+$。由于 Al$_2$O$_3$ 有更好的力学性能，金属钠在 Al$_2$O$_3$ 层的保护下进行溶出/沉积过程。因此，在溶出/沉积循环中可以很好地保持金属钠的光滑表面，并且可以观察到稳定的电压曲线[图 9.40(c)]。这种 Al$_2$O$_3$ 超薄涂层可作为钠金属的稳定人工 SEI 膜，与对称裸钠电池相比，碳酸盐基对称电池具有更高的电化学性能。

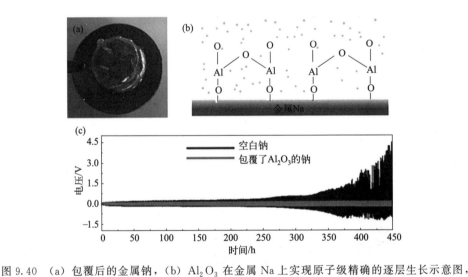

图 9.40　（a）包覆后的金属钠，（b）Al$_2$O$_3$ 在金属 Na 上实现原子级精确的逐层生长示意图，（c）在 0.25mA·cm^{-2} 的恒定电流密度下，使用 Al$_2$O$_3$ 涂层的 Na 金属电极和空白 Na 金属电极的对称电池的循环溶出/沉积过程（每个周期设置为 30min）[113]

稳定的 SEI 膜在抑制电池内部的副反应和延长循环寿命方面发挥了重要作用。由于钠离子的 Lewis 酸性较温和，钠离子电池中的 SEI 层中的还原产物具有比 Li 类似物更高的溶解度。因此，如何在钠离子电池中构建高质量的 SEI 层并使其在循环过程中保持稳定，对于钠离子电池的自放电率和安全性能至关重要。Tarascon 等人[120] 研究了 Na$_3$V$_2$(PO$_4$)$_2$F$_3$（NVPF）/硬碳全电池中的 SEI 膜在含有 NaPF$_6$ 和各种常见碳酸盐溶剂的不同电解液中的稳定性。图 9.41 为使用不同电解液的 NVP/HC 和 NVPF/HC 电池的首次充放电曲线，对于 NVP/HC 和 NVPF/HC 电池，就像充电平台一样，都出现了"过充"现象。无论是否使用基于 DMC、EMC 和 DEC 的电解质，在随后的放电过程中都会伴随着巨大的容量损失。当用 NVP 替换 HC 电极将负极电位提高到约 1.7V（相对于 Na/Na$^+$）时，使用 DMC、EMC 或 DEC 为基础的电解质的 NVP/NVP 和 NVPF/NVP 电池的"过充"现象都消失了。这表明在 HC 电极形成 SEI 膜，它不可逆地消耗一些 Na$^+$。这清楚地表明，钠离子电池的不同电化学行为取决于所用碳酸盐的性质［线性（DMC、EMC、DEC）与循环（EC、PC）］，前者导致使用低电位负极（HC）的电池性能一般。

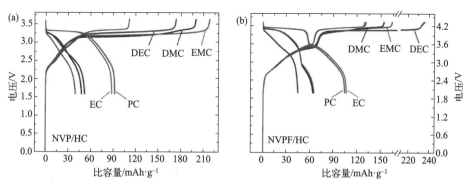

图 9.41　以 DMC、EMC、DEC、PC 和 EC 电解液的
（a）NVP/HC 和（b）NVPF/HC 全电池的首次充放电曲线[114]

SEI 层在钠离子电池中的溶解问题主要取决于电极和电解液成分，同时受工作电化学窗口、外加电流密度和环境温度等测试条件的影响。到目前为止，可能的解决方案是利用电极与优化的电解液成分之间的协同作用来制备更稳定的 SEI 层。由于寻找合适的新溶剂是一条漫长的道路，因此添加电解液添加剂通常是最常见和最有效的方法。因此，需要更多的基础工作和计算模拟来加速这一过程。

与阳极侧还原反应形成的 SEI 层相反，当阴极的电位穿过电解液溶剂的 LUMO 时，电解液的氧化反应导致阴极表面形成 CEI 层。理想的 CEI 层起着与 SEI 层相似的作用，理想的 CEI 层应该具有良好的均一性、突出的稳定性、优秀的弹性、高的导离子性和电子绝缘性。近年来，由于锂离子电池的高压系统对能量密度的要求越来越高，CEI 层受到了越来越多的关注。同样，用于钠离子电池的高压正极材料在充电到 4V 以上时，通常会出现库仑效率低和过渡金属溶解的问题。尽管目前很少有人讨论 CEI 层在钠离子电池中的安全性问题，但稳定的 CEI 层有助于阻止溶剂在阴极上的氧化分解，从而提高库仑效率，避免潜在的不安全反应。提高电解液的稳定性和构建人工界面都是减缓阴极侧界面退化的有效途径。Song 等人[121] 报道了在 Na$_{0.76}$Ni$_{0.3}$Fe$_{0.4}$Mn$_{0.3}$O$_2$ 正极的碳酸盐电解液中使用己二腈（ADN）添加剂来获得稳定和导电的 CEI 层，从而提高了循环性能和宽温度范围的案例。电解液的组成如表 9.3 所示。

表 9.3 四种电解液的组成

编号	EC	PC	DEC	FEC	ADN	NaPF$_6$
G1	25%	25%	50%	5%	—	1mol·L^{-1}
G2	25%	25%	50%	5%	1%	1mol·L^{-1}
G3	25%	25%	50%	5%	3%	1mol·L^{-1}
G4	25%	25%	50%	5%	5%	1mol·L^{-1}

图 9.42(a)～(d)为 Na$_{0.76}$Ni$_{0.3}$Fe$_{0.4}$Mn$_{0.3}$O$_2$ 在具有不同电解液的电池中工作后的 HRTEM 图。当不添加 ADN 时，在正极材料表面形成的 SEI 膜松散且不均匀。在某些地方，SEI 膜很厚，但在某些地方，无法观察到 SEI 膜。添加 1% 的 ADN 改善了形成的 SEI 膜的均匀性，但它仍然是松散的。当 ADN 含量达到 3% 时，表面形成均匀致密的 SEI 膜。进一步将 ADN 的量增加到 5% 后，虽然形成的 SEI 膜足够致密，但均匀性降低，并且在某些地方形成过厚的膜。结果表明，添加 ADN 确实可以诱导形成更好的 SEI 膜，但电解液添加剂的数量是关键。太少的电解质添加剂不能形成有效的 SEI 膜，而太多的电解质添加剂会导致 SEI 膜厚度过高，阻碍离子和电子的传输。从 HRTEM 结果可以看出，在电解液中添加 ADN 可以有效地促进在正极材料表面上形成 SEI 膜，并且在 3% 的量下形成的 SEI 膜具有最佳的致密性和均匀性。

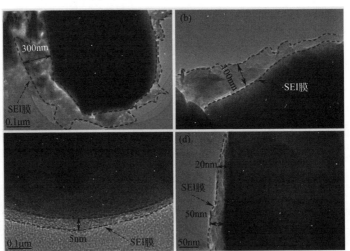

图 9.42 Na$_{0.76}$Ni$_{0.3}$Fe$_{0.4}$Mn$_{0.3}$O$_2$ 颗粒在采用(a)G1、(b)G2、(c)G3
和(d)G4 电解液的电池中循环后的 TEM 图[121]

TFSI-基离子液体由于阴离子中弱的氢键作用，具有低黏度、高离子电导率和低熔点的特性，从而受到广泛关注。Wu 等人[122] 采用 NaPF$_6$/BMITFSI [1-

丁基-4-甲基吡咯烷双（三氟甲基磺酰基）酰亚胺〕离子液体作为钠离子电池的电解质，通过电解质中存在的自由 TFSI-的氧化分解作用，在首次充电过程中，在 $Na_3V_2(PO_4)_3$ 正极材料表面生成一层均匀的 SEI 膜，从而提升了电池的电化学性能。如图 9.43 所示，离子液体电解质中的 TFSI-的存在形式为 $[Na(TFSI)_2]^-$ 和自由的 $TFSI^-$。同时，自由的 $TFSI^-$ 在首次充电过程中氧化分解产生 Na_2SO_4、$Na_2S_2O_7$ 和 NaF，同钠离子水解产生的 NaOH 一起，构成了 $Na_3V_2(PO_4)_3$ 正极材料表面的 CEI 膜的组成成分。此电解质具有高的分解温度（>350℃），室温下高的离子电导率（$3.46mS \cdot cm^{-1}$）以及宽的电化学窗口（4.6V）。同时采用此电解质的 $Na/Na_3V_2(PO_4)_3$ 电池首次放电比容量高达 $107.2mAh \cdot g^{-1}$，并且具有较好的循环稳定性。

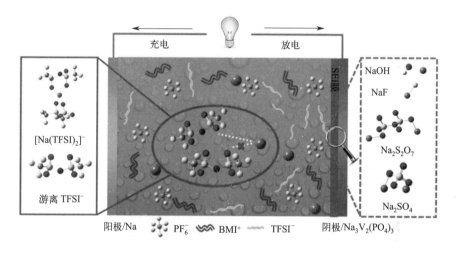

图 9.43　以 $NaPF_6/BMITFSI$ 为电解质的钠离子电池示意图

如图 9.44 所示，Alvarado 等人[123] 在 $P2-Na_{2/3}Ni_{1/3}Mn_{2/3}O_2$ 表面涂覆了一层 1nm 的 Al_2O_3 薄膜，作为人工 CEI 层。该涂层显著减少了阴极上的副反应，提高了库仑效率和循环稳定性。ALD 涂层显著提高了初始库仑效率和整体库仑效率。在整个循环过程中，涂层电极形成更多的 NaF。与未涂覆的电极相比，在涂覆的 $P2-Na_{2/3}Ni_{1/3}Mn_{2/3}O_2$ 电极上生成的 CEI 层增强了材料通过电极膜的大部分 Na 离子动力学。

与 SEI 层相比，CEI 层的物理化学性质还有待进一步研究。总之，界面是提高电池性能的关键之一，可以通过调节电解液，包括钠盐、溶剂和添加剂来调整界面，但如何获得理想的界面仍然是一个很大的挑战。从安全的角度来看，在电极表面形成厚度、密度和惰性合适的 CEI 层有助于提高电池的安全性，但也同时会阻碍电极和电解液之间的电荷传递，从而影响电极的电化学性能。此外，在

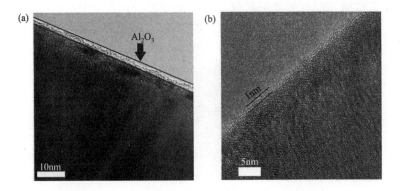

图 9.44 未循环的 Al_2O_3 包覆的 $Na_{2/3}Ni_{1/3}Mn_{2/3}O_2$ 电极的 HRTEM 图[123]

全电池应用中，界面的稳定性也受到工作条件的影响，如工作温度和电化学窗口等，这表明对于不同类型的电极，稳定的界面化学几乎没有通用的解决方案。添加剂、溶剂和电解质盐的协同作用，可能会促进钠离子电池中理想界面的发展。

参考文献

[1] Okoshi M, Yamada Y, Yamada A, et al. Theoretical analysis on de-solvation of lithium, sodium, and magnesium cations to organic electrolyte solvents [J]. *J. Electrochem. Soc.*, 2013, 160 (11): A2160-A2165.

[2] Sagane F, Abe T, Ogumi Z. Sodium-ion transfer at the interface between ceramic and organic electrolytes[J]. *J. Power Sources*, 2010, 195(21):7466-7470.

[3] Mizuno Y, Okubo M, Asakura D, et al. Impedance spectroscopic study on interfacial ion transfers in cyanide-bridged coordination polymer electrode with organic electrolyte[J]. *Electrochim. Acta*, 2012, 63: 139-145.

[4] Aurbach D, Ein - Eli Y, Chusid O, et al. The correlation between the surface chemistry and the performance of Li - Carbon intercalation anodes for rechargeable "Rocking - Chair" type batteries [J]. *J. Electrochem. Soc.*, 1994, 141(3):603-611.

[5] Dubois M, Ghanbaja J, Billaud D. Electrochemical intercalation of sodium ions into poly(para-phenylene)in carbonate-based electrolytes[J]. *Synth. Met.*, 1997, 90(2):127-134.

[6] Thomas P, Ghanbaja J, Billaud D. Electrochemical insertion of sodium in pitch-based carbon fibres in comparison with graphite in $NaClO_4$-ethylene carbonate electrolyte[J]. *Electrochim. Acta*, 1999, 45 (3):423-430.

[7] Kumar H, Detsi E, Abraham DP, et al. Fundamental mechanisms of solvent decomposition involved in solid-electrolyte interphase formation in sodium ion batteries[J]. *Chem. Mater.*, 2016, 28(24): 8930-8941.

［8］　Komaba S, Murata W, Ishikawa T, et al. Electrochemical Na insertion and solid electrolyte interphase for hard-carbon electrodes and application to Na-ion batteries[J]. *Adv. Funct. Mater.*, 2011, 21(20): 3859-3867.

［9］　Komaba S, Ishikawa T, Yabuuchi N, et al. Fluorinated ethylene carbonate as electrolyte additive for rechargeable Na batteries[J]. *ACS Appl. Mater. Interfaces*, 2011, 3(11):4165-4168.

［10］　Wang Y, Wang C, Wang Y, et al. Boric acid assisted reduction of graphene oxide: a promising material for sodium-ion batteries[J]. *ACS Appl. Mater. Interfaces*, 2016, 8(29):18860-18866.

［11］　Dugas R, Ponrouch A, Gachot G, et al. Na Reactivity toward carbonate-based electrolytes: The effect of FEC as additive[J]. *J. Electrochem. Soc.*, 2016, 163(10):A2333-A2339.

［12］　Ponrouch A, Marchante E, Courty M, et al. In search of an optimized electrolyte for Na-ion batteries [J]. *Energy Environ. Sci.*, 2012, 5(9):8572-8583.

［13］　Kamath G, Cutler R W, Deshmukh S A, et al. In silico based rank-order determination and experiments on nonaqueous electrolytes for sodium ion battery applications[J]. *J. Phys. Chem. C*, 2014, 118(25):13406-13416.

［14］　Jache B, Binder J O, Abe T, et al. A comparative study on the impact of different glymes and their derivatives as electrolyte solvents for graphite co-intercalation electrodes in lithium-ion and sodium-ion batteries[J]. *Phys. Chem. Chem. Phys*, 2016, 18(21):14299-14316.

［15］　Jache B, Adelhelm P. Use of graphite as a highly reversible electrode with superior cycle life for sodium-ion batteries by making use of co-intercalation phenomena[J]. *Angew. Chem. Int. Ed.*, 2014, 53 (38):10169-10173.

［16］　Kim H, Hong J, Yoon G, et al. Sodium intercalation chemistry in graphite[J]. *Energy Environ. Sci.*, 2015, 8(10):2963-2969.

［17］　Kim H, Hong J, Park Y-U, et al. Sodium storage behavior in natural graphite using ether-based electrolyte systems[J]. *Adv. Funct. Mater.*, 2015, 25(4):534-541.

［18］　Zhu Z, Cheng F, Hu Z, et al. Highly stable and ultrafast electrode reaction of graphite for sodium ion batteries[J]. *J. Power Sources*, 2015, 293:626-634.

［19］　Castillo-Martínez E, Carretero-González J, Armand M. Polymeric schiff bases as low-voltage redox centers for sodium-ion batteries[J]. *Angew. Chem. Int. Ed.*, 2014, 53(21):5341-5345.

［20］　López-Herraiz M, Castillo-Martínez E, Carretero-González J, et al. Oligomeric-Schiff bases as negative electrodes for sodium ion batteries: unveiling the nature of their active redox centers [J]. *Energy Environ. Sci.*, 2015, 8(11):3233-3241.

［21］　Seh Z W, Sun J, Sun Y, et al. A highly reversible room-temperature sodium metal anode[J]. *ACS Central Sci.*, 2015, 1(8):449-455.

［22］　Che H, Chen S, Xie Y, et al. Electrolyte design strategies and research progress for room-temperature sodium-ion batteries[J]. *Energy Environ. Sci.*, 2017, 10(5):1075-1101.

［23］　Plashnitsa L S, Kobayashi E, Noguchi Y, et al. Performance of NASICON symmetric cell with ionic liquid electrolyte[J]. *J. Electrochem. Soc.*, 2010, 157(4):A536.

［24］　Monti D, Jónsson E, Palacín M R, et al. Ionic liquid based electrolytes for sodium-ion batteries: Na$^+$ solvation and ionic conductivity[J]. *J. Power Sources*, 2014, 245:630-636.

［25］　Wu F, Zhu N, Bai Y, et al. Highly safe ionic liquid electrolytes for sodium-ion battery: wide electrochemical window and good thermal stability [J]. *ACS Appl. Mater. Interfaces*, 2016, 8 (33): 21381-21386.

［26］　Kumar D, Hashmi S A. Ionic liquid based sodium ion conducting gel polymer electrolytes[J]. *Solid*

State Ionics, 2010, 181(8):416-423.

[27] Ding C, Nohira T, Kuroda K, et al. NaFSA-C₁C₃pyrFSA ionic liquids for sodium secondary battery operating over a wide temperature range[J]. *J. Power Sources*, 2013, 238:296-300.

[28] Ding C, Nohira T, Hagiwara R, et al. Na[FSA]-[C₃C₁pyrr][FSA]ionic liquids as electrolytes for sodium secondary batteries: Effects of Na ion concentration and operation temperature[J]. *J. Power Sources*, 2014, 269:124-128.

[29] Forsyth M, Yoon H, Chen F, et al. Novel Na⁺ ion diffusion mechanism in mixed organic-inorganic ionic liquid electrolyte leading to high Na⁺ transference number and stable, high rate electrochemical cycling of sodium cells[J]. *J. Phys. Chem. C*, 2016, 120(8):4276-4286.

[30] Fukunaga A, Nohira T, Hagiwara R, et al. A safe and high-rate negative electrode for sodium-ion batteries: Hard carbon in NaFSA-C₁C₃pyrFSA ionic liquid at 363 K[J]. *J. Power Sources*, 2014, 246(387-391.

[31] Wang C-H, Yang C-H, Chang J-K. Suitability of ionic liquid electrolytes for room-temperature sodium-ion battery applications[J]. *Chem. Commun.*, 2016, 52(72):10890-10893.

[32] Mohd Noor SA, Howlett P C, MacFarlane D R, et al. Properties of sodium-based ionic liquid electrolytes for sodium secondary battery applications[J]. *Electrochim. Acta*, 2013, 114:766-771.

[33] Serra Moreno J, Maresca G, Panero S, et al. Sodium-conducting ionic liquid-based electrolytes [J]. *Electrochem. Commun.*, 2014, 43:1-4.

[34] Wongittharom N, Lee T-C, Wang C-H, et al. Electrochemical performance of Na/NaFePO₄ sodium-ion batteries with ionic liquid electrolytes[J]. *J. Mater. Chem. A*, 2014, 2(16):5655-5661.

[35] Wang C-H, Yeh Y-W, Wongittharom N, et al. Rechargeable Na/Na₀.₄₄MnO₂ cells with ionic liquid electrolytes containing various sodium solutes[J]. *J. Power Sources*, 2015, 274:1016-1023.

[36] Hasa I, Passerini S, Hassoun J. Characteristics of an ionic liquid electrolyte for sodium-ion batteries [J]. *J. Power Sources*, 2016, 303:203-207.

[37] Egashira M, Asai T, Yoshimoto N, et al. Ionic conductivity of ternary electrolyte containing sodium salt and ionic liquid[J]. *Electrochim. Acta*, 2011, 58:95-98.

[38] Pope C R, Kar M, MacFarlane D R, et al. Ion dynamics in a mixed-cation alkoxy-ammonium ionic liquid electrolyte for sodium device applications[J]. *Chemphychem*, 2016, 17(20):3187-3195.

[39] Takashi T, Kazuki Y, Takeshi H, et al. Physicochemical properties of glyme-Li salt complexes as a new family of room-temperature ionic liquids[J]. *Chem. Lett.*, 2010, 39(7):753-755.

[40] Sun H, Zhu G, Xu X, et al. A safe and non-flammable sodium metal battery based on an ionic liquid electrolyte[J]. *Nature Comm.*, 2019, 10(1):3302.

[41] Ponrouch A, Monti D, Boschin A, et al. Non-aqueous electrolytes for sodium-ion batteries [J]. *J. Mater. Chem. A*, 2015, 3(1):22-42.

[42] Strauss S H. The search for larger and more weakly coordinating anions[J]. *Chem. Rev.*, 1993, 93 (3):927-942.

[43] Krause L J, Lamanna W, Summerfield J, et al. Corrosion of aluminum at high voltages in non-aqueous electrolytes containing perfluoroalkylsulfonyl imides: new lithium salts for lithium-ion cells [J]. *J. Power Sources*, 1997, 68(2):320-325.

[44] Devlin D J, Herley P J. Thermal-decomposition and dehydration of sodium-perchlorate monohydrate [J]. *React. Solids*, 1987, 3(1-2):75-84.

[45] Evans T, Olson J, Bhat V, et al. Corrosion of stainless steel battery components by bis(fluorosulfonyl)imide based ionic liquid electrolytes[J]. *J. Power Sources*, 2014, 269:616-620.

[46] Bhide A, Hofmann J, Durr A K, et al. Electrochemical stability of non-aqueous electrolytes for sodi-

um-ion batteries and their compatibility with $Na_{0.7}CoO_2$ [J]. *Phys. Chem. Chem. Phys.*, 2014, 16 (5):1987-1998.

[47] Goktas M, Bolli C, Buchheim J, et al. Stable and unstable diglyme-based electrolytes for batteries with sodium or graphite as electrode[J]. *ACS Appl. Mater. Interfaces*, 2019, 11(36):32844-32855.

[48] Johansson P, Nilsson H, Jacobsson P, et al. Novel huckel stabilised azole ring-based lithium salts studied by ab initio Gaussian-3 theory[J]. *Phys. Chem. Chem. Phys.*, 2004, 6(5):895-899.

[49] Scheers J, Johansson P, Szczecinski P, et al. Benzimidazole and imidazole lithium salts for battery electrolytes[J]. *J. Power Sources*, 2010, 195(18):6081-6087.

[50] Plewa-Marczewska A, Trzeciak T, Bitner A, et al. New tailored sodium salts for battery applications [J]. *Chem. Mater.*, 2014, 26(17):4908-4914.

[51] Ge C H, Wang L X, Xue L L, et al. Synthesis of novel organic-ligand-doped sodium bis(oxalate)-borate complexes with tailored thermal stability and enhanced ion conductivity for sodium ion batteries [J]. *J. Power Sources*, 2014, 248:77-82.

[52] Niedzicki L, Zukowska G Z, Bukowska M, et al. New type of imidazole based salts designed specifically for lithium ion batteries[J]. *Electrochim. Acta*, 2010, 55(4):1450-1454.

[53] Scheers J, Lim D H, Kim J K, et al. All fluorine-free lithium battery electrolytes[J]. *J. Power Sources*, 2014, 251:451-458.

[54] Jonsson E, Armand M, Johansson P. Novel pseudo-delocalized anions for lithium battery electrolytes [J]. *PCCP*, 2012, 14(17):6021-6025.

[55] Xu K. Nonaqueous Liquid Electrolytes for Lithium-Based Rechargeable Batteries[J]. *Chem. Rev.*, 2004, 104(10):4303-4418.

[56] Xu K. Electrolytes and interphases in Li-ion batteries and beyond[J]. *Chem. Rev.*, 2014, 114(23):11503-11618.

[57] Fergus J W. Ceramic and polymeric solid electrolytes for lithium-ion batteries[J]. *J. Power Sources*, 2010, 195(15):4554-4569.

[58] Vignarooban K, Kushagra R, Elango A, et al. Current trends and future challenges of electrolytes for sodium-ion batteries[J]. *Int. J. Hydrogen Energy*, 2016, 41(4):2829-2846.

[59] Cao C, Wang H, Liu W, et al. Nafion membranes as electrolyte and separator for sodium-ion battery [J]. *Int. J. Hydrogen Energy*, 2014, 39(28):16110-16115.

[60] Zhang J, Huang X, Wei H, et al. Enhanced electrochemical properties of polyethylene oxide-based composite solid polymer electrolytes with porous inorganic-organic hybrid polyphosphazene nanotubes as fillers[J]. *J. Solid State Electrochem.*, 2012, 16(1):101-107.

[61] Chinnam P R, Wunder S L. Self-assembled Janus-like multi-ionic lithium salts form nano-structured solid polymer electrolytes with high ionic conductivity and Li^+ ion transference number [J]. *J. Mater. Chem. A*, 2013, 1(5):1731-1739.

[62] Tao R, Fujinami T. Application of mix-salts composed of lithium borate and lithium aluminate in PEO-based polymer electrolytes[J]. *J. Power Sources*, 2005, 146(1):407-411.

[63] West K, Zachauchristiansen B, Jacobsen T, et al. Poly(ethylene oxide) sodium-perchlorate electrolytes in solid-state sodium cells[J]. *Polym. J.*, 1988, 20(3):243-246.

[64] Hashmi S A, Chandra S. Experimental investigations on a sodium-ion-conducting polymer electrolyte based on poly(ethylene oxide) complexed with $NaPF_6$[J]. *Mater. Sci. Eng.: B*, 1995, 34(1):18-26.

[65] Chandrasekaran R, Selladurai S. Preparation and characterization of a new polymer electrolyte(PEO: $NaClO_3$)for battery application[J]. *J. Solid State Electrochem.*, 2001, 5(5):355-361.

[66] Boschin A, Johansson P. Characterization of NaX(X: TFSI, FSI)- PEO based solid polymer electrolytes for sodium batteries[J]. *Electrochim. Acta*, 2015, 175:124-133.

[67] Villaluenga I, Bogle X, Greenbaum S, et al. Cation only conduction in new polymer-SiO_2 nanohybrids: Na^+ electrolytes[J]. *J. Mater. Chem. A*, 2013, 1(29):8348-8352.

[68] Ni 'mah Y L, Cheng M-Y, Cheng J H, et al. Solid-state polymer nanocomposite electrolyte of TiO_2/ $PEO/NaClO_4$ for sodium ion batteries[J]. *J. Power Sources*, 2015, 278:375-381.

[69] Col ò F, Bella F, Nair J R, et al. Cellulose-based novel hybrid polymer electrolytes for green and efficient Na-ion batteries[J]. *Electrochim. Acta*, 2015, 174:185-190.

[70] Bhargav P B, Mohan V M, Sharma A K, et al. Characterization of poly(vinyl alcohol)/sodium bromide polymer electrolytes for electrochemical cell applications[J]. *J. Appl. Polym. Sci.*, 2008, 108 (1):510-517.

[71] Osman Z, Md Isa K B, Ahmad A, et al. A comparative study of lithium and sodium salts in PAN-based ion conducting polymer electrolytes[J]. *Ionics*, 2010, 16(5):431-435.

[72] Naresh Kumar K, Sreekanth T, Jaipal Reddy M, et al. Study of transport and electrochemical cell characteristics of $PVP:NaClO_3$ polymer electrolyte system[J]. *J. Power Sources*, 2001, 101(1):130-133.

[73] Subba Reddy CV, Jin A P, Zhu Q Y, et al. Preparation and characterization of($PVP + NaClO_4$) electrolytes for battery applications[J]. *Eur. Phy. J. E*, 2006, 19(4):471-476.

[74] Kiran Kumar K, Ravi M, Pavani Y, et al. Investigations on the effect of complexation of NaF salt with polymer blend (PEO/PVP) electrolytes on ionic conductivity and optical energy band gaps [J]. *Phy. B: Cond. Matt.*, 2011, 406(9):1706-1712.

[75] Hayashi A, Noi K, Sakuda A, et al. Superionic glass-ceramic electrolytes for room-temperature rechargeable sodium batteries[J]. *Nat. Commun.*, 2012, 3(1):856.

[76] Hayashi A, Noi K, Tanibata N, et al. High sodium ion conductivity of glass-ceramic electrolytes with cubic Na_3PS_4[J]. *J. Power Sources*, 2014, 258:420-423.

[77] Noi K, Hayashi A, Tatsumisago M. Structure and properties of the $Na_2S-P_2S_5$ glasses and glass-ceramics prepared by mechanical milling[J]. *J. Power Sources*, 2014, 269:260-265.

[78] Tanibata N, Noi K, Hayashi A, et al. Preparation and characterization of highly sodium ion conducting $Na_3PS_4-Na_4SiS_4$ solid electrolytes[J]. *Rsc Advances*, 2014:4(33):17120-17123.

[79] Zhang L, Yang K, Mi JL, et al. Na_3PSe_4: A novel chalcogenide solid electrolyte with high ionic conductivity[J]. *Adv. Energy Mater.*, 2015, 5(24):1501294.

[80] 高永晟, 陈光海, 王欣然, 等. 钠离子电池电解质安全性:改善策略与研究进展[J]. 储能科学与技术, 2020;9(5):9.

[81] Wenzel S, Leichtweiss T, Weber DA, et al. Interfacial reactivity benchmarking of the sodium ion conductors Na_3PS_4 and sodium β-alumina for protected sodium metal anodes and sodium all-solid-state batteries[J]. *ACS Appl. Mater. Interfaces*, 2016, 8(41):28216-28224.

[82] Palomares V, Serras P, Villaluenga I, et al. Na-ion batteries, recent advances and present challenges to become low cost energy storage systems[J]. *Energy Environ. Sci.*, 2012, 5(3):5884-5901.

[83] Guin M, Tietz F. Survey of the transport properties of sodium superionic conductor materials for use in sodium batteries[J]. *J. Power Sources*, 2015, 273:1056-1064.

[84] Guin M, Tietz F, Guillon O. New promising NASICON material as solid electrolyte for sodium-ion batteries: Correlation between composition, crystal structure and ionic conductivity of $Na_{3+x}Sc_2Si_xP_{3-x}O_{12}$[J]. *Solid State Ion.*, 2016, 293:18-26.

[85] Noguchi Y, Kobayashi E, Plashnitsa LS, et al. Fabrication and performances of all solid-state symmetric so-

dium battery based on NASICON-related compounds[J]. *Electrochim. Acta*, 2013, 101:59-65.

[86] Li C, Jiang S, Lv J-W, et al. Ionic conductivities of Na-Ge-P glass ceramics as solid electrolyte [J]. *J. Alloys Compd.*, 2015, 633:246-249.

[87] Honma T, Okamoto M, Togashi T, et al. Electrical conductivity of $Na_2O-Nb_2O_5-P_2O_5$ glass and fabrication of glass-ceramic composites with NASICON type $Na_3Zr_2Si_2PO_{12}$ [J]. *Solid State Ion.*, 2015, 269:19-23.

[88] Braga M H, Murchison A J, Ferreira J A, et al. Glass-amorphous alkali-ion solid electrolytes and their performance in symmetrical cells[J]. *Energy Environ. Sci.*, 2016, 9(3):948-954.

[89] Ni Y W, Zheng R L, Tan X W, et al. A fluorophosphate glass-ceramic electrolyte with superior ionic conductivity and stability for Na-ion batteries[J]. *J. Mater. Chem. A*, 2015, 3(34):17558-17562.

[90] Monti D, Ponrouch A, Palacin MR, et al. Towards safer sodium-ion batteries via organic solvent/ionic liquid based hybrid electrolytes[J]. *J. Power Sources*, 2016, 324:712-721.

[91] Manohar C V, Raj K A, Kar M, et al. Stability enhancing ionic liquid hybrid electrolyte for NVP@C cathode based sodium batteries[J]. *Sustain. Energy Fuels*, 2018, 2(3):566-576.

[92] Kumar D, Hashmi S A. Ionic liquid based sodium ion conducting gel polymer electrolytes[J]. *Solid State Ion.*, 2010, 181(8-10):416-423.

[93] Song S F, Kotobuki M, Zheng F, et al. A hybrid polymer/oxide/ionic-liquid solid electrolyte for Na-metal batteries[J]. *J. Mater. Chem. A*, 2017, 5(14):6424-6431.

[94] Liu L L, Qi X G, Ma Q, et al. Toothpaste-like Electrode: A Novel Approach to Optimize the Interface for Solid-State Sodium-Ion Batteries with Ultralong Cycle Life [J]. *ACS Appl. Mater. Interfaces*, 2016, 8(48):32631-32636.

[95] Zhang Z Z, Zhang Q H, Shi J A, et al. A self-forming composite electrolyte for solid-state sodium battery with ultralong cycle life[J]. *Adv. Energy Mater.*, 2017, 7(4):1601196.

[96] Kim J K, Lim Y J, Kim H, et al. A hybrid solid electrolyte for flexible solid-state sodium batteries [J]. *Energy Environ. Sci.*, 2015, 8(12):3589-3596.

[97] Senthilkumar S T, Abirami M, Kim J, et al. Sodium-ion hybrid electrolyte battery for sustainable energy storage applications[J]. *J. Power Sources*, 2017, 341:404-410.

[98] Senthilkumar S T, Bae H, Han J, et al. Enhancing capacity performance by utilizing the redox chemistry of the electrolyte in a dual-electrolyte sodium-ion battery[J]. *Angew. Chem. Inter. Ed.*, 2018, 57(19):5335-5339.

[99] Zhang H, Qin B S, Han J, et al. Aqueous/nonaqueous hybrid electrolyte for sodium-ion batteries [J]. *Acs Energy. Lett.*, 2018, 3(7):1769-1770.

[100] Suo L M, Borodin O, Gao T, et al. "Water-in-salt" electrolyte enables high-voltage aqueous lithium-ion chemistries[J]. *Science*, 2015, 350(6263):938-943.

[101] Firouzi A, Qiao R M, Motallebi S, et al. Monovalent manganese based anodes and co-solvent electrolyte for stable low-cost high-rate sodium-ion batteries[J]. *Nat. Commun.*, 2018:9:861.

[102] Liu C Y, Wang X S, Deng W J, et al. Engineering fast ion conduction and selective cation channels for a high-rate and high-voltage hybrid aqueous battery[J]. *Angew. Chem. Inter. Ed.*, 2018, 57(24):7046-7050.

[103] Kim J-K, Lim Y J, Kim H, et al. A hybrid solid electrolyte for flexible solid-state sodium batteries [J]. *Energy Environ. Sci.*, 2015, 8(12):3589-3596.

[104] Zhang Z, Xu K, Rong X, et al. $Na_{3.4}Zr_{1.8}Mg_{0.2}Si_2PO_{12}$ filled poly(ethylene oxide)/Na$(CF_3SO_2)_2$N as flexible composite polymer electrolyte for solid-state sodium batteries [J]. *J. Power Sources*,

2017, 372:270-275.

[105] Weadock N, Varongchayakul N, Wan J, et al. Determination of mechanical properties of the SEI in sodium ion batteries via colloidal probe microscopy[J]. *Nano Energy*, 2013, 2(5):713-719.

[106] Moshkovich M, Gofer Y, Aurbach D. Investigation of the electrochemical windows of aprotic alkali metal(Li, Na, K)salt solutions[J]. *J. Electrochem. Soc.*, 2001, 148(4):E155-E167.

[107] Soto F A, Marzouk A, El-Mellouhi F, Understanding ionic diffusion through SEI components for lithium-ion and sodium-ion batteries: insights from first-principles calculations[J]. *Chem. Mater.*, 2018, 30(10):3315-3322.

[108] Xie Y, Xu G-L, Che H, et al. Probing Thermal and chemical stability of $Na_xNi_{1/3}Fe_{1/3}Mn_{1/3}O_2$ cathode material toward safe sodium-ion batteries[J]. *Chem. Mater.*, 2018, 30(15):4909-4918.

[109] Lee Y, Lim H, Kim S O, et al. Thermal stability of Sn anode material with non-aqueous electrolytes in sodium-ion batteries[J]. *J. Mater. Chem. A*, 2018, 6(41):20383-20392.

[110] Lu H, Wu L, Xiao L, et al. Investigation of the effect of fluoroethylene carbonate additive on electrochemical performance of Sb-based anode for sodium-ion batteries[J]. *Electrochim. Acta*, 2016, 190:402-408.

[111] Zhang W, Pang W K, Sencadas V, et al. Understanding high-energy-density Sn_4P_3 anodes for potassium-ion batteries[J]. *Joule*, 2018, 2(8):1534-1547.

[112] Feng J K, An Y L, Ci L J, et al. Nonflammable electrolyte for safer non-aqueous sodium batteries [J]. *J. Mater. Chem. A*, 2015, 3(28):14539-14544.

[113] Feng J K, Zhang Z, Li L F, et al. Ether-based nonflammable electrolyte for room temperature sodium battery[J]. *J. Power Sources*, 2015, 284:222-226.

[114] Wang H, Wang C, Matios E, et al. Facile stabilization of the sodium metal anode with additives: unexpected key role of sodium polysulfide and adverse effect of sodium nitrate[J]. 2018, 57(26):7734-7737.

[115] Lee J, Lee Y, Lee J, et al. Ultraconcentrated sodium bis(fluorosulfonyl)imide-based electrolytes for high-performance sodium metal batteries[J]. *ACS Appl. Mater. Interfaces*, 2017, 9(4):3723-3732.

[116] Cao R G, Mishra K, Li X L, et al. Enabling room temperature sodium metal batteries[J]. *Nano Energy*, 2016, 30:825-830.

[117] Schafzahl L, Hanzu I, Wilkening M, et al. An electrolyte for reversible cycling of sodium metal and intercalation compounds[J]. *Chemsuschem*, 2017, 10(2):401-408.

[118] Lee Y, Lee J, Lee J, et al. Fluoroethylene carbonate-based electrolyte with 1 M sodium bis(fluorosulfonyl) imide enables high-performance sodium metal electrodes [J]. *ACS Appl. Mater. Interfaces*, 2018, 10(17):15270-15280.

[119] Luo W, Lin CF, Zhao O, et al. Ultrathin surface coating enables the stable sodium metal anode [J]. *Adv. Ener. Mater.*, 2017, 7(2):1601526.

[120] Yan G C, Alves D, Yin W, et al. Assessment of the electrochemical stability of carbonate-based electrolytes in Na-ion batteries[J]. *J. Electrochem. Soc.*, 2018, 165(7):A1222-A1230.

[121] Song X N, Meng T, Deng Y M, et al. The effects of the functional electrolyte additive on the cathode material $Na_{0.76}Ni_{0.3}Fe_{0.4}Mn_{0.3}O_2$ for sodium-ion batteries[J]. *Electrochim. Acta*, 2018, 281:370-377.

[122] Wu F, Zhu N, Bai Y, et al. Unveil the mechanism of solid electrolyte interphase on $Na_3V_2(PO_4)_3$ formed by a novel $NaPF_6$/BMITFSI ionic liquid electrolyte[J]. *Nano Energy*, 2018, 51:524-532.

[123] Alvarado J, Ma C, Wang S, et al. Improvement of the cathode electrolyte interphase on P2-$Na_{2/3}Ni_{1/3}Mn_{2/3}O_2$ by atomic layer deposition [J]. *ACS Appl. Mater. Interfaces*, 2017, 9 (31): 26518-26530.

第 10 章

钠离子电池其他材料

钠离子电池作为一个复杂的系统，除电化学活性成分以外，还包括一些关键辅助成分（通常是非活性或低活性组分），如黏结剂、导电剂、电解液和隔膜等。单一的材料开发并不意味着电池综合性能的提升，其性能优化是电池内部各组分协调作用和共同进步的结果。在钠离子电池中，活性材料处于由非活性或低活性成分构筑的内部环境中，这些辅助成分虽不能从理论上决定电池的能量密度，却直接影响着活性材料实际性能的发挥，进而决定钠离子电池功率密度、循环寿命以及安全性的提高。非活性成分主要包括：隔膜、导电剂、黏结剂及集流体等。隔膜起到物理屏障的作用，将正极和负极直接隔开，并容纳电解液，以促进离子在电池内穿梭。导电剂在电极中主要起到导电及增强极片浸润性的作用。黏结剂将活性物质、导电剂与集流体三者相互黏结来制作最终的极片。现有的资料中很少有对钠离子电池非活性材料的研究，一般都是借鉴锂离子电池等相对成熟的体系。因此有必要从电极非活性或低活性成分出发，针对电极材料存在的瓶颈问题进行优化，提升钠离子电池电化学性能和推动其规模化应用。

10.1 隔膜

在钠离子电池中，隔膜的基本功能是防止正负极的物理接触，同时充当电解液储存库，以实现离子传输。隔膜不直接参与任何电池反应，但其结构和性能对电池的性能（包括循环寿命、安全性、能量密度和功率密度）起着重要的作用。在选择钠离子电池中使用的适当隔膜时，应考虑以下因素。

（1）孔径和孔隙率

一般情况下，隔膜的孔径应小于 $1\mu m$，以防止活性物质的渗透。均匀的孔径分布可以保证离子传输的稳定性，并可以有效抑制枝晶的生长。高孔隙率会降低隔膜的机械强度，带来潜在的危险，低孔隙率会破坏电解液的储存，增加电池的电阻。因此，优化隔膜的孔径和孔隙率对电池的电化学性能和安全性至关重要。孔隙度表示为孔体积与隔膜体积的比率，可按下式计算：

$$\varepsilon(\%) = \frac{W - W_0}{\rho_L V_0} \times 100\% \tag{10.1}$$

其中，W_0 和 W 分别为浸入液体前后的隔膜质量，ρ_L 为液体密度，V_0 为隔膜体积。

（2）机械强度

隔膜应具有良好的机械强度，能保证电池在遇到毛刺、枝晶甚至意外撞击时的安全性。根据 ASTMD882 和 D638 标准，厚度为 $25\mu m$ 的隔膜的最小抗拉强度为 98.06MPa[1]。刺穿强度和拉伸强度与隔膜的厚度、孔隙率、孔径和制备方法高度相关。

（3）润湿性

隔膜应具有良好的电解液润湿性，能够快速被电解液浸润，以实现有效的离子传输并降低内阻。隔膜的润湿性主要由接触角和吸液率来判断。且主要取决于隔膜的类型和微观结构。用接触角试验可以评价隔膜对电解液的润湿速度，高的电解液吸收率可以保证离子的快速导电性，电解液吸收率根据式（10.2）得出的：

$$\text{electrolyte uptake}(\%) = \frac{M - M_0}{M_0} \times 100\% \tag{10.2}$$

M 及 M_0 分别为隔膜浸入电解液前后的质量。

（4）渗透率

渗透率（κ）是指分离器允许电解液在一定压力差下通过的能力。Darcy 定律描述了液体通过多孔样品的宏观流动性，可以根据式（10.3）计算

$$\kappa = -\frac{\mu \eta}{\Delta P} \tag{10.3}$$

式中，η 是液体的黏度，ΔP 是施加的压力差，μ 是液体的平均速度。

Gurley 值（G）与渗透率有关，通常用来表示隔膜的渗透率，由膜的孔径分布、孔隙率等决定。它被定义为空气通过隔膜的单位面积所需的时间，其计算公式如式（10.4）

$$G = \frac{\eta_{air} \times V \times L}{\kappa \times \Delta P \times A} \tag{10.4}$$

η_{air} 是空气黏度，V 是风量，L 是分离器厚度，ΔP 是压差，A 是面积。κ 是指含有电解液的分离器与纯电解液的电阻之比，用来间接估计隔膜的透气性。

（5）化学/电化学稳定性

隔膜在电解液中必须保持尺寸和相稳定。同时，在充放电过程中不会与活性电极材料发生各种氧化还原反应。此外，隔膜在电解液中应该有一个宽的电压窗口，以匹配高压正极材料。

（6）热稳定性

隔膜的热稳定性是指在受到热源影响时保持其结构和形貌的能力，和电池的安全特性联系非常密切。当电池内部或外部发生极端情况，电池温度可能会急剧升高，若隔膜耐热性差，则会导致其发生热收缩，引发正负极短路，发生危险。一般的商业化电池的使用温度范围为 $-20 \sim 60 ℃$，目前实验室规模使用的是玻璃纤维隔膜，耐热性能良好。

（7）成本

成本问题对钠离子电池隔膜来讲是必须要考虑的问题，因为钠离子电池发展的目标就是为了大规模、低成本储能。在锂离子电池中，隔膜占整个电池成本的 $15\% \sim 20\%$，相信，在未来商业化的钠离子电池中，其占比也不会低，所以，发展低成本、高安全、可大规模生产的钠离子电池隔膜是必需的。

（8）自动孔堵塞

当温度达到某一个失控的范围时，膜内的孔能够自动关闭，保持机械完整性。

虽然钠离子电池呈现出较快的发展趋势，但钠离子电池隔膜的研究仍处于起步阶段。由无机非金属纤维组成的玻璃纤维过滤器通常用作实验室规模的钠离子电池的隔膜。该隔膜具有超过 500℃ 的熔点和优异的耐火性能。然而，此类隔膜也有明显的缺点，例如柔韧性差、机械强度差和成本高等。这些缺点不仅增加了钠离子电池器件的组装难度（电池生产过程中隔膜会被缠绕和拉伸），而且给大规模应用带来很大的安全隐患。因此，钠离子电池对隔膜的要求总结如下：

① 低成本，满足大规模储能需求；

② 由于钠离子电池电解液的黏度较高，对隔膜的化学稳定性和润湿性要求较高；

③ 钠枝晶比锂枝晶表现出更高的反应速率和风险，钠离子电池隔膜应该更耐枝晶；

④ 与锂离子电池类似，钠离子电池隔膜的其他安全指标也非常需要，例如热稳定性和机械强度。

因此，应该为高安全性钠离子电池开发更多的隔膜制备策略。

锂离子电池的隔膜有时不能直接应用于钠离子电池，因为电解质溶液（有机溶剂和导电盐）和电极材料在两者之间是有所不同的。商用多孔 PE 和 PP 隔膜对具有高黏度溶剂（例如碳酸丙烯酯）的钠离子电池电解质表现出较差的润湿性，这不仅增加了界面电阻而且降低了离子转移速率。因此，有必要根据钠离子电池的电解液和电极特性，量身定制高安全性隔膜，以匹配钠离子电池的快速发展。

Suharto 等人[2] 报道了用于高性能钠离子电池的微孔陶瓷涂层隔膜（Z-PE

隔膜）。该隔膜通过将聚偏二氟乙烯-六氟丙烯（PVDF-HFP 共聚物）与 ZrO_2 纳米粒子的聚合物涂层引入聚乙烯（PE）隔膜制备而成。涂层隔膜有效地提高了钠离子电池的电池性能。均匀分散在聚合物涂层上的 ZrO_2 纳米颗粒在聚合物涂层上诱导形成许多微孔，涂层上的微孔形成使复合隔膜在结构上更加开放。即使在电解液滴测试 1h 后，用于钠离子电池的碳酸亚乙酯/碳酸亚丙酯液体电解质也不会被 PE 隔膜吸收，而具有许多微孔的隔膜完全被电解质润湿。通过形成离子转移通路有效地增强了钠离子在复合隔膜上的迁移，从而提高了离子电导率。与原始 PE 隔膜相比，Z-PE 隔膜表现出 $7.0 \times 10^{-4} S \cdot cm^{-1}$ 的高离子电导率。使用微孔复合隔膜的电池在 50 次循环后仍具有稳定的循环性能和高的容量保持率（95.8%），与使用玻璃纤维隔膜的钠离子电池提供的性能相当。

Arunkumar 等人[3] 通过在 PVDF-HFP/聚（甲基丙烯酸丁酯）（PBMA）聚合物中加入钛酸钡（$BaTiO_3$），开发了一种用于钠离子电池的多孔陶瓷膜（PCM），如图 10.1(a)～(c)所示。$BaTiO_3$ 颗粒与 PVDF-HFP/PBMA 聚合物均匀地结合在一起，这种 PCM 隔膜显示出均匀的孔径，在高达 400℃ 时具有良好热稳定性。PCM 隔膜的离子电导率高达 $10^{-3} S \cdot cm^{-1}$，且具有高的电解质吸收率，这使其成为比玻璃纤维膜更好的选择。为了证明 PCM 在钠离子电池中的适

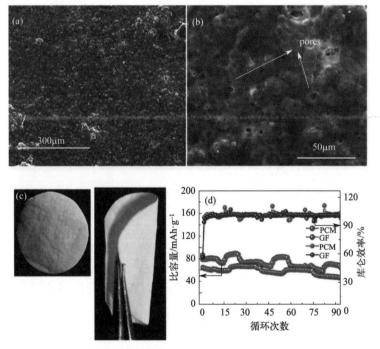

图 10.1　(a),(b)不同放大倍率下 PCM 的 SEM 图，(c) PCM 的数码照片，
(d) 硬碳的循环性能曲线[3]

用性，在室温下使用 PCM 作为隔膜来测试硬碳的钠离子存储性能。如图 10.1
(d) 所示，在电流密度为 30mA·g^{-1} 时，使用基于 PCM 的隔膜的硬碳的比容
量约为 270mAh·g^{-1}，比相同情况下的玻璃纤维隔膜（208mAh·g^{-1}）高
30%。比容量的提高是由于 PCM 与钠电极具有很好的相容性、界面电阻较低且
钠离子迁移数较高以及比玻璃纤维隔膜更好的电化学稳定性（4.9V）。

　　由于 PP 的疏水性，低孔隙率、较差的润湿性和热稳定性导致了电池的电阻
增加，影响了电池性能。为了改善这些特性，Janakiraman 等人[4] 在 PP Cel-
gard 膜上利用静电纺丝方法涂覆聚偏二氟乙烯（PVDF）纳米纤维（图 10.2）。
静电纺丝是一种生产纳米纤维的独特而简单的技术，它可以影响孔隙率、电解质
润湿性和离子电导率。这种纳米纤维涂层的 Celgard 膜是通过将隔膜浸泡在
1mol·L^{-1}NaClO$_4$ 的有机液体电解质溶液中形成的凝胶聚合物电解质。凝胶聚
合物电解质的电化学性能表现出高离子电导率、优异的电解质保留能力、高电化
学稳定性和良好的热稳定性。与未涂覆的 Celgard 隔膜相比，带有纳米纤维涂层
Celgard 隔膜的半电池 Na$_{0.66}$Fe$_{0.5}$Mn$_{0.5}$O$_2$/GPE/Na 显示出高放电容量和优异的
循环性能。

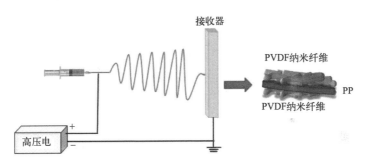

图 10.2　PVDF/PP 隔膜的制备示意图[4]

　　Zhang 等人[5] 报道了一种衍生自虾壳结构，通过自组装几丁质纳米纤维制
备的新型环保隔膜用于钠离子电池中。几丁质纳米纤维隔膜（CNM）的孔径可
以通过调节几丁质纳米纤维自组装过程中造孔剂（柠檬酸二氢钠，SDCA）的数
量来调节。在温和的醋酸酸性（0.3%）悬浮液中分离出的甲壳素纳米纤维可以
通过简单的胶体磨粉处理获得，得到的甲壳素纳米纤维悬浮液照片如图 10.3(a)
所示。从得到的几丁质纳米纤维的 SEM 图[图 10.3(b)]可以看出，分离得到的
几丁质纳米纤维长度可达几微米，直径低至几十纳米。通过对甲壳素纳米纤维悬
浮液进行简单的真空干燥，可以得到由纯甲壳素纳米纤维组成的柔性膜[图 10.3
(c)]，其厚度为约 25μm。然而，通过真空干燥工艺将甲壳素纳米纤维直接组装
得到的膜中很少产生纳米级孔结构。在膜中，甲壳素纳米纤维彼此紧密堆积，孔
隙非常小，这使得其用作钠离子电池隔膜时极化非常大。如图 10.3(d) 所示，

通过在 CNM 分离器中构建合适的孔隙率，将 SDCA 作为硬模板引入制作过程，调整孔隙率。SDCA 通过与甲壳素纳米纤维表面的氢键相互作用，在 SDCA 的模板作用下，膜中产生纳米级孔。CNM 隔膜在 $Na_3V_2(PO_4)_3$/Na 电池中展现了比 PP 隔膜更加优异的性能。

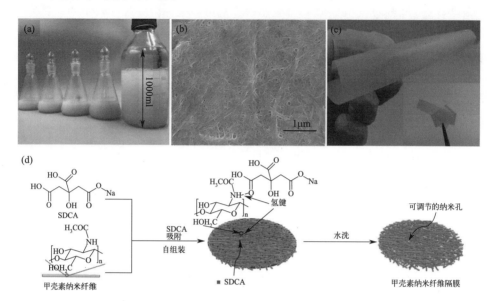

图 10.3 虾壳甲壳素纳米纤维和虾壳甲壳素纳米纤维制备的纳米材料的 SEM 图像和照片
(a) 获得的甲壳素纳米纤维悬浮液照片；(b) 所得甲壳素纳米纤维的 SEM 图；(c) 甲壳素纳米纤维
悬浮液直接真空干燥 CNM 的照片；(d) SDCA 作用下 CNM 分离器内纳米孔生成示意图[5]

由于锂离子电池和钠离子电池之间的电解质不同，因此应特别考虑钠离子电池电解质中隔膜的化学稳定性。Chen 等人[6] 通过静电纺丝工艺合成了一种用于钠离子电池的柔性改性醋酸纤维素隔膜（MCA），随后通过将乙酰基部分变为羟基来优化界面化学基团。图 10.4(a)～(d) 为醋酸纤维素在氢氧化钠/水溶液中分别浸泡 0h、1h、3h 和 10h 的 SEM 图。随着时间的延长，纤维明显变粗。同时，纳米纤维的直径均匀分布在 100nm 左右。图 10.4(e) 显示，改性的柔性醋酸纤维素分离器在不同弯曲条件下具有较高的柔性。经过合理设计，柔性 MCA 隔膜在电解质（EC/PC、EC/DMC、二甘醇二甲醚和三甘醇二甲醚）中表现出高化学稳定性和优异的润湿性（接触角接近 0°）。此外，柔性 MCA 隔膜显示出高降解起始温度（超过 250℃）和出色的热稳定性（在 220℃下无收缩）。电化学测试表明，采用柔性 MCA 隔膜的钠离子电池在 $Na/Na_3V_2(PO_4)_3$ 中表现出超长的循环寿命和高倍率容量（10C 时为 100.1mAh·g^{-1}）；在 Na/SnS_2 半电池（0.01～3V）中的也展现出良好循环性能，100 次循环后容量保持率仍为 98.59%。此外，具有柔性 MCA 隔膜的全电池（$SnS_2/Na_3V_2(PO_4)_3$）显示出

$98mAh \cdot g^{-1}$ 的比容量，并且在 $0.118A \cdot g^{-1}$ 下循环 40 次后容量几乎没有减少。因此，这项工作为钠离子电池提供了一种柔性改性醋酸纤维素隔膜，具有一定的应用潜力。

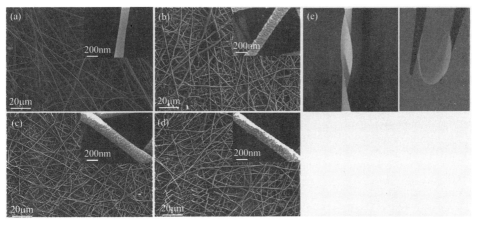

图 10-4　(a)～(d)醋酸纤维素无纺布在氢氧化钠/水溶液中浸泡 0h、1h、3h 和 10h 的 SEM 图，(e) 改性柔性醋酸纤维素隔膜在不同弯曲条件下的高柔韧性[6]

Zhang 等人[7] 通过静电纺丝制备了聚丙烯腈（PAN）无纺布，通过水解其腈基团进行改性，然后在其上原位生长二氧化硅气凝胶来合成聚丙烯腈/凝胶（M-PSA），如图 10.5 所示。M-PSA 可以增强常规电解质（EC/PC、EC/DMC、二甘醇二甲醚）中的化学稳定性，显示出对传统电解质的高孔隙率和优异的亲和力。更重要的是，M-PSA 隔膜可以在 250℃ 下保持其结构完整性，并且在 350℃

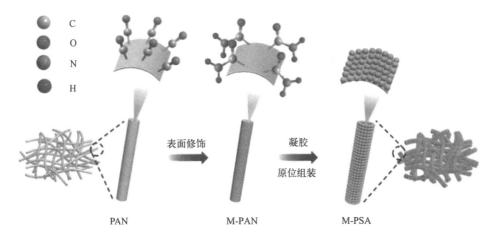

图 10-5　高安全性 M-PSA 隔膜合成工艺示意图[7]

下不会严重收缩，维持在原来面积的 80.06%，这表明其具有出色的热稳定性。M-PSA 隔膜在钠电池（半电池和全电池）中进行测试，表现出良好的循环性能和快速动力学。M-PSA 隔膜有望成为先进锂/钠离子电池的高安全性隔膜。

Mun 等人[8] 提出了一种独特的纳米 SiO_2 浸渍方法来改善 PE 隔膜的性能，该方法可以保持隔膜的厚度，以确保高体积能量密度，如图 10.6 所示。通过简单的化学修饰将二氧化硅基质掺入 PE 隔膜中，具体步骤是通过过氧化苯甲酰处理包埋羟基，然后通过 Si—O 缩合引入 3-(三甲基氧基硅基) 甲基丙烯酸丙酯助剂。这些步骤将多个 Si—O 官能团引入 PE 主链上。所制备的隔膜在保持初始隔膜厚度的同时，具有高润湿性和离子电导率。纳米 SiO_2 浸渍 PE 即使在 140℃ 的高温下也具有显著改善的热稳定性和高尺寸稳定性。由 $Na_{0.9}Li_{0.05}Ni_{0.25}Fe_{0.25}Mn_{0.5}O_2$ 和硬碳电极组成的钠离子全电池，当用这种纳米 SiO_2 浸渍 PE 隔膜时，表现出显著增加的循环寿命和倍率性能。

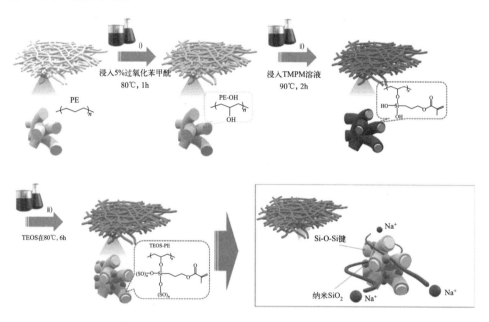

图 10.6　纳米 SiO_2 浸渍方法来改善 PE 隔膜的制备流程图[8]

Niu 等人[9] 使用热稳定的聚醚酰亚胺（PEI）和聚乙烯吡咯烷酮（PVP）混合物通过浸没相分离制备钠离子电池隔膜，如图 10.7 所示。由于 PVP 和 PEI 聚合物的二级分层，PEI/PVP 隔膜显示出相互连接的多孔结构。与商用聚丙烯相比，PEI/PVP 隔膜表现出更好的润湿性、更高的离子电导率（1.14mS·cm^{-1}）和更高的热稳定性（高达 180℃），以及更好的柔韧性和机械强度（39%，6.7MPa）。以 PEI/PVP 为隔膜的无序介孔碳/钠电池在 0.5C 时具有

$119.4mAh \cdot g^{-1}$ 的高放电比容量。PEI/PVP 作为钠离子电池隔膜可以增强电化学性能的原因在于其具有互连的多孔结构和高的电解质吸收率。这些结果都表明 PEI/PVP 隔膜有望用于安全和高性能的钠离子电池。

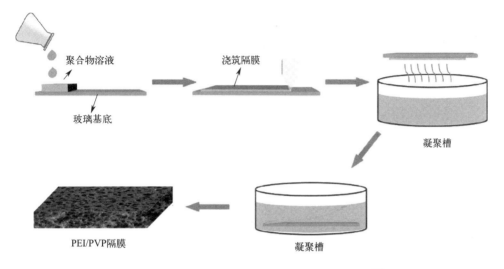

图 10.7　浸渍沉淀法制备 PEI/PVP 隔膜的流程图[9]

　　Ho 等人[10] 通过简单的浸涂方法将聚多巴胺（PDA）引入了改性的 PE 隔膜，其中多巴胺层的加入使隔膜在钠离子电池的液体电解质中更具亲水性。PDA-PE 隔膜具有高离子电导率和长循环寿命的特点，并且对于 Na‖Na 对称电池在不同电流密度下都是稳定的。此外，由硬碳和钠金属电极组成的钠半电池，在使用经过 PDA 处理的 PE 隔膜后显示出显著改善的循环性能和高的可逆容量。

　　Coustan 等人[11] 制备了一种耐热、高性能的电纺混合 PVDF-HFP/SiO$_2$ 纤维基隔膜（EHS），并探索了其在钠离子电池中的应用。EHS 含有 40％的 SiO$_2$，由混合的无纺布有机（PVDF-HFP）无机（SiO$_2$）纤维（约 145nm）制成，具有高度多孔的网络（约 85％体积）。这种 EHS 隔膜具有较强的电解液吸收能力，几乎没有膨胀，界面稳定性可与当今商业化 Al$_2$O$_3$ 涂层的 PP 隔膜相媲美。使用 EHS 的 NVPF//NaPF$_6$-EC：PC//硬碳全电池具有低的离子电阻、优异的倍率性能和循环稳定性。

　　Kim 等人[12] 制备了一种聚（乙烯共醋酸乙烯酯）（EVA）/聚酰亚胺（PI）/EVA 三层隔膜（PIE）。如图 10.8 所示，多孔 EVA 层被涂覆在电纺-PI 的两侧，作为支撑层，通过伴随热诱相分离的浸涂工艺，聚乙烯嵌段聚（乙二醇）被用作聚合物孔发生器以获得开放的多孔形态。PIE 三层隔膜具有出色的热稳定性，同时具有两种不相容的热行为，即温度高达 200℃，热收缩可以忽略不计，在大约 100℃时可以快速热熔断。此外，与商用烯烃隔膜相比，PIE 三层隔膜显示出更高的离子电导率和更大的液体电解液的吸收，从而使钠离子电池时具有更好的循环性能。

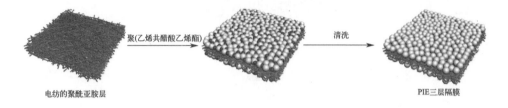

图 10.8　PIE 三层隔膜制备流程

Janakiraman 等人[13] 采用静电纺丝法将聚偏二氟乙烯（PVDF）聚合物溶液制成超细隔膜，然后在含有 $1mol \cdot L^{-1} NaPF_6$ 的 EC 溶液浸泡隔膜。这种纤维聚合物电解质（EFPE）表现出 $1.08mS \cdot cm^{-1}$ 的高离子电导率和 5.0V 的电化学稳定性窗口（相对于 Na/Na^+）。在以 EFPE 作为隔膜的半电池中，$Na_{0.66}Fe_{0.5}Mn_{0.5}O_2$ 在 0.1C 的电流密度下表现出稳定的循环性能。

Casas 等人[14] 开发了一种基于可再生水溶性纤维素衍生物的新型隔膜。羧甲基纤维素（CMC）和羟乙基纤维素（HEC）通过交联获得了大比表面积的非溶剂诱导相分离膜（NIPS）。在对称 Na/Na 电池结构中，恒电流的长循环显示了优异的可逆电压响应，即使在循环 250h 后极化曲线仍为方波形状，表明非常稳定的 Na 溶出/沉积，抑制了 Na 枝晶生长。这种新型隔膜被用于 $Na_3V_2(PO_4)_3/Na$ 半电池。在 C/10 下循环 10 次后容量为 $74mAh \cdot g^{-1}$，库仑效率为 100%，这为开发生物质衍生的多孔膜作为电池隔膜提供了新的思路。

电化学循环过程中出现的 Na 枝晶一直是制约钠离子电池安全性的一个难题，在大电流下这个问题会更加严重。在相同条件下，Na 金属的反应速率高于 Li 金属，这可能导致固体电解质界面不稳定。SEI 的持续生长和断裂会耗尽电解液，增加 Na 枝晶生长的风险。因此，除了钠离子电池隔膜的安全特性外，钠离子电池隔膜还应具有适当的孔隙率和较好的与电解液的亲和力，以促进离子的传输，抑制 Na 枝晶的生长。

为了解决这一问题，Zhou 等人[15] 利用一种通用的"修饰-过滤"策略，可控调节用于钠电池的商用聚烯烃隔膜，在已开发的 Janus 隔膜的一侧修饰有钠离子导电聚合物｛1-[3-（甲基丙烯酰氧基）丙基磺酰基]-1-（三氟甲磺酰基)-酰亚胺钠，PMTFSINa｝。在室温钠硫电池中使用时，修饰 PMTFSINa 侧可有效提高电解液的润湿性，并抑制多硫化物扩散和钠枝晶生长。此外，Ti 空位的含氮 MXene 涂层可通过电催化方式改善多硫化物的转化动力学。图 10.9 为 PMTFSINa 修饰的 DN-MXene 涂层侧 Janus 隔膜的制造过程。首先，通过两步光聚合策略将 PMTFSINa 修饰到 Celgard 隔膜上。通过将芴醇共价连接至聚烯烃基隔膜的表面,它们与隔膜基材发生吸氢反应,从而在隔膜上与氟自由基一起生成表面自由基。由于空间位阻效应,这些表面自由基更倾向于与芴基自由基偶联。随后,在 MTFSINa 溶液下,通过紫外线照射使上述基团重新活化。所得的芴基自由基的反应性较低,而隔膜上的表面自由基充当"修饰点",从而引发 PMTFSINa 单体的表面自由基聚合。因此,单根 Na 离子导电聚合物链被修饰到聚烯烃基隔膜的表面上。隔膜的修饰程度可通过紫外线再照射时间控制。得益于修饰 PMTF-SINa 层的亲水性,直接真空过滤 DN-MXene 就可以很容易地从 PMTFSINa 修饰的隔膜制造带有 DN-MXene 涂层侧的 Janus 隔膜。该研究中开发的电池在贫电解液下具有更高的容量,更长的循环寿命。

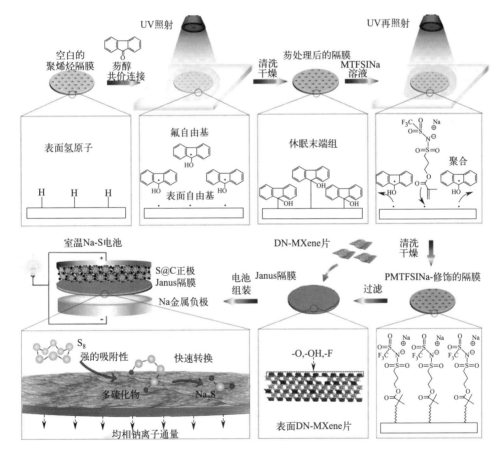

图 10.9　制备 PMTFSINa 和 DN-MXene 涂层的 Janus 隔膜用于室温 Na-S 电池的示意图[15]

目前对钠离子电池隔膜的研究主要集中在聚烯烃隔膜的改性和无纺布隔膜的制备,以确保隔膜在电解液中保持化学稳定性,并与电解液具有良好的亲和力。

需要解决的主要科学问题是电解液和隔膜之间的兼容性。当然，在隔膜的研制过程中还应考虑隔膜的其他参数，包括机械强度、热稳定性和抗枝晶能力等。需要注意的是，研制钠离子电池是为了满足大规模储能应用的需要。因此，低成本的隔膜是对钠离子电池的基本要求。

10.2 黏结剂及导电剂

就理想的多孔电极的制备过程而言，首先要求活性材料和导电剂能够均匀分散在黏结剂溶液中，形成分散、不易沉降的黏稠状浆料，便于后续涂布。此外，在极片涂覆和后续烘干过程中，黏结剂需将活性材料与导电剂均匀、牢固地黏附在集流体上，保证多孔电极在具有一定孔隙率的同时具有整体的连接性。当黏结剂材料选择和使用得当时，制备得到的多孔电极就具有很好的机械强度和柔韧性，可保持长期循环过程中活性材料不掉粉、不脱落，电极导电环境和机械结构的完整性可以得到长期有效维持。黏结剂材料还需要具备抑制电极材料体积效应负面影响的功能，保证电极结构的长期稳定性，这一般需要通过发展三维交联的高强度网络状黏结剂来实现。

黏结剂大多是高分子化合物，使用比例一般在 $5\%\sim8\%$ 之间，加入最佳量的黏结剂使得电极具有较高的容量、较长的循环寿命和较低的内阻，这对于提高电池的循环性能、快速充放电能力以及降低电池的内阻具有促进作用[16]。

钠离子电池的电解质一般为极性大（因此溶解和溶胀能力高）的碳酸酯类有机溶剂，黏结剂长期处于电解液的液态环境中，要保证电极涂层长期不掉粉、不脱落，就要求黏结剂必须能承受碳酸酯溶液的侵蚀（至少是不溶解），具有较高的化学稳定性。同时，钠离子电池的工作电位较高，要求所用黏结剂具有优良的电化学稳定性，在电池工作电压窗口内不会发生氧化还原反应。具体来说，黏结剂需满足以下条件：①在极片干燥过程中，具有一定的热稳定性；②能被电解液润湿，在电解液中不溶解、不溶胀（或溶胀小），具有较高的化学稳定性；③具有较宽的电化学稳定窗口，在钠离子电池工作电压范围内呈现电化学惰性；④具有较好的离子和电子导电性，以减少电极的阻抗；⑤杨氏模量低，机械强度高，具有良好的可加工性；⑥黏结性好，用量少；⑦制备工艺简单，成本低。

一个有效的黏合过程可以分为两个步骤：溶解/扩散/渗透步骤和硬化步骤。在第一步中，黏合剂（溶解的非反应性黏合剂或反应性黏合剂前体）润湿基材表面并渗透到电极材料颗粒的孔隙，如图 10.9(a) 所示。在第二步中，黏合剂通过不同的反应机制（例如，非反应性黏合剂的干燥或反应性黏合剂的聚合）硬化，从而产生机械连锁效应。除了机械连锁效应[图 10.9(b)]和界面结合力[图 10.9(c)]外，黏合复合材料的机械强度还取决于黏合剂和电极材料的机械强度。如图 10.9(d) 所示，当黏合剂与颗粒接触时，黏合剂聚合物一般存在三种不同的状态：黏合聚合物层、颗粒表面的固定层聚合物和过量聚合物。过量聚合物是围绕固定层的游离聚合物。在黏合系统中，由于与黏合层的相互作用，固定层的强度通常比过量的聚合物层强。固定层和过量层的性能主要取决于聚合物的固有性能，界面配置随聚合物和基材而变化。

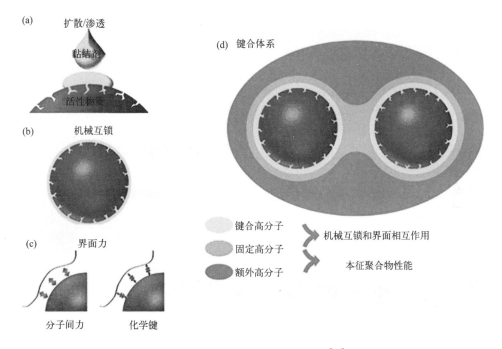

图 10.10　黏结剂黏结机理示意图[16]

根据分散剂的类型，可以将黏结剂分为两类：①油性黏结剂，分散介质为有机溶剂，如 PVDF、聚酰胺酰亚胺（PAI）、聚酰亚胺（PI）、聚丙烯腈（PAN）等，此体系形成的浆料具有良好的分散性，不易沉降，黏结性好，同时也存在有机溶剂价格昂贵、易吸水、使用过程中易造成环境污染等固有问题；②水性黏结剂，分散介质为水，如 PTFE、羧甲基纤维素钠（CMC）、丁苯橡胶（SBR）、海藻酸钠、聚乙烯醇（PVA）、聚丙烯酸（PAA）等。另外，按照黏结剂在多孔电极中的分散情况，又可以分为点型黏结剂、线型黏结剂和三维网络状黏结剂三类。点型黏结剂主要包括 PTFE 和 SBR 等，这类黏结剂最突出的特点是与活性材料以点结合的方式连接，黏结剂基团的疏水性差，在水中分散困难，难以形成长程连接，制备的极片力学性能较差。线型黏结剂，主要包括 PVDF、聚丙烯酸（PAA）、羧甲基纤维素钠（CMC）和聚乙烯醇（PVA）等，受具体分子结构和官能团的影响，差别较大。

Fan 等人[17] 制备了具有涡轮层结构的 N 掺杂中空碳纳米管（N-CNTs）作

为钠离子电池的负极材料，比较研究了聚丙烯酸钠（Na-PAA）和聚偏二氟乙烯（PVDF）黏结剂对其电化学性能的影响，所得的 N-CNTs 具有无序的碳结构，并含有 N—，O—官能团，其电化学性能在很大程度上取决于所使用的黏合剂。采用 Na-PAA 黏结剂的 N-CNT 电极具有大容量、高初始库仑效率、优异的循环稳定性和倍率性能。与传统的 PVDF 黏结剂相比，水溶性 Na-PAA 黏结剂具有电化学活性、内阻较低的优点，并且形成了均匀的固体电解质界面。进一步的研究表明，Na-PAA 的结合能力与分子量密切相关。分子量适中的 Na-PAA 更适合作为钠离子电池 N-CNTs 负极材料的黏结剂。

Piriya 等人[18] 研究了电解质和黏合剂对钠离子电池还原氧化石墨烯负载的 SnO_2 负极材料性能的影响。结果表明，羧甲基纤维素钠和碳酸亚乙酯/碳酸二乙酯作为黏结剂和电解质溶剂的电池表现出 $688mAh \cdot g^{-1}$ 的高比容量和优异的循环稳定性。与使用 PVDF 黏合剂和碳酸亚丙酯作为电解质溶剂的电解液相比，比容量提高了约 56%。

Nagulapati 等人[19] 研究了一种新型的混合黏合剂混合物，该混合物旨在增强钠离子电池的电化学性能。FEC 在提高钠离子电池的稳定性、可循环性和倍率性能方面发挥着关键作用。然而，FEC 的增加导致容量降低。另一方面，尽管 PVDF 黏合剂在钠离子电池中表现不佳，但与使用 PAA（聚丙烯酸）黏合剂的电极的初始容量相比，使用 PVDF 黏合剂的电极的初始循环容量更高。在 $1000mA \cdot g^{-1}$ 的高电流密度下，采用 PVDF：PAA＝7：3 或 5：5 黏结剂的 SbTe-C40 电极在 500 多次循环中表现出优异的循环稳定性、高的倍率性能和提高的可逆容量。

层状锰基氧化物作为钠离子电池的主流正极材料已被广泛研究，其中掺杂或包覆已被证明可以改善其电化学性能。然而，流行的 PVDF 黏合剂在循环时会发生膨胀，导致电极材料裂纹并与集流体脱离。针对上述问题，Xu 等人[20] 采用环保型海藻酸钠作为传统层状过渡金属氧化物正极材料 $P2-Na_{2/3}MnO_2$ 的黏结剂。海藻酸钠被证明在抑制材料表面的裂纹，防止电荷转移电阻激增和抑制电极与集流体之间的分离方面起着至关重要的作用。因此，海藻酸钠被证明是与 $P2-Na_{2/3}MnO_2$ 相匹配的理想黏合剂。

电极/电解质界面不稳定、反应动力学缓慢和过渡金属（TM）溶解等多重问题极大地影响了钠离子电池正极材料的倍率性能和循环性能。Li 等人[21] 开发了一种基于蛋白质的多功能黏结剂，即丝胶蛋白/聚丙烯酸（SP/PAA），以解决上述问题。研究显示，SP/PAA 黏结剂可以均匀地覆盖在 $Na_4Mn_2Fe(PO_4)_2P_2O_7$（NMFPP）正极材料的表面，并作为坚固的人造界面层，它在高压下是电化学惰性的，可以有效地保护 NMFPP 正极免受 Mn 溶解并减轻自放电。此外，与传统聚偏氟乙烯（PVDF）黏结剂相比，SP/PAA 具有更高的离子电导率以促进 Na^+ 扩散，更强的结合能力以确保结构完整性，从而产生更稳定的正极电解质界面。由于这些优点，SP/PAA 基 NMFPP 电极的倍率性能和循环稳定性大大提高。

鉴于各种官能团可以整合到聚合物分子主链结构上，Chen 等人认为[16] 可以将黏合剂与常规聚合物组合满足相应的需求。多功能黏合剂的设计和制备是未来实现高能量/高功率密度材料的一种有前途的方法，可实现更安全，更便宜和更环保的储能系统。为了实现这些目标，未来对储能电池黏合剂的研发可以面向以下几个方面：①建立评估各种黏结剂的黏合强度、拉伸性、延展性和电解质吸收等力学性能的标准方法，这有助于了解黏合机理并优化黏合剂的选择；②建立原位探测方法，与理论计算相结合，直接观察充放电过程中的物理和化学变化，以研究黏合剂对 SEI 层形成的作用；③探索具有高负载以及高电子和离子导电性的先进黏合剂和结合体系，以实现快速的电极反应动力学。

近年来，用于钠离子电池的黏合剂的研究已经取得了重大突破。PVDF 具有较强的抗氧化还原能力，易于分散，溶液的黏合效果较好，但在非水性液体电解质中易润湿，降低材料的黏附性，且保形性欠佳，不适用于体积变化较大的负极材料。CMC 的亲水性良好，机械强度较大，有利于 SEI 膜的稳定形成，抑制不可逆容量的产生，由于 CMC 的脆性较大，柔顺性较差，通常与高弹性的 SBR 混用。PAA 的弹性模量和抗拉强度较高，与电极之间的黏结均匀性和柔性优异，但是力学性能较差，热黏冷脆，使得电极的可加工性能差，而较强的亲水力也易与电池中残余的水分发生副反应。交联聚合物的三维网状结构可以有效地防止活性材料发生不可逆的滑移，更有利于维持电极结构的稳定性，但是，可能存在网络缺陷[22]。

除了黏结剂这一非活性材料，电池中还有一类关键性的低活性材料，即导电剂或电极表面导电包覆材料，这类材料具有一定的嵌/脱钠能力，但因用量很小，对电极的电化学性能影响不大。从电极材料物理性质来看，除少数导电性优异的材料，钠离子电池电极材料的电子导电性大都不够理想，常见负极材料如锡、锗及金属氧化物等电子导电性也都较差。因此，为保证电极具有良好的充/放电性能，极片制备的过程中须加入一定量的导电剂，在活性物质之间以及活性物质与集流体之间提供电子迁移的通道，以减小内部阻抗，提高充放电效率。

导电剂的添加量存在一个优化值，过多或过少都会影响电池的性能。同时，导电剂还可能影响电池内部电解液的分布，受钠离子电池工作空间的限制，注入电解液的量是有限的，当电池中某一多孔电极中导电剂添加过多时，对电解液的吸附量也会相应增加，从而导致另一电极电解液的量相对不足，影响钠离子在电池内部的传输。此外，不同导电剂的性能优劣和添加量也不尽相同。钠离子电池常用导电剂包括导电炭黑、导电石墨、SuperP（小颗粒导电炭黑）、科琴黑、碳纳米管及石墨烯等。众所周知，在电极制备过程中，通过添加导电剂可以弥补活性材料导电性差这一难题，减小电极内部阻抗。但对在嵌/脱钠过程中存在剧烈体积效应的活性材料而言，在嵌钠的过程中，活性材料的体积膨胀趋向于将导电剂和黏结剂"推开"；而在脱钠的过程中，活性材料体积收缩回到初始位置的同时，如果黏结剂与活性材料和导电剂之间的结合力较差，不足以将导电剂及时的"拉回"活性材料表面，就将导致部分活性物质脱离导电环境，成为电化学"死体积"。未来钠离子电池的导电剂的改进还需要更加深入的研究，可以参照锂离子电池工艺的发展。

10.3　集流体

集流体的作用主要是通过涂覆将粉状的活性物质连接起来，将活性物质产生的电流汇集输出、将电极电流输入给活性物质。对集流体纯度的要求较高并且要求其电导率较好，化学与电化学稳定性好，机械强度高，能够与电极活性物质结合得比较牢固。钠电集流体通常采用铜箔和铝箔。由于铜箔在较高电位时易被氧化，主要用于电位较低的负极，厚度通常为 $6 \sim 12 \mu m$。铝箔在低电位时腐蚀问题较为严重，主要用于正极集流体，厚度通常为 $10 \sim 16 \mu m$。

相比于锂离子电池，钠离子与铝不会发生合金化反应，所以，可以选用铝箔替代铜作为集流体，降低成本的同时也更加轻便。但在电循环过程中，铝集流体可能会发生氧化溶解，即受到腐蚀，或称点蚀。铝集流体受到的点蚀与电解质的种类、浓度、充放电倍率的大小以及工作温度的高低有关。电解质的浓度越低，充放电倍率越小温度越高，铝集流体受到的点蚀就越严重，导致电极结构受到破坏，电阻增加，电池的循环容量降低[23]。而相比于传统的有机碳酸盐电解质，铝集流体在含有 NaFSI 的离子液体电解质中，表面可形成钝化层，能够有效防止其受到点蚀。除此之外，还可以在铝集流体表面涂覆耐腐蚀性材料，如碳化铬[24]，或是直接使用耐腐蚀的不锈钢集流体。

Wei 等人[25] 通过等离子增强化学气相沉积（PECVD）方法，在商用铝箔表面直接生长垂直石墨烯纳米片，作为新型石墨烯-铝复合集流体（烯铝集流体）。对电极-集流体界面微观结构的表征表明，石墨烯纳米片具有较高比表面积、与电极中材料的相互作用较强，因此与电极中的碳基导电网络形成更稳固的连接，从而可显著降低电极-集流体界面电阻。烯铝集流体在不同的钠离子电池正负极体系中，均可降低极化、提升倍率性能。在 5C 的高倍率下，采用烯铝集流体的磷酸钒钠正极的容量保持率达 74%，远高于采用铝箔集流体的正极（22%）。

作为非活性材料，集流体未来的发展之路依然要向低成本靠拢，需要更经济的设计来满足钠离子电池作为大型储能设备的实际需求。

参考文献

[1] Lee H, Yanilmaz M, Toprakci O, et al. A review of recent developments in membrane separators for rechargeable lithium-ion batteries[J]. *Energy Environ. Sci.*, 2014, 7(12): 3857-3886.

[2] Suharto Y, Lee Y, Yu J-S, et al. Microporous ceramic coated separators with superior wettability for enhancing the electrochemical performance of sodium-ion batteries[J]. *J. Power Sources*, 2018, 376: 184-190.

[3] R A, Vijaya Kumar Saroja A P, Sundara R. Barium Titanate-based porous ceramic flexible membrane as a separator for room-temperature sodium-ion battery[J]. *ACS Appl. Mater. Interfaces*, 2019, 11 (4): 3889-3896.

[4] Janakiraman S, Khalifa M, Biswal R, et al. High performance electrospun nanofiber coated polypropylene membrane as a separator for sodium ion batteries[J]. *J. Power Sources*, 2020, 460: 228060.

[5] Zhang T-W, Shen B, Yao H-B, et al. Prawn shell derived chitin nanofiber membranes as advanced sustainable separators for Li/Na-ion batteries[J]. *Nano Lett.*, 2017, 17(8): 4894-4901.

[6] Chen W, Zhang L, Liu C, et al. Electrospun flexible cellulose acetate-based separators for sodium-ion batteries with ultralong cycle stability and excellent wettability: the role of interface chemical groups [J]. *ACS Appl. Mater. Interfaces*, 2018, 10(28): 23883-23890.

[7] Zhang L, Feng G, Li X, et al. Synergism of surface group transfer and in-situ growth of silica-aerogel induced high-performance modified polyacrylonitrile separator for lithium/sodium-ion batteries [J]. *J. Membr. Sci.*, 2019, 577: 137-144.

[8] Mun J, Yim T, Gap Kwon Y, et al. Self-assembled nano-silica-embedded polyethylene separator with outstanding physicochemical and thermal properties for advanced sodium ion batteries [J]. *Chem. Eng. J.*, 2021, 405: 125844.

[9] Niu X, Li J, Song J, et al. Interconnected porous poly(ether imide) separator for thermally stable sodium ion battery[J]. *ACS Appl. Energy Mater.*, 2021, 4(10): 11080-11089.

[10] Ho V-C, Nguyen B, Thi H, et al. Poly(dopamine) surface-modified polyethylene separator with electrolyte-philic characteristics for enhancing the performance of sodium-ion batteries[J]. *Chem. Asian J.* 2022, 46(4): 5177-5188.

[11] Coustan L, Tarascon J-M, Laberty-Robert C. Thin fiber-based separators for high-rate sodium ion batteries[J]. *ACS Appl. Energy Mater.*, 2019, 2(12): 8369-8375.

[12] Kim S, Kwon M-S, Han J H, et al. Poly(ethylene-co-vinyl acetate)/polyimide/poly(ethylene-co-vinyl acetate) tri-layer porous separator with high conductivity and tailored thermal shutdown function for application in sodium-ion batteries[J]. *J. Power Sources*, 2021, 482: 228907.

[13] Janakiraman S, Surendran A, Biswal R, et al. Electrospun electroactive polyvinylidene fluoride-based fibrous polymer electrolyte for sodium ion batteries[J]. *Mater. Res. Express.*, 2019, 6(8): 086318.

[14] Casas X, Niederberger M, Lizundia E. A sodium-ion battery separator with reversible voltage response based on water-soluble cellulose derivatives [J]. *ACS Appl. Mater. Interfaces*, 2020, 12 (26): 29264-29274.

[15] Zhou D, Tang X, Guo X, et al. Polyolefin-based Janus separator for rechargeable sodium batteries [J]. *Angew. Chem. Int. Ed.*, 2020, 59(38): 16725-16734.

[16] Chen H, Ling M, Hencz L, et al. Exploring chemical, mechanical, and electrical functionalities of

binders for advanced energy-storage devices[J]. *Chem. Rev.*, 2018, 118(18): 8936-8982.

[17] Fan Q, Zhang W, Duan J, et al. Effects of binders on electrochemical performance of nitrogen-doped carbon nanotube anode in sodium-ion battery[J]. *Electrochim. Acta*, 2015, 174: 970-977.

[18] Piriya V S A, Shende R C, Seshadhri G M, et al. Synergistic Role of Electrolyte and Binder for Enhanced Electrochemical Storage for Sodium-Ion Battery[J]. *ACS Omega*, 2018, 3(8): 9945-9955.

[19] Nagulapati V M, Lee J H, Kim H S, et al. Novel hybrid binder mixture tailored to enhance the electrochemical performance of SbTe bi-metallic anode for sodium ion batteries [J]. *J. Electroanal. Chem.*, 2020, 865: 114160.

[20] Xu H, Jiang K, Zhang X, et al. Sodium alginate enabled advanced layered manganese-based cathode for sodium-ion batteries[J]. *ACS Appl. Mater. Interfaces*, 2019, 11(30): 26817-26823.

[21] Li H, Guan C, Zhang J, et al. Robust artificial interphases constructed by a versatile protein-based binder for high-voltage na-ion battery cathodes[J]. *Adv. Mater.*, 2022, 34(29): 2202624.

[22] 朱子翼, 黎永泰, 董鹏, 等. 高性能钠离子电池黏合剂的研究进展[J]. 化工进展, 2019, 38(10): 4693-4704.

[23] Otaegui L, Goikolea E, Aguesse F, et al. Effect of the electrolytic solvent and temperature on aluminium current collector stability: A case of sodium-ion battery cathode[J]. *J. Power Sources*, 2015, 297: 168-173.

[24] Wen Z, Hu Y, Wu X, et al. Main Challenges for high performance Na-S battery: materials and inter faces[J]. *Adv. Funct. Mater.*, 2013, 23(8): 1005-1018.

[25] Wang K, Wang C, Yang H, et al. Vertical graphene nanosheetsmodified Al current collectors for high-performance sodium-ion batteries[J]. *Nano Res.*, 2020, 13(7): 1948-1954.

第 11 章

钠离子电池材料的理论设计及
其电化学性能的预测

钠离子电池的工作原理和机制与锂离子电池非常相近，这为钠离子电池的设计和开发奠定了良好的基础。但钠（离子）和锂（离子）之间也存在较大的差异，高性能钠离子电池电极材料的研发仍存在诸多的挑战。与锂的化合物相比，钠的化合物的构型空间大得多，并且其晶体结构、元素组成和计量比等均是可供调变的因素，这为钠离子电池电极材料的发展提供了重要的机遇。然而电极材料的合成、结构表征和性能测试往往需要经历一个周期比较长的摸索过程，传统实验研究的尝试-修正-再尝试模式容易导致资源的过度损耗。这些问题产生的主要根源在于人们对于材料的宏观性能和微观成键结构之间的内在联系的认识不够清晰和深入，以功能和性能为导向的材料设计比较困难。而第一性原理计算的应用，以及材料的理论设计和高通量计算等理念的引入，无疑大大加快了新材料的筛选和发现的进程。因此以第一性原理计算为先导，深入研究钠离子电池电极材料的结构稳定性等相关理论问题，并揭示制约其电压、比容量、离子扩散动力学等电化学性能的微观因素，这不仅为人们深入认识这类材料的结构和性能关系奠定重要的理论基础，同时对于新型高性能钠离子电池材料的设计、制备、性能调控及其应用也有重要的促进作用[1]。

11.1 钠离子电池材料的热力学性质及其结构稳定性的理论研究

对于"摇椅式"钠离子电池电极材料而言，充（放）电过程中钠离子将在宿主材料的晶体结构中脱出（嵌入），从而导致不同的相变行为。并且伴随着嵌钠含量的变化，电极材料中的钠离子将占据晶格中的不同空隙位点并形成一系列中间相。电极材料化学组成的变化不仅使得材料的晶格体积和系统总能量发生变化，同时也导致了中间相的热力学性质和结构稳定性发生变化。采用理论方法深入研究和评价这类问题对于揭示电极材料的结构稳定性本源及相关的嵌钠机制都有重要的作用。

11.1.1 Na_2MO_3 富钠层状氧化物的热力学性质和晶体结构稳定性的理论预测

作为一类非常重要的钠离子电池正极材料，层状过渡金属氧化物已经引起了国内外研究人员的广泛关注。特别是富钠层状过渡金属氧化物（Na_2MO_3）已被证实具有阴离子氧化还原活性[2]，其被认为是一类具有应用潜力且可用于构筑高比能钠离子电池的正极材料。但这类材料在充放电过程中往往存在过渡金属（TM）迁移和晶格氧的损失等问题[3,4]，从而使材料的结构在电化学循环过程中遭到破坏，最终使钠离子电池失效。虽然研究人员在近几年来一直在致力于抑制这类材料中晶格氧的损失或金属的迁移而引起的结构衰退问题，但是人们对于这类材料的结构和性能的关系问题仍知之甚少，这导致了富钠层状氧化物新材料的设计和开发变得较为困难。因此，采用理论计算的方法深入地研究钠含量和过渡金属的变化对正极材料的结构和性能关系的影响，无疑将为筛选和制备新型富钠正极材料提供重要的理论依据。

Kim 等人采用密度泛函理论（Density Functional Theory，DFT）对 38 种 $Na_{2-x}MO_3$（M＝3d，4d 和 5d 金属）正极材料在不同的嵌钠浓度下的结构稳定性进行了预测[2]。图 11.1 为理论计算中所采用的晶体结构模型，Na_2MO_3 晶体的空间群为 $C_{2/m}$ 或 $C_{2/c}$。与传统 $NaMO_2$ 正极材料相比，过渡金属层中的过渡金属离子有 1/3 被 Na 离子所取代，可用 Na $[Na_{1/3}M_{2/3}]$ O_2 进行表示。另外，根据晶体在 c 轴方向的堆积顺序的差异，这类材料可以分为 O3 型、O1 型和 O1'型三种不同的结构。其中 O3 型结构是由氧原子在 c 轴方向按照 ABCABC 的次序堆垛形成，而 O1 型结构则是由氧原子在 c 轴方向按照 ABAB 的次序堆垛形成。一般而言，O3 型结构通常被认为是比较稳定的[2]。在钠离子脱嵌的过程中，O3 型和 O1 型结构可以通过 TM 层在 xoy 平面内的滑移而转变为 O1'型层状结构。在 O1'型层状结构中，钠层中的钠离子一侧面对过渡金属阳离子，而其另一侧则面对空位。由于这类材料中的空位数量比较有限，因此 O1'型 $Na_{2-x}MO_3$ 可以在 $1 \leqslant x < 2$ 的范围内形成。O1'型层状结构目前已被研究人员在 Na_2RuO_3 和 Na_2IrO_3 这两种正极材料的脱钠过程中所观察到[5,6]，并且他们进一步提出 O1'型结构的形成触发了富钠正极材料中的阴离子氧化还原活性[5]。

对于 Na_2MO_3 正极材料，无论过渡金属元素为何，其相应的 O3 型结构都比 O1 型结构更稳定。在 O1 型结构中，钠离子和过渡金属阳离子通过八面体的共享面彼此靠近，它们之间的间距为约 2.5Å。而在 O3 型结构中，它们则通过

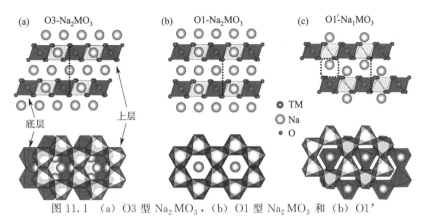

图 11.1　(a) O3 型 Na_2MO_3，(b) O1 型 Na_2MO_3 和（b）O1'
型 Na_1MO_3 正极材料的晶体结构示意图[2]

上下两个面板分别为晶体的侧视图和顶视图

共享边相接，且间距为约 3.3Å。O1 型结构中的 Na^+ 和 TM^{n+} 阳离子的间距较小导致它们之间的静电排斥作用较强，这是其稳定性相对较差的一个重要原因。图 11.2 为 O3 型富钠正极材料的结构稳定性的计算结果，其中正极材料的热力学稳定性可用生成能进行表示，相关的计算公式如下[2]：

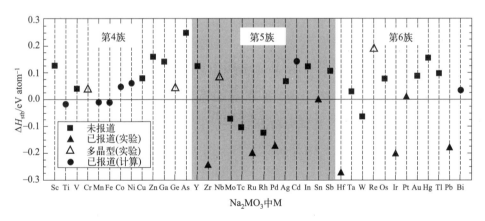

图 11.2　O3 型层状 Na_2MO_3 材料的相稳定性（ΔH_{stb}），其中 ΔH_{stb} 为给定晶相相对于由 Na、M 和 O 所组成的三元相图中的其他稳定相的能量[2]

$$\Delta H_f(Na_2MO_3) = E(Na_2MO_3) - 2\mu_{Na} - \mu_M - \mu_O \tag{11.1}$$

式中，$E(Na_2MO_3)$ 为 Na_2MO_3 层状正极材料的总能量，而 μ_i（i＝Na，M 和 O）则为元素的化学势，这些能量值均可以通过密度泛函理论计算获得。为了方便进行比较，研究人员基于 Na、M 和 O 三组分的能量进一步构建了 Na_2MO_3 化合物的三元相图，并确定了凸包图中的包络线。在此基础上，通过比较 Na_2MO_3 的生成能相对于三元相图中该物质的计量比空间附近相邻的稳定相的能量，即可评价和判断 Na_2MO_3 化合物分解为其他物相的热力学趋势。因此，Na_2MO_3 材料的相对热力学稳定性 $[\Delta H_{stb}(Na_2MO_3)]$ 可用式(11.2) 进行表示，

$$\Delta H_{stb}(Na_2MO_3) = \Delta H_f(Na_2MO_3) - E_{hull}(Na_2MO_3) \tag{11.2}$$

式中，$E_{hull}(Na_2MO_3)$ 为所构筑的三元凸包图中组成为 Na_2MO_3 的化合物能量，该能量值与 Na_2MO_3 的具体结构无关。具有不同层状堆垛结构的 Na_2MO_3 正极材料是热力学稳定的，其判据为 $\Delta H_{stb}(Na_2MO_3) \leqslant 0$。

图 11.2 的计算结果表明：14 种 O_3 型 Na_2MO_3 正极材料（M=Ti、Mn、Fe、Zr、Mo、Tc、Ru、Rh、Pd、Sn、Hf、W、Ir 和 Pb）均具有负的 ΔH_{stb} 值，它们均可认为是热力学稳定的结构；Na_2PtO_3 的 ΔH_{stb} 非常接近凸包图中的包络线，其数值介于 0 和 25meV 之间，考虑到 DFT 计算可能存在的能量误差，可以认为该正极材料也是较为稳定的。此外，有 4 种 Na_2MO_3 化合物（M=Cr、Ge、Nb 和 Re）的 O_3 型结构是不稳定的，如图 11.2 中的空心三角形所示，主要的原因在于它们可以形成比 O_3 型结构更稳定的其他晶体结构。目前已有的文献报道中，其中 8 种 Na_2MO_3 化合物（M=Zr、Ru、Pd、Sn、Hf、Ir、Pt 和 Pb）已合成出 O_3 型层状结构[2]，这与理论计算的预测结果相一致。在上述所预测出的 15 种稳定的 Na_2MO_3 正极材料中，目前只有 Zr、Ru 和 Ir 基化合物被用作钠离子电池正极材料，其他化合物尚未被合成出来或暂未在钠离子电池离域应用[2]。上述计算方法不仅仅适用于研究层状正极材料的热力学稳定性，也可以很容易移植其他正极材料体系，这为判定和预测钠离子电池材料的结构稳定性奠定了较好的基础。

11.1.2 钠离子的脱嵌及氧缺陷对 Na_2MO_3 材料的结构稳定性的影响

对于富钠层状过渡金属氧化物，可逆的氧阴离子氧化还原活性非常重要，因为其不仅决定了正极材料的额外容量，同时也对钠离子电池的整体能量密度产生重要影响。如何保证在触发正极材料的氧阴离子的氧化还原活性的同时，抑制晶格氧的损失和氧气的释放，这是开发高容量和高安全性正极材料的另外一个关键问题[7]。此外，对于嵌入型钠离子电池正极材料而言，它们在充电过程中钠离子将从材料的晶格中脱嵌，这也导致材料的计量比发生改变。晶格氧的脱出和材料计量比的变化都有可能导致材料发生其他相转变，从而影响材料的结构稳定性。因此仍需要从材料的热力学性质入手开展相关的理论研究工作才能阐明制约正极材料的结构稳定性的内在因素。

图 11.3 为两类典型的 Na_2MO_3 正极材料在不同嵌钠阶段的生成能的变化情况，以及 Na_2MO_3 材料在脱钠过程中的结构演变示意图，其中 $Na_{2-x}MO_3$ 的生成能由式(11.3) 所定义，即以完全嵌钠相（Na_2MO_3）和完全脱钠相（MO_3）

的能量作为参考零点。

$$\Delta H_{\text{fm}}(\text{Na}_2\text{MO}_3) = E(\text{Na}_{2-x}\text{MO}_3) - \frac{(2-x)}{2}E(\text{Na}_2\text{MO}_3) - \frac{x}{2}E(\text{MO}_3)$$

$$(11.3)$$

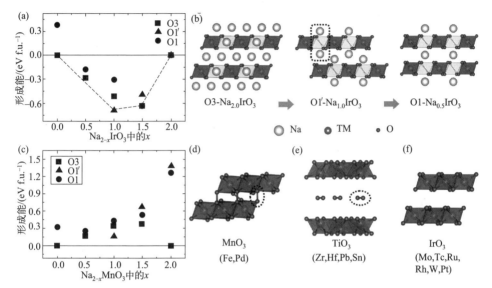

图 11.3　(a) O_3、O_1 和 O_1' 型 $\text{Na}_{2-x}\text{IrO}_3$ 正极材料在脱钠过程中的生成能，

(b) $\text{Na}_{2-x}\text{IrO}_3$ 从 O_3 和 O_1' 型结构分别向 O_1' 和 O_1 型结构的相转变机制，

(c) $\text{Na}_{2-x}\text{MnO}_3$ 正极材料生成能，(d)～(f)MO_3 完全脱钠相的晶体结构示意图[2]

　　由图可知，当 $x=1$ 和 $x=1.5$ 时，$\text{Na}_{2-x}\text{IrO}_3$ 材料的 O_1'
和 O_1 相是最稳定的结构，这表明该材料在充电脱钠的过程中将
经历从 O_3 结构向 O_1' 和 O_1 相连续变化的过程；在 $x=1.5$ 时所
形成的 $\text{Na}_{0.5}\text{IrO}_3$ 结构的过渡金属（TM）层之间的间距将由
Na_2IrO_3 结构的 5.07Å 减小至 4.78Å；这进一步说明 TM 层之间
作用的增强有助于提高材料的结构稳定性。其他 Na_2MO_3 化合物
（M＝Tc、Ru、Rh、W、Ir 和 Pt）也存在同样的 O_3-O_1'-O_1 连续相变的情
况[2]。这一结果可以用钠离子和 TM 阳离子之间的排斥作用或钠离子和 TM 空
位之间的吸引作用进行解释：钠离子尽可能倾向于靠近 TM 空位以稳定系统的
静电相互作用。因此，在 $\text{Na}_{2-x}\text{MO}_3$ 结构中，很容易形成特定的钠阳离子-空位
对，即两个 Na 离子围绕在一个 TM 空位的上下进行排列，形成图 11.3(b) 中的
虚线框所示的"哑铃"型结构，这种特定的排列从静电学的角度考虑在能量上是
有利的[8]，并且这种现象已经在钛铁矿、辉铜矿、LiMn_2O_4 和锌钠锰矿等多种
材料中被人们所观察到[2,8]。因此，$\text{Na}_{1.0}\text{MO}_3$ 和 $\text{Na}_{0.5}\text{MO}_3$ 材料中这种特定的

阳离子-空位对将有助于降低系统的内能。此外，由于具有 O_1 型结构的 $Na_{0.5}MO_3$ 的阳离子-空位对的数量大于 O_1' 型 $Na_{1.0}MO_3$，这导致 $Na_{0.5}MO_3$ 相的结构稳定性更高，其层间距有所减小。

实际上这种阳离子-空位配对特征和 O_3-O_1'-O_1 连续相变的特性在其他 Na_2MoO_3 材料（M＝Tc、Ru、Rh、W、Ir、Pt 和 Mo）中也是普遍存在的，它们可归为同一类稳定的化合物；而由 Mn、Fe、Pd、Sn、Ti、Zr、Hf 和 Pb 等过渡金属组成的第二类 $Na_{2-x}MO_3$ 化合物的脱钠相的生成能几乎均大于零，它们的热力学稳定性较差，且它们在脱钠过程中表现出不同的相转变行为[2]：Na_2MO_3 和 MO_3 之间的两相反应不存在中间相。以 $Na_{2-x}MnO_3$ 的能量凸包图 [图 11.3(c)]为例，可以发现其在脱钠过程中的两相反应模式可归因于完全脱钠相中出现了较短的 O—O 键。如图 11.3(d) 中的虚线圈所示，较短的 O—O 键使 MO_3 的能量降低，并进一步稳定了其结构，从而改变了多相反应的路径。

MnO_3、FeO_3 和 PdO_3 三个完全脱钠相[图 11.3(d)]的 O—O 键的键长分别为 1.397Å、1.435Å 和 1.370Å，这表明氧的价态在电化学氧化的过程中将从氧化物中的 O_2^{4-} 向过氧化物的 O_2^{2-} 发生转变。而在 TiO_3、ZrO_3、HfO_3、SnO_3 和 PbO_3 等完全脱钠相[图 11.3(e)]中，O—O 键的键长更短，它们分别为 1.236Å、1.240Å、1.240Å、1.237Å 和 1.238Å。这些数值与氧分子的键长（1.233Å）非常接近，并且由于 O_2 分子与过渡金属配体层发生了明显的分离，这种完全脱钠相在热力学上是高度不稳定的结构。相反，在第一类稳定的结构中，MO_3 相（M＝Mo、Tc、Ru、Rh、W、Ir 和 Pt）中最短的 O—O 键的键长分别为 2.401Å、2.278Å、2.333Å、2.414Å、2.463Å、2.383Å 和 2.445Å。虽然 O—O 键的形成是缺配位的 O 原子上的非键电子的稳定化作用的结果，它有助增强氧配体以及整个系统的稳定性。但是，在不稳定的 MO_3（M＝Mn、Fe 和 Pd）材料中，过短的 O—O 键使得钠离子的层间传输通道被关闭[图 11.3(d)]；而 MO_3（M＝Zr、Hf、Pb 和 Sn）脱钠相的晶体结构的巨大畸变则使得钠离子的嵌入和脱出成为了不可逆的过程；同时较大的结构畸变也增加了正极材料的充电态和放电态之间的晶格不匹配度，最终使充放电反应的动力学势垒显著增大[9]。这些因素都将显著地影响富钠层状金属氧化物的电化学性能。

氧阴离子的氧化还原活性可以提供额外的理论容量，这是富钠层状金属氧化物的一个明显的优势，但正极材料在充电过程中也有可能因晶格氧的氧化而导致氧气释放的问题，最终降低钠离子电池的安全性。作为评价层状正极材料的晶格氧的结构稳定性的一个物理量，氧缺陷的生成能（ΔH_{vac}）的定义如下：δ 含量的晶格氧从 $Na_{2-x}MO_3$ 正极材料中逃逸并形成 O_2 分子所需要的能量。相关的计算公式可用式（11.4）表示[2]，

$$\Delta H_{vac}(Na_{2-x}MO_3) = E(Na_{2-x}MO_{3-\delta}) + \frac{\delta}{2}E(O_2) - E(Na_{2-x}MO_3)$$

(11.4)

　　图 11.4 为 $Na_{2-x}MO_3$ 材料的氧缺陷生成能的计算结果。由图可知，在 $x=0$ 处，所研究的 15 种结构稳定的 Na_2MO_3 材料的 ΔH_{vac} 的数值均为正值，这表明晶格氧从这些结构中脱出是热力学非自发的过程，其在这些材料的晶格中具有良好的结构稳定性，即晶格氧在脱钠的早期阶段不会从电极材料的晶格中脱出。随着钠离子在充电过程的脱嵌，部分 $Na_{2-x}MO_3$ 材料在 $x \geqslant 0.5$ 时的 ΔH_{vac} 转变为负值，这意味着它们在不释放氧气的条件下仅可以脱钠至 $Na_{1.5}MO_3$ 结构。如图 11.4(a) 中的红色实线所示，$Na_{2-x}ZrO_3$ 材料中的氧原子在 $x=0.5$ 时将从晶格中脱出，因此该材料仅可以可逆地充电至 $Na_{1.5}ZrO_3$ 结构，这与实验测试结果相一致[3]：Na_2ZrO_3 在脱嵌 0.6 个 Na 离子之后失去可逆性，其在随后的循环过程中只能可逆地嵌入和脱出 0.1 个 Na 离子。

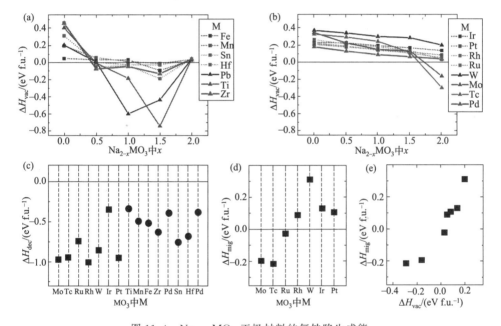

图 11.4　$Na_{2-x}MO_3$ 正极材料的氧缺陷生成能

（a）M＝Fe、Mn、Sn、Hf、Pb、Ti 和 Zr；（b）M＝Ir、Pt、Rh、Ru、W、Mo、Tc 和 Pd；
（c）MO_3 相的分解成其他氧化物所需的能量（ΔH_{dec}）；
（d）TM 离子迁移至 Na 层 Na 空位处所需的能量（ΔH_{mig}）；（e）ΔH_{dec} 和 ΔH_{mig} 之间的关系[2]

　　而在 $0 < x < 1.5$ 的组成范围内，$Na_{2-x}MO_3$（M＝Ru、Rh、W、Ir、Pt、Tc、Mo 和 Pd）化合物的 ΔH_{vac} 均为正值，这表明它们在不损失晶格氧的情况下可以脱钠至 $Na_{0.5}MO_3$。虽然 PdO_3 完全脱钠相的 TM 层上的氧原子表现出了明显的过氧键的特征 [图 11.3(d)]，但 $Na_{2-x}PdO_3$ 在 $x=1$ 和 $x=1.5$ 处分别归属于

$O_1{}'$ 和 O_1 相，且其在整个钠含量变化区间的 ΔH_{vac} 均为正值，$Na_{2-x}PdO_3$ 具有良好的抵抗氧释放的能力。除了 MoO_3 和 TcO_3 之外，其余材料的完全脱钠相也都具有正的 ΔH_{vac} 值，它们均具有良好的抑制晶格氧损失的能力。上述计算结果表明：Na 离子和 TM 空位之间的特殊"哑铃"型排列对提高 Na_2MO_3 正极材料的结构稳定性和可逆性具有重要的作用。

由于 $Na_{0.5}MO_3$ 进一步脱钠形成 MO_3 这个阶段的理论容量占据正极材料总理论容量的 25%，这对于正极材料保持高的能量密度是非常必要的。为了进一步评价和判定 MO_3 能否保持稳定的层状结构？MO_3 会否发生相变转化为其他晶相结构？还需要进一步考察层状 MO_3 相和 MO 二元相图上的其他最稳定晶相的总能量以及它们的相对稳定性。相关的计算公式如下，

$$\Delta H_{dec}(MO_{3,lay}) = E(MO_{3,lay}) + \frac{3-x}{2}E(O_2) - E(MO_x) \qquad (11.5)$$

图 11.4(c) 为不同金属组成的层状 MO_3 材料分解成其他稳定晶相的氧化物所需要的能量。计算结果表明所有层状 MO_3 材料的 ΔH_{dec} 均为负值，层状 MO_3 转变为相应金属的稳定氧化物均是热力学自发的过程。因此，这些材料在充电至高电位的条件下 MO_3 层状结构将发生相变并转化为热力学更加稳定的其他氧化物。虽然在室温条件下这种晶相转变很容易受到高的反应势垒的阻碍，但这种现象仍然很容易在结构不完美的晶体表面发生。这些材料在实际应用中将难以被充电至更高的电位，$Na_{0.5}MO_3$ 脱钠形成 MO_3 所提供的理论容量将难以被利用。此外，TM 层中的 TM 离子迁移至 Na 层中的 Na 空位的能量（ΔH_{mig}）变化趋势也可以作为表征电极材料稳定性的一个物理量，因为其反映了 TM 和 Na 空位形成反位排列时所需的能量。由图 11.4(d) 和 (e) 的计算结果可知：Mo 和 Tc 可以自发地迁移到 Na 层的 Na 空位处，而 Ru 在过渡金属配体层基本上是稳定的；Rh、W、Ir 和 Pt 不会自发地迁移至 Na 层的 Na 空位处；ΔH_{vac} 和 ΔH_{mig} 之间的关系曲线进一步表明采用这两个物理量中的任何一个均可较好地表征 MO_3 相的结构稳定性。

11.1.3　钠离子电池材料的力学稳定性及晶格动力学稳定性

热力学生成焓和多元相图不仅可以很好地用于描述和预测具有特定结构的嵌入型正极材料的热力学稳定性，它们也同样适用于研究 $Na_2Ti_3O_7$ 和锰钡矿 TiO_2 等嵌入型负极材料的结构稳定性[10,11]。另外，除了嵌入型机制之外，钠离子电池负极材料还存在着合金化机制、转化机制和吸/脱附机制[12]。实验研究结果表明钠与金属锡和铅等金属进行合金化之后可分别形成 $Na_{15}Sn_4$ 和 $Na_{15}Pb_4$ 合金，它们的比容量分别为 845mAh·g^{-1} 和 485mAh·g^{-1}，而理论计算的结果则表明 NaSi 和 NaGe 化合物的比容量超过 825mAh·g^{-1}[13]。虽然这些负极

材料具有很高的理论比容量，但在与钠发生合金化的过程中它们的晶体对称性将发生改变，且它们的体积膨胀/收缩比较剧烈，这严重地制约了它们的循环稳定性和寿命。上述问题不仅与负极材料自身的能量变化有关，同时也与材料对应力场的力学响应及其本身固有的弹性性质密切相关。采用理论方法深入研究和认识钠和其他负极材料在合金化过程中的力学响应问题及其力学失稳机制对于设计具有良好结构稳定性和循环寿命的负极材料有较为重要的意义。

为了确定电极材料的弹性常数和各种模量，可以将材料在无穷小的应变微扰条件下的内能用应变场（η_{ij}）进行表示[13]

$$U(\eta) = U(0) + \frac{V_0}{2} \sum ijklc_{ijkl} \eta_{ij} \eta_{kl} + O(\eta_{ij}^3) \tag{11.6}$$

式中，$U(0)$ 和 V_0 分别为无应变晶体的内能及晶格体积。在二阶应变张量采用 Voigt 标记的条件下，式(11-6) 可以简化成

$$U(\eta) = U(0) + \frac{V_0}{2} \sum ij C_{ij} \eta_i \eta_k + O(\eta_{ij}^3) \tag{11.7}$$

式中，C_{ij} 为 Voigt 表示下的二阶弹性常数，可以用材料的内能对应变场的二阶偏导数进行计算，即

$$C_{ij} = V_0^{-1} \frac{\partial^2 U}{\partial^2 \eta_i \eta_j} \tag{11.8}$$

Shenoy 等人研究了 Sn、Pb、Si 和 Ge 等负极材料在与钠的合金化过程中的力学性能的变化情况，相关负极材料的弹性常数的计算值如表 11.1 所示。

表 11.1　$Na_x M(M = Na、Sn、Pb、Si 和 Ge)$ 合金的弹性常数及模量的计算值[13]

晶相	C_{11}	C_{22}	C_{33}	C_{44}	C_{55}	C_{66}	C_{12}	C_{13}	C_{23}
Na-Sn									
β-Sn	72.22	72.22	87.77	19.66	19.66	23.71	33.55	30.59	30.59
$NaSn_5$	55.06	55.06	42.68	18.28	18.28	17.15	30.68	13.99	13.99
$Na_7 Sn_{12}$①	52.01	40.2	26.67	11.54	5.94	11.33	17.84	11.21	24.13
NaSn	28.29	28.29	26.94	11.63	11.63	13.22	12.13	11.93	11.93
$Na_9 Sn_4$	39.71	39.47	43.48	8.82	7.74	4.04	14.56	4.07	5.27
$Na_{15} Sn_4$	18.85	18.85	18.85	5.78	5.78	5.78	6.86	6.86	6.86
Na	8.46	8.46	8.46	5.78	5.78	5.78	6.86	6.86	6.86
Na-Pb									
Pb	52.74	52.74	52.74	17.68	17.68	17.68	36.14	36.14	36.14
$NaPb_3$	37.60	37.60	37.60	15.00	15.00	15.00	30.61	30.61	30.61
NaPb	25.93	25.93	27.68	11.47	11.47	10.27	8.54	9.73	9.73
$Na_{15} Pb_4$	20.46	20.46	20.46	7.62	7.62	7.62	9.48	9.48	9.48

续表

晶相	C_{11}	C_{22}	C_{33}	C_{44}	C_{55}	C_{66}	C_{12}	C_{13}	C_{23}
Na	8.46	8.46	8.46	5.78	5.78	5.78	6.86	6.86	6.86
Na-Si									
Si	153.22	153.22	153.22	74.70	74.70	74.70	58.87	58.87	58.87
NaSi①	38.8	41.96	45.48	13.33	14.70	18.08	8.19	16.01	15.29
Na	8.46	8.46	8.46	5.78	5.78	5.78	6.86	6.86	6.86
Na-Ge									
Ge	104.82	104.82	104.82	56.62	56.62	56.62	36.50	36.50	36.50
NaGe①	32.00	25.34	6.88	40.44	36.05	14.77	9.75	6.38	6.88
Na	8.46	8.46	8.46	5.78	5.78	5.78	6.86	6.86	6.86

①Na_7Sn_{12} 晶体的 C_{15}、C_{25}、C_{35} 和 C_{46} 的计算值分别为 0.50、2.53、2.55 和 3.01,而 NaSi(NaG)晶体的 C_{15}、C_{25}、C_{35} 和 C_{46} 的计算值则为 $-1.86(-0.35)$、$0.55(3.83)$、$0.11(-9.64)$ 和 $-0.20(16.73)$。

Na、Sn、Pb、Si 和 Ge 纯相的弹性常数的计算值与实验单晶的测量数据一致。Born 和黄昆系统地研究了不同晶系晶体的力学响应问题,并提出了相应的力学稳定性判据,他们指出一个晶体要保持力稳的状态需要其弹性能量密度是应变的正定二次函数[14],例如立方晶体的稳定性判据应满足,

$$C_{11}-C_{12}>0,C_{11}>0,C_{44}>0,C_{11}+2C_{12}>0 \tag{11.9}$$

表 11-1 的计算结果表明立方相 Pb 和 Si 负极材料的弹性常数均满足上述判据,因此它们均具有良好的力学稳定性。表 11-1 中的数据为进一步判定 Na 含量增加时 Na_xM 合金能否保持良好的力学稳定性奠定了基础。

考虑到上述材料在与钠的合金化过程中,其实际微观结构应是多晶的状态,即单晶晶粒彼此之间呈现随机的取向。为了将单晶弹性常数与多晶材料的总弹性常数联系起来,可采用 Voigt 和 Reuss 发展的连续介质理论进行相应的计算[15]。Hill 指出 Voigt 和 Reuss 方法分别给出了晶体的宏观各向同性弹性性质的上限和下限值,而它们的算术平均值则更接近多晶材料的弹性性质[15]。采用 Voigt、Reuss 和 Hill 方法所计算得到的 Na_xM 多晶材料的杨氏模量 (E)、剪切模量 (G) 和体模量 (B) 如表 11.2 所示。计算结果清楚地表明:即使只是很小程度的钠合金化,负极材料的弹性模量均显著下降。

表 11.2 Na_xM 合金多晶材料的体模量 (B, GPa)、杨氏模量 (E, GPa) 和剪切模量 (G, GPa) 的计算值[15]

晶相	B_V	B_R	E_V	E_R	G_V	G_R	B_H	E_H	G_H	B_H/G_H	A^U
Na-Sn											
β-Sn	46.85	46.63	56.56	55.7	21.77	21.41	46.74	56.13	21.59	2.17	0.08
$NaSn_5$	28.38	17.02	42.95	41.26	17.02	16.40	29.20	42.10	16.71	1.74	0.22

续表

晶相	B_V	B_R	E_V	E_R	G_V	G_R	B_H	E_H	G_H	B_H/G_H	A^U
Na_7Sn_{12}	25.03	21.43	26.81	20.22	10.14	7.53	23.23	23.51	8.83	2.62	1.90
$NaSn$	17.28	17.26	26.13	25.14	10.46	9.99	17.27	25.63	10.23	1.85	0.23
Na_9Sn_4	18.94	18.87	27.02	21.19	10.70	8.07	18.91	24.11	9.38	2.01	1.63
$Na_{15}Sn_4$	13.83	13.83	15.75	14.26	6.01	5.37	13.83	15.01	5.69	2.42	0.59
Na	7.39	7.39	8.46	9.70	4.62	3.78	7.39	7.16	2.72	2.71	6.43
Na-Pb											
Pb	41.67	41.67	37.61	33.29	13.93	12.17	41.68	35.45	13.06	3.19	0.72
$NaPb_3$	32.94	32.94	28.23	18.23	10.40	6.47	32.94	23.23	8.43	3.90	3.02
$NaPb$	15.06	15.02	24.72	24.36	10.08	9.90	15.04	24.54	9.99	1.50	0.09
$Na_{15}Pb_4$	13.14	13.14	17.33	16.95	6.77	6.59	13.14	17.14	6.68	1.96	0.13
Na	7.39	7.39	8.46	9.70	4.62	3.78	7.39	7.16	2.72	2.71	6.43
Na-Si											
Si	90.32	90.32	154.70	148.5	63.68	60.56	90.32	151.60	62.12	1.45	0.25
$NaSi$	22.80	23.18	36.92	36.27	15.00	14.63	22.99	36.59	14.82	1.55	0.11
Na	7.39	7.39	8.46	9.70	4.62	3.78	7.39	7.16	2.72	2.71	6.43
Na-Ge											
Ge	60.62	60.62	112.49	106.53	47.23	44.12	60.62	109.51	45.68	1.32	0.35
$NaGe$	16.29	16.00	47.50	30.84	23.42	13.08	16.15	39.17	18.25	0.88	3.19
Na	7.39	7.39	8.46	9.70	4.62	3.78	7.39	7.16	2.72	2.71	6.4

　　注：Voigt、Reuss 和 Hill 方法所计算得到的数值分别用 V、R 和 H 进行表示，而 A^U 则是全局各向异性因子。

　　为了系统地了解 Na_xM 合金在与钠合金化过程中弹性性质的软化程度，图 11.5 给出了不同负极材料的杨氏模量和剪切模量随钠含量变化的关系曲线。由图可以看出，Na-M 相的弹性模量与 Na 的含量之间均有明显的依赖关系，这表明合金相的弹性模量可以近似地用组成元素的纯相的模量的线性组合进行估算。对于 Na-Sn 和 Na-Pb 这两个体系，它们的杨氏模量和剪切模量随着 Na 含量的增加并未呈现出严格的单调递减趋势。Sn 负极材料在与 Na 发生合金化之后，其弹性模量急剧降低，直至形成第二个金属间化合物晶相（Na_7Sn_{12}，$y \approx 0.36$）；随着负极材料进一步与 Na 发生合金化，Na_xSn 负极材料的杨氏模量和剪切模量分别保持在 15～25GPa 和 5～10GPa 这两个窄小的范围之内；钠含量最大的 $Na_{15}Sn_4$ 合金相的杨氏模量和剪切模量分别比纯 Sn 的数值降低 74% 和 70%。Na-Pb 系统也存在类似的行为：Na_xPb 合金相的杨氏模量和剪切模量均在一个很窄的范围内变化。

　　Na_7Sn_{12}、Na_9Sn_4 和 $NaPb_3$ 相的弹性模量与图 11.5 中的线性趋势线的预测

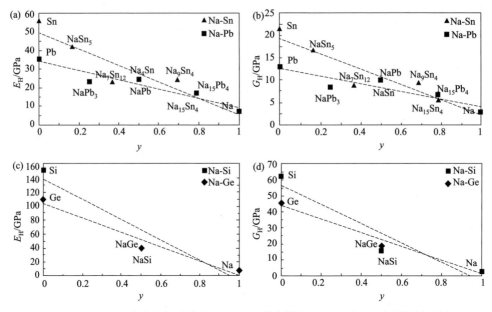

图 11.5　Na_xM 合金的杨氏模量（E_H）和剪应模量（G_H）与 Na 含量的关系图

其中横坐标 $y=x/(x+1)$，$y=0$ 和 $y=1$ 分别表示 M 和 Na 的纯相[13]

值之间的偏差可归因于它们的各向异性弹性常数。为了量化所有 Na-M 相的各向异性的数值，表 11-2 列出了它们的全局各向异性因子（A^U）。在 Na-Sn 和 Na-Pb 这两个系统中，Na_7Sn_{12}、Na_9Sn_4 和 $NaPb_3$ 表现出相对较大的弹性各向异性，因此它们的模量的数值就越偏离图 11.5 中的线性趋势线。在与钠发生合金化的过程中，Na-Sn 和 Na-Pb 系统的弹性常数的软化现象与 Li-Sn 系统比较相似，但也存在一个显著的差异[16]：$Li_{2.33}Sn$ 合金相的杨氏模量和剪切模量甚至大于 Sn 纯相的模量值，而后 Li 含量的增加导致 Li_xSn 的模量急剧软化；而在 Na-Sn 和 Na-Pb 这两个系统中，它们的弹性模量的软化是渐进产生的；由于 Na 的插层导致的相变使负极材料内部产生了内应力，并且内应力与材料的弹性模量密切相关。因此与 Li-Sn 合金的相变行为不同，Na-Sn 和 Na-Pb 这两个系统的弹性模量并未发生急剧的变化，这说明它们在相变过程中没有累积的内应力，它们更容易产生渐进式的结构转变。

　　与 Na-Sn 和 Na-Pb 系统相比，图 11.5(c) 和 (d) 的计算结果进一步表明：Na_xSi 和 Na_xGe 材料的模量随钠含量的增加软化得更为严重；在与 Na 发生合金化之后，NaSi 和 NaGe 的弹性模量分别降低约 75% 和 73%。表 11-2 的数值进一步表明：与 Na-Sn 和 Na-Pb 合金相比，NaSi 和 NaGe 合金的 B_H/G_H 值较低，它们对脆性破坏的抵抗力低；硅和锗这两种负极材料的晶格在与钠发生合金化之后容易发生断裂，并导致颗粒之间相互断开。这种由于脆性断裂导致的比容量损失的行为在 Li-Si 合金体系已经被报道[17]，这是电极材料的结构和性能发生退化的一个重要原因。考虑到弹性常数有助于判定电极材料的力学稳定性，而模量及 G/B 等物理量可以较好地反映出材料在充放电过程中的脆/韧性特征的演变，在此基础上若能进一步揭示出电极材料的电子结构性质对其力学性能的制约关系，这对于设计具有良好力学稳定和循环稳定性的负极材料无疑具有较为重要的理论意义。

二维材料，例如石墨烯、过渡金属硫化物、过渡金属碳化物以及磷烯、硅烯等类石墨烯结构，具有超薄的片层结构，这有助于它们形成超大比表面积的开放结构，并且这类材料也具有可调变的化学和物理特性，这些优势对于增加活性材料和电解质之间的接触面积、缩短钠离子扩散距离以及提供大量的表面暴露活性位点用于存储钠离子都是非常有帮助的，这类材料已被证明了是很有应用前景的高性能钠离子电池负极材料[18]。

以表面氧封端的二维过渡金属 MXene 为例，

$$3M(s) + O_2(g) + 2C(s) \xrightarrow{\text{反应}} M_3C_2O_2 \tag{11.10}$$

若与组成该二维材料的元素的最稳定单质相的总能量进行比较，$M_3C_2O_2$ 的生成反应往往是热力学自发的过程，该材料具有负的热力学生成焓，即其相对于元素的单质相而言具有良好的热力学稳定性。

但由于二维材料缺失了垂直片层表面法线方向的层-层间的相互作用，其热力学稳定性相较于三维体相材料稍差，其本质上是亚稳态。这种情况下，晶格振动的贡献有可能占据主导作用，并使二维材料的结构因晶格振动而发生破坏。因此对于二维层状材料的结构稳定性的预测，除了考虑其热力学生成焓之外，还需要进一步考察其晶格动力学特性。Huang 等人采用第一性原理的方法预测了若干双金属 MXene 的晶格动力学特性，他们的计算结果如图 11.6 所示[19]。基于 $Ti_3C_2O_2$ 二维原型结构，将 Ti 金属位点采用其他过渡金属替代即可构建出不同的 $Ti_2MC_2O_2$ 和 $M_2TiC_2O_2$ 的双金属 MXene 的理论模型。由图可知，对于 $Ti_2ZrC_2O_2$、$Zr_2TiC_2O_2$、$Ti_2YC_2O_2$、$Y_2TiC_2O_2$ 和 $Ti_2VC_2O_2$ 五个系统，它们在整个布里渊区的声子振动频率不存在虚频，这表明它们具有良好的振动稳定性[19]；晶格的振动所致的能量变化和原子位移之间将遵循单势阱模型，且原子处于平衡位置时整个体系的能量最低。

但 $Ti_2ZrC_2O_2$ 的声子色散关系[图 11.6(f)]也清楚地表明其布里渊区的 2 个声子振动支的频率介于 [0.0THz～10.0THz]，因此 $Ti_2ZrC_2O_2$ 中各原子偏离平衡位置的晶格振动将导致系统的能量下降，并导致二维材料的结构因晶格振动而发生破坏，其结构是动力学不稳定的[19]。为了进一步验证上述材料的结构稳定性，Huang 等人进一步采用从头算分子动力学的方法对它们的结构进行了几何优化，计算结果如图 11.7 所示。由图可知：除 $Y_2TiC_2O_2$ 结构外，其余材料的结构在进行分子动力学弛豫之后并未观察到明显的几何重构[19]，它们仍能保

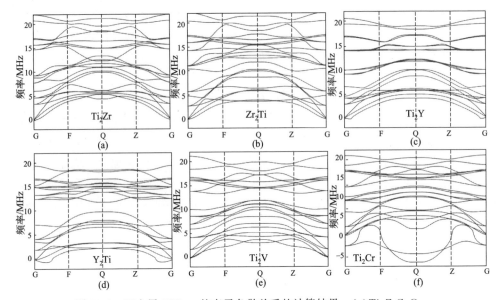

图 11.6 双金属 MXene 的声子色散关系的计算结果，(a)Ti$_2$ZrC$_2$O$_2$，
(b)Zr$_2$TiC$_2$O$_2$，(c)Ti$_2$YC$_2$O$_2$，(d)Y$_2$TiC$_2$O$_2$，(e)Ti$_2$VC$_2$O$_2$ 和(f)Ti$_2$CrC$_2$O$_2$[19]

持良好的层状结构；而 Y$_2$TiC$_2$O$_2$ 在进行分子动力学弛豫之后其层状结构已经明显被破坏[图 11.7(f)][19]，这表明其结构在相应的温度下是不稳定的，该负极材料在反复的充放电的过程中将可能经历不可逆的结构转变，从而使其容量和循环性能进一步衰减和恶化。

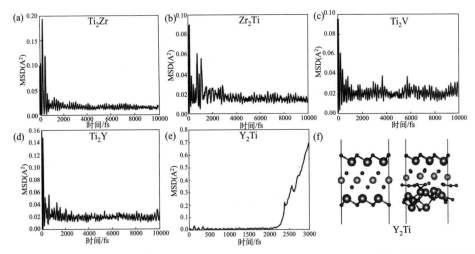

图 11.7 Ti$_2$ZrC$_2$O$_2$、Zr$_2$TiC$_2$O$_2$、Ti$_2$YC$_2$O$_2$、Y$_2$TiC$_2$O$_2$ 和 Ti$_2$VC$_2$O$_2$ 的从头算分子动力学 (AIMD) 模拟结果。(a)~(e)五种材料的均方位移（Mean squared displacement，MSD）和 (f) Y$_2$TiC$_2$O$_2$ 在优化前后的几何结构[19]

实际上采用晶格动力学特性来判定材料的动力学稳定性不仅仅被成功地应用到二维层状钠离子电池负极材料中，该方法也被广泛地应用于判定其他正极材料和固态电解质的结构稳定性。与材料的热力学生成焓、相图和力学性能一样，它们均可以作为描述符描述钠离子电池材料的结构稳定性。这些理论方法和判据的应用为预测和筛选具有良好结构稳定性的新型钠离子电池材料奠定了重要的理论基础。

11.2 钠离子电池材料的电化学性能的理论预测

11.2.1 钠离子电池电极材料的储钠机制及其嵌钠电位的理论预测

作为钠离子电池的一个重要组成部分，正极材料的比容量和平均电压直接影响到电池的整体能量密度。采用理论计算的方法研究正极材料在充放电过程中钠离子的脱嵌/嵌入位点的变化所引起的系统总能量的变化，不仅有助于阐明材料的储钠机制问题，同时也可为预测正极材料的理论电压和能量密度奠定基础。常用的钠离子电池正极材料主要包括层状过渡金属氧化物、磷酸盐、氟磷酸盐、硫酸盐和普鲁士蓝等，其中 NASICON 型磷酸盐因其具有快速钠离子传导特性、高的工作电压和高的理论容量而被认为是最有前途的正极材料之一[20]。

$Na_5V(PO_4)_2F_2$(NVPF)作为一种潜在的钠离子电池正极材料，近年来已经引起了国内外研究人员的广泛关注[20,21]。理论上每个 NVPF 单元应该可以交换两个钠离子，但该材料的实际可逆放电容量远低于其理论容量。因此，采用理论方法深入研究制约钠离子脱嵌的相关机制，对于该材料的结构调控和实际放电比容量的提升均有较为重要的理论意义。

NVPF 材料的晶体结构如图 11.8 所示，其具有层状六边形结构，VO_4F_2 八面体和 PO_4 四面体通过共享顶点的方式在 ab 平面形成 VO_4F_2-PO_4 层。由于 NVPF 的钠离子占据了晶格中的四种不同的位点，为了确定充电过程中哪些位点的钠离子优先脱嵌，这需要计算具有不同的钠含量的 NVPF 材料的热力学生成焓。计算方法可参考式(11.3)，其中 $Na_5V(PO_4)_2F$ 和 $Na_3V(PO_4)_2F$ 参考相的能量作为零点。

图 11.9 为根据密度泛函理论（DFT）计算的数据所推测出的 $Na_{5-x}V$ $(PO_4)_2F_2$ 材料在 $0 \leqslant x \leqslant 1$ 条件下钠离子的脱嵌机制示意图。计算结果表明[21]：与之前文献假设的双相机制不同，NVPF 在钠离子脱嵌的过程中先发生了一个双相过程，随后发生了一个单相过程；占据在 $Na(9)$ 位点的钠离子优先脱嵌，从而形成 $Na_{4.67}V(PO_4)_2F_2$，该结构仍能保持 P_3 对称性，但 a 轴和 c 轴的晶格常数减小；当正极材料进一步充电时，占据在 $Na(8)$ 位的钠离子随后发生脱嵌，从而导致 $Na_{4.33}V(PO_4)_2F_2$ 的形成，这个过程中材料将从 P_3 相向 P_{-3} 相发生

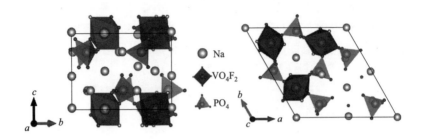

图 11.8　六方 $Na_5V(PO_4)_2F_2$ 优化之后的晶体结构图,其中右图为 c 轴向视图[20]

转变,并且伴随着 a 轴和 c 轴的晶格常数进一步减小;新形成的 P_{-3} 相中的钠离子具有五种不同的配位环境,分别用 Na(1)~Na(5) 表示;当正极材料充电至更高的电位,晶格中占据在 Na(5) 位点的钠离子脱嵌,从而导致具有 P_{-3} 对称性的 $Na_4V(PO_4)_2F_2$ 的形成,此时 a 轴的晶格常数增加而 c 轴的数值则减少;$Na_4V(PO_4)_2F_2$ 中剩余的钠离子将发生重新分布以保证其形成最稳定的构型。因此,从 $Na_5V(PO_4)_2F_2$ 向 $Na_{4.33}V(PO_4)_2F_2$ 转变的阶段对应于两相过程,而 $Na_{4.33}V(PO_4)_2F_2$ 向 $Na_4V(PO_4)_2F_2$ 转变的阶段属于单相过程[21]。

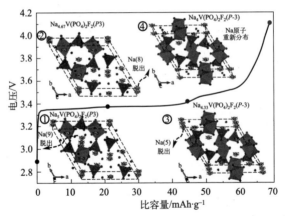

图 11.9　$Na_{5-x}V(PO_4)_2F_2$ 在 $0 \leqslant x \leqslant 1$ 条件下脱钠机制图[21]

众所周知,根据吉布斯相律可以确定两相机制在恒电流充放电曲线中一般对应的是充放电平台的区域,而单相机制则往往对应于充放电曲线的斜坡区域[22]。图 11.9 中的理论预测结果与实验的充放电曲线的变化趋势一致[21]。并且计算结果进一步表明:$Na_5V(PO_4)_2F_2$ 脱嵌一个钠离子并形成 $Na_4V(PO_4)_2F_2$ 之后,正极材料的晶格体积仅仅变化 3%。较小的晶格体积变化预示着该正极材料在充放电过程中将具有优异的可逆性,可以预计 NVPF 在 $0 \leqslant x \leqslant 1$ 区间进行充放电时将具有良好的循环稳定性。

对于一些钒基聚阴离子正极材料，V 往往存在多种价态（+2 至 +5），若钠离子可以继续从 $Na_4V(PO_4)_2F_2$ 晶格中脱嵌，则可以进一步激活 V^{4+}/V^{5+} 的氧化还原活性，这个阶段正极材料可以提供 $136mAh \cdot g^{-1}$ 的理论比容量。虽然实验的研究结果表明在 4.2~4.7V 区间该材料出现了一个新的斜坡区域，且其在该电压窗口的首次充电比容量为 $130mAh \cdot g^{-1}$，但 NVPF 的总放电比容量并没有较大的增长，这表明该区间的充电过程是不可逆的[21]。

Wu 等人采用第一性原理的方法进一步研究了 $Na_4V(PO_4)_2F_2$ 脱钠形成 $Na_3V(PO_4)_2F_2$ 的过程中，NVPF 的结构演变和相关的机制问题，如图 11.10 所示。由于 P_{-3} 相 $Na_4V(PO_4)_2F_2$ 中的钠离子发生了重新分布，它们分别占据 6g、3f、2d 和 1a 位点。当正极材料充电至更高的电位时，$Na_4V(PO_4)_2F_2$ 晶格中处于 6g 位点和 3f 位点的部分钠离子优先从晶格中脱嵌，剩余的钠离子将发生弛豫并重新排列，最终导致 $Na_3V(PO_4)_2F_2$ 转变为具有 P_1 对称性的畸变构型 [图 11.10(c)][20]。与原始的 NVPE 结构相比较，$Na_3V(PO_4)_2F_2$ 的晶格常数 a 和 b 均减小，而 c 则略有增加，这主要归因于钠离子的浓度下降使层间阴离子（O^{2-} 和 F^-）之间产生了库仑排斥作用。此外，$Na_4V(PO_4)_2F_2$ 和 $Na_3V(PO_4)_2F_2$ 的晶格体积的计算值仅比 $Na_5V(PO_4)_2F_2$ 的数值分别减小 3.0% 和 4.5%，NVPF 材料在脱钠过程中的体积变化比其他聚阴离子正极材料小（如 $LiFePO_4$ 为 5.0%），这对于提升钠离子电池正极的循环稳定性是有利的[20]。

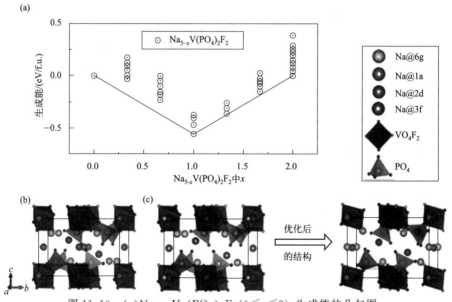

图 11.10　(a) $Na_{5-x}V(PO_4)_2F_2$($0 \leqslant x \leqslant 2$) 生成能的凸包图，(b) $Na_4V(PO_4)_2F_2$ 优化后的晶体结构图，(c) $Na_3V(PO_4)_2F_2$ 优化前后的晶体结构图[20]

为揭示高电位条件下制约 $Na_4V(PO_4)_2F_2$ 和 $Na_3V(PO_4)_2F_2$ 两相之间发生可逆转变的因素，Wu 等人进一步计算了钠离子在 NVPF 晶格内部的扩散势垒以及 $Na_3V(PO_4)_2F_2$ 分解成 $VOPO_4$、NaF 和 $NaPO_3$ 等产物的热力学反应能量。计算结果证实[20]：钠离子在 $Na_5V(PO_4)_2F_2$ 晶格中的扩散势垒为 0.40eV，而钠离子在 $Na_4V(PO_4)_2F_2$ 晶格中的扩散势垒则提高至 0.57eV；$Na_3V(PO_4)_2F_2$ 自发分解成 $VOPO_4$、NaF 和 $NaPO_3$ 所释放的能量是 $-19.4meV/atom$；$Na_{5-x}Cr(PO_4)_2F_2$ 晶格中的钠离子扩散势垒为 0.25eV；$Na_3Cr(PO_4)_2F_2$ 具有更高的结构稳定性，其分解成相应的化合物所释放的能量为 $-9.1meV/atom$。上述计算结果表明较高的钠离子扩散势垒和 $Na_3V(PO_4)_2F_2$ 较差的结构稳定性是制约 NVPF 材料的储钠性能提升的两个重要因素。上述计算结果也为后续的实验工作采用其他策略（如元素掺杂等）调控 NVPF 的微观成键结构以稳定触发 V^{4+}/V^{5+} 的氧化还原活性奠定了基础，这对于提升 NVPF 的储钠性能有较为重要的指导作用。

此外，嵌钠电位作为钠离子电池电极材料的另外一个重要属性，它与电池的整体能量密度密切相关。以 $Na_xFeFe(CN)_6$ 正极材料为例，其在充电脱钠的过程中的理论电压可以用式(11.11) 进行计算[23]

$$V = \frac{E(Na_{x2}FeFe(CN)_6) - E(Na_{x1}FeFe(CN)_6) - (x2-x1)E_{Na}}{(x2-x1)e}$$

(11.11)

其中，V 是 $Na_xFeFe(CN)_6$ 的钠含量 x 的平均电压（$x2 \leqslant x \leqslant x1$），而 $E(Na_xFeFe(CN)_6)$ 则是 $Na_xFeFe(CN)_6$ 在能量凸包图中的最稳定结构的热力学生成能。$E(Na)$ 为金属钠晶体中每个金属钠原子的能量。热力学生成能的计算可参考式(11.3)，其中 $NaFeFe(CN)_6$ 和 $FeFe(CN)_6$ 参考相的能量作为零点。

由于每个组分下 $Na_xFeFe(CN)_6$ 的几何构型与其生成能的数值密切相关，图 11.11 (a) 中给出了该材料在三方晶体或立方晶体结构（Cubic_24d 和 Cubic_8c）下的计算结果，其中 Cubic_24d 和 Cubic_8c 分别表示钠离子交错排列在正极材料的立方骨架的面心位点（24d）和体心位点（8c）上。由图 11.11(a) 可知[23]：$Na_xFeFe(CN)_6$ 相对于参考相具有负的生成能，它们均是热力学稳定的结构；在 $0.25 \leqslant x \leqslant 1.0$ 时，$Na_xFeFe(CN)_6$ 的最稳定结构是钠离子占据 24d 位点的立方相；在 $1.25 \leqslant x \leqslant 2.0$ 时，$Na_xFeFe(CN)_6$ 的最稳定结构是三方晶相。

根据最稳定晶相的生成能数据并采用式(11.11) 可进一步计算出 $Na_xFeFe(CN)_6$ 的理论嵌钠电压。计算结果表明[23]：$Na_2FeFe(CN)_6$ 中的所有钠离子均可在 2.94V (vs. Na^+/Na) 和 3.99V (vs Na^+/Na) 之间的电压窗口内进行嵌入/脱嵌；当 $0.5 \leqslant x \leqslant 2$ 时，$Na_xFeFe(CN)_6$ 在 2.94V 处的理论电压平台非常长，

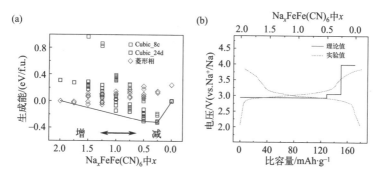

图 11.11 (a) $Na_xFeFe(CN)_6$ 的生成能与钠含量之间的关系,

(b) 理论电压和实验电压的对比图[23]

这说明材料在该条件下运行时具有良好的电压稳定性。$Na_xFeFe(CN)_6$ 的最稳定结构为三方晶体,该结构可以保持到 $x=1.25$;在 $x=1$ 时,$Na_xFeFe(CN)_6$ 转变为立方晶相;随着钠离子的进一步脱嵌,当 $0.0 \leqslant x \leqslant 1.0$ 时,$Na_xFeFe(CN)_6$ 均可保持立方结构,其中钠离子更倾向于占据立方晶体的 24d 位点而非 8c 位点,尽管 8c 位点可以容纳更多的钠离子;钠离子不占据 8c 体心位点的原因在于 Na^+ 与带负电的 N^- 的距离更远,这使得它们之间的结合作用减弱;由于 $Na_xFeFe(CN)_6$ 的三方晶体中的原子排布更致密,而其立方晶体中的原子排布不够紧密,因此钠离子完全脱嵌之后导致该正极材料的晶格体积膨胀 14.5%,这与实验的观测结果一致。如图 11.12。

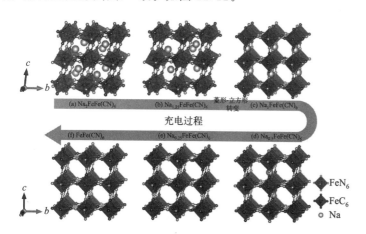

图 11.12 $Na_xFeFe(CN)_6$ 正极材料相变机制及钠离子脱嵌机制[23]

对于嵌入型钠离子电池正负极材料,通过研究其在充放电过程中钠离子占据一系列不同位点时所得到的结构的能量即可确定相应的储钠机制并预测出材料的理论电压。而二维层状材料则主要通过吸附/脱附机制存储钠离子。这种情况下，采用合适的理论方法研究它们的储钠机制和理论电压对于预测新型的二维层状材料至关重要。在钠离子电池充电的过程中，正极材料中的钠离子将迁移至二维层状负极材料的表面并产生吸附作用。以金属氮化物为例，负极的电化学半反应的方程式如下[24]

$$M_2N + xNa^+ + xe^- \Longrightarrow M_xN \tag{11.12}$$

由于固态材料的熵和体积效应对其总能的影响有限，因此可以根据钠原子在二维层状材料表面吸附前后的总能的变化数值来估算它的理论电压，相应的开路电压（V_{ocv}）的计算公式可用式（11.13）表示，

$$V_{ocv} = [E_{M_2N} + xE_{Na} - E_{Na_xM_2N}] \tag{11.13}$$

其中，E_{M_2N} 和 $E_{Na_xM_2N}$ 分别为二维层状材料的能量以及负极材料在表面吸附 x 个 Na 原子之后所形成的稳定结构的能量，而 E_{Na} 则为金属钠晶体中每个钠原子的能量。

在充电反应的初始阶段，钠原子往往优先吸附在二维负极材料最稳定的表面位点之上。如图 11.13 所示的 7 种可能的吸附结构中，Na 吸附在 N 原子的顶部位置（位点 1）是最稳定的，随后 Na 将吸附在 M1（位点 2）和 M2（位点 3）顶部位置，这些吸附模式决定了钠在二维材料表面的吸附和堆叠顺序[24]。

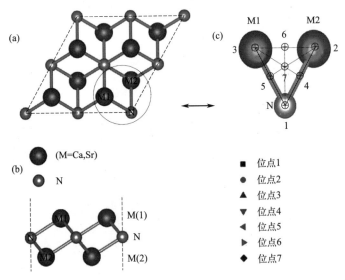

图 11.13 M_2N（M=Ca 和 Sr）二维单层材料在几何优化之后的（2×2）超晶胞

（a）顶视图；（b）侧视图；（c）表面吸附位点；位点 1、位点 2 和位点 3 分别表示金属钠原子吸附在 N、M1 和 M2 位点的顶部；位点 4、位点 5 和位点 6 分别表示金属钠原子吸附在 N-M 或 M-M 的桥位；位点 7 表示金属钠原子吸附在 NM1M2 的中心位[24]

如图 11.14(a) 所示，Na 原子将吸附在 N 原子位点的顶部，并在单层 Ca_2N 的两侧各自吸附一层钠，从而形成 Na-Ca_2N-Na 的三明治结构；当第一层的吸附位点被钠完全占据之后，钠原子将在放电过程中继续吸附在 Ca2 位点的顶部位置，从而形成第二层吸附结构；此后形成的第三层吸附层中的钠将位于 Ca1 位点的顶部位置[24]。需要注意的是，随着钠原子逐渐吸附在负极材料的表面，M_2N 和钠层之间的相互作用也将随之发生明显的变化，当它们之间的吸附作用不足以稳定整个结构时，钠的嵌入将转变为热力学非自发的过程，此时充电过程将结束。为了评价两者之间的相互作用的变化情况，可用钠原子的平均吸附（E_{ave}）进行表示[24]，即

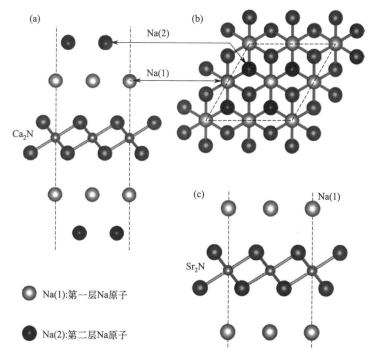

图 11.14　钠在 M_2N（M＝Ca 和 Sr）单层材料的表面吸附结构图

(a) Na_4Ca_2N 的侧视图；(b) Na_4Ca_2N 的顶视图；(c) Na_2Sr_2N 的侧视图[24]

$$E_{ave} = (E_{Na_{n\times8}M_8N_4} - E_{Na_{(n-1)\times8}M_8N_4} - 8E_{Na})/8 \tag{11.14}$$

式中，$E_{Na_{n\times8}M_8N_4}$ 和 $E_{Na_{(n-1)\times8}M_8N_4}$ 分别表示具有 n 和（$n-1$）个钠层的 M_8N_4 单层材料的总能量，而数字"8"则表示 M_8N_4 材料两侧的每个 Na 吸附层共包含 8 个钠原子。

计算结果表明[24]：第一层和第二层 Na 原子形成时，系统的平均吸附能分别为 $-0.18eV$ 和 $-0.003eV$；第三层 Na 的形成使系统的平均吸附能转变为正值（$0.05eV$），这说明第三个 Na 层的形成在能量上是不利的，为热力学非自发的过

程。因此 Ca_2N 单层材料不能容纳超过两层的 Na 原子，即一个（2×2）的超晶胞结构（M_8N_4）最多可容纳 16 个 Na 原子，此时单层材料的化学计量比可用 Na_4Ca_2N 进行表示。这种多层吸附机制与 MXene 材料的储钠机制是类似的[25]，随着吸附的钠原子数从 8 增加至 16，Ca_2N 单层材料的平均开路电压将从 0.23V 降低到 0.09V，因此 Ca_2N 的相应理论储钠比容量为 1138mAh·g^{-1}。而对于 Sr_2N，钠原子吸附在其表面并形成第一个和第二个钠层的时候，系统的平均吸附能分别为 -0.15 和 0.01eV，这表明单层 Sr_2N 的每个 2×2 超晶胞仅可以容纳 8 个 Na 原子，其相应的平均开路电压和理论储钠比容量分别为 0.15V 和 283mAh·g^{-1}[24]。

与传统的硬碳、$Na_3Ti_2(PO_4)_3$、MoS_2 和部分合金基钠离子电池负极材料相比[26-29]，Na_4Ca_2N 材料的储钠比容量的预测值大得多，其数值甚至高于二维 MXene 材料（<1000mAh·g^{-1}）[30]。尽管 Ca_2N 和 MXene 都具有类似的多层吸附机制[25]，但是 Ca_2N 相对较小的摩尔质量明显地提升了负极材料的储钠容量。此外，钠原子吸附在 Ca_2N 和 Sr_2N 表面并形成多层吸附结构之后，两者在 xoy 平面上的晶格常数仅略有增强，两个方向上的拉伸应变的数值仅分别为 0.9% 和 0.1%。Ca_2N 和 Sr_2N 的充放电结构所具有的小应变特征也是一个非常重要的优势，这预示着它们作为钠离子电池负极材料有良好的应用前景。

11.2.2 钠离子电池材料的钠离子扩散动力学的理论研究

电极材料中钠离子的扩散动力学行为是制约其倍率性能的一个非常重要的因素。深入研究钠离子在电极材料的晶格内部的扩散路径和势垒并明晰相关的约束机制，这对于设计和优化电极材料的晶体结构并提升其动力学性能有重要的指导作用。作为一类重要的正极材料，Na_xMO_2 层状金属氧化物存在 O2、O3、P2 和 P3 等多种结构，并且结构的变化使电极材料在稳定性、比容量和钠离子扩散动力学都产生很大的差异[31]。Ceder 等人采用第一性原理和 AIMD 的方法对 Na_xMO_2 正极材料的钠离子扩散机制进行了系统的研究，并揭示了晶体结构的变化对其钠离子扩散动力学行为的影响，为这类材料的结构优化提供了重要的理论依据[32]。

图 11.15(a) 为 P2 型 $NaCoO_2$ 正极材料的结构图，图 11.15(b) 和 (c) 为采用 AIMD 方法并基于 P2 型结构的（3×3×1）超晶胞和 O3 型结构的（4×4×1）超晶胞所计算得到的钠离子扩散动力学数据。在上述 AIMD 模拟中，时间步长设置为 2fs，并以 500K/ps 的速率将系统加热至不同的目标温度后，采用 NVT 系综在恒温的条件下使系统再弛豫 40ps 以达到平衡态。在系统达到平衡之后，即可根据 Na 离子在整个弛豫过程中的均方位移（MSD，$<[r(t)]^2>$）并通过式 (11.15) 和式 (11.16) 计算出相应的钠离子扩散系数 (D)[1,33]。

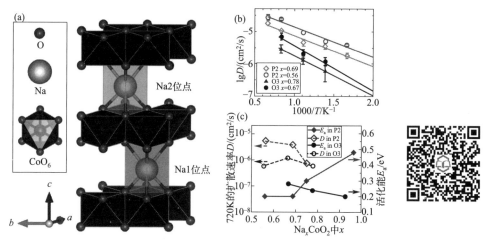

图 11.15　（a）P2 型 NaCoO$_2$ 正极材料的晶体结构。Na1 位（浅绿色）和
Na2 位（黄色）的 NaO$_6$ 基元分别与 CoO$_6$ 八面体（蓝色）通过共享面
或共享边相连接，（b）钠离子在 P2 和 O3 型 Na$_x$CoO$_2$ 材料中的扩散系数
与温度关系，（c）钠离子在 720K 下的扩散势垒 E_a 和扩散系数与
正极材料中 Na 含量 x 之间的关系[32]

$$D = \frac{1}{2dt} < [r(t)]^2 > \tag{11.15}$$

$$< [r(t)]^2 > = \frac{1}{N} \sum_i < [r_i(t+t_0)]^2 - [r_i(t_0)]^2 > \tag{11.16}$$

其中，d 和 $r_i(t)$ 分别为晶格的维度和第 i 个 Na 原子在时间 t 时的位移，而 N 则表示参与扩散的钠离子数目。在确定了钠离子的扩散系数后，可通过 Nernst-Einstein 公式进一步计算钠离子的电导率（σ）[1]

$$\sigma = \frac{Ne^2}{Vk_bT} D \tag{11.17}$$

其中 V、T 和 e 分别表示晶格体积、温度和钠离子的电荷。为了确定钠离子的扩散动力学势垒的数值，还需要进一步计算材料在不同温度下的离子电导率，并通过 Arrhenius 公式[式（11.18）]进行拟合得到[1]

$$D(T) = D_0 e^{-\frac{E_a}{k_bT}} \tag{11.18}$$

需要注意的是在较低的温度或者钠含量较高的条件下，电极材料中的钠离子的扩散速度通常很慢，分子动力学模拟很难收敛至平衡态并给出准确的结果，这种情况下可以考虑采用基于第一性原理的微动弹性带（Nudged Elastic Band，NEB）方法进行计算。图 11.15 的计算结果[图 11.15（b）和（c）]表明[32]：部分

钠离子脱嵌之后，P2 型 Na_xCoO_2 成为快钠离子导体；其在 $x=0.56$ 和 $x=0.69$ 时，外推至 300K 的钠离子电导率分别高达 4mS/cm 和 6mS/cm。这些数值与一些锂离子快导体的离子电导率和活化能相当[34]。O3 型 Na_xCoO_2 也具有良好的钠离子扩散速率，其在 $x=0.67$ 和 $x=0.78$ 时的活化能为 $0.24\sim0.28eV$，其 300K 时的离子电导率为 $0.1\sim0.3mS/cm$，这比 P2 型 Na_xCoO_2 的数值低 1 个数量级[32]。

当钠离子的含量发生变化时，P2 和 O3 型 Na_xCoO_2 的扩散动力学也随之发生变化[图 11.15(c)][32]：P2 型 Na_xCoO_2 的钠离子电导率随钠含量 x 的减少呈单调增加的趋势；O3 型 Na_xCoO_2 的钠离子电导率随 x 的减小先增加而后在 $x=0.5$ 时降低，这种现象可能是由 Na 离子在该计量比条件下的有序化引起的，这种浓度依赖关系在 O_3 型 Li_xCoO_2 正极材料中已被观测到[35]；在钠离子浓度较大（$x>0.75$）的情况下，钠离子在 P2 结构中的扩散速率比 O3 结构慢，它们的扩散势垒分别为 0.3eV 和 0.24eV。上述的计算结果表明在钠含量较高、系统中钠空位的浓度较小的条件下，P2 和 O3 结构具有不同的钠离子传输机制。

图 11.16(a) 和 (b) 为具有单空位的 P2 结构中钠离子的迁移路径及其扩散势垒的第一性原理计算结果。由图可知，在 x≈1 时，钠离子的 NEB 活化势垒的计算值为 0.48eV。而对于 O3 结构，其钠离子的传输主要是遵循双空位迁移机制，相应的活化势垒仅为 0.18eV[36]，并且 AIMD 的计算结果也进一步证实：双空位迁移确实是钠离子在所有含钠的 O3 结构中的主要扩散机制[32]。

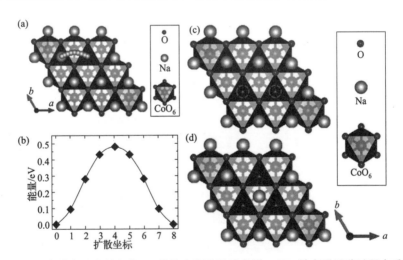

图 11.16 （a）钠离子在单空位 P2 结构中的跳跃示意图，（b）钠离子迁移过程中系统的能量变化曲线，（c）具有双空位（Na2 位点）的 P2 结构及其（d）几何优化之后的晶体结构图[32]

为了验证双空位机制是否对于 P2 结构也有效，Ceder 等人采用了图 11.16

(c) 的理论模型进行了分子动力学模拟，计算结果表明：钠离子并未在 Na2 位点之间发生连续的跳跃；与双空位（Na2 位点）相邻的钠离子将迁移至 Na1 位点[图 11.16(d)] 并与最近邻的三个非占据 Na2 位点形成一种新的构型，这与 DFT 的弛豫结果一致。另外，由于双空位 P2 结构中 Na2 位点的钠离子向 Na1 位点的迁移是热力学自发的过程，因此 P2 结构中孤立的双空位构型不是稳定的缺陷态。钠离子占据 Na1 位点有效地破坏了双空位构型，双空位缺陷态的缺失使得 P2 结构中双空位跳跃机制无法被激活，最终导致在高钠含量的 P2 结构中钠离子的扩散更加困难[32]。

　　P2 结构不存在双空位缺陷态使得钠离子在 P2 结构中的扩散机制不同于 O3 结构。两种结构所展示出的钠离子扩散机制的差异主要源于 P2 结构中存在一系列由占据和非占据的 Na1 和 Na2 位点所形成的局域构型，图 11.17 中关于钠离子运动轨迹的分子动力学计算结果表明：钠离子总是在 Na1 和 Na2 位点之间迁移，钠离子的扩散路径的拓扑结构是由 Na1 和 Na2 位点交替并相互连接而形成的二维蜂窝状晶格；最近邻的 Na1 和 Na2 位点均不能同时被占据，主要原因在于最近邻 Na1 和 Na2 位点之间的距离仅为约 1.6Å，离子之间的强静电排斥作用使这种占据态是不稳定的[32]。

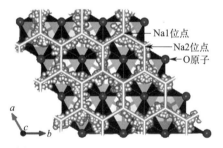

图 11.17　钠离子在 P2 型 $Na_{0.56}CoO_2$ 材料晶格内的扩散轨迹

粉色小球表示 MD 模拟过程中的 Na 离子的位置，

而黄色的线则表示钠离子的扩散路径[32]

　　为了进一步分析 P2 结构中的钠离子在跳跃过程中局域构型的变化情况，Ceder 等人定义了 Na-Na 配位数的计算方法：① $c2$ 和 $c3$ 分别表示某个位点在第二近邻和第三近邻位置上的 Na 原子数[32]。对于每个 Na1 和 Na2 位点，第二近邻和第三近邻的位点数的最大值分别为 6 和 9，因此 $c2$ 和 $c3$ 的数值分别介于 [0，6] 和 [0，9] 之间；② 每个 Na 离子的跳跃定义为一个钠离子从 Na1 位点迁移到最近的 Na2 位点，反之亦然。若 MD 模拟过程中，某个位点被占据的时间超过 2ps，则该位点被视为有效占据位点；③ 每个 Na 钠离子跳跃前后所导致的第二和第三紧邻的钠离子配位数的变化分别用 （$\Delta c2$，$\Delta c3$）表示。以图 11.19(a) 为例，（+2，−4)跳跃模式表示在初始态中参与扩散的钠离子的第二和第三紧邻位点处分别存在 0 个和 4 个钠离子，当钠离子扩散至终态之后，该钠离子的第二和第三紧邻位点处的钠离子数目转变为 2 和 0。

基于上述分析方法，MD 模拟过程中所有 Na 离子的跳跃行为的统计数据如图 11.18 所示。由图可知，$(-2,+4)$、$(+2,-4)$、$(-1,+2)$ 和 $(+1,-2)$ 这四种模式 [图 11.18(a) 中的方框] 在所有的跳跃模式中的占比最高（约 12%），而其他的跳跃模式出现的频率低得多。为了进一步揭示钠离子的迁移势垒与钠离子的局域构型之间的依赖关系，Ceder 等人采用 NEB 方法计算了所有跳跃模式下的钠离子的迁移势垒，并将这些活化能的数值与 MD 模拟的统计数据进行了对比，从而绘制出了每种钠离子跳跃模式的占比分数与活化能之间的关系，如图 11.18(b) 和 (c) 所示。由图可知[32]：活化能介于 0.16~0.20eV 之间的占比分数峰值大部分对应于钠离子的的 $(+2,-4)$、$(+2,-3)$ 和 $(+2,-5)$ 跳跃模式。而钠离子的其他主要跳跃模式则具有更低的扩散活化能，例如 $(-1,+2)$ 和 $(+1,-2)$ 跳跃模式所对应的活化能出现在 0.10~0.12eV 范围内，并且 $(-2,+4)$ 跳跃模式的活化能甚至低于 0.04eV。

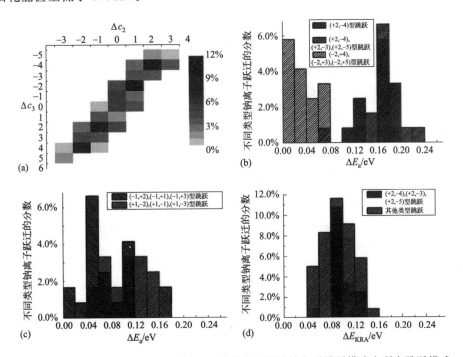

图 11.18 (a) 160ps 和 600K 条件下 P2 结构中不同的钠离子跳跃模式在所有跳跃模式中占比的统计数据，(b) 和 (c) 每种钠离子跳跃模式的分数与活化能之间的关系，(d) MD 模拟过程中的动力学解析活化势垒[32]

在钠离子的所有跳跃模式中，$(+2,-4)$ 跳跃模式具有最高的活化能，这与

MD 模拟所计算出来的活化能一致。因此，在 P2 型 Na_xCoO_2 正极材料中，钠离子的 $(+2, -4)$ 跳跃模式是钠离子在晶格内部迁移的速率控制步骤。图 11.18(c) 为采用第一性原理计算得到的 $(+2, -4)$ 跳跃模式的 NEB 迁移势垒，该数值为 0.19eV。由图可知，该跳跃模式具有较大的势垒，主要原因在于 Na 离子从始态结构迁移至终态结构时系统的能量明显增加[32]。为了刨除始态结构和终态结构的能量差异对钠离子扩散动力学的影响，Van der Ven 等人提出了动力学解析活化（kinetically resolved activation，KRA）势垒的概念[图 11.18(c)][37]：

$$\Delta E_{KRA} = \Delta E_a - (\Delta E_{final} - \Delta E_{initial})/2 \tag{11.17}$$

式中，ΔE_{final} 和 $\Delta E_{initial}$ 分别为 Na 离子在跳跃前后的初态和终态的能量。ΔE_{KRA} 定义的优点在于其描述的钠离子前向跳跃和反向回跳两个过程均是等同的。

ΔE_{KRA} 与不同跳跃模式的占比分数之间的关系如图 11.19(d) 所示。在动力学解析活化能为 0.10eV 处，其他所有跳跃类型的总占比分数的峰值接近 12%，该数值与 $(+2, -4)$ 跳跃模式的占比分数大致相当；ΔE_{KRA} 的范围介于 0.04~0.14eV。该结果表明：钠离子从 Na1 位点迁移至 Na2 位点的能垒都是较低的。类似于 $(+2, -4)$ 跳跃模式，其他跳跃模式也具有较高的扩散活化能[图

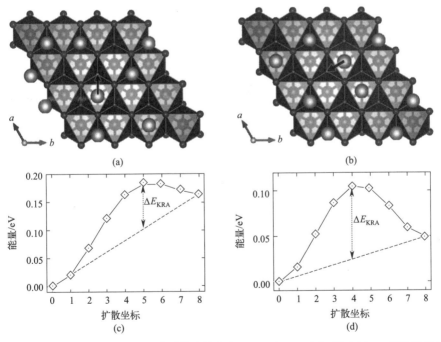

图 11.19　MD 模拟中钠离子的跳跃模式的定义，(a)$(+2, -4)$和(b)$(+1, -2)$跳跃模式及(c)(d)它们的迁移势垒[32]

11.19(d)]，这也是与钠离子在扩散前后的始态和终态具有较大的能量差有关：即在（+2，-4）跳跃模式中参与扩散的钠离子的第二紧邻位点的钠离子的数目增加导致钠离子的局域结构中 Na-Na 之间的静电排斥作用被增强，从而导致终态的能量有明显的提升。

上述的理论研究分别采用了分子动力学和第一性原理的方法从两个角度深入地考察了钠含量和晶体的结构变化对钠离子扩散动力学性能的影响，并揭示了钠离子扩散的速率控制步骤及其制约因素。相关的理论和算法实际上也已经很好地移植到了其他正极材料[21]、负极材料[38]、二维层状材料[19] 以及钠离子固态电解质[39] 等钠离子电池材料中，这为揭示钠离子电池材料的动力学特性和机制奠定了良好的理论基础。

11.2.3 钠离子电池材料的电子结构及其氧化还原机制

除了钠离子的扩散动力学特性之外，电极材料的电子电导率也是制约钠离子电池电极材料的倍率性能的一个重要因素。采用理论计算方法深入研究钠离子电池材料的电子结构、电荷补偿机制以及微观化学键的本源等问题，一方面有助于人们理解这类材料的微观结构和宏观电化学性能之间的联系，同时也为相关的材料设计和性能优化奠定重要的基础。

Dinh 等人采用第一性原理的方法对 $Na_3MnPO_4CO_3$ 正极材料在钠离子脱嵌的过程中的电子结构和 Bader 电荷进行了研究，计算结果如图 11.20 所示。$Na_3MnPO_4CO_3$ 的晶体结构[图 11.20(d)]是由扭曲的 MnO_6 八面体、PO_4 四面体和 CO_3 平面三角形相互连接而形成的具有 $P_{21/m}$ 对称性群的单斜结构，其中 Mn、P、C、部分 Na 和 O 占据该晶体的 2e 位，而其他 Na 和 O 则占据该晶体的 4f 位[40]。通过比较该正极材料的非磁性（nonmagnetic，NM）、铁磁性（Ferromagnetic，AFM）和反铁磁（antiferromagnetic，AFM）构型的总能量，可以发现 $Na_3MnPO_4CO_3$ 和 $Na_2MnPO_4CO_3$ 材料的 AFM 结构更稳定，而 $NaMnPO_4CO_3$ 的稳定构型将转变为 FM 结构。在充电的过程中，正极材料在 2e 位点上的钠离子优先脱嵌，从而形成 $Na_2MnPO_4CO_3$；钠离子继续从 2e 和 4f 位点脱嵌则导致 $NaMnPO_4CO_3$ 的生成，这与实验表征结果相一致[41]。

此外，计算结果还进一步表明 $Na_3MnPO_4CO_3$ 的 FM 和 AFM 构型的能量差仅为 3.49meV，它们存在竞争的关系；钠离子的脱嵌使 $Na_3MnPO_4CO_3$ 和 $Na_2MnPO_4CO_3$ 晶格中的 Mn 离子的磁矩分别降低约 17% 和约 18%。磁矩的降低表明在钠离子脱嵌的过程中 Mn 离子始终存在两种不同的自旋态[40]。为了进一步揭示钠离子的脱嵌对系统电子结构的影响，图 11.20 给出了 $Na_{3-x}MnPO_4CO_3$ 材料的态密度（Density of states，DOSs）图。由图可知：$Na_3MnPO_4CO_3$ 是带隙为 3.32eV 的绝缘体，该数值略小于 $Na_3FePO_4CO_3$[42]

材料的带隙（3.4eV）值；钠离子脱嵌之后，材料的带隙值分别降低至 0.78eV
和 1.37eV。

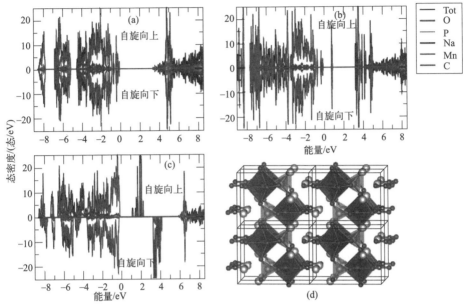

图 11.20　（a）Na$_3$MnPO$_4$CO$_3$，（b）Na$_2$MnPO$_4$CO$_3$ 和（c）NaMnPO$_4$CO$_3$
的态密度图[40] 以及（d）Na$_3$MnPO$_4$CO$_3$ 的晶体结构图

与 Na$_3$MnPO$_4$CO$_3$ 相比，Na$_2$MnPO$_4$CO$_3$ 的总态密度略有
变化，后者在费米能级附近出现了一些新态，这些态的产生与 Na
离子的脱嵌所导致的 Mn 和 O 之间杂化作用的改变有关。
Na$_3$MnPO$_4$CO$_3$ 位于约 5eV 处的非占据态分裂成了两个不同的组
态，并导致 Na$_2$MnPO$_4$CO$_3$ 中 Mn 离子的分波态密度（Partial
density of states，PDOSs）在约 1eV 处产生了新的峰，这预示着系统中各原子
的电荷将发生重新分布。当两个钠离子从晶格中脱嵌之后，NaMnPO$_4$CO$_3$ 的晶
体结构发生了重构，从而导致其总态密度的形状完全改变。NaMnPO$_4$CO$_3$ 中
Mn 和 O 之间的强杂化作用使该材料在 1eV 附近产生了新的自旋态，这与 Mn 的
价态从 Mn^{3+} 被氧化至 Mn^{4+} 有关。态密度的计算结果证实了 Na$_3$MnPO$_4$CO$_3$ 在
钠离子嵌入/脱嵌的过程中将遵循一个两阶段氧化还原的反应机制[41]。

为了得到不同体系中各原子的电荷重分布信息，表 11.3 列出了钠离子脱嵌
过程中 Na$_{3-x}$MnPO$_4$CO$_3$ 的 Bader 电荷的计算值。计算结果清晰地表明：Mn
的电荷变化的数值明显比其他元素大得多；从 Na$_3$MnPO$_4$CO$_3$ 向
Na$_2$MnPO$_4$CO$_3$ 发生转变的过程中，Mn 的电荷从 +1.47 增加到 +2.14，而
NaMnPO$_4$CO 中 Mn 的电荷则为 +3.03；Bader 电荷的变化进一步证实了 Mn 在

充电过程中将依次从 Mn^{2+} 向 Mn^{3+} 和从 Mn^{3+} 向 Mn^{4+} 发生转变，材料将遵循以阳离子变价为主导的两阶段氧化还原的反应机制。对应于 Mn^{2+}/Mn^{3+} 和 Mn^{3+}/Mn^{4+} 这两个氧化还原过程，正极材料的脱钠电位的计算值分别为 3.23V 和 4.00V，这与实验的测试结果一致[41]。由于 $Na_3MnPO_4CO_3$ 材料存在聚阴离子的诱导效应，该材料中锰的氧化还原电对所对应的电压值将稍高于其他大部分氧化物正极材料。

表 11.3　$Na_3MnPO_4CO_3$、$Na_2MnPO_4CO_3$ 和 $NaMnPO_4CO_3$ 的 Bader 电荷 (e)[40]

原子	$Na_3MnPO_4CO_3$	$Na_2MnPO_4CO_3$	$NaMnPO_4CO_3$
Na(1)/Na(2)	+0.93/+0.91	+0.89/+0.89	+0.90/+0.90
Mn	+1.47	+2.14	+3.03
P	+4.86	+4.85	+4.86
C	+3.93	+3.93	+3.94
O(1)	−1.88	−1.64	−1.70
O(2)	−1.86	−1.81	−1.61
O(3)	−1.90	−1.89	−1.89
O(4)	−1.81	−1.73	−1.70
O(5)	−1.82	−1.81	−1.71
O(6)	−1.81	−1.71	−1.64

实际上态密度和原子布居的分析方法不仅仅适用于指认正极材料中阳离子价态的变化情况，它们也被广泛用于研究和分析正极材料中的阴离子氧化还原活性。特别是对于富钠层状氧化物而言，若其脱钠结构在能够保持良好的结构稳定性的前提下，晶格中的氧阴离子的变价将使每单位金属位点可交换更多的钠离子从而提供额外的比容量，同时更高的激活电位使这类材料具有很高的能量密度，这是未来设计和开发高比能钠离子二次电池的一个重要基础。Kim 等人采用了密度泛函理论方法对 $Na_{1-x}Ru_{0.5}O_{1.5}$ 正极材料在钠离子脱嵌过程中的结构和机制等问题进行了相关的研究，其中关于正极材料的氧化还原机制的计算结果如图 11.21 所示[43]。

图 11.21(a) 为 $Na[Na_{1/3}Ru_{2/3}]O_2$ 中 Ru-4d 态和 O-2p 态的分波态密度图。由于过渡金属 Ru 与 O 配体形成 RuO_6 八面体，Ru 的 4d 态将分裂为 t_{2g} 和 e_g 两个组态，其中 t_{2g} 态进一步分裂为自旋向上和自旋向下两种状态。基于晶体场分裂的基本理论和 PDOSs 的计算结果，可以确定 $Na[Na_{1/3}Ru_{2/3}]O_2$ 正极材料中的 Ru 具有低自旋态结构，其价态和电子组态分别为 Ru^{4+} 和 $t_{2g}{}^4e_g{}^0$。这证实了 Ru 的自旋向上通道的 t_{2g} 态是完全填充的，而其自旋向下通道的 t_{2g} 态是部分填充的。另外，稳定的 t_{2g} 占据态的能量略低于部分占据的 t_{2g} 态，因此

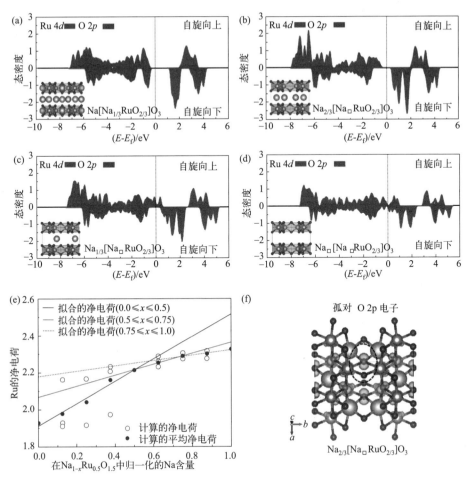

图 11.21　(a)NaRu$_{0.5}$O$_{1.5}$,(b)Na$_{2/3}$[Na$_□$Ru$_{2/3}$]O$_2$,(c)Na$_{1/3}$[Na$_□$Ru$_{2/3}$]O$_2$ 和(d)Na$_{2/3}$Ru$_{0.5}$O$_{1.5}$
材料的 Ru-4d 和 O-2p 态的分波态密度,(e)Ru 的 Bader 电荷与材料中钠含量的关系图,
(f)Na$_{2/3}$[Na$_□$Ru$_{2/3}$]O$_2$ 在[-1eV,0eV]的占据态的空间电子分布图[43]

Na[Na$_{1/3}$Ru$_{2/3}$]O$_2$ 的自旋向下通道上的 Ru-4d t$_{2g}$^{1} 带将处于能量更高且更接近费米能级的位置。由于过渡金属氧化物中金属的 d 轨道很容易与 O 配体的 2p 轨道产生轨道相互作用,当钠离子在 $x=0.0$ 至 $x=0.5$ 区间从 Na$_{1-x}$Ru$_{0.5}$O$_{1.5}$ 晶格中脱嵌时,Ru-t$_{2g}$^{1} 轨道与 O-2p 轨道之间形成的杂化态将对该阶段的氧化还原反应中的电荷变化起到补偿作用[43]。图 11.21(b) 为 Na$_{2/3}$[Na$_□$Ru$_{2/3}$]O$_2$ 材料中 Ru-4d 和 O-2p 态的 PDOS 图。由图可知:在 $-1.0eV \leqslant E-E_f \leqslant 0.0eV$ 区间,该材料的自旋向下通道中占支配地位的原有 Ru-4d 态消失,并且该能量区间也未出现任何新的占据和非占据态,这意味钠离子在 $0.0 \leqslant x \leqslant 0.5$ 范围内脱嵌时所导致的正极材料电荷的失衡将由 Ru^{4+}/Ru^{5+} 的变价得以补偿,这个阶

段主要由过渡金属阳离子氧化还原活性起主导作用[43]。

在阳离子的氧化还原反应之后，钠离子的进一步脱嵌（$x > 0.5$）将使 $Na_{1-x}Ru_{0.5}O_{1.5}$ 触发不同的电荷补偿机制。图 11.21（c）和（d）为 $Na_{1/3}$[$Na_\square Ru_{2/3}$]O_2 和 $Na_\square$[$Na_\square Ru_{2/3}$]O_2 中 Ru-4d 态和 O-2p 态的分波态密度图。由图可知[43]：费米能级附近的 O-2p 态的贡献明显得以加强，并且占据态上的电子因钠离子的脱嵌而被移除，从而使晶格中的氧被氧化；考虑到处于八面体中心位置的 Ru^{5+} 难以进一步氧化至 Ru^{6+} 这一事实，以及 O-2p 态在 $-1.0eV \leqslant E - E_f \leqslant 1.0eV$ 区间的分裂特征更明显，可以认为在 $0.5 \leqslant x \leqslant 1.0$ 这个阶段钠离子的脱嵌所引起的电荷不平衡可以通过 O^{2-}/O^- 阴离子的氧化还原反应而得以补偿。为了直观地理解 O^{2-}/O^- 阴离子的氧化还原反应机制，图 11.21（f）给出了 $Na_{2/3}$[$Na_\square Ru_{2/3}$]O_2 材料在 $-1.0eV \leqslant E - E_f \leqslant 0.0eV$ 区间的波函数的空间电子分布。计算结果清楚地表明部分氧原子上孤立的 O-2p 电子密度围绕着附近的钠空位（$\square$）形成了线性的 $\square$-O-$\square$ 构型，因此具有孤对电子的氧将在阴离子氧化还原反应里起主要作用。$NaRu_{0.5}O_{1.5}$ 材料在钠离子脱嵌过程中所展现出来的这种电子结构变化的特征与其他具有阴离子氧化还原活性的正极材料所表现出来的行为一致。图 11.21（e）中的 Bader 电荷的计算结果证实：当 x 从 0.0 增加至 0.5 时，Ru 的净电荷急剧增加，然后其增长率在拐点（$x = 0.5$）至 $x = 0.75$ 处明显降低；当 $x > 0.75$ 时，钠离子的进一步脱嵌再次降低了 Ru 的净电荷与钠含量之间拟合直线的斜率。这些净电荷的分析结果证实：在 Ru^{4+} 的阳离子氧化还原反应之后，该正极材料将经历晶格 O^{2-} 的阴离子氧化还原反应，这与态密度的计算结果一致。

电子结构的计算结果除了被广泛应用于分析电极材料的氧化还原机制之外，还可以用于分析掺杂效应[44,45]、缺陷效应[46,47]、表/界面效应[46,48] 对电极材料的电化学性能的影响。Qiu 等人采用第一性原理的方法对 Cr 掺杂 $Fe_{1-x}Cr_xF_3 \cdot 0.33H_2O$ 正极材料的电子结构进行了计算，结果如图 11.22 所示[44]。计算结果表明：$FeF_3 \cdot 0.33H_2O$ 材料的带隙为 0.88eV，而 Cr 掺杂的材料的带隙值降低至 0.49eV；带隙的减小与导带底出现新的杂质态有关，该杂质态主要贡献来自 Cd 和 Fe 的 3d 态；随着掺杂量的提升，导带底的杂质态的轨道贡献明显得到加强。可以预期 Cr 掺杂减小了正极材料的带隙，从而有助于提升其电子电导率，这对于该材料的倍率性能的提升有较为重要的贡献。而 Wang 等人则采用理论计算的方法研究了缺陷、N 掺杂及 VO@N 掺杂碳异质结的界面作用对材料的电化学性能的影响机制[46]。相关的计算结果如图 11.23 所示。立方相氧化钒的价带顶和导带底分别出现在布里渊区的 R 点和 G 点，其带隙值为 0.86eV。当体系产生氧缺陷之后，价带顶和导带底的位置分别出现在布里渊区的 R 点和 X 点，并使得体系的带隙降低至 0.46eV，这表明该电极材料的电子导电性将有所改善。此外，DFT 的计算结果进一步表明：VO 分子与 N 掺杂碳之间具有很强的吸附作用，不同的吸附构型的吸附能介于 $-1.84 \sim -6.06$ eV；因此，VO@N 掺杂碳异质结可以通过 N 掺杂碳中的 N 原子与氧化钒表面的 V 原子形成 N-V 键，从而有助于改善材料的电化学性能。

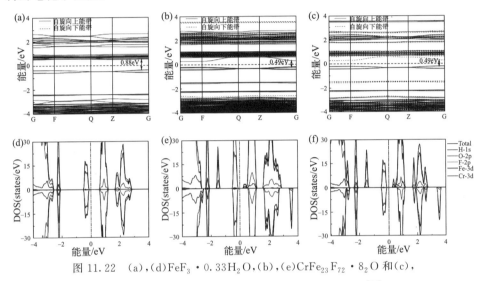

图 11.22　(a),(d)$FeF_3 \cdot 0.33H_2O$,(b),(e)$CrFe_{23}F_{72} \cdot 8_2O$ 和(c),(f)$CrFe_{11}F_{36} \cdot 4H_2O$ 正极材料的能带结构和态密度[44]

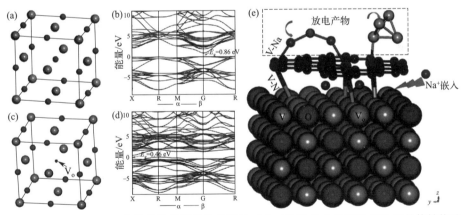

图 11.23　(a),(b)VO 的晶体结构及其能带结构,(c),(d)具有 O 缺陷的 VO 的晶体结构及其能带结构,(e)VO@N 掺杂碳异质结的电化学性能提升机制[46]

能带结构、态密度和原子布居等作为研究电极材料微观成键结构的重要手段，对于揭示电池材料在充放电过程中的若干机制的化学键本质具有非常重要的作用，相关的研究结果不仅为后续的实验控制电极材料的组成、计量比和晶体结构以提升它们的电化学性能指明了方向，同时也为新型钠离子电池材料的设计奠定了良好的理论基础。

11.3　新型钠离子电池材料的高通量筛选与结构设计

虽然目前人们已经开发出层状过渡金属氧化物、磷酸盐、氟磷酸盐、硫酸盐和普鲁士蓝等正极材料以及多种负极材料，但是由于电极材料的元素组成、计量比、晶体结构等均是可供调变的因素，这为新型钠离子电池材料的设计和开发提供了非常广阔的空间。但也正是因为材料的结构和组成的多样性和庞杂性导致采用传统的试错实验方式开展研究工作极其低效，这不仅延长了研发周期，同时也加剧了资源的损耗。这个问题的出现主要归因于人们对钠离子电池材料的结构与性能关系的认识仍不够系统和深入，以性能为导向的材料设计仍很困难。为了有针对性地预测电池材料的电化学性能，减轻搜寻和筛选高性能钠离子电池材料过程中的工作量，发展相关的理论和计算方法迫在眉睫。随着高性能计算技术的快速发展，高通量计算及材料设计在近年来已经引起了国内外人员的广泛关注，并取得了较大的进展[49-51]。

为了寻找适合用于钠离子电池正极的嵌入型钠基层状材料，Zhou 等人从Materials Project（MP）数据库中的 60000 多种无机化合物入手，引入包括平均电压、体积变化和钠离子迁移率等若干具有代表性的重要指标，建立了有效的筛选方法并成功地预测了若干具有良好电化学性能的候选材料[51]。图 11.24 为钠基层状材料的筛选方法流程图。基于上述筛选流程，最后共获得 150 余种钠基层状材料，这些候选材料分别归属于六种不同的晶系和 38 种不同的空间群（图11.25）。研究结果表明上述筛选方法的准确性不会受到候选材料空间群的影响。

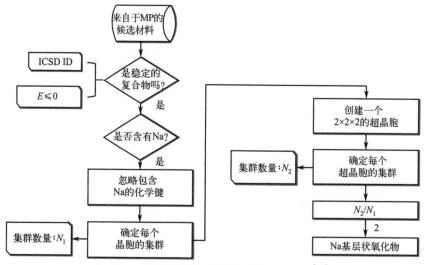

图 11.24　钠基层状材料的筛选方法流程图[51]

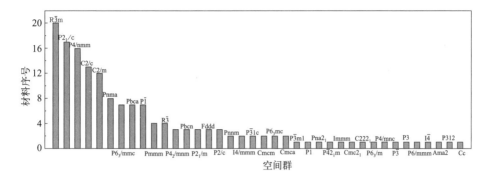

图 11.25　钠基层状材料的空间群分布图[51]

部分具有代表性的晶体结构如图 11.26 所示。这些材料中的钠原子主要分布在过渡金属配体层之间，这表明钠原子可以以较低的迁移势垒在两层之间嵌入/脱嵌。因此，它们作为候选材料有望用于钠离子电池正极中。实际上，上述的分类算法也可用于收寻其他碱金属和多价离子基层状嵌入材料。为了进一步验证上述方法在筛选钠离子电池电极材料过程中的有效性，研究人员在后续的计算过程中引入了平均电压、晶格体积变化和钠离子迁移率等指标。其中平均电压主要基于 $Na_n + X \longrightarrow Na_nX$ 这一反应方程式并采用式（11.11）类似的算法进行计算，而晶格体积的变化则可以通过式（11.19）进行计算，

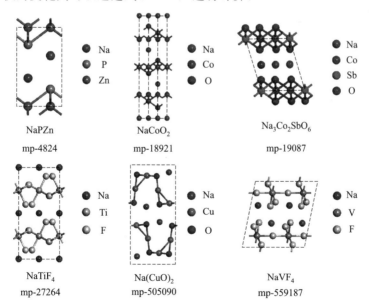

图 11.26　若干具有代表性的钠基层状材料[51]

$$V_{change} = (V_{de} - V_{in})/V_{in} \qquad (11.19)$$

式中，V_{in} 和 V_{de} 分别为电极材料的钠离子在脱嵌前后的晶格体积。钠离子的扩散势垒仍是采用 NEB 方法进行计算。对候选材料的几何结构优化的计算结果表明：候选材料优化之后的晶格常数与实验报道的数据一致[51]。上述筛选方法成功地预测出了一些实验上已被广泛研究和报道的钠离子电池层状材料，如 Na 基层状过渡金属氧化物（$NaMO_2$，M＝Co、Fe、V 等）、钠基层状过渡金属硫化物（$NaMS_2$，M＝Ti、Sc、Nb 等）以及一些具有更高电极电势的层状过渡金属氟化物等。

若干具有代表性的钠基层状化合物的平均嵌入电压和体积变化率的关系如图 11.27 所示。钠离子在嵌入/脱嵌期间晶格体积的变化是电极材料的一个关键参数。大的体积变化可能导致电极在循环过程中产生很大的结构破坏，从而导致电极中界面的有效接触被破坏和容量快速衰减等问题。与合金型和转换型电极材料相比，嵌入型材料的优异循环稳定性在于钠的嵌入/脱嵌过程中体积变化小得多。如图 11.27 所示，大多数材料的体积变化小于 25％，而 $NaTiF_4$ 和 $Na_2Cu(CO_3)_2$ 较小的体积变化（约 13％）意味着它们将具有良好的循环稳定性。而对于 NaAlSi、NaZnP、NaSnP、NaBeAs 和 Na_2CdSn 等材料，它们在钠离子脱嵌前后的晶格体积变化率大于 40％，这导致钠离子脱嵌之后材料的层间距显著降低，最终使层状结构发生坍塌[51]。为了解决上述问题，部分钠离子应保留在电极材料中以支撑其层状结构。此外，在层间引入异质原子以支撑材料的层状结构则是另外一种提高材料的结构稳定性的有效方法[52]。由于很多具有代表性的材料的平均嵌钠电压为 2.5～4.5V，这表明它们具有作为钠离子电池正极材料的潜力。

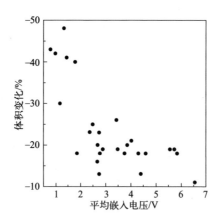

图 11.27　钠离子脱嵌前后的晶格体积变化率与材料的平均嵌钠电压的关系[51]

除了之前已被广泛研究和报道的钠离子电池电极材料之外，通过筛选和理论计算预测得到的一些新电极材料也可能具有良好的应用潜力：金属氟化物具有高的平均电压和低的体积变化，特别是 $NaVF_4$ 的平均电压为 4.30V，这预示它们有望作为钠离子电池正极材料的候选材料；$Na_2Cu(CO_3)_2$ 的体积变化较小（约 13%）且其具有 4.39V 的平均电压，也可以作为候选的正极材料；其他诸如 $Na_2Zr(CuS_2)_2$、$Na(CuO)_2$ 和 $Na_3Co_2SbO_6$ 等电极材料具有适当的电压和低的体积变化，它们也具有良好的应用潜力，见图 11.28[51]。

表 11.4　部分有代表性的钠基层状材料的带隙及钠离子扩散势垒[51]

化学式	扩散势垒/eV	带隙/eV
$NaCoO_2$	0.31	2.11
$NaScS_2$	0.22	1.81
$NaTiS_2$	0.19	0
$Na(CuO)_2$	0.10	0
$NaTiF_4$	0.35	0.20
$NaZnP$	0.25	0.91
$NaAlSi$	0.63	0
Na_2ZrSe_3	0.45	1.32
$Na_2Zr(CuS_2)_2$	0.19	0.01
$Na_3Co_2SbO_6$	0.40	1.91
$Na_2Cu(CO_3)_2$	0.41	0.49
$Na_2Mn_3O_7$	0.16	1.41
$Na_2Ti_3O_7$	0.69	2.99

　　钠离子电池电极材料的倍率性能非常依赖于 Na 离子在晶格中的迁移率。攀爬图像微动弹性带（Climbing-image nudged elastic band，CI-NEB）作为研究钠离子扩散动力学的常用理论方法之一，已被广泛地应用到诸多锂离子和钠离子电池电极材料中。而另一种方法则是基于分子动力学计算，并通过统计晶格中的离子在平衡态条件下弛豫过程的均方位移来确定。图 11.27 和表 11.4 为部分筛选出来的钠基层状材料的扩散势垒和带隙的计算结果。由于这些材料均具有特殊的层状结构，层间的钠离子在晶格内的扩散势垒非常低，其中 Na 在 $NaCoO_2$ 中的扩散势垒仅为 0.31eV，这与文献的报道一致[53]。而对于钠基层状过渡金属硫化物，它们的扩散势垒甚至更低，例如 $NaScS_2$ 和 $NaTiS_2$ 的数值分别为 0.22eV 和 0.19eV。钠基层状过渡金属硫化物的钠离子扩散势垒较低，这可以归因于 S 原子具有较低电负性。但是对于 $NaAlSi$ 等材料，其较大的变化率可能是导致其扩散势垒高于 0.6eV 的一个重要原因。

　　根据 MP 数据库给出的各材料的带隙值数据可知 $Na_2Ti_3O_7$ 具有最大的带隙

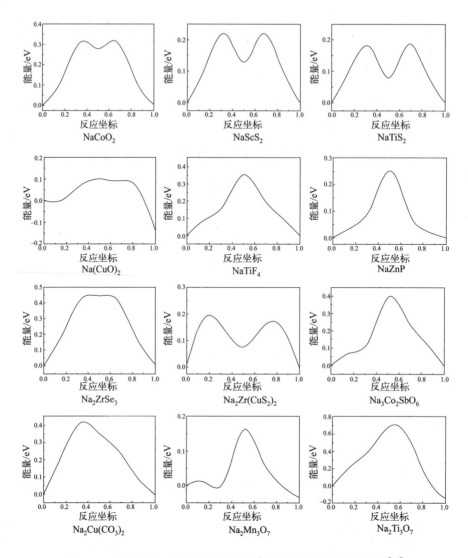

图 11.28　钠离子在部分钠基层状材料的层间迁移时的能量曲线[51]

（2.99eV），这导致其电子电导率很低。在实验过程中，通过化学改性和形貌控制等策略可以改善电极材料电子电导率差的问题。而其他材料的带隙明显比 $Na_2Ti_3O_7$ 的数值小，这表明它们将具有更高的电子电导率。分波态密度的计算结果进一步证实：$NaTiS_2$ 在费米能级附近的态密度峰的数值很高，这意味着该材料的费米能级处的载流子浓度很高，$NaTiS_2$ 具有良好的电子电导率。基于平均电压、体积变化、扩散势垒和带隙等关键参数，上述高通量计算预测出了若干具有代表性的钠基层状材料。特别是 $Na(CuO)_2$、$NaTiF_4$、$Na_2Zr(CuS_2)_2$、

$Na_3Co_2SbO_6$ 和 $Na_2Cu(CO_3)_2$，它们具有合适的嵌钠电位、高比容量、低体积变化率、Na 扩散势垒和带隙小等优势，具有作为钠离子电池正极材料的潜力。

由于材料的结构和组成的复杂性，单纯采用实验方法研究和开发高性能电极材料已经无法满足未来发展的需求。高性能计算技术的发展为高通量材料的筛选和材料性能的预测奠定了良好的技术基础，并且相关的筛选和预测算法在正极材料[51,54]、负极材料[55,56]、电解质[57,58] 和电极包覆层[59,60] 等领域的成功应用也体现出了理论研究的重要性和优势。因此，高水平的理论预测和先进的实验表征手段相结合深入研究钠离子电池材料的结构和性能关系问题将是未来发展的一个重要趋势，这对于推动新型钠离子电池材料的开发和高性能钠离子电池的制造均具有非常重要的意义和价值。

参考文献

[1] Bai Q, Yang L, Chen H, et al. Computational studies of electrode materials in sodium-ion batteries [J]. *Adv. Energy Mater.*, 2018, 8(17):1702998.

[2] Do J, Kim I, Kim H, et al. Towards stable Na-rich layered transition metal oxides for high energy density sodium-ion batteries[J]. *Energy Storage Mater.*, 2020, 25:62-69.

[3] Song S, Kotobuki M, Zheng F, et al. Y-doped Na_2ZrO_3:A Na-rich layered oxide as a high-capacity cathode material for sodium-ion batteries[J]. *ACS Sustain. Chem. Eng.*, 2017, 5(6):4785-4792.

[4] Rozier P, Sathiya M, Paulraj A-R, et al. Anionic redox chemistry in Na-rich $Na_2Ru_{1-y}Sn_yO_3$ positive electrode material for Na-ion batteries[J]. *Electrochem. Commun.*, 2015, 53:29-32.

[5] Mortemard B, Liu G, Ma J, et al. Intermediate honeycomb ordering to trigger oxygen redox chemistry in layered battery electrode[J]. *Nat. Commun.*, 2016, 7(1):11397.

[6] Perez A J, Batuk D, Saubanère M, et al. Strong oxygen participation in the redox governing the structural and electrochemical properties of Na-rich layered oxide Na_2IrO_3[J]. *Chem. Mater.*, 2016, 28(22):8278-8288.

[7] Xu H, Guo S, Zhou H. Review on anionic redox in sodium-ion batteries[J]. *J. Mater. Chem. A*, 2019, 7(41):23662-23678.

[8] Reed J, Ceder G, Van A. Layered-to-spinel phase transition in Li_xMnO_2[J]. *Electrochem. Solid-State Lett.*, 2001, 4(6):A78.

[9] Owen J, Hector A. Phase-transforming electrodes[J]. *Science*, 2014, 344(6191):1451-1452.

[10] Yu C-J, Hwang S-G, Pak Y-C, et al. Influence of Ti/V cation-exchange in $Na_2Ti_3O_7$ on Na-ion negative electrode performance:An insight from first-principles study[J]. *J. Phys. Chem. C*, 2020, 124(33):17897-17906.

[11] Vasileiadis A, Wagemaker M. Thermodynamics and kinetics of Na-ion insertion into hollandite-TiO_2 and O3-layered $NaTiO_2$:An unexpected link between two promising anode materials for Na-ion batteries[J]. *Chem. Mater.*, 2017, 29(3):1076-1088.

[12] Yang X, Rogach A L. Anodes and sodium-free cathodes in sodium ion batteries[J]. *Adv. Energy Ma-*

ter., 2020, 10(22):2000288.

[13] Mortazavi M, Deng J K, Shenoy V B, et al. Elastic softening of alloy negative electrodes for Na-ion batteries[J]. *J. Power Sources*, 2013, 225:207-214.

[14] Born M, Huang K. Dynamical theory of crystal lattices[M]. *Oxford University Press:Oxford, U.K.*, 1998.

[15] Lebetter H M. Handbook of elastic properties of solids, liquids and gases[M]. 2001, vol. 3.

[16] Stournara M E, Guduru P R, Shenoy V B. Elastic behavior of crystalline Li-Sn phases with increasing Li concentration[J]. *J. Power Sources*, 2012, 208:165-169.

[17] Sethuraman V A, Chon M J, Shimshak M, et al. In situ measurements of stresseVolution in silicon thin films during electrochemical lithiation and delithiation[J]. *J. Power Sources*, 2010, 195(15): 5062-5066.

[18] Wu Y, Yu Y. 2D material as anode for sodium ion batteries: Recent progress and perspectives [J]. *Energy Storage Mater.*, 2019, 16:323-343.

[19] Zhang W, Chen J, Wang X, et al. First-principles study of transition metal Ti-based MXenes (Ti$_2$MC$_2$T$_x$ and M$_2$TiC$_2$T$_x$) as anode materials for sodium-ion batteries[J]. *ACS Appl. Nano Mater.*, 2022, 5(2):2358-2366.

[20] Zhang X, Zheng F, Lu T-Y, et al. Probing the limiting mechanism of sodium-ion extraction in the Na$_5$V(PO$_4$)$_{(2)}$F$_2$ cathode[J]. *J. Phys. Chem. C*, 2021, 125(27):14583-14589.

[21] Liang Z, Zhang X, Liu R, et al. New dimorphs of Na$_5$V(PO$_4$)$_2$F$_2$ as an ultrastable cathode material for sodium-ion batteries[J]. *ACS Appl. Energy Mater.*, 2020, 3(1):1181-1189.

[22] Harrison K L, Bridges C A, Segre C U, et al. Chemical and electrochemical lithiation of LiVOPO$_4$ cathodes for lithium-ion batteries[J]. *Chem. Mater.*, 2014, 26(12):3849-3861.

[23] Wang Y P, Hou B P, Cao X R, et al. StructuraleVolution, redox mechanism, and ionic diffusion in rhombohedral Na$_2$FeFe(CN)$_{(6)}$ for sodium-ion batteries: First-principles calculations [J]. *J. Electrochem. Soc.*, 2022, 169(1):010525.

[24] Hu J, Xu B, Yang S A, et al. 2D electrides as promising anode materials for Na-ion batteries from first-principles study[J]. *ACS Appl. Mater. Interfaces*, 2015, 7(43):24016-24022.

[25] Xie Y, Naguib M, Mochalin V N, et al. Role of surface structure on Li-ion energy storage capacity of two-dimensional transition-metal carbides[J]. *J. Am. Chem. Soc.*, 2014, 136(17):6385-6394.

[26] Zhao J, Zhao L, Chihara K, et al. Electrochemical and thermal properties of hard carbon-type anodes for Na-ion batteries[J]. *J. Power Sources*, 2013, 244:752-757.

[27] Senguttuvan P, Rousse G, Dompablo M E, et al. Low-potential sodium insertion in a NASICON-type structure through the Ti(III)/Ti(II)redox couple[J]. *J. Am. Chem. Soc.*, 2013, 135(10):3897-3903.

[28] David L, Bhandavat R, Singh G. MoS$_2$/graphene composite paper for sodium-ion battery electrodes [J]. *ACS Nano*, 2014, 8(2):1759-1770.

[29] Qian J, Chen Y, Wu L, et al. High capacity Na-storage and superior cyclability of nanocomposite Sb/C anode for Na-ion batteries[J]. *Chem. Commun.*, 2012, 48(56):7070-7072.

[30] Xie Y, Agnese Y, Naguib M, et al. Prediction and characterization of MXene nanosheet anodes for non-lithium-ion batteries[J]. *ACS Nano*, 2014, 8(9):9606-9615.

[31] Xiao Y, Abbasi N M, Zhu Y-F, et al. Layered oxide cathodes promoted by structure modulation technology for sodium-ion batteries[J]. *Adv. Funct. Mater.*, 2020, 30(30):2001334.

[32] Mo Y, Ong S P, Ceder G. Insights into diffusion mechanisms in P2 layered oxide materials by first-

principles calculations[J]. *Chem. Mater.*, 2014, 26(18):5208-5214.

[33] Wei J L, Shaw L O, Chen W. First-principles prediction of Na diffusivity in doped $NaCrO_2$ layered cathode materials with van der waals interactions [J]. *J. Phys. Chem. C*, 2020, 124 (23): 12239-12248.

[34] Mo Y, Ong S P, Ceder G. First principles study of the $Li_{10}GeP_2S_{12}$ lithium super ionic conductor material[J]. *Chem. Mater.*, 2012, 24(1):15-17.

[35] Ven A, Ceder G, Asta M, et al. First-principles theory of ionic diffusion with nondilute carriers [J]. *Phys. Rev. B*, 2001, 64(18):184307.

[36] Ong S P, Chevrier V L, Hautier G, et al. Voltage, stability and diffusion barrier differences between sodium-ion and lithium-ion intercalation materials [J]. *Energy Environ. Sci.*, 2011, 4 (9): 3680-3688.

[37] Bhattacharya J, Ven A. Phase stability and nondilute Li diffusion in spinel $Li_{1+x}Ti_2O_4$ [J]. *Phys. Rev. B*, 2010, 81(10):104304.

[38] Zhao C, Yu C, Qiu B, et al. Ultrahigh rate and long-life sodium-ion batteries enabled by engineered surface and near-surface reactions[J]. *Adv. Mater.*, 2018, 30(7):1702486.

[39] Wang Y, Richards W D, Bo S H, et al. Computational prediction andeValuation of solid-state sodium superionic conductors $Na_7P_3X_{11}(X=0, 5, Se)$[J]. *Chem. Mater.*, 2017, 29(17):7475-7482.

[40] Debbichi M, Debbichi L, Van An D, et al. First principles study of the crystal, electronic structure, and diffusion mechanism of polaron-Na vacancy of $Na_3MnPO_4CO_3$ for Na-ion battery applications [J]. *J. Phys. D Appl. Phys.*, 2017, 50(4):045502.

[41] Chen H, Hao Q, Zivkovic O, et al. Sidorenkite($Na_3MnPO_4CO_3$): A new intercalation cathode material for Na-ion batteries[J]. *Chem. Mater.*, 2013, 25(14):2777-2786.

[42] Xie B, Sakamoto R, Kitajou A, et al. Cathode properties of $Na_3FePO_4CO_3$ prepared by the mechanical ball milling method for Na-ion batteries[J]. *Sci. Rep.*, 2020, 10(1):3278.

[43] Choi G, Lee J, Kim D. Uncovering the structureaVolution in Na-excess layered cathodes for rational use of an anionic redox reaction[J]. *ACS Appl. Mater. Interfaces*, 2020, 12(26):29203-29211.

[44] Zhang C, Yan M X, Li W T, et al. Cr-doped $Fe_{1-x}Cr_xF_3 \cdot 0.33H_{(2)}O$ nanomaterials as cathode materials for sodium-ion batteries[J]. *ACS Appl. Mater. Interfaces*, 2021, 13(41):48653-48660.

[45] Chen M Z, Xiao J, Hua W B, et al. A cation and anion dual doping strategy for the elevation of titanium redox potential for high-power sodium-ion batteries[J]. *Angew. Chem. Int. Edit.*, 2020, 59 (29):12076-12083.

[46] Ren Q Y, Qin N, Liu B, et al. An oxygen-deficient vanadium oxide@N-doped carbon heterostructure for sodium-ion batteries: insights into the charge storage mechanism and enhanced reaction kinetics [J]. *J. Mater. Chem. A*, 2020, 8(6):3450-3458.

[47] Que L-F, Da F-Y, Deng L, et al. CrystallizationeVoked surface defects in layered titanates for high-performance sodium storage[J]. *Energy Storage Mater.*, 2020, 25:537-546.

[48] Liu Y, Wan H, Zhang H, et al. Engineering surface structure and defect chemistry of nanoscale cubic Co_3O_4 crystallites for enhanced lithium and sodium storage[J]. *ACS Appl. Nano Mater.*, 2020, 3 (4):3892-3903.

[49] Aykol M, Kim S, Hegde V I, et al. High-throughput computational design of cathode coatings for Li-ion batteries[J]. *Nat. Commun.*, 2016, 7(1):13779.

[50] Kirklin S, Meredig B, Wolverton C. High-throughput computational screening of new Li-ion battery anode materials[J]. *Adv. Energy Mater.*, 2013, 3(2):252-262.

[51] Zhang X, Zhang Z H, Yao S, et al. An effective method to screen sodium-based layered materials for sodium ion batteries[J]. *Npj Comput. Mater.*, 2018, 4:13.

[52] Liang J, Wu D, Hu M, et al. Could Li/Ni disorder be utilized positively? Combined experimental and computational investigation on pillar effect of Ni at Li sites on $LiCoO_2$ at high voltages [J]. *Electrochim. Acta*, 2014, 146:784-791.

[53] Li G, Yue X, Luo G, et al. Electrode potential and activation energy of sodium transition-metal oxides as cathode materials for sodium batteries: A first-principles investigation[J]. *Comp. Mater. Sci.*, 2015, 106:15-22.

[54] Adhikari T, Hebert A, Adamic M, et al. Development of high-throughput methods for sodium-ion battery cathodes[J]. *ACS Comb. Sci.*, 2020, 22(6):311-318.

[55] Wang X P, Zhao H, Zhang H, et al. Screening for stable ternary-metal MXenes as promising anode materials for sodium/potassium-ion batteries[J]. *J. Phys. Chem. C*, 2021, 125(48):26332-26338.

[56] Yu S, Kim S O, Kim H S, et al. Computational screening of anode materials for sodium-ion batteries [J]. *J. Electrochem. Soc.*, 2019, 166(10):A1915-A1919.

[57] Dawson J A, Chen H R, Islam M S. Composition screening of lithium- and sodium-rich anti-perovskites for fast-conducting solid electrolytes[J]. *J. Phys. Chem. C*, 2018, 122(42):23978-23984.

[58] Min K. High-throughput ab initio investigation of the elastic properties of inorganic electrolytes for all-solid-state Na-ion batteries[J]. *J. Electrochem. Soc.*, 2021, 168(3):29147-29151.

[59] Xiao Y H, Miara L J, Wang Y, et al. Computational screening of cathode coatings for solid-state batteries[J]. *Joule*, 2019, 3(5):1252-1275.

[60] Min K. Virtual screening of residual sodium-reactive coating materials for the enhancement of the electrochemical properties of a sodium-ion battery cathode[J]. *ACS Appl. Energy Mater.*, 2021, 4(9): 9923-9931.